		IVa	Va	VIa	VIIa	VIIIa	VIIIa	VIIIa	Ia	IIa	III	IV	V	VI	VII	VIII
																4,0 He 2
											10,8 B 5	12,0 C 6	14,0 N 7	16,0 O 8	19,0 F 9	20,2 Ne 10
											27,0 Al 13	28,1 Si 14	31,0 P 15	32,1 S 16	35,5 Cl 17	39,9 Ar 18
		47,9 Ti 22	50,9 V 23	52,0 Cr 24	54,9 Mn 25	55,8 Fe 26	58,9 Co 27	58,7 Ni 28	63,5 Cu 29	65,4 Zn 30	69,7 Ga 31	72,6 Ge 32	74,9 As 33	79,0 Se 34	79,9 Br 35	83,8 Kr 36
IDEN		91,2 Zr 40	92,9 Nb 41	95,9 Mo 42	(98) Tc 43	101,1 Ru 44	102,9 Rh 45	106,4 Pd 46	107,9 Ag 47	112,4 Cd 48	114,8 In 49	118,7 Sn 50	121,8 Sb 51	127,6 Te 52	126,9 I 53	131,3 Xe 54
3,0 Yb 70	175,0 Lu 71	178,5 Hf 72	180,9 Ta 73	183,8 W 74	186,2 Re 75	190,2 Os 76	192,2 Ir 77	195,1 Pt 78	197,0 Au 79	200,6 Hg 80	204,4 Tl 81	207,2 Pb 82	209,0 Bi 83	(209) Po 84	(210) At 85	(222) Rn 86
59) No 02	(260) Lr 103	(261) Rf 104	(262) Ha 105	106	107	108	109	110	111	112	113	114	115	116	117	118

Element Name	Symbol	OZ[1]	Atommasse (u)
Stickstoff	N	7	14,0067
Strontium	Sr	38	87,62
Tantal	Ta	73	180,9479
Tellur	Te	52	127,60
Terbium	Tb	65	158,9254
Thallium	Tl	81	204,37
Thorium	Th	90	232,0381
Thulium	Tm (Tu)	69	168,9342
Titan	Ti	22	47,90
Uran	U	92	238,029
Vanadium	V	23	50,9415
Wasserstoff	H	1	1,0079
Wismut	Bi	83	208,9804
Wolfram	W	74	183,85
Xenon	Xe	54	131,30
Ytterbium	Yb	70	173,04
Yttrium	Y	39	88,9059
Zink	Zn	30	65,38
Zinn	Sn	50	118,69
Zirkonium	Zr	40	91,22

Ordnungszahl

Radioaktive Elemente

Element Name	Symbol	OZ[1]	Langlebigstes Isotop Massenzahl	Halbwertszeit	
Technetium	Tc	43	98	$4{,}2 \cdot 10^{6}$	Jahre
Promethium	Pm	61	145	17,7	Jahre
Polonium	Po	84	209	102	Jahre
Astatin	At	85	210	8,1	Stunden
Radon	Rn	86	222	3,824	Tage
Francium	Fr	87	223	21,8	Minuten
Radium	Ra	88	226	1600	Jahre
Actinium	Ac	89	227	21,8	Jahre
Thorium	Th	90	232	$1{,}405 \cdot 10^{10}$	Jahre
Protactinium	Pa	91	231	$3{,}25 \cdot 10^{4}$	Jahre
Uran	U	92	238	$4{,}47 \cdot 10^{9}$	Jahre
Neptunium	Np	93	237	$2{,}14 \cdot 10^{6}$	Jahre
Plutonium	Pu	94	244	$8{,}26 \cdot 10^{7}$	Jahre
Americium	Am	95	243	$7{,}40 \cdot 10^{3}$	Jahre
Curium	Cm	96	247	$1{,}54 \cdot 10^{7}$	Jahre
Berkelium	Bk	97	247	$1{,}38 \cdot 10^{3}$	Jahre
Californium	Cf	98	251	898	Jahre
Einsteinium	Es	99	252	401	Tage
Fermium	Fm	100	257	100,5	Tage
Mendelevium	Md (Mv)	101	258	55	Tage
Nobelium	No	102	259	58	Minuten
Lawrencium	Lr (Lw)	103	260	3	Minuten
Rutherfordium (Kurtschatovium)	Rf (Ku)	104	261	65	Sekunden
Hahnium (Nielsbohrium)	Ha (Ns)	105	262	~ 40	Sekunden

Chemie
in Versuch, Theorie
und Übung

Walter Botsch
Erich Höfling
Jürgen Mauch

Chemie

in Versuch, Theorie und Übung

Verlag Moritz Diesterweg
Frankfurt am Main

Verlag Sauerländer
Aarau · Frankfurt am Main · Salzburg

Genehmigt für den Gebrauch in Schulen.
Genehmigungsdaten teilt der Verlag auf Anfrage mit.

Bestellnummer:
95421

Chemie in Versuch, Theorie und Übung

Verfasser:
Walter Botsch, Gymnasialprofessor, Schwäbisch Gmünd
Dr. Erich Höfling, Professor an der Pädagogischen Hochschule Schwäbisch Gmünd
Jürgen Mauch, Professor am Seminar für Studienreferendare Esslingen

Grafik: Harald Hager
Einband: Jörg Müller

ISBN 3-425-95421-0 (Diesterweg)
ISBN 3-7941-2522-3 (Sauerländer)

2., neubearbeitete Auflage

Herstellung: Oscar Brandstetter Druckerei GmbH & Co. KG, Wiesbaden

Inhaltsverzeichnis

Warum Chemie? 9
Zur Benutzung des Buches 10

1 Grundbegriffe der Chemie 11
1.1 Die chemische Reaktion 11
1.2 Eigenschaften der Stoffe 13
1.3 Gemische 15
1.4 Synthese und Analyse 20
1.5 Verbindung und Element 21
1.6 Teilchenmodell der Materie 24
1.7 Atome, Moleküle, chemische Formeln 25
1.8 Quantitative Beziehungen 30
1.9 Anwendung der molaren Massen. Stöchiometrisches Rechnen 33

2 Luft, Sauerstoff, Gasgesetze 37
2.1 Zusammensetzung der Luft 37
2.2 Sauerstoff 39
2.3 Oxidation und Reduktion. Reaktionsenthalpie 42
2.4 Die Gasgesetze 45

3 Wasser 51
3.1 Zusammensetzung des Wassers 51
3.2 Wasserstoff. Katalyse 53
3.3 Eigenschaften des Wassers. Lösungen 55
3.4 Diffusion und Osmose. Der Dampfdruck 58
3.5 Reines Wasser – eine Aufgabe des Umweltschutzes . . 62

4 Nichtmetalle, Nichtmetalloxide, saure Lösungen 67
4.1 Schwefel und Schwefeldioxid 67
4.2 Schwefelsäure 70
4.3 Kohlenstoff, Kohlendioxid und Kohlensäure 75
4.4 Phosphor 79
4.5 Phosphoroxid und Phosphorsäure 82
4.6 Vom Stickstoff zur Salpetersäure 83
4.7 Chemie und Welternährung. Mineraldünger 86
4.8 Salzsäure 90
4.9 Salzsäure als Elektrolyt. Einführung des Ionenbegriffs . . 93
4.10 Vergleichende Übersicht wichtiger Säuren 96

5 Hydroxide, Neutralisation und Salze 98
5.1 Hydroxide und alkalische Lösungen 98
5.2 Neutralisation 101
5.3 Zusammensetzung und Eigenschaften der Salze 104
5.4 Salzbildung 108

6 Ausgewählte Elementgruppen des Periodensystems . . 111
6.1 Chlor 111
6.2 Die Elemente Brom, Iod und Fluor 113
6.3 Die Elementgruppe der Halogene 116
6.4 Die Elementgruppe der Alkalimetalle 117
6.5 Die Elementgruppe der Edelgase 120

7 Atombau und Periodensystem 122
7.1 Geschichte und Gliederung des Periodensystems 122
7.2 Elementarteilchen 124
7.3 Radioaktivität 125
7.4 Vom Experiment zur Theorie. Was sind Modelle? 127
7.5 Das Atommodell von Rutherford. Bedeutung von Kern und Hülle 128
7.6 Das Bohrsche Atommodell 131
7.7 Der Feinbau der Atomhülle 134
7.8 Atomhülle und Aufbau des Periodensystems 137
7.9 Elektronenkonfiguration und chemische Eigenschaften . 141
7.10 Das Orbital als Elektronenwolke 143

8 Die Ionenbindung 145
8.1 Ionen 145
8.2 Ionengitter 146
8.3 Ionengitter und Eigenschaften der Salze 149

9 Die Atombindung 152
9.1 Das Wasserstoffmolekül 152
9.2 Weitere zweiatomige Moleküle von Elementen 153
9.3 Die Struktur fester Nichtmetalle 156

10 Die polare Atombindung 160
10.1 Die Elektronegativität 160
10.2 Stoffe mit polarer Atombindung 161
10.3 Mehratomige Dipolmoleküle 163
10.4 Wasserstoffbrücken 165
10.5 Wasser als Lösungsmittel 166
10.6 Atombindung – polare Atombindung – Ionenbindung . . 168

11 Grundtypen chemischer Reaktionen 170

11.1 Protolytische Reaktionen (Säure-Base-Reaktionen). . . 170
11.2 Der Säure-Base-Begriff nach Brönsted 173
11.3 Redox-Reaktionen 175
11.4 Die Oxidationszahl 177
11.5 Formulierung von Redox-Reaktionsgleichungen 180
11.6 Elektrochemische Redox-Reihe 182
11.7 Elektrolyse und elektrochemische Stromquellen 187

12 Der Ablauf chemischer Reaktionen 191

12.1 Die Reaktionsgeschwindigkeit 191
12.2 Chemisches Gleichgewicht und Energetik chemischer Reaktionen 196
12.3 Das Massenwirkungsgesetz 202
12.4 Anwendung des Massenwirkungsgesetzes auf protolytische Reaktionen 208

13 Metalle 215

13.1 Eigenschaften und Bau der Metalle 215
13.2 Komplexverbindungen 218
13.3 Eisen und Stahl 223
13.4 Nichteisenmetalle 227
13.5 Korrosion und Korrosionsschutz. 232

14 Aliphatische Kohlenwasserstoffe und Halogenderivate. 235

14.1 Sonderstellung der Kohlenstoffchemie 235
14.2 Das Tetraedermodell des Methans. 237
14.3 Alkane und Cycloalkane 240
14.4 Halogenalkane 245
14.5 Alkene 248
14.6 Alkine 255
14.7 Petrochemie. 259

15 Einfache organische Sauerstoffverbindungen. 267

15.1 Strukturaufklärung am Beispiel des Ethanols 262
15.2 Alkohole (Alkanole) 271
15.3 Ether 278
15.4 Aldehyde (Alkanale) 281
15.5 Ketone (Alkanone) 284
15.6 Carbonsäuren und Carbonsäurederivate 286
15.7 Hydroxycarbonsäuren. Stereoisomerie 293
15.8 Ester 298

16 Chemie der Aromaten 301
16.1 Benzol 301
16.2 Mesomerie 303
16.3 Elektrophile Substitution 306
16.4 Benzolderivate und ihre Reaktionen 307

17 Organische Basen 314
17.1 Amine 314
17.2 Harnstoff 316
17.3 Anilin. Diazotierung 318
17.4 Heterozyklen 320

18 Fette und Waschmittel 327
18.1 Zusammensetzung der Fette 327
18.2 Vorkommen, Gewinnung und Eigenschaften der Fette . 329
18.3 Seifen und Waschwirkung. Kolloide 330
18.4 Synthetische Waschmittel. Phosphatgehalt der Abwässer 333

19 Kohlenhydrate 337
19.1 Die Glucose und ihre Isomere 337
19.2 Mono- und Disaccharide 340
19.3 Polysaccharide 343
19.4 Stärke und Cellulose in Natur und Technik 345

20 Proteine und ihre Bausteine 349
20.1 Aminosäuren 349
20.2 Moderne Trennverfahren 351
20.3 Polypeptide und Proteine 354
20.4 Biologisch wichtige Polypeptide 357

21 Kunstoffe 360
21.1 Eigenschaften und Struktur 360
21.2 Technische Verwendung 362
21.3 Polymerisation 365
21.4 Polykondensation und Polyaddition 368
21.5 Kunsttoffe – gestern und heute 371

Anhang 374
Register 376

Warum Chemie?

Rauchfahnen rings um das Chemiewerk, Explosion einer Werksanlage mit Verseuchung der Umgebung, Fässer mit hochgiftigem Material auf dem Meeresgrund, Giftstoffe in den Flüssen, Spritzmittelrückstände auf Obst und Gemüse, Phosphate in den Gewässern: das ist es, was wir immer wieder – mit dicken Schlagzeilen – in den Zeitungen lesen. Das ist sie, «die Chemie». Aber ist sie wirklich nur das?
Das menschliche Leben dauert heute im Durchschnitt rund 70 Jahre. Vor 150 Jahren war das noch anders, damals hatte das Neugeborene eine durchschnittliche Lebenserwartung von 37 Jahren. Der moderne Mensch hat also eine erheblich größere Chance, alt zu werden, sein Leben länger zu genießen. Warum das? Nicht zuletzt dank besserer Hygiene und dank besserer ärztlicher Versorgung. An beiden ist die Chemie maßgeblich beteiligt: sie liefert Seifen, Wasch- und Desinfektionsmittel für die tägliche Hygiene, und sie liefert die Medikamente, die der Arzt verschreibt. Chemie also hilft, das Leben zu verlängern. Aber nicht nur das: Heute leben auf der Erde über 4 Milliarden Menschen. Ein großer Teil von ihnen leidet Hunger, die Nahrungsmittelerträge reichen nicht aus. Es wäre unmöglich, diese Menschenmenge überhaupt zu ernähren, wenn es keine Mineraldünger und keine Pflanzenschutzmittel gäbe. Nur bei ausreichender Düngung liefern die Böden genügend Nahrungsmittel. Der Dünger aber stammt aus dem Chemiewerk.
Chemie hilft, das Leben zu erhalten. Und sie hilft auch, dieses Leben angenehm zu machen. Die Chemie liefert Kunststoffe für den Stab des Stabhochspringers und den Ski des Abfahrtsläufers, aber auch für Möbelstücke, Bodenbeläge und Lacke, für Haushaltsgeräte und Maschinenteile. Chemische Erkenntnisse ermöglichen die Gewinnung und Verarbeitung von Metallen, der Chemiker produziert Farbstoffe, die das Leben bunter und schöner machen. Im chemischen Labor forscht man über die Zusammensetzung des Benzins für unser Auto, über den Stoff, der unser Hemd bügelfrei macht, über neue und wirkungsvollere Medikamente und auch über die Zusammensetzung und Wirkung von Birnenschnaps. Und über viele andere, wichtige und weniger wichtige Dinge.
Und schließlich forscht der Chemiker einfach deshalb, weil er neugierig ist, weil der Mensch den Drang hat, zu wissen, was in ihm und um ihn herum vorgeht. Warum Wasser flüssig und Kochsalz fest, warum die Rose rot, der Honig aber süß ist. Diese Neugier ist wohl Grundlage jeder Wissenschaft und damit des gesamten wissenschaftlich-technischen Fortschritts. Jeder von uns sollte darauf achten, daß dieser Fortschritt zum Wohle aller Menschen optimal genutzt wird und daß die negativen Seiten des Fortschritts so weit wie möglich ausgeschaltet werden. Das können wir allerdings nur, wenn wir von Wissenschaft und Fortschritt auch etwas «wissen».

Zur Benutzung des Buches

Die Versuchsbeschreibungen geben die Mittel und das Vorgehen an, enthalten aber keine Versuchsergebnisse.

Die durch selbständiges Beobachten gewonnenen Ergebnisse sollten in einem Protokoll festgehalten werden. Sie bilden auf diese Weise eine Grundlage zum Verständnis des Textes.

Viele Versuche sind sowohl für den Demonstrations- wie auch für den Arbeitsunterricht geeignet. Schülerexperimente sollen aber gründsätzlich der Anleitung und Aufsicht des Lehrers unterstehen. Er muß auch entscheiden, welche Versuche gegebenenfalls von Schülern durchgeführt werden können.

Auf gefährliche Stoffe und besondere Vorsichtsmaßnahmen wird durch *Kursivdruck* hingewiesen. Eine Schutzbrille ist aber auch ohne besonderen Hinweis zu tragen.

Der Lehrtext ist durch größere Schrift gekennzeichnet und in einzelne Lernschritte gegliedert. Die Schritte sind innerhalb der Kapitel durchnumeriert. Dadurch wird ein geordnetes und folgerichtiges Lernen ermöglicht.

Die wichtigsten Lerninhalte werden auf der Randspalte mit roter Schrift in kurzen Merksätzen, Schlagworten oder Fragen hervorgehoben. Dies hilft beim Einprägen und Wiederholen des Lernstoffs und erleichtert die Orientierung.

Die Aufgaben ermöglichen eine erste Lernkontrolle. Nach Durchführung der Versuche und gründlichem Lesen des Lehrtextes sollte es möglich sein, sie zu lösen. Zum Teil verlangen sie nur eine Wiedergabe der erlernten Fakten, häufig ist es aber auch notwendig, das Gelernte auf andere, noch unbekannte Sachverhalte anzuwenden. Bei der Kontrolle der Lösungen hilft der Lehrer.

Die Abbildungen

- zu den Versuchen helfen beim Aufbau und Verständnis komplizierterer Apparaturen. Sie entsprechen immer dem Zustand zu Beginn des Versuchs.
- zur technischen Chemie zeigen, wie für den Menschen wichtige Stoffe hergestellt werden, und geben gleichzeitig einen Einblick in die Bedeutung der Chemie für die moderne Welt.
- zur Struktur und Anordnung der Atome, Moleküle und Ionen sollen Unsichtbares anschaulich machen. Solche Bilder sind aus Modellvorstellungen abgeleitet, sie dürfen nicht mit wirklichen Gegenständen verwechselt werden.

Die in großer Zahl verwendeten Strukturformeln erleichtern das Verständnis für den Aufbau vor allem von komplizierter gebauten Molekülen.

1 Grundbegriffe der Chemie

1.1 Die chemische Reaktion

Chemische Reaktion oder nicht?

V_1 Ein dünner Holzstab wird in Stücke zerbrochen; anschließend wird eines der Stücke verbrannt. Produkte vergleichen.

V_2 Mit der Tiegelzange halten wir ein Stück Platindraht in die Gasflamme. Dasselbe machen wir anschließend mit einem Stück Magnesiumdraht oder -band.

V_3 Auf eine feuerfeste Unterlage bringen wir je ein höchstens bohnengroßes Häufchen feingepulvertes *Kaliumchlorat (brandfördernd; bildet mit brennbaren Stoffen explosive Gemische)* und feingepulvertes Natriumchlorid. Beide Häufchen werden mit etwa der gleichen Menge feingepulvertem Schwefel gut vermischt. *Dabei äußerst vorsichtig vorgehen, keinen Druck ausüben (Schutzbrille!)*. Beide Häufchen werden dann mit einem längeren brennenden Holzstab kurz berührt.

V_4 In ein am Stativ befestigtes Reagenzglas wird etwa 2 bis 3 cm hoch feingepulvertes *Ammoniumdichromat (explosiv; Feuergefahr bei Berührung mit brennbaren Stoffen)* gegeben. Mit dem Brenner erhitzt man das Reagenzglas.

Woran erkennt man eine chemische Reaktion?

V_5 Fünf Standzylinder oder große Reagenzgläser werden je zur Hälfte mit folgenden Lösungen gefüllt:
1) stark verdünnte Kaliumrhodanidlösung
2) *10%ige Natronlauge (ätzend)*
3) Lösung von *Phenol (ätzend)* in Wasser
4) verdünnte Lösung von gelbem Blutlaugensalz
5) stark verdünnte Lösung von Natriumacetat in Wasser

Allen Lösungen setzt man stark verdünnte Eisenchloridlösung (schwach gelb) zu.

Versuchsanordnung zu V_5

V_6 In einen Standzylinder, der mit verdünnter Salzsäure gefüllt ist, werfen wir ein Stück Marmor.

V_7 In zwei kleine Bechergläser geben wir je 40 cm³ Wasser. In das Wasser taucht ein Demonstrationsthermometer (am Stativ befestigt). Dem Wasser des einen Becherglases werden 10 g Ammoniumchlorid, dem Wasser des anderen Becherglases 10 g *Natriumhydroxid (ätzend)* zugegeben. Man rührt um und beobachtet die Temperaturänderung.

1. Die hier beschriebenen Experimente zeigen uns im Verhalten der Körper zwei grundsätzlich verschiedene Möglichkeiten:
- Die verwendeten Körper verändern ihre äußere Form, bleiben aber in ihrer stofflichen Substanz unverändert (z. B. Brechen von Holz; wir erhalten Holzstücke).
- Die stoffliche Substanz der verwendeten Körper wird verändert (z. B. Verbrennen von Holz; wir erhalten aus Holz gasförmige Produkte und Asche).

Chemische Reaktionen ergeben neue Stoffe mit neuen Eigenschaften

2. Der Vorgang, bei dem stoffliche Veränderungen auftreten, bei dem also neue Stoffe entstehen, wird chemische Reaktion genannt. Treten bei einem Vorgang keine stofflichen Veränderungen auf, so sprechen wir von einem physikalischen Vorgang.

Bei einer chemischen Reaktion können zwei oder mehr Stoffe miteinander reagieren. Gelegentlich reagiert auch nur ein einzelner Stoff. Immer jedoch entstehen neue Stoffe, die sich von den ursprünglich vorhandenen Stoffen unterscheiden.

Merkmale chemischer Reaktionen

3. Wollen wir wissen, ob eine chemische Reaktion stattgefunden hat, so müssen wir zunächst feststellen, ob ein neuer Stoff entstanden ist. Zu diesem Zweck vergleichen wir die Eigenschaften der Stoffe vor und nach der fraglichen Reaktion. Oft erkennt man eine chemische Reaktion auf Grund von Farbänderungen, an der Bildung von Gasblasen oder daran, daß in einer Lösung ein unlöslicher Stoff entsteht, der die Lösung trübt und schließlich als Niederschlag ausfällt.

Die äußere Form eines Gegenstandes hat keine Auswirkung auf die Eigenschaft des Stoffs, aus dem der Gegenstand besteht. Ob aus einem Stück Stahl eine Schere oder eine Nadel geformt ist, die stoffliche Substanz bleibt unverändert Stahl und hat daher die für Stahl charakteristischen Stoffeigenschaften. Andererseits bestehen die im Bild gezeigten Würfel aus verschiedenen Stoffarten und besitzen daher trotz gleicher äußerer Form unterschiedliche Stoffeigenschaften.

Exotherme und endotherme Reaktionen

4. Chemische Reaktionen sind immer von Energieänderungen begleitet. Energie kann z. B. in Form von Wärme frei werden (exotherme Reaktionen), oder es wird Energie aus der Umgebung aufgenommen (endotherme Reaktionen).

Die Chemie befaßt sich mit Eigenschaften, Zusammensetzung und Veränderungen der Stoffe

5. Die Unterteilung der Naturwissenschaften in Chemie, Physik und Biologie ist historisch begründet. Da alle naturwissenschaftlichen Disziplinen mit demselben Material arbeiten, kann es aber keine scharfen Grenzen zwischen ihnen geben. Manche Gebiete können daher nicht eindeutig einer der Wissenschaften zugeordnet werden. Gerade in jüngster Zeit verwischen sich die Grenzen zwischen den verschiedenen Wissenschaften immer mehr. Viele Forschungsergebnisse sind nur durch die Zusammenarbeit von Forschern verschiedener Disziplinen zu erhalten. Da die verschiedenen Naturwissenschaften aber unterschiedliche Denk- und Arbeitsmethoden anwenden, wird die Unterteilung in Chemie, Physik und Biologie sicher auch in der Zukunft bestehen bleiben.

A_1 Warum ist das Verbrennen von Papier eine chemische Reaktion?

A_2 Ein Nagel bricht ab, ein anderer Nagel rostet. In welchem der beiden Fälle findet eine chemische Reaktion statt? Begründung der Antwort.

A_3 Welche Vorgänge aus der täglichen Erfahrung sind chemische Reaktionen? Die Auswahl soll begründet werden.

Gegenstände verschiedener Formen aus dem gleichen Stoff (Schwefel)

Gegenstände gleicher Form aus verschiedenen Stoffen

Kristalle von Hämatit, Magnetit und Smaragd. Diese Stoffe können schon auf Grund ihrer Farbe und Kristallform voneinander unterschieden werden

1.2 Eigenschaften der Stoffe

Woran erkennt man die Stoffe?

V1 Ein Stahl- und ein Glasstab etwa gleicher Länge und Dicke werden wie folgt untersucht:
a) In die Nähe der Stäbe bringen wir einen Magnet.
b) Wir bestimmen die Dichte der Stäbe (Dichte = Masse pro Volumeneinheit).
c) An eine 2-Volt-Stromquelle schließen wir hintereinander ein Lämpchen und zwei Elektroden an. Durch Berühren jeweils eines Stabes mit den Elektroden wird der Stromkreis geschlossen.
d) In jeder Hand halten wir einen der beiden Stäbe etwa 5 cm vom Stabende entfernt. Das Ende beider Stäbe wird gleichzeitig mehrere Minuten lang in die leuchtende Flamme des Bunsenbrenners gehalten.

Messung der elektrischen Leitfähigkeit (V1 c)

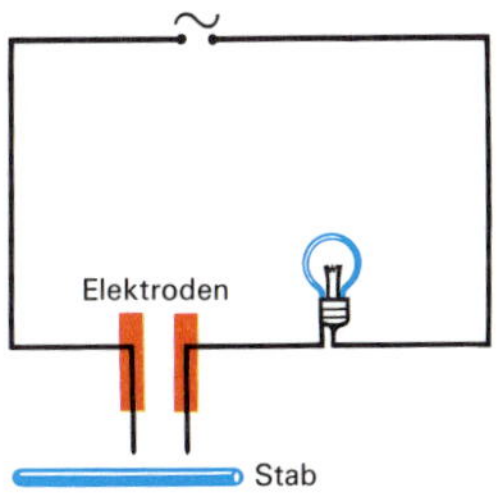

V2 Feingepulvertes reines Kochsalz und feingepulverte Soda (Natriumcarbonat) werden äußerlich miteinander verglichen. In zwei Reagenzgläsern gibt man dann je einen Spatel dieser Substanzen in reines Wasser. Was ist vergleichend zu beobachten? Schließlich werden die Reagenzgläser jeweils mit etwas *Salzsäure (ätzend)* versetzt. Beobachtungen?

Woran erkennt man Salzsäure?

V3 Zwei große Reagenzgläser sind etwa halbvoll zu füllen: das eine mit verdünnter Salzsäure, das andere mit Natriumcarbonatlösung. Beide Lösungen werden gleichzeitig in ein Becherglas geschüttet.
Der Versuch wird mit verdünnter Salzsäure und Silbernitratlösung und schließlich noch mit verdünnter Salzsäure und Lackmuslösung wiederholt.

Wie verhalten sich Stoffe bei Temperaturänderungen?

V4 a) In einem Becherglas lassen wir einige Stücke Eis schmelzen und messen die Temperatur der Eis-Wasser-Mischung.
b) Wir bestimmen die Temperatur, bei der das Wasser siedet.

V5 In ein größeres Becherglas kommt ein Spatel *Iod (ätzend)*. Ein auf das Becherglas aufgelegtes Uhrglas wird durch nasses Filterpapier gekühlt. Dann erwärmen wir das Becherglas.

Verschiedene Eigenschaften

1. Jede Stoffart hat verschiedene Eigenschaften, an denen sie erkannt und von anderen unterschieden werden kann. Zu diesen Eigenschaften gehören zum Beispiel: Farbe, Kristallform, Dichte (spezifisches Gewicht), elektrische Leitfähigkeit, Wärmeleitfähigkeit, Härte, Schmelztemperatur (Temperatur, bei der die feste Substanz schmilzt), Siedetemperatur (Temperatur, bei der die flüssige Substanz siedet), Brennbarkeit, Verhalten gegenüber Säuren, Reaktionsfähigkeit mit anderen Stoffen.

Identifizierung der Stoffe durch Eigenschaftskombinationen

2. Oft stimmen verschiedenartige Stoffe in bestimmten Eigenschaften überein. So bilden sowohl Kochsalz wie Zucker farblose Kristalle, die in feinverteilter Form weiß erscheinen und sich in Wasser lösen. Daß es trotzdem verschiedenartige Stoffe sind, zeigt sich beim Erhitzen: Während Kochsalz bei etwa 800 °C schmilzt, wird aus Zucker schon bei niedriger Temperatur braunes Karamel.
Ähnlich ist es bei Wasser und Alkohol, beide sind farblose Flüssigkeiten. Alkohol siedet aber bei 78 °C, Wasser erst bei 100 °C.
Zur eindeutigen Identifizierung einer Stoffart müssen im allgemeinen mehrere Eigenschaften herangezogen werden.

Einteilung in Stoffklassen

3. Unterschiedliche Stoffarten können, wenn sie in bestimmten Eigenschaften übereinstimmen, zu Stoffklassen zusammengefaßt werden. So rechnet man zum Beispiel Stoffe, die bei Raumtemperatur fest sind und in geschmolzenem Zustand den elektrischen Strom leiten, zur Stoffklasse der salzartigen Stoffe. Durch Vergleichen der Eigenschaften läßt sich so eine gewisse Ordnung in die Vielzahl der Stoffe bringen.

Folgende Grobeinteilung ist dabei möglich:
- Salzartige Stoffe: fest, bilden Kristalle, spröde, ziemlich hart, relativ hohe Schmelztemperatur.
- Metalle: fest, metallischer Glanz, elektrisch leitend.
- Leichtflüchtige Stoffe. Gasförmig, flüssig oder fest, relativ niedrige Schmelztemperatur, elektrisch nicht leitend, weich.

4. Zu den Eigenschaften eines Stoffes gehören auch sein Geruch und sein Geschmack. Die betreffenden Empfindungen werden durch chemische Reaktionen an Geruchs- und Geschmackssinneszellen ausgelöst. Unbekannte Stoffe sollten aber niemals auf ihren Geschmack und nur sehr vorsichtig auf ihren Geruch untersucht werden. Die Gefahr einer Vergiftung wäre zu groß.

Aggregatzustände des Wassers

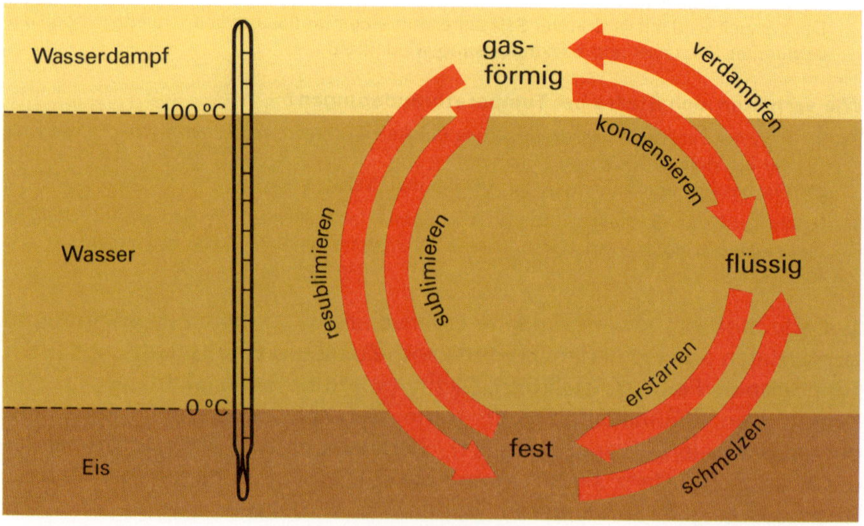

5. Viele Eigenschaften sind nicht nur von der Art des Stoffes, sondern auch von den äußeren Bedingungen, d. h. von Druck und Temperatur, abhängig. Angaben zu diesen Eigenschaften sind daher nur sinnvoll, wenn gleichzeitig die Bedingungen angegeben oder festgelegt sind, bei denen die Eigenschaften bestimmt wurden. So ist die Siedetemperatur eines Stoffes von der Höhe des Luftdrucks abhängig. Mit Erhöhung der Temperatur können sich Farbe und Dichte eines Stoffes verändern.

Eigenschaften sind von äußeren Bedingungen abhängig

6. Auch der Aggregatzustand eines Stoffes ändert sich mit der Temperatur. Wir unterscheiden dabei den festen, den flüssigen und den gasförmigen Zustand. Feste Stoffe gehen beim Erwärmen zunächst in den flüssigen Zustand über (Schmelzen). Bei weiterem Erwärmen werden sie gasförmig (Sieden oder Verdampfen). Geht ein Stoff aus dem festen Zustand direkt in den gasförmigen Zustand über, ohne erst zu schmelzen, so spricht man von Sublimation.

A_1 In welchen Eigenschaften sind sich Kochsalz und Soda gleich, worin unterscheiden sie sich?

A_2 Die Siedetemperatur des Wassers wird in den Büchern mit 100 °C angegeben. Wie läßt es sich erklären, wenn bei Durchführung von V_4 abweichende Ergebnisse erhalten werden?

1.3 Gemische

Herstellung und Eigenschaften von Gemischen

V_1 In eine kleine Glasschale geben wir Schwefel- und Eisenpulver und vermischen die beiden Stoffe gut. Auf diese Weise werden mehrere Mischungen in verschiedenen Mischungsverhältnissen hergestellt. Diese Mischungen untersucht man wie folgt:
a) Welche Farben haben die Mischungen?
b) Wie verhalten sie sich gegenüber dem Magnet?
c) Eine Probe des Gemischs wird im Reagenzglas mit *Schwefelkohlenstoff (sehr leicht entzündlich; giftig)* versetzt und gut geschüttelt *(Vorsicht: Schwefelkohlenstoffdämpfe nicht einatmen, Abzug benutzen, keine offene Flamme!)*. Dann läßt man absitzen und gibt die überstehende klare Lösung auf ein Uhrglas, das unter dem laufenden Abzug einige Zeit stehenbleibt.
d) In einem hohen schlanken Standzylinder wird die Mischung mit Wasser kräftig geschüttelt. Anschließend läßt man den Zylinder stehen.

V_2 Drei hohe schlanke Standzylinder werden zu etwa $^2/_3$ mit Wasser gefüllt. Dann fügen wir – jeweils einige Milliliter – *Alkohol (feuergefährlich)* in den ersten, *Benzin (feuergefährlich)* in den zweiten und *Nitrobenzol (giftig)* in den dritten Standzylinder zu *(Vorsicht: Dämpfe nicht einatmen, keine offene Flamme!)*.

V_3 Wir betrachten Milch unter dem Mikroskop.

Wie trennt man Gemische in ihre Bestandteile auf?

V_4 Die Wasser-*Benzin*-Mischung von Versuch V_2 wird in einem Scheidetrichter getrennt.

V_5 Eine Portion Kochsalz vermischt man mit einer Portion Marmorpulver (oder feinem Sand). Die Mischung wird im Becherglas mit Wasser versetzt und einige Zeit gerührt. Die so entstandene Aufschlämmung filtriert man ab (dabei können gewöhnliche Glastrichter oder eine Saugflasche mit Büchnertrichter verwendet werden). Die dabei erhaltene klare Lösung wird als Filtrat, der im Filter zurückbleibende feste Stoff als Filter-Rückstand bezeichnet. Das erhaltene Filtrat dampft man in einer Porzellan- oder Quarzschale ein.

V_6 In einer einfachen Destillierapparatur wird eine verdünnte Farbstofflösung destilliert.

Scheidetrichter (links)
Filterstativ
mit Trichter (Mitte)
Saugflasche (rechts)
mit Büchnertrichter
(Nutsche) (V_5)

Gemische: Bestandteile in beliebigen Mischungsverhältnissen, Eigenschaften der Bestandteile unverändert

1. Mischen wir zwei verschiedene Stoffe miteinander, so kommt es sehr häufig nicht zu einer chemischen Reaktion. Es entstehen keine neuen Stoffe mit neuen Eigenschaften. Im Gemisch behalten die Bestandteile (Komponenten) ihre Eigenschaften bei. Die meisten der in der Natur vorkommenden Stoffe sind solche Gemische.
Die Mischungsverhältnisse können dabei beliebig wechseln. Je nach Mischungsverhältnissen treten die Eigenschaften der Bestandteile mehr oder weniger deutlich in Erscheinung.

Heterogenes Gemisch: mehrere Phasen

2. In einem Gemisch können die einzelnen Bestandteile mehr oder weniger deutlich zu erkennen sein. Man spricht dann von einem heterogenen Gemisch. Im Schwefel-Eisen-Gemisch zum Beispiel lassen sich Schwefel und Eisen unter dem Vergrößerungsglas an der Farbe unterscheiden. Jeden Stoffbereich, der sich dabei von einem anderen Bereich durch eine erkennbare Trennfläche abgrenzt, nennen wir eine Phase. Heterogene Gemische bestehen also aus zwei oder mehr Phasen. Das heterogene Gemisch Schwefel-Eisen besteht aus zwei festen Phasen, das ebenfalls heterogene Gemisch Wasser-Benzin aus zwei flüssigen Phasen.

Homogenes Gemisch: eine Phase

3. Gemische können aber auch völlig einheitlich erscheinen. Selbst unter dem stärksten Mikroskop sind dann keine Grenzflächen zu erkennen. Solche Gemische werden als homogen bezeichnet, denn sie bestehen aus nur einer Phase. Das homogene Gemisch Alkohol-Wasser zum Beispiel besteht aus einer flüssigen Phase.

Unterschiedliche Eigenschaften der Bestandteile ermöglichen Trennung

4. Stoffe, die der Chemiker untersuchen oder verwenden will, müssen meist in möglichst reiner Form vorliegen. Die Trennung von Gemischen in ihre Bestandteile ist daher eine wichtige Aufgabe in Forschung und Technik. Zur Trennung eines Gemisches können unterschiedliche Eigenschaften seiner Bestandteile ausgenutzt werden.

5. Gemische aus zwei flüssigen Phasen unterschiedlicher Dichte (zum Beispiel das Gemisch Wasser-Benzin) können im Scheidetrichter getrennt werden.

Gemische aus einer festen und einer flüssigen Phase können durch Absitzenlassen (Sedimentieren, Sedimentation) der festen Phase und Abgießen (Dekantieren) der flüssigen Phase oder durch Filtration getrennt werden. Insbesondere die Filtration ist eine sehr wichtige und häufig angewandte Methode. Im Labor benutzt man dazu meist Glastrichter und Filterpapier. Soll die Filtration etwas rascher gehen, so arbeitet man mit Saugflaschen, in die das Filtrat abgesaugt wird. Die Technik filtriert ihre Gemische durch Kies-, Sand-, Tuch- oder Kunststoff-Filter. Bei Verwendung von Tuch- oder Kunststoff-Filtern werden die Lösungen in besonderen Filterzellen durch die Filtertücher hindurchgedrückt.
Bau und Funktion einer solchen Zelle zeigt die Abbildung. In den sogenannten Filterpressen der Industrie sind viele derartige Filterzellen zusammengefaßt.

Trennung heterogener Gemische z. B. durch Filtration.

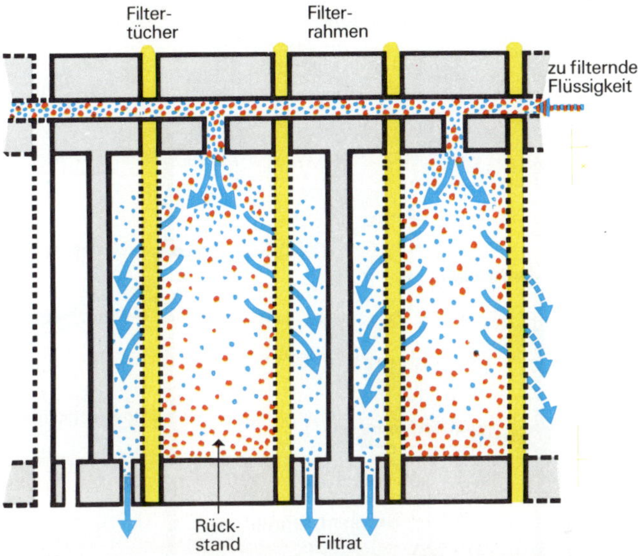

Filterzellen in einer Filterpresse

Filterpresse in einer Farbstoff-Fabrik

Trennung heterogener Gemische z. B. durch Sedimentation oder Extraktion

6. Für Gemische aus zwei festen Phasen gibt es unter anderem folgende Möglichkeiten der Trennung:

– Phasen mit verschiedenem spezifischem Gewicht können durch Aufschlämmen in einer Flüssigkeit und anschließende Sedimentation getrennt werden.
– Die verschiedene Löslichkeit der Bestandteile kann genutzt werden, um einen der beiden Bestandteile aus dem Gemisch herauszulösen (extrahieren, Extraktion). Dieser Bestandteil muß dann in einem weiteren Arbeitsgang vom Lösungsmittel getrennt werden.

Destillationsapparatur (V_6)

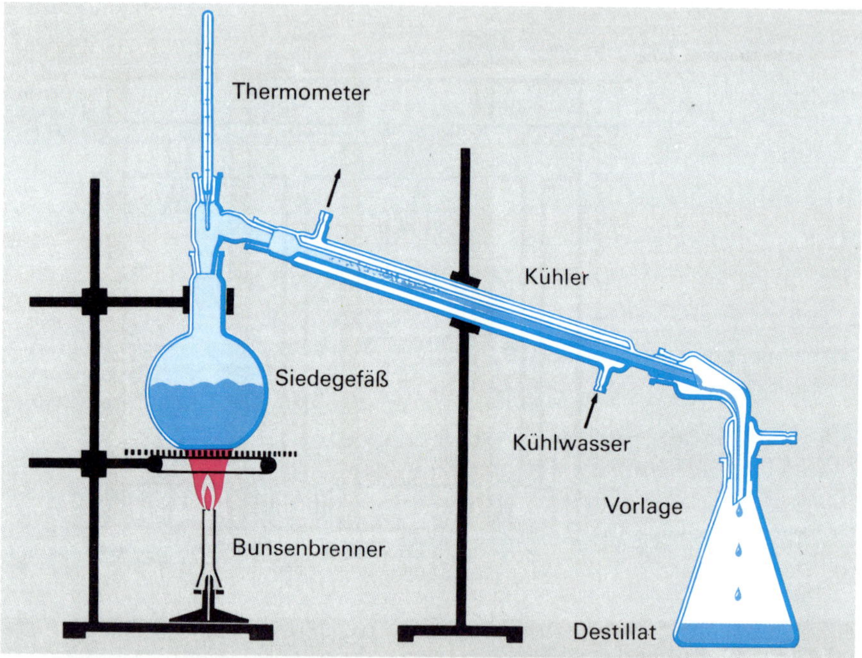

Trennung homogener Gemische z. B. durch Destillation

7. Bei der Trennung eines einheitlichen, nur aus einer Phase bestehenden Gemischs werden häufig die unterschiedlichen Siedetemperaturen der Bestandteile ausgenutzt. Der Vorgang wird Destillation genannt. Erhitzen wir z. B. eine wäßrige Farbstofflösung, so verdampft reines Wasser, das in einem Kühler wieder kondensiert und in der Vorlage aufgefangen wird. Der Farbstoff bleibt im Destillierkolben zurück.

Im Labor werden meist Destillierapparaturen aus Glas verwendet. Um bessere Trennung zu erreichen, kann dem Destillierkolben dabei ein sogenannter Fraktionieraufsatz angeschlossen werden. Die Fraktioniertürme der industriellen Destillationsanlagen sind geradezu ein Wahrzeichen der chemischen Großindustrie.

8. Gemische können durch verschiedene Methoden, bei denen man Unterschiede in bestimmten Eigenschaften ausnutzt, zerlegt werden. Stoffe, die völlig einheitliche Eigenschaften besitzen und sich daher durch die genannten Methoden nicht mehr zerlegen lassen, bezeichnen wir als Reinstoffe. Zum Beispiel ist Schwefel ein Reinstoff, ebenso wie Eisen oder wie reines Wasser.

Reinstoffe mit einheitlichen Eigenschaften

Granit

A1 Aus welchen Phasen besteht Milch (Betrachtung unter dem Mikroskop)?

A2 Aus wieviel Phasen besteht der im Bild gezeigte Granit?

A3 Welche Verfahren sind anwendbar, um die folgenden Gemische in ihre Bestandteile zu trennen:
a) Sägemehl und Sand
b) Sägemehl und Kochsalz
c) Wasser und Zucker

A4 Auch Luft ist ein Gemisch. Handelt es sich um ein homogenes oder ein heterogenes Gemisch? Aus wieviel Phasen besteht es? Die Antworten sollen begründet werden.

Großanlage mit Fraktioniertürmen (Benzinraffinerie)

1.4 Synthese und Analyse

Entstehung und Eigenschaften neuer Reinstoffe

V_1 14 g Eisenpulver (Ferrum reductum) werden mit 8 g feingepulvertem Schwefel gut vermischt. Eine kleine Menge der *Mischung* lassen wir als Vergleichssubstanz übrig; der Rest kommt in ein senkrecht am Stativ befestigtes Reagenzglas. Unter das Reagenzglas stellen wir eine Porzellanschale. Der Boden des Reagenzglases wird mit einem Bunsenbrenner kurz erhitzt *(Vorsicht: heftige Reaktion)*.

V_2 Das Reaktionsprodukt von Versuch V_1 wird auf Magnetismus und Farbe untersucht. Das feingepulverte Produkt schütteln wir in einem schlanken Standzylinder mit Wasser und lassen es dann stehen. Wir vergleichen mit den entsprechenden Untersuchungen des Schwefel-Eisen-Gemischs in Kapitel 1.3.

V_3 20 g Kupferpulver und 5 g feingepulverter Schwefel werden gut vermischt. Das *Gemisch* füllen wir etwa 3 bis 4 cm hoch in ein senkrecht am Stativ befestigtes Reagenzglas. Unter dem Reagenzglas sollen sich eine *feuerfeste Unterlage* und eine Porzellanschale befinden. Der Boden des Reagenzglases wird mit dem Bunsenbrenner kurz erhitzt *(Vorsicht: heftige Reaktion, Schutzscheibe, Schutzbrille)*.

V_4 Kupfer-Schwefel-Gemisch und feingepulvertes Reaktionsprodukt von Versuch V_3 werden jeweils a) auf ihre Farbe untersucht, b) in einem schlanken Standzylinder mit Wasser kräftig geschüttelt und dann stehengelassen. Ergebnisse vergleichen.

V_5 6 g Zinkpulver und 3 g Schwefelpulver werden gut vermischt und etwa $^1/_2$ cm hoch auf einer feuerfesten Platte verstrichen. Das *Gemisch* wird *unter dem Abzug* mit einer glühenden Stricknadel entzündet *(Vorsicht: heftige Reaktion; Schutzbrille, Schutzscheibe)*.

Wie zerlegt man einen Reinstoff?

V_6 In ein schwerschmelzbares, zweifach gebogenes Reagenzglas geben wir eine Spatelspitze *Quecksilberoxid*. In das Reagenzglas kommt oben ein Bausch Glaswolle, dann wird ein Gasableitungsrohr angeschlossen, das unter einem mit Wasser gefüllten Standzylinder endet. Das *Quecksilberoxid* wird erhitzt *(Vorsicht: Quecksilber, Quecksilberdämpfe und Quecksilberverbindungen sind sehr giftig!)*.
Welche Eigenschaften haben die *Reaktionsprodukte?* (In das aufgefangene Gas halten wir einen glimmenden Holzspan.)

Erhitzen von Quecksilberoxid (V_6)

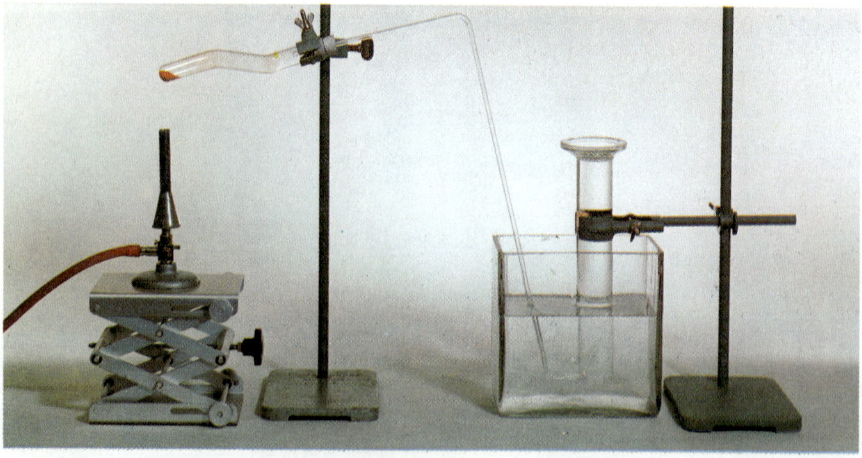

1. Jedes Gemisch zeigt die Eigenschaften seiner Bestandteile. Das gilt natürlich auch für das Eisen-Schwefel-Gemisch. Nach Erhitzen dieses Gemischs sind jedoch die Eigenschaften von Eisen und Schwefel nicht mehr

feststellbar. Vielmehr ist ein neuer Stoff mit neuen Eigenschaften entstanden. Es muß also eine chemische Reaktion stattgefunden haben.

2. Die Eigenschaften des neuen Stoffs sind nicht von den Eigenschaften seiner Bestandteile abhängig. Er besitzt durchweg einheitliche Eigenschaften und kann daher durch Filtration, Extraktion, Destillation oder entsprechende Methoden nicht getrennt werden. Es handelt sich um einen Reinstoff. Aus dem Eisen-Schwefel-Gemisch entsteht durch eine chemische Reaktion ein neuer Stoff, der Reinstoff Eisensulfid.

Chemische Reaktion liefert neuen Reinstoff

3. Die Herstellung eines neuen Stoffs durch chemische Reaktionen nennen wir eine Synthese[1]. Ursprünglich wurde der Begriff Synthese nur für solche Reaktionen angewandt, bei denen neue Reinstoffe aus einfacheren Stoffen entstehen. Heute bezeichnet man mit Synthese alle chemischen Reaktionen, durch die im Labor oder in der chemischen Technik neue Produkte gewonnen werden. Man spricht dann zum Beispiel von synthetischen Edelsteinen und synthetischem Alkohol, von Synthesefasern oder Synthesebenzin.

Synthese: Aufbau eines Stoffes durch chemische Reaktion

4. Das Gegenteil der Synthese ist die Analyse[2]. Unter Analyse versteht man ursprünglich die Zerlegung eines Reinstoffes in einfachere Stoffe durch chemische Reaktionen. So kommt es beim Erhitzen von Quecksilberoxid zu einer Analyse: Der Stoff wird in silbrig glänzendes flüssiges Quecksilber und ein farbloses Gas, Sauerstoff, zerlegt.
Mit Analyse bezeichnet man heute aber auch alle Untersuchungen, durch die Zusammensetzung und Aufbau eines Stoffs festgestellt werden können.

Analyse: Zerlegung eines Stoffes durch chemische Reaktion.

A_1 Beim Erhitzen eines Zink-Schwefel- oder eines Kupfer-Schwefel-Gemischs kommt es zu einer chemischen Reaktion. Hierbei entsteht jeweils ein Reinstoff mit charakteristischen Eigenschaften.
Welche Namen könnten diese Reinstoffe haben und welche Eigenschaften sind aus den Versuchen abzuleiten?

A_2 Ist die Synthese von Eisensulfid aus Eisen und Schwefel eine exo- oder eine endotherme Reaktion?

A_3 Wie verhält es sich in dieser Beziehung mit der Analyse von Quecksilberoxid?

1.5 Verbindung und Element

Massenverhältnisse der Elemente in einer Verbindung?

V Dünnes, 0,5 mm starkes Kupferblech wird in kleine Stücke geschnitten. Von diesen Stücken wiegen wir in drei Porzellantiegel (mit Deckel) jeweils genau 0,5 g ein. Dann werden unterschiedliche Mengen Schwefelpulver zugegeben: in den ersten Tiegel etwa 0,5 g, in den zweiten etwa 1 g und in den dritten etwa 1,5 g.
Die Tiegel werden abgedeckt zunächst so lange vorsichtig erhitzt *(es entsteht giftiges Gas; Abzug!)*, bis keine Schwefelflammen mehr zu sehen sind, dann wird noch etwa 10 Minuten kräftig erhitzt. Schließlich läßt man im Exsikkator abkühlen und wiegt den Inhalt der drei Tiegel wieder genau ab.

[1] *synthesis* (gr.) Zusammenfügung.
[2] *analysis* (gr.) Trennung.

Verbindungen lassen sich durch Analyse zerlegen, Elemente sind nicht weiter zerlegbar

1. Reinstoffe, die aus verschiedenen Bestandteilen aufgebaut und durch eine Analyse wieder in die Bestandteile zerlegt werden können, nennen wir Verbindungen. Reinstoffe, die durch chemische Reaktionen nicht weiter zerlegt werden können, bezeichnen wir als Grundstoffe oder Elemente[1]. Alle Verbindungen sind aus zwei oder mehr verschiedenen Elementen zusammengesetzt.
Der Gedanke, ein Element als eine Stoffart zu definieren, die nicht weiter in kleinere Bestandteile zerlegt werden kann, wurde erstmals im 17. Jahrhundert von dem englischen Chemiker Robert Boyle[2] ausgesprochen. Aber erst Lavoisier[3] führte diese Definition tatsächlich in die Chemie ein. Durch eine große Zahl von Analysen versuchte er, die verschiedenen Stoffarten entweder den Verbindungen oder den Elementen zuzuordnen. Vorher hatte man, der Lehre des Aristoteles[4] folgend, die vier Elemente Erde, Feuer, Luft und Wasser unterschieden. Dabei sollte es sich um bestimmte Prinzipien handeln, aus denen die verschiedenen Stoffarten in unterschiedlichen Mischungsverhältnissen zusammengesetzt sind.

Verbindungen enthalten Komponenten in bestimmten Massenverhältnissen

2. Ein Gemisch kann seine Bestandteile (Komponenten) in beliebigen Massenverhältnissen enthalten. Bei den Verbindungen ist das anders: sie enthalten die beteiligten Elemente immer in bestimmten, unveränderlichen Massenverhältnissen, und zwar unabhängig davon, wie die betreffende Verbindung hergestellt wurde (Gesetz der konstanten Massenverhältnisse). An chemischen Reaktionen sind die Reaktionsteilnehmer daher immer in ganz bestimmten Massenverhältnissen beteiligt.

3. Die Zahl der möglichen Verbindungen ist außerordentlich groß. Einige Millionen sind bekannt und beschrieben, und täglich werden in den Laboratorien neue, bisher unbekannte Verbindungen entdeckt oder hergestellt.
Zu den Verbindungen gehören z. B. Eisensulfid und Quecksilberoxid, aber auch Wasser, Alkohol und Kochsalz.

Elemente: Metalle und Nichtmetalle

4. Im Unterschied zur großen Zahl von Verbindungen kennen wir bis heute nur etwas über 100 Elemente. Die meisten davon gehören zu den Metallen. Diese leiten in festem und flüssigem Zustand den elektrischen Strom und zeigen in größeren Stücken metallischen Glanz. Metalle haben relativ hohe Siedetemperaturen; mit Ausnahme des flüssigen Quecksilbers sind sie bei Zimmertemperatur alle fest. Etwa 15 Elemente sind typische Nichtmetalle, sie leiten den elektrischen Strom nicht und zeigen keinen metallischen Glanz. Sie haben meist relativ niedere Siedetemperaturen; viele sind bei Zimmertemperatur gasförmig.
Einige Elemente stehen in ihren Eigenschaften zwischen Metallen und Nichtmetallen. Wir bezeichnen sie als Halbmetalle.

[1] *elementum* (lat.) Baustein.
[2] Robert Boyle, 1627–1691, in seinem Buch «The Sceptical Chemist» wurde erstmals die Definition des Elementbegriffs gegeben.
[3] Antoine Lavoisier, 1743–1794, französischer Chemiker, führte erstmals messende und wägende Experimente durch. Er wurde in der französischen Revolution hingerichtet.
[4] Aristoteles, griechischer Philosoph, 384–322 v. Chr.

Zwei Elemente, die in der Natur elementar vorkommen: Schwefel und Kupfer

Einige wichtige chemische Elemente

Eisen	Metall, fest, hellglänzend, rostet an feuchter Luft, Bestandteil des Stahls.
Gold	Metall, fest, ziemlich weich, goldglänzend, chemisch sehr widerstandsfähig («edel»).
Quecksilber	Metall, flüssig, silberglänzend, sehr giftig.
Aluminium	Metall, fest, silberglänzend, geringes spezifisches Gewicht, Bestandteil von Leichtmetallen.
Silicium	Halbmetall, fest, sehr hart, hellglänzend, geringe elektrische Leitfähigkeit, die nach Beimengung von Verunreinigungen ansteigt, zweithäufigstes Element der Erdkruste, als Verbindung in Quarz und vielen Gesteinen enthalten.
Sauerstoff	Nichtmetall, gasförmig, farblos, häufigstes Element der Erdkruste, zur Atmung und Verbrennung notwendiger Bestandteil der Luft.
Schwefel	Nichtmetall, fest, gelb, brennbar, Verbindungsbestandteil bestimmter Erze, aber auch im Eiweiß, in Kohle und Erdöl enthalten.
Chlor	Nichtmetall, gasförmig, gelbgrün, sehr giftig, chemisch sehr aggressiv.

A_1 Worin zeigt es sich, daß Zuckerlösung kein Reinstoff, sondern ein Gemisch ist?

A_2 Ist die Zuckerlösung ein homogenes oder ein heterogenes Gemisch?

A_3 Ist das in Versuch V_5 von Kapitel 1.4 hergestellte Zinksulfid ein Element oder eine Verbindung?

A_4 Warum können wir Quecksilberoxid nicht zu den Elementen zählen?

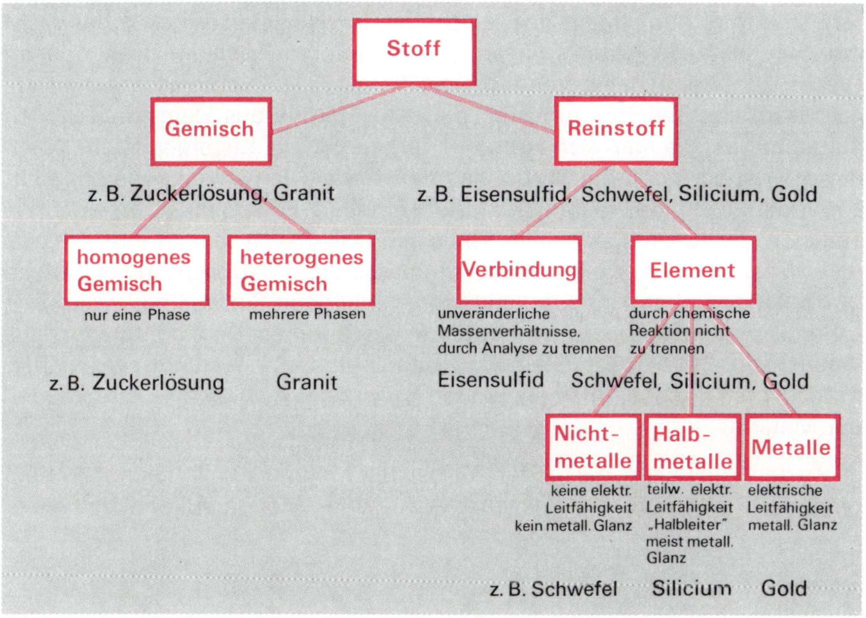

Einteilung der Stoffe

1.6 Teilchenmodell der Materie

Was spricht für die Existenz von Teilchen?

V_1 a) In zwei Meßzylinder füllt man je 50 cm^3 Wasser. Dann werden die beiden Wassermengen in einen größeren Meßzylinder gefüllt und gut vermischt. Welches Volumen hat die Mischung?

b) Der entsprechende Versuch wird mit 50 cm^3 Wasser und 50 cm^3 möglichst wasserfreiem *Alkohol (feuergefährlich)* wiederholt. Welches Volumen bekommt diese Mischung?

Bewegen sich die Teilchen?

V_2 Auf den Boden eines Standzylinders gibt man mit der Pipette einen Tropfen *flüssiges Brom (stark ätzend, giftige Dämpfe)*. Der Standzylinder wird abgedeckt und ruhig stehen gelassen. Was ist im Lauf der Zeit zu beobachten?

V_3 Ein kleiner schlanker Standzylinder mit geschliffenem Rand wird randvoll mit Kaliumpermanganatlösung gefüllt. Einen zweiten, gleichen Standzylinder füllt man ebenso mit Wasser, deckt mit einer dünnen Aluminiumfolie ab und stellt ihn dann umgekehrt auf den anderen Zylinder. Die Aluminiumfolie wird vorsichtig herausgezogen. Was ist im Verlauf einiger Stunden und Tage zu beobachten?

1. Wenn wir ein Stück Eisen, einen Quarzkristall oder ein Glas voll reinen Wassers betrachten, so sehen wir eine homogene Substanz vor uns, ohne irgendwelche Trennflächen. Es scheint so, als würde die betreffende Stoffart den Raum, den sie einnimmt, voll und gleichmäßig ausfüllen. Und aus Erfahrung wissen wir, daß man die Materialien durch Zermahlen oder Zerstäuben zu immer kleineren Stoffportionen zerteilen kann. Trotz dieser Erfahrung haben einige griechische Philosophen schon vor rund 2500 Jahren angenommen, die Materie würde den ihr zur Verfügung stehenden Raum nicht gleichmäßig ausfüllen, sie würde vielmehr aus kleinsten Teilchen bestehen, die voneinander abgegrenzt sind und die sich nicht weiter teilen lassen.

Alle Materie besteht aus kleinsten Teilchen.

2. In der griechischen Kultur jener Zeit hat diese Vorstellung keine große Bedeutung erlangt. Und auch in den später folgenden Kulturkreisen fand sie kaum Anhänger. Das lag sicher daran, daß niemand diese kleinsten Teilchen sehen konnte. Auch heute ist es selbst mit den stärksten Mikroskopen nicht möglich, solche kleinsten Teilchen zum Beispiel im Eisen, im Quarz oder im Wasser zu erkennen. Trotzdem nimmt die moderne Naturwissenschaft an, daß es solche Teilchen gibt und daß alle Materie aus kleinsten Teilchen aufgebaut ist, die man sich zunächst vereinfacht als Kugeln vorstellt. Nach dieser Theorie füllen die Stoffe also den Raum, den sie einnehmen, nicht kontinuierlich, gleichmäßig aus; sie enthalten voneinander abgegrenzte Teilchen, zwischen denen leerer Raum ist. Daß das so sein könnte, schließt man aus einer Reihe von Versuchsergebnissen und Beobachtungen. Solche Vorstellungen, die nicht auf direkten menschlichen Sinneseindrücken (wie sehen, hören usw.) beruhen, sondern aus anderen Beobachtungen, aus Versuchsergebnissen abgeleitet werden, nennt der Naturwissenschaftler Modellvorstellungen. Im vorliegenden Fall spricht man vom Teilchenmodell der Materie.

3. Zu den Versuchen, die für den Aufbau der Materie aus Teilchen sprechen, gehört der Versuch, bei dem eine bestimmte Menge Alkohol mit einer

bestimmten Menge Wasser gemischt wird. Gießt man 50 cm^3 Wasser und 50 cm^3 wasserfreien Alkohol zusammen und vermischt die beiden Stoffportionen miteinander, so erhält man nicht, wie zu erwarten, 100 cm^3 sondern nur etwa 96 cm^3 Alkohol-Wasser-Gemisch. Dieses überraschende Ergebnis läßt sich leicht erklären, wenn man annimmt, daß sowohl die Alkohol- wie auch die Wasserportion aus Teilchen besteht. In einem Modellversuch verwendet man für die Alkoholteilchen Holzkugeln von etwa 50 mm Durchmesser (oder zum Beispiel Erbsen) und für die Wasserteilchen Kugeln von etwa 20 mm Durchmesser (oder zum Beispiel Senfkörner). Mischt man jetzt 50 cm^3 der größeren Kugeln mit 50 cm^3 der kleineren Kugeln so erhält man ein Kugelgemisch, das einen Raum von weniger als 100 cm^3 einnimmt. Die kleineren Kugeln füllen Lücken zwischen den größeren Kugeln teilweise aus.

Modellvorstellungen werden aus Versuchsergebnissen abgeleitet

4. Kocht man einen guten Kaffee, dann riecht man dies im ganzen Haus. Die Bromdämpfe von Versuch V_2 füllen den abgeschlossenen und ruhig stehenden Standzylinder nach einer gewissen Zeit gleichmäßig aus. Solche und ähnliche Beobachtungen lassen sich nur erklären, wenn man annimmt, daß die Teilchen der betreffenden Stoffe eine Eigenbewegung besitzen. Das Teilchenmodell nimmt daher an, daß sich alle Teilchen bewegen. Und zwar um so schneller, je höher die Temperatur ist. In Feststoffen schwingen die Teilchen lediglich am Platz, im flüssigen Zustand sind die Teilchen schon erheblich beweglicher, sie halten zwar untereinander noch zusammen, lassen sich aber gegenseitig verschieben. Im gasförmigen Zustand bewegen sich die Teilchen mit hoher Geschwindigkeit unabhängig und ungeordnet im gesamten ihnen zur Verfügung stehenden Raum.

Aggregatzustand und Teilchenmodell: Höhere Temperatur bedingt höhere Teilchengeschwindigkeit

A_1 a) Warum tritt die in Versuch V_1b beobachtete Volumenverminderung nicht auf, wenn man wie in Versuch V_1a Wasser mit Wasser mischt?
b) Wie müßte dementsprechend der Mischungsversuch mit den Holzkugeln abgeändert werden, damit auch hier keine Volumenveränderung eintritt?

A_2 Beim Versuch V_3 ist im Verlauf von Stunden und Tagen zu beobachten, daß die Grenze zur Kaliumpermanganatlösung langsam nach oben rückt und sich das vorher farblose Wasser rotviolett färbt. Wie kann diese Erscheinung über das Teilchenmodell beschrieben werden?

A_3 a) Was geschieht an den Teilchen des Wassers, wenn man ein Stück Eis erwärmt und schmilzt?
b) Was geschieht entsprechend beim Sieden von Wasser?

1.7 Atome, Moleküle, chemische Formeln

Gleiche Elemente, unterschiedliche Verbindungen

V_1 Ein Rohr aus Quarz oder schwerschmelzbarem Glas wird über eine Waschflasche mit *konzentrierter Schwefelsäure (ätzend)* an eine Stahlflasche mit *Wasserstoff (sehr leicht entzündlich; in Mischung mit Luft explosiv; Schutzbrille!)* angeschlossen. In den vorderen Teil des Rohres führen wir ein Porzellanschiffchen mit schwarzem Kupferoxid ein und stecken auf das hintere Ende des Rohres einen Stopfen mit gebogenem Glasrohr. Durch die Apparatur leiten wir *Wasserstoff* und machen die *Knallgasprobe*. Dazu muß das Gas am Ende der Apparatur in einem übergestülpten Reagenzglas aufgefangen werden. *Erst wenn das Gas im Reagenzglas nach Entzündung ruhig abbrennt, darf der Wasserstoff am Ende der Apparatur entzündet werden. Andernfalls kann es zu gefährlichen Explosionen kommen.*

Brennt der *Wasserstoff* am Rohrende, so wird das Porzellanschiffchen mit einem Brenner erhitzt. Schiffcheninhalt, Rohrinneres und Wasserstoffflamme sind dabei zu beobachten (*wenn Flamme erlischt, sie wieder entzünden).*
Während des Abkühlens nach der Reaktion muß weiterhin *Wasserstoff* durch die Apparatur geleitet werden.

V_2 Der Versuch V_1 wird nochmals durchgeführt, jedoch unter Verwendung von rotem anstelle von schwarzem Kupferoxid.

V_3 In einen größeren Erlenmeyerkolben füllen wir *Eisenchloridlösung (ätzend)* und stellen außerdem ein kleines Reagenzglas mit gelber Blutlaugensalzlösung aufrecht hinein. Der Erlenmeyerkolben wird mit einem Stopfen verschlossen und auf einer Waage genau austariert. Durch Schütteln kippt man das Reagenzglas im Erlenmeyerkolben um und stellt den Kolben erneut auf die Waage. Was ist zu beobachten?

Demokrit: Materie besteht aus Atomen

1. Die Theorie der kleinsten Teilchen wurde erstmals vom griechischen Philosophen Demokrit[1] ausgeprochen. Er nannte diese kleinsten Teilchen «Atome», nach dem griechischen Wort atomos, unteilbar. Für Demokrit waren diese Atome
– unsichtbar klein,
– alle aus dem gleichen Stoff aufgebaut, aber verschieden in Form und Größe,
– alle in ständiger Bewegung.

Durch Anhäufung und Verflechtung verschiedenartiger Atome sollte die ganze Mannigfaltigkeit der Materie zustande kommen.

Dalton: Jedes Element besteht aus gleichartigen Atomen (Massekügelchen)

2. Die atomistischen Vorstellungen Demokrits wurden mit dem Beginn der Neuzeit von dem deutschen Arzt Daniel Sennert wieder aufgegriffen und von dem französischen Philosophen Pierre Gassendi in die Naturwissenschaft eingeführt. Die moderne Atomtheorie begründete der englische Gelehrte John Dalton (1766–1844), der sie speziell für die Chemie nutzbar machte. Die Daltonsche Hypothese aus dem Jahre 1808 besagt: Alle Elemente bestehen aus Atomen; diese Atome sind außerordentlich klein und unzerstörbar; alle Atome eines Elements sind untereinander gleich; die Atome verschiedener Elemente unterscheiden sich z. B. in der Masse.

Atomtheorie erklärt die konstanten Massenverhältnisse in Verbindungen.

3. Nach Meinung Daltons bestehen die Verbindungen aus kleinsten Teilchen, die aus verschiedenartigen Atomen zusammengesetzt sind. Im Eisensulfid vermutete Dalton demnach Teilchen, die aus je einem Atom Eisen und einem Atom Schwefel bestehen. Nimmt man gleichzeitig an, daß die verschiedenen Atome jeweils ganz bestimmte Massen besitzen, dann müssen die verschiedenen Bestandteile einer Verbindung auch immer in bestimmten Massenverhältnissen vorliegen. Die Daltonsche Atomtheorie erklärt damit zwanglos das Gesetz von den konstanten Massenverhältnissen in Verbindungen.
Dalton kam zu dem Schluß, daß es möglich sein muß, aus zwei Elementen nicht nur eine, sondern mehrere voneinander verschiedene Verbindungen herzustellen. 1 Atom eines Elements sollte sich nämlich mit 1, 2 oder mehr Atomen des anderen Elements verbinden können. Die Versuche V_1 und V_2

John Dalton

[1] Demokrit (um 470 bis um 380 v. Chr.): «Scheinbar ist Farbe, scheinbar Süßigkeit, scheinbar Bitterkeit: wirklich nur Atome und Leeres» (Fragment 125).

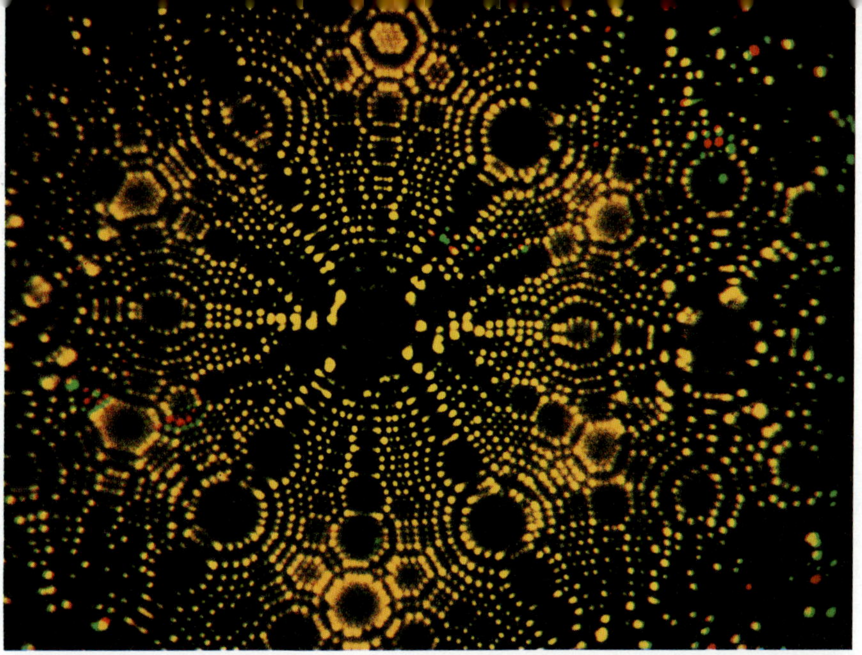

Durch raffinierte Verfahren sind wir heute in der Lage, die Plätze der Atome fotografisch abzubilden.
Im nebenstehenden Bild werden durch das sogenannte Feldionenmikroskop die Plätze von Wolframatomen als gelbe oder orange Punkte dargestellt

zeigen das an einem Beispiel: Die beiden äußerlich ganz unterschiedlichen Verbindungen (schwarzes bzw. rotes Kupferoxid) bestehen aus denselben Elementen, aus Kupfer und Sauerstoff; sie unterscheiden sich lediglich in deren Massenverhältnis. Diese unterschiedlichen Massenverhältnisse sind aber voneinander abhängig. Im schwarzen Kupferoxid kommen nämlich auf ein Atom Sauerstoff auch ein Atom Kupfer, im roten Kupferoxid dagegen zwei Kupferatome. Auf dieselbe Masse Sauerstoff bezogen muß daher im roten Kupferoxid die doppelte Masse Kupfer kommen wie im schwarzen Kupferoxid. Als sich diese Vorhersage Daltons später durch viele Messungen bestätigte, war das eine starke Stütze für seine Atomtheorie.

schwarzes Kupferoxid:	Auf 1 g Sauerstoff kommen 3,97 g Kupfer
rotes Kupferoxid:	Auf 1 g Sauerstoff kommen 7,94 g Kupfer

4. Zu den Elementen, deren kleinste Teilchen einzelne Atome sind, gehören vor allem die Metalle. Daneben gibt es Elemente, deren Teilchen aus zwei oder mehreren, relativ fest aneinanderhaftenden Atomen zusammengesetzt sind. Solche mehratomigen Teilchen nennt man Moleküle. So ist das Element Sauerstoff aus zweiatomigen Molekülen aufgebaut, die Moleküle des Elements Schwefel bestehen aus 8 Schwefelatomen.

Moleküle:
Aus zwei oder mehr Atomen zusammengesetzt

Atome

Molekül

5. Auch zahlreiche Verbindungen bestehen aus Molekülen. Ein Beispiel für eine aus Molekülen aufgebaute Verbindung ist das Wasser. Seine Moleküle sind aus zwei Wasserstoffatomen und einem Sauerstoffatom zusammengesetzt. Ob eine Stoffart (Element oder Verbindung) Moleküle als kleinste Teilchen enthält, erkennt man oft an ihren Eigenschaften. So enthalten zum Beispiel gasförmige und leicht verdampfbare Stoffe meistens Moleküle.
Neben den gasförmigen bzw. leichtflüchtigen Molekülverbindungen gibt es die salzartigen Stoffe, die durch hohe Schmelz- und Siedetemperaturen ausgezeichnet sind. Ihre kleinsten Teilchen sind Atome, die elektrische

Materie
aus neutralen Atomen oder geladenen Atomen oder Molekülen

Ladungen besitzen (sogenannte Ionen). So ist die Verbindung Eisensulfid aus elektrisch geladenen Eisenatomen und Schwefelatomen aufgebaut. Elektrisch neutrale Atome, elektrisch geladene Atome und Moleküle sind die drei Teilchenarten, aus denen Materie besteht.

elektrisch neutrale Atome	elektrisch geladene Atome	Moleküle
Metalle	salzartige Stoffe	flüchtige Stoffe (gasförmig oder flüssig)
z. B. Kupfer, Eisen	z. B. Eisensulfid, Kochsalz	z. B. das Element Sauerstoff die Verbindung Wasser

Symbole zur Bezeichnung von Elementen

6. Zur Bezeichnung der Elemente benutzt man Elementsymbole, die 1818 vom schwedischen Chemiker Berzelius[1] eingeführt wurden. Berzelius verwendete jeweils den Anfangsbuchstaben und eventuell einen weiteren Buchstaben des lateinischen Elementnamens als Symbol. Die meisten seiner Symbole gelten auch heute noch unverändert.

Beispiele:

Element	Lateinische Bezeichnung[2]	Symbol
Eisen	Ferrum	Fe
Schwefel	Sulfur	S
Quecksilber	Hydrargyrum	Hg
Sauerstoff	Oxygenium	O

Eine vollständige Tabelle mit allen Elementsymbolen findet sich auf dem vorderen inneren Buchdeckel.

7. Zur Charakterisierung von Verbindungen benutzt man Formeln, in denen die Symbole aller in der Verbindung enthaltenen Elemente aneinandergereiht werden. Die Symbole dienen dabei nicht nur als Abkürzungen, sie haben auch eine quantitative Bedeutung. Jedes Elementsymbol steht nämlich für 1 Atom[3] des betreffenden Elements. Die Formel FeS für Eisensulfid sagt daher nicht nur, daß diese Verbindung aus Eisen und Schwefel besteht, sie sagt genauer, daß hier jeweils auf 1 Eisenatom auch 1 Schwefelatom kommt. Andere Verhältnisse werden durch Zahlen ausgedrückt, die man an das Symbol des jeweiligen Elements unten anhängt[4]. In der Verbindung CuO kommt auf 1 Atom Kupfer auch 1 Atom Sauerstoff, es handelt sich um schwarzes Kupferoxid. Die Verbindung Cu_2O dagegen enthält auf jeweils 2 Atome Kupfer 1 Atom Sauerstoff (rotes Kupferoxid). Da diese Formeln Atomzahlenverhältnisse angeben, bezeichnet man sie genauer als Verhältnisformeln.

Verhältnisformeln geben die Zusammensetzung von Verbindungen an

[1] Jöns Jacob Berzelius (1779–1848), Professor für Chemie in Stockholm, veröffentlichte 1818 eine «große Tabelle» der Elementsymbole.

[2] Viele Elementnamen stammen ursprünglich aus dem Griechischen.

[3] Als Atome werden hier, im weiteren Sinn des Wortes, auch *elektrisch geladene* Atome bezeichnet.

[4] Die angehängte Zahl wird als Index (Mehrzahl Indizes) bezeichnet (*index,* lat.: Anzeiger).

8. Besteht eine Stoffart aus Molekülen, so wird die Zusammensetzung dieser Moleküle durch eine Summenformel beschrieben. Die Summenformel gibt also Auskunft über die Art und die Anzahl der Atome in einem Molekül. Verhältnisformel und Summenformel müssen nicht genau übereinstimmen. Eine Verbindung, die als kleinste Teilchen Moleküle enthält, ist zum Beispiel das Wasser. Seine Moleküle bestehen aus je 1 Sauerstoff- und 2 Wasserstoffatomen. Die Summenformel lautet daher H_2O. Sie ist identisch mit der Verhältnisformel des Wassers.
Auch Ethin ist eine Verbindung, die aus Molekülen besteht. Diese Moleküle haben die Summenformel C_2H_2, jedes Molekül enthält also 2 Atome Kohlenstoff und 2 Atome Wasserstoff. In der Verbindung Ethin kommt damit insgesamt auf je 1 Kohlenstoffatom auch 1 Wasserstoffatom, die Verhältnisformel lautet also CH.
Aus Verhältnisformeln ist nicht zu erkennen, ob die betreffende Verbindung Moleküle als kleinste Teilchen enthält oder einzelne geladene Atome. Verhältnisformeln geben auch keine Auskunft über die Größe eventuell vorhandener Moleküle.

Summenformel gibt die Zusammensetzung eines Moleküls an

9. Die chemischen Formeln geben uns über die Zusammensetzung der Verbindungen Auskunft. Sie werden aber auch benutzt, um chemische Reaktionen einfach und klar zu beschreiben. Zu diesem Zweck stellt der Chemiker chemische Gleichungen auf. Dabei muß berücksichtigt werden, daß bei allen chemischen Reaktionen die Gesamtmasse aller Stoffe unverändert bleibt (Satz von der Erhaltung der Masse)[1]. Vor und nach der Reaktion müssen also gleich viele Atome desselben Elements vorhanden sein.

Chemische Reaktionen werden durch Reaktionsgleichungen beschrieben

10. Die Reaktion zwischen Schwefel und Zink läuft nach folgender Gleichung ab:

$$Zn + S \rightarrow ZnS$$

Wie man eine Reaktionsgleichung aufstellt

Die Gleichung sagt, daß jeweils 1 Atom Zink mit 1 Atom Schwefel reagiert. Das bei der Reaktion von Kupfer mit Schwefel entstehende Kupfersulfid hat die Formel Cu_2S; in dieser Verbindung kommen also auf 1 Atom Schwefel immer 2 Atome Kupfer. Die Entstehung aus den Elementen folgt der Gleichung:

$$2\,Cu + S \rightarrow Cu_2S$$

Natürlich können wir eine chemische Gleichung nur dann aufstellen, wenn wir die Formeln aller an der Reaktion beteiligten Stoffe kennen. Diese Formeln dürfen auf keinen Fall verändert werden – auch dann nicht, wenn in der Gleichung die Anzahl von Atomen vor und nach der Reaktion (also links und rechts des Reaktionspfeils) zunächst nicht gleich ist. In diesem Fall muß eventuell die ganze Formel durch Vorsetzen eines Koeffizienten mehrfach genommen werden.

[1] Seit Einstein weiß man, daß auch der Energie eine Masse zukommt und der Satz von der Erhaltung der Masse korrekterweise durch den Satz von der Erhaltung der Masse und der Energie zu ersetzen ist. Der Energieumsatz gewöhnlicher chemischer Reaktionen hat demnach auch Massenveränderungen zur Folge. Diese sind jedoch so gering, daß sie mit den heute zur Verfügung stehenden Waagen nicht festgestellt werden können.

Reaktionsgleichungen sind keine mathematischen Gleichungen

11. Eine Reaktionsgleichung ist keine eigentliche «Gleichung» im mathematischen Sinn. Auf den beiden Seiten rechts und links des Reaktionspfeils besteht keine Gleichheit. Keinesfalls sollte die Reaktionsgleichung das mathematische Gleichheitszeichen enthalten. Der zu verwendende Reaktionspfeil wird als «reagiert zu» gelesen. Auch das in der Reaktionsgleichung verwendete Zeichen + ist hier kein mathematisches Zeichen. Es steht hier nicht für eine Addition, sondern bedeutet soviel wie «reagiert mit».

A1 «Eisenhammerschlag» hat die Formel Fe_3O_4, «rotes Eisenoxid» die Formel Fe_2O_3. Was sagen diese Formeln aus?

A2 Die Verbindung Benzol besteht aus Molekülen und hat die Summenformel C_6H_6. Was sagt diese Formel aus? Wie lautet die Verhältnisformel des Benzols?

A3 Bei den Versuchen V1 und V2 wird schwarzes bzw. rotes Kupferoxid mit Wasserstoff (Formel H_2) umgesetzt, wobei elementares Kupfer sowie Wasser (H_2O) entstehen. Für beide Reaktionen soll die Reaktionsgleichung aufgestellt werden.

A4 Beim Erwärmen von Quecksilberoxid der Formel HgO entstehen elementares Quecksilber und elementarer Sauerstoff (Formel O_2). Es soll die Reaktionsgleichung aufgestellt werden.

A5 Wie ist die Reaktionsgleichung $Hg + S \rightarrow HgS$ zu lesen und was sagt sie aus?

1.8 Quantitative Beziehungen

Die Atome verschiedener Elemente haben unterschiedliche Massen

1. Nach Dalton sind alle Atome eines Elements untereinander gleich. Verschiedene Elemente haben unterschiedliche Eigenschaften; folglich müssen sich auch ihre kleinsten Teile, die Atome, unterscheiden.
Die Atome verschiedener Elemente unterscheiden sich z. B. in ihrer Masse. Jedes Atom hat eine ganz bestimmte Masse. Diese Masse ist außerordentlich gering. Dalton war der Meinung, sie sei so klein, daß sie experimentell nicht bestimmt werden könne. Er setzte daher die Atommasse des leichtesten Elements, des Wasserstoffs, willkürlich gleich 1 und versuchte nun zu bestimmen, um wievielmal schwerer die Atome anderer Elemente sind.
Im Jahre 1802 veröffentlichte Dalton die erste Tabelle der relativen Atom-

Aus einer alten Atomgewichtstabelle des Jahres 1808 nach Werten von John Dalton

Nach heutigem Kenntnisstand hätte die Tabelle folgendes Aussehen (gerundete Werte):

H	Wasserstoff	1	Sr	Strontium	87,6
N	Stickstoff	14	Ba	Barium	137,3
C	Kohlenstoff	12	Fe	Eisen	55,8
O	Sauerstoff	16	Zn	Zink	65,4
P	Phosphor	31	Cu	Kupfer	63,5
S	Schwefel	32,1	Pb	Blei	207,2
Mg	Magnesium	24,3	Ag	Silber	107,9
Ca	Calcium	40,1	Au	Gold	197
Na	Natrium	23	Pt	Platin	195,1
K	Kalium	39,1	Hg	Quecksilber	200,6

massen. Seine Werte wichen von den uns heute bekannten Werten zum Teil erheblich ab. Das lag nicht nur an den damals noch mangelhaften Geräten, mit denen die Bestimmungen durchgeführt wurden. Das lag insbesondere daran, daß Dalton das Atomzahlenverhältnis der Verbindungen, aus denen er seine Werte gewann, noch nicht kennen konnte.

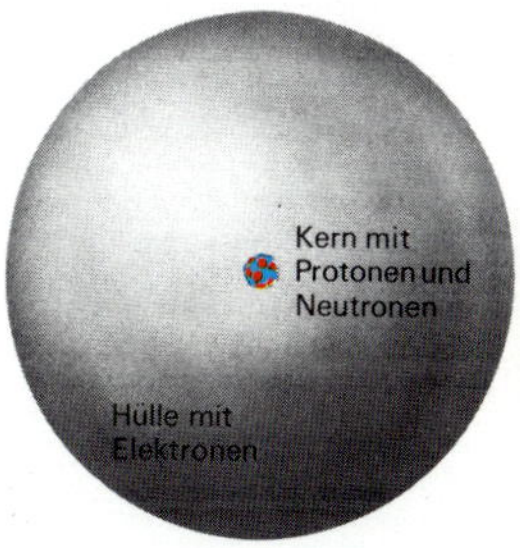

Einfaches Atommodell

2. Wir wissen heute, daß die Atome aus noch kleineren Bestandteilen aufgebaut sind. Im Zentrum des Atoms finden sich im sogenannten Atomkern die Protonen und Neutronen, in der Hülle des Atoms die Elektronen. Der Atomkern ist elektrisch positiv geladen, die Elektronen tragen negative Ladung. Die Masse der verschiedenen Atome hängt davon ab, wie viele solcher kleinerer Teilchen im Atom enthalten sind. Alle Atome eines bestimmten Elements enthalten dieselbe Anzahl von Protonen und Elektronen. Bei gleicher Protonenzahl im Kern kann jedoch die Zahl der Neutronen verschieden sein. Solche verschiedenartigen Atome ein und desselben Elements werden als Isotope bezeichnet.

Atom: positiv geladener Kern, Hülle mit negativ geladenen Elektronen

3. Heute gibt es verschiedene Methoden, die Massen der Atome exakt zu bestimmen, so z. B. mit Hilfe des Massenspektrographen. Er macht sich das Prinzip zunutze, daß bewegte Teilchen unterschiedlicher Masse von ein und derselben Kraft verschieden stark abgelenkt werden.

Wie werden Atome «gewogen?»

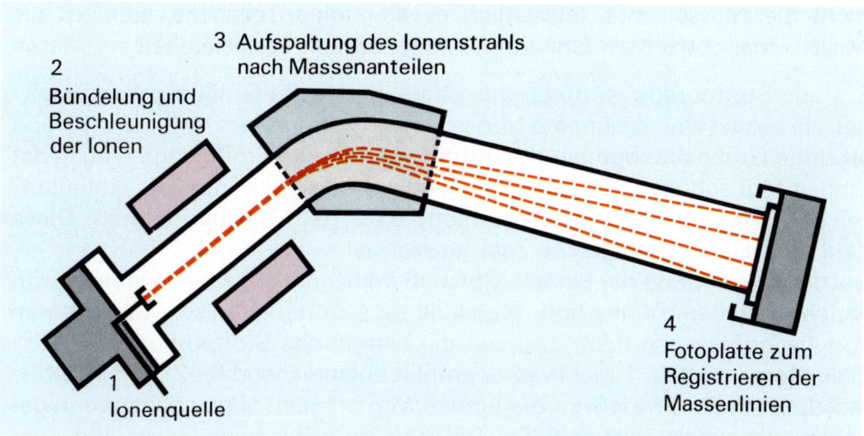

Funktionsweise eines Massenspektrographen (Erläuterung im Text)

Die grafische Abbildung zeigt die Funktionsweise eines modernen Massenspektrographen: Die Atome werden durch Abspaltung von Elektronen zunächst elektrisch geladen (1); die so entstehenden Ionen haben nahezu dieselbe Masse wie die entsprechenden Atome. Sie werden durch elektrische Felder beschleunigt (2) und in einem Magnetfeld abgelenkt (3). Eine fotografische Platte registriert die auftreffenden Teilchen in verschiedenen Linien, je nach Stärke der Ablenkung (4). Da die geladenen Teilchen um so weniger abgelenkt werden, je höher ihre Masse ist, läßt sich aus dem Grad der Ablenkung die Masse der Teilchen berechnen. Für das Wasserstoffatom ergeben solche Berechnungen eine Masse von $1{,}674 \cdot 10^{-24}$ g.

Atommasse: Masse eines Atoms in u

4. Dieser Zahlenwert macht deutlich, daß das Gramm als Einheit für die Massen der Atome nicht geeignet ist. Man benutzt daher eine sehr viel kleinere Einheit, die sogenannte atomare Masseneinheit mit dem Zeichen u[1]. 1 u ist definiert als ein Zwölftel der Masse eines Kohlenstoffatoms[2].
Diese Definition der Atommasse gilt seit 1961. Sie wählt das Kohlenstoffatom deswegen als Basis, weil die Mehrzahl aller bekannten Verbindungen Kohlenstoff enthalten. Und sie wählt für den Kohlenstoff die Atommasse 12 u, weil dann das Wasserstoffatom als leichtestes Atom die Masse 1,008 u erhält, also rund 1 u.
Die moderne Definiton der Atommasse ist damit der Daltonschen Definition sehr ähnlich. Mit einem kleinen Fehler können wir auch heute noch sagen: Die Atommasse gibt an, um wievielmal schwerer das betreffende Atom als ein Atom Wasserstoff ist.

Molekülmasse: Masse eines Moleküls in u

5. Die Masse eines Moleküls, ausgedrückt in u, heißt Molekülmasse. Sie ist gleich der Summe der Massen der im Molekül enthaltenen Atome. Die Molekülmasse von H_2O beträgt also rund 18 u (2 mal 1 u von Wasserstoff + 16 u von Sauerstoff).
Salzartige Verbindungen bestehen nicht aus Molekülen sondern aus geladenen Atomen. Bei ihnen gibt man statt der Molekülmasse die sogenannte Formelmasse an. Sie ist gleich der Summe der Massen der in der Formel auftretenden Atome. Zum Beispiel beträgt die Formelmasse der Verbindung FeS 87,9 u (55,8 u von Eisen + 32,1 u von Schwefel). Die Formelmasse ist nicht die Masse eines tatsächlich existierenden Teilchens, sondern die Masse einer gedachten Einheit, der sogenannten Formeleinheit.

6. Jede Stoffportion ist durch drei charakteristische Größen gekennzeichnet, sie besitzt eine bestimmte Masse (*m*), ein bestimmtes Volumen (*V*) und als dritte Größe die sogenannte Stoffmenge (*n*). Die Stoffmenge wird in der Einheit Mol angegeben. Dabei gilt, daß die Stoffmenge 1 mol (als Einheitenzeichen wird «mol» klein geschrieben) $6{,}02 \cdot 10^{23}$ Teilchen enthält. Diese Zahl wird als Loschmidtsche Zahl bezeichnet.

1 mol: Stoffmenge von $6{,}02 \cdot 10^{23}$ Teilchen

Bei der Anwendung der Einheit Mol muß immer mit angegeben werden, auf welche Teilchen, Atome oder Moleküle sie sich beziehen soll. Spricht man von 1 mol Eisen, so heißt das, daß die betreffende Stoffportion $6{,}02 \cdot 10^{23}$ Eisenatome enthält. 1 mol Wasser enthält entsprechend $6{,}02 \cdot 10^{23}$ Wassermoleküle. In der Praxis wird die Einheit Mol oft auch angewandt, wenn gar keine tatsächlich existierenden Teilchen gemeint sind. Eisensulfid zum Beispiel enhält keine Moleküle. Spricht man von 1 mol Eisensulfid (FeS), so ist damit gemeint, daß die Stoffportion $6{,}02 \cdot 10^{23}$ Formeleinheiten des FeS enthält.

[1] u: atomic mass *u*nit.
[2] Dabei handelt es sich nicht um ein beliebiges Kohlenstoffatom, sondern um ein Atom des Kohlenstoffisotops 12 (Erklärung folgt später).

Ist die Art der Teilchen mit angegeben, so gilt ganz allgemein, daß 1 mol immer der Stoffmenge entspricht, die dieselbe Anzahl (nämlich $6{,}02 \cdot 10^{23}$) Teilchen enthält. Es kann sich dabei um Atome, Moleküle oder Formeleinheiten handeln.

7. Eine Stoffportion, die eine ganz bestimmte Anzahl von Teilchen enthält, besitzt auch eine ganz bestimmte Masse. Die Masse von 1 Mol wird als molare Masse (M) bezeichnet. Dabei stellt die Loschmidtsche Zahl $6{,}02 \cdot 10^{23}$ den Zusammenhang zwischen den Einheiten g und u her. Sie ist so

n u und g übereinstimmen.

ie molare Masse 55,8 g/mol,

näßig gleich der Atommasse

t in der Einheit Gramm/Mol.

Molare Masse entspricht der Summe der Atommassen in g

agnesium und von Magne-

seine molare Masse beträgt

umoxids errechnet sich die

(rund 24,3 u)

(rund 16,0 u)

(rund 40,3 u)

trägt also rund 40,3 g/mol[1].

Beispiel für die Berechnung von molaren Massen

n:

A3 Wieviel Zinksulfid (ZnS) muß abgewogen werden, wenn eine Stoffportion von 2 mol ZnS erhalten werden soll?

A4 Wieviel Atome enthält 1 g Eisen?

1.9 Anwendung der molaren Massen Stöchiometrisches Rechnen

1. Die molaren Massen sind wichtig für die Auswertung chemischer Formeln. Mit ihrer Hilfe lassen sich quantitative Aussagen über die prozentuale Zusammensetzung der Verbindungen machen. Quecksilberoxid der Formel HgO hat z. B. die molare Masse 216,6 g/mol. Die molaren Massen der in dieser Verbindung enthaltenen Elemente Quecksilber und Sauerstoff verhalten sich wie 200,6 : 16 (vgl. Tabelle der Atommassen). Das heißt, daß in 216,6 g Quecksilberoxid 200,6 g Quecksilber und 16 g Sauerstoff enthalten sind.

Aus der Formel kann die prozentuale Zusammensetzung der Verbindung berechnet werden

[1] Bei den in der Schule durchzuführenden Rechnungen empfiehlt es sich, die aus den Tabellen entnommenen Atommassen jeweils auf eine Stelle hinter dem Komma zu runden.

Damit müssen aber in 100 g Quecksilberoxid

$$\frac{200{,}6\ \text{g} \cdot 100\ \text{g}}{216{,}6\ \text{g}} = 92{,}6\ \text{g Quecksilber}$$

und

$$\frac{16\ \text{g} \cdot 100\ \text{g}}{216{,}6\ \text{g}} = 7{,}4\ \text{g Sauerstoff}$$

enthalten sein. Quecksilberoxid besteht also zu 92,6%[1] aus Quecksilber und zu 7,4% aus Sauerstoff.

Aus der prozentualen Zusammensetzung kann die Verhältnisformel der Verbindung berechnet werden

2. Natürlich lassen sich umgekehrt mit Hilfe der molaren Massen auch die Formeln der Verbindungen aufstellen, wenn deren prozentuale Zusammensetzung bekannt ist. Das soll am Beispiel des Ethins gezeigt werden: Die experimentelle Untersuchung ergibt, daß diese Verbindung zu 92,3% aus Kohlenstoff und zu 7,7% aus Wasserstoff besteht, daß also 100 g Ethin 92,3 g Kohlenstoff und 7,7 g Wasserstoff enthalten.
Soll aus diesen Angaben die Formel ermittelt werden, so müssen wir zunächst feststellen, welche Stoffmengen (in mol) der betreffenden Elemente in 100 g der Verbindung enthalten sind. Dazu ist die in 100 g Verbindung enthaltene Masse des Elements durch dessen molare Masse (sie kann zahlenmäßig aus der Atommassentabelle entnommen werden) zu dividieren. Das ergibt für Kohlenstoff

$$\frac{92{,}3\ \text{g}}{12\ \text{g/mol}} = 7{,}69\ \text{mol}$$

und für Wasserstoff

$$\frac{7{,}7\ \text{g}}{1\ \text{g/mol}} = 7{,}7\ \text{mol}$$

Das heißt, daß in der Verbindung auf jeweils 7,7 mol Kohlenstoff auch 7,7 mol Wasserstoff und damit auf 1 mol Kohlenstoff auch 1 mol Wasserstoff kommen. Die Verbindung enthält also gleich viele Kohlenstoff- und Wasserstoffatome, die Verhältnisformel muß CH lauten.

Zur Berechnung der Summenformel muß man auch die molare Masse kennen

3. Die Rechnung gibt uns aber nur das Stoffmengen*verhältnis* der beteiligten Elemente an. In unserem Fall sagt sie, daß in der Verbindung auf 1 mol Kohlenstoff 1 mol Wasserstoff, also auf 1 Atom Kohlenstoff auch 1 Atom Wasserstoff kommt. Die Summenformel muß aber nicht unbedingt CH lauten, genauso kämen auch die Formeln C_2H_2, C_3H_3, usw. in Frage.
Um die Summenformel zu ermitteln, sind über die quantitative Bestimmung der Zusammensetzung hinaus noch weitere Untersuchungen notwendig. Die Bestimmung der molaren Masse ergibt z. B. für das Ethin einen Wert von 26 g. Da die Verhältnisformel CH eine molare Masse von 13 g ergeben würde, muß das Ethin tatsächlich die Summenformel C_2H_2 besitzen.

4. Die molaren Massen erlauben auch eine massenmäßige Deutung der Reaktionsgleichungen. Die Gleichung

$$Zn + S \rightarrow ZnS$$

[1] Es handelt sich hierbei um Massenanteile in Prozent, d. h. Anzahl g pro 100 g Gesamtmasse. Wo nichts anderes steht, sind in diesem Buch % stets so zu verstehen.

sagt uns, daß

- Zink mit Schwefel reagiert und dabei die Verbindung Zinksulfid der Formel ZnS entsteht;
- bei der Reaktion immer 1 Atom Zink mit 1 Atom Schwefel reagiert;
- 1 Mol Zink mit 1 Mol Schwefel reagiert und dabei 1 Mol Zinksulfid entsteht.

Was eine Reaktionsgleichung alles aussagt

Letzteres heißt, in molaren Massen ausgedrückt: 65,4 g Zink reagieren mit 32 g Schwefel zu 97,4 g Zinksulfid. Aus dieser Beziehung lassen sich durch einfache Rechenoperationen beliebige andere Massenverhältnisse berechnen.

5. Zwei Aufgabenbeispiele

Wie löst man stöchiometrische Aufgaben?

- *Aufgabe:* Wieviel Gramm Schwefel sind notwendig, um 100 g Zink vollständig zu Zinksulfid umzusetzen?

  Lösungsschritte:

  ① Zuerst wird die korrekte Reaktionsgleichung aufgestellt: $Zn + S \rightarrow ZnS$.
  ② Die gesuchte Menge wird dann gleich x gesetzt und auf die angegebene Menge bezogen. Also: x g Schwefel sind notwendig, um 100 g Zink umzusetzen.
  ③ Entsprechend werden die molaren Massen des gesuchten und des gegebenen Stoffs aufeinander bezogen. Also: 32 g Schwefel sind notwendig, um 65,4 g Zink umzusetzen.
  ④ Die Beziehungen ② und ③ werden in eine mathematische Gleichung eingesetzt: $x : 100\ g = 32\ g : 65{,}4\ g$.
  ⑤ Daraus wird x berechnet: $x = \frac{32\ g \cdot 100\ g}{65{,}4\ g} = 48{,}9\ g$.

  Ergebnis: Zur Überführung von 100 g Zink in Zinksulfid sind 48,9 g Schwefel notwendig.

- *Aufgabe:* Wieviel Gramm Zink brauchen wir, um 250 g Zinksulfid zu erhalten?

  Lösungsschritte:

  ① Reaktionsgleichung: $Zn + S \rightarrow ZnS$.
  ② Gesuchte Menge gleich x setzen und auf angegebene Menge beziehen: x g Zink für 250 g Zinksulfid.
  ③ Entsprechende molare Massen aufeinander beziehen: 65,4 g Zink für 97,4 g Zinksulfid.
  ④ Beziehungen in mathematische Gleichung einsetzen: $x : 250\ g = 65{,}4\ g : 97{,}4\ g$.
  ⑤ x ausrechnen: $x = \frac{65{,}4\ g \cdot 250\ g}{97{,}4\ g} = 167{,}9\ g$.

  Ergebnis: Um 250 g Zinksulfid zu erhalten, brauchen wir 167,9 g Zink.

A1 Welche Verhältnisformel hat eine Verbindung, die aus 63,6% Stickstoff und 36,4% Sauerstoff besteht?

A2 Wieviel Gramm Zinksulfid erhalten wir bei der Umsetzung von 200 g Zink mit Schwefel?

A3 Rohrzucker hat die Formel $C_{12}H_{22}O_{11}$.

a) Welche molare Masse hat er?

b) Berechne die Massenanteile in Prozent an Kohlenstoff, Wasserstoff und Sauerstoff im Zucker.

A4 Wie groß ist die Masse von

a) 0,5 mol Kohlenstoffdioxid (Formel CO_2),

b) 0,1 mol Schwefelsäure (Formel H_2SO_4)?

A5 Metallisches Quecksilber kann durch Umsetzung von Zinnober (Quecksilbersulfid der Formel HgS) mit Eisen erhalten werden: $HgS + Fe \rightarrow Hg + FeS$.

a) Wieviel Kilogramm Zinnober müssen zur Gewinnung von 1 kg Quecksilber umgesetzt werden?

b) Wieviel Gramm Eisen sind dazu notwendig?

A6 Die Untersuchung von Pyrit zeigt, daß er zu 46,6% aus Eisen und zu 53,4% aus Schwefel besteht. Welche Verhältnisformel hat Pyrit?

A7 Eine Blitzlichtlampe enthalte 0,5 g Magnesium sowie gasförmigen Sauerstoff (Formel O_2). Beim Zünden verbrennt das Magnesium unter gleißender Lichterscheinung zu Magnesiumoxid der Formel MgO.

a) Welche Massenveränderung zeigt die gesamte Lampe?

b) Wieviel Magnesiumoxid entsteht im Lampenkolben?

2 Luft, Sauerstoff, Gasgesetze

2.1 Zusammensetzung der Luft

Ist zur Verbrennung Luft erforderlich?

V_1 Ein blankes Stück dünnes Kupferblech wird mehrfach zusammengefaltet und an den Rändern leicht festgeklopft. Mit der Tiegelzange hält man den «Kupferbrief» in die nichtleuchtende Flamme des Bunsenbrenners und erhitzt etwa 1 Minute lang. Nach dem Erkalten wird das Blech wieder auseinandergefaltet. Beobachtungen?

V_2 Auf einer Asbestplatte wird ein etwa 3 cm hoher Kegel von *Magnesiumpulver (feuergefährlich; mit Wasser entsteht brennbares Gas)* aufgehäuft und mit der heißen Flamme des Bunsenbrenners entzündet. Das Aufglühen der Pulveroberfläche kann durch Anblasen gefördert oder durch Bedecken mit einem Becherglas zum Stillstand gebracht werden.

Was geschieht bei der Verbrennung?

V_3 Ein Bausch feiner Stahlwolle wird auf der Waage genau austariert. Mit Hilfe eines Gasanzünders kann der Bausch entzündet werden. Beobachtungen?

V_4 Auf der Waagschale tarieren wir eine kleine Kerze genau aus und entzünden sie. Welche Massenänderung ist zu beobachten?

V_5 Entsprechend der Abbildung wird das Rohr mit Natronkalk (Natriumcarbonat) gefüllt und die gesamte Vorrichtung dann an der Waage austariert. Welche Massenänderung ist nach dem Entzünden der Kerze zu beobachten?

Wird die Luft beim Verbrennen ganz verbraucht?

V_6 Eine Glasglocke mit Volumenskala wird so am Stativ befestigt, daß ihr unterer Rand etwa 1 cm über dem Boden einer Wanne steht. Das als Sperrflüssigkeit dienende Wasser ist mit Phenolphthalein und etwas Natronlauge rot gefärbt; der Wasserstand wird an der Glocke markiert. In den Tubus der Glocke setzt man einen Gummistopfen, in den von unten her der Stiel eines Verbrennungslöffels eingebohrt ist. In den Verbrennungslöffel gibt man eine erbsengroße Menge *roten Phosphors (leicht entzündlich)*, entzündet am Bunsenbrenner und führt den Löffel möglichst rasch in die Glasglocke, die sofort dicht verschlossen wird. Nach Erlöschen des Phosphors und nach Abkühlung wird so viel Wasser in die Wanne gegeben, daß es hier ebenso hoch steht wie in der Glasglocke. Wir lesen erneut den Wasserstand ab.
In das in der Glocke befindliche Restgas wird eine brennende Kerze eingesenkt.

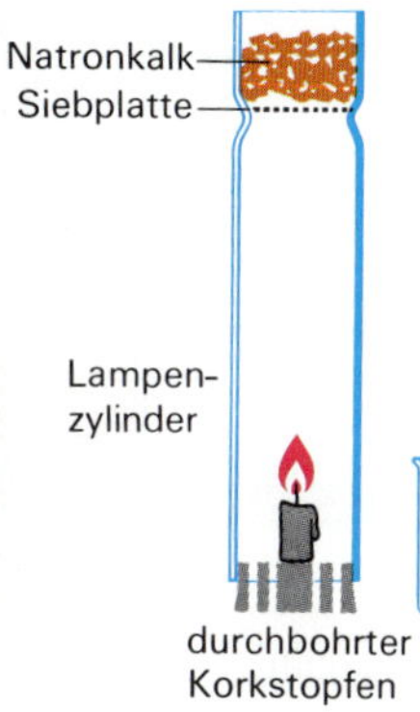

Kerzenversuch (V_5)

Versuch mit Phosphor (V_6)

Verbrennung: heftige chemische Reaktion mit Luft

1. An vielen chemischen Reaktionen ist die Luft oder zumindest ein Teil der Luft beteiligt. Das zeigt sich unter anderem daran, daß bei Reaktionen an der Luft Reaktionsprodukte entstehen, die eine höhere Masse haben. Bei der Reaktion wird also ein Teil der Luft in die neuentstehende Verbindung mit eingebaut. Verlaufen Reaktionen mit Luft heftig und unter Feuererscheinung, so werden sie als Verbrennungen bezeichnet.

Sauerstoff unterhält die Verbrennung
Stickstoff erstickt die Flamme

2. Bei den Verbrennungen wird nur ein Teil der Luft verbraucht. Dieser Teil ist Sauerstoff. Der Rest der Luft erstickt eine Kerzenflamme, er besteht hauptsächlich aus Stickstoff.
Neben Sauerstoff und Stickstoff enthält die Luft noch sogenannte Edelgase und Kohlenstoffdioxid. Sauerstoff, Stickstoff und Edelgase sind Elemente, Kohlenstoffdioxid ist eine Verbindung.

Luft enthält:
etwa 78 Volumenanteile in % Stickstoff
etwa 21 Volumenanteile in % Sauerstoff
Edelgase
Kohlenstoffdioxid

Zusammensetzung von trockener Luft

		Formel	Volumenanteile in %[1]	Siedetemperatur in °C
Stickstoff		N_2	78,09	−195,8
Sauerstoff		O_2	20,95	−182,9
Edelgase:	Argon	Ar	0,93	−185,8
	Neon	Ne	0,0018	−245,9
	Helium	He	0,0005	−268,9
Kohlenstoffdioxid		CO_2	Im Mittel 0,03	Sublimiert bei −78,5

Luft ist ein Gemisch

3. Je nach Wetter und Klima kann die Luft unterschiedlichen Feuchtigkeitsgehalt aufweisen. Auch der Kohlenstoffdioxidgehalt ist nicht absolut konstant, er ist bei Nacht höher als am Tag und über Städten und Industriegebieten höher als z. B. über Wäldern. Genauere Messungen haben außerdem gezeigt, daß der Gehalt an Kohlenstoffdioxid in der Luft in den letzten Jahren und Jahrzehnten leicht angestiegen ist. Von diesen Schwankungen abgese-

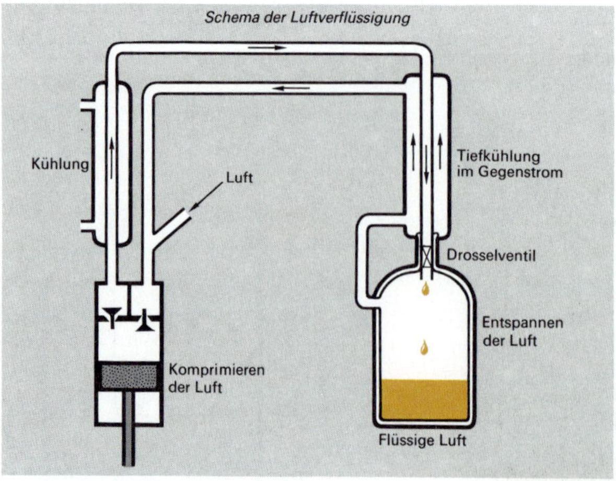

Schematische Darstellung der Luftverflüssigung

[1] Anzahl Liter pro 100 Liter Luft.

hen ist die Zusammensetzung der Luft überall an der Erdoberfläche nahezu gleich. Trotzdem ist die Luft keine Verbindung, sondern ein Gemisch, und kann z. B. durch Verflüssigung und nachfolgende stufenweise Destillation in ihre Bestandteile aufgetrennt werden.

4. Die Luftzerlegung ist ein wichtiger technischer Prozeß, bei dem die Luft zunächst durch Abkühlung verflüssigt werden muß. Dazu wird die vorgekühlte Luft zuerst komprimiert und dann mit Hilfe der Endprodukte des Verfahrens (Stickstoff und Sauerstoff sehr tiefer Temperatur) stark abgekühlt. Durch Entspannung kühlt sich die Luft weiter ab und wird schließlich flüssig. Zur Trennung benutzt man jetzt die unterschiedlichen Siedetemperaturen der verschiedenen Bestandteile. Bei einer fraktionierten Destillation der verflüssigten Luft geht zuerst der bei tieferer Temperatur siedende Stickstoff in den gasförmigen Zustand über und kann abgetrennt werden. Erst bei weiterer Erwärmung werden auch die übrigen Bestandteile der Luft gasförmig. Die Endprodukte Stickstoff und Sauerstoff dienen, bevor sie weiterverwendet werden, zur Kühlung frischer komprimierter Luft. Da beim Anlaufen des Verfahrens noch keine Endprodukte mit sehr tiefer Temperatur vorliegen, muß in diesem Fall das Komprimieren und Entspannen mehrmals wiederholt werden.

Fraktionierte Destillation von flüssiger Luft liefert Sauerstoff, Stickstoff und Edelgase

Große Luftzerlegungsanlagen dieser Art liefern stündlich bis zu 40 000 m^3 Sauerstoff, 160 000 m^3 Stickstoff und 2000 m^3 Argon. Insgesamt wurden 1980 in der Bundesrepublik Deutschland über 4,5 Milliarden m^3 Sauerstoff gewonnen.

An Laboratorien oder Betriebe wird Sauerstoff in blauen, Stickstoff in grünen Stahlflaschen verkauft. Beide Gase stehen in den Flaschen unter einem Druck von 150 bar (15 MPa).

A_1 Wie sind die unterschiedlichen Ergebnisse der Versuche V_4 und V_5 zu erklären?

A_2 An welchen Eigenschaften zeigt sich, daß Luft keine Verbindung, sondern ein Gemisch ist?

A_3 Man füllt einen Glaszylinder mit ausgeatmeter Luft und führt eine brennende Kerze in den Zylinder ein. Die Kerze erlischt augenblicklich. Was sagt dieser Versuch über die ausgeatmete Luft und über den Vorgang der Atmung aus?

2.2 Sauerstoff

Welche Eigenschaften hat Sauerstoff?

V_1 Ein glimmender Holzspan wird nacheinander in kleine Standzylinder getaucht, die Luft, Sauerstoff bzw. Stickstoff enthalten.

V_2 Man stellt sich einige 500-cm^3-Standzylinder zurecht, die durch aufgelegte Glasplatten verschlossen werden können und deren Boden durch eine 2 bis 3 cm hohe Sandschicht geschützt ist. Nachdem die Zylinder mit Sauerstoff aus der Flasche gefüllt worden sind, werden folgende Stoffe mit dem Verbrennungslöffel eingetaucht oder mit Hilfe einer Tiegelzange eingeworfen *(Schutzbrille!)*:
a) schmale brennende Schwefelschnitte
b) glimmende Zigarette
c) kleines Stück glimmende Holzkohle
d) brennender *roter Phosphor (leicht entzündlich)*
e) erhitztes Zinkpulver
f) erhitzter Platindraht
g) erhitzte Stahlspäne

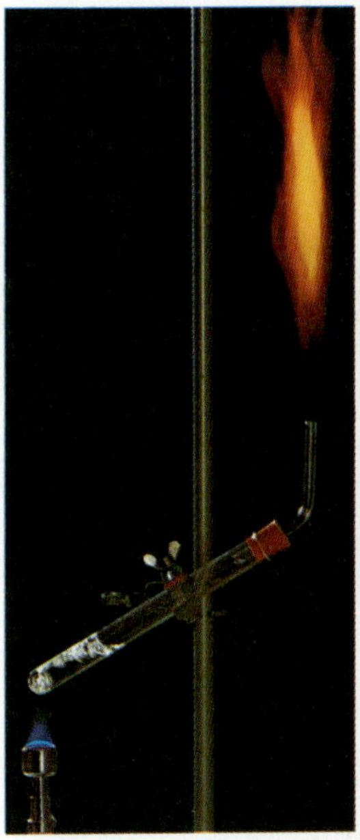
Wenn brennbare Gase (z. B. Alkoholdämpfe) mit Sauerstoff reagieren, bilden sich Flammen

Entwicklung von Sauerstoff (V3)

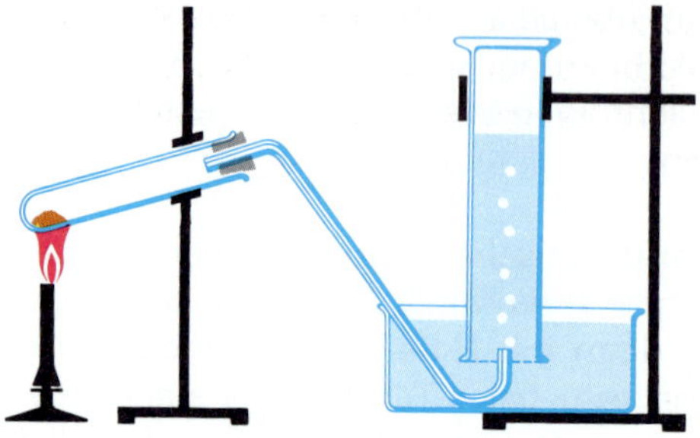

Wie stellt man Sauerstoff her?

V3 Etwa 2 g Kaliumpermanganat werden in einem schwerschmelzbaren Reagenzglas erhitzt. Das entstehende Gas fängt man in einem kleinen Standzylinder über einer mit angefärbtem Wasser gefüllten Wanne auf. Das Gas wird mit dem glimmenden Holzspan geprüft.

V4 In einem schwerschmelzbaren Reagenzglas wird etwas Kaliumnitrat erhitzt. An die Mündung des Reagenzglases hält man einen glimmenden Holzspan.

Sauerstoffnachweis: glimmender Holzspan

1. Verbrennungen sind rasch und unter Feuererscheinung ablaufende Reaktionen bestimmter Stoffe mit Sauerstoff. Sind die brennbaren Stoffe schon vor der Reaktion mit Sauerstoff gemischt, so kann es zu heftigen Verpuffungen oder gar zu Explosionen kommen.
Natürlich verlaufen Verbrennungen in reinem Sauerstoff heftiger als an der Luft. So flammt z. B. ein an der Luft nur glimmender Holzspan in reinem Sauerstoff auf. Mit dem glimmenden Span kann man daher prüfen, ob es sich bei einem unbekannten Gas um Sauerstoff handelt. Er dient als Nachweismittel für Sauerstoff.

Elementarer Sauerstoff: O_2
Ozon: O_3

2. Sauerstoff gehört zu den Elementen. In der chemischen Zeichensprache hat er das Symbol O (von seinem latinisierten Namen Oxygenium). Bei Zimmertemperatur ist der Sauerstoff gasförmig. Seine Atome sind immer paarweise aneinander gebunden. Der elementare gasförmige Sauerstoff besteht also aus zweiatomigen Molekülen und erhält daher die Formel O_2. Daneben gibt es noch eine andere Form des Sauerstoffs, dessen Moleküle jeweils drei aneinander gebunden Sauerstoffatome enthalten: Ozon mit der Formel O_3. Ozon besitzt einen intensiven Geruch, ist noch erheblich reaktionsfreudiger als der gewöhnliche Sauerstoff und findet sich unter anderem in den höheren Schichten der Stratosphäre.

Oxide: Verbindungen von Elementen mit Sauerstoff

3. Reagiert Sauerstoff mit anderen Elementen, so entstehen Oxide. Dabei wird meist Energie frei. Oxide sind Verbindungen eines Elements mit Sauerstoff.

$$2\,Mg + O_2 \rightarrow 2\,MgO \quad \text{Magnesiumoxid}$$
$$C + O_2 \rightarrow CO_2 \quad \text{Kohlenstoffdioxid}$$

Die Oxide der Nichtmetalle sind häufig gasförmig, die der Metalle dagegen fest. Unedle Metalle reagieren leicht mit Sauerstoff, edle Metalle, wie Silber, Gold oder Platin, nur schwer oder gar nicht.

4. In der Erdrinde – so bezeichnet man die oberflächliche Schicht der Erde die einer chemischen Untersuchung zugänglich ist – gibt es sehr viele Oxide. Zu ihnen gehören so verschiedenartige Verbindungen wie Wasser (eine Verbindung aus Wasserstoff und Sauerstoff) und Quarz (das Oxid des Siliciums). Aber auch viele Erze sind Oxide, so z. B. der Roteisenstein, ein Eisenoxid der Formel Fe_2O_3, oder Bauxit, eine Verbindung, die im wesentlichen aus Sauerstoff und Aluminium besteht.

Sauerstoff ist mit großem Abstand das häufigste Elemente der Erdrinde. Er findet sich in der Luft, ist Bestandteil des Wassers und auch Bestandteil der meisten Gesteine und Böden. 50% der Masse der Erdrinde bestehen aus Sauerstoff, 25% aus Silicium und etwa 7,5% aus Aluminium. Der Anteil der restlichen Elemente ist sehr gering.

Sauerstoff, häufigstes Element der Erdrinde

Oxidische Erze

Name	Formel	Vorkommen	Verarbeitung
Magneteisenstein	Fe_3O_4	Kiruna (Nordschweden)	Reduktion mit Kohlenmonoxid und Koks im Hochofen
Roteisenstein	Fe_2O_3	Luxemburg und Lothringen (Minette)	Wie oben
Braunstein	MnO_2	UdSSR, Südafrika	Reduktion mit Aluminium oder durch Elektrolyse
Zinnstein	SnO_2	Indonesien, Singapur	Reduktion mit Kohle
Titandioxid	TiO_2	Weitverbreitet, aber in geringer Konzentration	Reduktion mit Magnesium

5. In technischem Maßstab wird Sauerstoff aus der Luft gewonnen. Er kommt in blauen Stahlflaschen in den Handel. Steht keine solche Flasche zur Verfügung, dann kann Sauerstoff im Labor auch aus seinen Verbindungen freigesetzt werden, zum Beispiel aus manchen Oxiden, aus Kaliumpermanganat oder aus Kaliumnitrat:

$$2\ KNO_3 \rightarrow 2\ KNO_2 + O_2$$

Sauerstoff

Atommasse	15,999 u
Siedetemperatur	−182,9 °C
Schmelztemperatur	−218,4 °C
Litergewicht	1,429 g bei 0 °C und 760 Torr (101 kPa)
Löslichkeit	49 ml in 1 Liter Wasser
Entdeckung	1772 durch Scheele als «Feuerluft»; 1774 durch Lavoisier als Element erkannt
Name	Der Sauerstoff wurde fälschlicherweise für die charakteristischen Eigenschaften der Säuren verantwortlich gemacht

Die verbreitetsten Elemente der Erdrinde

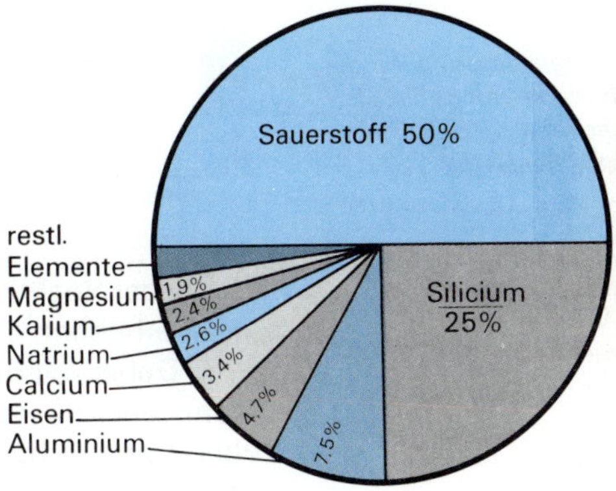

A1 Durch Reaktion mit dem Sauerstoff der Luft können aus Kupfer (Symbol Cu), Zink (Zn) und Aluminium (Al) Oxide der Formeln Cu_2O, ZnO bzw. Al_2O_3 entstehen. Die entsprechenden Reaktionsgleichungen sollen formuliert werden.

A2 Silberoxid (Ag_2O) und Quecksilberoxid (HgO) können durch Erhitzen in die Elemente zerlegt werden. Wie lauten die zugehörigen Reaktionsgleichungen?

2.3 Oxidation und Reduktion. Reaktionsenthalpie

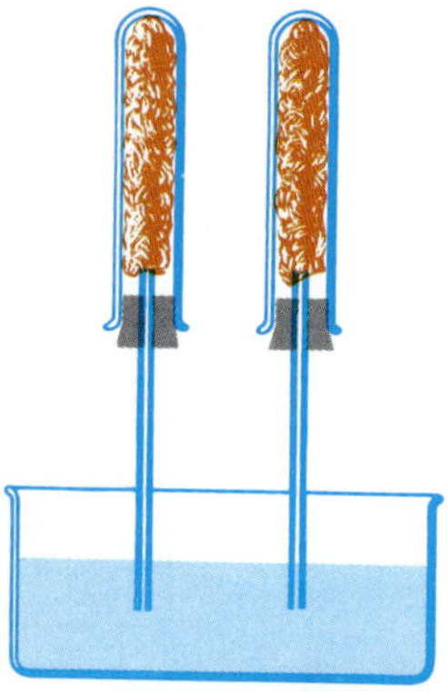

Oxidation von trockener und feuchter Stahlwolle (V_3)

Wie wirken Oxidationsmittel?

V_1 1 bis 2 g Kaliumnitrat werden in einem senkrecht am Stativ befestigten schwerschmelzbaren Reagenzglas zum Schmelzen gebracht. In die heiße Schmelze wirft man erbsengroße Stückchen Stangenschwefel oder Holzkohle *(Vorsicht: heftige Reaktion; Schutzscheibe und -brille!)*.

V_2 In einem Eisentiegel erhitzt man die Mischung von 30 g gelbem Bleioxid [Blei(II)-oxid] und 1 g Holzkohlepulver. Nach 3 bis 5 Minuten kann das entstandene flüssige Metall vorsichtig auf eine feuerfeste Platte abgegossen werden, wo es erstarrt.

Wie wird Eisen an der Luft oxidiert?

V_3 Zwei Reagenzgläser werden mit trockener bzw. feuchter Stahlwolle gefüllt. Dann setzt man je einen durchbohrten Stopfen mit Glasrohr auf und spannt die Reagenzgläser so in ein Stativ ein, daß die Glasrohre in Wasser eintauchen. Was ist im Verlauf der nächsten Stunden und Tage zu beobachten?

Verschiedene Stoffarten besitzen unterschiedliche chemische Energie

1. Alle Stoffe besitzen Energie. Sie wird als die chemische Energie des Stoffes bezeichnet. Die Höhe des Energiebetrags ist dabei von der Art des Stoffes abhängig. Wenn bei einer chemischen Reaktion neue Stoffe entstehen, verändert sich auch der Gehalt an chemischer Energie bei den beteiligten Stoffen. Ist der Energiegehalt der entstehenden Stoffe ingesamt geringer als derjenige der Ausgangsstoffe, so wird bei der Reaktion Energie abgegeben, die Reaktion ist exotherm. Die chemische Energie kann mit der potentiellen Energie (Lageenergie) der Körper verglichen werden. Das auf einen Wasserfall zufließende Wasser besitzt eine bestimmte potentielle Energie, die am Fuß des Wasserfalls abgenommen hat. Der Fehlbetrag an potentieller Energie wurde beim Sturz als Wärmeenergie oder als Arbeit abgegeben.

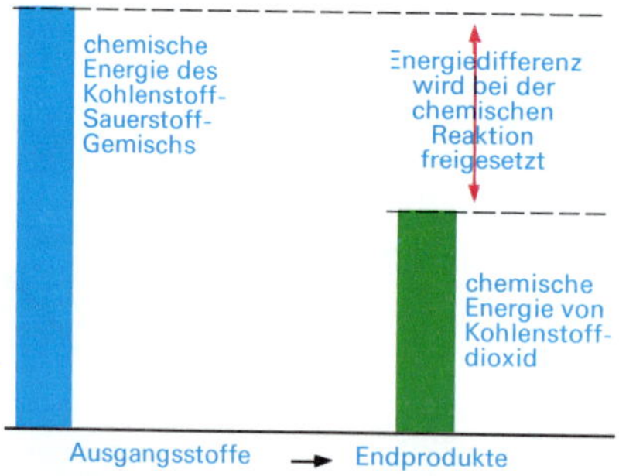

Energiediagramm für die Bildung von Kohlenstoffdioxid aus Kohlenstoff und Sauerstoff

Reaktionsenthalpie ΔH: Wärmeenergie bei chemischen Reaktionen.

2. Bei der Reaktion von Sauerstoff mit Elementen entstehen Oxide. Sie sind meist erheblich energieärmer als das Elementgemisch, aus dem sie entstehen. Daher wird bei der Reaktion Energie, hauptsächlich in Form von Wärmeenergie, an die Umgebung abgegeben. Diese Reaktionswärme wird üblicherweise bei ganz bestimmten Bedingungen gemessen und dann vom Chemiker als Reaktionsenthalpie bezeichnet. Bei der Messung muß sich dabei das an der Reaktion beteiligte System ungehindert so ausdehnen oder zusammenziehen können, daß sich der Druck nicht verändert. Unter Reaktionsenthalpie versteht man also die bei konstantem Druck gemessene Wärmeenergie, die bei einer chemischen Reaktion abgegeben oder aufgenommen wird. Zur Bezeichnung der Reaktionsenthalpie benutzt der Chemiker das Zeichen ΔH (sprich «Delta H»), als Einheit wird das Kilojoule (kJ) verwendet.

3. Sind die Endprodukte einer Reaktion energieärmer als die Ausgangsstoffe, dann wird bei der Reaktion Energie an die Umgebung abgegeben. Die Reaktion ist exotherm. Für das System selbst ist die Energiebilanz negativ (es gibt ja Energie ab), bei exothermen Reaktionen erhält daher die Reaktionsenthalpie negatives Vorzeichen:

Exotherme Reaktion: ΔH ist negativ

Endotherme Reaktion: ΔH ist positiv

$$C + O_2 \rightarrow CO_2 \quad | \quad \Delta H^{1} \; -393 \text{ kJ}^{2}$$

Bei endothermen Reaktionen erhält die Reaktionsenthalpie positives Vorzeichen. Hier wird ja aus der Umgebung Energie aufgenommen, die Redaktionsprodukte sind energiereicher als die Ausgangsstoffe (Edukte).
Die angeführten Energiebeträge beziehen sich immer auf den Umsatz der in der Gleichung auftretenden Stoffmenge (in der Einheit mol), den sogenannten Formelumsatz:

$$2\,Mg + O_2 \rightarrow 2\,MgO \quad | \; \Delta H = -1204 \text{ kJ/Formelumsatz}$$
$$4\,Mg + 2\,O_2 \rightarrow 4\,MgO \quad | \; \Delta H = -2408 \text{ kJ/Formelumsatz}$$

4. Wasser fließt immer nach unten und damit in einen Zustand geringerer potentieller Energie. Auch chemische Reaktionen laufen bevorzugt so ab, daß möglichst energieärmere Produkte entstehen[3]. In vielen Fällen kommt es aber auch zu einer exothermen Reaktion erst dann, wenn anfangs Energie zugeführt wurde. Magnesium zum Beispiel reagiert mit Sauerstoff sehr stürmisch. Die Reaktion kommt aber erst in Gang, nachdem das Magnesium entzündet wurde, also nach Zufuhr von Energie. Dasselbe gilt auch für die meisten anderen Verbrennungsvorgänge, auch Heizgas muß erst entzündet werden. Dann allerdings wird bei der Reaktion sehr viel Energie abgegeben. Die für das Anlaufen einer Reaktion erforderliche Energie wird als Aktivierungsenergie bezeichnet. Durch sie werden Ausgangsstoffe der Reaktion «aktiviert», indem zum Beispiel kurzzeitig existierende Zwischenprodukte entstehen. Die zugeführte Aktivierungsenergie wird bei exothermen Reaktionen zusammen mit der Reaktionsenthalpie wieder abgegeben.

Aktivierungsenergie ist zum Anlaufen einer Reaktion notwendig

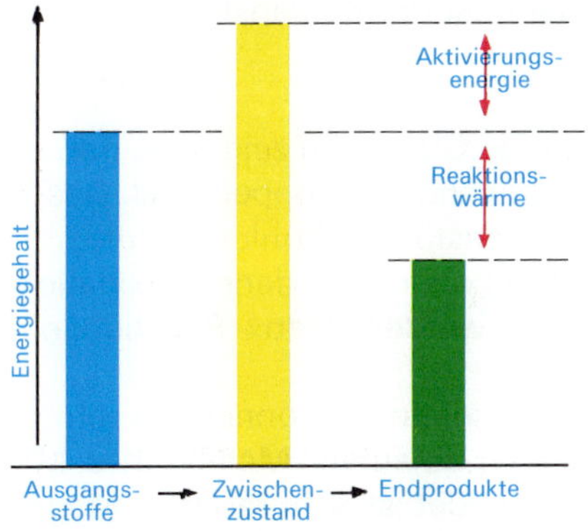

[1] Der griechische Buchstabe Δ (Delta) wird benutzt, wenn Veränderungen bestimmter Größen zu beobachten sind. H. steht für engl. *heat,* Wärme.

[2] 4,19 joule (früher 1 cal) entspricht der Wärmemenge, die notwendig ist, um 1 g Wasser von 14,5 °C auf 15,5 °C zu erwärmen

[3] Für den Ablauf einer chemischen Reaktion ist allerdings nicht nur die Energie-Differenz maßgebend; hier spielen auch noch andere Faktoren eine Rolle, die erst später besprochen werden können.

Oxide sind meist energiearme und daher stabile Verbindungen

5. Da chemische Reaktionen bevorzugt so ablaufen, daß möglichst energieärmere Produkte entstehen, lassen sich umgekehrt Stoffe mit geringem Energieinhalt nur schwer zerlegen oder weiter umsetzen; sie sind stabil. Im Kapitel 2.1 haben wir bereits festgestellt, daß die Erdrinde viele Elemente in Form ihrer Oxide enthält. Das liegt nicht zuletzt daran, daß diese Oxide energiearme und damit stabile Verbindungen sind.

Oxidation: Aufnahme von Sauerstoff
Reduktion: Abgabe von Sauerstoff

6. Eine chemische Reaktion, bei der ein Stoff Sauerstoff aufnimmt, wird als Oxidation[1] bezeichnet; der betreffende Stoff wird oxidiert. Die umgekehrte Reaktion, bei der ein Stoff Sauerstoff abgibt, ist eine Reduktion[1]; der Stoff wird reduziert.

Oxidation: $S + O_2 \rightarrow SO_2 \quad | \Delta H = -297 \text{ kJ}$
Reduktion: $2\,HgO \rightarrow 2\,Hg + O_2 \quad | \Delta H = +181{,}5 \text{ kJ}$

Oxidationsmittel oxidieren, Reduktionsmittel reduzieren andere Stoffe

7. Für Oxidationen muß nicht unbedingt elementarer Sauerstoff verwendet werden. Der Chemiker kennt eine ganze Reihe von Verbindungen, die Sauerstoff abspalten und daher andere Stoffe oxidieren können. Solche Verbindungen werden Oxidationsmittel genannt. Zu ihnen gehört z. B. das Kaliumnitrat:

$$2\,KNO_3 + C \rightarrow 2\,KNO_2 + CO_2$$

Umgekehrt gibt es auch Stoffe, die andere Stoffe reduzieren, indem sie ihnen Sauerstoff entziehen. Es handelt sich um Reduktionsmittel. Ein Beispiel dafür ist der Kohlenstoff:

$$2\,PbO + C \rightarrow CO_2 + 2\,Pb$$

Obige Gleichung zeigt uns, daß bei der Reaktion Oxidation und Reduktion miteinander gekoppelt sind. Das Bleioxid (PbO) wird zu Blei reduziert, der Kohlenstoff zu Kohlenstoffdioxid oxidiert.
Reaktionen, bei denen Oxidation und Reduktion miteinander gekoppelt sind, werden Redox-Reaktionen genannt.

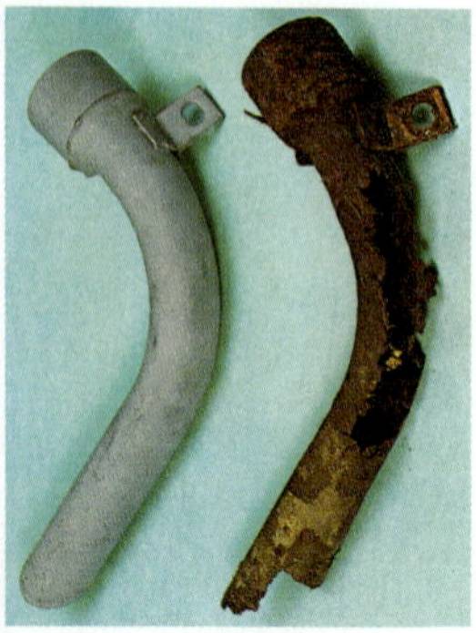

Rost: ein Oxidationsprodukt des Eisens

8. Oxidationen können mit sehr unterschiedlichen Reaktionsgeschwindigkeiten ablaufen. Metallisches Magnesium z. B. oxidiert, wenn es einmal entzündet ist, sehr rasch zu Magnesiumoxid. Eisen dagegen oxidiert an der Luft nur langsam, in Anwesenheit von Wasser etwas schneller. Dabei entsteht Rost. Auch die Atmung von Mensch, Tier und Pflanze ist ein Oxidationsvorgang. Die Nahrungsmittel werden im Körper unter Sauerstoffaufnahme langsam oxidiert. Dabei wird Energie frei, die zur Erhaltung des Lebens notwendig ist.

[1] In einem späteren Kapitel werden wir sehen, daß die Begriffe Oxidation und Reduktion üblicherweise umfassender und allgemeiner benutzt werden. Bei der hier angegebenen Definition handelt es sich lediglich um einen Sonderfall.

A1 Aus Eisenoxid kann durch Umsetzung mit Aluminiumpulver metallisches Eisen gewonnen werden: $Fe_2O_3 + 2\,Al \rightarrow Al_2O_3 + 2\,Fe$. Welcher Stoff ist bei dieser Reaktion Oxidationsmittel, welcher Reduktionsmittel?

A2 Kupfer(II)-oxid hat die Formel CuO. Bei der Reaktion mit elementarem Kohlenstoff (C) entstehen elementares Kupfer und Kohlenstoffdioxid. Wie lautet die Reaktionsgleichung dieser Reaktion? Welche Stoffart reagiert hier als Oxidationsmittel, welche als Reduktionsmittel?

A3 Was ist beim Versuch V3 in den beiden Reagenzgläsern zu beobachten? Wie können die Beobachtungen erklärt werden?

A4 Was sagt die folgende Reaktionsgleichung aus?
$2\,CuO \rightarrow 2\,Cu + O_2 \quad | \, \Delta H = +314\ kJ$

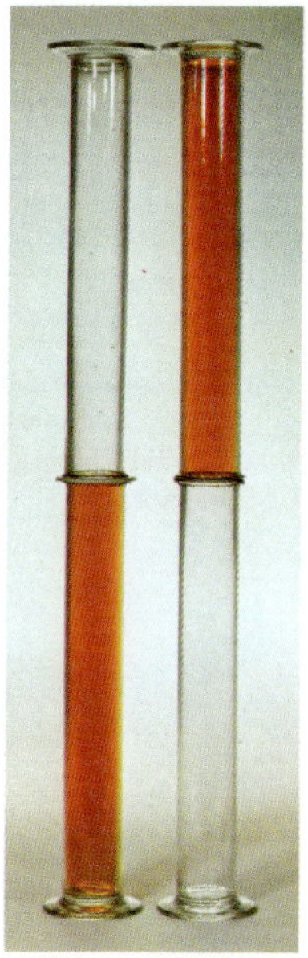

Unterschiedliche Diffusion von Brom und Luft (V3)

2.4 Die Gasgesetze

In welche Richtung bewegen sich Gase?

V1 Zwei Standzylinder werden mit *Stadtgas* oder *Erdgas (beide Gase sind leicht entzündlich und bilden mit Luft explosive Gemische)* gefüllt und in ein Stativ eingespannt. Dabei ist die Öffnung des einen Zylinders nach oben, die des anderen nach unten gerichtet. Nach kurzer Zeit versucht man, das Gas in den Zylindern zu entzünden.

V2 Die Standzylinder werden anstelle von Stadtgas oder Erdgas mit Kohlenstoffdioxidgas gefüllt und wie bei Versuch V1 in das Stativ eingespannt. Nach kurzer Zeit führt man in beide Zylinder eine brennende Kerze ein.

V3 Ein mit *Bromdämpfen (giftig; ätzend)* und ein mit Luft gefüllter Zylinder werden mit ihren Öffnungen so aufeinandergestellt, daß die *Bromdämpfe* oben sind. Dann entfernt man die Glasplatte zwischen den Zylindern (weißer Hintergrund). Der Versuch wird wiederholt, wobei sich aber diesmal das *Brom* unten befindet.

Wie rasch bewegen sich Gasteilchen?

V4 Man spannt ein weites Glasrohr waagerecht in ein Stativ ein und legt in jedes Rohrende einen Wattebausch, wovon der eine mit *konzentrierter Salzsäure (ätzend)*, der andere mit *konzentrierter Ammoniaklösung (ätzend)* getränkt ist. Das Rohr wird dann auf beiden Seiten mit einem Stopfen verschlossen. Was ist nach einiger Zeit zu beobachten?

V5 Auf eine Glasflasche mit zwei Öffnungen wird ein Tonzylinder aufgesetzt (siehe Abb.). Über diesen Tonzylinder stülpt man ein Becherglas. In der zweiten Öffnung der Flasche steckt ein Glasrohr mit Spitze. In die Flasche füllt man gefärbtes Wasser und leitet dann unter das übergestülpte Becherglas *Wasserstoffgas (leicht entzündlich; bildet mit Luft explosive Gemische)*. Was ist zu beobachten?

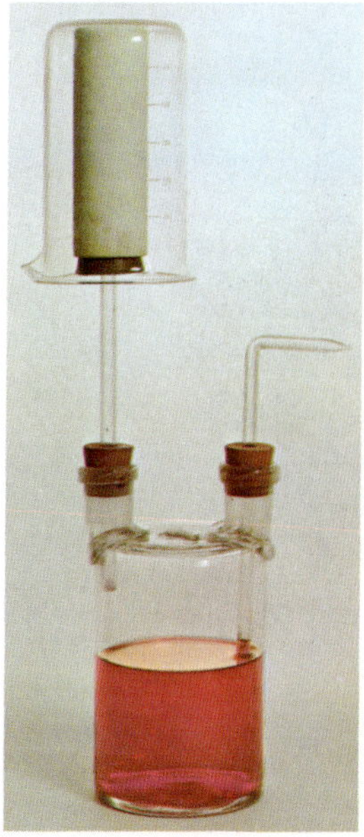

Diffusion von Wasserstoff (V5)

Wie hängen Druck, Volumen und Temperatur eines Gases zusammen?

V6 Auf einen Rundkolben setzt man einen Kolbenprober auf und erwärmt den Rundkolben.

V7 Über ein T-Stück schließt man an das Gasthermometer einen Kolbenprober und ein Manometer an. Bei verschiedenen Stellungen des Kolbenprobers werden jeweils Druck und Volumen abgelesen und die erhaltenen Werte zueinander in Beziehung gesetzt.

Bestimmung der molaren Masse eines Gases

V8 Eine starkwandige Glaskugel mit zwei Hähnen wird an der Wasserstrahlpumpe weitgehend *evakuiert (Implosionsgefahr; Schutzbrille!)* und dann genau gewogen. Aus einem Vorratsbehälter mit Niveaugefäß saugt man anschließend Kohlenstoffdioxid in die Kugel. Das Volumen der aus dem Behälter entnommenen Kohlenstoffdioxidmenge wird genau abgelesen, die Kugel erneut gewogen. Aus den experimentell ermittelten Werten ist die molare Masse des Kohlenstoffdioxids zu berechnen.

Diffusion: selbsttätiges Vermischen von Gasen (auch von Flüssigkeiten und Lösungen)

1. Gase, die schwerer sind als Luft, sinken ab; Gase, die leichter sind als Luft, steigen auf.
Experimente zeigen jedoch, daß sich zwei Gase auch dann vermischen, wenn das schwerere Gas unten, das leichtere oben ist. Die Gase bewegen sich also auch entgegen der Schwerkraft. Die selbsttätige Durchmischung von Gasen geht so lange vor sich, bis die Gase im gesamten zur Verfügung stehenden Raum gleichmäßig verteilt sind. Diesen Vorgang nennen wir Diffusion. Er ist analog auch bei Flüssigkeiten und Lösungen zu beobachten.

Diffusionsgeschwindigkeit abhängig von molarer Masse

2. Die Diffusionsgeschwindigkeit, also die Geschwindigkeit, mit der sich die Gase vermischen, ist unter anderem von der molaren Masse der Gase abhängig. Gase mit geringer molarer Masse breiten sich rascher, solche mit hoher Masse langsamer aus. Daher hat Ammoniak mit seiner molaren Masse von 17 g eine beträchtlich höhere Diffusionsgeschwindigkeit als das aus der konzentrierten Salzsäure stammende Gas, das eine molare Masse von 36,5 g besitzt.

Kinetische Gastheorie: Alle Gasteilchen ständig in Bewegung.

3. Die Diffusion kann durch die sogenannte kinetische Gastheorie erklärt werden. Diese Theorie besagt, daß sich alle Teilchen (Moleküle oder Atome) eines Gases ständig und unabhängig voneinander bewegen. Die Bewegung der Teilchen ist dabei völlig regellos und erfolgt geradlinig in jede Richtung des Raumes. Natürlich stoßen die Gasmoleküle häufig aufeinander oder auf die Gefäßwand. Dabei werden sie vollelastisch abgelenkt. Die Summe aller Stöße auf die Gefäßwand ergibt den Gasdruck (siehe Bild a).

4. Erhöhen wir die Konzentration des Gases, also die Anzahl der Teilchen pro Volumeneinheit, auf das Doppelte, so steigt entsprechend die Anzahl der Stöße auf die Gefäßwand, der Gasdruck wird doppelt so hoch (siehe Bild b). Verdoppeln wir die Teilchenzahl bei gleichbleibendem Druck, so steigt das Volumen des Gases auf das Doppelte (siehe Bild c).
Nach dem Gesetz von Boyle-Mariotte[1] stehen bei konstanter Temperatur Druck p und Volumen V der Gase in einem bestimmten Verhältnis zueinander:

Druck-Volumen-Gesetz $p \cdot V = k$

$$p \cdot V = k' \qquad (k' = \text{Konstante})$$

Druck und Volumen von 16 g Sauerstoff bei 25 °C (1 bar = 100 kPa)

Druck (bar)	Volumen (l)	$p \cdot V$ (bar · l)	
0,6	20,7	12,0	Unter Berücksichtigung experimenteller Ungenauigkeiten ergibt das Produkt aus Druck und Volumen einen konstanten Wert.
0,8	15,3	12,0	
1,0	12,5	12,5	
1,2	10,1	12,1	
1,4	8,8	13,3	

[1] Robert Boyle (1627–1691), Physiker und Chemiker in Oxford, einer der glänzendsten Wissenschaftler seiner Zeit, Mitbegründer der Atomtheorie. Er untersuchte die Neutralisationsvorgänge, die Verbrennungserscheinungen und das Verhältnis von Druck und Volumen in Gasen.
Edme Mariotte (1620–1684), Physiker in Paris, erste präzise Formulierung des Gesetzes von Boyle-Mariotte.

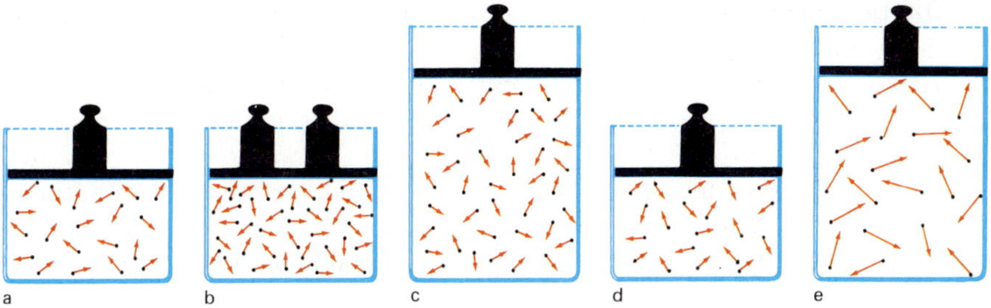

Schematische Darstellung des Verhaltens von Gasteilchen bei verschiedenen Bedingungen

5. Gasteilchen geringerer Masse bewegen sich rascher als solche mit höherer Masse. Daher wird auch die unterschiedliche Diffusionsgeschwindigkeit von der molaren Masse bestimmt. Die Wucht, mit der die Teilchen auf die Gefäßwand prallen, ist jedoch bei allen Gasen gleich groß. Die Bewegungsenergie, die sogenannte kinetische Energie E_{kin}, hängt von der Masse m und der Geschwindigkeit v der Teilchen ab:

$$E_{kin} = \frac{1}{2} m \cdot v^2 \quad \left[\frac{kg \cdot m^2}{s^2}\right]$$

Die geringere Masse leichterer Atome oder Moleküle wird durch deren höhere Geschwindigkeit kompensiert.

6. Die Geschwindigkeit der Gasteilchen ist aber nicht nur von ihrer Masse, sondern auch von der Temperatur abhängig. Alle Teilchen bewegen sich bei höherer Temperatur rascher. Beim Erwärmen steigt daher die Bewegungsenergie der Gasteilchen; sie prallen mit größerer Wucht auf die Wände auf. Der Druck des Gases oder aber – bei gleichbleibendem Druck – das Gasvolumen wird größer (Bilder d und e).

Temperatur-Volum-Gesetz: Temperaturänderung um 1 °C bedeutet Volumänderung um $^1/_{273}$ V_0

Wenn wir ein Gas bei konstantem Druck um 1 Grad erwärmen, so dehnt es sich nach Gay-Lussac[1] um $^1/_{273}$ seines Volumens bei 0 °C aus. Dasselbe gilt auch umgekehrt, d. h. bei Abkühlung um 1 Grad verringert sich das Volumen entsprechend.

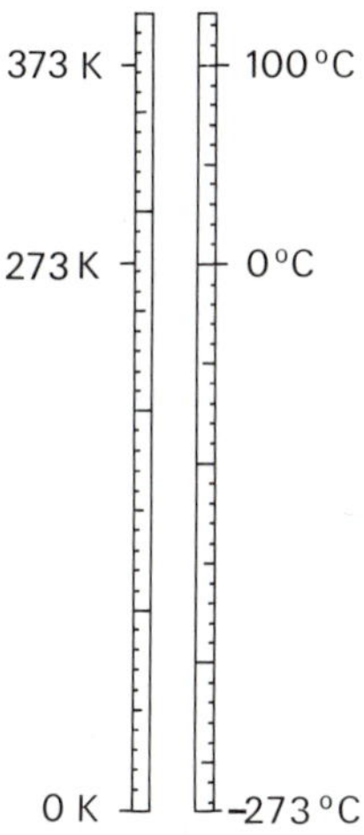

Vergleich der Temperaturskalen nach Celsius und Kelvin

7. Bei Abkühlung auf −273 °C wäre also das Volumen aller Gase gleich Null. Das bedeutet, daß bei dieser Temperatur jede Molekülbewegung aufhört, die kinetische Energie der Teilchen also gleich Null wird. Diese Temperatur, die als absoluter Nullpunkt bezeichnet wird[2], dient als Nullpunkt für die Temperaturskala nach Kelvin[3], deren Werte als «absolute Temperatur» bezeichnet werden.

Das Gesetz von Gay-Lussac besagt also, daß das Volumen V einer Gasmenge bei konstantem Druck der absoluten Temperatur T proportional ist:

$$V \sim T \quad \text{oder} \quad \frac{V}{T} = k''$$

k'' = Konstante
$\sim$ bedeutet: proportional zu

[1] Gay-Lussac (1778–1850), Physiker und Chemiker in Paris.
[2] Genauer liegt der absolute Nullpunkt bei −273,15 °C.
[3] William Thomson, später Lord Kelvin (1824–1907), Professor für Physik in Glasgow, arbeitete auf dem Gebiet der kinetischen Gastheorie und stellte die Zustandsgleichung der Gase auf.

8. Die beiden Gasgesetze von Boyle-Mariotte und Gay-Lussac:

$$p \cdot V = k' \quad \text{und} \quad \frac{V}{T} = k''$$

lassen sich in der sogenannten Zustandsgleichung der Gase zusammenfassen:

$$\frac{p \cdot V}{T} = k$$

(p = Druck, V = Volumen, T = absolute Temperatur, k = Konstante).
Die Zustandsgleichung läßt sich auch in der Form

$$\frac{p_1 \cdot V_1}{T_1} = \frac{p_2 \cdot V_2}{T_2}$$

schreiben. Darin bedeuten: p_1, T_1, V_1 Druck, absolute Temperatur und Volumen der Gasmenge bei den Bedingungen 1; p_2, T_2, V_2 Druck, absolute Temperatur und Volumen derselben Gasmenge bei den Bedingungen 2.

9. Angenommen, wir bestimmen das Volumen eines Gases bei 96 kPa (720 Torr) (p_1) und 293 K (T_1) auf 100 cm^3 (V_1). Verändern wir nun die äußeren Bedingungen auf 101 kPa (760 Torr) und 273 K (0 °C), also auf die sogenannten «Normbedingungen», so muß sich auch das Volumen des Gases entsprechend der Zustandsgleichung ändern. Wenn wir dieses Volumen V_0 bezeichnen und es in die Gleichung einsetzen, so gilt:

$$\frac{96\ \text{kPa} \cdot 100\ \text{cm}^3}{293\ \text{K}} = \frac{101\ \text{kPa} \cdot V_0}{273\ \text{K}}$$

Daraus ergibt sich für das Volumen V_0:

$$V_0 = \frac{96\ \text{kPa} \cdot 273\ \text{K} \cdot 100\ \text{cm}^3}{101\ \text{kPa} \cdot 293\ \text{K}}$$

Wurde das Volumen eines Gases bei beliebigen Bedingungen experimentell bestimmt, so läßt sich sein Volumen bei Normbedingungen (V_0) nach folgender Gleichung berechnen:

$$\frac{101 \cdot V_0}{273} = \frac{p_1 \cdot V_1}{T_1} \quad \text{und} \quad V_0 = \frac{p_1 \cdot V_1 \cdot 273}{T_1 \cdot 101}$$

wobei V_1 das gemessene Volumen beim Druck p_1 (in kPa) und der Temperatur T_1 (in Kelvin) ist.
Genaugenommen gilt die allgemeine Zustandsgleichung der Gase allerdings nur für «ideale Gase». Die in der Natur auftretenden realen Gase zeigen in ihrem Verhalten gewisse Abweichungen. Das liegt daran, daß sich ihre Teilchen gegenseitig etwas anziehen.

10. Die überraschende Tatsache, daß das Verhalten verschiedenartiger Gase durch ein und dieselbe Zustandsgleichung beschrieben werden kann, hat zwei Gründe:
- Die Teilchen verschiedener Gase besitzen bei gleicher Temperatur die gleiche kinetische Energie (siehe unter 5.).
- Alle Gase enthalten bei gleichem Druck und gleicher Temperatur im gleichen Volumen die gleiche Anzahl selbständiger Teilchen.

Der zweite Satz stammt von Avogadro[1]. Er hat ihn als Hypothese anhand von Volumenmessungen bei Gasreaktionen formuliert und bereits 1811 erstmals ausgesprochen. Die Hypothese wurde für die Chemie außerordentlich wichtig und fruchtbar und konnte später als Gesetz erhärtet werden.

Der Satz von Avogadro

11. Heute ist es möglich, den Satz von Avogadro auch quantitativ auszudrücken: 22,4 Liter jedes Gases enthalten bei Normbedingen (abgekürzt NB; 101 kPa [760 Torr] und 0 °C [273 K]) immer 1 Mol (also $6{,}02 \cdot 10^{23}$ Teilchen).

Das Molvolumen idealer Gase beträgt 22,4 Liter

22,4 Liter sind das sogenannte molare Volumen eines Gases (bei NB). Diese quantitative Aussage ermöglicht die Bestimmung der molaren Massen gasförmiger und anderer leichtflüchtiger Stoffe. Wir müssen zu diesem Zweck lediglich die Masse von 22,4 Litern des betreffenden Gases bzw. Dampfes messen.

Molvolumina einiger realer Gase

Wasserstoff	H_2	22,43 Liter	Obwohl die Molvolumina zum Teil nicht unerheblich vom «Idealwert» abweichen, genügt es für Unterrichtszwecke völlig, das molare Volumen einheitlich mit 22,4 Litern anzusetzen.
Helium	He	22,424 »	
Stickstoff	N_2	22,402 »	
Kohlenstoffmonooxid	CO	22,402 »	
Sauerstoff	O_2	22,392 »	
Kohlenstoffdioxid	CO_2	22,262 »	
Chlorwasserstoff	HCl	22,248 »	
Chlor	Cl_2	22,063 »	
Schwefeldioxid	SO_2	21,888 »	
«Ideales Gas»	–	22,414 »	

12. Ein Experiment ergebe folgende Werte: 693 cm^3 eines Gases wiegen bei 97,3 kPa und 20 °C 1,2256 g. Wie groß ist die molare Masse dieses Gases? Zunächst muß die ermittelte Gasmenge auf Normbedingungen umgerechnet werden: Setzen wir die gemessenen Werte in die Zustandsgleichung der Gase ein, so erhalten wir:

Die Bestimmung von molaren Massen

$$\frac{101\ \text{kPa} \cdot V_0}{273\ \text{K}} = \frac{97{,}3\ \text{kPa} \cdot 693\ \text{cm}^3}{293\ \text{K}}$$

Das Volumen des Gases bei Normbedingungen beträgt demnach:

$$V_0 = 620\ \text{cm}^3$$

620 cm^3 des Gases (bei NB) wiegen also 1,2256 g. Damit wiegen 22,4 Liter, also ein Mol:

$$\frac{1{,}2256\ \text{g} \cdot 22\,400\ \text{cm}^3}{620\ \text{cm}^3} = 44{,}28\ \text{g}$$

Die molare Masse des Gases beträgt 44,28 g/mol. Es handelt sich, im Rahmen der experimentell bedingten Fehlergrenze, um Kohlenstoffdioxidgas der Formel CO_2 (theoretischer Wert: 44,0 g/mol). Da Kohlenstoffdioxid aus Molekülen besteht, liefert die Bestimmung der molaren Masse gleichzeitig auch den Zahlenwert der Molekülmasse. Die Molekülmasse des Kohlenstoffdioxids beträgt 44 u.

[1] Amadeo Avogadro di Quaregna (1776–1856). Professor für mathematische Physik in Turin, einer der Begründer der modernen Molekulartheorie.

A1 Das bei Versuch V_5 zu beobachtende Ergebnis ist darauf zurückzuführen, daß die verschiedenen Gase unterschiedlich rasch durch die poröse Tonwand diffundieren. Die bei diesem Versuch ablaufenden Vorgänge sollen erklärt werden.

A2 Warum enthalten Wetterballone beim Start erheblich weniger Wasserstoffgas, als ihre Ballonhülle räumlich aufnehmen könnte?

A3 Das Wasserstoffgas der Wetterballone wird häufig durch eine chemische Reaktion gewonnen, bei der aus Calciumhydrid (Formel CaH_2) und Wasser (H_2O) Wasserstoffgas und Calciumhydroxid [Formel $Ca(OH)_2$] erzeugt werden.
a) Wie lautet die Gleichung dieser Reaktion?
b) Wieviel Gramm Calciumhydrid und wieviel Gramm Wasser sind notwendig, damit in einen Ballon 250 Liter Wasserstoff eingefüllt werden können (Normbedingungen)?

A4 Ein Gas nimmt bei 96 kPa und 25 °C einen Raum von 1 Liter ein. Welches Volumen besitzt dieses Gas bei Normbedingungen?

A5 Welchen Raum nehmen folgende Gasmengen bei NB ein:
a) 32 g Sauerstoff
b) 20 g Wasserstoff
c) 14 g Ethen (Formel C_2H_4)
d) 1 mol Kohlenstoffdioxid

A6 1 Liter eines Gases wiegt bei NB 1,251 g.
a) Wie groß ist die molare Masse des Gases?
b) Um welches Gas könnte es sich der molaren Masse nach handeln?

A7 Im Gerät nach Victor Meyer werden 0,1 g Aceton verdampft und das Volumen des Dampfs zu 41,4 cm^3 gemessen (bei 760 Torr [101 kPa] und 20 °C). Welche molare Masse hat Aceton?

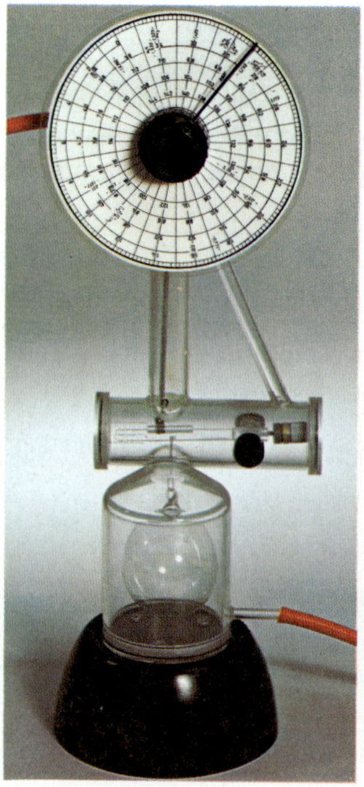

Die Gasmolwaage (nach Kintoff) enthält in ihrem Inneren eine an einer Feder hängende Kugel. Je nach spezifischer Masse des zu bestimmenden Gases ändert sich die Spannung an der Feder. Der Grad der Federspannung wird durch Verdrehen des Zeigerknopfes ausgeglichen und liefert auf der Skala direkt den Wert der molaren Masse des eingefüllten Gases.

Bestimmung der molaren Masse nach Victor Meyer: Dabei wird eine genau abgewogene Menge Flüssigkeit verdampft und ihr Volumen im gasförmigen Zustand gemessen.

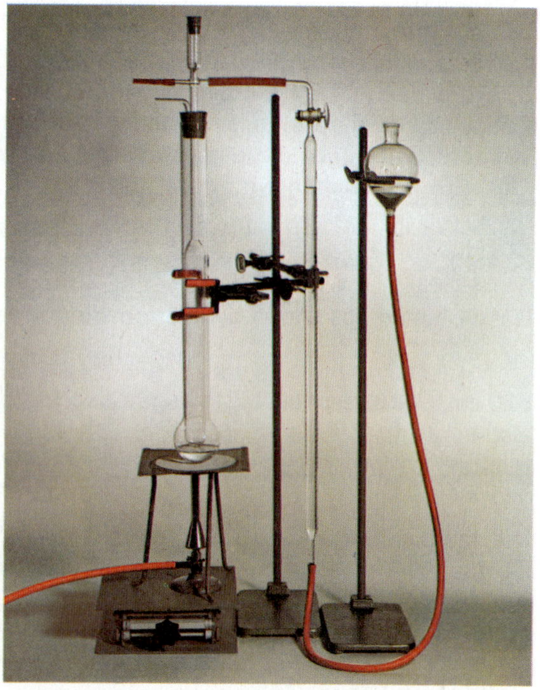

Molmassenbestimmung nach Victor Meyer

3 Wasser

3.1 Zusammensetzung des Wassers

Vorsicht: Wasserstoff ist sehr leicht entzündlich und bildet mit Luft explosive Gemische.

Analyse von Wasser

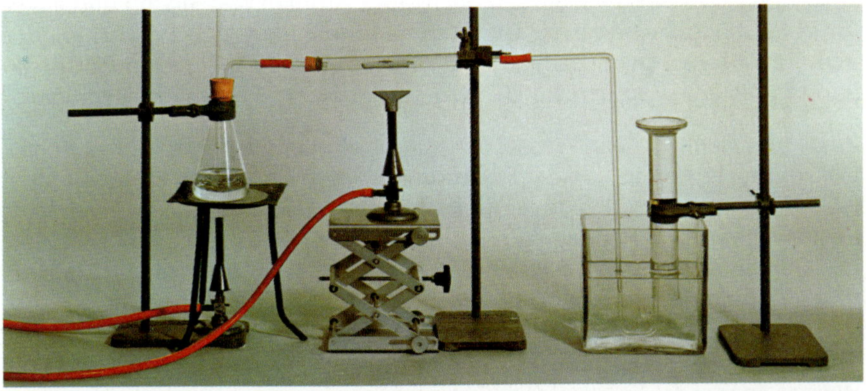

Umsetzung von Wasser mit Magnesium (V_1)

V_1 An einen Erlenmeyerkolben, der zu etwa $^1/_3$ mit Wasser gefüllt ist, schließen wir ein Quarzrohr an. Dieses Rohr hat eine Gasableitung in eine pneumatische Wanne (siehe Abb.). In das Quarzrohr kommt eine Magnesiarinne mit *Magnesiumspänen (feuergefährlich)*. Das Wasser im Kolben wird zum Sieden erhitzt. Ist die Luft in der Apparatur ganz durch Wasserdampf verdrängt, erhitzt man das Porzellanschiffchen kräftig *(Vorsicht: heftige Reaktion! Schutzbrille! Schutzscheibe!)*. Nach der Reaktion wird das Porzellanschiffchen aus dem Rohr herausgenommen. Was ist zu beobachten?

V_2 Das in Versuch V_1 aufgefangene *Gas (leicht entzündlich; mit Luft explosives Gemisch)* wird auf seine Brennbarkeit untersucht.

Synthese von Wasser

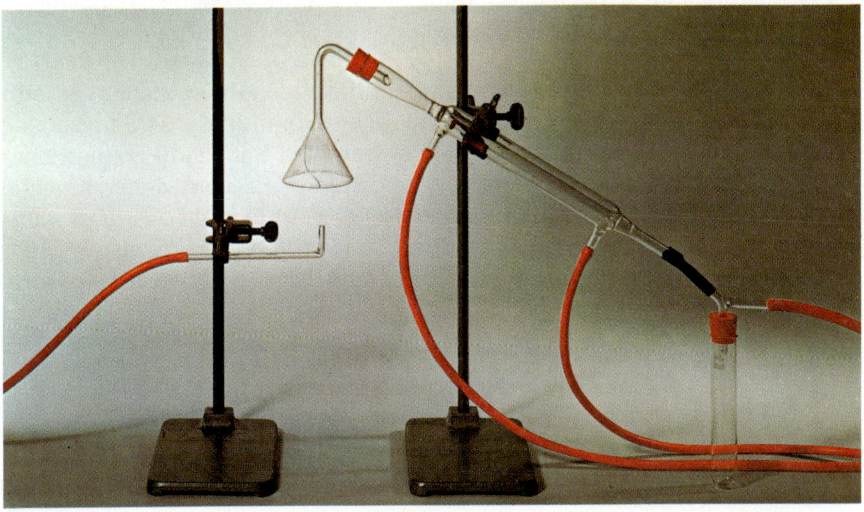

Verbrennung von Wasserstoff (V_3)

V3 Über eine kleine Flamme brennenden *Wasserstoffgases* hängt man gemäß Abbildung einen umgekehrten Trichter, an den ein Kühler angeschlossen ist. Das als Vorlage dienende Reagenzglas ist über ein T-Rohr mit dem Kühler verbunden. Die Verbrennungsgase werden mit Hilfe einer angeschlossenen Wasserstrahlpumpe in die Apparatur gesaugt.

V4 In einem kleinen, dickwandigen Gaszylinder mischt man *Sauerstoff- und Wasserstoffgas (explosiv)*. Der Zylinder wird *mit einem Handtuch gut umwickelt* und mit der Öffnung an eine Flamme gehalten *(Schutzbrille !)*. Was ist zu beobachten, wenn der Versuch mit unterschiedlichen Mischungsverhältnissen wiederholt wird?

Wasser hat die Formel H_2O

1. Wasser hat die Verhältnisformel H_2O. Es besteht aus Molekülen, und jedes dieser Wassermoleküle setzt sich aus 2 Atomen Wasserstoff und einem Atom Sauerstoff zusammen. Die Summenformel lautet also gleich wie die Verhältnisformel. Die Zusammensetzung des Wassers läßt sich durch Reaktion mit Magnesium und durch Synthese aus den Elementen bestätigen.

2. Bei der Reaktion von Wasser mit Magnesium entsteht ein weißes Pulver. Wir kennen es bereits von der Reaktion des Magnesiums mit Sauerstoff her: es ist Magnesiumoxid. Wasser muß also Sauerstoff enthalten. Gleichzeitig entsteht bei dieser Reaktion ein brennbares Gas. Dabei handelt es sich um das Element Wasserstoff, dessen Moleküle die Formel H_2 besitzen. Auch der Wasserstoff muß aus dem Wasser stammen. Wasser enthält also Wasserstoff und Sauerstoff. Daß es darüber hinaus keine weiteren Elemente enthält, zeigt uns die Synthese, bei der durch Verbrennen von Wasserstoff mit Sauerstoff Wasser entsteht.

Wasserstoff verbrennt exotherm zu Wasser

3. Die Explosionsversuche sowie quantitative Versuche zur Verbrennung von Wasserstoff mit Sauerstoff zeigen, daß sich die beiden Gase *dann* völlig, also ohne Rest, zu Wasser umsetzen, wenn Wasserstoff zu Sauerstoff im Volumenverhältnis 2 : 1 vorliegen. Nach dem Satz von Avogadro enthalten aber gleiche Volumina verschiedener Gase bei gleichen Bedingungen die gleiche Anzahl von Molekülen. Wenn ein bestimmtes Volumen Sauerstoff immer mit dem doppelten Volumen Wasserstoff reagiert, dann muß ein Sauerstoffmolekül auch mit jeweils zwei Wasserstoffmolekülen reagieren. Im Wassermolekül selbst müssen dann auf 1 Sauerstoffatom 2 Wasserstoffatome kommen:

$$2\,H_2 + O_2 \rightarrow 2\,H_2O \quad |\,\Delta H = -572\ \text{kJ}$$

Knallgas: Gemisch aus 2 Raumteilen Wasserstoff und 1 Raumteil Sauerstoff

4. Die Reaktion zwischen Wasserstoff und Sauerstoff ist stark exotherm. Wasser ist eine sehr energiearme und stabile Verbindung. Das Gemisch aus zwei Raumteilen Wasserstoff und einem Raumteil Sauerstoff reagiert nach Entzündung augenblicklich und explosionsartig. Es wird daher Knallgas genannt. *Bei allen Arbeiten mit Wasserstoff muß unbedingt darauf geachtet werden, daß kein explosives Gemisch mit Sauerstoff oder Luft entsteht.* Beim Entzünden von Wasserstoffgas ist immer zuerst die sogenannte *Knallgasprobe* zu machen (siehe Kapitel 1.7, Versuch V1).

A1 a) Nach welcher Reaktionsgleichung setzt sich Magnesium mit Wasser um?
b) Welcher Reaktionspartner wird dabei oxidiert, welcher reduziert?

A2 In welchem Massenverhältnis liegen Wasserstoff und Sauerstoff im Wasser vor?

A3 Wir mischen je 100 cm^3 Wasserstoff und Sauerstoff und entzünden dann das Gemisch. Wieviel cm^3 Sauerstoff bleiben nach der Reaktion übrig? Um wieviel Gramm Sauerstoff handelt es sich dabei?

3.2 Wasserstoff, Katalyse

Vorsicht: Wasserstoff ist sehr leicht entzündlich und bildet mit Luft explosive Gemische.

Welche Eigenschaften hat Wasserstoff?

V1 Zwei Zylinder werden mit *Wasserstoff* gefüllt und in ein Stativ eingespannt. Dabei zeigt die Öffnung des einen Zylinders nach unten, die des anderen nach oben. Nach einiger Zeit versucht man, den Zylinderinhalt zu entzünden.

V2 In einen mit *Wasserstoff* gefüllten Zylinder wird eine brennende Kerze eingeführt und langsam wieder herausgezogen (siehe Abbildung).

V3 Ein Kolbenprober wird mit der Kolbenöffnung nach oben so an einem Gestell befestigt, daß der Zylinder beweglich bleibt. Auf die Öffnung ist eine feine Düse aufzusetzen. Dann füllt man den Prober einmal mit Luft und einmal mit *Wasserstoff*. Jedesmal wird dabei die Zeit gemessen, die der Zylinder braucht, um ein bestimmtes Stück abzusinken, d. h. um eine bestimmte Menge Gas durch die Düse zu drücken.

V4 Der Versuch V1 von Kapitel 1.7 wird statt mit Kupferoxid mit rotem Eisenoxid (Fe_2O_3) durchgeführt.

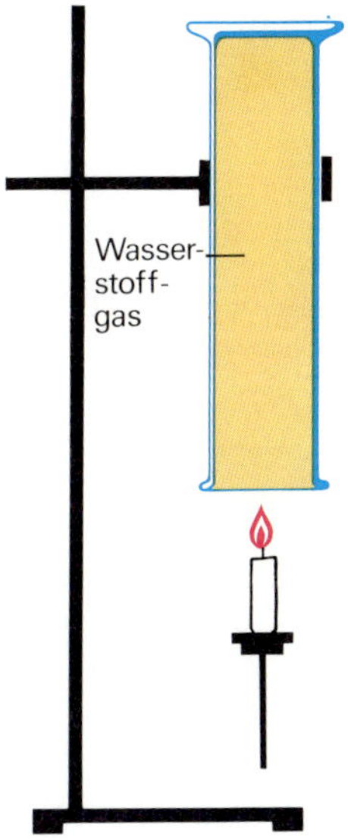

Versuchsanordnung zu V2

Brennt Wasserstoff auch ohne Anzünden?

V5 Durch ein Glasrohr läßt man vorsichtig *Wasserstoffgas* ausströmen. Mit der Tiegelzange wird ein Platinasbestnetz in den Wasserstoff gehalten.

Wasserstoff ist das leichteste aller Gase

1. Das Element Wasserstoff kann aus Wasser gewonnen und wiederum zu Wasser verbrannt werden – daher sein Name Hydrogenium[1] und das Symbol H. Bei Zimmertemperatur ist Wasserstoff gasförmig. Das Gas ist farb- und geruchlos und verbrennt mit fahler Flamme.
Mit Ausnahme der Edelgase bestehen alle gasförmigen Elemente aus zweiatomigen Molekülen. Das gilt auch für den Wasserstoff, seine Summenformel lautet H_2. Die molare Masse des Wasserstoffs beträgt daher rund 2 g/mol. Nach Avogadro nehmen diese 2 g einen Raum von 22,4 Litern ein. Damit ist Wasserstoff bei einem Litergewicht von etwa 0,09 g das leichteste aller Gase. Daher diffundiert es sehr rasch auch durch kleinste Öffnungen.

Wasserstoff ist ein Reduktionsmittel

2. Bei der Verbrennung von Wasserstoff mit Sauerstoff entsteht Wasser. Da diese Reaktion stark exotherm ist, kann der Wasserstoff auch dazu benutzt werden, bestimmten Metalloxiden den Sauerstoff zu entziehen und dadurch das reine Metall zu gewinnen. Technisch angewandt wird dieses Verfahren z. B. zur Gewinnung von metallischem Wolfram.

3. Die chemische Großindustrie gewinnt den Wasserstoff durch Zerlegung von Wasser mit heißem Koks (Wassergasherstellung) oder mit Hilfe des elektrischen Stroms (Elektrolyse). Außerdem wird Wasserstoff auch aus Erdöl und Erdölprodukten gewonnen.
Wasserstoff wird in großer Menge insbesondere zur Herstellung von Ammoniak aus Luftstickstoff gebraucht, aber auch zur Härtung flüssiger Fette, für die Synthese verschiedener Produkte der organischen Chemie, zum Schweißen von Metallen, zur Füllung von Ballonen und als Raketentreibstoff, z. B. in den Trägerraketen der Weltraumforschung.

[1] *Hydrogenium* (gr.) Wassererzeuger.

Laboratorien und Handwerk beziehen den Wasserstoff in Stahlflaschen, die – um Verwechslungen zu verhindern – rot gestrichen und mit einem Linksgewinde versehen sind.

Katalysatoren setzen die Aktivierungsenergie herab: Reaktionsbeschleuniger

4. Obwohl die Reaktion zwischen Wasserstoff und Sauerstoff stark exotherm ist, reagieren die beiden Stoffe bei Zimmertemperatur nicht miteinander. Dem Gemisch muß zuerst die notwendige Aktivierungsenergie zugeführt, es muß entzündet werden. Kommt das Gemisch jedoch mit feinverteiltem Platin in Berührung, dann entzündet sich der Wasserstoff auch ohne Wärmezufuhr. Das Platin sorgt dafür, daß die Reaktion über Zwischenprodukte niedrigerer Energie abläuft und daher weniger Aktivierungsenergie benötigt. Als Aktivierungsenergie genügt in diesem Fall schon die Wärme des Zimmers. Einen Stoff, der die für eine Reaktion notwendige Aktivierungsenergie herabsetzt und dadurch den Ablauf dieser Reaktion beschleunigt beziehungsweise erst ermöglicht, nennt man Katalysator. Der Vorgang wird als Katalyse bezeichnet. Katalysatoren nehmen an den durch sie katalysierten Reaktionen zwar teil, verbrauchen sich aber nicht. Nach der Reaktion liegt der Katalysator wieder im gleichen Zustand vor wie zu Beginn der Reaktion. Die Chemie kennt viele Katalysatoren, die jeweils ganz bestimmte Reaktionen katalysieren. Für die Reaktion zwischen Wasserstoff und Sauerstoff dient zum Beispiel feinverteiltes Platin als Katalysator.

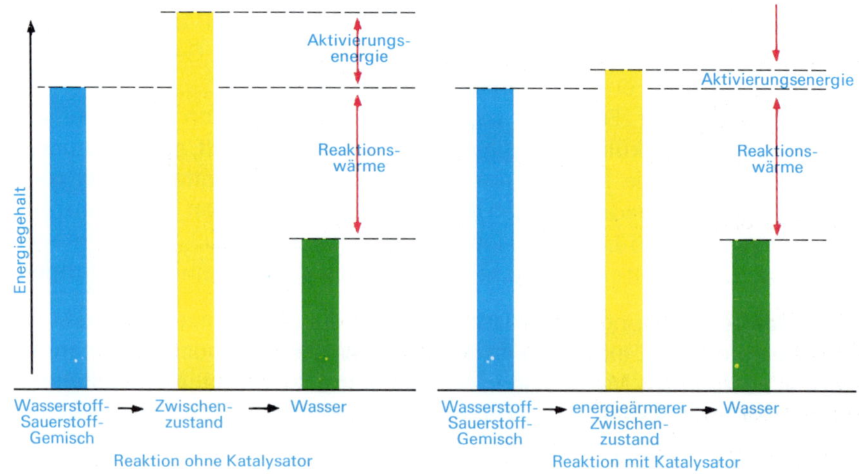

A1 Viele Oxide können mit Wasserstoff reduziert werden, so z. B. Eisenoxid (Fe_2O_3), Wolframtrioxid (WO_3) und Kobaltoxid der Formel Co_3O_4. Für die dabei ablaufenden Reaktionen sollen die Reaktionsgleichungen formuliert werden.

A2 Bei Durchführung von Versuch V1 läßt sich der Inhalt des einen Zylinders entzünden, der des anderen Zylinders nicht. Überläßt man die beiden Zylinder über Stunden hinweg sich selbst und versucht dann, die Zylinderinhalte zu entzünden, so zeigt sich, daß beide Zylinder kein brennbares Gas mehr enthalten. Wie lassen sich diese Beobachtungen erklären?

3.3 Eigenschaften des Wassers. Lösungen

Welche Eigenschaften hat Wasser?

V_1 Wasser wird auf folgende physikalische Eigenschaften untersucht: Farbe, Dichte, Schmelztemperatur (Temperatur einer Eis-Wasser-Mischung) und Siedetemperatur (Temperatur von siedendem Wasser).

V_2 Mit dem Leitfähigkeitsprüfer und einer Glühbirne wird reines (destilliertes) Wasser auf seine elektrische Leitfähigkeit geprüft (vgl. Kapitel 1.2, Versuch V_1 c).

Wie verhält es sich mit der Löslichkeit in Wasser?

V_3 Folgende Stoffe werden auf ihre Löslichkeit in Wasser untersucht, indem man jeweils gleiche Mengen im Reagenzglas mit Wasser schüttelt: Kochsalz, rotes Eisenoxid, Kaliumpermanganat, Calciumcarbonat (Marmorpulver), Kaliumdichromat.

V_4 *Alkohol (feuergefährlich)* und *Benzin (feuergefährlich)* werden im Reagenzglas je mit angefärbtem Wasser geschüttelt.

V_5 Mit dem Aräometer wird die Dichte von 100 cm^3 Wasser gemessen. Dann geben wir mehrmals nacheinander je 10 g Kochsalz zu und messen die Dichte.
Dasselbe geschieht mit 50 cm^3 Wasser und mehrmaligem Zusatz von je 10 cm^3 *Brennspiritus (feuergefährlich)*.

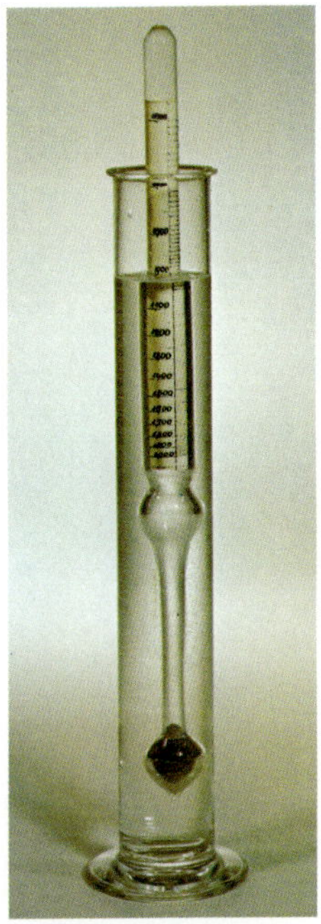

Aräometer (V_5)

Ist Leitungswasser ein Reinstoff?

V_6 In einer einfachen Destillierapparatur (siehe Kapitel 1.3, Versuch V_6) wird Leitungswasser destilliert. Jeweils eine Probe des Leitungswassers und des destillierten Wassers wird im Reagenzglas mit wenig Silbernitratlösung versetzt.

Wie ist die Löslichkeit von der Temperatur abhängig?

V_7 In zwei Reagenzgläsern mit je 10 cm^3 Wasser werden im einen 6 g Ammoniumchlorid, im anderen 6 g Kaliumnitrat durch Erwärmen gelöst. Dann läßt man abkühlen.

V_8 Eine Sprudelflasche wird geöffnet und in ein warmes Wasserbad gestellt.

1. Rund zwei Drittel der Erdoberfläche sind von Meer bedeckt, bestehen also aus Wasser. Auch auf dem festen Land findet sich Wasser in flüssiger Form in Bächen, Flüssen und Seen oder in fester Form als Eis und Schnee. Schließlich enthalten alle Lebewesen Wasser in teilweise beträchtlichen Mengen. Wasser ist absolut lebensnotwendig, alle Vorgänge im menschlichen, tierischen und pflanzlichen Stoffwechsel sind auf das Vorhandensein von Wasser angewiesen.

2. Reines Wasser ist bei Zimmertemperatur eine geruch-, geschmack- und farblose Flüssigkeit. Seine Schmelztemperatur liegt bei 0 °C, die Siedetemperatur bei 100 °C[1]. Die angebenen Werte gelten für einen Druck von 101 kPa (760 Torr). Unter höherem Druck siedet Wasser erst bei höherer Temperatur, unter niedrigerem Druck auch bei tieferer Temperatur.
Die größte Dichte hat das Wasser bei 4 °C[2]. Im Unterschied zu fast allen anderen Flüssigkeiten nimmt seine Dichte bei Temperaturen unter 4 °C wieder ab.

[1] Die Temperaturskala von Celsius (1701–1744) richtet sich nach Schmelztemperatur (0 °C) und Siedetemperatur (100 °C) des Wassers bei 101 kPa (760 Torr).

[2] Wasser von 4 °C hat die Dichte 1 g/cm^3. 1 g wird nämlich definiert als die Masse von 1 cm^3 Wasser von 4 °C.

Wasser besitzt zwar eine höhere Wärmeleitfähigkeit als Luft, leitet die Wärme aber bedeutend schlechter als z. B. Metalle. Auch die elektrische Leitfähigkeit von reinem Wasser ist sehr gering.

Echte Lösung: Teilchen sehr klein, nicht sichtbar

3. Viele Stoffe, wie zum Beispiel Zucker, Salz oder Kaliumpermanganat lösen sich in Wasser sehr gut, Wasser ist für diese Stoffe ein gutes Lösungsmittel. Vermischt sich dabei der gelöste Stoff in Form möglichst kleiner Teilchen mit dem Wasser, dann sprechen wir von einer echten Lösung. Da die Teilchen des so gelösten Stoffes für das menschliche Auge auch unter dem Mikroskop nicht sichtbar sind, erscheint die Lösung völlig klar. Es handelt sich um ein homogenes Gemisch mit nur einer flüssigen Phase.
Bei allen natürlich vorkommenden Wässern handelt es sich um Lösungen, die verschiedenartige Stoffe in Wasser gelöst enthalten. Meerwasser ist eine 3–4%ige Kochsalzlösung, auch Grund- und Flußwasser enthält verschiedenartige Salze gelöst. Selbst Regenwasser ist nicht ganz rein, es enthält unter anderem gelösten Sauerstoff und gelöstes Kohlenstoffdioxid.

Unechte Lösungen: Suspension und Emulsion

4. Viele Stoffe, wie zum Beispiel Marmorpulver oder Eisenoxid, lösen sich in Wasser nur schwer, manche sind nahezu unlöslich. Eventuell vermischt sich der Stoff mit dem Wasser nicht in Form kleinstmöglicher Teilchen, sondern in Form größerer Partikel. Dann entsteht ein heterogenes Gemisch, das unserem Auge trüb erscheint («unechte Lösung»). Enthält das flüssige Lösungsmittel dabei Partikel eines festen Stoffes, so sprechen wir von einer Suspension. Sind die Partikel ebenfalls flüssig, so haben wir eine Emulsion vor uns. Ein natürliches Beispiel für eine Emulsion ist Milch, für eine Suspension das durch Lehm braun gefärbte Flußwasser.

Gesättigte Lösung: größtmögliche Menge ist gelöst

5. In einer gegebenen Masse des Lösungsmittels löst sich nur eine bestimmte Masse eines festen Stoffes zu einer echten Lösung auf. Verschiedene Stoffe besitzen unterschiedliche Löslichkeiten, d. h. in derselben Masse Lösungsmittel lösen sich unterschiedliche Massen der einzelnen Stoffe. Enthält das Lösungsmittel die größtmögliche Masse an gelöstem Stoff, so sprechen wir von einer gesättigten Lösung. Gibt man zu dieser Lösung weitere Mengen des betreffenden Stoffes hinzu, so bleiben sie als Bodensatz ungelöst.

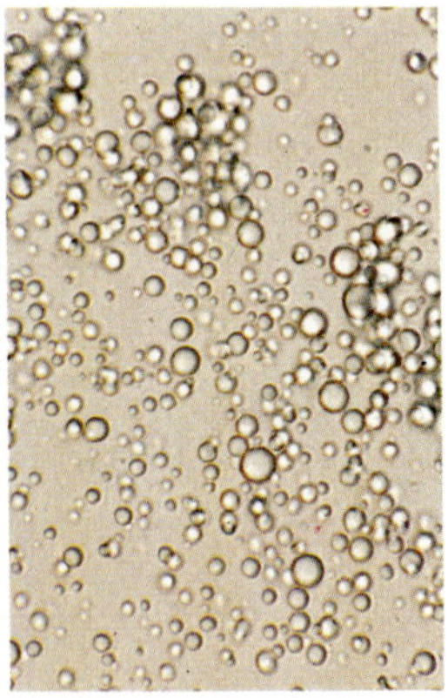
Mikrofotografie von Milch (Emulsion)

Löslichkeit verschiedener Stoffe in 100 g Wasser bei 20 °C

Kochsalz (Natriumchlorid, NaCl)	35,88 g
Soda (Natriumcarbonat, Na_2CO_3)	21,66 g
Kupfersulfid (CuS)	0,000033 g
Kaliumnitrat (KNO_3)	31,66 g
Rohrzucker ($C_{12}H_{22}O_{11}$)	203,9 g
Kalk (Calciumcarbonat, $CaCO_3$)	0,0015 g
Sauerstoffgas (O_2)	0,0043 g
Kohlenstoffdioxidgas (CO_2)	0,17 g
Benzol (C_6H_6)	0,07 g
Alkohol (Ethanol, C_2H_5OH)	Unbegrenzt mischbar

Flüssige Stoffe verhalten sich gegenüber einem Lösungsmittel teils so wie die Feststoffe, teils sind sie mit dem Lösungsmittel auch unbegrenzt mischbar. Gase werden von einem Lösungsmittel immer nur begrenzt aufgenommen.

6. Der Gehalt der gesättigten Lösung an gelöstem Stoff ist gleichzeitig das Maß für die Löslichkeit dieses Stoffes. Im allgemeinen Sprachgebrauch benutzt man dabei meist den Begriff «Konzentration». Diese Konzentrationen werden oft als Massenanteile in Prozent angegeben.
Eine 10%ige Kochsalzlösung enthält z. B. 10 g Kochsalz in 100 g Lösung. Lösungen fester Stoffe in Wasser besitzen meist eine höhere Dichte als reines Wasser. Und zwar ist die Dichte um so höher, je mehr Feststoff im Wasser gelöst wurde. Die Konzentration kann daher durch Bestimmen der Dichte einer Lösung ermittelt werden. Lösen sich im Wasser spezifisch leichtere Stoffe wie Alkohol oder bestimmte Gase, so hat die Lösung eine geringere Dichte als reines Wasser.

Löslichkeit: größte Stoffportion, die sich in einer bestimmten Stoffportion des Lösungsmittels löst

Dichten verschieden konzentrierter Lösungen

Alkohol %	Dichte (g/cm³)	Kochsalz %	Dichte (g/cm³)
10	0,9837	5	1,0359
20	0,9702	10	1,0726
30	0,9556	15	1,1105
40	0,9371	20	1,1498
50	0,9147	26	1,1993

Dichte der Lösung ist abhängig von der Konzentration

7. Die Löslichkeit ist nicht nur von der Art der Stoffe, sondern auch von der Temperatur abhängig. Feste Stoffe lösen sich bei höherer Temperatur meist besser als bei niedrigerer Temperatur. Bei Gasen nimmt die Löslichkeit dagegen mit höherer Temperatur ab. Die Löslichkeit von Gasen in Wasser ist außerdem vom Druck abhängig. Bei höherem Druck löst sich mehr Gas im Lösungsmittel auf.

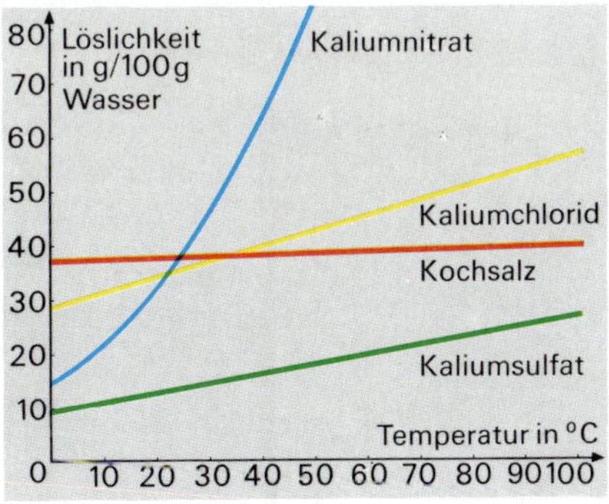

Die Löslichkeit ist abhängig von der Art der Stoffe, von Temperatur und Druck

Löslichkeitskurven (Abhängigkeit der Löslichkeit von der Temperatur)

Vergrößern wir die Oberfläche eines Feststoffs, indem wir ihn zerkleinern, so löst er sich rascher auf. Die Löslichkeit wird dadurch aber nicht beeinflußt.

A1 Wieviel Gramm Kochsalz braucht man zur Herstellung von 150 g 20%iger Kochsalzlösung?

A2 Beim Öffnen einer Sprudelflasche steigen Gasblasen auf. Wie ist diese Beobachtung zu erklären?

A3 Welche Konzentration in Massenprozent hat eine gesättigte Lösung von Soda in Wasser bei 20 °C?

3.4 Diffusion und Osmose. Der Dampfdruck

Wie verhalten sich Teilchen in Flüssigkeiten?

V_1 Rohe Vollmilch wird mit Wasser auf etwa das Fünffache verdünnt und dann bei starker Vergrößerung unter dem Mikroskop betrachtet. Dabei ist darauf zu achten, daß das Objekt weder erwärmt (Sonne, Mikroskopierlampe) noch abgekühlt wird (Luftzug).

V_2 a) In ein zur Spitze ausgezogenes Glasrohr werden Kaliumpermanganatkristalle eingefüllt. Die Spitze taucht man dann in einen mit Wasser gefüllten Standzylinder ein.
b) Durch ein Glasrohr läßt man Kaliumpermanganatkristalle auf den Boden eines mit Wasser gefüllten Standzylinders fallen.

Was geschieht an halbdurchlässigen Membranen?

V_3 In ein Osmose-Gerät nach Stoje (siehe Abb.) spannt man eine halbdurchlässige Membran ein. Die Apparatur wird unterhalb der Membran mit Wasser, oberhalb mit einer Zucker-Methylenblau-Lösung gefüllt. Der Spiegel der Lösung im oberen Kapillarrohr ist zu markieren und nach einiger Zeit wieder zu beobachten.

V_4 Ein mikroskopischer Schnitt durch eine rote Rübe wird unter dem Mikroskop betrachtet. Zwischen Objektträger und Deckglas saugt man dann eine etwa 2%ige Kochsalzlösung (mit Hilfe eines Filterpapiers) durch.

Bei welchen Temperaturen sieden Lösungen verschiedener Konzentrationen?

V_5 In der Vorrichtung gemäß Abbildung wird die Siedetemperatur von 50 cm^3 Wasser gemessen. Nach kurzer Abkühlung gibt man 10 g Harnstoff zu und bestimmt erneut die Siedetemperatur der Lösung. Nach Zugabe von weiteren 10 g Harnstoff wird die Siedetemperatur noch einmal gemessen.

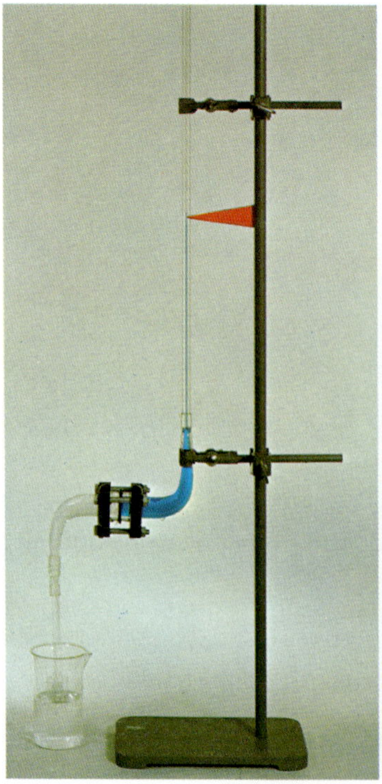

Osmose-Gerät nach Stoye (V_3)

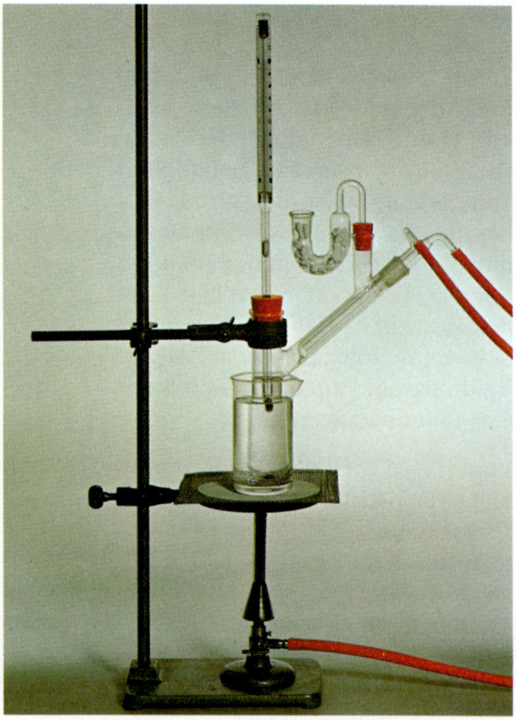

Vorrichtung zur Bestimmung der Siedetemperaturerhöhung (V_5)

1. Wie wir schon festgestellt haben, sind die Teilchen aller Stoffe dauernd in Bewegung. In Suspensionen und Emulsionen (wie zum Beispiel Milch) kann diese Bewegung unter dem Mikroskop sichtbar gemacht werden. Die in solchen unechten Lösungen enthaltenen größeren Partikel werden durch ständiges Auftreffen von an sich nicht sichtbaren Teilchen (z. B. Atomen oder Molekülen) in zitternde Bewegung gebracht.

Diffusion auch bei Flüssigkeiten

Infolge der Teilchenbewegung kommt es auch in Flüssigkeiten zur Diffusion. Genau wie in den Gasen diffundieren auch hier die verschiedenartigen Teilchen in Richtung des Konzentrationsgefälles bis gleichmäßige Verteilung eingetreten ist.

Osmose: Diffusion durch semipermeable Membran

2. In einem Gefäß sind reines Wasser und eine wäßrige Lösung durch eine Wand voneinander getrennt (Bild a). Wird die Trennwand entfernt, so diffundieren Wasser und gelöster Stoff (Bild b) so lange, bis beide überall gleichmäßig verteilt sind (Bild c).

In einem zweiten Versuch seien die beiden Flüssigkeiten durch eine semipermeable (halbdurchlässige) Membran getrennt, die Wasser durchläßt, den gelösten Stoff aber nicht. Jetzt diffundiert zwar das Wasser in die Lösung hinein, nicht aber der gelöste Stoff in das reine Wasser (Bild d). Die Lösung wird dadurch verdünnt, gleichzeitig nimmt die Lösungsmenge zu. Der Spiegel steigt; dadurch übt die Lösung einen höheren Druck auf die Gefäßwände aus. Dieser Druck wird als osmotischer Druck bezeichnet, er bewirkt schließlich, daß keine weiteren Wassermoleküle durch die Membran diffundieren (Bild e). Den ganzen Vorgang nennt man Osmose[1]. Unter Osmose verstehen wir also die Diffusion durch eine semipermeable Membran.

[1] *osmos* (gr.) Stoß.

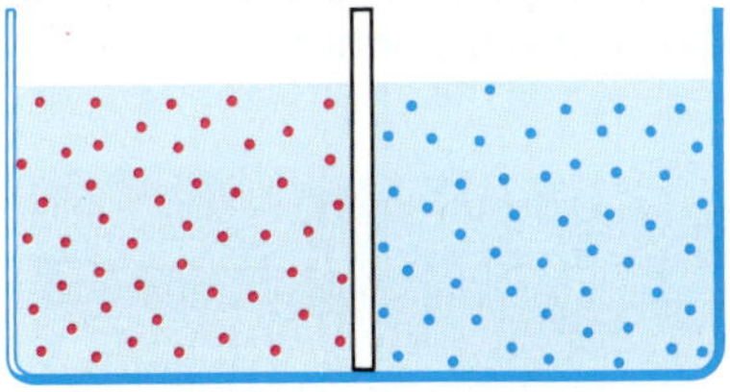

a Lösung Wasser

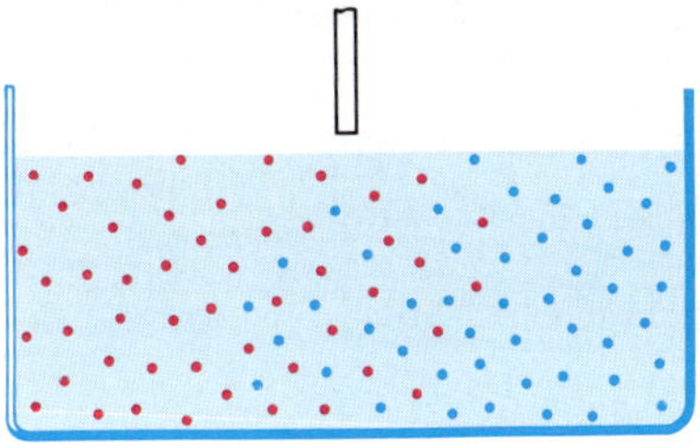

b Diffusion

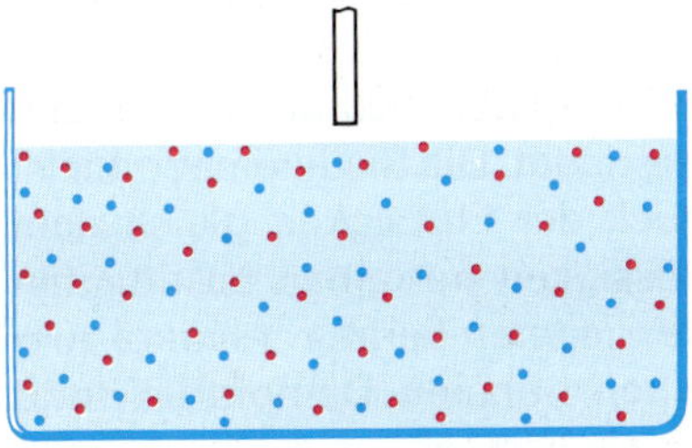

c verdünnte Lösung

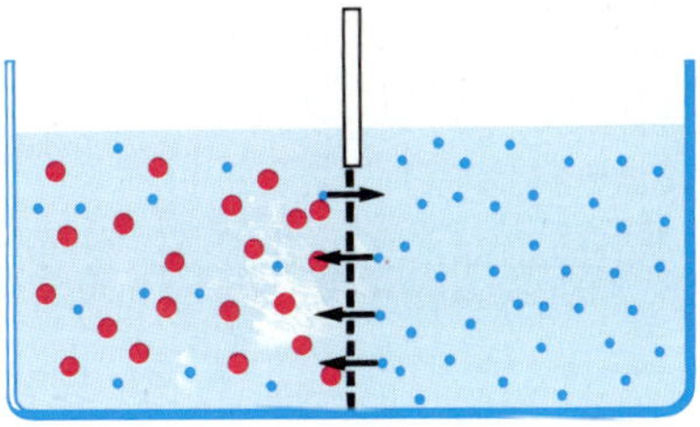

d

Osmose

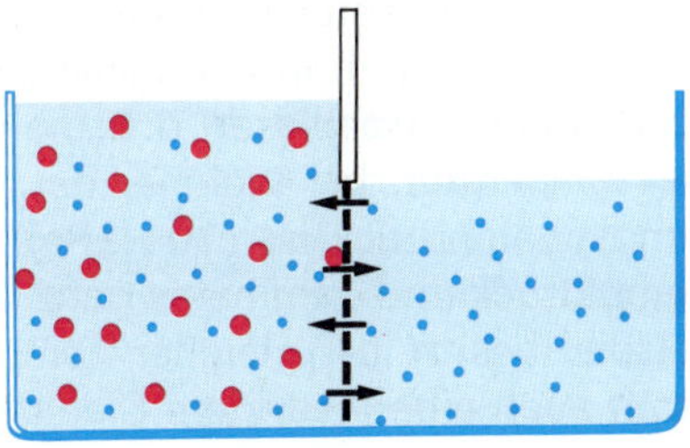

e

Diffusion und Osmose

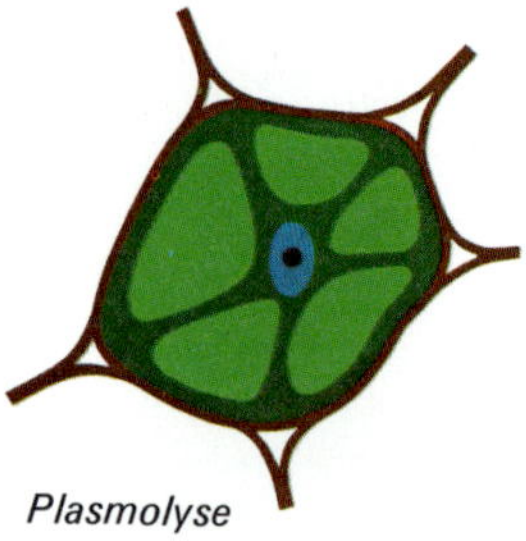

Plasmolyse

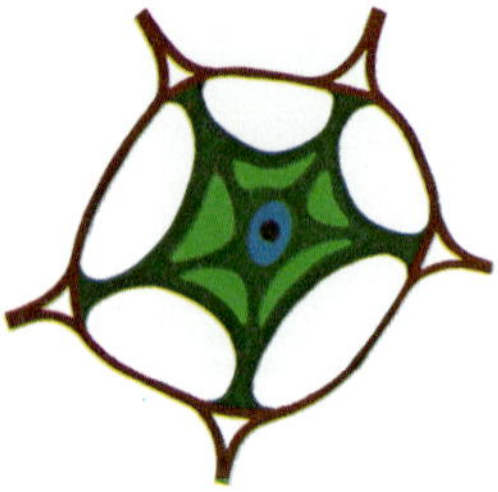

3. Die Osmose spielt insbesondere bei lebenden Zellen eine große Rolle. Alle Zellen enthalten Lösungen unterschiedlicher Konzentrationen. Die Außenmembran der Zellen ist zwar nicht undurchlässig, wohl aber schwerer durchlässig für gelöste Stoffe als für Wasser. Bringt man z. B. rote Blutkörperchen in Wasser, so diffundiert Wasser in die Körperchen ein. Unter dem dadurch entstehenden Druck platzen die roten Blutkörperchen fast augenblicklich. Daher muß bei Infusionen immer eine Lösung verwendet werden, die dieselbe Konzentration besitzt wie das Blut.
Bei pflanzlichen Zellen verhindert eine stabile Zellwand das Platzen. Der im Inneren der Zelle herrschende Druck, der sogenannte Turgor (lat. = Schwellung), verhindert schließlich das Einströmen weiteren Wassers und festigt den gesamten Pflanzenkörper.
Legt man Pflanzenteile in eine Lösung höherer Konzentration ein, so diffundiert Wasser aus den Zellen aus, das Zellinnere schrumpft und löst sich dabei von der stabilen Zellwand ab (sogenannte Plasmolyse).

Verdunsten bewirkt Dampfdruck

4. Da sich die Teilchen einer Flüssigkeit in Bewegung befinden, treten immer einige Teilchen durch die Oberfläche der Flüssigkeit in den Gasraum über: die Flüssigkeit verdunstet. Umgekehrt können auch Flüssigkeitsteilchen, die sich im Gasraum bewegen, an der Oberfläche der Flüssigkeit wieder eingefangen werden. Daher finden sich in der Gasphase über einer Flüssigkeit immer eine bestimmte Anzahl von Flüssigkeitsteilchen. Der Druck, den diese Teilchen auf die Wand eines geschlossenen Gefäßes ausüben, wird als der Dampfdruck der Flüssigkeit bezeichnet.

Dampfdruckkurven von Wasser und Alkohol

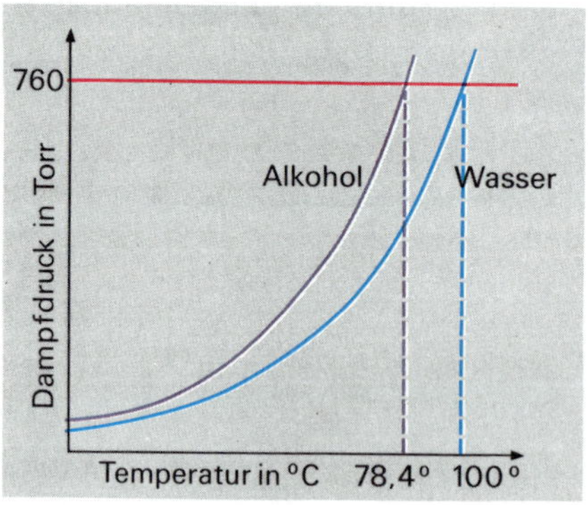

Dampfdruckkurven von Wasser und Kochsalzlösung

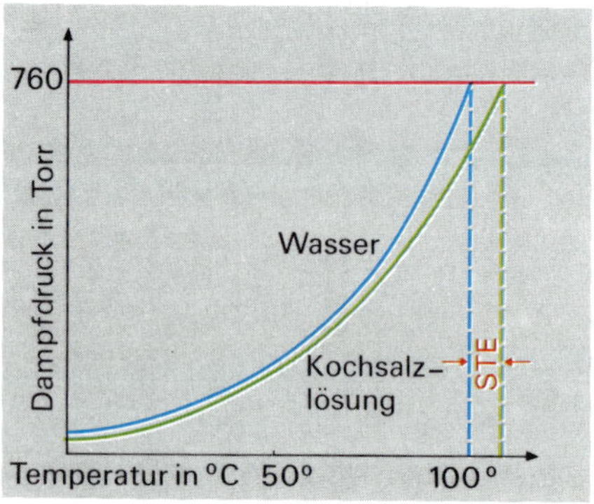

Höhere Temperatur ergibt höheren Dampfdruck

5. Bei höherer Temperatur nimmt die Geschwindigkeit der Teilchen zu. Infolgedessen treten mehr Teilchen aus der Flüssigkeit aus: der Dampfdruck steigt (vgl. Dampfdruckkurve des Wassers). Wird der Dampfdruck gleich dem in der Umgebung herrschenden Druck, so bilden sich auch innerhalb der Flüssigkeit Gasblasen, d. h. die Flüssigkeit siedet. Die Siedetemperatur ist die Temperatur, bei welcher der Dampfdruck der Flüssigkeit gleich dem Atmosphärendruck ist (101 kPa). Jede Flüssigkeit hat einen bestimmten Dampfdruck und damit eine ganz bestimmte Siedetemperatur. Alkohol zum Beispiel besitzt bei gleicher Temperatur einen höheren Dampfdruck und damit auch eine niedrigere Siedetemperatur als Wasser.

6. Lösungen haben einen niedrigeren Dampfdruck als das reine Lösungsmittel (vgl. die Dampfdruckkurven von Wasser und Kochsalzlösung). Der Dampfdruck wird dabei um so niedriger, je höher die Konzentration an gelöstem Stoff ist. Als Folge des niedrigeren Dampfdrucks siedet die Lösung erst bei höherer Temperatur als das reine Lösungsmittel. Diese sogenannte Siedetemperaturerhöhung (Sdt.-Erhöhung) ist der Anzahl der gelösten Teilchen proportional. Lösen wir z. B. 1 mol Harnstoff in 1000 g Wasser (1 Liter), so steigt die Siedetemperatur um 0,52 °C an. Lösen wir 2 mol Harnstoff in derselben Menge Wasser, so beobachten wir eine Sdt.-Erhöhung von 1,04 °C, usw. Diese Sdt.-Erhöhung ist charakteristisch für das Lösungsmittel Wasser.

Die Erhöhung der Siedetemperatur ist proportional der Konzentration an gelöstem Stoff

Der Betrag der Sdt.-Erhöhung ist von der Art der gelösten Teilchen unabhängig. Er ist jedoch abhängig von der Art des Lösungsmittels. Bei gleichen Voraussetzungen (gleiche Masse Lösungsmittel und gleiche Anzahl gelöster Teilchen) zeigt jedes Lösungsmittel eine charakteristische Sdt.-Erhöhung.

Siedetemperaturerhöhung und Gefriertemperaturerniedrigung in Grad Celsius nach Auflösen von 1 mol Substanz in 1000 g des betreffenden Lösungsmittels

Lösungsmittel	Siedetemperatur-erhöhung (°C)	Gefriertemperatur-erniedrigung (°C)
Wasser	0,521	1,86
Alkohol (Ethanol)	1,07	
Aceton	1,69	
Ether (Diethylether)	2,16	1,79
Essigsäure	3,08	3,59
Chloroform	3,80	4,90
Benzol	2,54	5,065
Tetrachlormethan	5,07	29,8

7. Löst sich ein Stoff in Form von Molekülen im Lösungsmittel auf, so können aus der Sdt.-Erhöhung die Molekülmasse bzw. die molare Masse des gelösten Stoffes berechnet werden. Dazu ist es notwendig, Konzentration und Sdt.-Erhöhung der Lösung experimentell zu ermitteln.

Bestimmen der molaren Masse durch Messen der Sdt.-Erhöhung

In der auf S. 58 dargestellten Apparatur sei die Siedetemperatur von 50 cm^3 Wasser zu 98,4 °C bestimmt worden. Nach Auflösen von 10 g Harnstoff betrage die Siedetemperatur der Lösung 100,14 °C.

Setzen wir die molare Masse des Harnstoffs gleich x, so ergeben sich folgende Beziehungen:

Eine Sdt.-Erhöhung von 1,74 ° entspricht 200 g Harnstoff/Liter H_2O,
eine Sdt.-Erhöhung von 0,52 ° entspricht x g Harnstoff/Liter H_2O.
Also ist:

$$x : 200\ \text{g} = 0{,}52\ °\text{C} : 1{,}74\ °\text{C} \quad \text{und} \quad x = \frac{0{,}52\ °\text{C} \cdot 200\ \text{g}}{1{,}74\ °\text{C}} = 60\ \text{g}$$

Die molare Masse von Harnstoff beträgt somit rund 60 g/mol.

Die Erniedrigung der Gefriertemperatur ist proportional der Konzentration an gelöstem Stoff

8. Auch feste Stoffe besitzen einen Dampfdruck. Der Punkt, in dem sich die Dampfdruckkurven von flüssiger und fester Phase schneiden, ist die Schmelztemperatur des betreffenden Stoffes. Bei dieser Temperatur haben flüssige und feste Phase des Stoffes denselben Dampfdruck und existieren daher nebeneinander. Unterhalb dieser Temperatur kann der betreffende Stoff nur in fester, oberhalb nur in flüssiger Form vorliegen. Die grafische Darstellung zeigt, daß die Dampfdruckkurve der Lösung die Kurve der festen Phase erst bei tieferer Temperatur schneidet. Die Lösung gefriert also erst bei tieferer Temperatur als das reine Lösungsmittel. Natürlich ist diese Gefriertemperaturerniedrigung, genau wie die Siedetemperaturerhöhung, der Anzahl der gelösten Teilchen proportional. Auch die Gefriertemperaturerniedrigung ist von der Art der gelösten Teilchen unabhängig, jedoch abhängig von der Art des Lösungsmittels. Jedes Lösungsmittel hat eine charakteristische molare Gefriertemperaturerniedrigung. Somit kann die molare Masse einer Substanz auch durch Messen der Gefriertemperaturerniedrigung bestimmt werden.

Dampfdruckkurven von Wasser, Eis und Kochsalzlösung

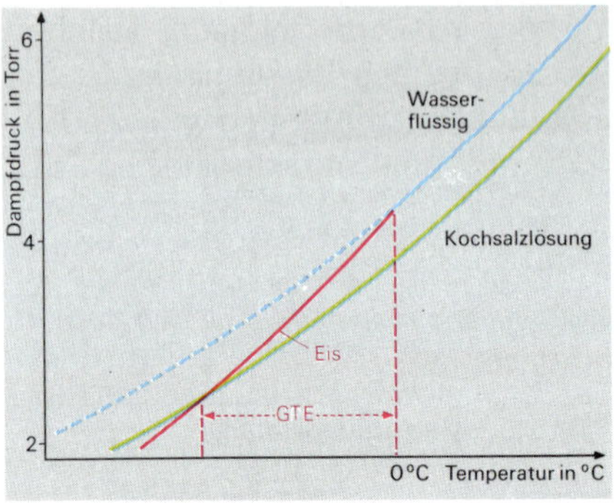

A1 Nach Auflösen von 10 g Campher in 50 g reinem *Alkohol (feuergefährlich)* zeigt sich eine Sdt.-Erhöhung von 1,40 °. Welche molare Masse hat Campher?

A2 Nach Auflösen von 1g Naphthalin in 25 g Benzol zeigt sich eine Gefriertemperaturerniedrigung von 1,57 °. Wie groß ist die molare Masse von Naphthalin?

A3 Bei Glatteisgefahr werden die Straßen im Winter oft mit Salz gestreut. Wie erklärt sich die Wirkung dieser Maßnahme?

3.5 Reines Wasser – eine Aufgabe des Umweltschutzes

V Mit Hilfe von Teststäbchen (z. B. Merckoquant) wird Wasser verschiedenen Ursprungs auf Nitrat, Schwermetalle, Kalium-Ionen und Säure-Gehalt geprüft. Zur Untersuchung können Leitungswasser, Abwasser, Quellwasser und Wässer verschiedener Flüsse, Seen oder Bäche verwendet werden *(Vorsicht: Beim Arbeiten mit Abwasser die Hygienevorschriften beachten)*.

Das Wasser in der Natur

1. Auf das Gebiet der Bundesrepublik Deutschland fallen im Durchschnitt pro Jahr etwa 200 Milliarden m^3 Wasser in Form von Regen, Schnee, Hagel usw. Rund die Hälfte davon verdunstet verhältnismäßig rasch wieder, knapp 25 Milliarden m^3 versickern als Grundwasser im Boden.
Das in der Natur vorkommende Wasser ist nie ganz rein. Schon das Regenwasser enthält gelöste Gase. Im Boden lösen sich dann noch eine ganze Reihe verschiedener Salze. Wird Kalk oder Gips gelöst, so erhalten wir sogenannt «hartes» Wasser; zusammen mit anderen Salzen können verschiedenartige Mineralwässer entstehen.

2. Aus Industrie, Landwirtschaft, Haushalten, Verkehr und öffentlichen Einrichtungen gelangen zusätzliche Verunreinigungen ins Wasser. Um die Art und Menge dieser Verunreinigungen festzustellen, muß eine Analyse durchgeführt werden. Dazu benutzt man Nachweisstoffe, die mit dem jeweils zu bestimmenden Stoff reagieren und als Reagenzien bezeichnet werden. Zeigt sich nach Zugabe des Reagenz die erwartete Reaktion, so ist die Anwesenheit der gesuchten Substanz nachgewiesen. Die verwendeten Reagenzien müssen spezifisch sein, dürfen die erwartete Reaktion also nur mit dem gesuchten Stoff zeigen. Sie sollten darüber hinaus möglichst empfindlich sein, also auch bei großer Verdünnung noch reagieren.

Reagenz: Nachweisstoff für bestimmte Substanzen

3. Durch eine qualitative Analyse stellt man fest, welche Stoffe vorhanden sind. Bei der quantitativen Analyse wird bestimmt, in welcher Menge und Konzentration der betreffenden Stoff vorliegt. In den letzten Jahren sind sowohl qualitative wie auch quantitative Analyseverfahren entwickelt worden, die sehr rasch ausreichend genaue Ergebnisse liefern. Die so gewonnene Erkenntnis über den Verschmutzungsgrad der Gewässer macht es möglich, Maßnahmen einzuführen, durch die Verunreinigungen des Wassers vermieden oder doch vermindert werden.

Qualitative und quantitative Analyse zeigen Art und Menge der Inhaltsstoffe

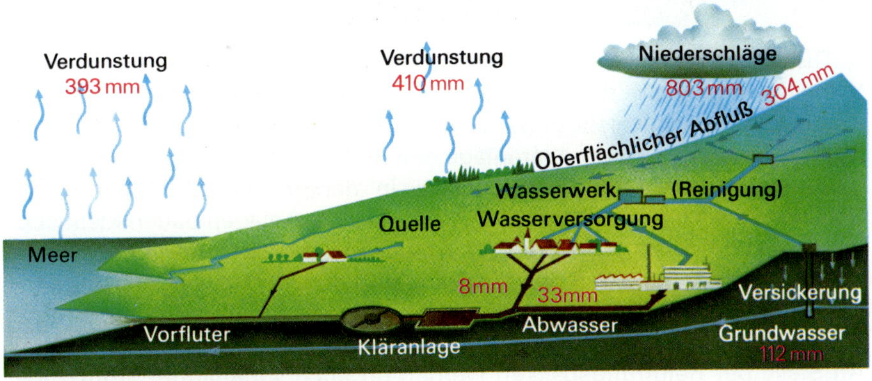

Wasserkreislauf in der Natur

4. Hochzivilisierte Gebiete haben einen sehr hohen Wasserverbrauch. Schon um das Jahr 100 verbrauchte Rom über 200 Liter Wasser pro Tag und Kopf der Bevölkerung. In der Bundesrepublik Deutschland werden heute alleine im Haushalt pro Person über 140 Liter Wasser am Tag verbraucht. Zusammen mit dem Wasserverbrauch in Schwimmbädern, Schulen, Krankenhäusern usw. ergibt das einen Verbrauch von rund 325 Liter pro Person und Tag. Auch die Industrie braucht, hauptsächlich für Kühlzwecke, große Mengen Wasser. So sind zum Beispiel zur Gewinnung von 1 Tonne Stahl rund 25 000 Liter Wasser notwendig, die Herstellung von 1 Tonne Papier braucht etwa 150 000 Liter, die von 1 Tonne gebleichter Cellulose sogar 800 000 Liter Wasser. So wurden in der Bundesrepublik Deutschland im Jahr 1977 über 32 Milliarden Kubikmeter Wasser genutzt.

Bundesrepublik Deutschland: über 32 Mrd. m^3 Wasser im Jahr

Das Abwasser wird zum Problem

5. Natürlich steigt mit dem Wasserbedarf auch die Menge des anfallenden Abwassers. Dieses Abwasser leitete man früher einfach in die Gewässer ein, wo die organischen Verunreinigungen durch Kleinlebewesen rasch abgebaut wurden. Die Gewässer reinigten sich selbst. Die heute anfallenden großen Abwassermengen können von den Gewässern jedoch nicht mehr verkraftet werden. Der Abbau organischer Verunreinigungen entzieht dem Wasser Sauerstoff. Viele Pflanzen und Tiere der natürlichen Gewässer gehen daher an Sauerstoffmangel zugrunde. An ihre Stelle treten Lebensformen, die wenig Sauerstoff beanspruchen, insbesondere Abwasserpilze und -bakterien in großer Zahl. Die verwesenden Reste dieser Organismen zehren weiter Sauerstoff auf. Schließlich stirbt in dem Gewässer jedes höhere Leben ab, der Fluß, See oder Bach «kippt um».

Algen in einem von nährstoffreichen Zuflüssen gespeisten kleinen Teich

Kläranlage: 1. Stufe mechanische Reinigung 2. Stufe biologische Reinigung

6. Die Abwässer müssen daher, bevor sie in die Gewässer kommen, in Kläranlagen gereinigt werden. Solche Anlagen reinigen das Wasser in einer ersten Stufe mechanisch, in der zweiten Stufe biologisch.
Der mechanische Teil der Kläranlage enthält Rechen zum Abfangen grober Verunreinigungen und Absetzbecken, in denen sich der Schmutz als Schlamm absetzen kann. Im biologischen Teil der Anlagen bauen Kleinlebewesen das organische Material des Abwassers ab. Damit diese Lebewesen gut arbeiten können, muß das Wasser kräftig durchlüftet werden. Das kann in sogenannten Belüftungsbecken geschehen, in denen das Abwasser mit den notwendigen Bakterien versetzt und dann mit Luft kräftig verquirlt wird. An Stelle der Belüftungsbecken werden oft auch sogenannte Tropfkörper verwendet, große Betonkessel, die mit feinen Gesteinsbrocken gefüllt sind. An der Oberfläche dieser Brocken siedeln sich die zum Abbau der organischen Verunreinigungen notwendigen Kleinlebewesen an. Das Abwasser rieselt von oben her über die Brocken und von unten her wird gleichzeitig Luft durch den Tropfkörper geleitet. Bakterien und Kleinlebewesen finden in Belüftungsbecken und Tropfkörpern ideale Lebensbedingungen und vermehren sich daher stark. Ein Teil dieser Lebewesen gelangt in das anschließende Nachklärbecken, in dem sie sich als flockiger Schaum absetzen.
Eventuell im Abwasser enthaltene Giftstoffe können in der beschriebenen Kläranlage nicht abgebaut werden. Vielmehr kommt es immer wieder vor, daß solche Giftstoffe die Bakterien der Kläranlage abtöten und dadurch den biologischen Teil der Anlage unwirksam machen. Industrielle Abwässer müssen daher je nach Art der vorhandenen Schadstoffe in besonderen chemischen Anlagen gereinigt werden.

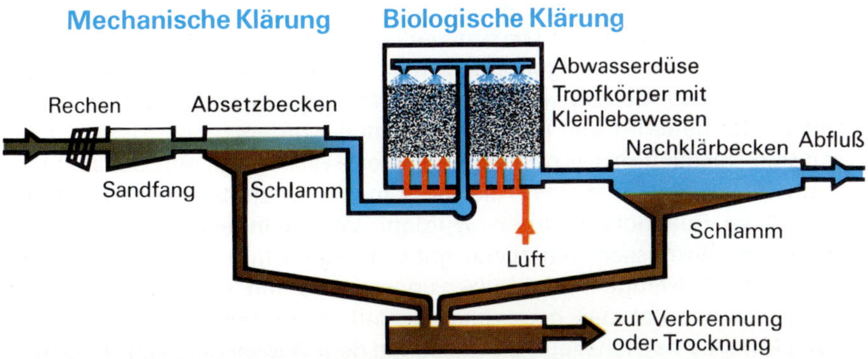

Schema einer mechanisch-biologischen Kläranlage

Die Kläranlage der BASF Ludwigshafen könnte die Abwässer einer Großstadt mit 6 Millionen Einwohnern reinigen. Die fünf, im Winkel angeordneten rechteckigen Belüftungsbecken fassen je 58 000 m³ Abwasser. Hinten in der Mitte die Absetzbecken, vorn die runden Becken zur Nachklärung und Eindickung. Die Gebäude im Vordergrund enthalten Filterpressen zum Abfiltern des Klärschlamms, rechts davon erkennt man die Öfen, in denen der entwässerte Klärschlamm verbrannt wird.

Trinkwasser durch Desinfektion, Ausflockung und Filtration

7. Trink- und Nutzwasser für den Haushalt gewinnt man am einfachsten aus dem Grundwasser. Dieses Wasser ist durch natürlich lagerndes Gestein, durch Sand oder Kies gesickert und dabei vorgereinigt worden. In günstigen Fällen kann es ohne weitere Reinigung direkt als Trinkwasser benutzt werden. Daneben muß für die Trinkwasserversorgung aber auch Wasser aus Flüssen und Seen herhalten. Große Teile Baden-Württembergs einschließlich der Stadt Stuttgart erhalten zum Beispiel Wasser, das aus dem Bodensee stammt. Die Aufbereitung solchen Wassers richtet sich nach dem Grad der Verschmutzung und der Art der Beimengungen. Meist wird das Wasser durch mehrfache Behandlung mit Chlor und Ozon desinfiziert und entkeimt. Mit Hilfe von Kalk und Eisensalzen werden Verunreinigungen ausgeflockt. Schließlich filtriert man noch mehrmals durch Kies und durch die besonders wirksame Aktivkohle.

Destilliertes Wasser ist reines Wasser

8. Meerwasser enthält durchschnittlich etwa 3–4% an gelösten Stoffen, insbesondere Kochsalz. Als Trinkwasser ist es nicht geeignet. Im Süden der USA, in Israel und in einigen arabischen Staaten sind Meerwasserentsalzungsanlagen in Betrieb, in denen Wasser und Salz durch Destillation voneinander getrennt und einzeln gewonnen werden.
Das durch Destillation gewonnene «destillierte Wasser» ist reines Wasser. Im Labor wird es verwendet, wenn die sonst im Wasser enthaltenen Zusätze bei chemischen Reaktionen stören würden. Will man es als Trinkwasser verwenden, so müssen ihm zuerst unter anderem Luft, Kohlenstoffdioxid und in geringer Menge Mineralsalze zugesetzt werden. Zur Gewinnung von reinem Wasser setzt man neuerdings anstelle der Destillation meist sogenannte Ionenaustauscher ein. Sie entziehen dem Wasser die gelösten Stoffe. Das reine Wasser kommt dann als «demineralisiertes Wasser» in den Handel.

A Für die folgenden Verunreinigungen soll angegeben werden, in welchem Teil der Kläranlage sie aus dem Wasser entfernt werden. Oder ob sie eventuell die Kläranlage unverändert passieren: Papier, Nahrungsreste, Kochsalz, Zucker, Sand.

4 Nichtmetalle, Nichtmetalloxide, saure Lösungen

4.1 Schwefel und Schwefeldioxid

Kristallformen des Schwefels

V1 Einige Stücke reinen Stangenschwefels werden in einem Reagenzglas in etwa 2 cm³ *Schwefelkohlenstoff (CS_2)* unter Schütteln gelöst. *Da Schwefelkohlenstoffdämpfe giftig und leicht entzündlich sind und mit Luft explosive Gemische bilden, arbeitet man im Abzug oder im Freien und achtet darauf, daß keine offenen Flammen in der Nähe sind.* Einige Tropfen der Lösung werden auf einem Objektträger unter dem Mikroskop beobachtet. Der restliche Teil der Lösung wird in ein Uhrglas gegeben. Nach Verdunsten des Lösungsmittels betrachtet man die entstandenen Kristalle mit der Lupe.

V2 In einem Porzellantiegel wird reiner Stangenschwefel vorsichtig erwärmt, bis gerade eine dünnflüssige, hellgelbe Schmelze entstanden ist. Man läßt erkalten, bis sich oben eine Kristallhaut von etwa 2 bis 3 mm Dicke gebildet hat. Die Kristallhaut wird nun schnell mit einem Glasstab durchstoßen und der innen noch flüssige Schwefel in eine Porzellanschale gegossen. Wir beobachten die dabei im Innern des Porzellantiegels sich bildenden Kristalle.

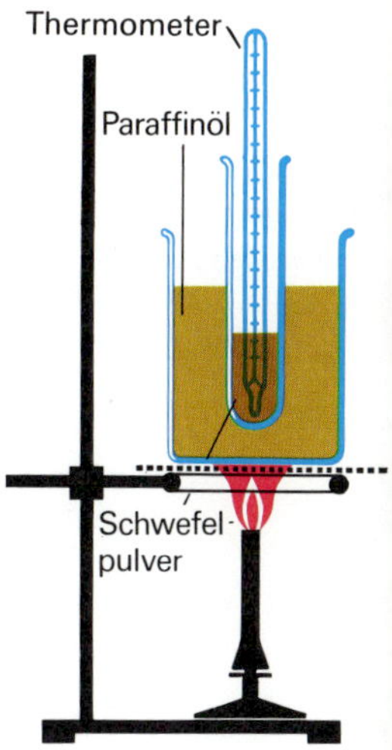

Erhitzen von Schwefel (V3)

Wie verhält sich Schwefel beim Erhitzen?

V3 a) In einem großen Reagenzglas mit Thermometer erhitzt man etwa 2 g Schwefelpulver in einem Paraffinbad. Der Schmelzpunkt, die Farbe und die Viskosität des gerade flüssig gewordenen Schwefels werden notiert. Das Reagenzglas wird aus dem Paraffinbad genommen, gut abgetrocknet und das Thermometer wieder entfernt. Nun wird vorsichtig über der Bunsenflamme weiter erwärmt. Man beobachtet dabei wieder Farbe und Viskositätsgrad. Die entstehenden Schwefeldämpfe werden auf eine Wasseroberfläche geleitet, wobei die Öffnung des Reagenzglases nach unten gehalten wird.

b) In einem weiteren Versuch wird Schwefel bis fast zum Sieden erhitzt und der Inhalt schnell in kaltes Wasser gegossen. Der abgeschreckte Schwefel wird auf seine Dehnbarkeit untersucht.

Verbrennung von Schwefel und Eigenschaften von Schwefeldioxid

V4 Ein brennendes Stück Schwefelband wird an einem Draht in einen luftgefüllten Standzylinder eingeführt. Wir verschließen die Öffnung des Zylinders während des Versuchs mit einer Glasplatte. Der Versuch ist mit reinem Sauerstoff an Stelle von Luft zu wiederholen.
Man beobachtet jeweils die Farbe der Flamme, die Intensität der Verbrennung und prüft vorsichtig den Geruch des *neuentstandenen Gases (giftig)*.

Pyrit

Schwefel, wichtiger Rohstoff der chemischen Industrie

V5 Ein mit Fuchsinlösung getränktes, feuchtes Filterpapier und eine feuchte, blaue Blüte (z. B. Stiefmütterchen) werden in eine mit Sauerstoff gefüllte Glasglocke mit Glasplatte gebracht. Wie in Versuch 4 führt man ein Stück brennendes Schwefelband ein und beobachtet.

Untersuchung saurer Lösungen

V6 In einem mit Sauerstoff gefüllten Standzylinder wird Schwefel verbrannt. Dann gibt man etwas dest. Wasser hinzu und schüttelt. Jeweils eine Probe der so erhaltenen Lösung wird im Reagenzglas zu verdünnter, grüner Bromthymolblaulösung bzw. zu Lackmuslösung gegeben. Was ist zu beobachten?

V7 Zu Lackmuslösung und Bromthymolblaulösung gibt man jeweils einige Tropfen saurer Milch, Zitronensaft oder Essig. Was ist zu beobachten?

Wichtiges Verfahren zur Schwefelgewinnung: das Frasch-Verfahren

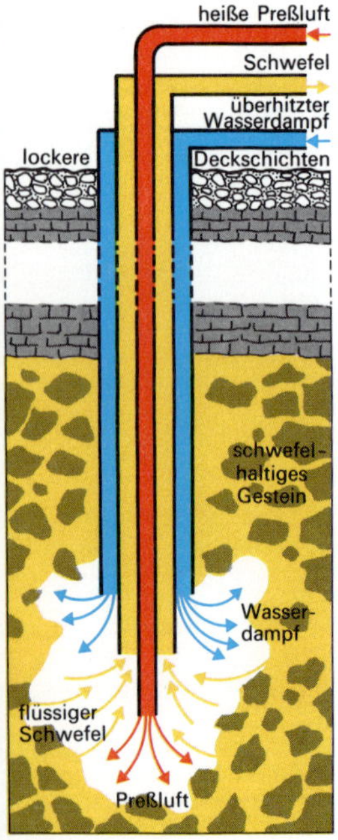

1. Schwefel mit dem chemischen Symbol S[1] ist bei gewöhnlicher Temperatur ein gelbes, festes und geruchloses Element. Er ist ein wichtiger Ausgangsstoff der chemischen Industrie, der vor allem beim Vulkanisieren von Kautschuk, bei der Herstellung von Feuerwerkskörpern und synthetischen Fasern, bei der Schädlingsbekämpfung und in der pharmazeutischen Industrie eine Rolle spielt. Schwefel kommt in der Natur in elementarem Zustand, aber auch in Form von Verbindungen vor, von denen der in schönen Kristallen auftretende Pyrit (FeS_2) von Bedeutung ist. Elementarer, sogenannter gediegener Schwefel findet sich z. B. in Sizilien und in den USA (Texas, Louisiana). Die Weltförderung an Schwefel betrug im Jahre 1973 rund 50 Millionen Tonnen.

2. In Sizilien wird das schwefelhaltige Gestein bergmännisch abgebaut und in großen Öfen auf über 119 °C erhitzt. Dank seiner relativ niedrigen Schmelztemperatur kann der Schwefel so aus dem Gestein ausgeschmolzen werden. In Texas und Louisiana liegt der Schwefel in 150 bis 350 m Tiefe und wird durch das Frasch-Verfahren[2] gewonnen. Dieses Verfahren beruht im wesentlichen darauf, daß man das Schwefellager zunächst von außen anbohrt und den Schwefel mit Hilfe von überhitztem Wasserdampf (175 °C) zum Schmelzen bringt. Anschließend wird der flüssige Schwefel mit heißer

[1] Von *sulfur* (lat.) Schwefel.

[2] Hermann Frasch (1851–1914) wanderte mit 17 Jahren von Württemberg in die USA aus und entwickelte 1890 das nach ihm benannte Verfahren.

Druckluft von 40 bar (4,1 MPa) an die Erdoberfläche gepreßt. Heute wird ein großer Teil des Schwefels bei der Aufarbeitung von Erdöl und Erdölprodukten gewonnen.

Schwefelablagerungen bei einem Vulkan

3. Schwefel ist in Wasser und auch in Alkohol nahezu unlöslich; in Schwefelkohlenstoff (CS_2) kann er jedoch sehr leicht gelöst werden.
Aus einer Schwefelkohlenstofflösung erhält man Schwefel in Form schöner gelber Kristalle, die häufig das Aussehen von Doppelpyramiden haben. Da Kristalle dieser Form dem sogenannten rhombischen System angehören, wird der aus Schwefelkohlenstoff kristallisierte Schwefel als rhombischer Schwefel bezeichnet. Kristallisiert dagegen Schwefel aus einer Schmelze, also bei wesentlich höherer Temperatur, so erhält man nadelförmige und durchscheinende Kristalle, die dem monoklinen Kristallsystem angehören. Schwefel dieser Art wird deshalb monoklin genannt. Bei Temperaturen unter 95 °C wandelt sich der monokline Schwefel in den rhombischen Schwefel um; der rhombische Schwefel ist also die bei Normaltemperatur stabile Form.

Modifikationen: verschiedene Erscheinungsformen bei gleichem Aggregatzustand

4. Sonderbar ist auch das Verhalten des Schwefels beim Erwärmen. Schwefel tritt zwar wie die meisten Stoffe in drei Aggregatzuständen auf. Er besitzt aber nicht nur im Festzustand, sondern auch im flüssigen und im gasförmigen Aggregatzustand mehrere Erscheinungsformen, die sich deutlich durch ihre Farbe, Zähigkeit (Viskosität) und andere Eigenschaften voneinander unterscheiden. Solche verschiedenen Erscheinungsformen eines Reinstoffes bei gleichem Aggregatzustand werden Modifikationen genannt.
Außer Schwefel können auch viele andere Elemente und Verbindungen in verschiedenen Modifikationen vorliegen. Wir kennen bereits vom Sauerstoff zwei Modifikationen mit den Formeln O_2 und O_3.

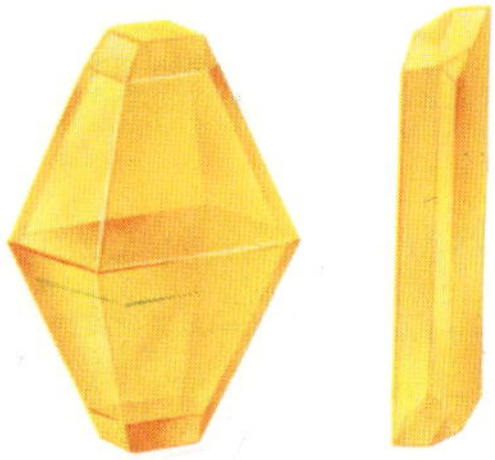

Rhombischer und monokliner Schwefel

5. Monokliner Schwefel schmilzt bei 119 °C zu einer honiggelben Flüssigkeit. Bei weiterer Erwärmung auf eta 160 °C wird die Schmelze zähflüssig und rotbraun. Bei 444 °C verdampft der Schwefel. Gießt man hocherhitzte Schwefelschmelze in kaltes Wasser und kühlt sie dadurch rasch ab, so erhält man plastischen Schwefel. Er wandelt sich bei Raumtemperatur allmählich wieder in rhombischen Schwefel um.
Wird Schwefeldampf abgekühlt, so geht er aus dem gasförmigen Aggregatzustand direkt in den festen über.

6. Schwefel verbrennt in exothermer Reaktion mit blauer Flamme. Dabei entsteht Schwefeldioxid (SO_2):

$$S + O_2 \rightarrow SO_2 \qquad | \Delta H = -297 \text{ kJ}$$

Schwefel verbrennt zu Schwefeldioxid (SO_2)

Schwefeldioxid ist ein farbloses, stechend riechendes Gas. Es wirkt bleichend und wird wegen seiner bakterientötenden Wirkung als Desinfektionsmittel benutzt, z. B. beim Ausschwefeln von Fässern. Durch Abkühlen auf −10 °C läßt sich Schwefeldioxid zu einer farblosen Flüssigkeit verdichten, bei −72,5 °C erstarrt es zu einer weißen, kristallinen Masse.

Schwefeldioxid reagiert mit Wasser zu schwefliger Säure (H_2SO_3)

Mit Wasser bildet Schwefeldioxid in einer chemischen Reaktion die schweflige Säure mit der Formel H_2SO_3:

$$SO_2 + H_2O \rightarrow H_2SO_3$$

Die schweflige Säure ist bei Normaltemperatur als Substanz nicht faßbar.

Saure Lösung: Farbreaktion z. B. mit Bromthymolblau

7. Die Lösung von schwefliger Säure in Wasser schmeckt ebenso säuerlich wie Zitronensaft, saure Milch oder Essig. Auch in diesen Lösungen sind Säuren enthalten: Citronensäure, Milchsäure bzw. Essigsäure. Solche sauren Lösungen können mit Hilfe von Bromthymolblaulösung oder Lackmuslösung nachgewiesen werden. Lackmuslösung reagiert mit sauren Lösungen unter Rotfärbung, Bromthymolblaulösung unter Gelbfärbung.
Saure Lösungen wollen wir vorläufig als Lösungen bezeichnen, die sauren Geschmack besitzen und mit bestimmten Farbstoffen kennzeichnende Farbreaktionen eingehen.[1] Saure Lösungen entstehen, wenn Säuren in Wasser gelöst werden.

A1 Warum verbrennt Schwefel in reinem Sauerstoff besser als in Luft?

A2 a) Wieviel Gramm Schwefeldioxid entstehen bei der vollständigen Verbrennung von 10 g Schwefel?
b) Welches Volumen nimmt diese Schwefeldioxidmenge bei Normalbedingungen ein?

A3 Bei welchem der folgenden Stoffpaare handelt es sich um Modifikationen: plastischer Schwefel – monokliner Schwefel; Schwefeldioxid – schweflige Säure? Begründen Sie Ihre Antwort.

A4 In einer kleinen Tabelle sollen die Modifikationen des Schwefels und ihre unterschiedlichen Eigenschaften zusammengefaßt werden.

4.2 Schwefelsäure

Vorsicht: Konzentrierte Schwefelsäure wirkt stark ätzend. Beim Verdünnen mit Wasser tritt starke Erhitzung ein; stets die Schwefelsäure in das Wasser geben, nie umgekehrt! Schutzbrille tragen!

Kann Schwefeldioxid noch weiter oxidiert werden?

V1 Eine Apparatur, wie sie die Abbildung zeigt, wird an die Wasserstrahlpumpe angeschlossen. Man verbrennt in einer Glasschale etwas Schwefelband und leitet das entstehende *Schwefeldioxid (giftig)* nach Durchgang durch ein Glaswollefilter über erwärmten Platinasbest. Beobachtung?

Herstellung der Schwefelsäure

V2 Die Apparatur wird entsprechend der Abb. zusammengebaut. Dabei enthält das erste Reaktionsrohr etwas Schwefel, der sich auf einer Magnesiarinne befindet, das zweite enthält zwischen Glaswolle den Katalysator Vanadiumpentoxid (V_2O_5). Die beiden Langhalsrundkolben sind leer, die Waschflasche enthält eine Bromthymolblaulösung.
Bei schwachem Sauerstoffstrom werden der Katalysator und der Schwefel erwärmt. Sobald der Schwefel zu brennen beginnt, wird nur noch der Katalysator weiter erhitzt. Was ist im ersten Reaktionsrohr bzw. in den Langhalsrundkolben und der Waschflasche zu beobachten?

[1] Eine genauere Definition der Säuren erfolgt in Kapitel 11.2

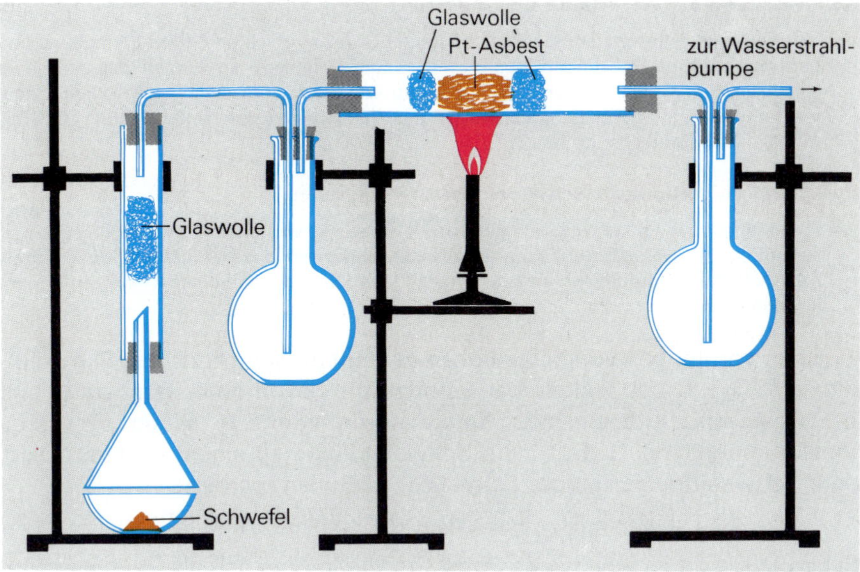

Oxidation von Schwefel (V_1)

Wie verhält sich konzentrierte Schwefelsäure gegenüber Wasser?

V_3 Ein Becherglas wird zu etwa einem Drittel mit kaltem Wasser gefüllt. Nachdem mit einem Thermometer die Temperatur bestimmt worden ist, gibt man unter dauerndem Rühren langsam *konzentrierte Schwefelsäure* dazu und beobachtet die Temperaturänderung (*Schutzbrille!*).

V_4 Auf einer Waage werden in einem großen Uhrglas 10 bis 15 cm^3 *konzentrierte Schwefelsäure* genau austariert. Nach etwa 15 Minuten wird erneut die Masse bestimmt.

V_5 *Konzentrierte Schwefelsäure* läßt man aus einem Tropftrichter in eine konzentrierte Rohrzuckerlösung tropfen. Man taucht außerdem ein Stück Holz und ein Stück Papier in *konzentrierte Schwefelsäure* und beobachtet.

Die oxidierende Wirkung konzentrierter Schwefelsäure

V_6 In ein großes Reagenzglas gibt man ein Stück Kupferfolie zu *konzentrierter Schwefelsäure* und erwärmt. Welches *Gas (giftig)* entwickelt sich beim Erwärmen?

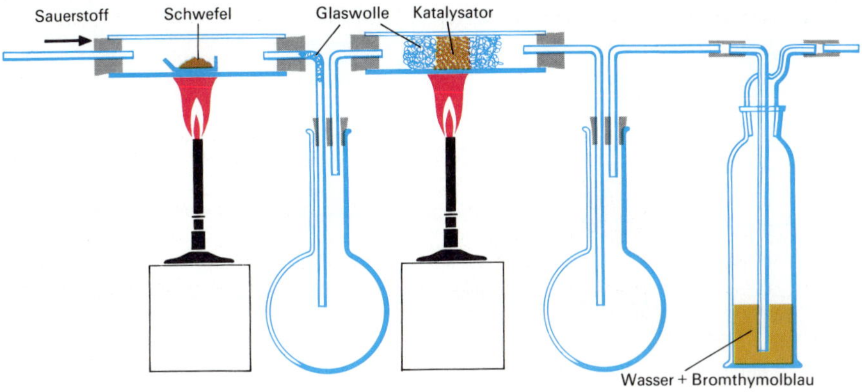

Herstellung der Schwefelsäure (V_2)

Nachweis von Schwefelsäure und Sulfaten?

V7 In drei Reagenzgläsern befinden sich Lösungen von Bariumchlorid, Bromthymolblau und Lackmus. Alle drei Lösungen werden mit einigen Millilitern verdünnter Schwefelsäure versetzt. Der Versuch wird unter Verwendung von frisch hergestellter schwefliger Säure wiederholt. In einem weiteren Reagenzglas mischt man eine Kupfersulfat-Lösung ($CuSO_4$) mit Bariumchlorid-Lösung ($BaCl_2$).

Reaktion von verdünnter Schwefelsäure mit Metallen

V8 In verschiedenen Reagenzgläsern gibt man kleine Stücke von Aluminium, Zink und Eisen zu verdünnter Schwefelsäure. Wir untersuchen das *entstehende Gas (feuergefährlich)* mittels *Knallgasprobe* und dampfen eine der entstandenen Lösungen in einer schwarzen Porzellanschale ein.

Schwefeltrioxid: SO_3

1. Beim Verbrennen von Schwefel an der Luft entsteht zunächst Schwefeldioxid (SO_2). Durch weitere Sauerstoffzufuhr bei erhöhter Temperatur und bei Anwesenheit bestimmter Katalysatoren wie z. B. Platin (Pt) oder Vanadiumpentoxid (V_2O_5) kann Schwefeldioxid zu einem weiteren Oxid, dem Schwefeltrioxid mit der Formel SO_3, oxidiert werden:

$$2\ SO_2 + O_2 \rightarrow 2\ SO_3 \qquad |\quad \Delta H = -198\ kJ$$

Schwefeltrioxid ist eine weiße Substanz, die im Versuch als Rauch auftritt.

Schwefelsäure: H_2SO_4

2. Reagiert Schwefeltrioxid mit Wasser, so entsteht in exothermer Reaktion die Schwefelsäure mit der Formel H_2SO_4:

$$SO_3 + H_2O \rightarrow H_2SO_4$$

Schwefeltrioxid ist in Wasser jedoch schlechter löslich als Schwefeldioxid. Daß Schwefelsäure mit Wasser eine saure Lösung bildet, zeigt die Reaktion mit Bromthymolblau.

Schweflige Säure und Schwefeldioxid sind Reduktionsmittel

3. Schweflige Säure (H_2SO_3) wird beim Stehen an der Luft leicht zu Schwefelsäure (H_2SO_4) oxidiert. Schweflige Säure ist also ein Reduktionsmittel, da sie von anderen Stoffen Sauerstoff aufzunehmen vermag. Auf dieser Eigenschaft beruht ihre Wirkung als Bleichmittel.

«Nie das Wasser in die Säure, sonst geschieht das Ungeheure»

4. Reine Schwefelsäure ist eine schwere, ölige und farblose Flüssigkeit, die bei 338 °C siedet und bei 10,3 °C zu farblosen Kristallen erstarrt. Bei 15 °C

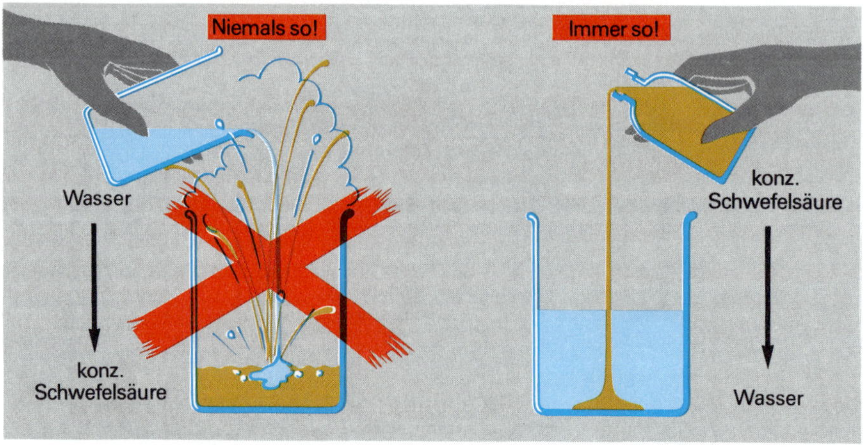

hat sie eine Dichte von 1,836 g/cm³, sie ist also spezifisch schwerer als Wasser. Wird Schwefelsäure in Wasser gebracht, so kommt es zu einer stark exothermen chemischen Reaktion.

Gefahren der konzentrierten Schwefelsäure

Um Unfälle beim chemischen Arbeiten zu vermeiden, ist es wichtig, daß stets die Schwefelsäure in das Wasser gegeben wird und nie umgekehrt! Da Wasser eine wesentlich niedrigere Siedetemperatur und auch eine geringere Dichte als Schwefelsäure hat, würde es andernfalls spontan sieden und aus dem Mischungsgefäß herausspritzen.

Konzentrierte Schwefelsäure ist hygroskopisch

5. Läßt man Schwefelsäure an der Luft stehen, so nimmt sie den in der Luft enthaltenen Wasserdampf auf. Sie ist hygroskopisch. Deshalb wird sie als Trockenmittel in Exsikkatoren und zur Trocknung von Gasen verwendet. Die Fähigkeit der Schwefelsäure, Wasser aufzunehmen, ist mitverantwortlich dafür, daß sie gewisse organische Verbindungen (z. B. Zucker, Cellulose) verkohlt.

6. Schwefelsäure kommt in verschiedenen Konzentrationen in den Handel, die verschiedene Bezeichungen tragen:

Handelsübliche Konzentrationen der Schwefelsäure

Bezeichnung	Gehalt	Dichte bei 20 °C
Verdünnte Schwefelsäure	16% H_2SO_4, Rest H_2O	1,11 g/cm³
Konzentrierte Schwefelsäure	95 bis 97% H_2SO_4, Rest H_2O	1,84 g/cm³
Rauchende Schwefelsäure (Oleum)	Konz. Schwefelsäure mit 65% SO_3	1,99 g/cm³

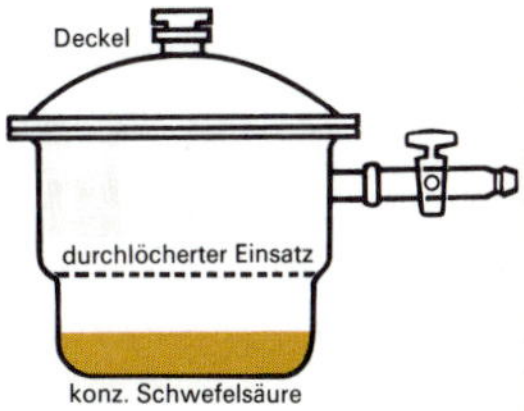

Exsikkator

Konzentrierte oder verdünnte Schwefelsäure zeigen unterschiedliches Verhalten. In den folgenden Gleichungen wird daher verdünnte Schwefelsäure durch H_2SO_{4aq} symbolisiert. Allgemein bedeutet der Zusatz «aq», daß der betreffende Stoff in Wasser gelöst ist (aq von lat. aqua = Wasser).

Schwefelsäure + Metall → Sulfat + Wasserstoff

7. Verdünnte Schwefelsäure reagiert mit verschiedenen Metallen wie z. B. mit Zink, Aluminium oder Eisen. Dabei entstehen Wasserstoff und die sog. Sulfate. Sie enthalten wie die Schwefelsäure eine SO_4-Gruppe.

$$H_2SO_{4\,aq} + Zn \rightarrow H_2 + ZnSO_{4\,aq}$$
$$3\,H_2SO_{4\,aq} + 2\,Al \rightarrow 3\,H_2 + Al_2(SO_4)_{3\,aq}$$

Leichtlösliche Sulfate wie Zinksulfat der Formel $ZnSO_4$ oder Aluminiumsulfat der Formel $Al_2(SO_4)_3$ bleiben in Lösung und können durch Eindampfen der Lösung als Feststoffe erhalten werden.

Bariumchlorid als Reagenz auf Schwefelsäure und Sulfate

8. Schwefelsäure und Sulfate können mit Bariumchloridlösung ($BaCl_{2\,aq}$) nachgewiesen werden. Dabei bildet sich ein weißer Niederschlag von Bariumsulfat:

$$H_2SO_{4\,aq} + BaCl_{2\,aq} \rightarrow BaSO_4 + 2\,HCl_{aq}$$
$$CuSO_{4\,aq} + BaCl_{2\,aq} \rightarrow BaSO_4 + CuCl_{2\,aq}$$

Bariumchlorid ist also ein Nachweismittel oder Reagenz für Schwefelsäure und Sulfate.

Unter einem Reagenz oder Nachweismittel verstehen wir einen Stoff, der mit dem nachzuweisenden Stoff eine charakteristische Reaktion eingeht.

Großtechnische Anlage zur Schwefelsäureherstellung. Links der Kontaktofen, in Bildmitte der Absorptionsturm, im Vordergrund Anlagen zur Kühlung der Säure

9. Konzentrierte Schwefelsäure hat auch oxidierende Wirkung. Sie oxidiert z. B. Kupfer zunächst zu schwarzem Kupferoxid, das dann mit überschüssiger Schwefelsäure zu Kupfersulfat weiterreagiert.

10. Schwefelsäure ist einer der wichtigsten Ausgangsstoffe der chemischen Großindustrie und wird deshalb in riesigen Mengen benötigt. Die Weltproduktion betrug 1984 über 100 Millionen Tonnen H_2SO_4, davon entfielen 4,4 Millionen Tonnen auf die Bundesrepublik Deutschland.

Schwefelsäureproduktion in der Bundesrepublik Deutschland

1976	1979	1980	1982	1983	1984
4,6	5,1	4,6	4,5	4,4	4,4 (Millionen Tonnen)

Schwefelsäure ist die meistgebrauchte technische Säure. Sie wird vor allem zur Herstellung von Mineraldüngern, Salzsäure, Phosphorsäure und Nitriersäure, aber auch für Akkumulatoren, in der Kunstseidenindustrie und bei vielen anderen chemischen Synthesen benötigt.

Kontaktverfahren zur Herstellung von Schwefelsäure

11. Zur technischen Gewinnung der Schwefelsäure wird heute in erster Linie das sogenannte «Kontaktverfahren» benutzt. Man geht dabei entweder vom Pyrit (FeS_2) oder aber von elementarem Schwefel aus, der im ersten Reaktionsschritt in exothermer Reaktion zu Schwefeldioxid oxidiert wird:

$$4\,FeS_2 + 11\,O_2 \rightarrow 8\,SO_2 + 2\,Fe_2O_3 \quad | \Delta H = -3309\text{ kJ}$$
$$S + O_2 \rightarrow SO_2 \quad | \Delta H = -297\text{ kJ}$$

Die Herstellung von Schwefeldioxid aus Pyrit geht in sogenannten «Röstöfen» vor sich. Der Vorgang wird als «Rösten» bezeichnet.
Das im Entstauber sorgfältig von Katalysatorgiften[1] gereinigte Schwefeldioxid wird anschließend getrocknet, mit Luftsauerstoff gemischt und bei etwa

[1] Katalysatorgifte sind Stoffe, die einen Katalysator unwirksam machen, ihn also gewissermaßen «vergiften».

600 °C über einen Katalysator (z. B. Vanadiumpentoxid, V_2O_5) geleitet. An diesem «Kontakt» wird Schwefeldioxid zu Schwefeltrioxid oxidiert:

$$2\ SO_2 + O_2 \xrightarrow{V_2O_5} 2\ SO_3 \qquad |\ \Delta H = -198\ kJ$$

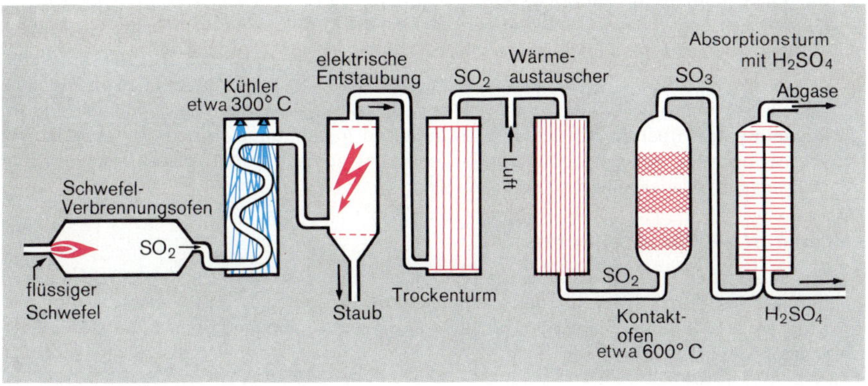

Schema des Kontaktverfahrens zur Schwefelsäureherstellung

Schwefeltrioxid ist in Schwefelsäure wesentlich besser löslich als in Wasser. Darum wird es im Absorptionsturm in konzentrierter Schwefelsäure gelöst. Aus der dabei entstehenden rauchenden Schwefelsäure erhält man durch Zusatz einer entsprechenden Menge Wasser konzentrierte Schwefelsäure.

A_1 Bei der Reaktion von Eisen mit verdünnter Schwefelsäure entsteht unter anderem Eisensulfat mit der Formel $FeSO_4$. Die Reaktionsgleichung soll formuliert werden.

A_2 Wie lautet die Reaktionsgleichung der Oxidation von schwefliger Säure zu Schwefelsäure?

A_3 Warum muß man beim Verdünnen von konzentrierter Schwefelsäure immer die Säure in das Wasser geben?

A_4 Warum wird bei der technischen Schwefelsäureherstellung Schwefeltrioxid nicht direkt in Wasser, sondern in konzentrierte Schwefelsäure eingeleitet?

A_5 Wieviel Schwefel ist nötig, um 1 Tonne Schwefelsäure zu produzieren?

4.3 Kohlenstoff, Kohlenstoffdioxid und Kohlensäure

Kohlenstoff als Bestandteil organischer Verbindungen

V_1 Vier trockene Reagenzgläser werden je etwa zur Hälfte mit Holz, Papier, Zucker und Torf gefüllt. Nach dem Erhitzen werden die verbliebenen Rückstände verglichen.

Eigenschaften von Graphit und Diamant

V_2 Diamant und Graphit werden auf Farbe, Härte, elektrische Leitfähigkeit und Kristallform untersucht. Die Ergebnisse sind in einer Tabelle festzuhalten.

V_3 In einem waagerecht eingespannten schwerschmelzbaren Reaktionsrohr befinden sich zwischen Quarzwolle einige Holzkohlestücke. Durch das eine Ende des Rohres wird ein schwacher O_2-Strom eingeleitet, das andere Ende ist mit zwei Waschflaschen verbunden, die Kalkwasser [Lösung von Calciumhydroxid mit der Formel $Ca(OH)_2$] und Barytwasser [Lösung von Bariumhydroxid mit der Formel $Ba(OH)_2$] enthalten. Das Rohr wird von außen erhitzt. Welche Veränderungen sind in den Waschflaschen zu beobachten?
Der Versuch wird zweimal wiederholt, wobei man anstelle der Holzkohle einmal Graphit und dann 2 bis 3 kleine Diamantsplitter verwendet. Bei dem Versuch mit Diamant arbeitet man am besten mit einer Waschflasche, die nur wenig Bariumhydroxidlösung enthält.

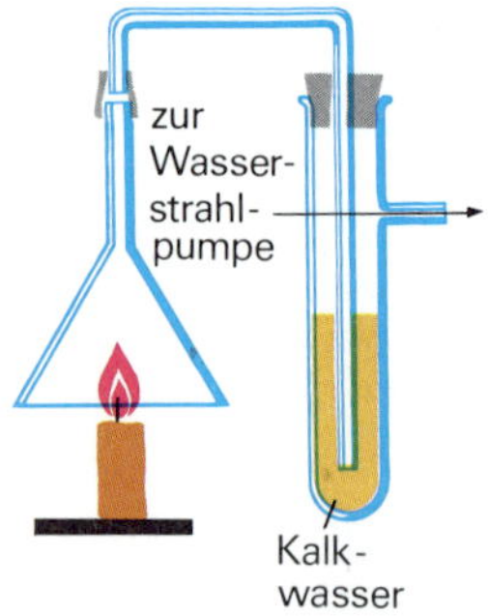

Untersuchung von Verbrennungsgasen mit Kalkwasser (V4)

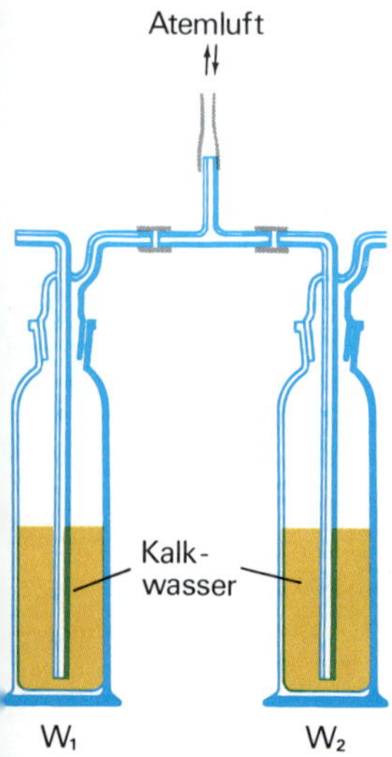

Nachweis von Kohlenstoffdioxid in der Atemluft (V5)

Wie kann man Kohlenstoffdioxid nachweisen?

V4 Mit einer Wasserstrahlpumpe saugt man die Verbrennungsprodukte einer Kerze bzw. von *Leuchtgas (leicht entzündlich; bildet mit Luft explosive Gemische)* in je ein Reagenzglas mit Kalkwasser (siehe Abb.).

V5 Aus einer Stahlflasche mit Kohlenstoffdioxid (CO_2) leitet man Gas in eine Waschflasche, die Kalkwasser enthält, und läßt den Versuch mehrere Minuten laufen. Was geschieht dabei mit dem zunächst gebildeten Niederschlag?

V6 Zwei Waschflaschen, die Kalkwasser enthalten (siehe Abb.), werden mit kurzen Gummischläuchen über ein T-Stück miteinander verbunden. Mit Hilfe eines Schlauches wird Einatmungsluft über W_1 vorsichtig angesaugt und Ausatmungsluft über W_2 ausgeatmet. Wir beobachten, welche Veränderungen und Unterschiede in den Waschflaschen nach mehrmaliger Wiederholung zu erkennen sind.

Kohlenstoff als Reduktionsmittel

V7 Wir vermischen 0,1 g Holzkohlepulver intensiv mit 1 g schwarzem Kupferoxid (CuO), bringen das Gemisch in ein schwerschmelzbares Reagenzglas und verschließen es mit Stopfen und Gasableitungsrohr. Das beim Erwärmen entstehende Gas leitet man in ein Reagenzglas mit Kalkwasser.

Welche Eigenschaften besitzt Kohlenstoffdioxid?

V8 Ein Standzylinder wird mit Kohlenstoffdioxid (CO_2) gefüllt. Dann führt man eine brennende Kerze ein.

V9 Vier gleich große Standzylinder werden nebeneinandergestellt. Einer davon wird aus der Stahlflasche mit Kohlenstoffdioxid (CO_2) gefüllt. Der Inhalt wird nacheinander in die anderen Zylinder umgegossen. In den letzten Zylinder gibt man etwas Kalkwasser, verschließt mit einer Glasplatte und schüttelt kräftig durch.

V10 Man leitet einen schwachen Kohlenstoffdioxidstrom durch zwei hintereinandergeschaltete Waschflaschen, die destilliertes Wasser enthalten. Der ersten wurden einige Tropfen Lackmus-, der zweiten Bromthymolblaulösung zugesetzt.

1. Werden pflanzliche Stoffe wie Holz, Papier oder Zucker unter Luftabschluß erhitzt, so erhält man neben brennbaren Gasen einen schwarzen Rückstand. Es handelt sich dabei in erster Linie um Kohlenstoff, ein chemisches Element mit dem Symbol C[1]. Kohlenstoff ist in Form verschiedenartiger Verbindungen in allen Lebewesen enthalten. Er ist auch der wesentliche Bestandteil der einzelnen Kohlesorten wie Braunkohle, Steinkohle oder Anthrazit. Diese Kohlearten sind im Lauf der Erdgeschichte durch Zersetzung von pflanzlichen Stoffen unter Luftabschluß bei hoher Temperatur und hohem Druck entstanden. Dieser Vorgang ist auch heute noch nicht abgeschlossen. Die Kohleentwicklung verläuft in verschiedenen Stadien von Torf über Braunkohle und Steinkohle bis zum Anthrazit. Je länger der

Wichtige Brennstoffe

	Geologisches Alter	Zusammensetzung (%)			Heizwert (kJ/kg)
		C	O	H	
Holz	Gegenwart	50	44	6	16500
Torf	Gegenwart	55–65	30–40	5–7	21000–25000
Braunkohle	5 Millionen Jahre	65–75	20–30	5–6	25000–29000
Steinkohle	300 Millionen Jahre	75–90	5–18	4–6	29000–33500
Anthrazit	1000 Millionen Jahre	95	2–3	2–3	33500–37500

[1] Von *carbo* (lat.) Kohle.

sogenannte «Inkohlungsprozeß» andauert, desto größer wird der Kohlenstoffgehalt der Kohle und desto wertvoller ist die Kohle. Kohle ist also kein reiner Kohlenstoff, sondern enthält verschiedene Verbindungen.

Graphit und Diamant sind Modifikationen des Kohlenstoffs

2. Elementarer Kohlenstoff bildet zwei verschiedene Modifikationen: Graphit und Diamant. Durch Oxidation mit Sauerstoff läßt sich zeigen, daß beide Stoffe aus Kohlenstoffatomen aufgebaut sind, obwohl sie sehr unterschiedliche physikalische Eigenschaften besitzen. Die wichtigsten Eigenschaften und Anwendungsgebiete von Diamant und Graphit sind in der folgenden Tabelle zusammengestellt.

Diamant	*Graphit*
 *Rohdiamant in Kimberlit*  *Gitterstruktur Diamant*	 *Graphit*  *Gitterstruktur Graphit*
Farblos, durchsichtig, stark lichtbrechend	Schwarz, undurchsichtig, glänzend
Sehr hart, spröde, Mohs-Skala[1]: Härte 10	Sehr weich, Mohs-Härte 1 bis 2, fühlt sich fettig an
Schwer spaltbar, oktaedrisch spaltend	Leicht in Blättchen spaltbar
Nichtleiter des elektrischen Stromes	Leiter des elektrischen Stromes
Dichte 3,5 g/cm³	Dichte 2,2 g/cm³
Verwendung: zum Bohren und Schleifen für sehr harte Stoffe, als Achslager, für Präzisionsinstrumente, geschliffene Diamanten («Brillanten») als Edelstein	Verwendung: Tiegel für Metallschmelzen, Elektroden, Schmiermittel bei hohen Temperaturen, Bleistiftminen (durch Mischen von Graphit mit Ton erhält man die verschieden harten Minen)

Diamant aus Graphit unter hohem Druck

Die beiden Modifikationen sind ineinander umwandelbar. Die Umwandlung von Graphit in den wesentlich wertvolleren Diamant ist seit 1955 bekannt und gelingt nur unter Anwendung von sehr hohem Druck von über 100 000 bar (10,1 GPa).

$$C_{Graphit} \xrightarrow{100\,000\text{ bar}} C_{Diamant} \qquad | \Delta H = +1{,}9 \text{ kJ/mol}$$

Die Möglichkeit zur Umwandlung von Graphit in Diamant wird zur Herstellung von Industriediamanten ausgenutzt.

[1] Die Härte der Minerale wird nach einer Skala bestimmt, die auf den deutschen Mineralogen F. Mohs (1773–1839) zurückgeht. Dabei hat Talk die geringste Härtestufe 1, Diamant die größte Härtestufe 10 (siehe S. 151).

Kohlenstoffdioxid: CO_2

3. Wird Kohlenstoff vollständig verbrannt, so entsteht in exothermer Reaktion gasförmiges Kohlenstoffdioxid (CO_2):

$$C + O_2 \rightarrow CO_2 \qquad | \Delta H = -393{,}8 \text{ kJ}$$

Dieser energieliefernde Vorgang ermöglicht das Heizen mit Kohle. Kohlenstoffdioxid entsteht auch bei der Verbrennung anderer kohlenstoffhaltiger Verbindungen. Bei der Atmung wird der Kohlenstoff organischer Verbindungen im Körper langsam zu Kohlenstoffdioxid oxidiert, wobei Energie freigesetzt wird.
Kohlenstoff verbindet sich sehr leicht mit Sauerstoff. Dies kann zur Gewinnung von Metallen aus Oxiden ausgenutzt werden:

$$2\ CuO + C \rightarrow 2\ Cu + CO_2$$

Kohlenstoff dient dabei als billiges Reduktionsmittel.

Kohlenstoffdioxid: schwerer als Luft, erstickt Flammen

4. Kohlenstoffdioxid (CO_2) ist ein farbloses, nicht brennbares Gas. Es ist zu 0,03 Vol. % in der Luft enthalten (in der Ausatmungsluft zu 4 bis 5%). Kohlenstoffdioxid ist ein Bestandteil vulkanischer Gase und bildet sich bei der Gärung.
In einer Kohlenstoffdioxid-Atmosphäre ist weder Verbrennung noch Atmung möglich. Sowohl die Kerzenflamme als auch die Lebewesen «ersticken». Kohlenstoffdioxid ist mit einer molaren Masse von rund 44 g/mol erheblich schwerer als Luft (Litergewichte: Kohlenstoffdioxid 1,977 g/l, Luft 1,293 g/l); es kann sich deshalb an tiefliegenden Stellen, z. B. in Gärkellern, ansammeln.
Kohlenstoffdioxid läßt sich relativ leicht verflüssigen und kommt in dieser Form in grauen Stahlflaschen in den Handel. Festes Kohlenstoffdioxid geht bei −78,5 °C direkt in den gasförmigen Zustand über: es sublimiert. Man bezeichnet es deshalb als Trockeneis.

Nachweis von Kohlenstoffdioxid mit Kalkwasser

5. Kohlenstoffdioxid kann mit Calciumhydroxidlösung («Kalkwasser») oder mit Bariumhydroxidlösung («Barytwasser») nachgewiesen werden:

$$CO_2 + Ca(OH)_2 \rightarrow CaCO_3 + H_2O$$
$$CO_2 + Ba(OH)_2 \rightarrow BaCO_3 + H_2O$$

Dabei entstehen weiße Niederschläge von Calciumcarbonat ($CaCO_3$) bzw. Bariumcarbonat ($BaCO_3$). Bei einem Überschuß von Kohlenstoffdioxid löst sich der Niederschlag von $CaCO_3$ wieder auf und bildet eine wasserlösliche Verbindung, das Calciumhydrogencarbonat mit der Formel $Ca(HCO_3)_2$:

$$CaCO_3 + CO_2 + H_2O \rightarrow Ca(HCO_3)_2$$

Kohlensäure (H_2CO_3) aus Kohlenstoffdioxid und Wasser

6. Kohlenstoffdioxid ist in Wasser relativ gut löslich (1 Liter Wasser löst bei 0 °C 1,7 Liter CO_2, bei 20 °C 0,9 Liter CO_2). Die Löslichkeit ist abhängig vom Druck und von der Temperatur.
Beim Auflösen reagiert ein Teil des Kohlenstoffdioxids mit dem Wasser unter Bildung von Kohlensäure (H_2CO_3):

$$CO_2 + H_2O \rightarrow H_2CO_3$$

Kohlensäure ist bei Raumtemperatur nicht als Substanz faßbar, da sie sofort wieder in Kohlenstoffdioxid und Wasser zerfällt.

7. Wird Kohlenstoff bei sehr hohen Temperaturen (über 1000 °C) oxidiert, so entsteht das farb- und geruchlose Kohlenstoffmonooxid (CO), das wegen seiner großen Giftigkeit gefährlich ist.

Durch unvollständige Verbrennung entsteht giftiges Kohlenstoffmonooxid

$$2\,C + O_2 \rightarrow 2\,CO \qquad |\,\Delta H = -221{,}2\ kJ$$

Es verbrennt mit charakteristisch bläulicher Flamme zu CO_2:

$$2\,CO + O_2 \rightarrow 2\,CO_2 \qquad |\,\Delta H = -566{,}5\ kJ$$

Kohlenstoffmonooxid bildet sich auch bei der Verbrennung kohlenstoffhaltiger Stoffe (wie Holz, Benzin, Heizöl), wenn nicht genügend Sauerstoff vorhanden ist. Die Abgase von Benzinmotoren und schlecht ziehenden Öfen enthalten daher immer Kohlenstoffmonooxid.

8. Beim Vergleich der Reaktionsenthalpien, die bei der Oxidation von Kohlenstoff entstehen, zeigt sich eine allgemeingültige Gesetzmäßigkeit, die im sogenannten Wärmesatz von Hess[1] (1840) umschrieben wird.

Satz von Hess: gleiche Wärmemengen bei unterschiedlichen Reaktionswegen

$$\begin{aligned} 2\,C + 2\,O_2 &\rightarrow 2\,CO_2 \qquad |\,\Delta H = -787{,}7\ kJ \\ 2\,C + O_2 &\rightarrow 2\,CO \qquad |\,\Delta H = -221{,}2\ kJ \\ 2\,CO + O_2 &\rightarrow 2\,CO_2 \qquad |\,\Delta H = -566{,}5\ kJ \end{aligned}$$

Addiert man die Reaktionsenthalpien der beiden letzten Gleichungen, so erhält man den gleichen Betrag, der auch bei der direkten Oxidation von Kohlenstoff zu Kohlenstoffdioxid gemessen wird. Der Satz von Hess besagt, daß die Wärmemenge, die beim Übergang eines chemischen Systems von einem bestimmten Ausgangszustand (hier C und O_2) in einen bestimmten Endzustand (hier CO_2) abgegeben oder aufgenommen wird, unabhängig vom Weg der Reaktion ist.

A1 Durch welche chemische Reaktion kann festgestellt werden, daß Diamant und Graphit trotz sehr unterschiedlicher Eigenschaften Modifikationen ein und desselben Elementes sind? Wie lauten die Reaktionsgleichungen?

A2 Ausatmungsluft enthält mehr Kohlenstoffdioxid als Einatmungsluft. Welcher Schluß läßt sich aus dieser Tatsache ziehen?

A3 Zinn (Sn) wird aus Zinndioxid (SnO_2) durch Reduktion mit Kohlenstoff gewonnen. Die Reaktionsgleichung soll aufgestellt werden.

4.4 Phosphor

Vorsicht: Weißer Phosphor ist giftig, ätzend und an der Luft selbstentzündlich (unter Wasser aufbewahren!). Roter Phosphor ist leicht entzündlich.

Wie verhält sich Phosphor an der Luft?

V1 Eine Stange *weißer Phosphor* wird mit einer Pinzette aus der Vorratsflasche entnommen und in eine Glasschale mit Wasser gebracht. Wir versuchen die *Phosphor*stange unter Wasser zu schneiden. Im verdunkelten und im hellen Raum wird die *Phosphor*stange anschließend mit der Pinzette über dem Wassergefäß in der Luft gehalten. Welche Aussagen lassen sich über die Dichte, Härte und Reaktion des *weißen Phosphors* in Wasser und Luft machen?

[1] Hermann H. Hess (1802–1850), Chemieprofessor in St.Petersburg, Mitbegründer der Thermochemie.

V2 Eine etwa erbsengroße Menge *weißer Phosphor* wird im Abzug in 6–8 cm^3 *Schwefelkohlenstoff (feuergefährlich, giftige Dämpfe!)* gelöst. Diese Lösung wird anschließend im Abzug auf Holzwolle oder Filterpapier gegossen. Man stellt fest, ob der Phosphor sich dabei von selbst entzündet.

Vergleich von rotem und weißem Phosphor

Verbrennung von rotem und weißem Phosphor (V3)

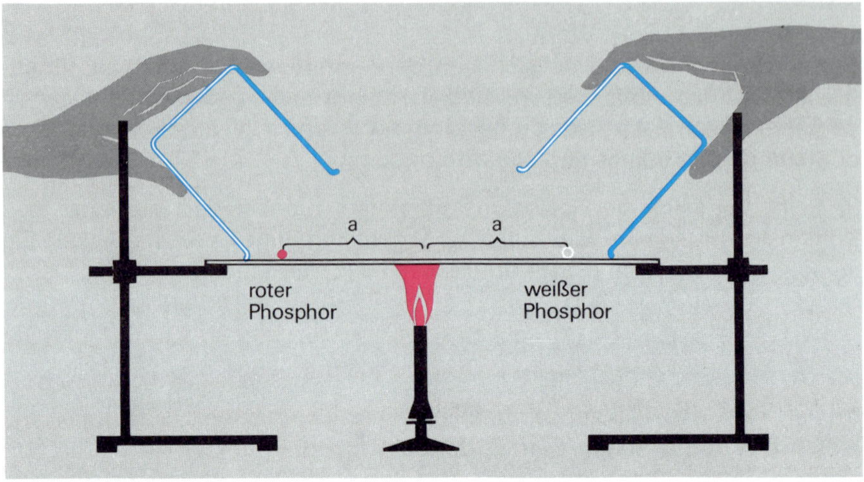

V3 Gleiche Mengen von *weißem Phosphor* und von *rotem Phosphor* werden *im Abzug* wie abgebildet auf einem Blech erwärmt. Die *entstehenden Produkte (ätzend)* werden in einem Becherglas, das man über den brennenden *Phosphor* hält, aufgefangen und verglichen *(Schutzbrille!)*.

V4 Eine etwa erbsengroße Menge an rotem Phosphor wird in ein trockenes Reagenzglas gebracht, das man oben mit etwas Glaswolle verschließt. Dann wird im Dunkeln langsam erwärmt.

Modifikationen: roter und weißer Phosphor

1. Phosphor[1] ist ein chemisches Element, das in verschiedenen Modifikationen vorkommt. Die wichtigsten sind der weiße (P_w), der rote (P_r) und der schwarze Phosphor (P_{schw}).
Die einzelnen Modifikationen des Phosphors können ineinander umgewandelt werden.
Läßt man z. B. die Stangen von weißem Phosphor längere Zeit in der Substanzflasche stehen, so werden sie unter der Einwirkung von Licht allmählich gelblich bis rötlich, da sich dabei teilweise roter Phosphor bildet. Umgekehrt kann man roten Phosphor beim Erhitzen im Dunkeln zum Leuchten bringen, was auf der Bildung von weißem Phosphor beruht. Roter Phosphor ist die bei Zimmertemperatur stabilere Modifikation. Im Unterschied zu weißem und rotem Phosphor leitet schwarzer Phosphor den elektrischen Strom und zeigt damit bereits metallischen Charakter.

2. Bei der Verbrennung der verschiedenen Phosphor-Modifikationen entsteht Phosphorpentoxid.

[1] Von *phosphoros* (gr.) Lichtträger.

Modifikationen des Phosphors

	Weißer Phosphor	Roter Phosphor
Physikalische Eigenschaften		
Dichte	1,82 g/cm³	2,36 g/cm³
Smt.	44,2 °C	Etwa 620 °C (unter Druck)
Sdt.	280 °C	Sublimiert
Löslichkeit	Löslich in CS_2	Unlöslich in allen Lösungsmitteln
Elektrische Leitfähigkeit	Nichtleiter	Nichtleiter
Chemische Eigenschaften		
Giftwirkung	Giftig (tödliche Dosis: 0,1 g)	Vergleichsweise ungiftig
Entzündungstemperatur	50 °C (feinverteilt etwa 20 °C)	Etwa 400 °C
Chemolumineszenz	Leuchtet an der Luft	Leuchtet nicht an der Luft
Handelsformen	Stangen	Pulver
Verwendung	Herstellung von rotem Phosphor Giftpräparate (gegen Mäuse, Ratten)	Zündholzindustrie

Die Oxidation von Phosphor ist eine exotherme Reaktion. Ein Teil der Energie wird dabei als Licht frei, eine Erscheinung, die man als Chemolumineszenz bezeichnet. An weißem Phosphor ist diese Erscheinung bei Zimmertemperatur zu beobachten.

Weißer Phosphor ist sehr reaktionsfreudig

3. Der weiße Phosphor ist wesentlich reaktionsfreudiger als die anderen Modifikationen (vgl. Versuch V_3). Er muß deshalb im Gegensatz zum reaktionsträgeren roten Phosphor unter Wasser aufbewahrt werden, damit keine Selbstentzündung an der Luft eintritt.
Weißer Phosphor wurde erstmals 1669 von dem Alchemisten Brand entdeckt, als er Harn eindampfte und den Rückstand in Tonretorten unter Luftabschluß glühte. Dabei wurde ein im Harn enthaltenes Phosphorsalz durch die Wirkung der verkohlten organischen Stoffe zum elementaren Phosphor reduziert.

Weißer Phosphor: P_4-Moleküle

4. Die große Reaktivität von weißem im Vergleich zu rotem Phosphor ist in der besonderen Struktur des weißen Phosphors begründet. Im weißen Phosphor liegen Moleküle vor, die aus 4 tetraedrisch angeordneten Phosphoratomen aufgebaut sind. Diese Struktur aus P_4-Molekülen bleibt auch bei der Oxidation erhalten (siehe unten). Bei der Oxidation des roten Phosphors, der aus einer Art Schichtengitter besteht, muß zunächst durch Energiezufuhr die P_4-Struktur hergestellt werden. Damit hängt auch die höhere Entzündungstemperatur des roten Phosphors zusammen.

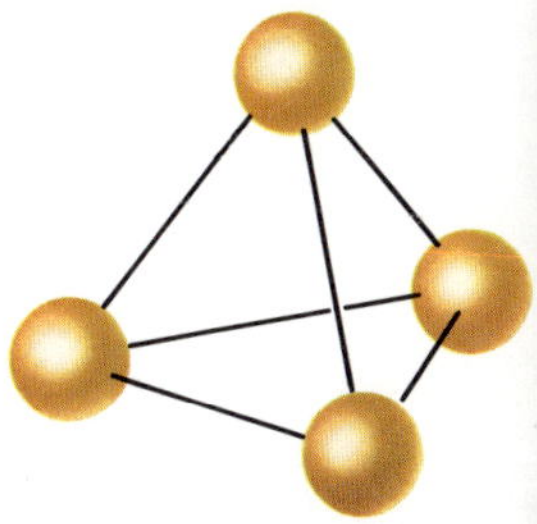

Tetraedrische Anordnung der Atome im weißen Phosphor

A1 Wie kann man die Tatsache erklären, daß reiner weißer Phosphor völlig farblos ist, in Vorratsflaschen aber bald eine gelbliche Farbe annimmt?

A2 Mit welchen Versuchen haben wir bewiesen, daß weißer Phosphor und roter Phosphor Modifikationen *eines* Elements sind?

A3 Eine Stange aus weißem Phosphor brennt an der Luft nicht von alleine. Wird weißer Phosphor aber in Schwefelkohlenstoff gelöst und die Lösung dann auf Holzwolle gegossen, so entzündet er sich von alleine. Warum?

4.5 Phosphoroxid und Phosphorsäure

Vom Phosphor zur Phosphorsäure

V1 Ein Standzylinder wird zu etwa ⅓ mit destilliertem Wasser gefüllt. Anschließend führen wir in einem Verbrennungslöffel eine kleine Menge brennenden *Phosphor* ein *(Schutzbrille!)*. *Das Verbrennungsprodukt (ätzend)* wird durch Umschütteln im destillierten Wasser gelöst. Die entstandene Lösung wird mit Bromthymolblau geprüft. Der Versuch wird mit *weißem Phosphor (giftig, ätzend, selbstenzündlich)* und mit *rotem Phosphor (feuergefährlich)* durchgeführt.

V2 Einige Gramm *Phosphorpentoxid (ätzend)* werden in einer offenen Petrischale auf eine Waage gebracht und genau austariert. Was ist nach einiger Zeit zu beobachten?

V3 Zu verdünnter Phosphorsäure (H_3PO_4) werden in einem Reagenzglas einige Zinkperlen gegeben. Das *entstehende Gas (leicht entzündlich; bildet mit Luft explosive Gemische)* wird auf Brennbarkeit untersucht. Wir wiederholen den Versuch mit Eisen.

Phosphoroxid: P_4O_{10}

1. Bei der Oxidation von weißem und von rotem Phosphor entsteht in stark exothermer Reaktion eine weiße Substanz, die als Phosphorpentoxid[1] bezeichnet wird. Aus Molmassenbestimmungen ergibt sich, daß in Wirklichkeit ein Molekül mit der Formel P_4O_{10} vorliegt[2]; aus historischen Gründen wurde jedoch der Name Phosphorpentoxid beibehalten.

$$P_4 + 5\ O_2 \rightarrow P_4O_{10} \qquad |\ \Delta H = -2987\ \text{kJ}$$

Aus der Abbildung der räumlichen Struktur dieses Oxids geht hervor, daß bei der Oxidbildung die P_4-Tetraeder erhalten bleiben.

Räumliche Struktur von P_4, P_4O_6, P_4O_{10}

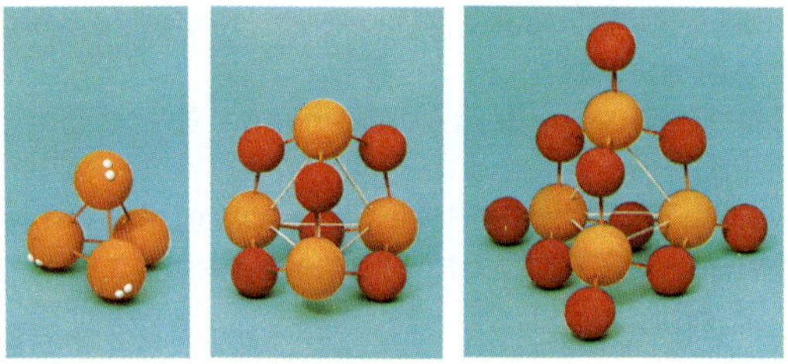

Phosphorsäure: H_3PO_4

2. Phosphorpentoxid gehört zu den am stärksten hygroskopischen Substanzen, die man kennt. Es wird deshalb in Exsikkatoren und Trockenrohren als hervorragendes Trocknungsmittel verwendet.
Bei der Reaktion von P_4O_{10} mit Wasser entsteht unter Zischen Phosphorsäure (H_3PO_4)[3].

$$P_4O_{10} + 6\ H_2O \rightarrow 4\ H_3PO_4$$

Reine Phosphorsäure ist bei Raumtemperatur fest. Die handelsübliche Phosphorsäure ist 80 bis 85-prozentig und ähnlich wie Schwefelsäure eine sirupöse, schwere Flüssigkeit.

[1] *penta* (gr.) fünf.
[2] In der Literatur wird häufig noch die Formel P_2O_5 angegeben.
[3] Phosphor bildet verschiedene Säuren. Die bekannteste ist die Orthophosphorsäure mit der Formel H_3PO_4.

3. Die Phosphorsäurelösung reagiert mit unedlen Metallen unter Bildung von Wasserstoff und Phosphaten.

Phosphorsäure bildet Phosphate

$$2\ H_3PO_{4\,aq} + 3\ Zn \rightarrow Zn_3(PO_4)_{2\,aq} + 3\ H_2$$

Die Phosphate enthalten wie die Phosphorsäure die PO_4-Gruppe.

4. Wie die Phosphate die PO_4-Gruppe enthalten, so besitzen Sulfate die SO_4-Gruppe und Carbonate die CO_3-Gruppe. Verbindungen, deren Formeln neben Metall solche Säuregruppen enthalten, zählen wir zu der Gruppe der Salze. Sie besitzen wie die übrigen salzartigen Stoffe hohe Schmelz- und Siedetemperaturen.

Phosphate, Sulfate und Carbonate sind Salze

5. Da Phosphor leicht unter Energieabgabe mit Sauerstoff reagiert, findet sich elementarer Phosphor nicht in der Natur. Hauptsächlich kommt Phosphor in energiearmen und schwerlöslichen Phosphaten vor, z. B. im Apatit. Zur Gewinnung von elementarem Phosphor werden die Phosphate im elektrischen Ofen mit Kohlenstoff reduziert. Dabei wird Calciumphosphat durch Quarzsand (SiO_2) in Calciumsilicat ($CaSiO_3$) übergeführt:

$$Ca_3(PO_4)_2 + 3\ SiO_2 + 5\ C \rightarrow 3\ CaSiO_3 + 5\ CO + 2\ P$$

A1 Bei der Oxidation von Phosphor entsteht zunächst P_4O_6 als Zwischenprodukt, welches dann unter Abgabe von Licht in P_4O_{10} übergeht. Stellen Sie die entsprechenden Reaktionsgleichungen auf.

A2 Bei der Reaktion von verdünnter Phosphorsäure mit Magnesium entsteht Magnesiumphosphat mit der Formel $Mg_3(PO_4)_2$. Wie lautet die Reaktionsgleichung?

A3 Phosphorsäure wird als Korrosionsschutz für Autobleche benutzt, wobei diese kurzzeitig in die Säure eingetaucht werden. Wie lautet die Gleichung für die Reaktion, die zwischen Eisen (Fe) und Phosphorsäure abläuft, wenn Eisenphosphat die Formel $FePO_4$ besitzt?

4.6 Vom Stickstoff zur Salpetersäure

Wie wird Salpetersäure hergestellt?

V1 In einer luftgefüllten, vierfach tubulierten Glaskugel wird zwischen zwei Kupferstäben mit Hilfe eines Hochspannungstransformators ein Lichtbogen erzeugt *(Vorsicht beim Arbeiten mit Hochspannung! Zuleitungen gut isolieren!)*. Man arbeitet dabei mit einem Transformator (10–15 Volt Wechselstrom), einer Primärspule von 75 Windungen und einer Sekundärspule von 12000 Windungen.
Wir beobachten die Farbänderung im Innern der Glaskugel. Nach etwa 5 Minuten saugt man mit Hilfe einer Wasserstrahlpumpe den Inhalt der Glaskugel in die mit Bromthymolblaulösung versehene Waschflasche.

V2 Ein 100-cm^3-Zweihalsrundkolben mit 25 cm^3 *halbkonzentrierter Ammoniaklösung (ätzend)* und wenig Bromthymolblau ist mit einem Gaseinleitungsrohr versehen, das etwa 1 cm über der Flüssigkeitsoberfläche endet. Der Kolben ist über ein U-Rohr mit festem *Natriumhydroxid (ätzend)* als Trockenmittel, ein Reaktionsrohr mit einer 1 cm breiten Schicht von 15%igem Platinasbest zwischen Quarzwolle, einen leeren zweiten Zweihalsrundkolben und eine Gaswaschflasche mit 30 cm^3 neutraler Bromthymolblaulösung an eine Wasserstrahlpumpe angeschlossen. Zunächst wird der Platinasbest im Reaktionsrohr etwa eine Minute lang kräftig erhitzt. Dann wird ein schwacher Luft-Ammoniak-Strom durch die Apparatur gesaugt. Man beobachtet die in den Zweihalsrundkolben und in der Waschflasche eintretenden Veränderungen.

Welche Eigenschaften haben verdünnte und konzentrierte Salpetersäure?

V3 In zwei großen Reagenzgläsern läßt man stark verdünnte (1%ige) Salpetersäure (HNO_3) auf etwas *Magnesiumpulver (feuergefährlich)* bzw. gekörntes *Calcium (feuergefährlich)* einwirken. Das *entstehende Gas (leicht entzündlich)* wird durch Knallgasprobe untersucht.

V4 *Im Abzug* läßt man in einem großen Reagenzglas *konzentrierte Salpetersäure (ätzend)* auf ein Kupferstück einwirken *(Vorsicht: Es entsteht ein giftiges Gas)*.

V5 Ein Reagenzglas wird senkrecht im Stativ eingespannt, zu etwa ⅓ mit *rauchender Salpetersäure (ätzend)* gefüllt und im Abzug vorsichtig erwärmt. Dann wirft man kleine, erhitzte Holzkohlestücke ein (*Schutzbrille!*).

Oxidation von Ammoniak nach Ostwald (V2)

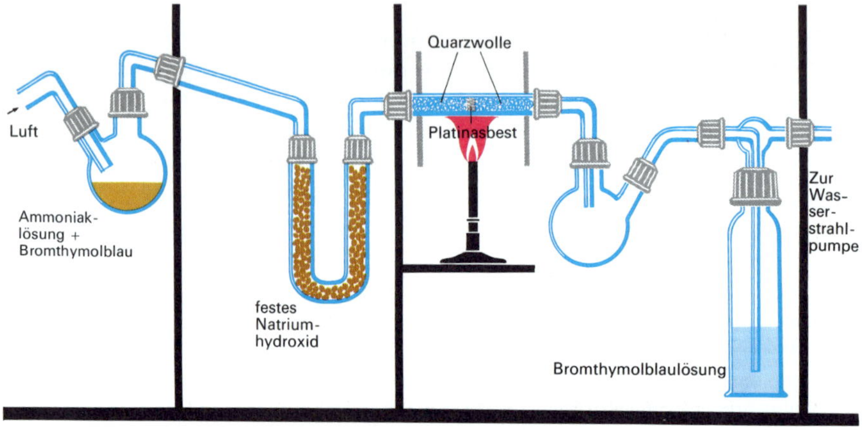

Das Stickstoffmolekül ist sehr stabil

1. Elementarer Stickstoff reagiert im Gegensatz zu den bereits behandelten Elementen Schwefel, Kohlenstoff und Phosphor nur unter besonderen Bedingungen mit Sauerstoff. Dies ist auf die relativ große Stabilität des zweiatomigen Stickstoffmoleküls zurückzuführen. Zur Spaltung von einem Mol Stickstoff in Atome sind 944,5 kJ notwendig.
Will man Stickstoff mit Sauerstoff oxidieren, so braucht man dazu die Temperatur des elektrischen Lichtbogens (etwa 2800 °C).

Oxide des Stickstoffs: Stickstoffmonooxid (NO), Stickstoffdioxid (NO_2)

2. Bei der Oxidation wird in einer stark endothermen Reaktion zunächst das farblose Stickstoffmonooxid (NO) gebildet:

$$N_2 + O_2 \rightarrow 2\,NO \qquad |\,\Delta H = +180{,}6\text{ kJ}$$

Stickstoffmonooxid reagiert in exothermer Reaktion sofort mit Sauerstoff, und es entsteht braunes, giftiges Stickstoffdioxid (NO_2):

$$2\,NO + O_2 \rightarrow 2\,NO_2 \qquad |\,\Delta H = -114{,}2\text{ kJ}$$

Stickstoff bildet also mehrere Oxide. Die wichtigsten sind das farblose Stickstoffmonooxid (NO) und das braune Stickstoffdioxid (NO_2).

3. Bei der Reaktion von Stickstoffdioxid mit Wasser entsteht eine saure Lösung, die sowohl salpetrige Säure (HNO_2) als auch Salpetersäure (HNO_3) enthält:

$$2\,NO_2 + H_2O \rightarrow HNO_{3\,aq} + HNO_{2\,aq}$$

Salpetrige Säure (HNO_2) und Nitrite

Dabei ist die salpetrige Säure nur in Lösung faßbar. Ihre Salze, die sogenannten Nitrite, sind dagegen auch als Reinsubstanzen beständig. Salpetrige Säure oxidiert schon an der Luft zur Salpetersäure:

$$2\,HNO_2 + O_2 \rightarrow 2\,HNO_3$$

Im Labor verwendet man wäßrige Lösungen der Salpetersäure. Bei niedrigen Konzentrationen (bis 60%) sind diese Lösungen farblos. «Rauchende» Salpetersäure (96%) ist durch das bei der teilweisen Zersetzung entstandene Stickstoffdioxid gelb bis rotbraun gefärbt.

Salpetersäure (HNO_3) und Nitrate

Salpetersäure wirkt oxidierend

4. Stark verdünnte Salpetersäure reagiert mit Metallen unter Bildung von Wasserstoff. Dabei entstehen die Salze der Salpetersäure, die sogenannten Nitrate:

$$2\,HNO_{3\,aq} + Ca \rightarrow Ca(NO_3)_{2\,aq} + H_2$$

Salpetersäure ist, besonders in konzentrierter Lösung, auch ein starkes Oxidationsmittel. Die meisten Metalle[1] werden unter Stickstoffdioxidbildung gelöst:

$$Cu + 4\,HNO_3 \rightarrow Cu(NO_3)_2 + 2\,H_2O + 2\,NO_2$$

Die oxidierende Wirkung läßt sich auch mit organischen Stoffen nachweisen.

Herstellung der Salpetersäure durch Oxidation von Ammoniak

5. Die chemische Industrie braucht große Mengen Salpetersäure zur Herstellung von Düngemitteln. Salpetersäure wird nach zwei verschiedenen Verfahren gewonnen:

- Das Birkeland-Eyde-Verfahren beruht auf der Verbrennung von Stickstoff mit Sauerstoff im elektrischen Lichtbogen. Es ist mit hohen Stromkosten verbunden und wird daher nur noch selten angewandt.
- Das wichtigste großtechnische Verfahren ist heute die katalytische Ammoniakverbrennung, das sogenannte Ostwald-Verfahren[2]. Stickstoffhaltiger Ausgangsstoff ist Ammoniak mit der Formel NH_3.

$$4\,NH_3 + 5\,O_2 \rightarrow 4\,NO + 6\,H_2O$$
$$4\,NO + 2\,O_2 \rightarrow 4\,NO_2$$
$$4\,NO_2 + 2\,H_2O + O_2 \rightarrow 4\,HNO_3$$

Ammoniak selbst wird aus Stickstoff und Wasserstoff unter Anwendung von hoher Temperatur, hohem Druck und Katalysatoren hergestellt.
Auch die sich vom Ammoniak ableitenden Ammoniumverbindungen (z. B. Ammoniumnitrat, NH_4NO_3) sind wichtige Mineraldünger.

Stickstoffoxide und Schwefeldioxid als Bestandteile der Luftverunreinigung

6. Stickstoffoxide entstehen nicht nur im elektrischen Lichtbogen, sie können sich auch bei Verbrennungen, z. B. in Verbrennungsmotoren, bilden.

[1] Da Salpetersäure zwar Silber, nicht aber Gold löst, wird sie in der Edelmetallindustrie als «Scheidewasser» verwendet. Auch andere Edelmetalle, z. B. Platin, werden von Salpetersäure nicht gelöst.

[2] Nach dem deutschen Chemiker und Philosophen Wilhelm Ostwald (1853–1932).

Typisches Bild eines schwergeschädigten Waldes

Die Auspuffgase unserer Kraftfahrzeuge enthalten daher Stickstoffoxide. Sie sind giftig, bilden mit der Luftfeuchtigkeit saure Lösungen und reagieren bei Sonneneinstrahlung zur außerordentlich giftigen und aggressiven Sauerstoffmodifikation Ozon (O_3). Stickstoffoxide sind daher ein wesentlicher Bestandteil der Luftverunreinigung. Der berüchtigte Smog von Los Angeles (USA) ist hauptsächlich auf den Gehalt an Stickstoffoxiden zurückzuführen. In der Bundesrepublik Deutschland hat der Ausstoß an Stickstoffoxiden in die Luft in den letzten Jahren ständig zugenommen.
Ein weiterer Bestandteil der Luftverunreinigung ist das Schwefeldioxid. Es entsteht vor allem bei der Verbrennung von Erdöl und Kohle, die immer etwas Schwefel enthalten. Das Schwefeldioxid wird an der Luft zu Schwefeltrioxid oxidiert und bildet dann mit der Luftfeuchtigkeit Schwefelsäure. Der Smog über Industrie- und dicht besiedelten Wohngebieten besteht daher aus feinen Tröpfchen einer schwefelsauren Lösung.
Stickstoffoxide, Schwefeldioxid und die daraus entstehenden Produkte werden mit der Luft oft über größere Entfernungen transportiert, in weiten Gebieten Europas und Nordamerikas geht daher bei Regen eine saure Lösung nieder. Dieser «saure Regen» löst Kalkstein und ist an vielen Gebäudeschäden schuld; da er die Seen sauer macht, ist er auch für die Fische Gift. Schließlich dürfte der saure Regen Mitverursacher des Baumsterbens sein, das neuerdings in fast allen Waldgebieten Mitteleuropas zu beobachten ist und dem vor allem die wintergrünen Tannen und Fichten zum Opfer fallen. Wahrscheinlich ist dieses „Waldsterben" eine Folge verschiedener Faktoren, unter denen aber die Verunreinigung der Luft mit Stickstoffoxiden und Schwefeldioxid besonders wirksam sein dürften. Es ist daher dringend notwendig, den Stickstoffoxid- und Schwefeldioxidausstoß aus Kraftfahrzeugen, Verbrennungsanlagen und Heizungen drastisch zu verringern.

A1 Welche bisher behandelten Elemente bilden mehrere Oxide? Die Reaktionsgleichungen für die Bildung dieser Oxide und deren Reaktion mit Wasser sollen formuliert werden.

A2 Welche bisher behandelten Elemente bilden mehrere Oxide? Es sollen die Reaktionsgleichungen formuliert werden, wie diese Oxide entstehen und wie sie mit Wasser reagieren.

A3 Im Versuch V5 oxidiert rauchende Salpetersäure den Kohlenstoff, wobei unter anderem ein rotbraunes Gas entsteht. Die folgende Reaktionsgleichung soll durch die Reaktionsprodukte ergänzt werden.
$4\ HNO_3 + C \rightarrow$

A4 Wieviel Schwefeldioxid entsteht bei der Verbrennung von 100 kg Heizöl mit einem Schwefelgehalt von 0,3%? Wieviel Schwefelsäure gibt das?

4.7 Chemie und Welternährung. Mineraldünger

J. von Liebig

1. Durch Untersuchungen des Chemikers Justus von Liebig[1] weiß man, daß die Pflanze zum Gedeihen bestimmte Elemente in mineralischer Form benötigt. Den Hauptbestandteil, Kohlenstoff, nimmt sie aus dem Kohlendioxid der Luft auf, dem Boden entzieht sie neben Wasser insbesondere

[1] Justus von Liebig (1803–1873), Professor der Chemie in Gießen und München, Begründer einer berühmten Chemieschule in Gießen; bedeutende Arbeiten u. a. über Pflanzenernährung, Maßanalyse, technische Chemie.

Stickstoff, Phosphor, Kalium und Calcium in Form wasserlöslicher Salze. Diese Stoffe können dem Boden als organische Dünger (Mist, Jauche u. ä.) wieder zugeführt werden.
Die in den letzten hundert Jahren außerordentlich stark angewachsene und immer noch weiter wachsende Bevölkerung der Erde kann aber nur ernährt werden, wenn die zur Verfügung stehenden landwirtschaftlichen Flächen optimal genutzt werden, der Boden also möglichst hohe Erträge liefert.
Zur Zeit erwartet der Landwirt in Mitteleuropa im Jahr durchschnittlich 4200 kg Weizen pro Hektar. Dabei werden dem Boden etwa 135 kg Stickstoff, 11 kg Phosphor und 50 kg Kalium entzogen. Diese Mengen können durch organische Dünger nicht mehr ersetzt werden. Es ist deshalb notwendig, zusätzlich mineralische Dünger einzusetzen. Diese Mineraldünger enthalten vor allem die Elemente Stickstoff, Kalium und Phosphor. Die Zusammensetzung muß je nach Pflanzen- und Bodenart variiert werden, denn das Gedeihen der Pflanzen wird bestimmt durch den Pflanzennährstoff, der in der relativ (d. h. im Verhältnis zum Bedarf) geringsten Menge im Boden vorliegt (Liebigsches Minimumgesetz).

Das Liebigsche Minimumgesetz: Wachstum wird bestimmt durch den Pflanzennährstoff, der im Boden in relativ geringster Menge vorliegt

2. Auf das Element Stickstoff sind die Pflanzen in besonderem Maße angewiesen, weil er zum Aufbau von Eiweiß, der Grundsubstanz eines jeden Lebewesens, benötigt wird. Obwohl Stickstoff als Element in der Luft zu ca. 80% enthalten ist, kann er nur von einigen Baktieren, die im Boden oder in den sogenannten Wurzelknöllchen der Schmetterlingsblütler (z. B. Lupine, Bohne, Erbse) leben, direkt verwertet werden. Normalerweise nimmt die Pflanze den Stickstoff in Form löslicher Stickstoffsalze über die Wurzeln auf. Salzlager stickstoffhaltiger Salze sind auf der Erde jedoch sehr selten. Lediglich in der Atacamawüste in Chile werden größere Mengen von Natriumnitrat (Chilesalpeter[1]) abgebaut.

Stickstoffhaltige Salze: unentbehrlich für das Pflanzenwachstum

Heute werden Nitrate vor allem durch Oxidation von Ammoniak mit Hilfe des Ostwaldverfahrens hergestellt. Auch die Ammoniumsalze wie z. B. Ammoniumnitrat (NH_4NO_3) oder Ammoniumsulfat, $(NH_4)_2SO_4$, werden aus Ammoniak durch Umsetzung mit den entsprechenden Säuren hergestellt, z. B.:

$$NH_3 + HNO_3 \rightarrow NH_4NO_3$$

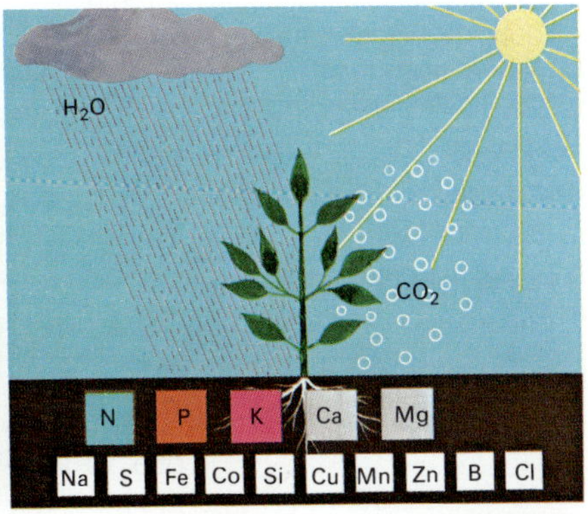

Wachstumsversuche mit und ohne Mineraldünger (links)

Zum Gedeihen benötigt die Pflanze zahlreiche Mineralstoffe (rechts)

[1] Der Name der Salpetersäure und auch die Bezeichnung Chilesalpeter für $NaNO_3$ bzw. Indischer Salpeter für KNO_3 leiten sich von *sal petrae* (lat.), Felsensalz, ab.

Deshalb ist die Produktion von Ammoniak nach dem Haber-Bosch-Verfahren für die Ernährung der Menschheit von sehr großer Bedeutung. Dabei wird aus Stickstoff und Wasserstoff unter Verwendung von Katalysatoren (Fe/Al_2O_3) bei hohem Druck (200 bar) und erhöhten Temperaturen (500 °C) Ammoniak hergestellt[1]:

$$N_2 + 3\,H_2 \rightleftarrows 2\,NH_3 \mid \Delta H = -92{,}13\ \text{kJ}$$

Die Weltproduktion an Stickstoffdüngemitteln betrug 1977 46 Millionen Tonnen und stieg 1979 auf 53,8 Millionen Tonnen an. In der Bundesrepublik Deutschland betrug sie 1979 1,2 Millionen Tonnen.

Kaliumsalze und Phosphate als wichtige Bestandteile von Mineraldüngern

3. Die Kaliumsalze der Mineraldünger, z. B. Kaliumnitrat (KNO_3) oder Kaliumsulfat (K_2SO_4), gewinnt man aus Kalilagern (sogenannte Edelsalze), die sich an vielen Stellen der Erde finden. Auch Deutschland besitzt solche Kalivorkommen. Der Phosphoranteil der Düngemittel stammt aus phosphorhaltigen Erzen, in denen schwerlösliche Phosphate, z. B. Calciumphosphat, $Ca_3(PO_4)_2$, enthalten sind. Diese schwerlöslichen Phosphate werden zuerst mit Hilfe von Schwefelsäure in eine wasserlösliche Verbindung übergeführt und so für die Pflanze nutzbar gemacht:

$$Ca_3(PO_4)_2 + 2\,H_2SO_4 \rightarrow \underbrace{Ca(H_2PO_4)_2 + 2\,CaSO_4}_{\text{Superphosphat}}$$

Die wichtigsten Mineraldünger

Trivialname	Formel	Chemische Bezeichnung
Stickstoffdüngemittel		
Ammonsalpeter	NH_4NO_3	Ammoniumnitrat
Chilesalpeter	$NaNO_3$	Natriumnitrat
Harnstoff	H_2NCONH_2	Harnstoff (Carbamid)
Kalisalpeter	KNO_3	Kaliumnitrat
Kalkstickstoff	$CaCN_2 + C$	Calciumcyanamid + Kohlenstoff
Phosphordüngemittel		
Superphosphat	$Ca(H_2PO_4)_2 + 2\,CaSO_4$	Calciumdihydrogenphosphat + Calciumsulfat
Doppelsuperphosphat	$Ca(H_2PO_4)_2$	Calciumdihydrogenphosphat
Thomasmehl (aus der Stahlherstellung)	$Ca_3(PO_4)_2 + CaO$	Calciumphosphat + Calciumoxid
Kalidünger		
Carnallit	$KCl \cdot MgCl_2 \cdot 6\,H_2O$	Kalium-Magnesiumchlorid
Kalimagnesia	$K_2SO_4 \cdot MgSO_4 \cdot 6\,H_2O$	Kalium-Magnesiumsulfat
Mischdünger (Volldünger)		
Nitrophoska	$NH_4Cl + (NH_4)_2HPO_4 + KNO_3$	Ammoniumchlorid + Diammoniumhydrogenphosphat + Kaliumnitrat
Hakaphos	$H_2NCONH_2 + KNO_3 + (NH_4)_2HPO_4$	Harnstoff + Kaliumnitrat + Diammoniumhydrogenphosphat

[1] Näheres siehe S. 206.

Dabei entsteht ein Gemisch aus Calciumsulfat und einem löslichen Phosphat (Calciumhydrogenphosphat), das als Superphosphat bezeichnet wird und einen wertvollen Mineraldünger darstellt.
Ein großer Teil der heute so wichtigen Phosphatlager, z. B. in Nordafrika, geht auf Ablagerungen von tierischen Ausscheidungen zurück. Noch heute beobachtet man die Entstehung gewaltiger Kotablagerungen von Seevögeln auf Inseln des Stillen Ozeans und der Südsee. Diese als Guano bezeichneten Kotablagerungen sind ein calciumphosphathaltiges Gemisch, welches schon lange als Stickstoff- und Phosphatdünger geschätzt wird.
Seit 1927 verwendet man in der Landwirtschaft meist sogenannte Volldünger; das sind Mischdünger, die in jedem Düngerkorn alle Hauptnährstoffe und gelegentlich auch noch die notwendigen Spurenelemente (z. B. Aluminium, Mangan, Bor, Molybdän, Zink, Kupfer) enthalten. Als Spurenelemente bezeichnet man Elemente, die von der Pflanze in nur sehr geringen Mengen benötigt werden.

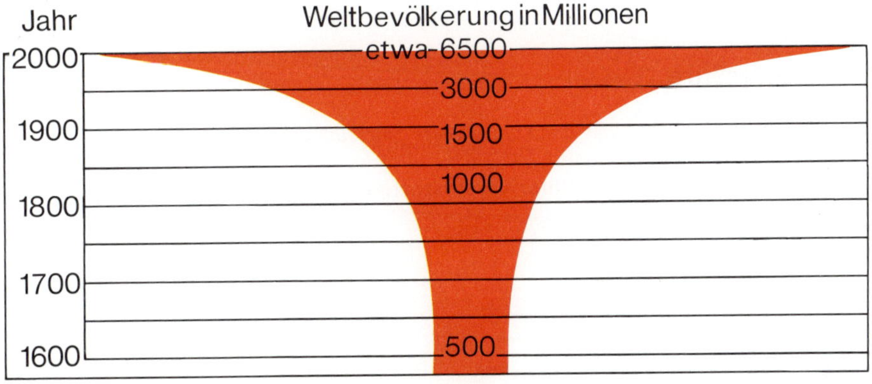

Die Zunahme der Weltbevölkerung seit 1650

4. In der vorstehenden Grafik ist die Zunahme der Weltbevölkerung seit 1600 festgehalten. Sie zeigt stark ansteigende Tendenz; insbesondere seit dem Beginn der Industrialisierung ist die Gesamtbevölkerung der Erde in immer stärkerem Maße angewachsen.

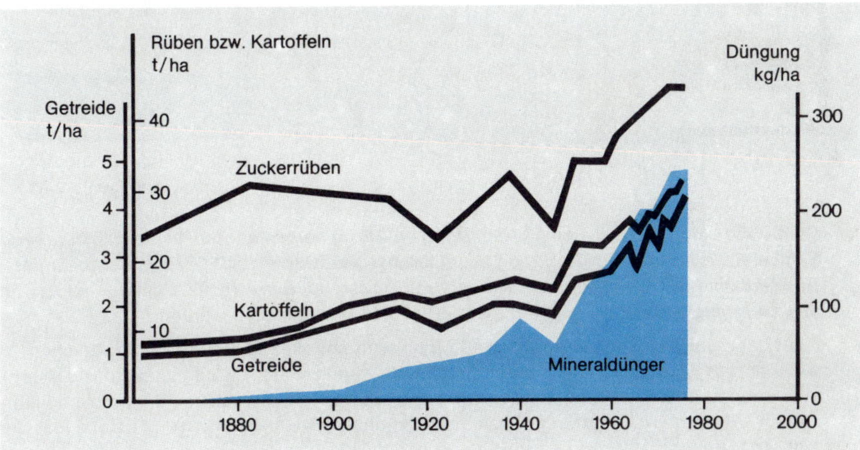

Mineraldüngeraufwand und Hektarertrag in der Bundesrepublik Deutschland (nach Amberger)

Es wird immer schwerer, die besonders in den Entwicklungsländern explosionsartig anwachsende Bevölkerung mit den nötigen Nahrungsmitteln zu versorgen. Dies bedeutet, daß von den verschiedenen wissenschaftlichen Disziplinen die größten Anstrengungen unternommen werden müssen, um die Weltbevölkerung vor einer drohenden Katastrophe zu bewahren.
Nur durch die modernen Methoden der Pflanzenernährung, Pflanzenzüchtung, Bodenbearbeitung und Schädlingsbekämpfung kann die Ernährung der rasch wachsenden Weltbevölkerung sichergestellt werden. Hier liegt eine der Hauptaufgaben der Chemie für die Zukunft.
Was die Düngung betrifft, so können heute ausreichende Nahrungsmittelmengen nicht mehr allein durch den Einsatz von Wirtschaftsdüngern (Mist, Kompost, Jauche usw.) erhalten werden. Die Grafik auf Seite 89 zeigt die Düngemittelproduktion in Abhängigkeit vom gesteigerten Hektarertrag in den Jahren bis 1980. Diese Mineraldünger halfen wesentlich mit, den Hektarertrag in Deutschland in den letzten hundert Jahren um rund 400% zu steigern.

4.8 Salzsäure

Vorsicht: Chlorwasserstoffgas und konzentrierte Salzsäure wirken ätzend.

Welche Eigenschaften hat Chlorwasserstoffgas?

Darstellung von Chlorwasserstoffgas (V_1)

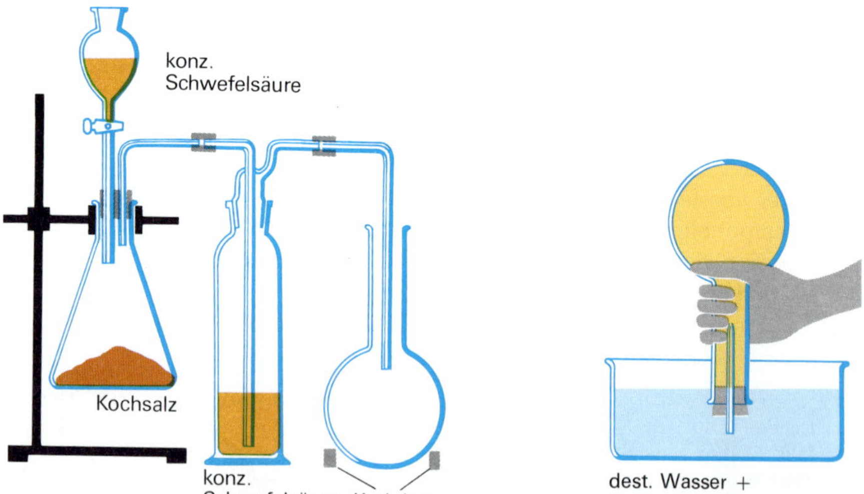

Reaktion von Chlorwasserstoffgas mit Wasser (V_2)

V_1 *Chlorwasserstoffgas* wird gemäß Abbildung *im Abzug* hergestellt, indem man *konzentrierte Schwefelsäure* aus einem Tropftrichter auf Kochsalz auftropfen läßt *(ätzend, Schutzbrille!)*. Das *Gas* wird mit *konzentrierter Schwefelsäure (ätzend, Schutzbrille!)* getrocknet und in drei Langhalsrundkolben geleitet, die mit Stopfen verschlossen werden.

V_2 Einer der gemäß Versuch 1 erhaltenen Kolben wird mit einem Gummistopfen versehen, in welchem ein Glasrohr mit nach innen gerichteter Kapillare steckt. Man taucht das Glasrohr in eine pneumatische Wanne, die destilliertes Wasser und etwas Bromthymolblaulösung enthält (Abb.). An die Öffnung des zweiten Langhalskolbens hält man eine offene Flasche mit *konz. Ammoniaklösung (ätzend)*.

Welche Zusammensetzung hat Chlorwasserstoffgas?

V3 Das nach Versuch 1 hergestellte *Gas* wird in einem erhitzten Reaktionsrohr über granuliertes schwarzes Kupferoxid geleitet. Aus den entstehenden Stoffen kann auf die Zusammensetzung des Gases geschlossen werden.

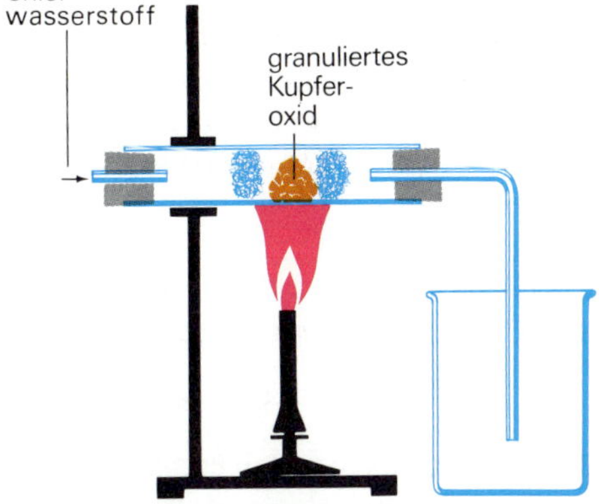

Untersuchung von Chlorwasserstoffgas (V3)

V4 Folgende Geräte werden gemäß Abbildung hintereinandergeschaltet: Gaswaschflasche mit *konzentrierter Salzsäure,* Gaswaschflasche mit *konzentrierter Schwefelsäure (ätzend, Schutzbrille!),* Quarzrohr, Gaswaschflasche mit stark verdünnter Indigokarminlösung, Gaswaschflasche mit stark verdünnter Säurefuchsinlösung und Wasserstrahlpumpe. In das Quarzrohr wird zwischen zwei locker sitzende Glaswollestopfen ein Katalysator eingefüllt. Dann saugt man mit der Wasserstrahlpumpe einen schwachen Luftstrom durch die gesamte Apparatur und erhitzt den Katalysator im Quarzrohr kräftig.

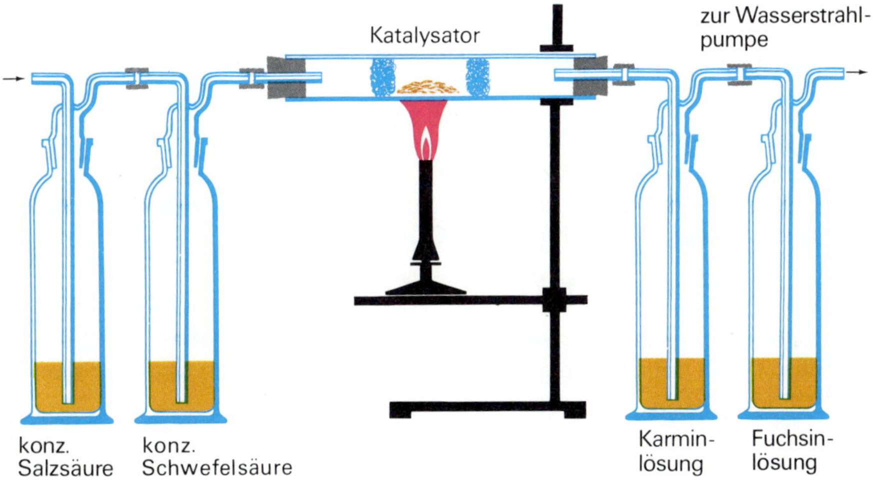

Oxidation von Chlorwasserstoffgas (V4)

V5 Zwei gleich große Standzylinder werden mit *Wasserstoff (feuergefährlich)* bzw. mit *Chlor*[1] *(giftig)* gefüllt. Dann werden die Gase miteinander vermischt *(Vorsicht vor hellem Licht!).* Nachdem die Zylinder mit einem Handtuch umwickelt worden sind, entzündet man den *Inhalt (explosiv)* an einer Bunsenflamme *(Schutzbrille!)* und deckt sofort mit je einer Glasscheibe ab. Nach der Reaktion prüfen wir den Inhalt des einen Zylinders mit Ammoniaklösung, den des anderen mit Bromthymolblaulösung.

Reaktionen der Salzsäure bzw. der Chloride

V6 In drei verschiedenen Reagenzgläsern werden verdünnte Salzsäure sowie Lösungen von Kochsalz und Kaliumchlorid mit einer Silbernitratlösung versetzt.

V7 In verschiedenen Reagenzgläsern mit Gasableitungsrohr gibt man zu *Salzsäure* kleine Stücke von Zink, Magnesium und Kupfer. Das entstehende *Gas (feuergefährlich)* wird durch Knallgasprobe untersucht.

[1] Chlor wird entweder einer Stahlflasche entnommen oder aus Salzsäure und Kaliumpermanganat hergestellt (S. 180).

1. Bei der Reaktion von konzentrierter Schwefelsäure (H_2SO_4) mit Kochsalz (NaCl) entsteht ein farbloses, stechend riechendes, nicht brennbares Gas. Das Gas ist schwerer als Luft (Gewicht des Gases 1,64 g/l, Gewicht der Luft 1,293 g/l). Zum Nachweis dient Ammoniak (NH_3), mit dem es einen weißen Rauch bildet.

Chlorwasserstoff, HCl

2. Das gleiche Gas läßt sich herstellen, wenn man die Elemente Wasserstoff und Chlor miteinander reagieren läßt. Die Reaktion ist stark exotherm:

$$H_2 + Cl_2 \rightarrow 2\,HCl \qquad | \Delta H = -184{,}7\ \text{kJ}$$

Bei dem Produkt handelt es sich um Chlorwasserstoffgas mit der Formel HCl. Ein Gemisch aus Wasserstoff und Chlor im Volumenverhältnis 1 : 1 wird als Chlorknallgas bezeichnet, da es sich beim Zünden des Gemisches explosionsartig zu Chlorwasserstoffgas vereinigt.

Nachweis von Chlorwasserstoffgas mit Ammoniak

3. Bei der erwähnten Umsetzung von konzentrierter Schwefelsäure mit Kochsalz entsteht Chlorwasserstoff nach der Gleichung:

$$H_2SO_4 + 2\,NaCl \rightarrow Na_2SO_4 + 2\,HCl$$

Der mit Ammoniak entstehende weiße Rauch ist Ammoniumchlorid:

$$NH_3 + HCl \rightarrow NH_4Cl$$

4. Mit Hilfe von Kupferoxid (CuO) kann nachgewiesen werden, daß Chlorwasserstoffgas die Elemente Wasserstoff und Chlor enthält. Dabei entstehen grünes Kupferchlorid ($CuCl_2$) und Wasser:

$$2\,HCl + CuO \rightarrow CuCl_2 + H_2O$$

Am Katalysator kann Chlorwasserstoff durch den Sauerstoff der Luft oxidiert werden. Dabei entsteht freies Chlor (Cl_2), das bleichende und oxidierende Wirkung besitzt:

$$4\,HCl + O_2 \rightarrow 2\,H_2O + 2\,Cl_2$$

Salzsäure: saure Lösung von Chlorwasserstoffgas in Wasser

5. Chlorwasserstoffgas ist sehr gut in Wasser löslich. Bei Normbedingungen (101 kPa, 0 °C) lösen sich 507 Liter des Gases in 1 Liter Wasser. Dabei entsteht, durch Indikatoren nachweisbar, eine saure Lösung, die Salzsäure:

$$\text{Chlorwasserstoffgas} + \text{Wasser} \rightarrow \text{Salzsäure}$$

Der Name «Salzsäure» beruht darauf, daß man Chlorwasserstoff aus «Salz» (NaCl) gewinnen kann.
Salzsäure ist eine farblose, wasserklare Flüssigkeit, die um so stärker «raucht»[1] und um so intensiver nach Chlorwasserstoffgas riecht, je konzentrierter sie ist. Die handelsübliche konzentrierte Salzsäure ist etwa 38%ig.
Chlorwasserstoffgas wird durch die Formel HCl, Salzsäure durch die Formel HCl_{aq} wiedergegeben.

[1] In Wirklichkeit ist der «Rauch» ein Nebel, der aus feinsten Tröpfchen von Salzsäure besteht.

6. Die Salze der Salzsäure sind die Chloride. Zum Nachweis von Salzsäure und Chloridlösungen dient Silbernitrat, mit dem ein weißer Niederschlag entsteht:

$$HCl_{aq} + AgNO_{3\,aq} \rightarrow AgCl + HNO_{3\,aq}$$
$$KCl_{aq} + AgNO_{3\,aq} \rightarrow AgCl + KNO_{3\,aq}$$

Silberchlorid (AgCl) ist ein schwerlösliches Salz.

Salze der Salzsäure: Chloride
Nachweis mit Silbernitrat

7. Salzsäure bildet mit unedlen Metallen Wasserstoffgas und Chloride:

$$2\,HCl_{aq} + Zn \rightarrow ZnCl_{2\,aq} + H_2$$

A1 Die Reaktion zwischen Kochsalz und konzentrierter Schwefelsäure ist ein sogenannter Zweistufenprozeß. Im ersten Schritt entsteht dabei das Natriumhydrogensulfat ($NaHSO_4$), das dann in einem zweiten Reaktionsschritt mit weiterem Kochsalz zu Natriumsulfat reagiert. Wie lauten die beiden Teilreaktionsgleichungen?

A2 Was ist Knallgas, was Chlorknallgas? Welche Reaktionen laufen ab, wenn man sie entzündet? In welchen Eigenschaften sind beide Gasgemische gleich, in welchen unterscheiden sie sich?

4.9 Salzsäure als Elektrolyt. Einführung des Ionenbegriffs

Vorsicht: Chlorwasserstoffgas und konzentrierte Salzsäure wirken ätzend.

Wie reagiert Chlorwasserstoffgas mit Wasser?

V1 Ein Thermometer wird am unteren Ende mit feuchtem Filterpapier umwickelt und in einen Kolben eingeführt, in dem sich trockenes *Chlorwasserstoffgas* befindet. Man beobachtet die Temperaturänderung.

V2 Sorgfältig getrocknetes *Chlorwasserstoffgas* wird, wie abgebildet, in *Aceton (feuergefährlich)* geleitet, dem etwas Indikator (Bromthymolblau oder Lackmus) zugesetzt wurde. Es ist zu überprüfen, ob eine Farbänderung stattfindet.
In einem Parallelversuch leitet man *Chlorwasserstoffgas* über destilliertes Wasser, dem ebenfalls etwas Indikator zugesetzt wurde *(Vorsicht: das Zuleitungsrohr nicht in das Wasser eintauchen!)*.

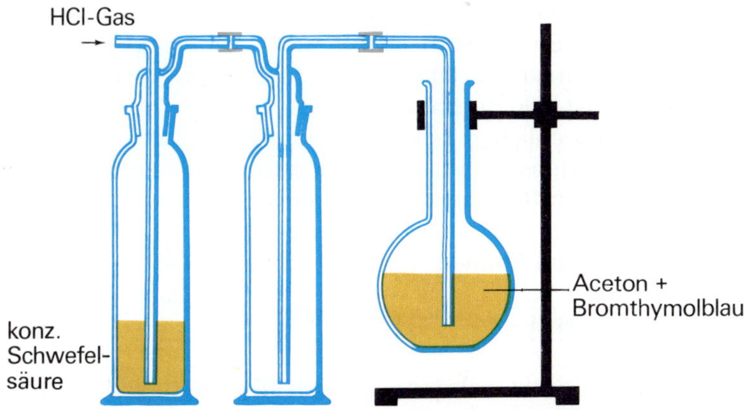

Einleiten von HCl-Gas in Aceton (V2)

V3 Mit Hilfe einer Apparatur, wie sie auf S. 13 wiedergegeben ist, wird nacheinander die elektrische Leitfähigkeit von destilliertem Wasser und *Aceton (feuergefährlich)* vor und nach dem Einleiten von *Chlorwasserstoffgas* geprüft.

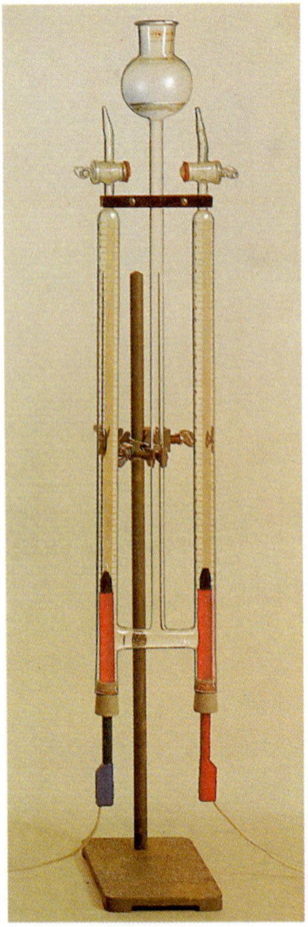

Hofmannscher Zersetzungsapparat (V4)

Elektrischer Strom ist bewegte Ladung

Was entsteht bei der Elektrolyse von Salzsäure?

V4 Ein Hofmannscher Zersetzungsapparat (siehe Abb.) wird mit *Salzsäure* gefüllt. Anschließend legt man über zwei Kohlestäbe, deren untere Teile durch Gummischläuche isoliert sind, eine Gleichspannung von 12 Volt an. Die entstehenden *Gase (feuergefährlich, giftig)* werden in Reagenzgläsern aufgefangen und identifiziert.

Leiten saure Lösungen den elektrischen Strom?

V5 In der auf S. 13 beschriebenen Apparatur wird die Leitfähigkeit von verdünnter Schwefelsäure, verdünnter Salpetersäure und verdünnter Phosphorsäure untersucht.

1. Beim Lösen von Chlorwasserstoffgas in Wasser wird Wärme frei. Es handelt sich also nicht um einen rein physikalischen Lösungsvorgang, sondern um eine exotherme chemische Reaktion, bei der eine saure Lösung entsteht:

$$\text{Chlorwasserstoffgas} + \text{Wasser} \rightarrow \text{Salzsäure} \qquad | \; \Delta H = \text{negativ}$$

2. Sorgfältig getrocknetes Chlorwasserstoffgas ist auch in Benzol oder Aceton löslich; in der Lösung läßt sich jedoch mit einem Indikator keine saure Reaktion nachweisen. Es handelt sich nur um einen physikalischen Lösungsvorgang, bei dem sich Lösungsmittel und Chlorwasserstoffgas miteinander vermischen. Der Unterschied der Lösungsvorgänge zeigt sich auch darin, daß die Lösungen in Benzol und Aceton den elektrischen Strom nicht leiten.

3. Ein elektrischer Strom fließt dann, wenn elektrische Ladung transportiert wird. Das geschieht unter zwei Voraussetzungen: Es müssen geladene Teilchen vorhanden sein, und die Teilchen müssen transportiert, also bewegt werden können. Wenn in einem Metall ein elektrischer Strom fließt, so bewegen sich negativ geladene Elektronen. Nichtleiter (Isolatoren) besitzen keine geladenen und frei beweglichen Teilchen; sie leiten deshalb den elektrischen Strom nicht.

Salzsäure enthält Ionen

4. Chlorwasserstoffgas leitet weder als Gas noch gelöst in Benzol oder Aceton den elektrischen Strom. Wird es auf seine Siedetemperatur von −84,9 °C abgekühlt, so erhält man eine farblose Flüssigkeit. Auch sie leitet nicht. Chlorwasserstoff ist, wie Benzol und Aceton, ein Nichtleiter, hat also keine geladenen und beweglichen Teilchen. Salzsäure, das Reaktionsprodukt von Chlorwasserstoffgas mit Wasser, leitet dagegen den elektrischen Strom. Bei der chemischen Reaktion von Chlorwasserstoffgas mit Wasser müssen demnach elektrisch geladene Teilchen entstanden sein, die den Stromtransport übernehmen können. Diese Teilchen bezeichnen wir als Ionen[1].

$$HCl \xrightarrow{\text{in Wasser}} H^+ + Cl^-$$

Salzsäure enthält also positiv geladene Wasserstoff-Ionen und negativ geladene Chlorid-Ionen.

[1] *ion* (gr.) wandernd.

In Wirklichkeit lagern sich die Wasserstoff-Ionen immer an Wassermoleküle an und bilden das sogenannte Hydronium-Ion mit der Formel H_3O^+. (Näheres siehe S. 171)

5. Salzsäure wird durch den elektrischen Strom in Wasserstoff (H_2) und Chlor (Cl_2) zerlegt. Der Vorgang heißt Elektrolyse[1]. Lösungen, die wie die Salzsäure den Strom leiten und dabei zerlegt werden, heißen Elektrolyte. Nicht nur die Salzsäure, auch die wäßrigen Lösungen der anderen Säuren sind Elektrolyte und enthalten positiv geladene Wasserstoff-Ionen sowie negative Ionen, die häufig aus mehreren Atomen zusammengesetzt sind.

Ionen sind elektrisch geladene Atome bzw. Atomgruppen

$$HCl \rightarrow H^+ + Cl^-$$
$$H_2SO_4 \rightarrow 2\,H^+ + SO_4^{2-}$$
$$H_2CO_3 \rightarrow 2\,H^+ + CO_3^{2-}$$
$$H_3PO_4 \rightarrow 3\,H^+ + PO_4^{3-}$$
$$HNO_3 \rightarrow H^+ + NO_3^-$$

Wasserstoff-Ionen sind stets einfach positiv geladen. Die Ladung der negativen Ionen richtet sich nach der Zahl der abgegebenen Wasserstoff-Ionen. Wenn die Phosphorsäure (H_3PO_4) 3 H^+ abgibt, muß das Phosphat-Ion (PO_4^{---} oder PO_4^{3-}) dreifach negativ geladen sein.

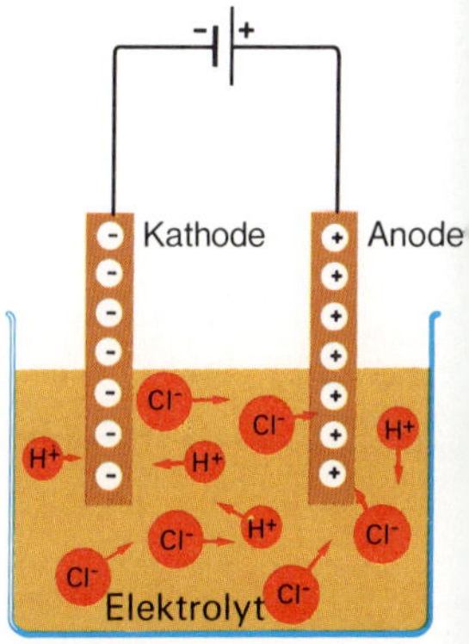

Elektrolyse

6. Damit in einem Elektrolyt die Ionen sich in bestimmter Richtung bewegen, müssen in den Elektrolyt ein positiver und ein negativer elektrischer Pol eintauchen. Diese Pole bezeichnet man als Elektroden. Bei der Elektrolyse heißt die positiv geladene Elektrode Anode, die negative Elektrode Kathode.
Legt man Spannung an, so wandern die negativen Ionen zur (positiven) Anode; sie werden deshalb als Anionen bezeichnet. Die positiven Ionen wandern zur (negativen) Kathode und heißen daher Kationen.

7. Bei der Elektrolyse von Salzsäure bewegen sich die positiv geladenen Wasserstoff-Ionen zur Kathode. Sie nehmen dort je ein Elektron auf, wobei neutrale Wasserstoffatome entstehen:

2 Wasserstoff-Ionen + 2 Elektronen → 2 Wasserstoffatome
$$2\,H^+ + 2\,e^- \rightarrow 2\,H$$

Aus je zwei Wasserstoffatomen entstehen dann Wasserstoffmoleküle:

2 Wasserstoffatome → Wasserstoffmolekül
$$2\,H \rightarrow H_2$$

Die in der Salzsäure enthaltenen Chlorid-Ionen wandern als Anionen zur Anode. Dort geben sie je ein Elektron ab. Die entstehenden Chloratome bilden dann Chlormoleküle:

2 Chlorid-Ionen → 2 Chloratome + 2 Elektronen
$$2\,Cl^- \rightarrow 2\,Cl + 2\,e^-$$

Aus den Chloratomen entstehen Chlormoleküle.

[1] Elektrolyse = Zerlegung durch elektrischen Strom.

A1 Wie kann man experimentell nachweisen, daß beim «Lösen» von Chlorwasserstoffgas in Wasser eine echte chemische Reaktion abläuft?

A2 Sind in flüssigem Chlorwasserstoff Ionen vorhanden?

A3 Mit welchen Reagenzien können Carbonat-Ionen und Sulfat-Ionen nachgewiesen werden? Welche schwerlöslichen Salze entstehen dabei?

A4 Welche der folgenden Stoffe enthalten Ionen, und wie heißen die Ionen: verdünnte Schwefelsäure, Benzol, verd. Salpetersäure, Chlorwasserstoffgas, Aceton, flüssiger Chlorwasserstoff?

4.10 Vergleichende Übersicht wichtiger Säuren

1. Der erste Schritt bei der Herstellung von sauerstoffhaltigen Säuren ist die Oxidation von Nichtmetallen zu den entsprechenden Oxiden:

Nichtmetall + Sauerstoff → Nichtmetalloxid

Beispiele:

$$S + O_2 \rightarrow SO_2 \quad | \Delta H = -296{,}8 \text{ kJ}$$
$$C + O_2 \rightarrow CO_2 \quad | \Delta H = -393{,}8 \text{ kJ}$$
$$P_4 + 5\,O_2 \rightarrow P_4O_{10} \quad | \Delta H = -2987 \text{ kJ}$$

Nichtmetalloxid + Wasser → saure Lösung

2. Die Nichtmetalloxide reagieren mit Wasser unter Bildung von sauren Lösungen:

Nichtmetalloxid + Wasser → saure Lösung

Beispiele:

$$SO_2 + H_2O \rightarrow H_2SO_{3\,aq}$$
$$SO_3 + H_2O \rightarrow H_2SO_{4\,aq}$$
$$CO_2 + H_2O \rightarrow H_2CO_{3\,aq}$$
$$P_4O_{10} + 6\,H_2O \rightarrow 4\,H_3PO_{4\,aq}$$
$$2\,NO_2 + H_2O \rightarrow HNO_{2\,aq} + HNO_{3\,aq}$$

3. Saure Lösungen sind Elektrolyte. Sie geben in wäßriger Lösung Wasserstoff-Ionen ab. Außerdem entstehen die entsprechenden Säure-Anionen.

Säure	In der Lösung enthaltene Ionen	Name des Säure-Anions
Schwefelsäure (H_2SO_4)	2 H^+; SO_4^{2-}	Sulfat-Ion
Kohlensäure (H_2CO_3)	2 H^+; CO_3^{2-}	Carbonat-Ion
Phosphorsäure (H_3PO_4)	3 H^+; PO_4^{3-}	Phosphat-Ion
Salpetersäure (HNO_3)	H^+; NO_3^-	Nitrat-Ion
Salzsäure (HCl_{aq})	H^+; Cl^-	Chlorid-Ion

Unedles Metall + Säure → Salz + Wasserstoff

4. Mit unedlen Metallen können saure Lösungen unter Bildung von Wasserstoff reagieren, wobei die entsprechenden Salze der Säuren entstehen:

Saure Lösung + Metall → Wasserstoff + Salz

Beispiele: $3\ H_2SO_{4\ aq} + 2\ Al \rightarrow 3\ H_2 + Al_2(SO_4)_{3\ aq}$ Aluminiumsulfat
$2\ H_3PO_{4\ aq} + 3\ Zn \rightarrow 3\ H_2 + Zn_3(PO_4)_{2\ aq}$ Zinkphosphat

5. Je nach Anzahl der Wasserstoffatome in den Säuremolekülen können verschiedene Reihen von Salzen gebildet werden:

Name der Säure	Formel der Säure	Name der Salze	Beispiele von Salzen Formel	Name
Schweflige Säure	H_2SO_3	Hydrogensulfite Sulfite	$NaHSO_3$ Na_2SO_3	Natriumhydrogensulfit Natriumsulfit
Schwefelsäure	H_2SO_4	Hydrogensulfate Sulfate	$NaHSO_4$ Na_2SO_4	Natriumhydrogensulfat Natriumsulfat
Kohlensäure	H_2CO_3	Hydrogencarbonate Carbonate	$Ca(HCO_3)_2$ $CaCO_3$	Calciumhydrogencarbonat Calciumcarbonat
Phosphorsäure	H_3PO_4	Dihydrogenphosphate Hydrogenphosphate Phosphate	NaH_2PO_4 Na_2HPO_4 Na_3PO_4	Natriumdihydrogenphosphat Dinatriumhydrogenphosphat Trinatriumphosphat
Salpetersäure	HNO_3	Nitrate	$NaNO_3$	Natriumnitrat
Salpetrige Säure	HNO_2	Nitrite	$NaNO_2$	Natriumnitrit
Salzsäure	HCl	Chloride	NaCl	Natriumchlorid

6. Für einige Säuren und deren lösliche Salze haben wir Nachweisreaktionen kennengelernt:

Säure bzw. Salz	Nachweismittel	Reaktion	Beobachtung
Schwefelsäure und Sulfate	Bariumchloridlösung	$H_2SO_4 + BaCl_2 \rightarrow BaSO_4 + 2\,HCl$	Weißer, kristalliner Niederschlag von $BaSO_4$
Kohlensäure und Carbonate	Kalkwasser bzw. Barytwasser	$H_2CO_3 + Ca(OH)_2 \rightarrow CaCO_3 + 2\,H_2O$ $H_2CO_3 + Ba(OH)_2 \rightarrow BaCO_3 + 2\,H_2O$	Trübung durch Bildung von $CaCO_3$ bzw. $BaCO_3$
Salzsäure und Chloride	Silbernitratlösung	$HCl + AgNO_3 \rightarrow AgCl + HNO_3$	Weißer Niederschlag von AgCl

5 Hydroxide, Neutralisation und Salze

5.1 Hydroxide und alkalische Lösungen

Vorsicht: Natrium und Natriumhydroxid wirken ätzend. Natrium und Calcium sind feuergefährlich und reagieren mit Wasser unter Bildung von brennbarem Gas.

Wie reagieren Metalloxide mit Wasser?

V1 Höchstens erbsengroße Mengen an *Natrium* (Na) und *Calcium* (Ca), ein Magnesiumband (Mg) und Aluminiumpulver (Al) werden in kleinen Porzellanschalen verbrannt *(Schutzbrille, Abzug)*. Die entstehenden Oxide werden in Wasser gelöst und mit Bromthymolblaulösung versetzt.

V2 Die Löslichkeit von Mennige (Pb_3O_4), Bleioxid (PbO), Bleidioxid (PbO_2) und schwarzem Kupferoxid (CuO) ist in kaltem und heißem destilliertem Wasser zu überprüfen. Anschließend wird jeweils Bromthymolblaulösung zugegeben.

V3 Ein trockenes Reagenzglas wird zu etwa $^1/_3$ mit frischem, pulverisiertem *Calciumoxid* (CaO, ätzend) gefüllt. Während man tropfenweise destilliertes Wasser zugibt, wird mit einem eingesteckten Thermometer die Temperatur beobachtet.

Reaktion von Calcium mit Wasser (V4)

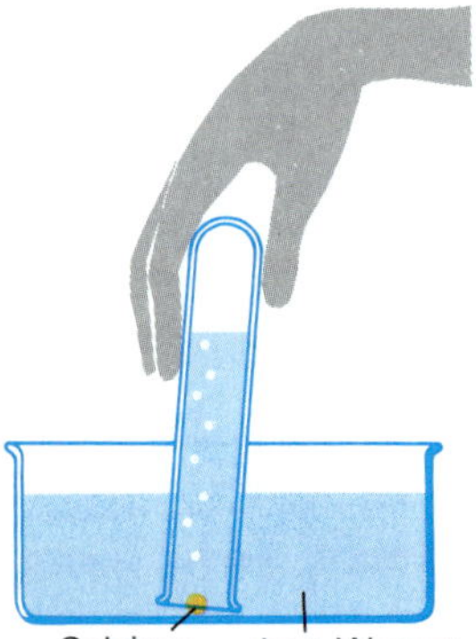

Wie reagieren Metalle mit Wasser?

V4 Ein wassergefülltes Reagenzglas wird gemäß Abbildung über ein erbsengroßes Stück *Calcium* gestülpt. Das *aufgefangene Gas (feuergefährlich)* wird auf Brennbarkeit untersucht. Am Ende des Versuchs geben wir in das Wassergefäß Bromthymolblau. Der Versuch wird mit frischem Zinkpulver wiederholt.

V5 Ein höchstens erbsengroßes Stück *Natrium* wird zusammen mit einigen Glasperlen in durchlöchertes Stanniolpapier gewickelt und in eine Glasschale mit destilliertem Wasser gegeben. Das *entstehende Gas (feuergefährlich)* wird in einem Reagenzglas aufgefangen, und es wird die Knallgasprobe durchgeführt *(Schutzbrille!)*.

Reaktionen von Hydroxidlösungen

V6 In einem großen Reagenzglas wird ein Plätzchen festes *Natriumhydroxid* (NaOH, ätzend) in destilliertem Wasser gelöst. Die Lösung wird auf 3 Reagenzgläser verteilt und mit Lösungen von Bromthymolblau, Lackmus und Phenolphthalein geprüft.

V7 Mit einer Apparatur, wie sie auf S. 13 beschrieben wurde, wird festgestellt, ob eine Lösung von *Natriumhydroxid* (ätzend) in Wasser den elektrischen Strom leitet. Der Versuch wird mit einer *Natriumhydroxidschmelze* wiederholt *(Schutzbrille!)*.

Hydroxide aus Metalloxiden und Wasser. Sie ergeben in Wasser alkalische Lösungen

1. In Kapitel 4 haben wir festgestellt, daß viele Nichtmetalloxide mit Wasser unter Bildung von sauren Lösungen reagieren. Der Nachweis erfolgte mit Hilfe von bestimmten Farbstoffen wie z. B. Bromthymolblau, die dabei kennzeichnende Farbreaktionen zeigen.
Auch Metalloxide reagieren mit Wasser. Dabei werden neue Stoffe gebildet, die neben Metall und Sauerstoff auch noch Wasserstoff enthalten, die Hydroxide:

$$\text{Metalloxid} + \text{Wasser} \rightarrow \text{Metallhydroxid}$$
$$CaO + H_2O \rightarrow Ca(OH)_2$$
$$MgO + H_2O \rightarrow Mg(OH)_2$$
$$Al_2O_3 + 3\,H_2O \rightarrow 2\,Al(OH)_3$$

Hydroxide in Wasser ergeben alkalische Lösungen

Löst man Metallhydroxide in Wasser, so entstehen «alkalische Lösungen».

2. Alkalische Lösungen können ähnlich wie saure Lösungen durch bestimmte Farbstoffe nachgewiesen werden. So reagieren Bromthymolblau und Lackmus in alkalischer Lösung unter Blaufärbung, das in saurer Lösung und in reinem Wasser farblose Phenolphthalein färbt sich in alkalischer Lösung rot. Solche Stoffe, die sowohl mit sauren als auch mit alkalischen Lösungen charakteristische Farbreaktionen eingehen, bezeichnen wir als Indikatoren[1].
Einige wichtige Indikatoren und ihre Färbungen in saurer bzw. alkalischer Lösung sind in der folgenden Tabelle angegeben.

Saure, alkalische und neutrale Lösungen können mit Indikatoren nachgewiesen werden

Indikatoren

Name des Indikators	Farbe des Indikators in saurer Lösung	in neutraler Lösung	in alkalischer Lösung
Phenolphthalein	farblos	farblos	rot
Lackmus	rot	violett	blau
Bromthymolblau	gelb	grün	blau
Methylrot	rot	gelb	gelb
Methylorange	rot	gelb	gelb

Lösungen, die den Indikatoren Lackmus und Bromthymolblau gegenüber weder sauer noch alkalisch reagieren, werden als neutrale Lösungen bezeichnet. Auch reines Wasser ist neutral.

3. Saure Lösungen enthalten einfach positiv geladene Wasserstoff-Ionen (H^+-Ionen[2]), alkalische Lösungen enthalten einfach negativ geladene Hydroxid-Ionen (OH^--Ionen). Farbreaktionen von Indikatoren dienen zum Nachweis von Wasserstoff- bzw. Hydroxid-Ionen. So zeigt z. B. die Gelbfärbung von Bromthymolblau Wasserstoff-Ionen an, Rotfärbung von Phenolphthalein weist auf Hydroxid-Ionen hin.

Saure Lösungen enthalten H^+-Ionen, alkalische Lösungen enthalten OH^--Ionen

4. Die Löslichkeit der Metalloxide in Wasser ist sehr unterschiedlich. Manche Oxide wie z. B. Natriumoxid (Na_2O) sind gut wasserlöslich, andere wie Magnesiumoxid (MgO), Aluminiumoxid (Al_2O_3) oder Kupferoxid (CuO) sind schwer oder sogar sehr schwer löslich. Dies ist der Grund dafür, daß je nach Art des Oxids in der Lösung mehr oder weniger Hydroxid-Ionen entstehen. Je nach Konzentration an Hydroxid-Ionen unterscheidet man zwischen stark und schwach alkalischen Lösungen.

Viele Metalloxide sind schwer löslich

5. Hydroxide können auch entstehen, wenn Metalle direkt mit Wasser reagieren. Dabei bilden sich das entsprechende Metallhydroxid und Wasserstoff:

$$\text{Metall} + \text{Wasser} \rightarrow \text{Metallhydroxid} + \text{Wasserstoff}$$
$$Ca + 2\,H_2O \rightarrow Ca(OH)_2 + H_2$$
$$2\,Na + 2\,H_2O \rightarrow 2\,NaOH + H_2$$

Hydroxide aus Metallen und Wasser

[1] *indicare* (lat.) anzeigen.
[2] Genauer Hydronium-Ionen, H_3O^+-Ionen.

Die Heftigkeit der Wasserstoffentwicklung ist von der Art des Metalls abhängig. So reagieren z. B. Natrium (Na) und Calcium (Ca) sehr leicht unter Wasserstoffbildung, Magnesium (Mg) wesentlich langsamer, Gold (Au) oder Silber (Ag) überhaupt nicht.

Hydroxide sind Feststoffe

6. Werden alkalische Lösungen eingedampft, so bleiben die Hydroxide als feste Stoffe zurück. Natriumhydroxid (NaOH) ist eine an der Luft zerfließende, ätzende und stark hygroskopische Substanz, die als Trocknungsmittel Verwendung findet.
Die wäßrige Lösung von Calciumhydroxid, Formel $Ca(OH)_2$, wird als sogenanntes Kalkwasser zum Nachweis von Kohlenstoffdioxid (CO_2) benutzt, ebenso auch sogenanntes Barytwasser, die wäßrige Lösung von Bariumhydroxid, $Ba(OH)_2$.

Hydroxide enthalten Ionen

7. Lösungen und Schmelzen der Hydroxide leiten den elektrischen Strom. Sie enthalten also bewegliche Ionen. In einer Hydroxidlösung bzw. einer Hydroxidschmelze sind außer den negativ geladenen Hydroxid-Ionen auch die positiv geladenen Ionen des entsprechenden Metalls vorhanden. Natriumhydroxid hat die Formel NaOH. Es enthält Na^+- und OH^--Ionen. Im Calciumhydroxid mit der Formel $Ca(OH)_2$ kommen auf ein Calcium-Ion zwei Hydroxid-Ionen. Das Calcium-Ion muß daher zweifach positiv geladen sein (Ca^{2+}).

Metall	Hydroxid Formel	Chemische Bezeichnung	Trivialname des Feststoffes	der Lösung
Na	NaOH	Natriumhydroxid	Ätznatron	Natronlauge
K	KOH	Kaliumhydroxid	Ätzkali	Kalilauge
Ca	$Ca(OH)_2$	Calciumhydroxid	Gelöschter Kalk	Kalkwasser
Mg	$Mg(OH)_2$	Magnesiumhydroxid	–	–
Ba	$Ba(OH)_2$	Bariumhydroxid	–	Barytwasser

A1 Welche der folgenden Oxide bilden mit Wasser Säuren, bei welchen entstehen Hydroxide: CaO, CO_2, SO_3, Na_2O, Al_2O_3, MgO, P_4O_{10}? Wie lauten die Reaktionsgleichungen?

A2 Welche Farben zeigen die Indikatoren Lackmus, Phenolphthalein und Bromthymolblau in den wäßrigen Lösungen folgender Stoffe: $Ca(OH)_2$, $Mg(OH)_2$, NaOH, H_3PO_4, HNO_3, LiOH, H_2SO_3, KOH?

A3 Aluminiumpulver wird in destilliertem Wasser gekocht. Bei Zugabe von Bromthymolblaulösung zeigt sich eine Blaufärbung. Welche Reaktion hat sich abgespielt? Wie lautet die Reaktionsgleichung? Welche Ionen sind nach der Reaktion vorhanden?

A4 Zu einer wäßrigen Lösung wird Phenolphthalein als Indikator gegeben. Es zeigt sich keine Rotfärbung. Ist die Reaktion sauer, neutral oder alkalisch?

A5 Das Oxid eines Elements wurde in destilliertem Wasser gelöst. Wie könnte man nachträglich noch feststellen, ob es sich dabei um ein Metall- oder Nichtmetalloxid handelte?

A6 Die wäßrigen Lösungen der Stoffe CaO, P_4O_{10}, CO_2, NO_2, NaOH und KOH werden mit Indikatoren geprüft. Welche Lösungen reagieren alkalisch, welche sauer?

5.2 Neutralisation

Was geschieht, wenn man saure und alkalische Lösungen zusammenbringt?

V1 In einem großen Becherglas versetzt man verdünnte *Salzsäure (ätzend)* mit etwas Bromthymolblaulösung. Dazu gibt man langsam verdünnte Natronlauge, bis der Indikator umschlägt. Dann gießt man wieder etwas verdünnte *Salzsäure (ätzend)* zu.

V2 Zwei Reagenzgläser werden zu etwa 1/3 mit *konzentrierter Salzsäure (ätzend)* bzw. *konzentrierter Natronlauge (ätzend)* gefüllt. Nach vorsichtiger Mischung der Lösungen mißt man die Temperaturänderung.
Der Versuch wird mit *konzentrierter Salpetersäure (ätzend)* und *konzentrierter Kalilauge (ätzend)* wiederholt. Die entstehenden Lösungen werden für Versuch V4 aufbewahrt.

Wie kann man die Salzbildung beweisen?

V3 Im Reagenzglas werden einige Milliliter *Bariumhydroxidlösung (ätzend)*, $Ba(OH)_2$, mit etwas verdünnter *Schwefelsäure (ätzend)* versetzt.

V4 Man dampft die Lösungen aus Versuch V2 ein und vergleicht die jeweils erhaltene Substanz unter dem Mikroskop mit den Kristallen von Kochsalz (NaCl) und Kaliumnitrat (KNO_3).

Neutralisation bei unterschiedlichen Konzentrationen

V5 In einem Erlenmeyer-Weithalskolben werden 25 cm^3 *konzentrierte Natronlauge (ätzend)* mit 2 bis 3 Tropfen Bromthymolblaulösung versetzt. Dazu gibt man genau 25 cm^3 verdünnte *Salzsäure*. Der Versuch wird mit *konzentrierter Salzsäure (ätzend)* und verdünnter *Natronlauge* wiederholt.

Titration von Natronlauge mit Salzsäure

V6 Mit einer Pipette werden genau 25 cm^3 einer *Natronlauge* (1 mol/l) in einen Weithalserlenmeyer gebracht und mit 2 bis 3 Tropfen Bromthymolblaulösung versetzt. Aus einer Bürette läßt man unter dauerndem Rühren langsam *Salzsäure* (1 mol/l) zutropfen, bis der Indikator die grüne Neutralfarbe angenommen hat. Wieviel Milliliter der *Salzsäure* (1 mol/l) werden dazu verbraucht?
Der Versuch ist mit *Kalilauge* (1 mol/l) und *Schwefelsäure* (1 mol/l) zu wiederholen.

Meßkolben
Bürette
Vollpipette

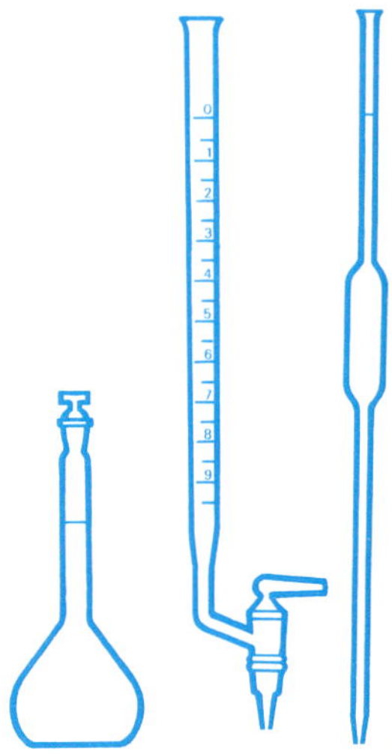

1. Geben wir Lösungen einer Säure und eines Hydroxids zusammen, so spielt sich eine exotherme chemische Reaktion ab. Dabei entstehen als neue Stoffe Wasser und Salze.

Saure Lösung + alkalische Lösung → Salz + Wasser

$$HCl_{aq} + NaOH_{aq} \rightarrow NaCl_{aq} + H_2O \quad | \Delta H = -57{,}3 \text{ kJ}$$
$$HNO_{3\,aq} + KOH_{aq} \rightarrow KNO_{3\,aq} + H_2O \quad | \Delta H = -57{,}3 \text{ kJ}$$

Saure Lösung + alkalische Lösung → Salz + Wasser | ΔH = negativ

Da sowohl die Lösungen der Säuren und Hydroxide als auch die der Salze bewegliche Ionen enthalten, kann man diese Gleichungen auch als sogenannte Teilchengleichungen schreiben.

$$H^+_{aq} + Cl^-_{aq} + Na^+_{aq} + OH^-_{aq} \rightarrow Na^+_{aq} + Cl^-_{aq} + H_2O \quad | \Delta H = -57{,}3 \text{ kJ}$$
$$H^+_{aq} + NO^-_{3\,aq} + K^+_{aq} + OH^-_{aq} \rightarrow K^+_{aq} + NO^-_{3\,aq} + H_2O \quad | \Delta H = -57{,}3 \text{ kJ}$$

Neutralisation: $H^+ + OH^- \rightarrow H_2O$

2. Reagieren Säuren und Hydroxide miteinander, so lagern sich die Wasserstoff-Ionen (H^+) der Säuren und die Hydroxid-Ionen (OH^-) der Hydroxide

zu neutralem Wasser zusammen. Diesen exothermen Vorgang bezeichnen wir als Neutralisation.

$$H^+_{aq} + OH^-_{aq} \rightarrow H_2O \qquad | \Delta H = -57{,}3 \text{ kJ}$$

Teilchengleichung zeigt tatsächlich vorhandene Teilchen an

3. Die bei der Neutralisation entstehenden Salze können leicht oder schwer löslich sein. Leichtlösliche Salze bleiben dabei in Form beweglicher Ionen im Wasser gelöst. Entsteht dagegen ein schwerlösliches Salz, so fällt dieses als Niederschlag aus der Reaktionslösung aus. In der Teilchengleichung kann das dadurch ausgedrückt werden, daß man das betreffende Ionenpaar zwischen senkrechte Striche schreibt. Damit soll angedeutet werden, daß die Ionen in ein Kristallgitter eingebaut und daher nicht mehr frei beweglich sind:

$$2\,H^+_{aq} + SO^{2-}_{4\,aq} + Ba^{2+}_{aq} + 2\,OH^-_{aq} \rightarrow |\,Ba^{2+}_{aq} + SO^{2-}_{4\,aq}\,| + 2\,H_2O$$

In den herkömmlichen Reaktionsgleichungen ist gegenüber der Teilchengleichung nicht ersichtlich, ob die an einer Reaktion beteiligten Stoffe in Form von Atomen, Molekülen oder Ionen auftreten:

$$H_2SO_4 + Ba(OH)_2 \rightarrow BaSO_4 + 2\,H_2O$$

4. Die Versuche zeigen, daß immer bestimmte Mengen von Säure und Hydroxid miteinander reagieren. Der Endpunkt der Neutralisation kann mit Hilfe von Indikatoren bestimmt werden.
Betrachtet man die Neutralisationsreaktion von Salzsäure mit Natronlauge

$$HCl_{aq} + NaOH_{aq} \rightarrow NaCl_{aq} + H_2O \qquad | \Delta H = -57{,}3 \text{ kJ}$$

bzw. als Teilchengleichung

$$H^+_{aq} + Cl^-_{aq} + Na^+_{aq} + OH^-_{aq} \rightarrow Na^+_{aq} + Cl^-_{aq} + H_2O \qquad | \Delta H = -57{,}3 \text{ kJ}$$

so sieht man, daß in diesem Fall stets 1 mol Salzsäure mit 1 mol Natriumhydroxid unter Bildung von 1 mol Natriumchlorid und 1 mol Wasser reagiert. Es reagieren also stets bestimmte Stoffportionen miteinander, in diesem Falle jeweils im Verhältnis ihrer molaren Massen.
Anders sieht das bei der Reaktion von Schwefelsäure mit Natronlauge aus:

$$H_2SO_{4\,aq} + 2\,NaOH_{aq} \rightarrow Na_2SO_{4\,aq} + 2\,H_2O \qquad | \Delta H = -2 \cdot 57{,}3 \text{ kJ}$$

bzw. als Teilchengleichung

$$2\,H^+_{aq} + SO^{2-}_{4\,aq} + 2\,Na^+_{aq} + 2\,OH^-_{aq} \rightarrow 2\,Na^+_{aq} + SO^{2-}_{4\,aq} + 2\,H_2O \qquad | \Delta H = -2 \cdot 57{,}3 \text{ kJ}$$

Hier reagiert stets 1 mol Schwefelsäure mit 2 mol Natriumhydroxid zu 1 mol Natriumsulfat und 2 mol Wasser, weil 1 mol Schwefelsäure in wäßriger Lösung maximal 2 mol Wasserstoff-Ionen liefern kann, die auch mit 2 mol Hydroxid-Ionen zu Wasser reagieren.
Man sieht daraus, daß die Stoffmenge 1 mol bei verschiedenen Stoffen zwar stets die gleiche Anzahl von Formeleinheiten enthält, daß die Zahl der reagierenden Teilchen aber durchaus verschieden sein kann.

5. Da bei chemischen Reaktionen immer bestimmte Stoffmengen miteinander reagieren, ist es sinnvoll, Lösungen zu verwenden, die bestimmte Stoffmengen enthalten. Dies wird durch die Angabe der Stoffmengenkonzentration (*c*) zum Ausdruck gebracht. Unter Stoffmengenkonzentration versteht man die in einem Liter Lösung enthaltene Stoffmenge. Sie wird in der Einheit Mol/Liter (mol/l) angegeben.
Löst man z. B. die Stoffmenge 1 mol Chlorwasserstoff in dest. Wasser und füllt die Lösung auf 1 Liter auf, so besitzt diese Salzsäure die Stoffmengenkonzentration $c\,(HCl) = 1$ mol/l, abgekürzt: Salzsäure (1 mol/l).

Stoffmengenkonzentration *c* in mol/l

6. Neutralisationsreaktionen dienen bei der sogenannten Maßanalyse zur Bestimmung der Menge bzw. Konzentration von Säuren oder Hydroxidlösungen.
Die bei der Maßanalyse verwendeten Geräte müssen möglichst exakte Volumenmessungen erlauben. Zum Abmessen der zu untersuchenden Lösung benutzt man daher keine Meßzylinder, sondern Pipetten. Aus sogenannten Büretten wird dann tropfenweise so viel einer bekannten Lösung zugegeben, bis der Indikator gerade umschlägt. Diesen Vorgang bezeichnet man als Titration.
Eine Salzsäure (1 mol/l) enthält 1 mol HCl pro Liter Lösung. Dies entspricht 36,5 g HCl pro Liter. Eine Natronlauge (1 mol/l) enthält 1 mol NaOH pro Liter Lösung; das sind 40 g pro Liter. Um 1 Liter Salzsäure (1 mol/l) vollkommen zu neutralisieren, ist nach der Gleichung

$$HCl_{aq} + NaOH_{aq} \rightarrow NaCl_{aq} + H_2O$$

auch 1 Liter einer Natronlauge (1 mol/l) nötig. Nehmen wir an, daß bei einer Titration nur 1 cm^3 einer Salzsäure (1 mol/l) verbraucht wurde, um eine unbekannte Natronlauge zu neutralisieren, so enthielt die untersuchte NaOH-Lösung auch nur 1/1000 von 40 g, also nur 0,04 g NaOH. So läßt sich aus dem Verbrauch an bekannter Lösung ohne Schwierigkeiten auf den Gehalt der unbekannten Lösung schließen.

Titration zur Mengen- bzw. Konzentrationsbestimmung

7. Beispiele für die Auswertung von Titrationen:
– Zur Titration einer Salzsäure unbekannter Konzentration werden 75 cm^3 einer Natronlauge (0,1 mol/l) verbraucht. Wieviel Gramm Chlorwasserstoff wurden zur Herstellung der Säure gelöst?

$$HCl_{aq} + NaOH_{aq} \rightarrow NaCl_{aq} + H_2O$$
$$36{,}5\text{ g } HCl_{aq} + 40\text{ g } NaOH_{aq} \rightarrow 58{,}5\text{ g } NaCl_{aq} + 18\text{ g } H_2O$$

1 Liter Natronlauge (1 mol/l) neutralisiert 1 Liter Salzsäure (1 mol/l). Da in 1 Liter Salzsäure (1 mol/l) 36,5 g Chlorwasserstoff gelöst sind, gilt:

1 Liter Natronlauge (1 mol/l) entspricht 36,5 g HCl
1 Liter Natronlauge (0,1 mol/l) entspricht 3,65 g HCl
1 cm^3 Natronlauge (0,1 mol/l) entspricht also 0,00365 g HCl
75 cm^3 Natronlauge (0,1 mol/l) entsprechen folglich
$75 \cdot 0{,}00365$ g HCl = 0,273 g HCl

Die untersuchte Salzsäureportion ist durch Lösen von 0,273 g Chlorwasserstoff in Wasser entstanden.

– 100 cm^3 einer Calciumhydroxidlösung unbekannten Gehalts wurden mit Salzsäure neutralisiert. Dabei wurden 26,5 cm^3 einer Salzsäure (0,1 mol/l) verbraucht. Welche Konzentration in Gewichtsprozenten hatte die unbekannte Lösung?

$$Ca(OH)_{2\,aq} + 2\,HCl_{aq} \rightarrow CaCl_{2\,aq} + 2\,H_2O$$
$$74\text{ g } Ca(OH)_2 + 73\text{ g } HCl \rightarrow 111\text{ g } CaCl_2 + 36\text{ g } H_2O$$

1 Liter Salzsäure (0,1 mol/l) neutralisiert also nur 1/2 Liter Ca $(OH)_2$ (0,1 mol/l). Da 1 Liter Ca $(OH)_2$-Lösung (0,1 mol/l) 7,4 g Ca $(OH)_2$ enthält, werden also durch 1 Liter Salzsäure (0,1 mol/l) nur 3,7 g Ca $(OH)_2$ neutralisiert. Es gilt:

1 Liter Salzsäure (0,1 mol/l) neutralisiert 3,7 g Ca $(OH)_2$
1 cm^3 Salzsäure (0,1 mol/l) neutralisiert 0,0037 g Ca $(OH)_2$
26,5 cm^3 Salzsäure (0,1 mol/l) neutralisieren demnach
$26{,}5 \cdot 0{,}0037$ g Ca $(OH)_2$ = 0,098 g Ca $(OH)_2$

100 cm^3 Calciumhydroxidlösung enthalten also 0,098 g Calciumhydroxid. Die Lösung ist etwa 0,1%ig.

A1 Wie viele cm^3 einer Schwefelsäurelösung (0,1 mol/l) sind nötig, um 30 cm^3 einer Natronlauge (0,1 mol/l) zu neutralisieren?

A2 a) Eine wasserklare Lösung von Calciumhydroxid wird mit Salzsäure neutralisiert. Dabei entsteht wieder eine klare Lösung.
b) Bei der Neutralisation einer kohlesäurehaltigen wäßrigen Lösung mit Bariumhydroxidlösung bildet sich ein weißer Niederschlag.
Wie lauten die Stoff- und die Teilchengleichungen beider Reaktionen?

A3 Eine Schwefelsäure unbekannten Gehalts wird mit Natronlauge (2 mol/l) titriert. Zur Titration von 200 cm^3 der Schwefelsäure werden genau 50 cm^3 der Natronlauge (2 mol/l) benötigt. Wieviel g H_2SO_4 enthält die Lösung?

A4 Zur Titration von Salpetersäure werden 75 cm^3 Natronlauge (1 mol/l) benötigt. Wie hoch ist der Gehalt der Salpetersäure?

5.3 Zusammensetzung und Eigenschaften der Salze

Leiten Salze den elektrischen Strom?

V1 Die elektrische Leitfähigkeit von Kochsalz (NaCl) und Blei(II)-chlorid ($PbCl_2$) wird in festem, geschmolzenem und gelöstem Zustand überprüft *(Schutzbrille!)*.

Welche Schmelztemperaturen besitzen Salze?

V2 Man versucht, mit Hilfe eines Hochtemperaturthermometers die Schmelztemperatur von Ammoniumsulfat, Formel $(NH_4)_2SO_4$, und von Kochsalz (NaCl) zu bestimmen *(Schutzbrille!)*.

Wie kristallisieren Salze?

V3 Eine warmgesättigte Lösung von Kaliumnitrat (KNO_3) wird in eine Thermosflasche eingefüllt und nach einigen Tagen erneut beobachtet.

V4 Einige Tropfen einer konzentrierten Kochsalzlösung bringt man auf ein Diaglas und läßt das Wasser verdunsten. Die auskristallisierten Kochsalzkristalle werden anschließend mit dem Diaprojektor projiziert. Was ist zu beobachten?

Löslichkeit von Salzen

V5 Jeweils 1 g der Stoffe Eisen (III)-chlorid ($FeCl_3 \cdot 6\,H_2O$), Natriumsulfat ($Na_2SO_4 \cdot 10\,H_2O$), Calciumcarbonat ($CaCO_3$) und Kupfersulfat ($CuSO_4 \cdot 5\,H_2O$) wird auf vier Reagenzgläser verteilt. Anschließend fügt man zu jedem Reagenzglas nach 10 cm^3 dest. Wasser hinzu, verschließt mit Gummistopfen und schüttelt gut um. Was läßt sich beobachten?

V6 Zwei Reagenzgläser werden zu etwa $^1/_3$ mit destilliertem Wasser gefüllt. Wir messen die Temperaturänderung, die eintritt, wenn in ein Reagenzglas 2 g Ammoniumnitrat (NH_4NO_3), in das andere 2 g wasserfreies Natriumcarbonat (Na_2CO_3) gegeben werden.

Wie verhalten sich Gips und Kupfersulfat beim Erhitzen?

V7 Einige Gipskristalle (z. B. Fasergips oder Marienglas, $CaSO_4 \cdot 2\,H_2O$) werden in einem trockenen Reagenzglas erhitzt. Beobachtung?

V8 Blaue Kupfersulfatkristalle ($CuSO_4 \cdot 5\,H_2O$) werden in einem trockenen, waagerecht eingespannten Reagenzglas erhitzt. Welche Vorgänge spielen sich ab? Nach dem Erkalten gibt man tropfenweise destilliertes Wasser zum Rückstand und beobachtet mit Hilfe eines Thermometers die Temperatur.

Kupfersulfatkristalle

Wie stellt man einen Gipsabdruck her?

V9 Auf einer Glasplatte wird aus Gipspulver (Halbhydrat, $CaSO_4 \cdot {}^1/_2\,H_2O$) und Wasser ein dicker Brei hergestellt und anschließend eine mit Glycerin (oder Vaseline) bestrichene Münze eingedrückt. Was stellt man nach etwa 1 Stunde fest?

1. Salze sind Stoffe, die bei Normalbedingungen in festem Zustand vorliegen und aus Ionen bestehen. Da die Ionen nicht beweglich sind, leiten feste Salze den elektrischen Strom nicht. Beim Schmelzen oder Auflösen des Salzes werden die Ionen beweglich und können den Stromtransport übernehmen. Gelöste oder geschmolzene Salze sind deshalb Leiter des elektrischen Stromes.

Salze: Verbindungen aus Ionen

2. Aus der Formel eines Salzes kann man erkennen, aus welchen Ionen es aufgebaut ist. Kochsalz mit der Formel NaCl enthält einfach positiv geladene Natrium-Ionen (Na^+) und einfach negativ geladene Chlorid-Ionen (Cl^-). Auch Calciumchlorid mit der Formel $CaCl_2$ ist ein Salz. Hier kommen auf ein Calcium-Ion zwei einfach negativ geladene Chlorid-Ionen. Das Calcium-Ion muß also zweifach positiv geladen sein (Ca^{2+}). Im Natriumsulfat mit der Formel Na_2SO_4 haben wir ein Salz vor uns, das neben den einfach positiv geladenen Natrium-Ionen (Na^+) noch Sulfat-Ionen (SO_4^{2-}) enthält. Das Sulfat-Ion ist ein zusammengesetztes Ion mit zweifach negativer Ladung. Im Natriumsulfat kommt also auf zwei einfach positiv geladene Natrium-Ionen (Na^+) nur ein zweifach negatives Sulfat-Ion (SO_4^{2-}). Da Salze nach außen hin immer elektrisch neutral sind, muß die Zahl negativer Ladungen gleichgroß sein wie die Zahl positiver Ladungen. Da auch die bei Normalbedingungen festen Metalloxide und Hydroxide aus Ionen bestehen, können sie ebenfalls als Salze bezeichnet werden. Calciumoxid z. B. enthält zweifach

Kochsalzkristalle

positiv geladene Calcium-Ionen (Ca^{2+}) und zweifach negativ geladene Sauerstoff-Ionen (O^{2-}).

Salze mit hohen Schmelz- und Siedetemperaturen

3. Salze haben in der Regel hohe Schmelz- und Siedetemperaturen. So schmilzt Ammoniumsulfat, Formel $(NH_4)_2SO_4$, bei 513 °C, Kochsalz (NaCl) bei 801 °C und Berylliumoxid (BeO) bei 2550 °C. Diese Eigenschaft wird dazu ausgenutzt, um feuerfeste Gefäße herzustellen, die in der Chemie gebraucht werden. Ein geeignetes Material ist z. B. das Magnesiumoxid (MgO, Smt. 2802 °C).

Leichtlösliche und schwerlösliche Salze

4. Viele Salze wie z. B. Eisen(III)-chlorid ($FeCl_3$), Kochsalz (NaCl) oder Kaliumnitrat (KNO_3) sind in Wasser gut löslich; andere wie Mennige (Pb_3O_4) sind schwer löslich, und wieder andere wie Bariumsulfat ($BaSO_4$) sind in Wasser praktisch unlöslich. Der Lösungsvorgang kann exotherm sein (wie beim wasserfreien Natriumcarbonat), meist ist er jedoch endotherm wie z. B. beim Ammoniumnitrat. Diese Eigenschaft wird in Kältemischungen ausgenutzt, mit denen rasch tiefe Temperaturen erreicht werden können. Mit einer geeigneten Mischung aus Eis und kristallwasserhaltigem Calciumchlorid ($CaCl_2 \cdot 6\ H_2O$) lassen sich Temperaturen bis − 55 °C erzielen.

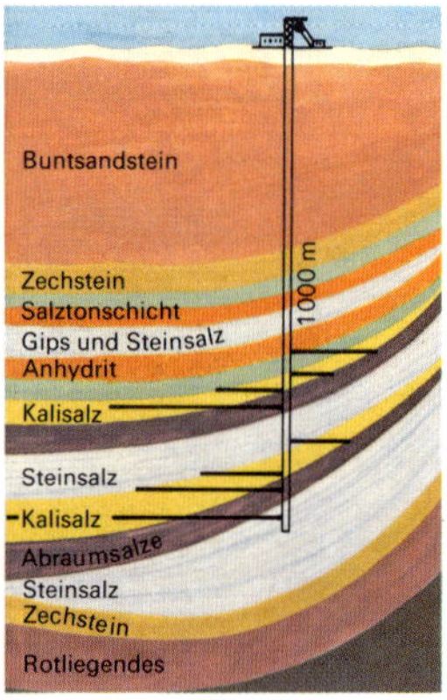

Geologisches Profil einer Salzlagerstätte

5. Salze sind gut kristallisierende Stoffe. Sie können deshalb aus wäßrigen Lösungen leicht durch Eindampfen oder Verdunsten des Lösungsmittels erhalten werden. Dies wird bei der Kochsalzgewinnung in Salzgärten ausgenutzt.
Dazu läßt man in warmen Ländern, z. B. an den Küsten des Mittelmeers, Meerwasser in flache Becken (= Salzgärten) einströmen und anschließend durch die Sonnenwärme das Wasser verdunsten; dabei kristallisieren die im Meerwasser gelösten Salze aus.

Salzvorkommen: Meerwasser und Salzlagerstätten

6. Große Mengen an Salzen finden sich gelöst im Meerwasser und in den Salzlagerstätten. Meerwasser enthält etwa 36 g Salze pro Liter gelöst; davon sind etwa 27 g Kochsalz (NaCl), der Rest verteilt sich vor allem auf Magnesiumchlorid ($MgCl_2$), Magnesiumsulfat ($MgSO_4$) und Calciumsulfat ($CaSO_4$). Insgesamt konnte man im Meerwasser Verbindungen von etwa 50 Elementen nachweisen.
Auch die großen Salzlagerstätten, die sich vor allem in Mitteldeutschland befinden, sind durch die Verdunstung von Meerwasser entstanden. Vor etwa 200 Millionen Jahren, in der Zechsteinzeit, war ein großer Teil der Norddeutschen Tiefebene vom Zechsteinmeer bedeckt. Während einer längeren, sehr heißen Klimaperiode verdunstete das Meerwasser; die im Meer gelösten Salze kristallisierten je nach Löslichkeit und Menge aus und lagerten sich in Form von Schichten ab.
Dabei schieden sich zunächst die schwerlöslichen Salze aus, dann lagerte sich das Steinsalz ab, und erst zuletzt kristallisierten die leichtlöslichen Kalium- und Magnesiumsalze aus. Da man früher vor allem Steinsalz gewinnen wollte, mußten beim Abbau deshalb zuerst diese Kalium- und Magnesiumsalze (= «Kalisalze») weggeräumt werden; sie wurden deshalb als nutzlose «Abraumsalze» beiseite geschafft. Heute sind gerade diese Abraumsalze wertvolle Rohstoffe zur Herstellung von Düngemitteln und wichtigen Chemikalien. Die Salzlager werden z. T. im Bergbau erschlossen,

Kalilager in der Bundesrepublik Deutschland

z. T. werden die Salze auch von der Oberfläche aus angebohrt, mit Wasser gelöst und die entstehende Sole an die Oberfläche gepumpt. Anschließend wird das Wasser verdampft und so die kristallisierten Salze gewonnen.

7. Manche Salze wie z. B. Kupfersulfat, Calciumsulfat oder Kobaltchlorid geben beim Erhitzen Wasser ab. Dieses Wasser ist in regelmäßiger Weise fest in die Kristalle dieser Salze eingebaut und wird deshalb als «Kristallwasser» bezeichnet. Diese Salze kristallisieren dabei stets mit einer stöchiometrischen menge an Kristallwasser, d. h., auf eine Formeleinheit des Salzes kommt eine bestimmte Zahl von Wassermolekülen:

Manche Salze enthalten Kristallwasser

$$CuSO_4 \cdot 5\,H_2O,\quad CaSO_4 \cdot 2\,H_2O,\quad CoCl_2 \cdot 6\,H_2O$$

Das Kristallwasser kann durch Erhitzen des Salzes entfernt werden. Man erhält dann das wasserfreie Salz.
Kristallwasserhaltiges Kupfersulfat, eine blaue Substanz, hat deshalb die Formel $CuSO_4 \cdot 5\,H_2O$ (sprich: $CuSO_4$ mit fünf H_2O). Bei Wärmezufuhr wird das Kristallwasser stufenweise abgegeben, wobei schließlich farbloses, wasserfreies Kupfersulfat mit der Formel $CuSO_4$ entsteht. Das Kristallwasser hat hier Einfluß auf die Farbe der Substanz.

Kristallwasser: im Kristall gebundenes Wasser

$$\underset{\text{blau, mit Kristallwasser}}{CuSO_4 \cdot 5\,H_2O} \longrightarrow \underset{\text{farblos, ohne Kristallwasser}}{CuSO_4 + 5\,H_2O}$$

Wird umgekehrt wasserfreies Kupfersulfat mit Wasser versetzt, so bildet sich unter Wärmeentwicklung das blaue Kupfersulfat zurück. Wasserfreies Kupfersulfat kann deshalb zum Nachweis von Wasser dienen.

Naturgips: $CaSO_4 \cdot 2\ H_2O$
gebrannter Gips:
$2\ CaSO_4 \cdot 1\ H_2O$

8. Calciumsulfat kommt in der Natur in zwei verschiedenen Formen vor, als wasserfreier Anhydrit ($CaSO_4$) und als kristallwasserhaltiger Gips ($CaSO_4 \cdot 2\ H_2O$). Bei vorsichtigem Erhitzen auf etwa 120 °C gibt Gips einen Teil seines Kristallwassers ab.
Dieser gebrannte Gips enthält auf 2 mol Calciumsulfat nur noch 1 mol Wasser ($2\ CaSO_4 \cdot 1\ H_2O$). Er hat die Fähigkeit, sehr schnell mit Wasser «abzubinden» und wird deshalb zur Herstellung von Innenputz auf Mauern, für Gipsabdrücke oder Gipsverbände verwendet. Dabei wird das vorher abgegebene Kristallwasser wieder aufgenommen.

A1 Wie kann man experimentell feststellen, ob ein Salz Kristallwasser enthält?

A2 Welche der hier aufgeführten Stoffe gehören zur Gruppe der Salze: Kochsalz ($NaCl$), Chlorwasserstoff (HCl), Schwefelsäure (H_2SO_4), Kupfersulfat ($CuSO_4$), Magnesiumoxid (MgO), Calciumoxid (CaO), Wasser (H_2O), Kohlenstoffdioxid (CO_2)? Welche Gesichtspunkte sind für die Einordnung maßgebend?

A3 In einem Reagenzglas wird festes Natriumsulfat ($Na_2SO_4 \cdot 10\ H_2O$) auf elektrische Leitfähigkeit untersucht. Beim Erwärmen löst sich das Salz im eigenen Kristallwasser Was ist bei erneuter Leitfähigkeitsmessung festzustellen?

A4 In den Salzlagerstätten sind die Salze in Schichten abgelagert. Wie sind diese Salzlagerstätten entstanden und wie läßt sich diese Schichtfolge erklären?

5.4 Salzbildung

Salzbildung durch Neutralisation

V1 Ein großes Reagenzglas wird zu etwa 1/3 mit verdünnter Schwefelsäure gefüllt und mit der gleichen Menge einer klaren Bariumhydroxidlösung versetzt.

Wie reagiert ein Metall mit einer sauren Lösung?

V2 Ein Reagenzglas wird zu etwa 1/3 mit *konzentrierter Salzsäure (ätzend)* gefüllt; dann werden einige Zinkperlen dazugegeben. Das *entstehende Gas (feuergefährlich)* wird durch Knallgasprobe untersucht.

Wie lassen sich Salze noch herstellen?

V3 In ein Reagenzglas, das etwa zur Hälfte mit verdünnter Schwefelsäure gefüllt ist, gibt man einige Körnchen Kupferoxid (CuO).

V4 Im Reagenzglas gibt man zu verdünnter Schwefelsäure eine klare Lösung von Bariumchlorid ($BaCl_2$).

V5 Natriumchloridlösung wird im Reagenzglas mit einigen Millilitern einer Lösung von Silbernitrat ($AgNO_3$) versetzt.

V6 Zu einer Lösung von Calciumchlorid ($CaCl_2$) geben wir einige Milliliter *Natronlauge (ätzend)*.

V7 In einem Reagenzglas versetzt man etwas *Bromwasser (giftige Dämpfe)* mit wenig Magnesiumpulver, verschließt mit einem Gummistopfen und schüttelt. Was ist zu beobachten?

1. Salze kann man auf verschiedene Weise herstellen:

– Allgemein: Metall + Nichtmetall → Salz
Beispiele: $Mg + Br_2 \rightarrow MgBr_2$
$Fe + S \rightarrow FeS$

Diese Darstellungsmöglichkeit beschränkt sich auf die sogenannten binären Salze, d. h. Salze, an deren Aufbau nur zwei Elemente beteiligt sind.

– Allgemein:	Metall	+ saure Lösung	→ Salz	+ Wasserstoff
Beispiele:	Zn	+ 2 HCl_{aq}	→ $ZnCl_{2\,aq}$	+ H_2
	3 Fe	+ 2 $H_3PO_{4\,aq}$	→ $Fe_3(PO_4)_2$	+ 3 H_2
– Allgemein:	Salz I	+ saure Lösung I	→ Salz II	+ saure Lösung II
Beispiele:	$BaCl_{2\,aq}$	+ $H_2SO_{4\,aq}$	→ $BaSO_4$	+ 2 HCl_{aq}
	CuO	+ $H_2SO_{4\,aq}$	→ $CuSO_{4\,aq}$	+ H_2O
– Allgemein:	alkalische Lösung	+ saure Lösung	→ Salz	+ Wasser
Beispiele:	$Ba(OH)_{2\,aq}$	+ $H_2SO_{4\,aq}$	→ $BaSO_4$	+ 2 H_2O
	$NaOH_{aq}$	+ HCl_{aq}	→ $NaCl_{aq}$	+ H_2O
– Allgemein:	Salzlösung I	+ Salzlösung II	→ Salz III	+ Salzlösung IV
Beispiele:	$NaCl_{aq}$	+ $AgNO_{3\,aq}$	→ AgCl	+ $NaNO_{3\,aq}$
	$NiSO_{4\,aq}$	+ $BaCl_{2\,aq}$	→ $BaSO_4$	+ $NiCl_{2\,aq}$
– Allgemein:	Salzlösung I	+ alkalische Lösung I	→ Salz II	+ alkalische Lösung II
Beispiele:	$Na_2CO_{3\,aq}$	+ $Ca(OH)_{2\,aq}$	→ $CaCO_3$	+ 2 $NaOH_{aq}$
	$K_2SO_{4\,aq}$	+ $Ba(OH)_{2\,aq}$	→ $BaSO_4$	+ 2 KOH_{aq}

Die letztgenannten beiden Darstellungsmöglichkeiten sind nur dann anwendbar, wenn wenigstens eines der neu entstehenden Salze schwerer löslich ist als die Ausgangsstoffe.

2. Einige der bisher behandelten Säuren bilden mehrere Arten von Salzen. Dies gilt z. B. für die Schwefelsäure, die Kohlensäure und die Phosphorsäure. Je nach Menge der eingesetzten Ausgangsstoffe bildet die Schwefelsäure zwei Arten von Salzen, die leichtlöslichen Hydrogensulfate (z. B. Natriumhydrogensulfat mit der Formel $NaHSO_4$) und die Sulfate (z. B. Natriumsulfat, Na_2SO_4).
Auch die Kohlensäure bildet zwei verschiedene Reihen von Salzen: die durchweg leichtlöslichen Hydrogencarbonate (z. B. Natriumhydrogencarbonat mit der Formel $NaHCO_3$) und die Carbonate (z. B. Natriumcarbonat, Na_2CO_3), die z. T. schwer löslich sind. Carbonate kommen in der Natur in großen Mengen vor. So ist Calciumcarbonat der Hauptbestandteil von Kalkstein, der ganze Gebirge aufbaut (Kalkalpen, Schwäbische Alb, Schweizer Jura). Marmor und Kreide (z. B. auf der Insel Rügen) sind besonders reines Calciumcarbonat.

3. Von der Phosphorsäure kennt man, entsprechend der Formel H_3PO_4, sogar drei Arten von Salzen. Je nachdem, wie viele Wasserstoffatome z. B. durch Metalle ersetzt werden, erhält man z. B. Natriumdihydrogenphosphat (NaH_2PO_4), Dinatriumhydrogenphosphat (Na_2HPO_4) bzw. Trinatriumphosphat (Na_3PO_4).

In der folgenden Tabelle sind einige wichtige Salze, ihr Vorkommen und ihre Verwendung zusammengestellt:

Wichtige Salze

Zugrunde liegende Säure	Formel des Salzes	Name	Verwendung, Bedeutung	Vorkommen
Schwefelsäure	K_2SO_4	Kaliumsulfat	Kalidünger	Kalisalzlager
	Na_2SO_4	Natriumsulfat		Mineralwasser
	$Na_2SO_4 \cdot 10\,H_2O$	Glaubersalz	Abführmittel	
	$CaSO_4$	Calciumsulfat (Anhydrit)	Stuck, Gipsverband	
	$CaSO_4 \cdot 2\,H_2O$	Gips		Gipslagerstätten
	$MgSO_4$	Magnesiumsulfat		Mineralwasser
	$MgSO_4 \cdot 7\,H_2O$	Bittersalz	Abführmittel	
	$BaSO_4$	Bariumsulfat	Malerfarbe, Röntgenkontrastmittel	Schwerspat
Salzsäure	KCl	Kaliumchlorid	Kalidünger	Kali-Salzlagerstätten
	$NaCl$	Natriumchlorid (Kochsalz, Steinsalz)	Speisesalz, Gewinnung von Natrium und Chlor	Salzlagerstätten, Meerwasser
	$CaCl_2$	Calciumchlorid	Trocknungsmittel für Gase	
	$AgCl$	Silberchlorid	Fotografie	Hornsilber
Kohlensäure	Na_2CO_3	Natriumcarbonat	Glasindustrie, Reinigungsmittel in Seifenpulver	
	$Na_2CO_3 \cdot 10\,H_2O$	Soda		
	K_2CO_3	Kaliumcarbonat (Pottasche)	Glasindustrie, Seifenindustrie	
	$CaCO_3$	Calciumcarbonat	Herstellung von Brannt- und Löschkalk, Zement	Kalkstein, Marmor
	$Ca(HCO_3)_2$	Calciumhydrogencarbonat	Härtebildner in Leitungswasser	Entsteht beim Lösen von $CaCO_3$ durch Regenwasser

A1 Wie kann man aus Zink das Zinkchlorid herstellen? Wie lauten die Reaktionsgleichungen?

A2 Eine Bariumhydroxidlösung wird mit einer Natriumsulfatlösung versetzt. Was ist zu beobachten? Wie lautet die Reaktionsgleichung?

A3 Welche Formel haben Calciumhydrogencarbonat und Dinatriumhydrogenphosphat?

A4 Zur Darstellung von Magnesiumsulfat ($MgSO_4$) sind drei verschiedene Reaktionswege zu formulieren.

A5 Welche Sulfate könnten aufgrund ihrer Löslichkeit als Mineralien in der Natur vorkommen?

A6 Wie ist es zu erklären, daß Bariumsulfat ohne Gefahr als Röntgenkonstrastmittel in den Verdauungsapparat eingebracht werden kann, obwohl Bariumsalze im allgemeinen gesundheitsschädlich sind?

A7 Durch welche Reaktion kann man die Anwesenheit von Sulfaten in Mineralwässern beweisen?

6 Ausgewählte Elementgruppen des Periodensystems

6.1 Chlor

Vorsicht: Chlor ist ein ätzendes Lungengift. Im Abzug arbeiten!

Herstellung von Chlor

V_1 Etwas Braunstein wird im Reagenzglas mit dem doppelten Volumen *konzentrierter Salzsäure (ätzend)* versetzt und vorsichtig erhitzt. Das *entstehende Gas (giftig)* wird in einen kleinen Standzylinder geleitet *(Abzug!)*. Was ist zu beobachten?

Wie verhalten sich Stoffe in Chlorgas?

V_2 Für die folgenden Versuche leitet man durch ein langes Gasleitungsrohr *Chlorgas* in 6 große Standzylinder und verschließt diese mit aufgeschliffenen Glasplatten. Ein weiterer Standzylinder wird vor dem Einleiten des *Chlorgases* mit einer etwa 2 cm hohen Sandschicht gefüllt. Mit den einzelnen *Chlor*-Standzylindern werden nacheinander folgende Versuche ausgeführt *(Abzug!)*:

a) Etwa 50 cm^3 Wasser einfüllen, sorgfältig verschließen und kräftig schütteln
b) Blütenblätter, feuchte Lappen farbiger Gewebe, ein feuchtes, beschriebenes und ein feuchtes, bedrucktes Stück Papier einwerfen
c) Einen mit Terpentinöl getränkten Streifen Filtrierpapier hineinwerfen
d) Eine an einem umgebogenen Draht befestigte, brennende Paraffinkerze eintauchen
e) In der Reibschale frisch zerkleinertes Antimonpulver vom Spatel aus in kleinen Anteilen einstreuen
f) Brennenden Schwefel im Verbrennungslöffel eintauchen
g) In den Standzylinder mit Sandschicht ein Stahlwolleknäuel einwerfen, der vorher in der Bunsenflamme kräftig erwärmt wurde

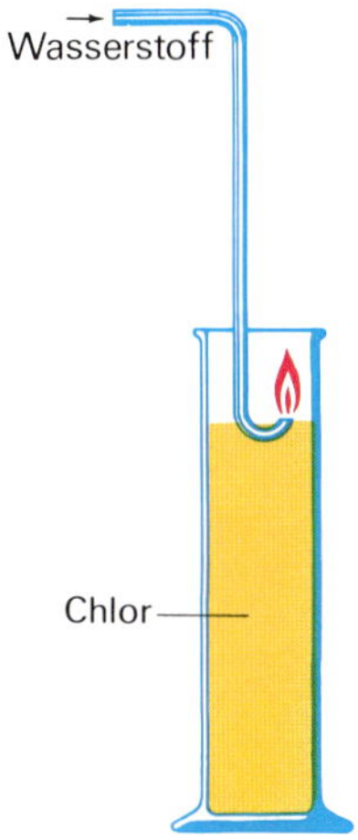

Verbrennung von Wasserstoff in Chlor (V_2)

Chlor und Wasserstoff

V_3 An der Spitze des Glasrohrs, das über einen Gummischlauch mit der Wasserstoffgasflasche verbunden ist, wird gemäß Abbildung ausströmender *Wasserstoff (feuergefährlich)* angezündet *(Knallgasprobe!)*. Die etwa 2 cm hohe Flamme wird langsam bis zum Boden eines *chlor*gefüllten Standzylinders eingetaucht. Nach dem Erlöschen der Flamme wird der Wasserstoff abgestellt und das Glasrohr herausgenommen. Man gibt etwas Wasser und Bromthymolblaulösung in den Zylinder und schüttelt.

V_4 Zwei kleine, dickwandige Standzylinder werden mit *Wasserstoff (feuergefährlich)* bzw. mit *Chlor* gefüllt. Beide Zylinder werden mit den Mündungen aufeinandergestellt und mit einem Handtuch umwickelt und die Gase gemischt. *(Vorsicht: nicht im direkten Sonnenlicht oder im Licht einer Leuchtstoffröhre arbeiten! Schutzscheibe! Schutzbrille!)* Die Entzündung des *Gasgemisches (explosiv)* erfolgt mit dem Gasbrenner.

1. Das Element Chlor haben wir bereits als Bestandteil der Salzsäure und der Chloride kennengelernt. Chlor ist ein gelbgrünes, stechend riechendes Gas[1]. Es ist 2,5mal schwerer als Luft und löst sich in Wasser zu schwach gelbgefärbtem Chlorwasser (1 Volumenanteil Wasser löst bei 20 °C 2,26 Volumenanteile Chlor). Chlorgas ist sehr giftig. Es ätzt die Schleimhäute der Atmungsorgane und zerstört die Lungengewebe. Bereits 0,05 Volumenanteile in % Chlor wirken nach 1 bis 2 Stunden tödlich.

Vorsicht beim Umgang mit Chlorgas!

[1] *chloros* (gr.) gelbgrün.

Im Chlorgas: Cl_2-Moleküle
In Chloriden: Cl^--Ionen

2. Wie einige andere gasförmige Elemente (O_2, H_2, N_2) besteht Chlorgas aus zweiatomigen Molekülen (Cl_2). Salzsäure und Metallchloride (NaCl, $MgCl_2$ usw.) enthalten dagegen negativ geladene Chlorid-Ionen (Cl^-). Dieser Unterschied zwischen den Teilchen erklärt die grundsätzlichen Unterschiede zwischen dem Element und seinen Verbindungen.

Herstellung von Chlor im Labor

3. Elementares Chlor wurde im Jahre 1774 von dem schwedischen Chemiker C. W. Scheele bei der Reaktion von Salzsäure mit Braunstein (MnO_2) entdeckt. Diese Reaktion wird auch heute noch zur Herstellung von Chlor im Laboratorium benutzt; sie verläuft nach folgender Gleichung:

$$MnO_2 + 4\ HCl_{aq} \rightarrow MnCl_{2\,aq} + 2\ H_2O + Cl_2$$

Häufig wird Chlor auch aus Kaliumpermanganat und konzentrierter Salzsäure hergestellt (Reaktionsgleichung siehe S. 181).

Herstellung von Chlor in der Technik

Chlorproduktion in der Bundesrepublik:
1979: 3,2 Mill. t
1980: 3,0 Mill. t
1981: 3,0 Mill. t
1982: 2,8 Mill. t
1983: 3,1 Mill. t
1984: 3,4 Mill. t

4. Großtechnisch gewinnt man Chlor durch Elektrolyse von Kochsalzlösung. In großen Elektrolysierzellen tauchen Anoden aus Graphit in konzentrierte Natriumchloridlösung. Man arbeitet mit Stromstärken bis 40 000 A, wobei das Chlor an den Anoden abgeschieden wird. Bei diesem Vorgang werden negativ geladene Chlorid-Ionen durch Abgabe von Elektronen zunächst in Chloratome übergeführt. Jeweils 2 Chloratome vereinigen sich darauf zu stabilen Chlormolekülen:

$$\text{Anode } (+\text{ Pol}):\ 2\ Cl^- \rightarrow 2\ Cl + 2\ e^-$$
$$\rightarrow Cl_2$$

Die Vorgänge an der Kathode liefern als weitere Endprodukte Wasserstoff und Natronlauge.
Als Rohstoff für die Kunststoffindustrie gewinnt Chlor ständig an Bedeutung.

Chlor: ein besonders reaktionsfähiges Element

5. Chlor ist sehr reaktionsfähig. Es reagiert mit vielen Farbstoffen zu farblosen Verbindungen. Da Chlor Bakterien tötet, wird es dem Trink- und Badewasser als Desinfektionsmittel zugesetzt.
Ähnlich wie Sauerstoff reagiert auch Chlor heftig mit Wasserstoff:

$$H_2 + Cl_2 \rightarrow 2\ HCl \qquad |\ \Delta H = -184{,}7\ kJ$$

Alle Metalle, einschließlich die Edelmetalle, verbinden sich in exothermer Reaktion direkt mit Chlor.

$$2\ Na + Cl_2 \rightarrow 2\ NaCl \qquad |\ \Delta H = -823{,}1\ kJ$$
$$2\ Au + 3\ Cl_2 \rightarrow 2\ AuCl_3 \qquad |\ \Delta H = -230{,}2\ kJ$$

Auch die meisten Nichtmetalle (Ausnahmen: N_2, O_2, C und Edelgase) reagieren mit Chlor:

$$2\ P + 3\ Cl_2 \rightarrow 2\ PCl_3 \qquad |\ \Delta H = -643{,}9\ kJ$$

Sauerstoff-Säuren des Chlors:
HClO
$HClO_2$
$HClO_3$
$HClO_4$

6. Es gibt eine Reihe sauerstoffhaltiger Säuren und Salze des Chlors, die sich durch stufenweise Oxidation von Salzsäure bzw. Chloriden herstellen lassen. Diese Verbindungen spalten leicht Sauerstoff ab und sind deshalb starke Oxidationsmittel. Die folgende Tabelle zeigt die wichtigsten Vertreter dieser Stoffklasse:

Name der Säure	Formel	Name der Salze	Säure-Anion	Verwendung
Unterchlorige Säure	$HClO$	Hypochlorit	ClO^-	Bleichmittel
Chlorige Säure	$HClO_2$	Chlorit	ClO_2^-	Bleichmittel
Chlorsäure	$HClO_3$	Chlorat	ClO_3^-	$NaClO_3$ Unkrautvertilger $KClO_3$ Herstellung von Feuerwerkskörpern
Perchlorsäure	$HClO_4$	Perchlorat	ClO_4^-	$NaClO_4$ in Sprengstoffen

Sauerstoffhaltige Säuren und Salze des Chlors

A1 Die Beobachtungen bei der Reaktion des Chlors mit Antimonpulver und mit Stahlwolle sollen verglichen werden. Welche Gemeinsamkeiten und welche Unterschiede fallen auf?

A2 Die Verbindungen Antimontrichlorid ($SbCl_3$), Dischwefeldichlorid (S_2Cl_2) und Magnesiumchlorid ($MgCl_2$) sollen aus ihren Elementen hergestellt werden. Nach welchen Reaktionsgleichungen laufen diese Reaktionen ab?

A3 Wie heißen folgende Verbindungen: $NaClO$, $Mg(ClO_2)_2$, $HClO_4$, $Cu(ClO_3)_2$?

6.2 Die Elemente Brom, Iod und Fluor

Welche Eigenschaften besitzt Brom?

V1 Ein Standzylinder wird *(im Abzug)* mit *Bromdämpfen (giftig; ätzend)* gefüllt. Man gibt etwas Wasser dazu, verschließt mit einer aufgeschliffenen Glasplatte und schüttelt um.

V2 Die Lösung von *Brom* in Wasser *(Bromwasser) (giftige Dämpfe)* wird in einem Reagenzglas mit dem halben Volumen *Tetrachlorkohlenstoff (giftige Dämpfe)* versetzt und nach Verschließen mit einem Gummistopfen kräftig umgeschüttelt.

V3 Ein im Stativ über einer Schale mit Sand eingespanntes, schwerschmelzbares Reagenzglas wird etwa 1 cm hoch mit flüssigem *Brom (ätzend; giftige Dämpfe)* gefüllt *(Abzug!)*. Dann wird ein etwa 1 cm langes Stück Aluminiumdraht (3 mm ∅) eingeworfen *(Schutzscheibe des Abzugs herunterziehen!)*. Der Beginn der Reaktion kann sich manchmal um einige Minuten verzögern. *Zur Reinigung des Reagenzglases nach dem Versuch darf Wasser nur vorsichtig in kleinen Mengen aus der Spritzflasche zugegeben werden (Schutzbrille!)*.

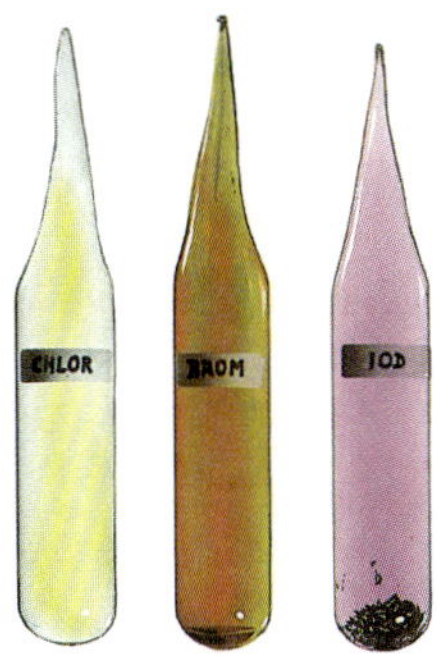

Die Elemente Chlor, Brom und Iod

Welche Eigenschaften besitzt Iod?

V4 Einige *Iodkristalle (ätzend)* werden in einem 500-cm^3-Rundkolben langsam mit dem Brenner erhitzt. Nach dem Erhitzen beobachtet man die kalten Teile des Rundkolbens.

V5 Man bestimmt die Löslichkeit von festem *Iod (ätzend)* in kaltem und heißem Wasser, in *Alkohol (feuergefährlich), Tetrachlorkohlenstoff (giftige Dämpfe)* und *Benzin (feuergefährlich)*. In einem Reagenzglas schüttelt man die Lösung von *Iod* in Wasser mit *Chloroform (giftige Dämpfe)*.

Chlor, Brom und Iod haben ähnliche Eigenschaften

1. Die Eigenschaften der Elemente Brom und Iod (vgl. Tabelle S. 114), vor allem ihre chemischen Reaktionen, lassen eine enge Verwandtschaft mit Chlor erkennen. Alle drei Elemente besitzen ähnliche Eigenschaften und bilden ähnliche Verbindungen. So sind ihre Wasserstoffverbindungen gasförmig und reagieren mit Wasser zu sauren Lösungen. Ihre Salze und Säuren zeigen die gleichen Atomzahlverhältnisse: HCl, HBr, HI; $NaClO$, $NaBrO$, $NaIO$.

Halogene = «Salzbildner»

2. Chlor, Brom und Iod reagieren mit Metallen direkt zu Salzen. Sie werden deshalb als Halogene[1] bezeichnet.

[1] *hals* (gr.) Salz, *genein* (gr.) erzeugen.

	Brom[1]	*Iod*[2]
Elementsymbol	Br	I
Atommasse	79,91	126,90
Teilchen	Br_2-Moleküle in allen Aggregatzuständen	I_2-Moleküle in allen Aggregatzuständen
Vorkommen	Als Bromide ($NaBr$, $MgBr_2$) zusammen mit Steinsalz	Seltenes Element. Angereichert im Chilesalpeter als Natriumiodat ($NaIO_3$), in Meeresalgen und Schwämmen
Aussehen, Verhalten	Schwarzbraune Flüssigkeit, Sdt. 58,8 °C (neben Quecksilber das einzige flüssige Element). Die rotbraunen Dämpfe sind schwerer als Luft.	Dunkelglänzende, schuppenförmige Kristalle, die an der Luft langsam verdampfen. Smt. 114 °C, Sdt. 183 °C. Ioddampf ist violett und geht beim Abkühlen direkt in den festen Aggregatzustand über (Resublimation).
Löslichkeit, Lösungen	Teilweise in Wasser löslich. Die braune Lösung heißt Bromwasser. Mit Tetrachlorkohlenstoff und Ether in jedem Verhältnis mischbar. Läßt sich deshalb aus Bromwasser durch Ausschütteln in die nicht mit Wasser mischbaren Lösungsmittel überführen.	Löst sich beim Erwärmen sehr schwach in Wasser (hellgelbes «Iodwasser»). Leicht löslich in Alkohol, Ether, Benzin, Chloroform und Tetrachlorkohlenstoff. Die Lösung von Iod in Alkohol heißt Iodtinktur.
Physiologische Wirkung	Stechender und erstickender Geruch, giftig! Wirkt stark ätzend auf Atmungsorgane und Haut. Bromide und organische Bromverbindungen werden in der Pharmazie als Beruhigungsmittel verwendet.	Ioddampf ruft Entzündungen der Schleimhäute hervor. Iodidmangel in der Nahrung verursacht Schilddrüsenstörungen (Kropfbildung). Zur Vorbeugung wird dem Kochsalz manchenorts Kaliumiodid zugesetzt.
Reaktion mit Metallen	$2\,Al + 3\,Br_2 \rightarrow 2\,AlBr_3$ Aluminiumbromid	$Mg + I_2 \rightarrow MgI_2$ Magnesiumiodid
Reaktion mit Wasserstoff	$H_2 + Br_2 \rightarrow 2\,HBr \mid \Delta H = -97{,}1\,kJ$ Bromwasserstoff	$H_2 + I_2 \rightarrow 2\,HI \mid \Delta H = -10{,}5\,kJ$ Iodwasserstoff
Wasserstoffverbindungen und ihre Salze	Die Lösung von Bromwasserstoffgas in Wasser reagiert sauer: Bromwasserstoffsäure. Die Salze der Bromwasserstoffsäure heißen Bromide.	Die Lösung von Iodwasserstoffgas in Wasser reagiert sauer: Iodwasserstoffsäure. Die Salze der Iodwasserstoffsäure heißen Iodide.
Sauerstoffhaltige Säuren und ihre Salze	$HBrO$ unterbromige Säure Salze: Hypobromite (z. B. $NaBrO$) $HBrO_3$ Bromsäure Salze: Bromate (z. B. $KBrO_3$)	HIO unreriodige Säure Salze: Hypoiodite (z. B. KIO) HIO_3 Iodsäure Salze: Iodate (z. B. $NaIO_3$) HIO_4 Überiodsäure Salze: Periodate (z. B. KIO_4)

[1] *bromos* (gr.) Gestank.
[2] *ioeides* (gr.) veilchenblau.

Die Salze der Halogene, z. B. Natriumchlorid oder Magnesiumbromid heißen Halogenide. Sie sind aus positiv geladenen Metall-Ionen und negativ geladenen Halogenid-Ionen aufgebaut.

3. Ein weiteres Halogen, das Element Fluor (F), besteht ebenfalls aus zweiatomigen Molekülen (F_2). Es ist ein schwach gelbliches, außerordentlich giftiges Gas. Fluor ist das reaktionsfähigste aller Elemente. Es reagiert sehr heftig mit den meisten Metallen und Nichtmetallen. Wegen dieser Eigenschaften ist es für Schulversuche nicht geeignet. Seine Metallverbindungen heißen Fluoride und gehören ebenso wie die Chloride, Bromide und Iodide zu den Salzen.

Fluor: reaktionsfähigstes Element

4. Eine Mischung aus Wasserstoff und Fluorgas reagiert noch unterhalb −200 °C explosionsartig unter Bildung von Fluorwasserstoff (HF).

$$F_2 + H_2 \rightarrow 2\ HF \qquad | \Delta H = -537{,}6\ kJ$$

Fluorwasserstoff mischt sich mit Wasser in jedem Verhältnis. Die entstehende Fluorwasserstoffsäure, kurz Flußsäure genannt, greift Glas an und muß deshalb in Kunststoffgefäßen aufbewahrt werden.

5. Wie Chlor, Brom und Iod kommt Fluor in der Natur nur chemisch gebunden vor. Das Mineral Flußspat (CaF_2) wird in der Technik als «Fluß»-Mittel[2] für Schlacke verwendet und hat so dem Element Fluor seinen Namen gegeben. Fluoridmangel in der Nahrung begünstigt die Zahnkaries. In manchen Staaten wird deshalb dem Trinkwasser in geringen Mengen Kaliumfluorid zugesetzt.

Fluorit

A1 Warum kommen die Elemente Fluor, Chlor, Brom und Iod in der Natur nur in Form ihrer Verbindungen vor?

A2 Welche Eigenschaften des Fluors rechtfertigen seine Zuordnung zur Gruppe der Halogene?

A3 Aus welchen Ionen sind folgende Salze aufgebaut: NaCl, KCl, $MgBr_2$, AlF_3?

A4 Welche Namen haben folgende Verbindungen: HBr, KF, $NaBrO_3$, $Mg(IO_4)_2$, AlI_3?

A5 Beschreiben Sie drei Verfahren zur Herstellung von Aluminiumbromid ($AlBr_3$). Wie lauten die Reaktionsgleichungen?

[2] *fluere* (lat.) fließen.

6.3 Die Elementgruppe der Halogene

Wie reagieren Halogene mit Halogeniden?

V1 In drei verschiedenen Reagenzgläsern gibt man zu jeweils 3 cm^3 *Chlorwasser (giftige Dämpfe)* eine Lösung von 3 cm^3 Kaliumchlorid, Kaliumbromid oder Kaliumiodid. Anschließend wird mit etwa 4 cm^3 *Tetrachlorkohlenstoff (giftige Dämpfe)* geschüttelt. Dieselben Versuche führt man mit *Bromwasser (giftige Dämpfe)* und mit Iodwasser durch.

Herstellung und Eigenschaften von Silberhalogeniden

V2 Fünf Standzylinder enthalten folgende Lösungen: Natriumchlorid-, Magnesiumchlorid-, Kaliumbromid-, Natriumbromid- und Kaliumiodidlösung. Zu jeder dieser Proben wird *Silbernitratlösung (ätzend)* gegeben. Was ist sofort und nach einiger Zeit zu beobachten?

V3 In einem Becherglas wird Natriumchloridlösung mit *Silbernitratlösung (ätzend)* versetzt. Man filtriert den entstandenen Niederschlag durch einen Büchnertrichter. Auf das Filterpapier mit dem Niederschlag legt man eine kreuzförmige Schablone aus schwarzem Papier und bestrahlt mit *UV-Licht (Vorsicht: nicht in die Lampe schauen!)*.

Fluor, Chlor, Brom und Iod bilden die Elementgruppe der Halogene

1. Die Elemente Fluor, Chlor, Brom und Iod bilden eine Gruppe mit auffallend einheitlichem Charakter: die Elementgruppe der Halogene. Ordnet man sie nach steigender Atommasse, so bemerkt man eine stufenweise Änderung ihrer physikalischen und chemischen Eigenschaften.

Halogene im Vergleich

	Fluor (F)	Chlor (Cl)	Brom (Br)	Iod (I)
Atommasse (u)	19,00	35,45	79,91	126,91
Atomradius ($nm = 10^{-9}$ m)	0,064	0,099	0,114	0,133
Smt. (°C)	−220	−102,4	−7,3	+113,7
Sdt. (°C)	−188	−34,0	+58,8	+184,5
Farbe im gasförmigen Zustand	gelb	grün	braun	violett
Reaktionsfähigkeit	——— Abnahme von links nach rechts ——→			
Fähigkeit zur Ionenbildung	——— Abnahme von links nach rechts ——→			
Löslichkeit der Silberhalogenide in Wasser	——— Abnahme von links nach rechts ——→			
Löslichkeit der Natrium- und Kaliumhalogenide in Wasser	——— Zunahme von links nach rechts ——→			

2. Die Reaktionsfähigkeit der Halogene mit Metallen nimmt vom Fluor zum Iod hin ab. Damit hängt die Tatsache zusammen, daß sie sich aus den Metallhalogeniden gegenseitig verdrängen können. Aus Bromiden kann durch Chlor elementares Brom, aus Iodiden kann mit Brom elementares Iod freigesetzt werden. Zwei Beispiele sollen genauer betrachtet werden:

– Reaktion zwischen Chlor und Kaliumbromid:
  - Reaktionsgleichung: $Cl_2 + 2\ KBr_{aq} \rightarrow 2\ KCl_{aq} + Br_2$
  - Teilchengleichung: $Cl_2 + 2\ K^+_{aq} + 2\ Br^-_{aq} \rightarrow 2\ K^+_{aq} + 2\ Cl^-_{aq} + Br_2$
  - Reagierende Teilchen: $Cl_2 + 2\ Br^-_{aq} \rightarrow 2\ Cl^-_{aq} + Br_2$

– Reaktion zwischen Brom und Kaliumiodid:
  - Reaktionsgleichung: $Br_2 + 2\ KI_{aq} \rightarrow 2\ KBr_{aq} + I_2$
  - Teilchengleichung: $Br_2 + 2\ K^+_{aq} + 2\ I^-_{aq} \rightarrow 2\ K^+_{aq} + 2\ Br^-_{aq} + I_2$
  - Reagierende Teilchen: $Br_2 + 2\ I^-_{aq} \rightarrow 2\ Br^-_{aq} + I_2$

Die Gleichungen zeigen, daß die Fähigkeit, aus neutralen Atomen negativ geladene Ionen zu bilden, bei Chlor größer ist als bei Brom, bei Brom wiederum größer als bei Iod. Sie nimmt vom Iod bis zum Fluor ständig zu. Daraus erklärt sich die in der gleichen Richtung verlaufende Zunahme der Reaktionsfähigkeit.

F
Cl
Br
I
↑ Fähigkeit zur Ionenbildung nimmt zu

3. Silbernitratlösung gibt mit Chloriden einen weißen, mit Bromiden einen hellgelben und mit Iodiden einen gelben Niederschlag («Fällung»). Beispiele:

Nachweis von Halogenid-Ionen mit Silbernitrat

– Reaktion von Silbernitrat mit Natriumchlorid:

Reaktionsgleichung:	$AgNO_{3\,aq} + NaCl_{aq}$	$\rightarrow AgCl + NaNO_{3\,aq}$
Teilchengleichung:	$Ag^{+}_{aq} + NO^{-}_{3\,aq} + Na^{+}_{aq} + Cl^{-}_{aq}$	$\rightarrow \vert Ag^{+} + Cl^{-} \vert + Na^{+}_{aq} + NO^{-}_{3\,aq}$
Reagierende Teilchen:	$Ag^{+}_{aq} + Cl^{-}_{aq}$	$\rightarrow \vert Ag^{+} + Cl^{-} \vert$

– Reaktion von Silbernitrat mit Magnesiumchlorid:

Reaktionsgleichung:	$2\,AgNO_{3\,aq} + MgCl_{2\,aq}$	$\rightarrow 2\,AgCl + Mg(NO_3)_{2\,aq}$
Teilchengleichung:	$2\,Ag^{+}_{aq} + 2\,NO^{-}_{3\,aq} + Mg^{2+}_{aq} + 2\,Cl^{-}_{aq}$	$\rightarrow 2\,\vert Ag^{+} + Cl^{-} \vert + Mg^{2+}_{aq} + 2\,NO^{-}_{3\,aq}$
Reagierende Teilchen:	$2\,Ag^{+}_{aq} + 2\,Cl^{-}_{aq}$	$\rightarrow 2\,\vert Ag^{+} + Cl^{-} \vert$

Bei den Reaktionen lagern sich also jeweils positiv geladene Silber-Ionen und negativ geladene Chlorid-Ionen zu wasserunlöslichem weißem Silberchlorid zusammen. Sibernitratlösung ist ein Reagenz auf Chloride, Bromide und Iodide.

4. Läßt man sie am Licht stehen, so färben sich die Silberhalogenidniederschläge langsam schwarz. Dabei entsteht feinverteiltes elementares Silber.

Silberbromid im lichtempfindlichen Film

$$2\,\vert Ag^{+} + Br^{-} \vert \xrightarrow{\text{Licht}} 2\,Ag + Br_2$$

Dieser Vorgang spielt beim fotografischen Prozeß eine zentrale Rolle. Der lichtempfindliche Film enthält Silberbromid, das durch Belichten in schwarzes Silber übergeführt wird.

A1 Für folgende Reaktionen sollen die Teilchengleichungen formuliert werden:
a) Chlorgas wird in Kaliumiodidlösung (KI) eingeleitet.
b) Silbernitratlösung gibt mit Kupferchloridlösung ($CuCl_2$) einen weißen Niederschlag.
c) Silbernitratlösung reagiert mit Kaliumbromidlösung unter Bildung eines hellgelben Niederschlags.

A2 Was beobachtet man
a) beim Einleiten von Chlorgas in eine Magnesiumbromidlösung,
b) beim Einleiten von Chlorgas in eine Natriumfluoridlösung?

A3 Welche Teilchen reagieren beim Zusammengeben von Natriumbromidlösung und Silbernitratlösung?

6.4 Die Elementgruppe der Alkalimetalle

Vorsicht: Lithium, Natrium und Kalium zersetzen sich an der Luft, ätzen die Haut und reagieren heftig mit Wasser unter Bildung von Wasserstoff (feuergefährlich). Stets unter Paraffinöl oder Petroleum als Sperrflüssigkeit aufbewahren! Nicht mit den Fingern berühren! Bei allen Versuchen mit diesen Metallen Schutzbrille tragen!

V1 Man schneidet jeweils ein Stück *Lithium, Natrium* und *Kalium* mit dem Messer und beobachtet dabei Härte und Beschaffenheit der Oberfläche.

V2 Erbsengroße, entkrustete Stückchen der *drei Metalle* läßt man auf Uhrgläsern an der Luft liegen.

V3 Auf einem feinmaschigen Eisendrahtnetz werden nebeneinander kleine, entkrustete Stückchen der *drei Metalle* erhitzt *(Abzug!)*. Der nach der Entzündung entstehende Rauch wird durch je ein übergestülptes Becherglas aufgefangen. Man löst den in den drei Bechergläsern gebildeten Beschlag in Wasser und prüft mit Phenolphthalein und Bromthymolblau.

V4 Ein linsengroßes Stück entkrustetes *Natrium* wird in eine große Glasschale aus Jenaer Glas mit destilliertem Wasser geworfen *(Schutzscheibe! Schutzbrille!)*.

V5 Wir wiederholen Versuch 4 mit einem erbsengroßen Stück *Lithium* und einem höchstens linsengroßen Stück Kalium *(Schutzscheibe! Schutzbrille!)*.

V6 Ein Rundfilter wird in einer mit Wasser gefüllten Wanne flach auf die Wasseroberfläche gelegt. Mit der Pinzette bringt man ein linsengroßes Stück entkrustetes *Natrium* auf das feuchte Rundfilter *(Schutzscheibe! Schutzbrille!)*.

V7 Ein Magnesiastäbchen wird in der nichtleuchtenden Flamme des Bunsenbrenners so lange erhitzt, bis die Flamme farblos geworden ist. Das heiße Stäbchen wird dann in festes Lithiumchlorid getaucht und erneut in die Bunsenflamme gehalten. Wir wiederholen den Versuch mit Natriumchlorid, Kaliumchlorid, Rubidiumchlorid und Cäsiumchlorid.

Alkalimetalle:
Lithium
Natrium
Kalium
Rubidium
Cäsium

1. Die drei Metalle Lithium, Natrium und Kalium zeichnen sich durch eine Reihe außergewöhnlicher Eigenschaften aus. In ihren physikalischen Eigenschaften und ihrem chemischen Verhalten sind sie untereinander sehr ähnlich. Alle drei Metalle kommen nur in Form ihrer Verbindungen vor. Die Metalle sind mit dem Messer schneidbar. Die frischen Schnittflächen glänzen silberweiß; an der Luft überziehen sie sich mit einer Oxid- und Hydroxidschicht. Bei erhöhter Temperatur geraten sie in Brand. Mit Wasser reagieren sie heftig unter Bildung von Wasserstoff und Metallhydroxid. Dabei schwimmen sie auf dem Wasser, da sie spezifisch leichter sind als dieses.

2. Da Lithium, Natrium und Kalium sehr ähnliche Eigenschaften besitzen, werden sie zu der Elementgruppe der Alkalimetalle zusammengefaßt. Zu dieser Gruppe zählen auch die beiden seltenen, von Bunsen und Kirchhoff im Jahre 1861 in Mineralwasser entdeckten Elemente Rubidium[1] (Rb) und Cäsium[2] (Cs). Ordnet man die Alkalimetalle nach ihrer Atommasse, so kommt man zu folgender Tabelle:

Alkalimetalle im Vergleich

	Lithium	Natrium	Kalium	Rubidium	Cäsium
Atommasse (u)	6,94	22,99	39,10	85,47	132,91
Atomradius (pm)	152	186	231	244	262
Smt. (°C)	179	98	64	39	28
Dichte (g/cm³)	0,53	0,97	0,86	1,53	1,90
Reaktionsfähigkeit	——— Zunahme von links nach rechts ——→				
Flammenfärbung	karminrot	gelb	violett	dunkelrot	hellblau

3. Die physikalischen Eigenschaften der Alkalimetalle zeigen die schon bei den Halogenen beobachtete Abhängigkeit von der Atommasse. Alkalimetalle

[1] *rubidius* (lat.) dunkelrot.
[2] *caesius* (lat.) himmelblau.

	Lithium[1] (Li)	Natrium[2] (Na)	Kalium[3] (K)
Entdeckung	1825 Berzelius	1807 Davy[4]	1807 Davy
Physikalische Eigenschaften			
Härte	zäh	weich	sehr weich
Dichte (g/cm^3)	0,53 (leichtestes Metall)	0,97	0,86
Smt. (°C)	179	97,8	63,5
Sdt. (°C)	1340	883	760
Chemische Eigenschaften			
Oxidation an der Luft	langsam	schnell	sehr schnell
Brennbarkeit	——— Abnahme der Entzündungstemperatur von links nach rechts ——→		
	Grelle weiße Flamme	Gelbe Flamme	Violette Flamme
Reaktion mit Wasser	$2\,Li + 2\,H_2O \rightarrow LiOH_{aq} + H_2$	$2\,Na + 2\,H_2O \rightarrow 2\,NaOH_{aq} + H_2$	$2\,K + 2\,H_2O \rightarrow 2\,KOH_{aq} + H_2$
	——— Zunahme der Reaktionsgeschwindigkeit von links nach rechts ——→		

reagieren heftig mit Sauerstoff und mit Wasser. Ihre Atome gehen dabei in einfach positiv geladene Ionen über. Im Gegensatz zu den Halogenen nimmt hier die Fähigkeit zur Ionenbildung mit steigender Atommasse zu. So entzündet sich Cäsium an der Luft schon bei Zimmertemperatur. Seine Reaktion mit Wasser erfolgt explosionsartig.

Li | Fähigkeit
Na | zur Ionen-
K | bildung
Rb | nimmt zu.
Cs ↓

$$2\,Cs + 2\,H_2O \rightarrow 2\,CsOH_{aq} + H_2$$

4. Alle Verbindungen der Alkalimetalle mit Halogenen besitzen die allgemeine Formel MeX, z. B. NaCl, CsBr, LiI.

Die Alkalimetalle und ihre Verbindungen rufen in der heißen Brennerflamme charakteristische Färbungen hervor. Schon Spuren von Natriumverbindungen verraten sich durch intensiv gelbe Flammenfärbung. Die analytische Chemie benützt diesen Effekt als empfindliches Nachweisverfahren.

Flammenfärbung zum Nachweis der Alkalimetalle

A1 Wirft man Natrium auf Wasser, so ist folgendes zu beobachten:
a) Das Natriumstückchen verändert seine Form.
b) Die Natriumkugel schwimmt umher.
c) Unter der Natriumkugel sinken Schlieren ins Wasser ab.
d) Phenolphthalein gibt mit der entstandenen Lösung eine Rotfärbung.
Wie lassen sich diese Beobachtungen erklären?

[1] *lithos* (gr.) Stein.
[2] *neter* (hebr.) Soda.
[3] *al kalja* (arab.) Pflanzenasche.
[4] Sir Humphrey Davy, englischer Chemiker und Physiker (1778–1829)

A2 Warum entzündet sich Natrium, wenn man es auf feuchtes Filterpapier bringt?

A3 Bei der Reaktion von Kalium mit Wasser entzündet sich der entstehende Wasserstoff. Wie ist das zu erklären?

A4 Welche Beobachtungen sind zu erwarten, wenn Rubidium mit Wasser in Berührung kommt? Wie lautet die Reaktionsgleichung?

A5 Für die Reaktionen von Lithium, Natrium und Kalium mit Chlor sollen die Reaktionsgleichungen formuliert werden. Welche Ionen entstehen? Welche Reaktion verläuft am heftigsten?

6.5 Die Elementgruppe der Edelgase

Edelgase in der Luft?

V1 Ein Quarzrohr (15 cm lang und 0,8 cm weit) wird auf 7 cm Länge mit trockenem *Magnesiumpulver (feuergefährlich)* gefüllt und an beiden Enden mit Glaswolle verschlossen. Durch Erhitzen mit der Brennerflamme werden die restliche Feuchtigkeit und eingeschlossenes Gas ausgetrieben. Dann schließt man an beide Enden des Rohres zwei Kolbenprober mit je 50 cm^3 Luft an und erhitzt das Magnesium auf Rotglut *(Schutzbrille!)*. Dabei wird die Luft aus den großes Kolbenprobern langsam 10 Minuten lang über das glühende Metall hin und her gedrückt. Nach dem Erkalten liest man das Gasvolumen am Kolbenprober ab.

Bestimmung der molaren Masse von Edelgasen.

V2 Mit Hilfe der Gasmolwaage (Kap. 2.4) werden die molaren Massen der Gase Helium, Neon und Argon bestimmt.

1. Erhitzt man Magnesiumpulver an der Luft, so reagiert es mit Sauerstoff, Stickstoff und Kohlenstoffdioxid unter Bildung fester Reaktionsprodukte. Übrig bleibt ein Gasrest von etwa 1 Volumenanteil in %. Er enthält eine Gruppe sehr ähnlicher Elemente, die wegen ihrer Reaktionsträgheit als Edelgase bezeichnet und ihrer ähnlichen Eigenschaften wegen zu einer Elementgruppe zusammengefaßt werden. Sie sind farb-, geruch- und geschmacklos und in Wasser wenig löslich.

Edelgase:
Helium
Neon
Argon
Krypton
Xenon

	Helium[1] (He)	Neon[2] (Ne)	Argon[3] (Ar)	Krypton[4] (Kr)	Xenon[5] (Xe)
100 Liter Luft enthalten (ml)	0,52	1,5	932	0,11	0,008
Atommasse (u)	4,00	20,18	39,95	83,80	131,30
Sdt. (°C)	−269,0	−246,0	−185,9	−152,9	−107,1
Verbindungen	keine	keine	keine	KrF_2	XeF_2, XeF_4, XeF_6, XeO_3 u. a.

[1] *helios* (gr.) Sonne.
[2] *neon* (gr.) das Neue.
[3] *argos* (gr.) das Träge.
[4] *kryptos* (gr.) das Verborgene.
[5] *xenon* (gr.) das Fremde.

2. Die Edelgase sind außerordentlich reaktionsträge. Daß sie zum Teil auch Verbindungen eingehen können, weiß man erst seit 1962.
Ihre Reaktionsträgheit macht die Edelgase geeignet für Anwendungen, bei welchen chemische Reaktionen unerwünscht sind. So benützt man Argon und Krypton als Füllgase für Glühlampen, Xenon als Füllgas für Elektronenblitzgeräte. In Leuchtröhren finden alle Edelgase Anwendung. Helium dient auch als Füllgas für Ballons und als Bestandteil der «Taucherluft» (80 Volumenanteile in % He, 20 Volumenanteile in % O_2).

3. Im Gegensatz zu allen anderen gasförmigen Elementen bestehen die Edelgase nicht aus zweiatomigen Molekülen, sondern aus Atomen.

Edelgase sind einatomig

A1 Warum sind die Edelgase als Schutzgase in Glühlampen besonders geeignet?

A2 Der englische Physiker J.W. Rayleigh maß 1892 die Dichte von Stickstoff, nachdem er dieses Gas aus verschiedenen Stoffen gewonnen hatte. Stickstoff aus einer Stickstoffverbindung wog 1,250 g/l. Der nach Entfernung des Sauerstoffs aus der Luft zurückbleibende Gasrest wog dagegen 1,252 g/l. Warum sind beide Werte nicht identisch?

A3 Warum wird für Ballonfüllungen anstelle des Wasserstoffs Helium verwendet?

7 Atombau und Periodensystem

7.1 Geschichte und Gliederung des Periodensystems

1. Zahlreiche chemische Untersuchungen zeigten schon im 19. Jahrhundert die Möglichkeit, Elemente nach ihren Eigenschaften in Gruppen zusammenzufassen. Im vorangehenden Kapitel ist dies am Beispiel der Halogene, der Alkalimetalle und der Edelgase gezeigt worden.

Atommasse als Ordnungsprinzip der Elemente

2. Döbereiner[1] stellte 1825 als erster Beziehungen innerhalb der Elementgruppen her, indem er die Atommassen als Ordnungsprinzip benützte. Er formulierte die Triadenregel: Bei drei Elementen einer Elementgruppe ist die Atommasse des mittleren Elements häufig das arithmetische Mittel der beiden anderen. Die folgende Tabelle zeigt dies an zwei Beispielen.

Triadenregel und Oktavenregel

Element	Atommasse	Arithmetisches Mittel	Element	Atommasse	Arithmetisches Mittel
Li	6,9		S	32,1	
Na	23,0	$\frac{6,9 + 39,1}{2} = 23$	Se	79,0	$\frac{32,1 + 127,6}{2} = 79,85$
K	39,1		Te	127,6	

Die Atommasse z. B. des Natriums läßt sich, wie die Tabelle zeigt, als arithmetisches Mittel der Atommassen von Lithium und Kalium errechnen.

3. Der englische Chemiker Newlands ordnete die Elemente 1865 aufgrund ihrer «Äquivalente» (eine noch ungenaue Vorstufe der Atommassen) und formulierte die Oktavenregel: «Es ist zu erkennen, daß die Nummern analoger Elemente sich allgemein um die Zahl 7 unterscheiden.»

1 H	2 Li	3 G[2]	4 Bo[2]	5 C	6 N	7 O
8 F	9 Na	10 Mg	11 Al	12 Si	13 P	14 S

4. Exaktere Kenntnisse über die Atommassen lieferten die Grundlage für die Aufstellung des Periodensystems. Dessen Prinzip wurde 1868 fast gleichzeitig von Lothar Meyer[3] und Dimitrij Mendelejew[4] formuliert. «Die nach der Größe ihrer Atomgewichte (heute Atommassen) angeordneten Elemente zeigen eine deutliche Periodizität ihrer Eigenschaften» (Mendelejew).

[1] Johann Wolfgang Döbereiner (1780–1849), Professor für Chemie in Jena.
[2] Für die Elemente Beryllium (Be) und Bor (B) wurden damals noch die Symbole G (Glycinium) und Bo (Bor) verwendet. – Die Edelgase waren noch nicht bekannt.
[3] Julius Lothar Meyer (1830–1895), Professor für Chemie in Karlsruhe und Tübingen.
[4] Dimitrij Iwanowitsch Mendelejew (1834–1907), Professor für Chemie in St. Petersburg.

5. Die Ziffer, die den Platz eines Elements im Periodensystem festlegt, heißt Ordnungszahl. Sie wird häufig als Indexzahl vor das Elementsymbol geschrieben, z. B. $_{8}O$ (Sauerstoff), $_{17}Cl$ (Chlor).
Die Anordnung der Elemente nach steigender Ordnungszahl folgt nicht immer der Atommasse. Das Element Kalium ($_{19}K$, Atommasse 39,102) ist seinen Eigenschaften nach ein Alkalimetall, Argon ($_{18}Ar$, Atommasse 39,948) ein Edelgas. Deshalb mußte das Argon trotz seiner höheren Atommasse vor das Kalium gestellt werden. Aus ähnlichen Gründen stehen $_{52}Te$ (Tellur) vor $_{53}I$ (Iod) und $_{27}Co$ (Kobalt) vor $_{28}Ni$ (Nickel).

Ordnungszahl: Platznummer im Periodensystem

6. Die im Periodensystem (vgl. Darstellung auf dem vorderen inneren Buchdeckel) in einer waagrechten Reihe stehenden Elemente bilden zusammen eine Periode, die senkrecht untereinander stehenden Elemente eine Elementgruppe. Die blau unterlegten Elemente heißen Hauptgruppenelemente, die grün oder gelb unterlegten Elemente Nebengruppenelemente. Als Lanthaniden bezeichnet man die auf das Element $_{57}La$ (Lanthan) folgenden 14 Elemente, als Actiniden die auf das Element $_{89}Ac$ (Actinium) folgenden 14 Elemente (gelb unterlegt).

Perioden: waagrechte Reihen
Gruppen: senkrechte Reihen
Hauptgruppen und Nebengruppen

7. Das Periodensystem ermöglichte Vorhersagen über damals noch unbekannte Elemente, etwa das Eka-Aluminium und das Eka-Silicium[1]. Die Eigenschaften dieser Elemente konnten, wie die folgende Tabelle zeigt, mit verblüffender Genauigkeit vorhergesagt werden.

Mendelejews Vorhersagen

Vergleich der vorausgesagten und beobachteten Eigenschaften von Germanium und einigen Germaniumverbindungen

	Eka-Silicium von Mendelejew 1869 vorausgesagt	Germanium von Winkler 1886 entdeckt
Atommasse (u)	72	72,6
Dichte (g/cm³)	5,5	5,35
Formel des Oxids	EsO_2	GeO_2
Dichte des Oxids (g/cm³)	4,7	4,70
Formel des Chlorids	$EsCl_4$	$GeCl_4$
Dichte des Chlorids (g/cm³)	1,9	1,88
Siedetemperatur des Chlorids (°C)	57–100	83

Zur Zeit kennt man die Elemente bis zur Ordnungszahl 106. Es ist damit zu rechnen, daß noch weitere Elemente gefunden bzw. künstlich hergestellt werden können.

8. Die Aufstellung des Periodensystems war ein Meilenstein in der Geschichte der Chemie. Sie bildete den Ausgangspunkt für die Erforschung des Atombaus. Schon 1864 vermutet Lothar Meyer: «Es liegt nahe, anzunehmen, die Differenz der Metalle (Li, Na, K) rühre von ihrer Differenz in der Zusammensetzung ihrer sogenannten Atome her.» Wir müssen uns deshalb in den folgenden Kapiteln mit dem Bau der Atome beschäftigen.

[1] *eka* = 1, sanskritisches Zahlwort: das erste Element nach dem Aluminium bzw. Silicium.

A1 Die Gültigkeit der Triaden-Regel soll an folgenden Elementen untersucht werden:
a) Chlor – Brom – Iod
b) Sauerstoff – Schwefel – Selen

A2 Wasserstoff wird in manchen Periodensystemen in die Elementgruppe der Alkalimetalle gestellt. Was spricht für bzw. gegen diese Zuordnung?

A3 Wieviel Elemente stehen jeweils in der 1., 2., 3. und 4. Periode des Periodensystems?

A4 Wieviele Hauptgruppenelemente und wieviele Nebengruppenelemente gibt es in der 4. Periode?

7.2 Elementarteilchen

Bausteine der Atome: Elementarteilchen

1. Die griechischen Philosophen Leukipp und Demokrit (400 v. Chr.) kamen aufgrund philosophischer Spekulation zu der Vorstellung eines unteilbaren Urteilchens, des Atoms. Dalton, der 1804 den Atom-Begriff in die wissenschaftliche Chemie einführte, betrachtete die Atome als die kleinsten, nicht weiter zerlegbaren Bausteine der Materie. Inzwischen weiß man, daß die Atome aus noch kleineren und leichteren Teilchen, den Elektronen, Protonen und Neutronen, zusammengesetzt sind. Diese gehören zu den sogenannten Elementarteilchen.

Kathodenstrahlen: freie Elektronen, Kanalstrahlen: freie Protonen

2. Elektronen und Protonen können experimentell nachgewiesen werden. Die in den nachfolgenden Abbildungen dargestellten beiden Röhren sind mit Wasserstoff unter stark vermindertem Druck gefüllt. Legt man an die Elektroden Hochspannung an, so beobachtet man in der Röhre Leuchterscheinungen, die auf Teilchenstrahlung zwischen den Elektroden zurückgeführt werden.

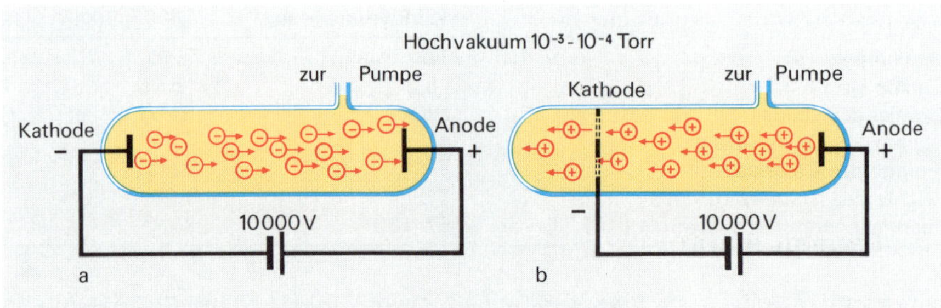

Kathodenstrahlröhre

Aus der Kathode treten Teilchen aus, die sich geradlinig in Richtung Anode bewegen: Kathodenstrahlen.
Kathodenstrahlen bestehen aus Elektronen. Sie werden in einem von außen angelegten elektrischen Feld leicht zu dessen positivem Pol abgelenkt: Elektronen müssen negativ geladen sein.

Kanalstrahlröhre

Beim Aufprall der Elektronen eines Kathodenstrahls auf Wasserstoffmoleküle können aus den Wasserstoffatomen positive Ionen entstehen, die in Richtung Kathode beschleunigt werden. Durch Bohrungen (Kanäle) in der Kathode gelangen sie in den dahinter gelegenen Raum und können dort nachgewiesen werden: Kanalstrahlen.
Kanalstrahlen bestehen aus Protonen. Sie können durch ein zusätzliches elektrisches Feld zu dessen negativem Pol abgelenkt werden. Protonen müssen positiv geladen sein.

Protonen und Elektronen tragen die gleiche Ladung, aber mit verschiedenem Vorzeichen. Diese kleinstmögliche Ladung heißt elektrische Elementarladung $\pm$ e.

Eigenschaften der Elektronen und der Protonen

	Elektron	Proton
Symbol	e^-	p^+
Ladung in C[1]	$-1{,}602 \cdot 10^{-19}$ (negative Elementarladung)	$+1{,}602 \cdot 10^{-19}$ (positive Elementarladung)
Masse in g	$0{,}9107 \cdot 10^{-27}$	$1{,}6723 \cdot 10^{-24}$
Masse in u	1/1840	ungefähr 1

Protonen, Elektronen und Neutronen als Atombausteine

3. 1932 entdeckte der englische Physiker Chadwick bei Untersuchungen über den Atomzerfall des Berylliums ein Teilchen, das 11 Jahre vorher Rutherford[2] als Atombaustein vorhergesagt hatte. Untersucht man nämlich z. B. das Sauerstoffatom, so lassen sich 8 Protonen und 8 Elektronen als Elementarteilchen nachweisen, die zusammen ungefähr die Masse 8 u besitzen. Die Atommasse des Sauerstoffs beträgt jedoch 16 u. Das Sauerstoffatom muß also neben 8 Protonen noch weitere, und zwar ungeladene Teilchen enthalten: die Neutronen. Neben Protonen und Elektronen sind die Neutronen wichtige Bausteine der Atome. In Gegensatz zum Proton und Elektron trägt das Neutron keine Ladung. Seine Masse beträgt, wie die des Protons, ungefähr 1 Atommassen-Einheit (1 u).
Wie neuere physikalische Untersuchungen zeigen, sind Elektron, Neutron und Proton noch nicht die letzten Bausteine der Materie. In der Chemie genügen sie jedoch zur Erklärung aller auftretenden Erscheinungen.

A_1 Welche Teilchen können mit Hilfe der Kathodenstrahlröhre nachgewiesen werden?

A_2 Wie unterscheiden sich Elektronen, Protonen und Neutronen?

A_3 Wie groß ist die Masse eines Atoms, das aus 6 Protonen, 8 Neutronen und 6 Elektronen aufgebaut ist?

7.3 Radioaktivität

Nachweis der radioaktiven Strahlung

V_1 Eine ebengeschliffene Platte aus *Pechblende* wird auf ein lichtdicht verpacktes, unbelichtetes Fotopapier (21 DIN) gelegt *(Vorsicht: Uransalze sind giftig und radioaktiv, Strahlenschutzverordnung beachten!)*. Zwischen Fotopapier und Pechblende werden einige kleine Münzen gebracht. Nach einer Woche entwickelt man das Fotopapier.

V_2 Im abgedunkelten Raum wird unter einem Binokularmikroskop (50fache Vergrößerung) das Zifferblatt einer Uhr mit Leuchtziffern und Leuchtzeigern beobachtet.

[1] C = Zeichen für die Ladungseinheit Coulomb (benannt nach C. A. Coulomb, vgl. S. 149). Fließt in einem Leiter ein Strom von 1 Ampere, so strömt durch den Querschnitt je Sekunde die Ladung 1 Coulomb (1 C).

[2] Ernest Rutherford (1871–1937), englischer Physiker, Professor in Montreal, Manchester und Cambridge.

Radioaktive Strahlung als Folge des Atomzerfalls

1. Einen Hinweis auf den Aufbau der Atome aus Elementarteilchen lieferte die von Becquerel[1] 1896 zum ersten Mal beobachtete Erscheinung der Radioaktivität. Dabei senden bestimmte Stoffe ohne Anregung von außen Strahlung aus, die durch Schwärzung einer Fotoplatte oder durch Aufleuchten bestimmter Leuchtsubstanzen nachgewiesen werden kann. Marie und Pierre Curie[2] entdeckten 1898 bei der Untersuchung von Pechblende, eines radioaktiven Uranerzes, neben Uran zwei in äußerst geringen Mengen vorhandene, stark strahlende Elemente: das Polonium (Po) und das Radium (Ra). Polonium und Radium zeigten eine 10 000mal stärkere Strahlung als Uran.

2. Rutherford gelang es im Jahre 1903, die Ursache dieser bis dahin rätselhaften Strahlen zu ermitteln: die Atome der radioaktiven Elemente zerfallen. Die Geschwindigkeit des Atomzerfalls ist durch keine äußeren Mittel beeinflußbar.

Halbwertszeit: Die Hälfte der Atome ist zerfallen

Ein Maß für die Zerfallsgeschwindigkeit verschiedener radioaktiver Elemente ist die Halbwertszeit. Man versteht darunter die Zeit, in der die Hälfte der ursprünglich vorhandenen Atome zerfallen ist.

Radioaktiver Zerfall von 1 g Radium

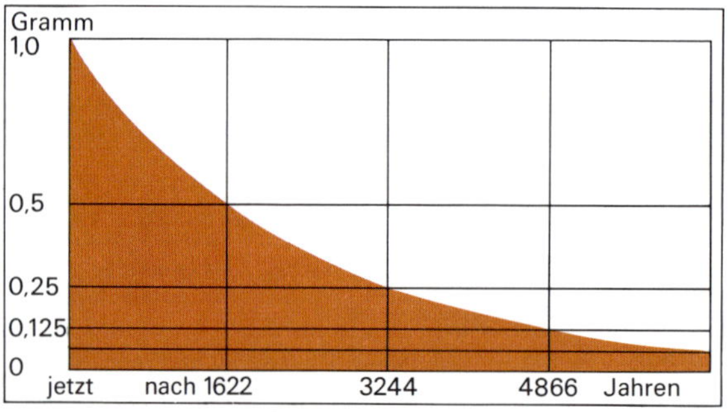

Halbwertszeiten radioaktiver Isotope

Isotop	Halbwertszeit
Uran 238	$4{,}47 \cdot 10^9$ Jahre
Radium 226	1600 Jahre
Radon 222	3,824 Tage
Nobelium 102	58 Minuten
Lawrencium 105	3 Minuten

α-, β- und γ-Strahlen

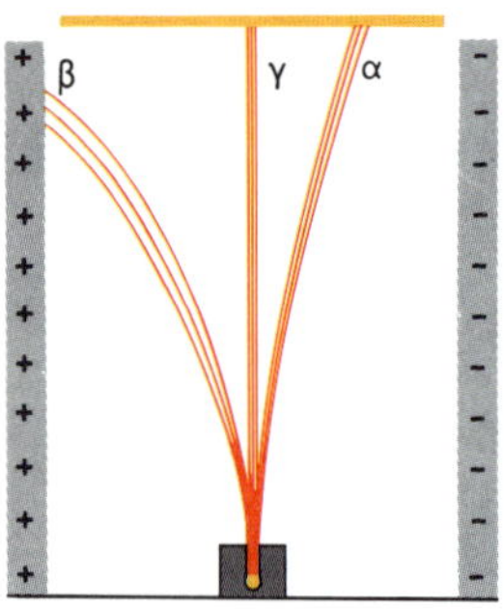

Aufspaltung der radioaktiven Strahlung im elektrischen Feld

3. Rutherford untersuchte das Verhalten von radioaktiver Strahlung im elektrischen und magnetischen Feld (siehe Abb.). Dabei konnte er drei Arten von Strahlung unterscheiden:

- α-Strahlen: positiv geladene Teilchen, sogenannte Heliumkerne
- β-Strahlen: schnell bewegte Elektronen
- γ-Strahlen: energiereiche elektromagnetische Wellen, die im elektrischen und magnetischen Feld nicht abgelenkt werden

A_1 Was versteht man unter der Halbwertszeit eines radioaktiven Elements?

A_2 Warum kommt es zur Aufspaltung radioaktiver Strahlung im elektrischen Feld?

[1] Antoine Henri Becquerel (1852–1908), französischer Physiker.

[2] Marie Curie, geborene Sklodowska (1867–1934), französische Chemikerin polnischer Herkunft, Ehefrau von Pierre Curie.
Pierre Curie (1859–1906), französischer Physiker.

7.4 Vom Experiment zur Theorie. Was sind Modelle?

1. Grundlage jeder naturwissenschaftlichen Erkenntnis ist das Experiment. In ihm stellt der Wissenschaftler gezielte Fragen an die Natur und versucht, aus den Beobachtungen sinnvolle Antworten abzuleiten. Beobachten ist dabei mehr als bloßes Wahrnehmen durch die Sinnesorgane. Beim richtigen Beobachten liegen bestimmte Absichten vor, man geht von Erwartungen aus. Ein Experiment erlaubt nur dann Schlußfolgerungen, wenn es von einem Problem her geplant und gestaltet wird. Beobachtet man z. B. die Knallgasreaktion unter dem Gesichtspunkt des Volumens, so stellt man fest, daß die Gase immer in festen Volumenverhältnissen miteinander reagieren: 2 Raumteile Wasserstoff und 1 Raumteil Sauerstoff vereinigen sich stets zu 2 Raumteilen Wasserdampf. Eine solche Formulierung des Versuchsergebnisses heißt Protokollsatz.

Vom Experiment zum Protokollsatz

2. In einem weiteren Schritt faßt man die Protokollsätze ähnlicher Versuche zusammen und versucht, gesetzmäßige Beziehungen zwischen ihnen herzustellen. Für unser Beispiel heißt das, daß wir die Volumenverhältnisse vieler Gasreaktionen vergleichen müssen. Auf diese Weise haben Gay-Lussac und Humboldt[1] 1808 das Gesetz der einfachen Gasvolumen entdeckt: Bei Reaktionen mit Gasen verhalten sich deren Volumen wie kleine ganze Zahlen. Dieses Gesetz ist ein Naturgesetz.

Vom Protokollsatz zum Gesetz

Naturgesetze sind gesicherte Ergebnisse experimenteller Erfahrung. Mit ihrer Hilfe lassen sich zukünftige Vorgänge voraussagen[2]. Dabei geht man vom Grundsatz aus, daß gleiche Ursachen immer die gleichen Wirkungen zur Folge haben (Kausalitätsprinzip). Für eine neuentdeckte Gasreaktion läßt sich also voraussagen, daß die dabei auftretenden Volumverhältnisse ganzzahlig sein müssen.

3. Avogadro versuchte 1811, das Gesetz der einfachen Gasvolumen zu erklären. Er formulierte dazu eine zunächst unbewiesene Annahme: Gleiche Raumteile von Gasen enthalten unter gleichen Bedingungen gleichviele Teilchen. Ein solcher Erklärungsversuch heißt Hypothese.

Hypothese: unbewiesene Annahme

4. Inzwischen wurde die Hypothese von Avogadro durch weitere Untersuchungen mehrfach bestätigt. Sie ist zentrales Prinzip einer umfassenden Theorie geworden. Diese «kinetische Gastheorie» versucht, das Verhalten von Gasen aus der Annahme bewegter kleinster Teilchen zu erklären. Theorien sind gedankliche Konstruktionen, aus denen sich eine möglichst große Zahl von Tatsachen widerspruchslos deuten läßt.

Von der Hypothese zur Theorie

5. Das Anwendungsfeld einer Theorie ist immer begrenzt. So gilt die kinetische Gastheorie nur für «ideale» Gase, d. h. für Gase, bei denen

Möglichkeiten und Grenzen einer Theorie

[1] Alexander von Humboldt (1769–1859), Naturforscher und Geograph.

[2] Mendelejew (1869): «Jedes natürliche Gesetz erhält nur in dem Falle wissenschaftliche Bedeutung, wenn dasselbe praktische Folgerungen ermöglicht, d. h. solche logischen Schlüsse zuläßt, welche Unerklärtes aufklären, auf bis dahin unbekannte Erscheinungen hinweisen, und besonders, wenn das Gesetz Voraussagungen hervorruft, welche durch das Experiment bestätigt werden können.»

zwischen den Teilchen keine Anziehungskräfte bestehen. Für «reale» Gase müssen jeweils entsprechende Einschränkungen gemacht werden.
Alle Vorhersagen, die man aus einer Theorie ableitet, sind erst dann gesichert, wenn sie durch Experimente bestätigt werden. Wird eine Voraussage experimentell widerlegt, so muß die Theorie ergänzt oder geändert werden.

6. Die meisten modernen chemischen Theorien sind auf der Grundlage der Mathematik aufgebaut. Um die mathematischen Sätze anschaulich zu machen, werden Modelle benützt. Modelle sind anschauliche Vorstellungen, die zur Erklärung beobachtbarer Sachverhalte entworfen werden. Atome, Elektronen, Protonen und Neutronen sind solche Modellvorstellungen.

Kennzeichen der Modelle

7. Alle Modelle sind als Bestandteile der Theorie durch folgende Merkmale gekennzeichnet:
- Sie sind «Scheinbilder» der Wirklichkeit, d. h. sie sind durch direkte Beobachtung nicht nachprüfbar. Ein Modell kann nicht wahr oder falsch sein, sondern allenfalls brauchbar oder unbrauchbar.
- Jedes Modell hat seine Grenzen. Treten neue experimentelle Befunde auf, die durch ein Modell nicht erklärt werden können, so muß es erweitert oder durch ein neues Modell ersetzt werden.

Die folgende Behandlung der Atommodelle kann nur dann richtig verstanden werden, wenn man diese Voraussetzungen ständig mitberücksichtigt.

A1 Wie lassen sich folgende Begriffe definieren: Protokollsatz, Hypothese, Theorie, Modell? Worin unterscheiden sie sich voneinander?

A2 Aus dem bisher behandelten Stoff sollen einige Protokollsätze und einige Gesetze angegeben werden.

7.5 Das Atommodell von Rutherford. Bedeutung von Kern und Hülle

1. Zu einer grundlegenden Erkenntnis über den Aufbau der Atome gelangte Rutherford im Jahre 1911. Seine beiden Mitarbeiter Geiger[1] und Marsden[2] untersuchten das Verhalten von α-Teilchen beim Durchgang durch dünne Metallfolien. Als Strahlungsquelle wurde Radium in einem Bleiblock benutzt. Durch eine Öffnung gelangte ein Strahl aus α-Teilchen auf eine äußerst dünn ausgewalzte Goldfolie. Dort konnten die α-Teilchen entweder aufgefangen, durchgelassen oder gestreut werden. Auf einem Leuchtschirm wurde dann festgestellt, wo die Teilchen auftreffen, wo sie also von der Goldfolie abgelenkt worden waren.

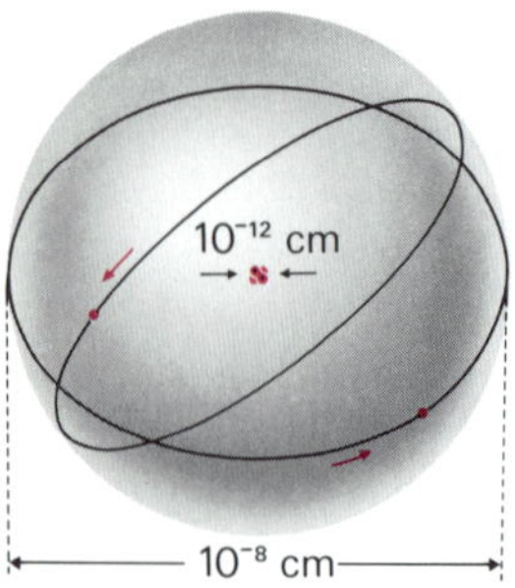

Das Rutherford-Modell eines Heliumatoms

2. Fast alle Teilchen durchdrangen ungehindert die Goldfolie, nur wenige wurden abgelenkt. Rutherford: «Es war, als schieße man gegen einen Geist.» Die wenigen reflektierten α-Teilchen mußten auf ein massives Zentrum

[1] Hans Geiger (1882–1945), deutscher Physiker, Professor in Kiel, Tübingen und Berlin.
[2] Sir Ernest Marsden (1889–1970), Physikprofessor in Wellington, Neuseeland.

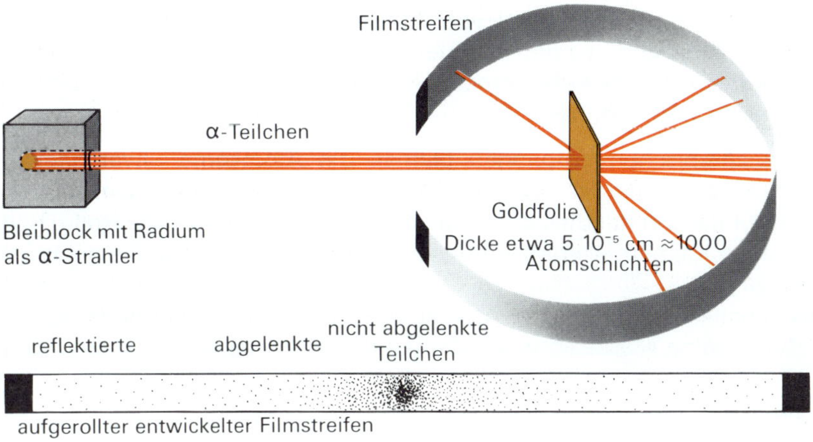

Streuversuch nach Rutherford (anstelle des Leuchtschirms kann heute ein Filmstreifen verwendet werden)

α-Teilchen durchdringen Metallfolien

gestoßen sein. Rutherford nannte dieses Zentrum Atomkern. Die Art der Ablenkung deutete auf eine positive Ladung des Atomkerns.

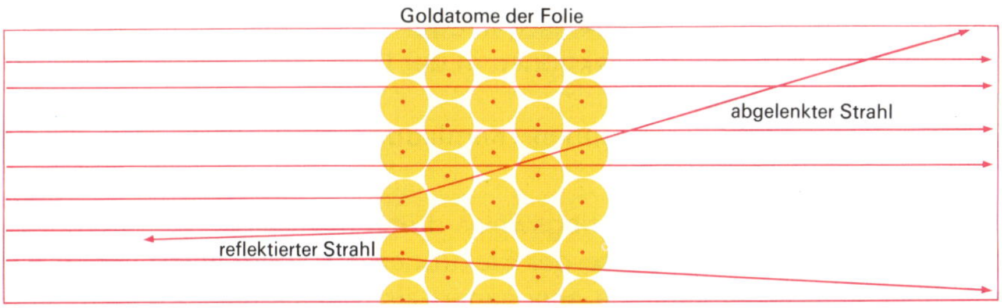

Bahnen von α-Teilchen im Bereich der Atome

Rutherfords Kern-Hülle-Modell

3. Das Rutherfordsche Atommodell unterscheidet also Atomkern und Atomhülle:

– Der Atomkern hat einen Durchmesser von etwa 10^{-12} cm, wie sich aus Zahl und Streuwinkel der abgelenkten α-Teilchen berechnen läßt. Seine positive Ladung wird durch Protonen hervorgerufen. Atome des gleichen Elementes enthalten gleich viele, Atome verschiedener Elemente verschieden viele Protonen. Später konnten als weitere Kernbausteine Neutronen nachgewiesen werden. Die Existenz solcher Neutronen war schon von Rutherford vorhergesagt worden.
– Die Atomhülle ist Aufenthaltsraum für die nahezu masselosen Elektronen. Als negativ geladene Teilchen werden sie vom positiv geladenen Atomkern angezogen. Um diese Anziehung auszugleichen, fordert das Rutherfordsche Atommodell eine kreisende Bewegung der Elektronen um den Kern. Die dadurch entstehende Fliehkraft muß gleich groß sein wie die elektrostatische Anziehungskraft zwischen Kern und Elektron. Die Zahl der positiven Protonen im Kern muß bei neutralen Atomen gleich der Zahl der Elektronen sein.

4. Wie sich später herausstellte, beruht die Erscheinung der Radioaktivität auf einem spontanen Zerfall von Atomkernen. Durch «Beschießen» mit anderen Atomkernen oder mit Elementarteilchen lassen sich Atomkerne auch künstlich in andere Kerne umwandeln. Mit solchen Kernreaktionen befaßt sich die Kernphysik.

An chemischen Vorgängen ist die Atomhülle beteiligt

5. Bei chemischen Vorgängen bleiben die Atomkerne unverändert. An solchen Vorgängen ist nur die Atomhülle beteiligt. Deren Kenntnis spielt daher für das Verständnis der Chemie eine ausschlaggebende Rolle. In den folgenden Kapiteln werden wir uns mit dem Bau der Atomhülle noch näher befassen.
Aus chemischer Sicht ist der Atomkern jedoch insofern von Bedeutung, als
- durch seine Masse im wesentlichen die Atommasse bestimmt wird und
- durch die Zahl seiner Protonen auch die Anzahl der Hüllen-Elektronen des neutralen Atoms festgelegt ist.

Ordnungszahl = Kernladungszahl = Zahl der Protonen

6. Protonen sind positiv geladene, Neutronen elektrisch neutrale Bausteine des Atomkerns. Daraus folgt, daß die Anzahl der Protonen die Größe der Kernladung bestimmt. Die Zahl der Protonen heißt deswegen Kernladungszahl. Es hat sich gezeigt, daß die Elemente des Periodensystems eigentlich nach ihren Kernladungszahlen geordnet sind. Die Kernladungszahl eines Atoms entspricht daher der Ordnungszahl.
Sind die Atome nach außen elektrisch neutral, so muß die Zahl der Protonen im Kern gleich der Zahl der Elektronen in der Hülle sein. Deswegen gilt für elektrisch neutrale Atome:
Ordnungszahl = Zahl der Protonen (Kernladungszahl) = Zahl der Elektronen

Atommasse ≈ Masse der Protonen und Neutronen

7. Die Atommasse wird näherungsweise durch die Massen der Atombausteine bestimmt. Da die Masse der Elektronen außerordentlich gering ist, errechnet sich die Atommasse angenähert als Summe der Protonen- und Neutronenmasse.
Die Zahl der Neutronen kann aus der Differenz von Atommasse und Ordnungszahl errechnet werden. So besitzt das Element Beryllium die Atommasse 9 und die Ordnungszahl 4; die Zahl der Neutronen beträgt also 5.

Isotope: Atome gleicher Protonenzahl und verschiedener Neutronenzahl

8. Die Atome des gleichen Elements haben die gleiche Anzahl von Protonen. Sie können sich jedoch in der Zahl der Neutronen voneinander unterscheiden. Atomarten, die gleich viele Protonen, aber verschieden viele Neutronen enthalten, heißen Isotope (siehe z. B. Isotope des Wasserstoffs Seite 131). Die meisten in der Natur vorkommenden Elemente sind Gemische verschiedener Isotope, also Gemische von Atomen mit unterschiedlicher Atommasse. Die Atommasse vieler Elemente weicht daher von den eigentlich zu erwartenden ungefähr ganzzahligen Werten ab.
Die Isotope eines Elements haben immer das gleiche Symbol. Besondere Symbole und Namen gibt es nur bei den Isotopen des Wasserstoffs. Die Isotope anderer Elemente werden dadurch bezeichnet, daß man dem Namen bzw. Symbol des Elementes die Zahl der Kernteilchen (Protonen + Neutronen) anfügt, z. B. Uran 235 (U 235). Oft wird diese Zahl auch über die Ordnungszahl gesetzt, z. B. $^{6}_{3}Li$, $^{7}_{3}Li$, $^{235}_{92}U$.

Name (Zeichen)	Zahl der Protonen	Zahl der Neutronen	Zahl der Kernteilchen
Wasserstoff (Protium) (H)	1	0	1
Schwerer Wasserstoff (Deuterium) (D)	1	1	2
Überschwerer Wasserstoff (Tritium) (T)	1	2	3

Isotope des Elements Wasserstoff

Da die chemischen Eigenschaften der Elemente von der Anzahl der Elektronen in der Atomhülle abhängen, reagieren die verschiedenen Isotope eines Elements gleich. Die prozentuale Zusammensetzung des Isotopengemischs verändert sich daher bei chemischen Reaktionen nicht.

A1 Wieviele Neutronen besitzen die Atome der folgenden Elemente: Fluor, Phosphor, Natrium, Helium.

A2 Wieviele Elektronen enthalten die Atomhüllen folgender Atome: $^{4}_{2}He$, $^{12}_{6}C$, $^{14}_{6}C$.

A3 Die Atommasse des Selens beträgt 79 u, seine Ordnungszahl ist 34. Wie groß ist die Zahl der Neutronen im Atomkern?

A4 Natürlich vorkommendes Chlor ist ein Isotopengemisch von Chlor-Isotopen mit den Atommassen 35 u und 37 u. Aus der Atommasse des natürlich vorkommenden Chlors kann auf die prozentuale Zusammensetzung des Gemischs geschlossen werden.

7.6 Das Bohrsche Atommodell

Beobachtung von Spektren

V1 Das Licht eines Diaprojektors wird durch ein Glasprisma geleitet und auf einem Projektionsschirm aufgefangen.

V2 Natriumsalze werden auf Magnesiastäbchen gebracht und in die nichtleuchtende Flamme des Bunsenbrenners gehalten. Beobachtung des abgestrahlten Lichts mit einem Spektroskop.

V3 Neonlicht wird mit einem Taschenspektroskop beobachtet.

Licht und Spektralfarben

1. Zerlegt man Sonnenlicht oder das Licht einer Glühfadenlampe durch ein Glasprisma, so erhält man ein Farbband von Rot nach Blau, ein sogenanntes Spektrum.

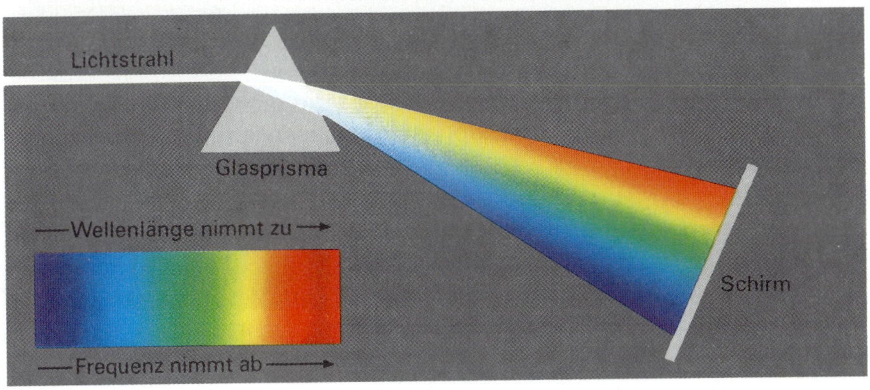

Spektrum des Sonnenlichts

Blaulicht ist energiereicher als Rotlicht

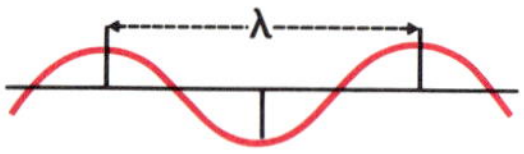

Wellenlänge (λ)

Weißes Licht ist also nicht einheitlich; es besteht vielmehr aus einem Gemisch verschiedenfarbiger Lichtsorten. Physikalische Untersuchungen zeigen, daß das Licht als Welle aufgefaßt werden kann. Jede Lichtfarbe entspricht einer bestimmten Wellenlänge und einer bestimmten Energie. Rotes Licht ist langwelliger und energieärmer als violettes Licht. Über gelb, grün und blau nimmt die Wellenlänge des Lichts ab und seine Energie zu.

Herstellung eines Linienspektrums

2. Zerlegt man das Licht einer Neonlampe im Spektroskop, so erhält man kein zusammenhängendes (kontinuierliches) Spektrum, sondern scharf voneinander getrennte Linien. Wie Neon können auch andere Atome durch Energiezufuhr zur Abgabe von Licht angeregt werden, wobei im Spektroskop Linien zu erkennen sind.

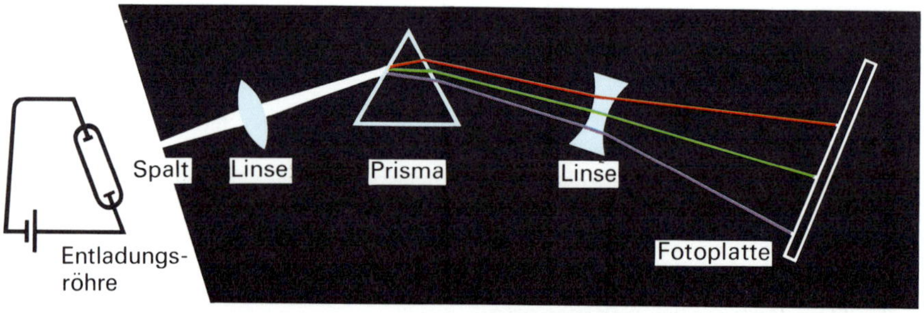

Linienspektren von Helium, Neon, Natrium und Kalium

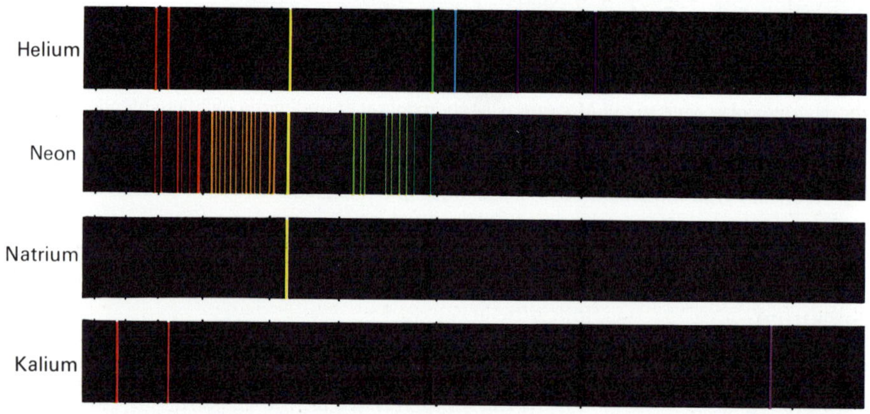

3. Bei der Anregung von Wasserstoff beobachtet man nur ein schwaches, violettes Leuchten. Im Spektroskop ist ein Linienspektrum zu erkennen.

Linienspektrum des Wasserstoffs

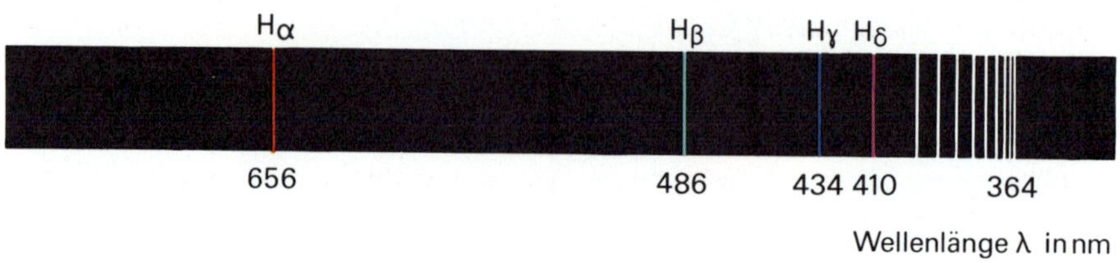

Quanten als kleinste Energieportionen

Für dieses Linienspektrum des Wasserstoffs fand Bohr[1] 1913 eine Erklärung. Er benützte dabei Ergebnisse der Quantentheorie, die kurz zuvor von Planck[2] und Einstein[3] entwickelt worden war. Eine wichtige Aussage der Quantentheorie lautet: Energie kann nicht in beliebig kleine Portionen aufgeteilt werden. Ihre kleinsten, nicht mehr aufteilbaren Beträge heißen Quanten.

Elektronen nur auf bestimmten Schalen der Atomhülle

4. Diese Erkenntnis ermöglicht die Deutung der Spektrallinien des Wasserstoffs. Nach Bohr befindet sich das Elektron im unbeeinflußten Atom auf einer Kreisbahn in einem bestimmten Abstand vom Kern; es ist im Grundzustand. Bei der elektrischen Entladung wird dem Wasserstoffatom Energie zugeführt. Bei der Energieaufnahme wird das Elektron angeregt, d. h. es wird gegen die elektrostatische Anziehungskraft auf einen höheren Kernabstand gehoben. Das Atom befindet sich jetzt im angeregten Zustand. Das Elektron kann aber nur auf ganz bestimmte Energiestufen, d. h. bestimmte Kernabstände, springen. Diese erlaubten Aufenthaltsbereiche nennt man Schalen. Beim Zurückfallen von einer äußeren auf eine innere Schale gibt das Elektron Energie in Form von Licht bestimmter Wellenlänge ab.

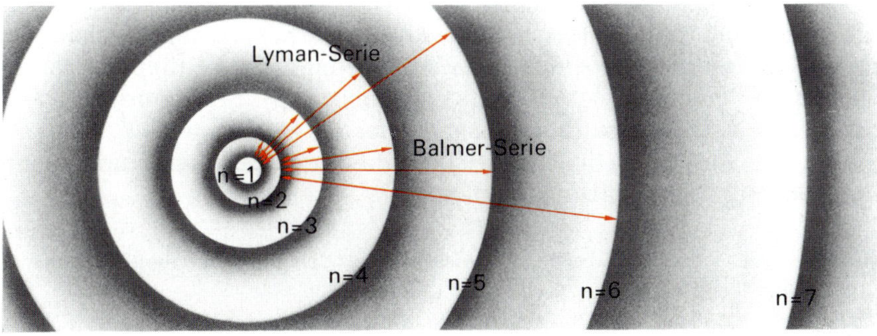

Quantensprünge der Elektronen im angeregten Wasserstoffatom. n = Schalennummer

Kernnahe Elektronen sind energieärmer

5. Auch wenn eine Atomhülle aus mehreren Elektronen besteht, halten sich diese im Bereich der Schalen auf. Im Grundzustand sind die Elektronen in bestimmter Weise auf die Schalen verteilt. Elektronen verschiedener Schalen haben verschiedene Energie: ein Elektron, das weiter vom Kern entfernt ist, besitzt mehr Energie als ein Elektron in Kernnähe.

Nach Anregung zeigen alle Atome ein Linienspektrum. Dies beweist den Schalenbau der Atomhüllen. In der Berücksichtigung dieses Sachverhaltes unterscheidet sich das Bohrsche Atommodell vom Modell Rutherfords. Nach Rutherford wären Elektronen auf beliebigen Bahnen möglich.

Periodennummer entspricht der Anzahl Schalen

6. Das Bohrsche Atommodell erlaubt auch eine Deutung des Periodensystems aus dem Atombau. Danach ist die periodische Anordnung der Elemente im Periodensystem auf den Schalenbau der Atomhülle zurückzuführen. Die erste Periode enthält die beiden Elemente Wasserstoff (H) und

[1] Niels Bohr (1885–1962), Professor für theoretische Physik in Kopenhagen.
[2] Max Planck (1858–1947), Professor für theoretische Physik in Kiel und Berlin.
[3] Albert Einstein (1879–1955), unter anderem als Schöpfer der Relativitätstheorie einer der bedeutendsten Physiker.

Helium (He). In ihren Atomen befinden sich die Elektronen auf der ersten Schale. Die zweite Periode wird von Elementen gebildet, deren Atome weitere Elektronen auf der zweiten Schale besitzen, usw. Allgemein gilt: Die Periodennummer eines Elements entspricht der Zahl der Schalen in der Atomhülle.

Schalenbau der Atome nach dem Bohrschen Atommodell

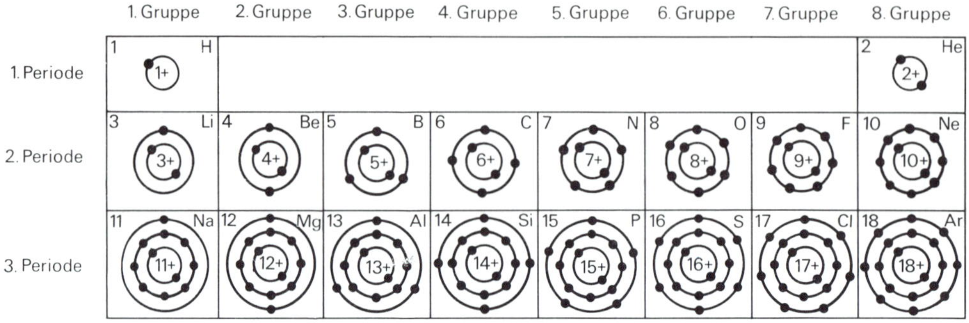

Hauptgruppennummer entspricht der Anzahl Außenelektronen

7. Die Elektronen auf der jeweils äußersten Schale heißen Außenelektronen. In den Hauptgruppen entspricht ihre Zahl der Nummer der Gruppe, in der ein Element im Periodensystem steht (siehe Abbildung). So besitzen alle Halogenatome 7 Außenelektronen; daher bilden die Halogene die 7. Elementgruppe. Eine Ausnahme bildet das Helium, das in der 8. Elementgruppe steht, aber nur zwei Außenelektronen aufweist.

A_1 Durch welche Aussagen über die Atomhülle hat Niels Bohr das Rutherfordsche Atommodell erweitert?

A_2 Für folgende Elemente soll die Verteilung der Elektronen auf die einzelnen Schalen angegeben werden: Sauerstoff, Silicium, Magnesium und Kalium

7.7 Der Feinbau der Atomhülle

Maximale Elektronenzahl einer Schale: $2\,n^2$

1. Aus dem Bohrschen Atommodell übernehmen wir die Erkenntnis, daß die Elektronen der Atomhülle auf festgelegten Schalen angeordnet sind. Die Zahl der in einer Schale Platz findenden Elektronen ist aber begrenzt. Sie beträgt, wie empirisch festgestellt werden kann, $2\,n^2$. Dabei bedeutet n die Nummer der Schale. Die dritte Schale eines Atoms z. B. kann also mit höchstens $2 \cdot 3^2 = 18$ Elektronen besetzt werden.

Maximale Besetzung der Elektronenschalen

	n	Zahl der Elektronen ($2\,n^2$)
1. Schale	1	2
2. Schale	2	8
3. Schale	3	18
4. Schale	4	32
5. Schale	5	50

2. Die genaue Untersuchung der Atomspektren zeigt, daß die Elektronenschalen in Unterschalen aufgeteilt werden müssen. Diese Unterschalen werden mit den Buchstaben s, p, d und f benannt. Diese Bezeichnungen sind Abkürzungen aus der Spektroskopie (s = sharp, p = principal, d = diffuse, f = fundamental). Die Unterschalen geben die genauere Energielage der Elektronen innerhalb des Energiebereichs einer Schale an.

s, p, d und f: Energiestufen der Elektronen innerhalb einer Schale

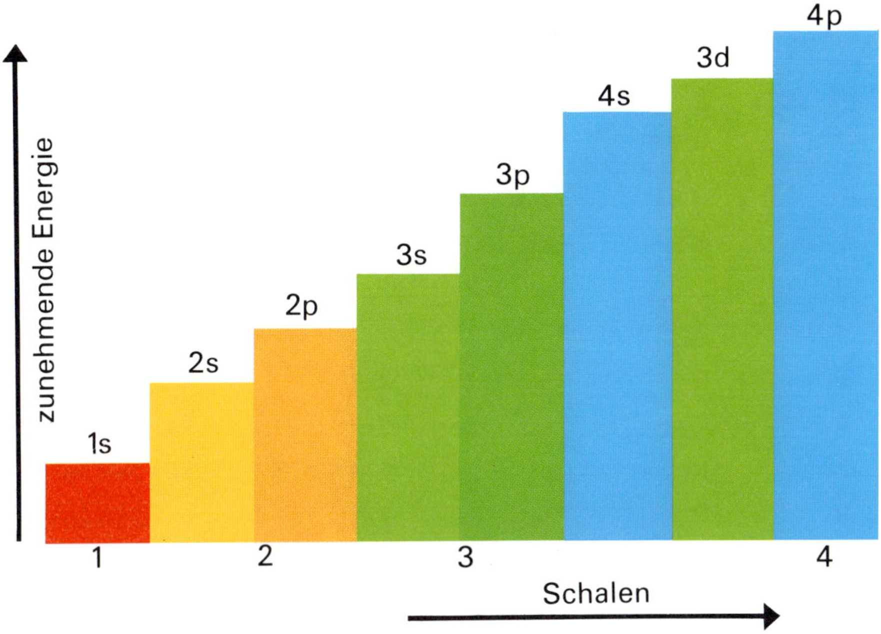

Schema der Energiestufen in der Atomhülle

Die Bezeichnung 3s-Elektron bedeutet, daß das Elektron auf der s-Unterschale der 3. Schale liegt. Die Unterschalen können maximal mit folgenden Elektronenzahlen besetzt sein:

s-Unterschale: 2 Elektronen
p-Unterschale: 6 Elektronen
d-Unterschale: 10 Elektronen
f-Unterschale: 14 Elektronen

3. Schließlich werden die Elektronen einer Unterschale auf sogenannte Orbitale verteilt. Ein Orbital kann durch höchstens zwei Elektronen besetzt werden. Zur Veranschaulichung stellt man sich vor, daß die Elektronen um ihre eigene Achse rotieren und daß die beiden Elektronen eines Orbitals entgegengesetzten Drehsinn besitzen. Diese Eigenrotation eines Elektrons heißt Spin. Ein Orbital ist demnach der Aufenthaltsraum für zwei Elektronen, die sich nur im Spin voneinander unterscheiden.

Orbital Aufenthaltsraum für zwei Elektronen mit entgegengesetztem Spin

4. Der Zustand eines Elektrons in der Atomhülle ist durch die Angabe des Orbitals und des Spins eindeutig gekennzeichnet. Der Energiezustand aller Elektronen in einem Atom heißt Elektronenkonfiguration. Der amerikanische Chemiker Linus Pauling hat eine Schreibweise vorgeschlagen, mit der die

Schreibweisen der Elektronenkonfiguration

Elektronenkonfiguration eines Atoms anschaulich dargestellt werden kann. Dabei werden die Orbitale durch quadratische Kästchen symbolisiert. Vor die Kästchen wird die Bezeichnung der Schale und der Unterschale geschrieben. Die Elektronen werden als Pfeile in die Kästchen eingetragen. Die unterschiedliche Stellung der Pfeile entspricht dabei dem unterschiedlichen Spin:

1. Schale:
nur Unterschale s
2. Schale:
Unterschalen s und p
3. Schale:
Unterschalen s, p und d

Unterschale s:
1 Orbital
Unterschale p:
3 Orbitale
Unterschale d:
5 Orbitale
Je Orbital 2 Elektronen

Elektronenkonfigurationen der ersten zehn Elemente des Periodensystems

Ordnungszahl	Elementsymbol	Paulingsche Kästchenschreibweise	Kurzschreibweise
1	H	1s [↑] 2s [ ] 2p [| |]	$1s^1$
2	He	1s [↑↓] 2s [ ] 2p [| |]	$1s^2$
3	Li	1s [↑↓] 2s [↑] 2p [| |]	$1s^2\ 2s^1$
4	Be	1s [↑↓] 2s [↑↓] 2p [| |]	$1s^2\ 2s^2$
5	B	1s [↑↓] 2s [↑↓] 2p [↑ | |]	$1s^2\ 2s^2\ 2p^1$
6	C	1s [↑↓] 2s [↑↓] 2p [↑ | ↑ |]	$1s^2\ 2s^2\ 2p^2$
7	N	1s [↑↓] 2s [↑↓] 2p [↑ | ↑ | ↑]	$1s^2\ 2s^2\ 2p^3$
8	O	1s [↑↓] 2s [↑↓] 2p [↑↓ | ↑ | ↑]	$1s^2\ 2s^2\ 2p^4$
9	F	1s [↑↓] 2s [↑↓] 2p [↑↓ | ↑↓ | ↑]	$1s^2\ 2s^2\ 2p^5$
10	Ne	1s [↑↓] 2s [↑↓] 2p [↑↓ | ↑↓ | ↑↓]	$1s^2\ 2s^2\ 2p^6$

A1 Mit Hilfe des Periodensystems sollen die richtigen Zahlen in folgende Tabelle eingesetzt werden:

	Li	Na	Cl	S	Li^+	Na^+	Cl^-	S^{2-}
Kernladungszahl								
Zahl der Schalen								
Zahl der Elektronen								
Zahl der Elektronen der äußersten Schale								

A2 Was versteht man unter der Elektronenkonfiguration eines Elements? Für das Element Stickstoff soll die Konfiguration der Außenelektronen in Kästchenschreibweise angegeben werden.

7.8 Atomhülle und Aufbau des Periodensystems

1. Mit steigender Ordnungszahl enthalten die Atomkerne von Element zu Element jeweils ein weiteres Proton. Damit muß auch in die Atomhülle jeweils ein weiteres Elektron eingebaut werden. Dieser Einbau gehorcht zwei Grundprinzipien, die man aus einer großen Zahl experimenteller Ergebnisse abgeleitet hat: Dem Energieprinzip und dem Pauli-Prinzip.

2. Das Energie-Prinzip fordert, daß die energieärmsten Plätze zuerst besetzt werden. Im Grundzustand des Atoms nehmen die Elektronen immer den Zustand mit der geringsten Energie ein.

Energieprinzip: Elektronen nehmen den energieärmsten Zustand ein

3. Der Energiezustand eines Elektrons in der Atomhülle wird durch vier sogenannte Quantenzahlen beschrieben:

- Die Hauptquantenzahl n kennzeichnet die Schale, in welcher sich das Elektron befindet, und ist identisch mit der Nummer der Schale.
- Die Nebenquantenzahl l bezeichnet die Unterschale, in welcher sich das Elektron aufhält. Zur Hauptquantenzahl 1 ist dabei nur eine Nebenquantenzahl möglich, die Nebenquantenzahl 0, die der Unterschale s entspricht. Die Elektronen der Hauptquantenzahl 1 werden daher als 1s-Elektronen bezeichnet. Bei der Hauptquantenzahl 2 sind zwei Nebenquantenzahlen möglich, nämlich 0 und 1, entsprechend den Unterschalen s und p. Mit der Hauptquantenzahl 2 gibt es also 2s- und 2p-Elektronen. Bei der Hauptquantenzahl 3 sind drei Nebenquantenzahlen, und zwar 0, 1 und 2, möglich. Wir können also 3s-, 3p- und 3d-Elektronen unterscheiden. Bei der Hauptquantenzahl 4 gibt es schließlich vier Nebenquantenzahlen, 0, 1, 2 und 3, entsprechend den Elektronen 4s, 4p, 4d und 4f.

Elektronenzustand wird beschrieben durch vier Quantenzahlen:
n Hauptquantenzahl
l Nebenquantenzahl
m Magnetquantenzahl
s Spinquantenzahl

Nebenquantenzahl l	0	1	2	3
Bezeichnung der Unterschale	s	p	d	f

Nebenquantenzahl und Unterschale

Zwischen der Hauptquantenzahl n und der Nebenquantenzahl l besteht somit folgender Zusammenhang: l kann die Werte n–1 bis 0 annehmen.

- Elektronen gleicher Haupt- und Nebenquantenzahl können sich durch eine dritte, die magnetische Quantenzahl m, unterscheiden. Die Anzahl möglicher Magnetquantenzahlen ist von der Nebenquantenzahl abhängig und durch folgende Beziehung bestimmt: $m = +l$ bis $-l$. Beispiel: Ist die Nebenquantenzahl $l = 1$, so sind folgende Magnetquantenzahlen möglich: $m = +1, 0, -1$. In der p-Unterschale ($l = 1$) sind also drei verschiedene Zustände möglich, die den schon erwähnten Orbitalen entsprechen. Es gibt drei p-Orbitale. Jedes Orbital ist durch die drei Quantenzahlen n, l und m eindeutig gekennzeichnet.
- Die beiden Drehsinne des Elektronenspins werden durch die Spinquantenzahl s unterschieden. Sie kann die beiden Werte $+\frac{1}{2}$ und $-\frac{1}{2}$ annehmen. Ein Orbital kann von maximal zwei Elektronen besetzt sein, die sich im Spin unterscheiden müssen.

Pauli-Prinzip: Verbot gleicher Elektronenzustände im selben Atom

4. Das zweite Einbauprinzip besagt, daß in der Atomhülle keine Elektronen mit vier gleichen Quantenzahlen vorkommen dürfen (Pauli-Prinzip[1]). Die Elektronen müssen sich also in mindestens einer Quantenzahl voneinander unterscheiden.

5. Das Energieprinzip und das Pauli-Prinzip sollen nun auf die Atome der Elemente in der Reihenfolge des Periodensystems angewendet werden. Die angegebenen Quantenzahlen gelten für das zuletzt eingebaute Elektron. Die Elektronenkonfigurationen sind in Pauling'scher Schreibweise aufgeführt:

Die Elemente der 1. Periode

$_1$H n = 1 l = 0 (s) m = 0 s = − ½ 1s [↑]

Das Elektron des Wasserstoffs belegt mit den niedrigsten Quantenzahlen den energieärmsten Platz.

$_2$He n = 1 l = 0 (s) m = 0 s = + ½ 1s [↑↓]

Das Pauli-Prinzip kommt darin zum Ausdruck, daß beide möglichen Spinrichtungen auftreten. Die erste Schale der Atomhülle ist mit zwei Elektronen voll besetzt. Es ist kein weiteres Elektron mit der Hauptquantenzahl 1 möglich. Die erste Periode des Periodensystems ist mit zwei Elementen abgeschlossen.

Die Elemente der 2. Periode

$_3$Li n = 2 l = 0 (s) m = 0 s = − ½ 1s [↑↓] 2s [↑]

Die niedrigste Nebenquantenzahl entspricht der niedrigsten Energie. Nach dem Energieprinzip beginnt also die Besetzung der 2. Schale beim Lithium ($_3$Li) mit einem s-Elektron. Beim Beryllium ($_4$Be) ist die s-Unterschale «aufgefüllt», beim Bor ($_5$B) beginnt die Besetzung der p-Unterschale:

$_4$Be n = 2 l = 0 (s) m = 0 s = + ½ 1s [↑↓] 2s [↑↓]

$_5$B n = 2 l = 1 (p) m = − 1 s = − ½ 1s [↑↓] 2s [↑↓] 2p [↑][ ][ ]

6. Für das neue Elektron des Elements Kohlenstoff ($_6$C) kommen folgende Kombinationen der Quantenzahlen in Frage:

a) n = 2 l = 1 (p) m = − 1 s = + ½ 1s [↑↓] 2s [↑↓] 2p [↑↓][ ][ ]

b) n = 2 l = 1 (p) m = 0 s = − ½ 1s [↑↓] 2s [↑↓] 2p [↑][↑][ ]

Regel von Hund

Es hat sich gezeigt, daß die Anordnung b) auftritt (d.h. energieärmer ist), was durch die Regel von Hund[2] wie folgt ausgedrückt wird: Orbitale mit der gleichen Nebenquantenzahl werden zuerst einzeln mit Elektronen besetzt. Bei Anwendung der Hundschen Regel ergibt sich für die Elemente Stickstoff ($_7$N) bis Neon ($_{10}$Ne) die folgende Verteilung:

[1] Benannt nach dem Schweizer Nobelpreisträger Wolfgang Pauli (1900–1958).
[2] Benannt nach dem deutschen Physiker Friedrich Hund.

$_{7}N$	n = 2	l = 1 (p)	m = +1	s = − ½	1s [↑↓]	2s [↑↓]	2p [↑ | ↑ | ↑]
$_{8}O$	2	1 (p)	− 1	+ ½	1s [↑↓]	2s [↑↓]	2p [↑↓ | ↑ | ↑]
$_{9}F$	2	1 (p)	0	+ ½	1s [↑↓]	2s [↑↓]	2p [↑↓ | ↑↓ | ↑]
$_{10}Ne$	2	1 (p)	+ 1	+ ½	1s [↑↓]	2s [↑↓]	2p [↑↓ | ↑↓ | ↑↓]

Die Regeln erlauben für die Hauptquantenzahl 2 insgesamt acht Kombinationen. Die zweite Schale kann also durch acht Elektronen besetzt werden. Die zweite Periode ist daher mit dem Element Neon abgeschlossen.

7. Bei den folgenden Elementen werden die Elektronenkonfigurationen nur noch für die Außenelektronen angegeben:

Die Elemente der 3. Periode

$_{11}Na$	n = 3	l = 0 (s)	m = 0	s = − ½	3s [↑]	
$_{12}Mg$	3	0 (s)	0	+ ½	3s [↑↓]	
$_{13}Al$	3	1 (p)	− 1	− ½	3s [↑↓]	3p [↑ | |]
$_{14}Si$	3	1 (p)	0	− ½	3s [↑↓]	3p [↑ | ↑ |]
$_{15}P$	3	1 (p)	+ 1	− ½	3s [↑↓]	3p [↑ | ↑ | ↑]
$_{16}S$	3	1 (p)	− 1	+ ½	3s [↑↓]	3p [↑↓ | ↑ | ↑]
$_{17}Cl$	3	1 (p)	0	+ ½	3s [↑↓]	3p [↑↓ | ↑↓ | ↑]
$_{18}Ar$	3	1 (p)	+ 1	+ ½	3s [↑↓]	3p [↑↓ | ↑↓ | ↑↓]
$_{19}K$	4	0 (s)	0	− ½	4s [↑]	
$_{20}Ca$	4	0 (s)	0	+ ½	4s [↑↓]	

Nach dem Einbau der 3p-Elektronen von Aluminium ($_{13}Al$) bis Argon ($_{18}Ar$) erwartet man eigentlich beim Kalium ($_{19}K$) das erste 3d-Elektron. Statt dessen werden jedoch zuerst 4s-Elektronen eingebaut. Das liegt daran, daß die 4s-Elektronen energieärmer sind als die 3d-Elektronen.

8. Erst bei den Nebengruppenelementen Scandium ($_{21}Sc$) bis Zink ($_{30}Zn$) werden die 3d-Elektronen eingebaut. Für sie stehen mit der Nebenquantenzahl l = 2 fünf magnetische Quantenzahlen zur Verfügung:

Bei den Nebengruppenelementen werden innere Schalen aufgefüllt

3d	[ ]	[ ]	[ ]	[ ]	[ ]
m =	− 2	− 1	± 0	+ 1	+ 2

Es sind also zehn d-Elektronen und damit zehn Nebengruppenelemente in einer Periode möglich:

$_{21}$Sc	n = 3	l = 2(d)	m = −2	s = −½	3d [↑][ ][ ][ ][ ]	4s [↑↓]
$_{22}$Ti	3	2(d)	−1	−½	3d [↑][↑][ ][ ][ ]	4s [↑↓]
$_{23}$V	3	2(d)	0	−½	3d [↑][↑][↑][ ][ ]	4s [↑↓]
$_{24}$Cr	3	2(d)	+1	−½	3d [↑][↑][↑][↑][ ]	4s [↑↓]
$_{25}$Mn	3	2(d)	+2	−½	3d [↑][↑][↑][↑][↑]	4s [↑↓]
$_{26}$Fe	3	2(d)	−2	+½	3d [↑↓][↑][↑][↑][↑]	4s [↑↓]
$_{27}$Co	3	2(d)	−1	+½	3d [↑↓][↑↓][↑][↑][↑]	4s [↑↓]
$_{28}$Ni	3	2(d)	0	+½	3d [↑↓][↑↓][↓↑][↑][↑]	4s [↑↓]
$_{29}$Cu	3	2(d)	+1	+½	3d [↑↓][↑↓][↑↓][↑↓][↑]	4s [↑↓]
$_{30}$Zn	3	2(d)	+2	+½	3d [↑↓][↑↓][↑↓][↑↓][↑↓]	4s [↑↓]

A1 Die Formel zur Berechnung der maximalen Elektronenzahl einer Schale lautet $2n^2$ (n = Nummer der Schale). Die Gültigkeit dieser Formel soll mit Hilfe der Quantenzahlenregeln nachgeprüft werden.

A2 Welche der folgenden Elektronenkonfigurationen sind falsch? Gegen welche Prinzipien verstoßen die fehlerhaften Beispiele?

1s [↑↓] 2s [↑↓] 2p [↑][↑][ ]	1s [↑↓] 2s [↑↓] 2p [↑↓][↑][↑]
1s [↑↓] 2s [↑] 2p [↑][↑][↑]	1s [↑↓] 2s [↑↓] 2p [↑↑][↑][↑]
1s [↑↓] 2s [↑] 2p [ ][ ][ ]	1s [↑↓] 2s [↑↓] 2p [↑↓][ ][ ]

A3 Die Elektronenkonfigurationen der Halogene sollen in Pauling'scher Kästchenschreibweise formuliert und miteinander verglichen werden.

A4 Geben Sie für folgende Elemente die Konfiguration der Außenelektronen in der Pauling-Schreibweise an: Krypton ($_{36}$Kr), Strontium ($_{38}$Sr), Silber ($_{47}$Ag), Quecksilber ($_{80}$Hg).

A5 Wie lautet die Konfiguration der Elektronen, welche bei den Lanthaniden (Elemente 58 bis 71) und bei den Actiniden (Elemente 90 bis 103) eingebaut werden? Warum müssen es jeweils 14 Elemente sein?

[1] Der Grundzustand der Atome von Chrom und Kupfer wird normalerweise so formuliert, daß die 3d-Unterschale halb-bzw. ganz gefüllt erscheint:

$_{24}$Cr	3d [↑][↑][↑][↑][↑]	4s [↑]
$_{29}$Cu	3d [↑↓][↑↓][↑↓][↑↓][↑↓]	4s [↑]

7.9 Elektronenkonfiguration und chemische Eigenschaften

Reaktionen, bei denen stabile Ionen gebildet werden

V1 Ein schwerschmelzbares Reagenzglas wird *im Abzug* mit trockenem *Chlor (giftig)* gefüllt, dann gibt man ein etwa erbsengroßes Stück entkrustetes *Natrium (feuergefährlich; reagiert heftig mit Wasser)* hinein und erhitzt kräftig *(Schutzbrille!)*

V2 Auf einem Drahtnetz entzündet man ein ca. 3 cm langes Magnesiumband. Der entstehende Rauch wird durch ein übergestülptes Becherglas aufgefangen. *(Nicht direkt in die Flamme schauen!)*

Außenelektronen sind für das chemische Verhalten maßgeblich

1. Bei chemischen Reaktionen sind häufig nur die Elektronen der jeweils äußersten Schale beteiligt. Die Außenelektronen bestimmen daher oft das chemische Verhalten des betreffenden Elements und heißen auch Valenzelektronen. Die übrigen Elektronen heißen Rumpfelektronen.

Edelgaskonfiguration: s- und p-Orbitale voll besetzt

2. Die Atome der Edelgase sind besonders reaktionsträge. Ihre Elektronenkonfiguration muß also besonders stabil sein.

$_{2}$He	1s [↑↓]				
$_{10}$Ne	1s [↑↓]	2s [↑↓]	2p [↑↓│↑↓│↑↓]		
$_{18}$Ar	1s [↑↓]	2s [↑↓]	2p [↑↓│↑↓│↑↓]	3s [↑↓]	3p [↑↓│↑↓│↑↓]

Das wesentliche Merkmal der Edelgaskonfiguration besteht darin, daß s- und p-Orbitale voll besetzt sind (beim Helium nur das s-Orbital!).

3. Die Atome innerhalb einer Hauptgruppe des Periodensystems weisen immer analoge Konfigurationen ihrer Außenelektronen auf:

Elemente einer Hauptgruppe: gleiche Konfiguration der Valenzelektronen

$_{7}$N	2s [↑↓]	2p [↑│↑│↑]	$_{8}$O	2s [↑↓]	2p [↑↓│↑│↑]
$_{15}$P	3s [↑↓]	3p [↑│↑│↑]	$_{16}$S	3s [↑↓]	3p [↑↓│↑│↑]
$_{33}$As	4s [↑↓]	4p [↑│↑│↑]	$_{34}$Se	4s [↑↓]	4p [↑↓│↑│↑]
$_{51}$Sb	5s [↑↓]	5p [↑│↑│↑]	$_{52}$Te	5s [↑↓]	5p [↑↓│↑│↑]
$_{83}$Bi	6p [↑↓]	6p [↑│↑│↑]	$_{84}$Po	6s [↑↓]	6p [↑↓│↑│↑]

Dies ist der Grund für ihre chemische Verwandtschaft.

Entstehung stabiler Ionen mit Edelgaskonfiguration

4. Zwei Beispiele sollen zeigen, daß viele chemische Reaktionen sich besser verstehen lassen, wenn man die Elektronenkonfiguration der beteiligten Elemente betrachtet.

– Natrium reagiert mit Chlor unter Bildung von Natriumchlorid:

$$2\,Na + Cl_2 \rightarrow 2\,NaCl \qquad \Delta H = -825\ kJ$$

Natriumchlorid ist ein Salz. Es muß also aus Ionen aufgebaut sein: Na^+ (positiv geladene Natriumionen) und Cl^- (negativ geladene Chlorid-Ionen). Die Teilchengleichung lautet also:

$$2\,Na + Cl_2 \rightarrow 2\ |Na^+ + Cl^-|$$

Sie zeigt, daß das Natriumatom ein Elektron abgegeben, das Chloratom ein Elektron aufgenommen hat.
Dabei wird ein 3s-Elektron des Natriums in ein 3p-Orbital des Chlors eingebaut:

$${}_{11}Na \quad + \quad {}_{17}Cl \quad \rightarrow \quad {}_{11}Na^{+} \quad + \quad {}_{17}Cl^{-}$$

3s [↑] + 3s [↑↓] 3p [↑↓|↑↓|↑] → 3s [ ] + 3s [↑↓] 3p [↑↓|↑↓|↓↑]

Die entstandenen Ionen besitzen die gleiche Elektronenkonfiguration wie die Edelgase Neon bzw. Argon.

– Magnesium reagiert mit Sauerstoff zu Magnesiumoxid.

Reaktionsgleichung: $2\ Mg + O_2 \rightarrow 2\ MgO$

Teilchengleichung: $2\ Mg + O_2 \rightarrow 2\,|Mg^{2+} + O^{2-}|$

Änderung der Konfiguration der Valenzelektronen:

$${}_{12}Mg \quad + \quad {}_{8}O \quad \rightarrow \quad {}_{12}Mg^{2+} \quad + \quad {}_{8}O^{2-}$$

3s [↑↓] + 2s [↑↓] 2p [↑↓|↑|↑] → 3s [ ] 2s [↑↓] 2p [↑↓|↑↓|↑↓]

Die entstandenen Magnesium- und Sauerstoff-Ionen haben die Elektronenkonfiguration des Neons; auch hier haben stabile Teilchen Edelgaskonfiguration.

Stabilität auch bei Ionen mit vollbesetzter Unterschale

5. Man kennt zwei Oxide des Bleis mit den Formeln PbO und PbO_2. PbO ist aus Pb^{2+}-Ionen und O^{2-}-Ionen, PbO_2 aus Pb^{4+}-Ionen und O^{2-}-Ionen aufgebaut. Die Valenzelektronen von Blei und seinen Ionen haben folgende Konfiguration:

Bleiatom	Pb	6s [↑↓]	6p [↑|↑|]	
Blei(II)-Ion	Pb^{2+}	6s [↑↓]	6p [| |]	← 6s-Unterschale voll besetzt
Blei(IV)-Ion	Pb^{4+}	6s [ ]	6p [| |]	← 5s- und 5p-Unterschale voll besetzt wie beim Xenon

Vollbesetzte Unterschalen erweisen sich also neben der Edelgaskonfiguration als stabil.

A1 Für folgende Ionen soll die Konfiguration der Außenelektronen formuliert werden: Li^{+}, Be^{2+}, F^{-}, S^{2-} und N^{3-}. Welche Gemeinsamkeit liegt vor?

A2 Wie kann der Ablauf der Reaktion von Lithium mit Fluor bzw. von Aluminium mit Brom aus der Konfiguration der Valenzelektronen erklärt werden?

7.10 Das Orbital als Elektronenwolke

Grenzen des Bohrschen Atommodells

1. Das Bohrsche Atommodell erklärt die unterschiedlichen Energien der Elektronen dadurch, daß es für die verschiedenen Elektronen Umlaufbahnen mit verschiedenem Kernabstand annimmt. Diese Modellvorstellung mußte inzwischen aufgegeben werden. Die Gründe dafür sind unter anderem:

– Das Bohrsche Atommodell versagt bei der Beschreibung von Elektronenbahnen in Molekülen. Es kann den Zusammenhalt der Atome in Molekülen nicht erklären und ist deshalb als theoretische Grundlage der chemischen Bindung weitgehend ungeeignet.
– Auch der räumliche Bau der Moleküle kann aus dem Bohrschen Atommodell nicht erklärt werden.

Darüber hinaus enthält das Modell Widersprüche in sich selbst:

– Die Bewegung eines geladenen Teilchens auf einer Kreisbahn ist nach den Gesetzen der Physik mit der Abstrahlung von Energie in Form von elektromagnetischen Wellen verbunden. Die Elektronen müßten also auf ihrer Bahn um den Kern Energie verlieren; sie müßten langsamer werden und schließlich in den Kern stürzen.
– Die Elektronen bewegen sich nach Bohr nur auf ganz bestimmten, «erlaubten» Bahnen um den Kern. Der Raum zwischen den Schalen ist für sie «verboten»; sie können dort nicht existieren. Die Frage, wie ein Elektron durch Anregung von einer Schale auf die andere springen kann, bleibt also ungeklärt.

2. Um über die Bewegung eines Elektrons genauere Aussagen machen zu können, müßten Ort und Geschwindigkeit des Elektrons zu einem bestimmten Zeitpunkt bekannt sein. Den Ort des Elektrons kann man feststellen, indem man es mit elektromagnetischen Wellen «anstrahlt». Dabei wird die Ortsmessung um so genauer, je kleiner die Wellenlänge der verwendeten Strahlen ist. Kurzwelliges Licht ist jedoch sehr energiereich. Trifft es auf ein Elektron, so wird dessen Geschwindigkeit entscheidend verändert.

– Kurzwelliges Licht: genaue Ortsbestimmung
  starke Geschwindigkeitsänderung
– Langwelliges Licht: ungenaue Ortsbestimmung
  geringe Geschwindigkeitsänderung

Heisenbergsche Unschärfebeziehung

3. Der deutsche Physiker Werner Heisenberg (1901–1976) hat diesen Zusammenhang 1927 in einem Gesetz formuliert. Dieses Gesetz besagt, daß Ort und Geschwindigkeit eines atomaren Teilchens nicht gleichzeitig genau bestimmt werden können (Heisenbergsche Unschärfebeziehung). Teilchen von der Größenordnung eines Elektrons können nicht beobachtet werden, ohne daß ihr Zustand gestört wird. Je kleiner die Masse eines Teilchens ist, desto größer wird die Unschärfe der Messung.
Die Heisenbergsche Unschärferelation hat den Charakter eines Naturgesetzes. Auch bei einer zukünftigen Verfeinerung der Meßmethoden wird die Unschärferelation unverändert gelten.

Orbital als Wahrscheinlichkeitsraum

4. Es ist also grundsätzlich nicht möglich, definierte Elektronenbahnen experimentell genau zu messen. Wohl aber lassen sich Aufenthaltsräume angeben, in denen Elektronen mit bestimmter Wahrscheinlichkeit anzutreffen sind: Das sind die Orbitale, von denen bereits die Rede war. Unter einem Orbital versteht man also den durch die drei Quantenzahlen n, l und m gekennzeichneten Aufenthaltsraum eines Elektrons in der Atomhülle. In diesem befindet sich das Elektron mit einer von Ort zu Ort wechselnden Wahrscheinlichkeit. Jedes Orbital kann räumlich als Elektronenwolke dargestellt werden. Bilder solcher Elektronenwolken kann man sich nach Max Born[1] so entstanden denken, daß eine Vielzahl einzelner Positionsaufnahmen übereinanderkopiert werden.

Raumbilder einfach gebauter Orbitale

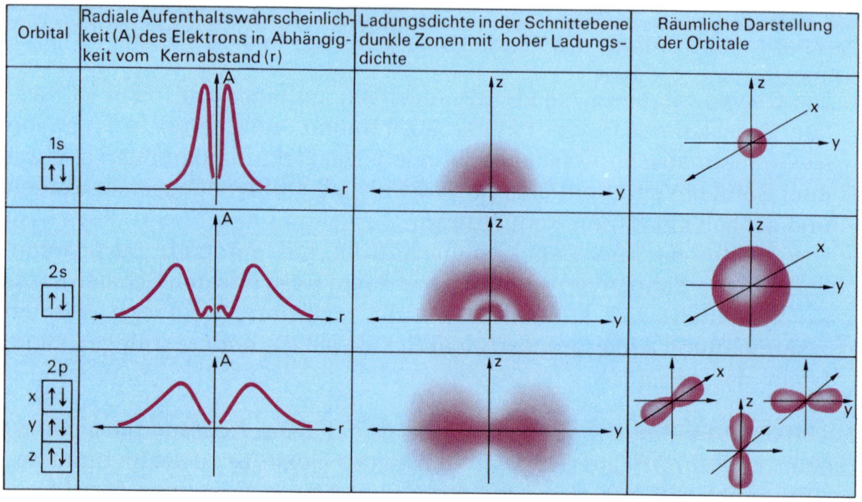

s-Orbitale kugelförmig
p-Orbitale hantelförmig

5. Die Orbitale unterschiedlicher Nebenquantenzahlen unterscheiden sich nicht nur durch ihre Energiewerte, sondern auch durch ihre räumliche Gestalt. s-Orbitale bilden um den Kern konzentrische Kugeln bzw. Kugelschalen, p-Orbitale sind hantelförmige Doppelwolken. Die in der p-Unterschale möglichen drei Orbitale (entsprechend den magnetischen Quantenzahlen −1, 0, +1) werden mit p_x, p_y, p_z bezeichnet. Sie sind räumlich so orientiert, daß die hantelförmigen Wolken senkrecht zueinander stehen.

A_1 Die Heisenbergsche Unschärferelation gilt als Naturgesetz nicht nur für Elektronen, sondern auch für Planeten. Warum können Ort und Geschwindigkeit eines Planeten im Gegensatz zu Ort und Geschwindigkeit eines Elektrons sehr genau bestimmt werden?

A_2 Für folgende Atome sollen die Umrisse der besetzten Orbitale gezeichnet werden: $_4Be$, $_6C$ und $_{10}Ne$.

[1] Deutscher Physiker, Nobelpreis 1954.

8 Die Ionenbindung

8.1 Ionen

Kann man Ionen nachweisen?

V_1 Man wiederhole Versuch 1 von Kapitel 7.9.

V_2 Mit dem Gerät gemäß Abbildung wird die Leitfähigkeit folgender Flüssigkeiten geprüft: Kochsalzlösung, verdünnte Salzsäure, verdünnte Natronlauge, Harnstofflösung, *Tetrachlorkohlenstoff (giftige Dämpfe)*.

V_3 Die beiden äußeren Schenkel eines Doppel-U-Rohrs werden mit Kochsalzlösung (1 mol/l) gefüllt, die etwas Ammoniakwasser enthält. In das mittlere Rohr gibt man eine Mischung aus Kupfersulfatlösung und Kaliumdichromatlösung (beide ca. 1 mol/l) und Ammoniakwasser. An die Graphitelektroden wird eine *Gleichspannung von 30–60 V* angelegt. Was ist nach einiger Zeit in den äußeren Schenkeln zu beobachten?

V_4 In einem Gerät gemäß Abbildung wird nacheinander die Siedetemperatur von destilliertem Wasser, Harnstofflösung und Kochsalzlösung (beide 1 mol/l) gemessen. Man bestimmt die Sdt.-Erhöhung der beiden Lösungen gegenüber dem Lösungsmittel und vergleicht (Thermometer mit $^1/_{10}$ °-Einteilung verwenden!).

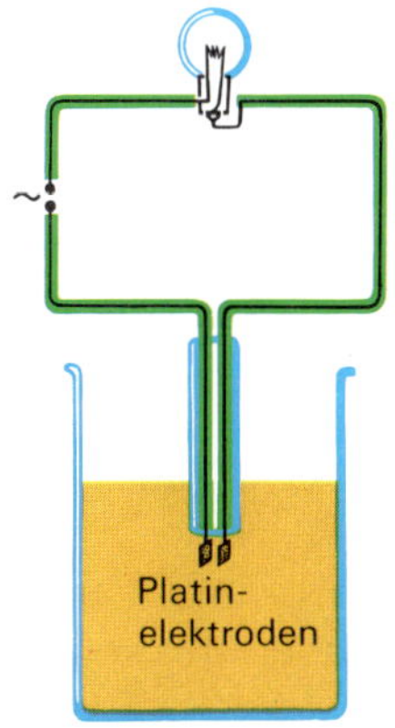

Leitfähigkeitsmessung (V_2)

1. Lösungen von Säuren, Hydroxiden und Salzen leiten den elektrischen Strom. Solche Lösungen gehören zu den Elektrolyten. In diesen ermöglichen Ionen als Ladungsträger den Stromfluß. Bei der Elektrolyse wandern die positiv geladenen Ionen zur Kathode (man nennt sie daher Kationen), die negativ geladenen Ionen zur Anode (sie heißen deshalb Anionen).

2. Mißt man die Siedetemperaturerhöhung, die Gefriertemperaturerniedrigung und den osmotischen Druck einer Elektrolyt-Lösung, so erhält man jeweils wesentlich höhere Werte als bei der Lösung eines Nichtelektrolyten mit gleicher molarer Konzentration. So ist z. B. die Erhöhung der Siedetemperatur einer verdünnten Kochsalzlösung doppelt so groß wie die einer gleichmolaren Harnstofflösung. Die Elektrolyt-Lösungen enthalten also mehr Teilchen, als es dem Aufbau der gelösten Stoffe aus Molekülen entsprechen würde. Dies kann nur so erklärt werden, daß als gelöste Teilchen die schon im Feststoff vorhandenen Ionen auftreten.

3. Einfache Ionen zeigen meist Edelgaskonfiguration. Wie aus der folgenden Tabelle hervorgeht, besitzen Natrium-, Magnesium- und Aluminium-Ionen die Elektronenkonfiguration des Neons, Chlorid-, Sulfid- und Phosphid-Ionen die des Argons.

4. Daneben zeigt die Tabelle, daß die Zahl der Ladungen eines Ions mit der Elektronenkonfiguration des betreffenden Atoms zusammenhängt. Um die Elektronenkonfiguration des Neons zu erreichen, müssen z. B. dem Aluminiumatom 3 Elektronen entzogen werden. Das Aluminium-Ion ist also 3fach positiv geladen. Das Schwefelatom geht durch Aufnahme von zwei Elektronen in das Sulfid-Ion über, das die Elektronenkonfiguration des Argons besitzt. Das Sulfid-Ion hat zwei negative Ladungen.
Metalle erreichen die Edelgaskonfiguration durch Abgabe, Nichtmetalle durch Aufnahme von Elektronen.

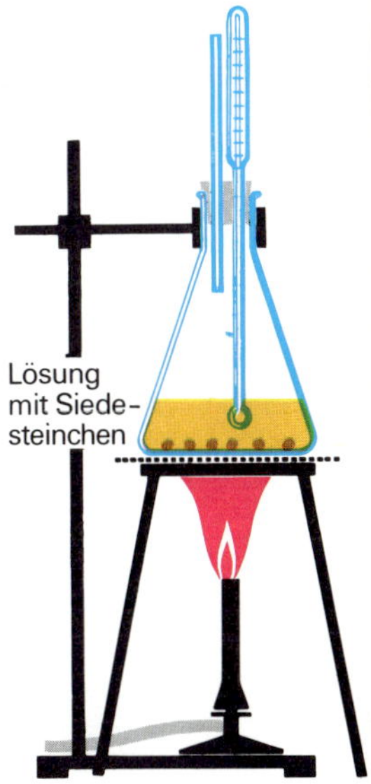

Messung der Siedetemperatur (V_4)

Edelgaskonfiguration bei einfachen Ionen

Elektronenkonfiguration des Atoms	1s	2s	2p	3s	3p	Elektronenkonfiguration des Ions	
$_{11}Na$	↑↓	↑↓	↑↓ ↑↓ ↑↓	↑		Na^{+}	1s ↑↓ 2s ↑↓ 2p ↑↓ ↑↓ ↑↓ Neon-Konfiguration
$_{12}Mg$	↑↓	↑↓	↑↓ ↑↓ ↑↓	↑↓		Mg^{2+}	
$_{13}Al$	↑↓	↑↓	↑↓ ↑↓ ↑↓	↑↓	↑	Al^{3+}	
$_{17}Cl$	↑↓	↑↓	↑↓ ↑↓ ↑↓	↑↓	↑↓ ↑↓ ↑	Cl^{-}	1s ↑↓ 2s ↑↓ 2p ↑↓ ↑↓ ↑↓ 3s ↑↓ 3p ↑↓ ↑↓ ↑↓ Argon-Konfiguration
$_{16}S$	↑↓	↑↓	↑↓ ↑↓ ↑↓	↑↓	↑↓ ↑ ↑	S^{2-}	
$_{15}P$	↑↓	↑↓	↑↓ ↑↓ ↑↓	↑↓	↑ ↑ ↑	P^{3-}	

A1 Von folgenden Stoffen werden Lösungen mit der Konzentration 1 mol/l hergestellt: $AlCl_3$, $NaCl$, $Ca(NO_3)_2$, $Al_2(SO_4)_3$. Welche Lösung hat den höchsten osmotischen Druck?

A2 Wie lassen sich die Formeln der folgenden Salze aus den Elektronenkonfigurationen der beteiligten Elemente ableiten: $AlCl_3$, $MgBr_2$, Na_2S, CaS?

A3 Welche Formeln sind für die folgenden Salze zu erwarten: Kaliumfluorid, Aluminiumoxid, Kaliumsulfid, Strontiumchlorid.

8.2 Ionengitter

Merkmale von Salzen

V1 Die Leitfähigkeit folgender Stoffe wird im festen und soweit möglich im geschmolzenen Zustand untersucht *(Schutzbrille!)*: Kochsalz, Kaliumnitrat, Ammoniumsulfat, Harnstoff und Paraffin.

V2 Unter dem Mikroskop vergleicht man die Kristallformen folgender Feststoffe: Kochsalz, Kupfersulfat, Kaliumaluminiumsulfat, Kaliumnitrat, *Bleichlorid (giftig)*.

Salze bestehen aus Ionen

1. Die Lösungen von Säuren, Hydroxiden und Salzen in Wasser enthalten Ionen. Auch Salzschmelzen und feste Salze bestehen aus Ionen.

2. Kristalle sind gekennzeichnet durch geometrisch regelmäßige Anordnung ihrer Außenflächen und Kanten. Bei den würfel- oder quaderförmigen Kochsalzkristallen bilden Flächen und Kanten stets einen Winkel von 90°. Dies deutet darauf hin, daß die den Kristall aufbauenden Teilchen, die Ionen, regelmäßig angeordnet sind. Die geometrische Anordnung der Teilchen im Kristall heißt Gitter.

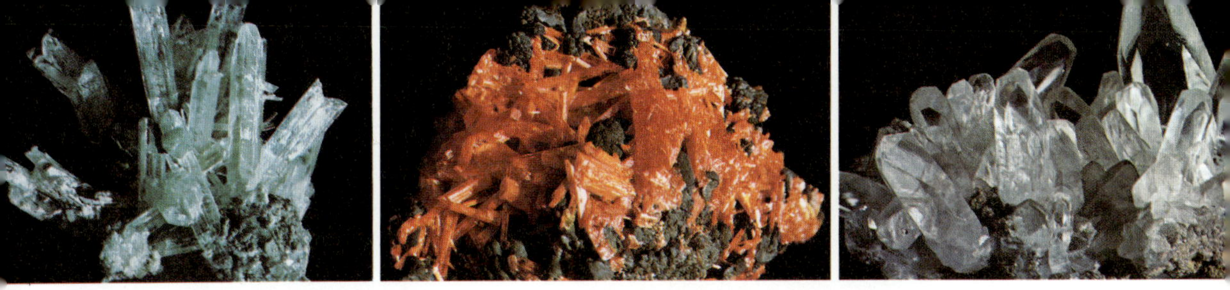

Gips, Krokoit, Calcit

3. Das Gitter des Kochsalzkristalls ist aus positiv geladenen Natrium-Ionen und negativ geladenen Chlorid-Ionen aufgebaut. Ein Kristallgitter, das aus Ionen aufgebaut ist, heißt Ionengitter. Es wird gebildet, weil gleiche Ladungen sich abstoßen und ungleiche Ladungen sich anziehen. Dies ergibt eine Anordnung der Natrium- und Chlorid-Ionen gemäß Abbildung.

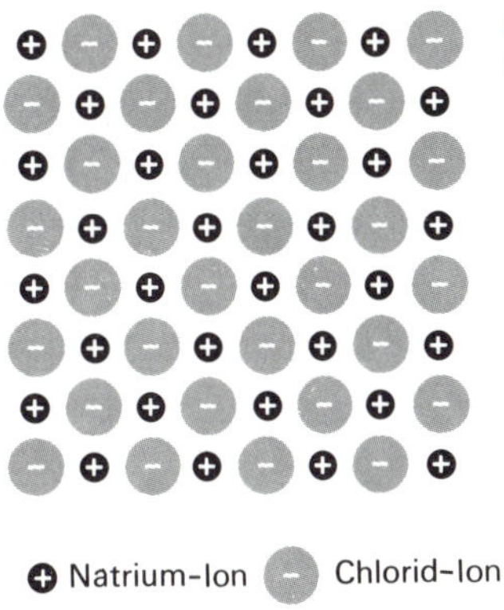

Das Ionengitter von Kochsalz

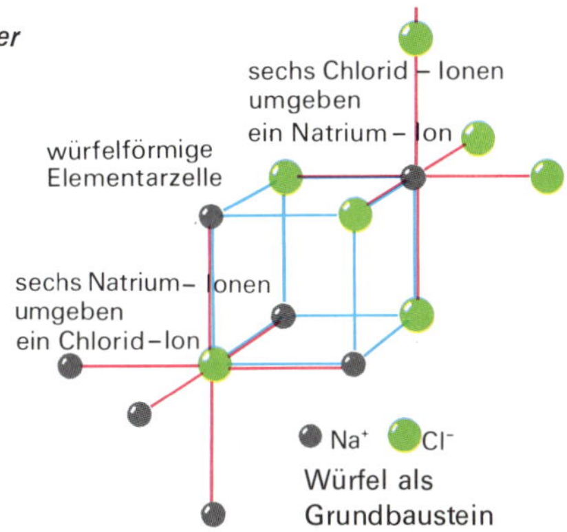

Ausschnitt aus dem Kochsalzgitter

4. Anziehende und abstoßende elektrostatische Kräfte halten die Ionen am Gitterplatz in einer Gleichgewichtslage. Die so entstandene Bindung zwischen den Ionen wird als Ionenbindung oder heteropolare Bindung bezeichnet. Die Ionenbindung wirkt nicht in eine bestimmte Richtung; das durch die Ladung der einzelnen Ionen hervorgerufene elektrische Feld wirkt vielmehr gleichmäßig nach allen Seiten und auf alle benachbarten Ionen. Berechnungen haben ergeben, daß die dichtgepackten Ionen noch Raum für eine zitternde Wärmebewegung um ihre Ruhelage haben.

Ionenbindung: Bindung zwischen entgegengesetzt geladenen Ionen

5. Die Formel NaCl bedeutet, daß im Gitter von Kochsalz Natrium- und Chlorid-Ionen im Zahlenverhältnis 1 : 1 vorliegen. Es sind also keine abgegrenzten Natriumchloridmoleküle vorhanden.

6. Der in der Abbildung *Ausschnitt aus dem Kochsalzgitter* dargestellte Würfel aus 4 Natrium- und 4 Chlorid-Ionen ist der geometrische Grundbaustein des Natriumchloridgitters. Man kann sich das Gitter so aufgebaut denken, daß diese geometrischen Einheiten nach allen Seiten aneinandergereiht sind. Die Abbildung zeigt weiter, daß jedes Natrium-Ion von 6 Chlorid-Ionen und jedes Chlorid-Ion von 6 Natrium-Ionen umgeben ist. Die Zahl 6 nennt man die Koordinationszahl der Ionen mit Kochsalzgitter. Die Koordinationszahl gibt an, wieviel nächste Nachbarn mit gleichem Abstand ein Teilchen in einem Gitter besitzt.

Koordinationszahl: Anzahl der nächsten Nachbarn eines Teilchens

Zwei Darstellungsweisen der räumlichen Anordnung der Ionen im Natriumchloridgitter (Na^+-Ionen grau bzw. silberfarben, Cl^--Ionen grün bzw. rot)

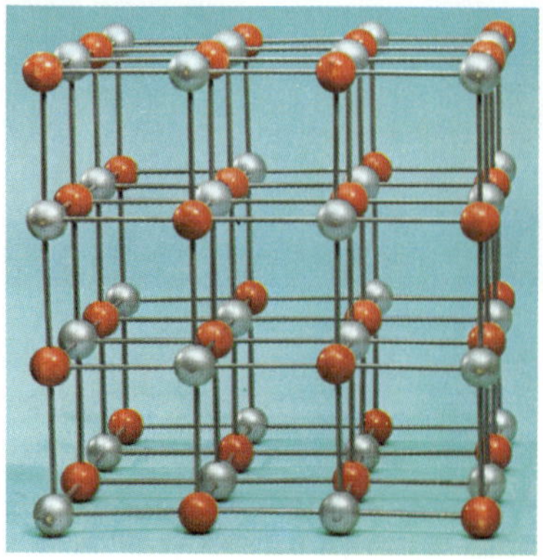

7. In anderen Salzen treten zum Teil andere räumliche Gitterstrukturen und andere Koordinationszahlen auf. Dies hängt mit der Zahl der Ionenladungen und mit dem Größenverhältnis der Ionenradien (siehe Tabelle auf dem hinteren inneren Buchdeckel) zusammen:

Ionengitter von Kalkspat ($CaCO_3$), Zinkblende (Zn S) und Cäsiumchlorid (CsCl)

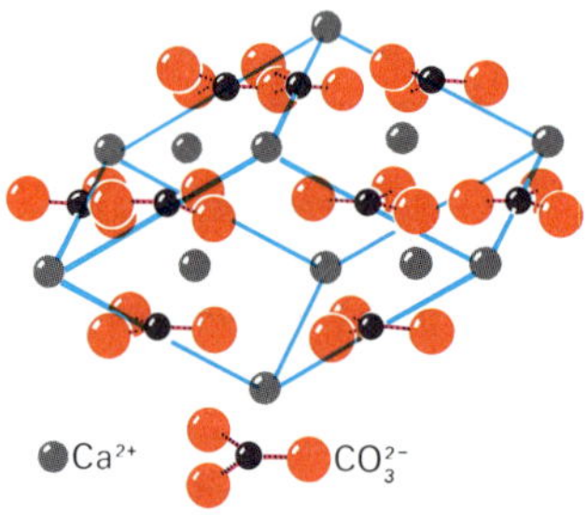

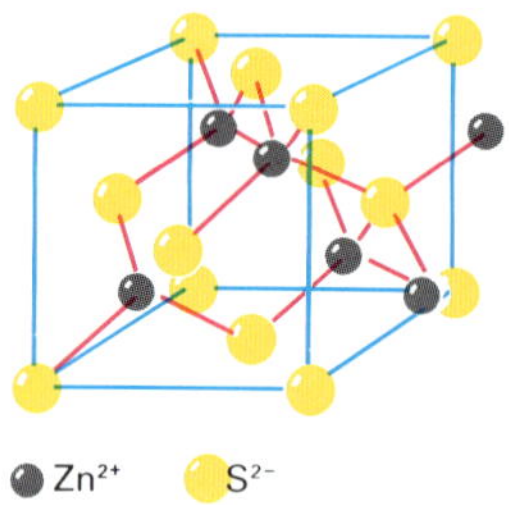

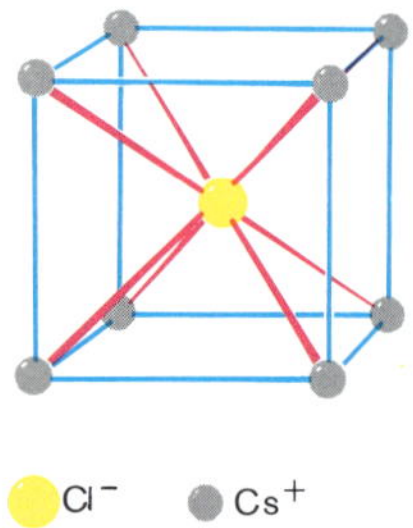

Ionenladung und Ionenradius bestimmen Gitterstruktur und Koordinationszahl

– Die Ladungen der Ionen bestimmen zunächst das Zahlenverhältnis der im Gitter auftretenden Kationen und Anionen. Um Ladungsausgleich herzustellen, kommen z. B. im Aluminiumchlorid ($AlCl_3$) auf 1 Al^{3+}-Ion 3 Cl^--Ionen. Dieses Zahlenverhältnis äußert sich im Verhältnis der Koordinationszahlen der beiden Ionenarten.
– Die Auswirkung der Ionenradien auf die Koordinationszahl zeigt die nachfolgende Tabelle. Gitter, deren Ionen starke Größenunterschiede zeigen, haben kleine Koordinationszahlen, Gitter mit ungefähr gleichgroßen Ionen haben hohe Koordinationszahlen.

Abhängigkeit der Koordinationszahl vom Verhältnis der Ionenradien in der Ionenverbindung XY

Verbindung XY	Anordnung von X um Y und umgekehrt	Verhältnis der Ionenradien $r_X : r_Y$ (Ionenradien in nm)	Koordinationszahl von X und Y
ZnTe	tetraedrisch	0,074 : 0,221 = 0,33	4
NaCl	oktaedrisch	0,095 : 0,181 = 0,53	5
CsCl	würfelförmig	0,169 : 0,181 = 0,93	8

Die nebenstehende Abbildung zeigt stark vereinfacht, daß um ein kleines Ion nur wenige große Ionen gruppiert werden können. Bei Ionen ungefähr gleicher Größe ist die Zahl der nächsten Nachbarn entsprechend größer.

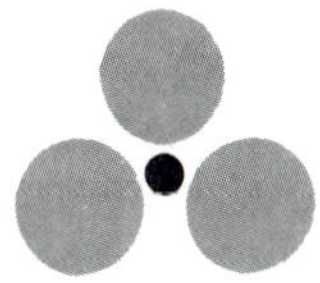

Ionen verschiedener Größe

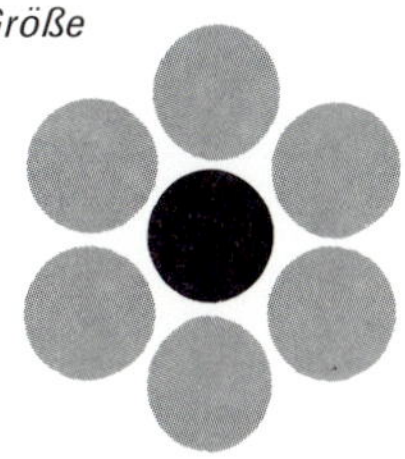

Gleichgroße Ionen

A1 Die Reaktion zwischen Natrium und Chlor wird gelegentlich durch folgende Aussage beschrieben: «Zwei Atome Natrium reagieren mit einem Chlormolekül unter Bildung von zwei Molekülen Kochsalz.» Was ist an dieser Formulierung falsch? Wie kann die Reaktionsgleichung geschrieben werden, damit sie die wirklich vorhandenen Teilchen angibt?

A2 Für welchen der folgenden Stoffe sind die höchsten, für welchen die niedrigsten Koordinationszahlen im Gitter zu erwarten: BaO, LiI, CaS?

8.3 Ionengitter und Eigenschaften der Salze

Eigenschaften von Salzkristallen?

V1 In 3 schwerschmelzbaren Reagenzgläsern werden nebeneinander mit kräftiger Bunsenflamme gleichgroße Mengen folgender Salze erhitzt: Kaliumchlorid, Kaliumbromid und Kaliumjodid *(Schutzbrille!)*.
Man beobachtet die Schmelzvorgänge und vergleicht die Schmelztemperaturen.

V2 Man bestimmt die Härte folgender Stoffe durch die Ritzprobe: Bleiplatte, Schwefelstange, Kupfermünze, Fensterglas, Kochsalz-Kristall, Kupfersulfat-Kristall, Messerklinge, Diamant (Glasschneider). Durch gegenseitiges Ritzen lassen sich diese Stoffe nach ihrer Härte ordnen. Nach jedem Versuch muß die Probe sorgfältig abgewischt werden, damit man sieht, ob sie tatsächlich geritzt worden ist.

V3 Ein kleiner Kochsalzkristall wird durch Hammerschlag zertrümmert. Untersuchen Sie die Bruchstücke unter dem Mikroskop und fertigen Sie eine Zeichnung an.

Feste Salze: Stoffe mit Ionengitter

1. Die Kenntnis vom Bau der Salze ermöglicht es, den Begriff «Salz» folgendermaßen zu definieren: Feste Salze sind Stoffe mit Ionengitter.
Diese Definition erfaßt über die geläufigen Salze wichtiger Säuren (Chloride, Sulfate usw.) hinaus auch Stoffe wie Magnesiumoxid ($Mg^{2+}O^{2-}$), Natriumhydroxid ($Na^{+}OH^{-}$) und Aluminiumnitrid ($Al^{3+}N^{3-}$). Ihrem Aufbau nach sind also auch Metalloxide und Metallhydroxide in die Stoffklasse der Salze einzuordnen.

2. Schmelzen und Lösungen von Salzen leiten den elektrischen Strom; feste Salze dagegen sind Nichtleiter. Im Salzkristall sind die Ionen an ihre Gitterplätze gebunden. Erst in der Lösung oder in der Schmelze werden die Ionen beweglich und damit fähig, elektrische Ladung zu transportieren.

Coulombsche Kräfte zwischen geladenen Teilchen

3. Die hohen Schmelz- und Siedetemperaturen der Salze deuten darauf hin, daß Ionen im Gitter fest gebunden sind. Die Kräfte zwischen geladenen Teilchen beschreibt das Coulombsche[1] Gesetz:

$$F = \frac{1}{\varepsilon} \cdot \frac{Q_1 \cdot Q_2}{r^2}$$

F = Anziehungskraft
ε = Dielektrizitätskonstante. Sie erfaßt den Einfluß des Mediums (Luft, Wasser usw.), das sich jeweils zwischen den geladenen Teilchen befindet
Q_1 = Ladung des Kations
Q_2 = Ladung des Anions
r = Abstand der Ladungsschwerpunkte von Kation und Anion

[1] Nach dem französischen Physiker Charles Augustin Coulomb (1736–1806).

Die Coulombschen Anziehungskräfte sind also um so größer, je höher die Ladung der Ionen (Q_1 und Q_2) und je kleiner der Abstand der Ladungsschwerpunkte *(r)* ist (vgl. untenstehende Abbildung). Geht man davon aus, daß sich die Ionen im Gitter fast berühren, dann ist der Abstand *r* annähernd durch die Summe der Ionenradien gegeben.

Größe der Coulombschen Anziehungskräfte im Ionengitter

kleine doppelt geladene Ionen

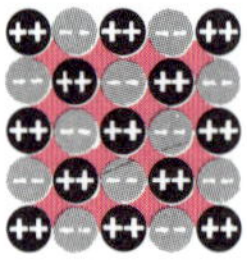

größere elektrostatische Kräfte

große einfach geladene Ionen

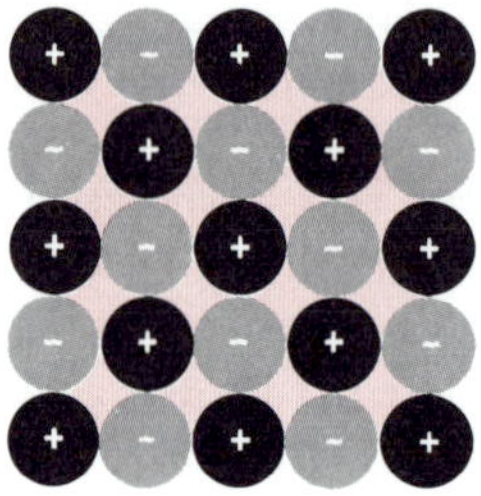

kleinere elektrostatische Kräfte

Ionen mit kleinem Radius und hoher Ladungszahl ziehen sich daher stärker an als Ionen mit großem Radius und niedriger Ladungszahl.

Ionenladung und Ionenradius bestimmen:

- die Gitterenergie
- die Schmelztemperatur
- die Siedetemperatur
- die Härte

4. Ein Ionengitter ist also dann besonders stabil, wenn es kleine, hochgeladene Ionen enthält. Ein Maß für die Stabilität eines Gitters ist seine Gitterenergie. Darunter verstehen wir die Energie, die aufgewendet werden muß, um ein Mol eines Stoffes aus dem kristallinen in den gasförmigen Zustand überzuführen. Der gleiche Energiebetrag wird frei, wenn die Teilchen eines Gases (und zwar ein Mol je Teilchenart) ein Gitter aufbauen. Da beim Schmelzen das Gitter zerstört wird, hängen Schmelztemperatur und Gitterenergie eng zusammen. Große Gitterenergie geht mit hoher Schmelztemperatur, kleine Gitterenergie mit niedriger Schmelztemperatur einher.

Gitterenergie und Schmelztemperatur von Alkalihalogeniden in Abhängigkeit vom Ionenradius

	NaF	NaCl	NaBr	NaI
Abstand der Ladungsschwerpunkte in pm	231	276	290	311
Radius des Halogenid-Ions in pm	136	181	195	216
Gitterenergie in kJ/mol	908,5	766,2	732,7	686,6
Schmelztemperatur in °C	992	800	740	660
Siedetemperatur °C	1695	1441	1393	1300

Gitterenergie und Schmelztemperatur in Abhängigkeit von der Ionenladungszahl

	Na^+F^-	$Mg^{2+}O^{2-}$	$Zr^{3+}N^{3-}$	$Ti^{4+}C^{4-}$
Ionenladungszahl ($\pm$ e)	1	2	3	4
Abstand im Gitter (pm)	231	210	215	223
Gitterenergie (kJ/mol)	908,5	3931,4		
Schmelztemperatur (°C)	992	2800	2980	4300

5. Auch die relativ hohe Härte der Salzkristalle erklärt sich aus den starken Anziehungskräften im Ionengitter.
Die Ritzhärte wird häufig in den Zahlen der Härteskala nach Mohs angegeben.

Kristallhärte und Ionenradius bei Erdalkalioxiden, sulfiden und -seleniden

Bindungspartner mit Ionenradius in (pm)		Mg^{2+} 65	Ca^{2+} 97	Sr^{2+} 113	Ba^{2+} 135	
O^{2-}	140	6,5	4,5	3,4	3,3	Kristallhärte nach Mohs
S^{2-}	184	4,5 bis 5	4,0	3,3	3	
Se^{2-}	198	3,5	3,2	2,9	2,7	

Kristallhärte und Ionenladungszahl

	NaF	MgO	AlN	TiC
Ionenladungszahl (± e)	1	2	3	4
Abstand im Gitter (pm)	231	210	223	223
Härte nach Mohs	3,2	6,5	9	9–10

Härteskala nach Mohs

Härtezahl	Stoff
1	Talk
2	Gips
3	Kalkspat
4	Flußspat
5	Apatit
6	Feldspat
7	Quarz
8	Topas
9	Korund
10	Diamant

6. Salzkristalle sind im Gegensatz zu den Metallen, die sich mechanisch verformen lassen, außerordentlich spröde Körper. Bei mechanischer Beanspruchung werden sie in kristalline Bruchstücke gespalten. Die Theorie des Ionengitters bietet dafür eine einfache Erkärung.

Ionengitter ergeben spröde Kristalle

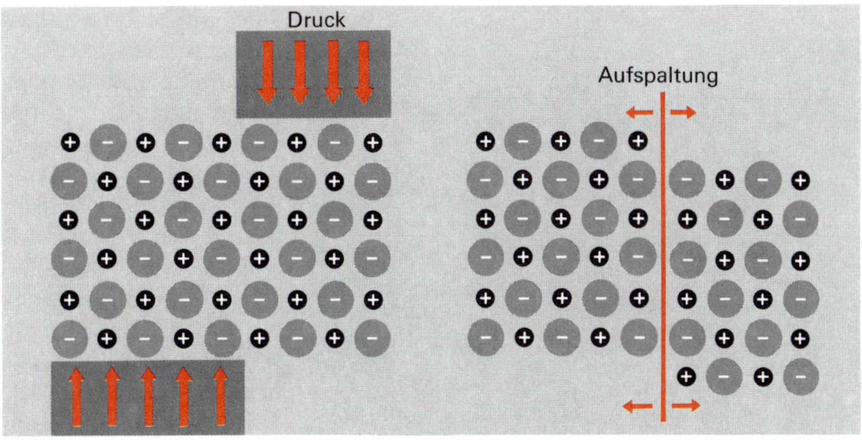

Spaltbarkeit eines Kochsalzkristalls

Auf die rechte Hälfte des in der Abbildung dargestellten Ionengitters wird ein Druck von oben, auf die linke Hälfte ein Druck von unten ausgeübt. Verschiebt sich die Ionenfront dabei um eine Gittereinheit, so kommen gleichgeladene Ionen nenbeneinander zu liegen. Zwischen ihnen werden abstoßende Kräfte wirksam, und das Ionengitter spaltet sich auf.

A_1 Aus der ersten Tabelle in Abschnitt 4 soll der Ionenradius des Natrium-Ions berechnet werden.

A_2 Welche Schmelzpunkte oder Gitterenergien sind für die Kaliumhalogenide im Vergleich zu den entsprechenden Natriumhalogeniden zu erwarten?

A_3 Wie erklären sich die nachfolgend aufgeführten Gitterenergien der Alkalichloride aus dem Bau der Ionengitter: LiCl 833, NaCl 766, KCl 691, RbCl 674, CsCl 636 kJ/mol?

A_4 Wie läßt sich die Kristallhärte aus den angegebenen Ionenradien und Ionenladungszahlen erklären? (Siehe Tabellen oben!)

9 Die Atombindung

Die Frage nach dem Zusammenhalt der Atome in Molekülen gehört zu den Problemen in der Chemie, deren Aufklärung bemerkenswert lange auf sich warten ließ. Unsere heutigen Vorstellungen über die Atombindung sind das Ergebnis chemischer und physikalischer Forschung der letzten fünfzig Jahre. Die Schwierigkeiten der Theoriebildung hängen mit der Tatsache zusammen, daß die Bindungsverhältnisse in Molekülen nur mit einem leistungsfähigen Atommodell verstanden werden können. Das Bohrsche Atommodell erwies sich hier als weitgehend unzureichend, da es keine Aussagen über die räumliche Struktur eines Moleküls machen kann. Erst das Orbitalmodell ermöglichte eine Deutung der Bindung von Atomen im Molekül.

9.1 Das Wasserstoffmolekül

1. Für das einfachste aller Atome, das Wasserstoffatom, liefert das Orbitalmodell folgendes Bild: Der aus einem Proton bestehende Atomkern wird von einer durch ein einziges Elektron besetzten kugelförmigen Elektronenwolke umgeben, in der das Elektron mit einer von Ort zu Ort wechselnden Wahrscheinlichkeit anzutreffen ist. Als radiale Aufenthaltswahrscheinlichkeit bezeichnet man die Wahrscheinlichkeit das Elektron in einem bestimmten Abstand vom Kern anzutreffen.

Elektronenwolke des Wasserstoffatoms im 1s-Zustand (oben) und Aufenthaltswahrscheinlichkeit des Elektrons in Abhängigkeit vom Kernabstand (unten)

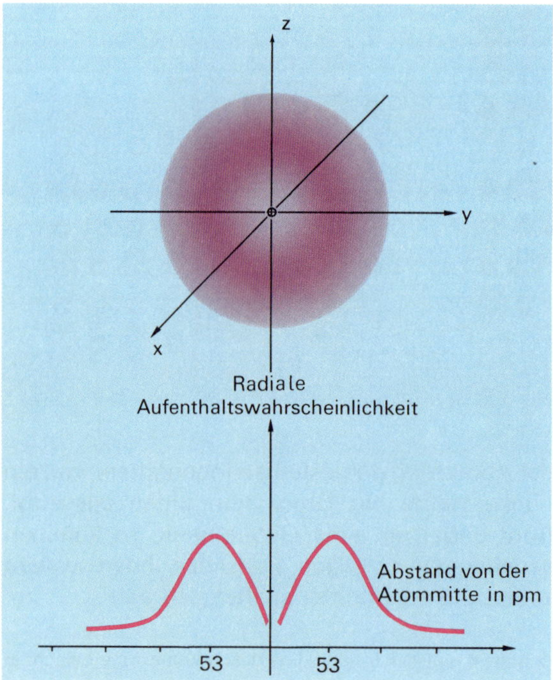

Durch Überlappung zweier Atomorbitale entsteht ein Molekülorbital

2. Nähern sich zwei Wasserstoffatome bis zur Berührung ihrer Elektronenwolken, so kommt es zu einer Durchdringung (Überlappung) der beiden 1s-Atomorbitale. Es entsteht ein neues, beiden Atomen zugehöriges Orbital, das Molekülorbital:

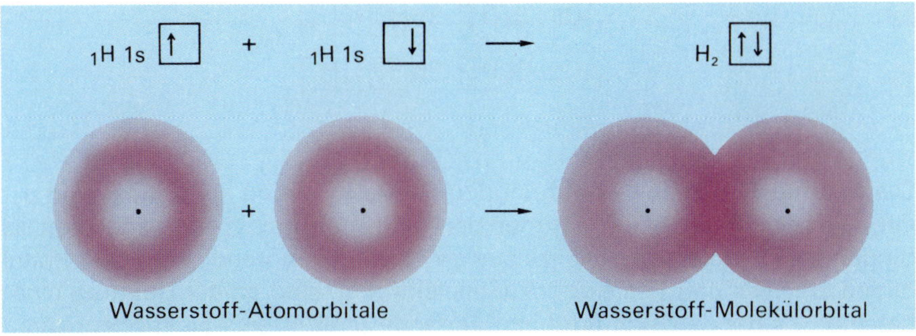

Für dieses neu entstandene Molekülorbital gilt ebenfalls das Pauli-Prinzip, wonach in einem Orbital nur Elektronen mit entgegengesetztem Spin möglich sind. Wie Modellrechnungen ergeben, ist die Aufenthaltswahrscheinlichkeit der beiden Elektronen im Überlappungsbereich zwischen den Atomkernen besonders groß. Die Elektronenwolke des Wasserstoffmoleküls besitzt eine besonders hohe negative Ladungsdichte im Bereich zwischen den beiden Kernen.

Potentielle Energie des Wasserstoffmoleküls in Abhängigkeit vom Abstand der beiden Atomkerne

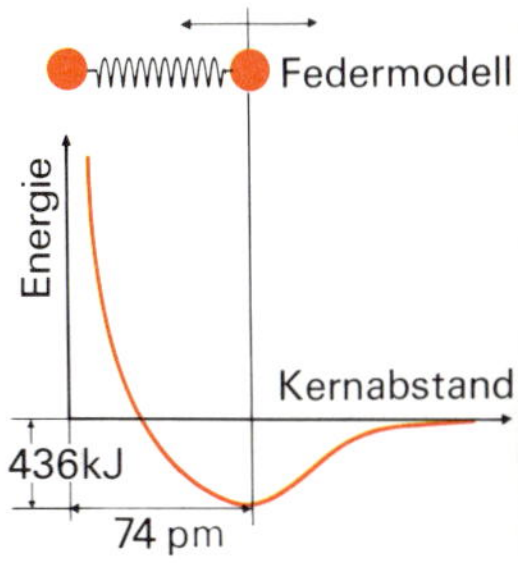

3. Dieser Sachverhalt erklärt die Bindung der beiden Atome im Molekül. Bei einem mittleren Kernabstand von 74 pm befindet sich das Wasserstoffmolekül in einem Zustand minimaler Energie. Es läßt sich modellhaft mit einem mechanischen System vergleichen, bei dem zwei Kugeln durch eine Spiralfeder miteinander verbunden sind (siehe Abb.).
Um den Kernabstand zu vergrößern, müßte man gegen die Anziehungskräfte zwischen dem positiv geladenen Kern und der negativen Ladung im Überlappungsbereich der Orbitale Arbeit verrichten. Um den Kernabstand zu verringern, müßte die negative Ladung zwischen den Kernen verdichtet und die Abstoßung der positiven Kerne überwunden werden. Beides ist nur mit Energiezufuhr möglich.

4. Die bindende Wirkung kommt also dadurch zustande, daß sich zwei Elektronen vorwiegend zwischen den Atomkernen aufhalten. Dieses Elektronenpaar heißt Bindungselektronenpaar (auch «bindendes» oder «gemeinsames» Elektronenpaar). Die Atombindung wird deshalb häufig als Elektronenpaar-Bindung oder kovalente[1] Bindung bezeichnet.

Atombindung:
Bindung zwischen zwei Atomen durch ein Bindungselektronenpaar

5. Die Schreibweise des Wasserstoffmoleküls H—H besitzt damit eine exakte Bedeutung. Der Bindestrich zwischen den Elementsymbolen bezeichnet das Bindungselektronenpaar. Ungepaarte Elektronen werden als Punkte dargestellt:

$$H\cdot + \cdot H \rightarrow H{-}H$$

9.2 Weitere zweiatomige Moleküle von Elementen

1. Das Chlormolekül, Cl_2. Wir gehen von zwei Chloratomen aus und betrachten die Konfiguration ihrer Valenzelektronen:

[1] kovalent = zusammenzählend. Die Bindungselektronen gehören gleichzeitig beiden Atomen an.

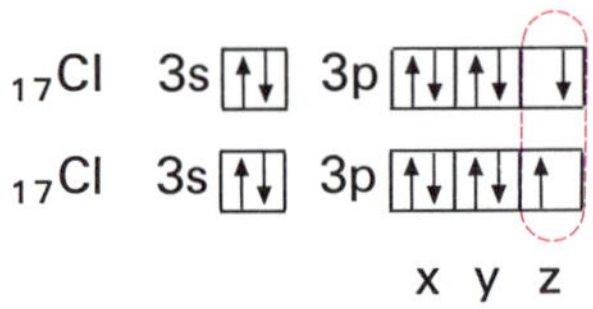

Freies Elektronenpaar: Außenelektronen, die nicht an der Bindung beteiligt sind

Die in der p-Unterschale auftretenden Orbitale werden als p_x-, p_y- und p_z-Orbitale bezeichnet. Die Elektronen der p_z-Orbitale beider Atome können als bindendes Elektronenpaar ein zu beiden Atomen gehörendes Molekülorbital bilden. Jeweils drei Paare von Außenelektronen sind an der Bindung nicht beteiligt. Es handelt sich um nichtbindende oder «freie» Elektronenpaare. In vereinfachter Schreibweise wird das Chlormolekül folgendermaßen dargestellt:

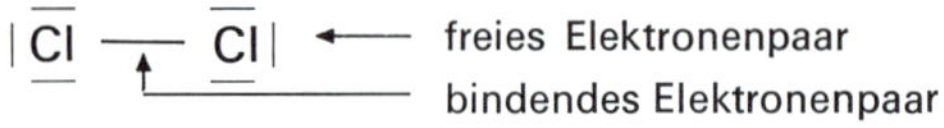

Strukturformel mit allen Außenelektronen

Diese Art der Darstellung wird als Struktur- oder Elektronenformel bezeichnet. Sie führt alle Valenzelektronen der beteiligten Atome auf. (In der Strukturformel werden die freien Elektronenpaare gelegentlich weggelassen und nur die bindenden dargestellt.)
Die Moleküle anderer Halogene haben eine dem Chlormolekül entsprechende Elektronenverteilung:

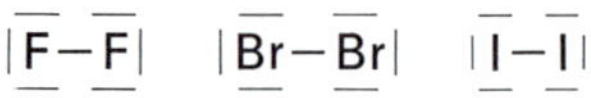

Doppelbindung: zwei Bindungselektronenpaare zwischen den Atomen

2. Das Sauerstoffmolekül, O_2. Aus den Elektronenkonfigurationen der beiden Sauerstoffatome lassen sich zwei Möglichkeiten der Bindung ableiten:

Die beiden p_y-Elektronen vereinigen sich zu einer Einfachbindung. Die beiden ungepaarten p_z-Elektronen bleiben erhalten:

Zwei p_y-Elektronen und zwei p_z-Elektronen bilden zwei Bindungselektronenpaare. Es entsteht eine Doppelbindung:

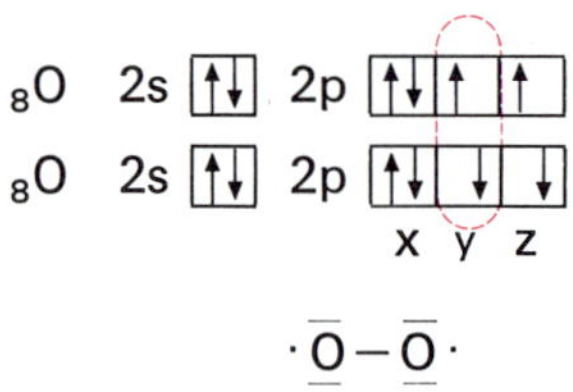

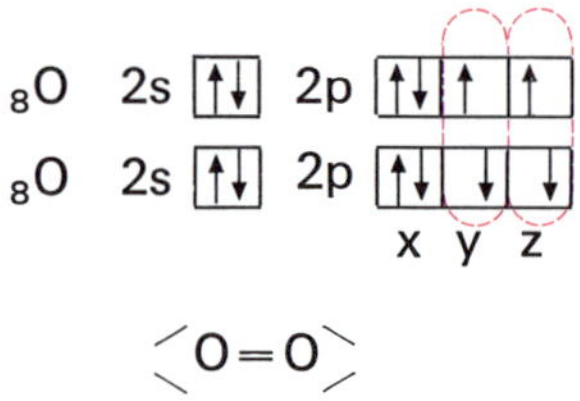

Zwei Elektronenformeln des O_2-Moleküls

Untersuchungen im Magnetfeld haben ergeben, daß die linke Formel das Verhalten des Sauerstoffs besser beschreibt.

3. Das Stickstoffmolekül, N_2. Hier kommt es zur Ausbildung einer Dreifachbindung zwischen den beiden Stickstoffatomen:

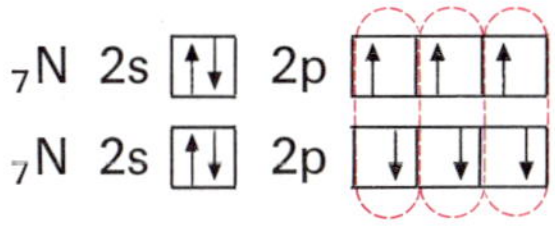

|N≡N|

Bindigkeit: Zahl der von einem Atom gebildeten Atombindungen

Stickstoff liegt im Stickstoffmolekül dreibindig vor. Die Bindigkeit eines Elements gibt an, wieviel Atombindungen es in einem Molekül ausbilden kann.

Bindungsenergie: zur Spaltung einer Atombindung notwendige Energie

4. Die Aufspaltung verschiedener Moleküle in ihre Atome erfordert verschieden hohe Energiebeträge. Die Stabilität der einzelnen Atombindungen ist also verschieden groß. Sie kann durch die Bindungsenergie angegeben werden. Unter Bindungsenergie versteht man die Energie, die aufgewendet werden muß, um eine Atombindung vollständig zu trennen. Zweiatomige Moleküle werden dabei in freie Atome zerlegt (siehe grafische Darstellung der Bindungsenergie).

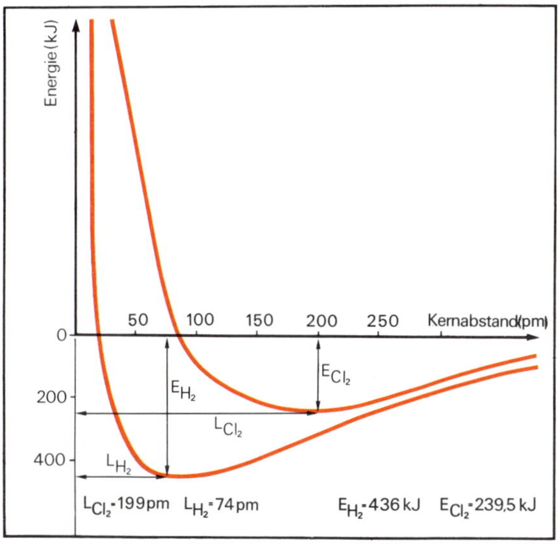

Bindungsenergie und Bindungslänge des Wasserstoff- und des Chlormoleküls

L_{H_2} = Bindungslänge des Wasserstoffs
L_{Cl_2} = Bindungslänge des Chlors
E_{H_2} = Bindungsenergie des Wasserstoffs
E_{Cl_2} = Bindungsenergie des Chlors

Wie die Tabelle zeigt, wächst die Bindungsenergie einer Einfachbindung im allgemeinen mit abnehmender Bindungslänge (Abstand der beiden Atomkerne). Nur die Bindungsenergie von Fluor entspricht nicht dieser Regel. Hier müssen noch andere Faktoren eine Rolle spielen. Weiter ergibt sich aus der Tabelle, daß die Bindungsenergie von der Bindungsordnung (Einfachbindung, Doppelbindung, Dreifachbindung) abhängig ist. Moleküle mit Mehrfachbindung sind besonders stabil.

Bindungsenergien und Bindungslängen von Atombindungen

Molekül	Bindungslänge (pm)	Bindungsenergie (kJ/mol)
|I—I|	267	148,6
|Br—Br|	228	190,1
|Cl—Cl|	199	239,5
|F—F|	128	159,1
H—H	74	436,3
⟨O=O⟩	120,7	497,0
|N≡N|	110	942,0

A1 Aus der Elektronenkonfiguration des Fluoratoms soll die Strukturformel des Fluormoleküls abgeleitet werden.

A2 Erklären Sie die unterschiedlichen Bindungsenergien der Halogenmoleküle. Welche Bindungsenergie wäre von der Bindungslänge her für das Fluormolekül zu erwarten gewesen?

A3 Wie kann aus der Elektronenkonfiguration des Neons erklärt werden, daß dieses Element keine zweiatomigen Moleküle bildet?

9.3 Die Struktur fester Nichtmetalle

Wie verhalten sich weißer Phosphor und Schwefel beim Erhitzen?

V1 Ein erbsengroßes Stück *weißer Phosphor (giftig; ätzend; selbstentzündlich)* wird in einem Reagenzglas unter Wasser vorsichtig zum Schmelzen gebracht. Man bestimmt die Schmelztemperatur mit dem Thermometer *(Schutzbrille!)*.

V2 Wiederholen Sie Versuch 3, Kapitel 4.1: Erhitzen von Schwefel.

P_4-Molekül

1. Aus Molmassebestimmungen geht hervor, daß der weiße Phosphor aus P_4-Molekülen aufgebaut ist. Die Elektronenkonfiguration des Phosphoratoms zeigt, daß über drei halbbesetzte p-Orbitale drei Atombindungen ausgebildet werden können:

$$_{15}P \quad 3s[\uparrow\downarrow] \quad 3p[\uparrow|\uparrow|\uparrow]$$

Ein P_4-Molekül mit dreibindigen Phosphoratomen hat die Form eines Tetraeders. Dabei sitzen die Phosphoratome an den Ecken und sind miteinander durch einfache Atombindungen verknüpft.

Mehrfachbindungen nur bei Elementen der 2. Periode

2. Stickstoff- und Phosphoratome bilden trotz gleicher Konfiguration der Valenzelektronen unterschiedliche Moleküle aus. Nur der Stickstoff ist imstande, Dreifachbindungen auszubilden:

$$_{7}N \quad 2s[\uparrow\downarrow] \quad 2p[\uparrow|\uparrow|\uparrow] \qquad |N{\equiv}N|$$

Beim Phoshor können nur Einfachbindungen entstehen, dies führt zur Bildung des P_4-Moleküls. Das unterschiedliche Verhalten dürfte darauf zurückzuführen sein, daß das Phosphoratom erheblich größer ist, als das Stickstoffatom. Im allgemeinen sind nur die Elemente der zweiten Periode des Periodensystems imstande, Doppel- oder Dreifachbindungen auszubilden.

Molekülgitter: Moleküle auf den Gitterplätzen

3. Im Gegensatz zu den im gasförmigen Zustand frei beweglichen H_2- oder N_2-Molekülen sind die P_4-Moleküle bei Zimmertemperatur in einem Kristallgitter gebunden. Sie befinden sich auf räumlich geordneten Gitterplätzen und bilden ein Molekülgitter. Dasselbe gilt z. B. auch für Iod-, Schwefel- und Selenmoleküle.

4. Wie aus den in der folgenden Tabelle angegebenen Schmelztemperaturen hervorgeht, sind Molekülgitter, verglichen mit Ionengittern, relativ instabil. Zwischen gleichatomigen Molekülen treten nur schwache Kräfte auf, welche den Zusammenhalt des Gitters bewirken. Sie heißen Van-der-Waals-Kräfte[1].

Schmelztemperatur, Siedetemperatur und Molekülmasse von Elementen mit Molekülgitter

Element	Formel	Smt. (°C)	Sdt. (°C)	Molekülmasse (u)
Phosphor (weiß)	P_4	44,1	280	124
Iod	I_2	113,7	184,35	254
α-Schwefel	S_8	112,9	444,6	256
α-Selen	Se_8	220,2	688,0	632

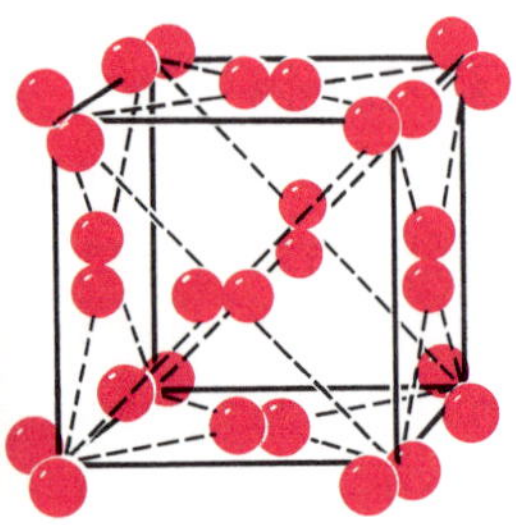

Molekülgitter des Iods

[1] Nach dem niederländischen Physiker Johannes Diderik van der Waals (1837–1923).

5. Die Entstehung der Van-der-Waals-Kräfte könnte darauf beruhen, daß ein Elektron in einem bestimmten Augenblick nur einen Teil seines Orbitals einnimmt. Momentan wäre die Ladungsverteilung also unsymmetrisch, was zur gegenseitigen Beeinflussung der Moleküle führen würde.

Van-der-Waals-Kräfte: Kräfte zwischen ungeladenen Teilchen

Die Stärke der Van-der-Waals-Kräfte hängt von der Größe der Moleküle ab, zwischen denen sie wirksam werden. Bei größeren Molekülen treten stärkere Van-der-Waals-Kräfte auf als bei kleineren Molekülen. Phosphor und Schwefel sind deshalb im Unterschied zu Wasserstoff und Stickstoff bei Zimmertemperatur fest.

Je größer die Moleküle, desto stärker die Van-der-Waals-Kräfte

6. Auch Schwefel kristallisiert in einem Molekülgitter. Molekülmassebestimmungen ergeben für den festen Schwefel den Wert 256 u. Da die Atommasse von Schwefel 32 u beträgt, muß eine Schwefelmolekül 256 : 32 = 8 Schwefelatome enthalten. 8 zweibindige Schwefelatome sind über Atombindungen zu einem ringförmigen Molekül zusammengeschlossen.

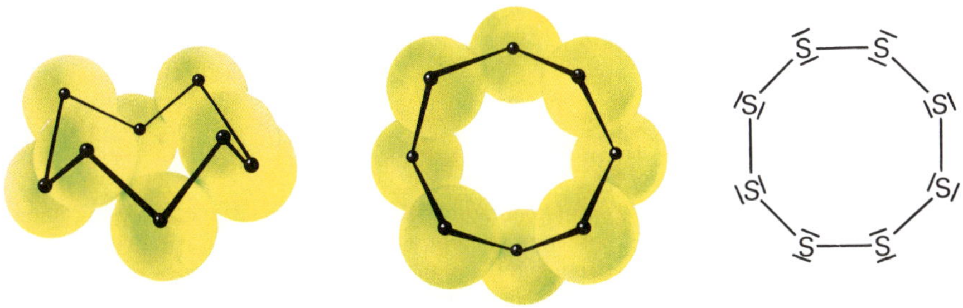

Seitenansicht — Ansicht von oben — Elektronenformel

Das S_8-Molekül des Schwefels

Wie die Tabelle auf Seite 158 zeigt, lassen sich die beim Erhitzen des Schwefels auftretenden Änderungen der physikalischen Eigenschaften aus Änderungen der Molekulstruktur erklären.
Gießt man heißen, flüssigen Schwefel in kaltes Wasser, so erhält man gummiartigen, sogenannten «plastischen» Schwefel. Er besteht aus schraubenförmigen Ketten von Schwefelatomen.

7. Im Kristallgitter von Diamant (vgl. Abb. S. 77) finden sich auf den Gitterplätzen vierbindige Kohlenstoffatome, die durch stabile Atombindungen miteinander verknüpft sind. Die hohe Stabilität des Diamantgitters (Gitterenergie 39700 kJ/mol) beruht auf der festen Verknüpfung der Kohlenstoffatome über Atombindungen. Daraus können die Beständigkeit des Diamantkristalls beim Erhitzen und seine extreme Härte erklärt werden. Kristallgitter, die aus ungeladenen Atomen aufgebaut sind, heißen Atomgitter.

Atomgitter: Atome auf den Gitterplätzen

Atomgitter des Diamanten mit stabilen Atombindungen

Der Schwefel bei verschiedenen Temperaturen

Temperatur in °C	Erscheinungsform	Struktur
25	Gelbe, rhombische Kristalle	S_8-Moleküle im Molekülgitter mit Van-der-Waals-Kräften S_8-Molekülgitter 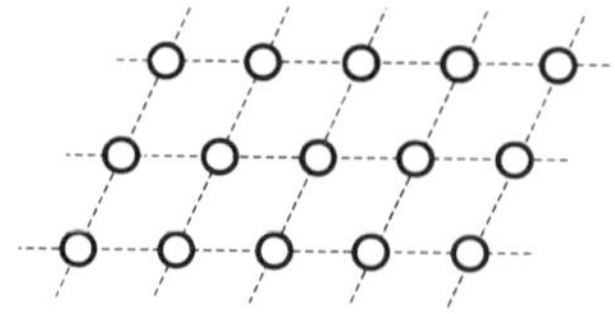
112,9 (Smt.)	Honiggelbe, dünnflüssige Schmelze	Aufspaltung des Molekülgitters durch zunehmende Wärmebewegung 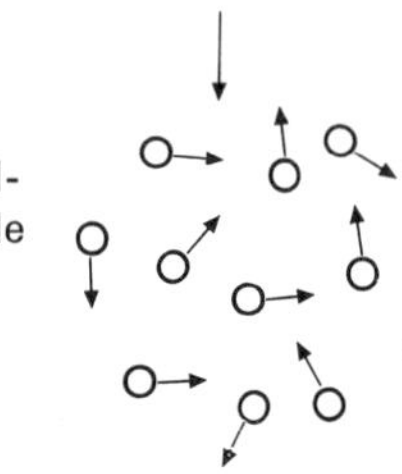
140	Farbänderung nach Rotbraun	S_8-Ring: 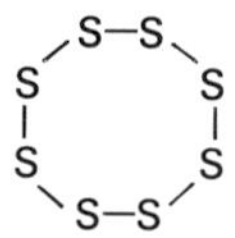 S_8-Radikal: 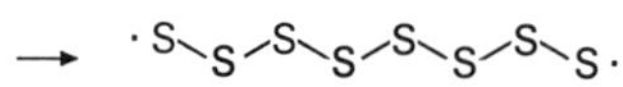 Aufspaltung der S_8-Ringe in S_8-Bruchstücke mit ungepaarten Elektronen: Radikale. Diese S_8-Radikale reagieren sofort weiter. Die ungepaarten Elektronen zweier Radikale vereinigen sich zu einer Atombindung, dadurch entstehen langkettige Riesenmoleküle:
180	Dunkelbraune, zähflüssige Schmelze	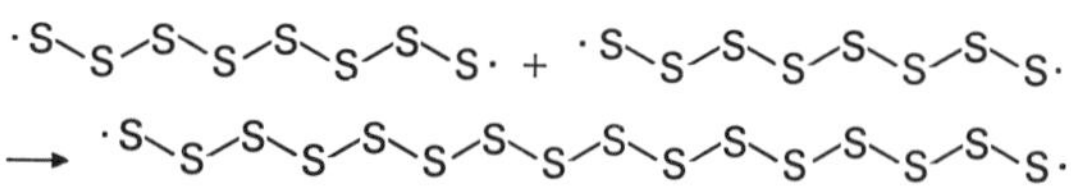
350	Dunkelbraune, dünnflüssige Schmelze	Durch starke Wärmebewegung werden die Riesenmoleküle wieder in kleinere Radikalbruchstücke zerlegt.
444,6 (Sdt.)	Bildung von rotbraunem Schwefeldampf	S_8-Radikale: 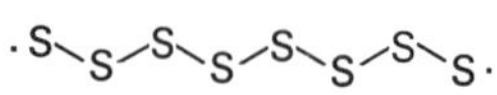
600	Farbe des Schwefeldampfs wird heller	S_6-, S_5- und S_4-Radikale: 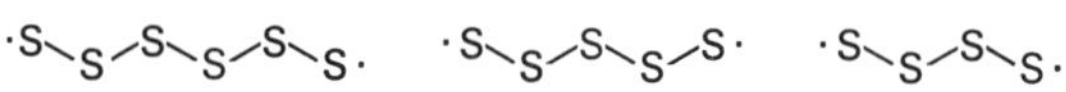
1000		S_2-Moleküle: $\cdot\overline{\underline{S}}-\overline{\underline{S}}\cdot$ (vgl. $\cdot\overline{\underline{O}}-\overline{\underline{O}}\cdot$)

8. Auch die Edelgase bestehen aus Atomen. Bei sehr tiefen Temperaturen kondensieren sie und erstarren schließlich zu Feststoffen, die aus einem Atomgitter aufgebaut sind. Im Gegensatz zum Diamant, bei dem die Atome durch Atombindungen fest zusammengehalten werden, wirken zwischen den Atomen fester Edelgase nur schwache Van-der-Waals-Kräfte. Edelgase haben deshalb extrem niedrige Erstarrungstemperaturen.

Atomgitter fester Edelgase mit schwachen Van-der-Waals-Kräften

A_1 Bei der Messung von Bindungsenergien ergeben sich folgende Werte: C—C-Bindung 347,5 kJ/mol, Si—Si-Bindung 176,7 kJ/mol, S—S-Bindung 213,1 kJ/mol.
Was läßt sich aus einem Vergleich der angegebenen Werte über die Bindungslängen der Atombindungen aussagen?

A_2 Formulieren Sie die Elektronenkonfigurationen des Sauerstoffs und des Schwefels. Wie läßt sich daraus die Struktur der entsprechenden Moleküle erklären?

A_3 Ergänzen Sie die folgende Tabelle:

	Weißer Phosphor	Schwefel	Diamant	Kochsalz
Gittertyp				
Gitterenergie (relativ)				
Art der Teilchen auf den Gitterplätzen				
Kräfte zwischen den Teilchen auf den Gitterplätzen				

10 Die polare Atombindung

10.1 Die Elektronegativität

Moleküle aus verschiedenen Atomen

1. In den bisher behandelten Molekülen waren immer Atome des gleichen Elements miteinander verbunden: H_2, O_2, Cl_2, usw. Wir wollen uns nun Molekülen zuwenden, die aus Atomen verschiedener Elemente aufgebaut sind. Beispiele sind das Chlorwasserstoffmolekül HCl, das Wassermolekül H_2O und das Ammoniakmolekül NH_3. Dabei soll untersucht werden, wie sich die Verschiedenartigkeit der Bindungspartner auf die Atombindung und auf das gesamte Molekül auswirkt.

Im Periodensystem vergrößert sich die Kernladungszahl nach rechts und unten, der Atomradius nach links und unten

2. Die Atome verschiedener Elemente unterscheiden sich in zwei wichtigen Größen voneinander:

– Die Kernladungszahl. Sie nimmt im Periodensystem von links nach rechts und von oben nach unten schrittweise zu.
– Der Atomradius. Er nimmt im Periodensystem von links nach rechts ab, von oben nach unten zu (vgl. Abbildung auf dem hinteren inneren Buchdeckel). Die Zunahme innerhalb einer Elementgruppe von oben nach unten beruht auf der Zunahme der Anzahl der Elektronenschalen. Die Abnahme des Atomradius innerhalb einer Periode von links nach rechts ist folgendermaßen zu verstehen: Durch die Zunahme der Kernladungszahl in dieser Richtung wird aufgrund der größeren positiven Ladung im Kern die Anziehung auf die Elektronenhülle verstärkt. Dies macht sich durch eine Verkleinerung der Elektronenwolken bemerkbar und erklärt das «Schrumpfen» der Atome von links nach rechts.

Elektronegativität (EN): Fähigkeit eines Atoms, Bindungselektronen anzuziehen

3. Auch die Elektronen eines Bindungselektronenpaars in einem Molekül unterliegen der Anziehung durch die positiven Atomkerne. Der amerikanische Chemiker Linus Pauling charakterisierte diese Anziehungskraft durch den Begriff der Elektronegativität (EN). Darunter versteht man die Fähigkeit eines Atoms, Bindungselektronen anzuziehen.

Im Periodensystem nimmt die EN im allgemeinen nach rechts und nach oben zu

4. Die Größe der EN eines Atoms hängt davon ab, wie stark die Elektronen im Außenbereich des Atoms vom positiven Atomkern angezogen werden. Bei den Hauptgruppenelementen nimmt die EN innerhalb einer Periode von links nach rechts zu, da in der gleichen Richtung die Kernladungszahl größer und der Atomradius kleiner wird. Schwieriger zu verstehen ist, warum innerhalb einer Elementgruppe die EN im allgemeinen von oben nach unten abnimmt. Zunächst ist dies darauf zurückzuführen, daß der Atomradius innerhalb der Elementgruppe von oben nach unten zunimmt. Der dabei aber auch die Kernladungszahl zunimmt könnte es umgekehrt zu einer stärkeren Anziehung der äußeren Elektronen kommen. Dieser Effekt wird jedoch abgeschwächt durch die Rumpfelektronen, die das positive Kernfeld nach außen abschirmen. So wird verständlich warum die EN innerhalb der Elementgruppe von oben nach unten abnimmt.

Im PSE: rechts oben große, links unten kleine EN

5. Im Periodensystem stehen also rechts oben die Elemente mit der größten, links unten die Elemente mit der kleinsten EN. Das Element Fluor ($_9F$) besitzt die größte EN aller Elemente. L. Pauling hat die unterschiedlichen Elektronegativitäten der Element durch dimensionslose Zahlen zueinander in Beziehung gesetzt. Dabei ist für Fluor die Zahl 4,0 festgelegt worden. Francium hat mit 0,7 die kleinste EN aller Elemente. (Vgl. auch die erweiterte Tabelle auf der letzten Buchseite)

Elektronegativitätsskala nach Pauling

			H 2,1				
Li 1,0	Be 1,5	B 2,0		C 2,5	N 3,0	O 3,5	F 4,0
Na 0,9	Mg 1,2	Al 1,5		Si 1,8	P 2,1	S 2,5	Cl 3,0
K 0,8	Ca 1,0	Ga 1,6		Ge 1,8	As 2,0	Se 2,4	Br 2,8

A1 Warum nimmt im Periodensystem die Elektronegativität der Elemente in der Regel von rechts nach links und von oben nach unten ab?

A2 In der Elektronegativitäts-Tabelle auf der letzten Buchseite sollen die Elemente ermittelt werden, deren Zahlenwerte theoretisch nicht unmittelbar gedeutet werden können.

10.2 Stoffe mit polarer Atombindung

Polare Atombindung: Bindungselektronenpaar zum elektronegativeren Atom verschoben

1. In einem Molekül, das aus Atomen mit verschiedener EN besteht, ist das Bindungselektronenpaar auf die Seite des stärker elektronegativen Bindungspartners verschoben.
Atombindungen, bei denen das Bindungselektronenpaar auf die Seite eines Bindungspartners verschoben ist, heißen polare Atombindungen. Die Polarität einer Atombindung kann grafisch durch keilförmige Schreibweise des Bindungselektronenpaars zum Ausdruck gebracht werden. Die Breite des Keils deutet die Stärke der Polarität an:

EN	2,1 4,0	2,1 3,0	2,1 2,8	2,1 2,5
Molekül	H ◄ F	H ◄ Cl	H ◄ Br	H ◄ I

Polarität abhängig von der EN-Differenz

2. Die Polarität einer Atombindung ist um so stärker, je größer die EN-Differenz der beteiligten Atome ist. In der Reihe der Halogenwasserstoffe hat das Fluorwasserstoffmolekül die am stärksten polare Bindung, weil seine Atome die größte EN-Differenz aufweisen.

3. In einem zweiatomigen Molekül mit polarer Atombindung liegen der positive und der negative Ladungsschwerpunkt nicht mehr auf dem gleichen geometrischen Ort. Das Molekül bekommt dadurch auf der Seite des elektronegativeren Atoms eine negative und auf der anderen Seite eine positive Teilladung. Solche Teilladungen werden mit den Zeichen $\delta+$ und $\delta-$ bei den entsprechenden Elementsymbolen angegeben:

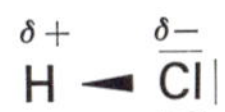

Ladungsschwerpunkte in Molekülen mit unpolarer und mit polarer Atombindung

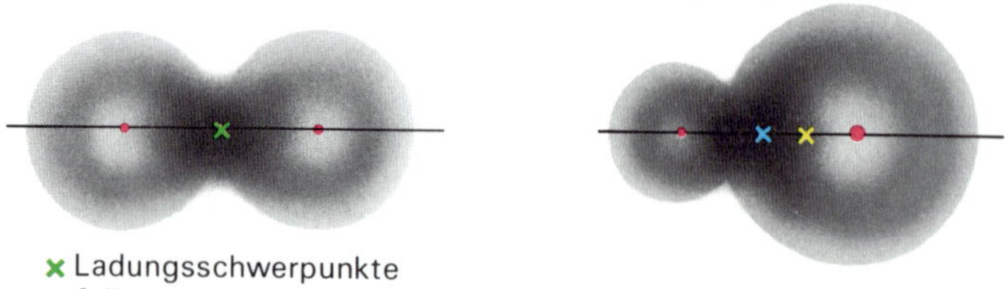

Dipolmolekül: Ladungsschwerpunkte fallen nicht zusammen

4. Moleküle, bei welchen die Schwerpunkte der positiven und der negativen Ladungen nicht zusammenfallen, heißen Dipolmoleküle. In einem elektrischen Feld, wie es z. B. zwischen einer positiv und einer negativ geladenen Platte besteht, richten sich Dipolmoleküle so aus, daß ihre positive Teilladung zur negativen Platte, die negative Teilladung zur positiven Platte hin orientiert ist.

Nicht alle Moleküle mit polaren Atombindungen sind Dipolmoleküle

5. Zweiatomige Moleküle mit polarer Atombindung, wie HCl oder HBr, sind immer Dipolmoleküle. In Molekülen mit mehr als einer polaren Atombindung können die Ladungsschwerpunkte aus Symmetriegründen wieder zusammenfallen. Dies trifft z. B. beim CO_2-Molekül zu, dessen drei Atome linear angeordnet sind:

$$\overset{\delta-}{\langle O} = \overset{\delta+}{C} = \overset{\delta-}{O\rangle}$$

Zwar sind die beiden Doppelbindungen polar, doch heben sich die Polaritäten im Gesamtmolekül auf, so daß dieses kein Dipolmolekül ist.

Thermische Stabilität polarer Atombindungen

6. Stoffe mit polaren Atombindungen sind auch bei hohen Temperaturen sehr beständig. So zerfällt das Fluorwasserstoffmolekül erst bei 3500 °C in ein Fluor- und in ein Wasserstoffatom:

$$H - \overline{\underline{F}}| \xrightarrow{3500\,°C} H\cdot + \cdot\overline{\underline{F}}|$$

Diese thermische Stabilität erklärt sich aus der zusätzlichen elektrostatischen Anziehung von positiver und negativer Teilladung. Zur Trennung in die Atome muß gegen diese Anziehungskraft zusätzlich Arbeit verrichtet werden.

Homolyse: Aufspaltung in Atome, Heterolyse: Aufspaltung in Ionen

7. Die Aufspaltung eines Moleküls in Atome bzw. Radikale wird als Homolyse bezeichnet. Das Bindungselektronenpaar wird dabei in ungepaarte Elektronen zerlegt:

$$A - B \xrightarrow{\text{Homolyse}} A\cdot + B\cdot$$

Eine Atombindung kann aber auch durch Heterolyse gespalten werden. Dabei bleibt das Bindungselektronenpaar beim elektronegativeren Bindungspartner; es entstehen positive und negative Ionen:

$$A \blacktriangleleft B \xrightarrow{\text{Heterolyse}} A^+ + |B^-$$

Bekannt ist z. B. der heterolytische Zerfall des Chlorwasserstoffmoleküls:

$$H \blacktriangleleft \overline{\underline{Cl}}| \longrightarrow H^+ + |\overline{\underline{Cl}}|^-$$

8. Trotz ihrer thermischen Stabilität können polare Atombindungen bei chemischen Reaktionen oft besonders leicht heterolytisch gespalten werden. Da in der polaren Atombindung das bindende Elektronenpaar schon weitgehend zum elektronegativeren Partner hin verschoben ist, erfordert die Heterolyse einen relativ geringen Energieaufwand. Dipolmoleküle zerfallen deshalb bei Reaktionen leicht unter Bildung von Ionen. Dipolmoleküle sind daher besonders reaktionsfähig, wenn der Reaktionsablauf die Bildung von Ionen erfordert. Sie sind reaktionsträge, wenn bei der Reaktion eine homolytische Spaltung notwendig ist.

	Unpolare Atombindung	Polare Atombindung
Homolyse	erleichtert	erschwert
Heterolyse	erschwert	erleichtert

A1 Erklären Sie die Unterschiede zwischen den Bindungsenergien der folgenden Bindungen: P–H 319,9, S–H 339,6, Cl–H 432,1 kJ/mol.

A2 Welche der Bindungen gemäß Aufgabe 1 läßt sich am leichtesten homolytisch spalten?

10.3 Mehratomige Dipolmoleküle

Moleküle im elektrischen Feld

V Aus einer Bürette läßt man einen feinen Strahl destilliertes Wasser fließen. Ein mit einem Wolltuch geriebener Kunststoffstab wird in die Nähe des Wasserstrahls gehalten. Man wiederholt den Versuch mit *Tetrachlorkohlenstoff (giftige Dämpfe), Aceton (feuergefährlich)* und *Ethanol (feuergefährlich)*.

1. Im Wassermolekül sind zwei Wasserstoffatome mit einem Sauerstoffatom durch Atombindungen verknüpft. Dabei überlappen die 1s-Orbitale der Wasserstoffatome mit jeweils einem p-Orbital des Sauerstoffs:

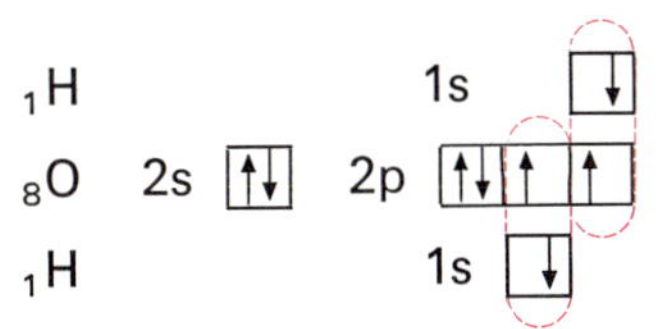

Wassermolekül als Dipol

Untersuchungen im elektrischen Feld zeigen, daß Wassermoleküle starken Dipolcharakter haben. Die EN-Zahlen von Wasserstoff und Sauerstoff sind stark verschieden. Daher sind die Bindungen im Wassermolekül stark polar. Allerdings würden bei einer geradlinigen Anordnung der Atome der positive und negative Ladungsschwerpunkt des Moleküls zusammenfallen. Ein linear gebautes Wassermolekül könnte keinen Dipolcharakter zeigen. Daraus folgt, daß die beiden Sauerstoff-Wasserstoff-Bindungen einen Winkel bilden. Erst durch diesen Bindungswinkel fallen die Ladungsschwerpunkte auseinander, und das Wassermolekül wird zum Dipol.

Bindungswinkel im Wassermolekül etwa 105 °

2. Daß die Bindungen des Wassermoleküls gewinkelt sind, wird verständlich, wenn man die räumliche Lage der p-Orbitale im Modell des Sauerstoffatoms betrachtet. Dabei stehen die hantelförmigen p_x-, p_y- und p_z-Orbitale senkrecht zueinander.

Entstehung der Atombindungen im Wassermolekül

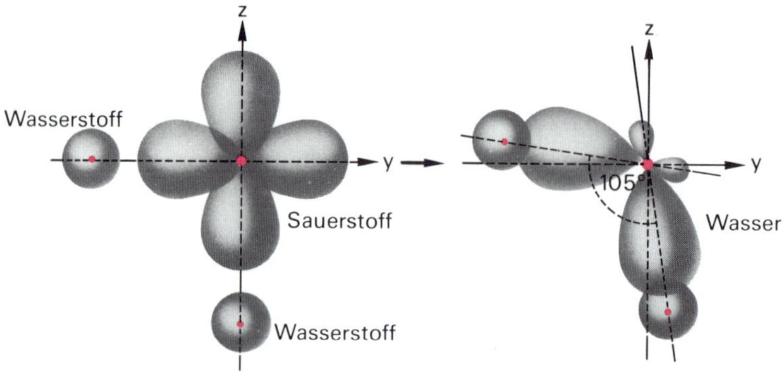

Kalottenmodell des Wassermoleküls

Kalottenmodell des Ammoniakmoleküls

Danach müßten die beiden Bindungen im Wassermolekül einen Winkel von 90 ° bilden. Der experimentell ermittelte Bindungswinkel beträgt jedoch etwa 105 °. Für Molekülorbitale muß also eine andere räumliche Anordnung gelten als für entsprechende Atomorbitale.

3. Betrachtet man die Wasserstoffverbindungen der übrigen Elemente der VI. Hauptgruppe, so ist festzustellen, daß auch das Schwefelwasserstoffmolekül Dipolcharakter besitzt. Die Atombindungen zwischen Schwefel und Wasserstoff entstehen durch Überlappung von zwei 3p-Orbitalen des Schwefels mit den 1s-Orbitalen des Wasserstoffs. Die kleinere EN-Differenz (0,4 gegenüber 1,4 bei H_2O) ergibt eine schwächere Polarität der Bindungen als im Wassermolekül und damit einen geringeren Dipolcharakter des Moleküls. Selenwasserstoff (H_2Se) und Tellurwasserstoff (H_2Te) besitzen ebenfalls gewinkelte Moleküle:

4. Eine der wichtigsten Stickstoffverbindungen ist Ammoniak (NH_3). Es ist ein durchdringend riechendes, farbloses Gas (Smt. −77 °C, Sdt. −33,5 °C). Das Ammoniakmolekül enthält drei polare Stickstoff-Wasserstoff-Bindungen. Sie entstehen durch Überlappung der 2p-Orbitale des Stickstoffs mit den 1s-Orbitalen des Wasserstoffs:

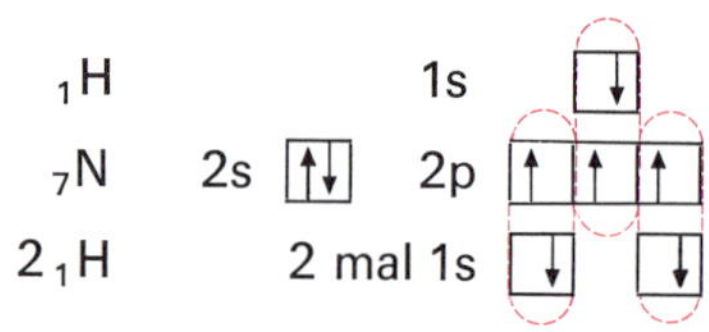

Das Molekül bildet eine dreiseitige Pyramide, an deren Spitze das Stickstoffatom steht (siehe Abbildung). Die Basis der Pyramide wird durch die drei Wasserstoffatome gebildet. Der H–N–H-Bindungswinkel beträgt 107 °. Die Wasserstoffverbindungen der unter dem Stickstoff stehenden Elemente der V. Hauptgruppe zeigen einen entsprechenden Molekülbau:

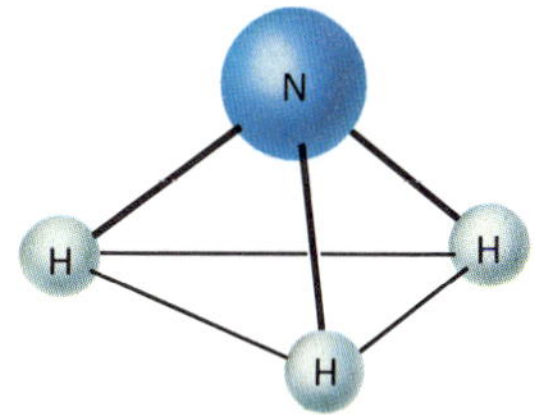

Räumlicher Bau des Ammoniak-Moleküls

A1 Wie ändert sich der Dipolcharakter der Moleküle NH_3, PH_3, AsH_3 und SbH_3?

A2 Welche Gemeinsamkeiten und welche Unterschiede bestehen bei den Molekülen des Wassers und des Schwefelwasserstoffs?

A3 Das Molekül des Bortrifluorids (BF_3) besitzt keinen Dipolcharakter. Wie sind die Atome im Molekül räumlich angeordnet?

10.4 Wasserstoffbrücken

Anziehungskräfte zwischen Dipolmolekülen

1. Wasser hat im Vergleich zu anderen molekularen Stoffen (O_2, N_2) eine relativ hohe Schmelz- und Siedetemperatur. Dies läßt auf stärkere Anziehungskräfte zwischen den Wassermolekülen schließen. Sie kommen dadurch zustande, daß sich die Wassermoleküle nicht nur durch Van-der-Waals-Kräfte, sondern zusätzlich als Dipolmoleküle anziehen.

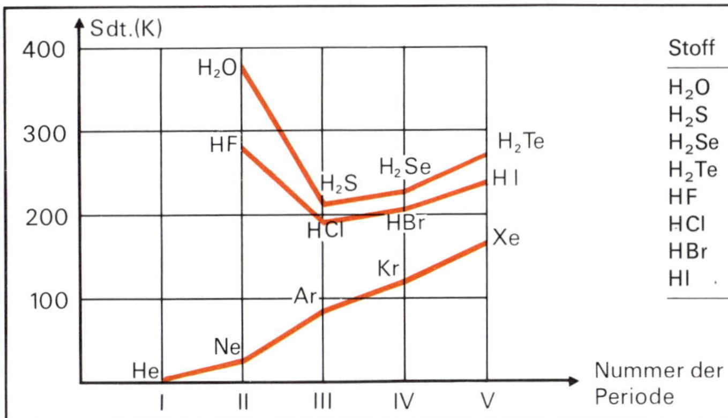

Stoff	Sdt. (°C)
H_2O	+100
H_2S	− 60,4
H_2Se	− 41,3
H_2Te	− 2,2
HF	+ 19,5
HCl	− 85
HBr	− 66,8
HI	+ 35,4

Siedetemperaturen von Stoffen aus polaren bzw. unpolaren Teilchen

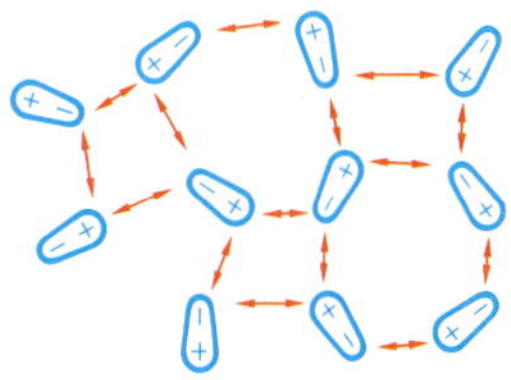

Anziehung zwischen Dipolmolekülen

Diese elektrostatischen Dipol-Dipol-Kräfte zwischen Dipolmolekülen verstärken die Anziehung im Vergleich zu derjenigen durch reine Van-der-Waals-Kräfte zwischen unpolaren Molekülen ähnlicher Größe.

Wasserstoffbrücken bei Hydriden stark elektronegativer Elemente

2. Wie aus obiger Abbildung hervorgeht, ist die Siedetemperatur von Wasser auch relativ hoch im Vergleich zu den andern Hydriden von Elementen der sechsten Hauptgruppe. Dasselbe gilt für den Fluorwasserstoff unter den Halogenwasserstoffen. Bei Wasser und Fluorwasserstoff sind die Dipol-Dipol-Kräfte also besonders groß. Dies ist auf die starke Elektronegativität von Sauerstoff und von Fluor zurückzuführen. Die Anziehung

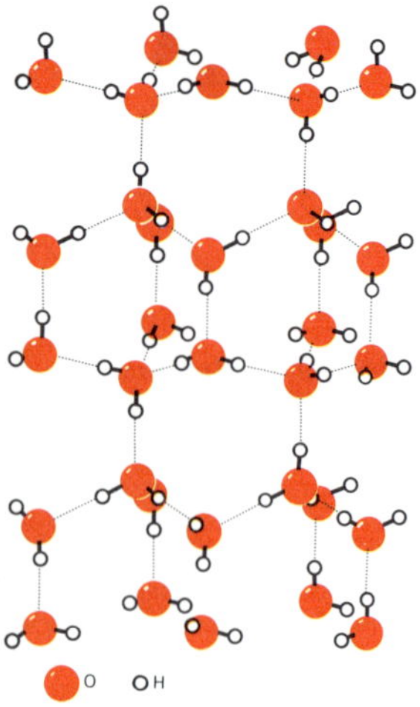

Wasserstoffbrücken zwischen Wassermolekülen im Eiskristall

zwischen stark positiv polarisierten Wasserstoffatomen und stark negativ polarisierten Atomen benachbarter Moleküle nennt man Wasserstoffbrücke. Dabei tritt die positive Wasserstoff-Seite des einen Moleküls in Wechselwirkung mit dem negativen Atom des benachbarten Moleküls. Wegen ihrer geringen Größe wirken die positiv polarisierten Wasserstoffatome besonders stark anziehend.

3. Im Periodensystem steigt die Elektronegativität vom Stickstoff $_{7}N$ über Sauerstoff $_{8}O$ zum Fluor $_{9}F$. Gleichzeitig erhöht sich in der Reihe NH_3, H_2O, HF die Polarität der Bindungen. Die Stärke der Wasserstoffbrücken ist daher zwischen den Molekülen des Fluorwasserstoffs am größten. Man braucht 25 bis 33 kJ/mol, um sie aufzuspalten. Im Vergleich dazu beträgt die Bindungsenergie der H–F-Bindung im Fluorwasserstoffmolekül 564 kJ/mol. Wasserstoffbrücken besitzen also nicht annähernd die Festigkeit einer echten chemischen Bindung; sie können nicht als neue Bindungsart aufgefaßt werden.

4. Trotzdem verdanken viele Feststoffe ihre besonderen Eigenschaften der Ausbildung von Wasserstoffbrücken. Festes Wasser, also Eis, bietet dafür ein gutes Beispiel. Die Eiskristalle bilden ein Molekülgitter. Auf seinen Gitterplätzen befinden sich Wassermoleküle, die durch gerichtete Wasserstoffbrücken festgehalten werden. Im Eiskristall ist jedes Sauerstoffatom eines Wassermoleküls tetraedrisch von vier Wasserstoffatomen umgeben. Zwei davon sind über Atombindungen verknüpft, zwei über Wasserstoffbrücken. Die Moleküle sind in diesem Gitter weniger dicht gepackt als im flüssigen Wasser. Dies erklärt die geringere Dichte von Eis gegenüber Wasser von 0 °C.

5. Eine besonders wichtige Rolle spielen Wasserstoffbrücken beim Aufbau von Naturstoffen. Die Eigenschaften von Stärke, Cellulose, Eiweißstoffen und den als Träger der Erbeigenschaften wichtigen Nukleinsäuren werden wesentlich durch Wasserstoffbrücken mitbestimmt.

A1 Wie erklären sich die Unterschiede der Siedetemperaturen von Wasser (100 °C), Schwefelwasserstoff (–60,4 °C), Selenwasserstoff (–42 °C) und Tellurwasserstoff H_2Te (–2,3 °C)?

A2 Wie müßten sich die physikalischen Eigenschaften des Wassers ändern, wenn seine Moleküle einen größeren oder einen kleineren Bindungswinkel besäßen?

A3 Zum Schmelzen von 1 mol Eis braucht man 5,6 kJ Schmelzwärme. Wozu wird diese Energie benötigt?

A4 Warum sind die Wasserstoffbrücken zwischen Fluorwasserstoffmolekülen stabiler als zwischen Bromwasserstoffmolekülen?

10.5 Wasser als Lösungsmittel

Temperaturänderung bei Lösungsvorgängen?

V In drei Bechergläsern werden nebeneinander Lösungen von *Natriumhydroxid (ätzend)*, Natriumchlorid und Ammoniumchlorid in Wasser hergestellt. Welcher Temperaturverlauf ist mit dem Thermometer bei den einzelnen Lösungsvorgängen festzustellen?

Hydration: Anlagerung von Wassermolekülen an Ionen

1. Wasser ist ein gutes Lösungsmittel für viele Salze. Trotz der hohen Gitterenergie, die für die Ionengitter der Salze kennzeichnend ist, löst Wasser die Kristalle vieler Salze auf. Nähert sich ein Wassermolekül der Oberfläche eines Ionengitters, so kommt es zu elektrostatischer Anziehung zwischen Dipolmolekül und Ion (siehe Abbildung). Das Wassermolekül bewegt sich dabei beschleunigt auf das Ion zu, das gleichzeitig aus dem Gitterverband herausgezogen wird. An das so isolierte Ion lagern sich rasch weitere Wassermoleküle an und bilden die Hydrathülle. Die Anlagerung von Wassermolekülen an Ionen wird Hydration[1] genannt.

2. Die Hydration ist ein exothermer Vorgang. Um das Dipolmolekül wieder vom Ion zu entfernen, müßte gegen die Ionen-Dipol-Anziehungskräfte Arbeit verrichtet werden. Die bei der Anlagerung von Wassermolekülen an ein Ion freiwerdende Energie heißt Hydrationsenergie. Sie genügt in vielen Fällen, um die hohe Gitterenergie eines Ionengitters zu überwinden.

Lösen eines Salzes in Wasser. Hydration

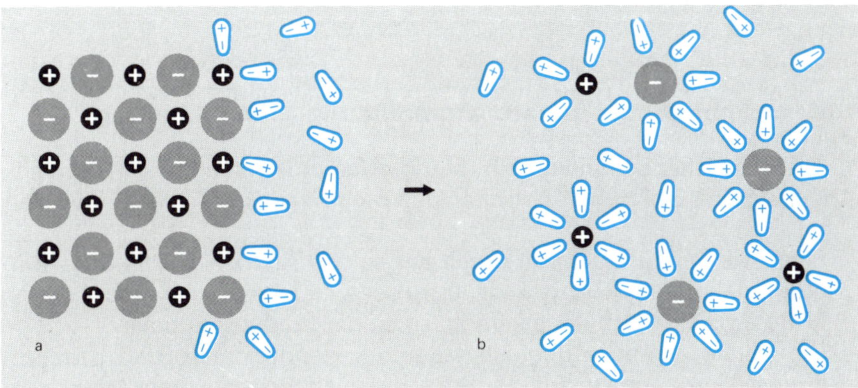

Anlagerung der Dipolmoleküle an die Ionen des Kristallgitters

Hydratisierte Ionen in der Lösung

Kristallisation: Umkehrung des Lösungsvorgangs

3. Kristallisiert ein Salz aus einer wäßrigen Lösung aus, so laufen die für den Lösungsvorgang dargestellten Prozesse in umgekehrter Reihenfolge ab. Beim Verdampfen des Wassers werden die Hydrathüllen von den Ionen entfernt. Dann schließen sich die isolierten Ionen unter Abgabe von Gitterenergie zum Ionengitter des Salzkristalls zusammen. Manchmal wird Hydrat-Wasser mit in das Ionengitter eingebaut. Wir haben dieses Wasser als Kristallwasser schon kennengelernt.

Löslichkeit ist abhängig von Hydrationsenergie und Gitterenergie

4. Energetisch lassen sich beim Lösungsvorgang vier Fälle unterscheiden:

– Die Hydrationsenergie ist annähernd gleich groß wie die Gitterenergie. Hier verläuft der Lösungsvorgang ohne wesentliche Temperaturänderung (Beispiele: NaCl, KI).

[1] Im deutschen Schrifttum oft auch als Hydratation bezeichnet.

- Die Hydrationsenergie ist größer als die Gitterenergie. Solche Lösungsvorgänge verlaufen insgesamt exotherm (Beispiele: NaOH, Na_2CO_3).
- Die Hydrationsenergie ist wenig kleiner als die Gitterenergie. Beim Lösen kommt es zur Abkühlung. (Beispiele: NH_4Cl, $KHCO_3$). Die zur Überwindung der Gitterenergie fehlende Energie wird dem Wärmevorrat des Wassers entnommen.
- Die Hydrationsenergie ist wesentlich kleiner als die Gitterenergie. In diesem Fall löst sich das Salz in der Regel nur zum Teil oder fast gar nicht. Beispiele für solche weitgehend unlöslichen Salze sind Silberchlorid (AgCl) und Bariumsulfat ($BaSO_4$).

A Bei der Lösung von 1 mol Berylliumchlorid werden 213,5 kJ Lösungswärme frei. Beim Kristallisieren der gleichen Menge dieses Salzes wird die gleiche Wärmemenge als Kristallisationswärme verbraucht. Wie ist dieser Sachverhalt zu erklären?

10.6 Atombindung – polare Atombindung – Ionenbindung

1. Die drei bisher behandelten Bindungsarten unterscheiden sich durch die Art, in welcher Elektronen zwischen den Bindungspartnern verteilt wurden:

- Eine Atombindung kommt durch ein beiden Atomen zugehöriges Bindungselektronenpaar zustande. Liegt dessen Ladungsschwerpunkt in der Mitte zwischen den Atomkernen, so ist die Bindung unpolar.
- Die polare Atombindung ist dadurch gekennzeichnet, daß das Bindungselektronenpaar auf die Seite des elektronegativeren Atoms verschoben ist. Dadurch entstehen positive und negative Teilladungen. Moleküle mit polaren Atombindungen können Dipolmoleküle sein.
- Bei der Ionenbindung treten keine gemeinsamen Bindungselektronen auf. Durch Elektronenübergang werden die Bindungspartner zu Ionen. Die positiv und negativ geladenen Ionen ziehen sich durch elektrostatische Kräfte an. Formal läßt sich die Ionenbindung aus der polaren Atombindung durch die Vorstellung ableiten, daß das Bindungselektronenpaar vollständig auf die Seite des elektronegativeren Bindungspartners verschoben ist.

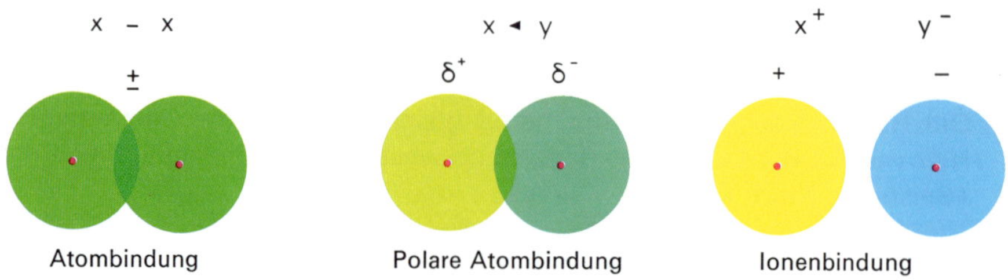

2. Die Eigenschaften von Stoffen hängen mit den in ihnen auftretenden Bindungen zusammen:

Flüchtige, diamantartige und salzartige Stoffe

- Unpolare oder polare Atombindungen sind verantwortlich für die Existenz in sich geschlossener Moleküle wie H_2, N_2, S_8, HCl oder H_2O. Zwischen diesen wirken sekundär Van-der-Waals-Kräfte, bei Dipolmolekülen auch Dipolkräfte. Sind diese zwischenmolekularen Kräfte groß genug oder ist die Temperatur tief genug, so bilden die betreffenden Stoffe ein Molekülgitter. Man nennt sie flüchtig, da sie entweder bei Zimmertemperatur gasförmig oder doch leicht verdampfbar sind.
- Können die beteiligten Atome gleichzeitig mehrere (unpolare oder polare) Atombindungen eingehen, so entstehen Atomgitter wie beim Diamant oder beim Quarz. Stoffe mit Atomgittern sind besonders hart, in Wasser praktisch unlöslich, und haben hohe Schmelztemperaturen.
- Die Ionenbindung hält Ionen durch Coulombsche Kräfte in Ionengittern zusammen. Derart aufgebaute Stoffe, wie NaCl oder MgF_2, haben salzartigen Charakter: sie zeigen hohe Schmelz- und Siedetemperaturen, sind mehr oder weniger gut wasserlöslich und leiten im gelösten oder geschmolzenen Zustand den elektrischen Strom.

3. Zwischen den drei Bindungsarten gibt es fließende Übergänge, wie z. B. aus folgender Reihe hervorgeht:

Übergänge zwischen Bindungsarten

	NaCl	$MgCl_2$	$AlCl_3$	$SiCl_4$	PCl_3	SCl_2	Cl_2
EN-Differenz	2,1	1,8	1,5	1,2	0,9	0,5	0
	Ionenbindung		Polare Atombindung				Atombindung

Natriumchlorid (NaCl) und Magnesiumchlorid ($MgCl_2$) bilden Ionengitter. Ihre erst bei hoher Temperatur entstehenden Schmelzen leiten den elektrischen Strom. Die Gitter des Aluminiumchlorids ($AlCl_3$) und Siliciumtetrachlorids ($SiCl_4$) sind aus Molekülen mit stark polaren Bindungen aufgebaut. Ihre Schmelztemperaturen liegen niedriger (193 bzw. −69 °C) und die Schmelzen leiten den elektrischen Strom praktisch nicht. Phosphortrichlorid (PCl_3) und Schwefeldichlorid (SCl_2) leiten, als Flüssigkeiten aus Molekülen mit polaren Atombindungen, zum gasförmigen Chlor (Cl_2) über, in dessen Molekülen eine unpolare Atombindung auftritt.

4. Bei großer EN-Differenz der Bindungspartner liegt Ionenbindung, bei kleiner EN-Differenz polare Atombindung vor. Da die Bindungsarten allmählich ineinander übergehen, kann eigentlich keine scharfe Grenze angegeben werden. Als Anhaltspunkt hat Pauling den Wert 1,7 genannt. Bei einer EN-Differenz von über 1,7 überwiegt der Ionenbindungsanteil und man spricht von Ionenbindung, bei Werten unter 1,7 überwiegt der Atombindungscharakter.

A Welche Bindungsart überwiegt nach Pauling in folgenden Verbindungen: LiF, I_2, SiH_4, SO_2, MgO, NO und H_2Se?

11 Grundtypen chemischer Reaktionen

11.1 Protolytische Reaktionen (Säure-Base-Reaktionen)

Wie reagieren Ammoniak, Chlorwasserstoff und Wasser miteinander?

V_1 10 cm^3 *konzentrierte Ammoniaklösung (ätzend)* und 10 cm^3 *konzentrierte Salzsäure (ätzend)* werden in zwei Waschflaschen gefüllt. Diese werden mit zwei T-Stücken und den entsprechenden Schläuchen am Stativ gemäß Abbildung zusammengeschlossen. Dann bläst man mit einem Handgebläse einen Luftstrom durch die Apparatur. Der entstehende Rauch wird in ein Becherglas mit destilliertem Wasser eingeleitet und mit Silbernitratlösung versetzt.

V_2 Ein 500-cm^3-Rundkolben mit langem Hals wird nach Abbildung a) mit *Ammoniakgas (giftig)* gefüllt. Danach wird rasch ein Gummistopfen mit kurzem Glasrohr fest aufgesetzt. Man taucht den Kolbenhals in eine Glaswanne mit phenolphthaleinhaltigem Wasser gemäß Abbildung b) *(Schutzbrille!)*.

V_3 Man stellt *Chlorwasserstoffgas (ätzend)* her und führt auch mit diesem Gas den „Springbrunnenversuch" durch. (V_3 und V_4 in Kap. 4.9).

Vorrichtung für die Reaktion von Chlorwasserstoff mit Ammoniak (V_1)

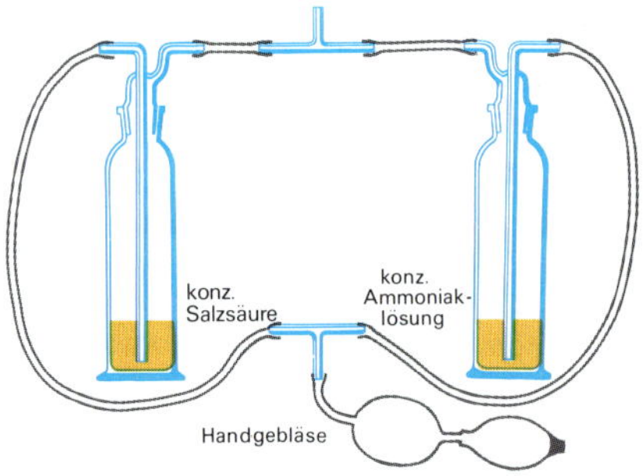

«Ammoniakspringbrunnen» (V_2)

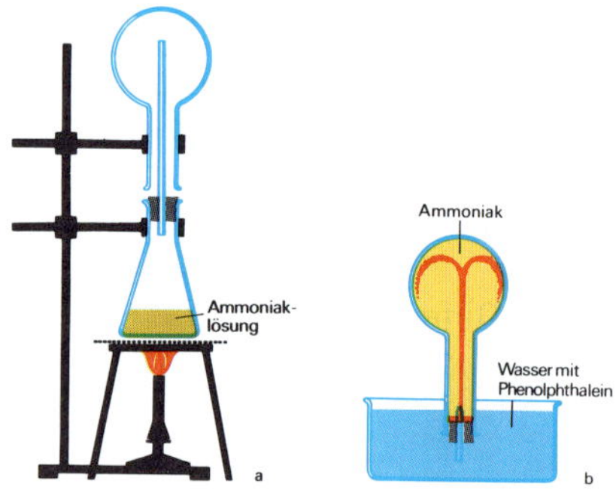

Ammoniak

Chlorwasserstoff

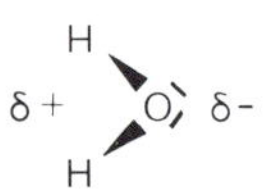

Wasser

1. Die Chemie hat die Aufgabe, den Ablauf chemischer Reaktionen zu untersuchen und zu klären. Dabei versucht man, die auftretenden Stoffänderungen aufgrund der Vorgänge an den kleinsten Teilchen zu verstehen. Als erstes Beispiel betrachten wir die Reaktionen einfacher Wasserstoffverbindungen untereinander: Ammoniak, Chlorwasserstoff und Wasser.

2. Aus den Eigenschaften dieser drei Stoffe ist zu schließen, daß sie aus Molekülen aufgebaut sind.
Vergleicht man die Strukturformeln, so zeigen sich wichtige gemeinsame Merkmale: die Moleküle enthalten polare Atombindungen und sind Dipolmoleküle; Stickstoff-, Chlor- und Sauerstoffatome besitzen freie Elektronenpaare. Dieser Molekülbau bestimmt entscheidend den Ablauf der zwischen diesen Stoffen möglichen Reaktionen.

3. Ammoniakgas reagiert mit Chlorwasserstoffgas, wobei ein Rauch von festem, weißem Ammoniumchlorid gebildet wird:

$$NH_3 + HCl \rightarrow NH_4Cl$$

NH_4^+ Ammonium-Ion

Ammoniumchlorid gehört zur Stoffklasse der Salze. Sein Ionengitter wird aus positiv geladenen Ammonium-Ionen (NH_4^+) und negativ geladenen Chlorid-Ionen (Cl^-) aufgebaut. Die Teilchengleichung lautet also:

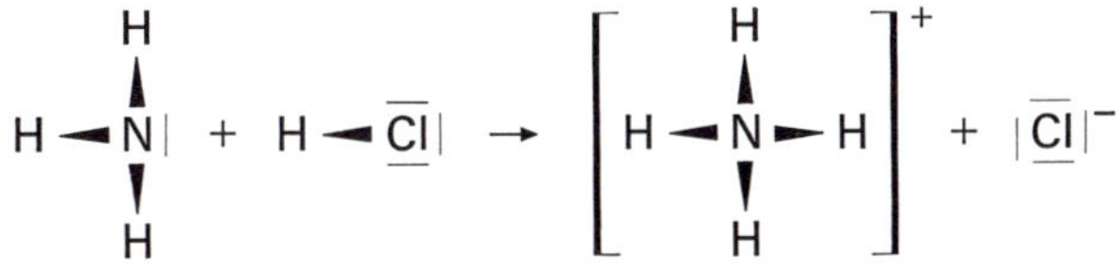

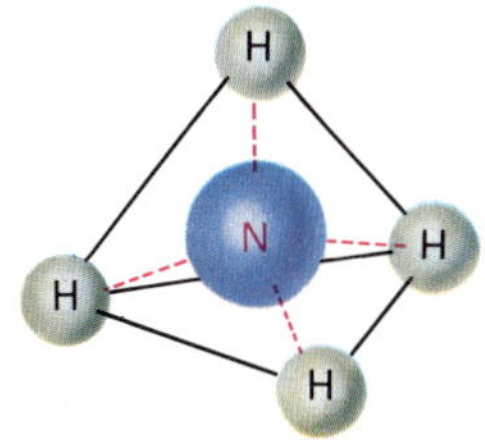

Räumlicher Bau des Ammonium-Ions

Die polare Bindung des Chlorwasserstoffmoleküls wird heterolytisch gespalten, wobei ein Cl^--Ion und ein H^+-Ion entstehen. Das H^+-Ion besitzt keine Elektronenhülle; es ist als extrem kleines, geladenes Teilchen (Atomkern) nicht frei beständig. Es geht auf das Ammoniakmolekül über und wird an dessen negativ polarisiertem Stickstoffatom gebunden. Das freie Elektronenpaar des Stickstoffs wird zum Bindungselektronenpaar. So entsteht das positiv geladene Ammonium-Ion (NH_4^+), das vier völlig gleichartig gebundene, tetraedrisch angeordnete H-Atome enthält.
Wie das Sulfat-Ion (SO_4^{2-}) oder das Nitrat-Ion (NO_3^-), ist das Ammonium-Ion ein aus mehreren Atomen zusammengesetztes Ion.

4. Ammoniak reagiert mit Wasser unter Bildung einer alkalischen Lösung. Die alkalische Reaktion beruht darauf, daß Hydroxid-Ionen (OH^-) entstanden sind:

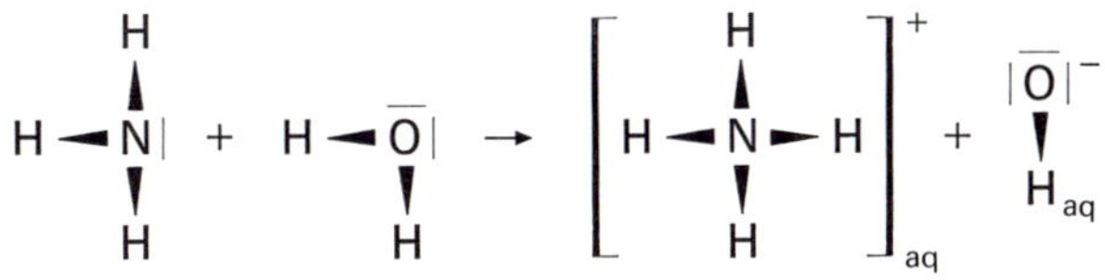

Die O–H-Bindungen im Wassermolekül sind stark polar; deshalb kann ein H^+-Ion abgespalten werden. Es lagert sich, wie das H^+-Ion des Chlorwasserstoffmoleküls, an das freie Elektronenpaar des Stickstoffs im Ammoniakmolekül an. So entstehen NH_4^+- und OH^--Ionen.

5. Die Umsetzung von Chlorwasserstoffgas und Wasser zu Salzsäure nach der folgenden Teilchengleichung verläuft stark exotherm:

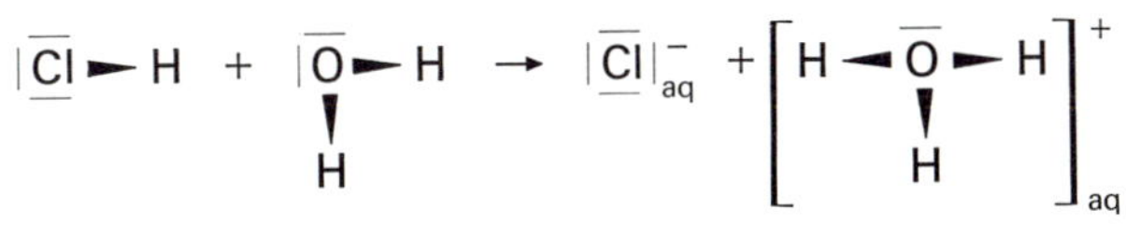

H_3O^+ Hydronium-Ion

Stößt ein Chlorwasserstoffmolekül mit einem Wassermolekül zusammen, so wird die polare H–Cl-Bindung heterolytisch gespalten, wobei H^+ und Cl^- entstehen. Das so gebildete Wasserstoff-Ion wird sofort im Wassermolekül an ein freies Elektronenpaar des Sauerstoffs gebunden. Das dabei entstehende H_3O^+-Ion heißt analog zum Ammonium-Ion (NH_4^+) Hydronium-Ion[1].

[1] Auch als «Hydroxonium-Ion» bezeichnet.

In wäßriger Lösung: statt H^+ immer H_3O^+

6. Die aus Chlorwasserstoffgas und Wasser entstehende Salzsäure enthält Hydronium-Ionen, Chlorid-Ionen und Wassermoleküle. Es gibt in der Salzsäure keine «freien» Wasserstoff-Ionen. Der Aufbau des Wasserstoffatoms aus positivem Kern und negativem Elektron zeigt, daß ein Wasserstoff-Ion nichts anderes ist als der isolierte, positiv geladene Kern des Atoms, in der Regel also ein Proton. Für Wasserstoff-Ionen wird deshalb häufig die Bezeichnung Protonen verwendet. Freie Protonen sind in Wasser nicht beständig; sie bilden mit Wassermolekülen stabile Hydronium-Ionen. Wenn gelegentlich von H^+-Ionen gesprochen wird, so ist dies eine Vereinfachung. Nicht Wasserstoff-Ionen, sondern Hydronium-Ionen bestimmen die Eigenschaften einer sauren Lösung. Sie können durch Indikatoren, z. B. Bromthymolblau nachgewiesen werden.

Neutralisation als Protolyse

7. Auch an der Neutralisation, also der Reaktion von Säuren mit Hydroxidlösungen, sind Hydronium-Ionen beteiligt. Für zwei Beispiele sollen die entsprechenden Gleichungen formuliert werden:
Reaktionsgleichungen:

$$HCl + NaOH \rightarrow NaCl + H_2O \quad | \Delta H = -56{,}9 \text{ kJ}$$
$$HBr + KOH \rightarrow KBr + H_2O \quad | \Delta H = -56{,}9 \text{ kJ}$$

Teilchengleichungen:

$$H_3O^+_{aq} + Cl^-_{aq} + Na^+_{aq} + OH^-_{aq} \rightarrow Na^+_{aq} + Cl^-_{aq} + H_2O + H_2O$$
$$H_3O^+_{aq} + Br^-_{aq} + K^+_{aq} + OH^-_{aq} \rightarrow K^+_{aq} + Br^-_{aq} + H_2O + H_2O$$

Bei beiden Vorgängen reagieren also nur H_3O^+-Ionen und OH^--Ionen miteinander:

$$H_3O^+_{aq} + OH^-_{aq} \rightarrow H_2O + H_2O \quad | \Delta H = -56{,}9 \text{ kJ}$$

Das Hydronium-Ion gibt ein Proton an das Hydroxid-Ion ab. Es entstehen zwei Wassermoleküle. Die übrigen Ionen bleiben unverändert.

Protolyse: Protonenübergang zwischen Teilchen

8. Fassen wir die in diesem Kapitel beschriebenen Reaktionen noch einmal zusammen:

$$NH_3 + HCl \rightarrow |NH_4^+ + Cl^-|$$
$$NH_3 + H_2O \rightarrow NH^+_{4\,aq} + OH^-_{aq}$$
$$HCl + H_2O \rightarrow H_3O^+_{aq} + Cl^-_{aq}$$
$$H_3O^+_{aq} + OH^-_{aq} \rightarrow H_2O + H_2O$$

Alle diese Beispiele haben etwas gemeinsam: jedesmal werden zwischen den reagierenden Teilchen H^+-Ionen, also Protonen, verschoben. Solche Reaktionen heißen protolytische Reaktionen oder kurz Protolysen.

A1 Welche der folgenden Reaktionen sind Protolysen:
a) $NaCl + AgNO_3 \rightarrow NaNO_3 + AgCl$
b) $N_2 + 3\,H_2 \rightarrow 2\,NH_3$
c) $NaCl + H_2SO_4 \rightarrow NaHSO_4 + HCl$
d) $CuO + H_2 \rightarrow Cu + H_2O$
e) $NH_4Cl + NaOH \rightarrow NH_3 + H_2O + NaCl$

A2 Wie lautet die Teilchengleichung für die Reaktion zwischen Calciumhydroxid [$Ca(OH)_2$] und Bromwasserstoffsäure (HBr)?

11.2 Der Säure-Base-Begriff nach Brönsted

Merkmale saurer Lösungen

V_1 Drei Reagenzgläser werden zu etwa 1/5 mit *halbkonzentrierter Salzsäure (ätzend)* gefüllt. In das erste gibt man einige Zinkperlen und prüft das *entstehende Gas (feuergefährlich)* mit Hilfe der Knallgasprobe. In das zweite gibt man kleine Marmorstückchen, das dritte wird mit etwas Bromthymolblaulösung versetzt.

Beispiele für Säure-Base-Reaktionen

V_2 Frisch *gebrannter Kalk (CaO) (ätzend)* wird im Becherglas vorsichtig mit Wasser versetzt. Man prüft das entstandene Reaktionsprodukt mit Phenolphthaleinlösung.

V_3 Im Reagenzglas wird festes Ammoniumchlorid mit *konzentrierter Natronlauge (ätzend)* versetzt und leicht erwärmt. Man prüft vorsichtig den Geruch des *entstehenden Gases (giftig)* und leitet es über ein abgewinkeltes Glasrohr auf wäßrige Phenolphthaleinlösung.

Die historische Entwicklung des Säure-Base-Begriffs

1. Die Begriffe Säure und Base wurden schon von den Alchimisten benützt. So bezeichnete Tachenius[1] 1660 Stoffe als «Säuren», die sauren Geschmack besitzen, mit Kalk aufschäumen und mit unedlen Metallen unter Gasentwicklung reagieren. Davon unterschied er nichtflüchtige Stoffe, die mit flüchtigen Säuren Salze bilden können. Er nannte sie Basen, weil sie die nichtflüchtige Basis, d.h. die Grundlage der Salze, sind.
1883 führte Arrhenius[2] eine genauere Definition des Säure-Base-Begriffs ein. Danach sind Säuren Verbindungen, die in wäßriger Lösung H^+-Ionen abspalten. Basen sind Verbindungen, die in wäßriger Lösung OH^--Ionen ergeben.

Brönsted: Säuren sind Protonenspender, Basen sind Protonenempfänger

2. Wenn eine Säure mit Wasser reagiert, gibt sie nach Arrhenius ein Proton (H^+) ab:

$$HCl + H_2O \rightarrow Cl^-_{aq} + H_3O^+_{aq}$$

Analog reagiert auch Wasser, wenn es sich mit Ammoniak umsetzt:

$$H_2O + NH_3 \rightarrow OH^-_{aq} + NH^+_{4aq}$$

Das Wasser gibt, wie oben der Chlorwasserstoff, ein Proton ab. Daher ist es zweckmäßig, die Definition von Arrhenius zu erweitern und das Wasser in dieser Reaktion ebenfalls zu den Säuren zu rechnen. 1923 wurde deshalb der Säure-Base-Begriff durch Brönsted[3] neu definiert[4]. Nach dieser Definition sind Säuren Teilchen, die Protonen abgeben (Protonenspender oder Protonendonatoren). Basen sind Teilchen, die Protonen aufnehmen (Protonenempfänger oder Protonenakzeptoren). Protolysen sind Reaktionen, bei welchen das Proton einer Säure auf eine Base übergeht. Sie werden daher oft auch als Säure-Base-Reaktionen bezeichnet.

[1] Otto Tacke oder Tachenius (Geburts- und Sterbejahr unbekannt), westfälischer, in Italien wirkender Arzt und Chemiker.
[2] Svante Arrhenius (1859–1927), schwedischer Physikochemiker, Professor der Physik an der Universität Stockholm.
[3] Johannes Nicolaus Brönsted (1879–1947), dänischer Physikochemiker, Professor in Kopenhagen.
[4] Die gleiche Definition wurde gleichzeitig und unabhängig von Brönsted durch Thomas Lowry (britischer Physiko-Chemiker [1874–1936]) formuliert.

3. An einigen Beispielen soll die Brauchbarkeit dieser neuen Definition untersucht werden. Betrachten wir noch einmal die Reaktion zwischen Ammoniak und Chlorwasserstoff:

$$NH_3 + HCl \rightarrow | NH_4^+ + Cl^- |$$
$$H^+$$

Das Ammoniakmolekül ist Base, da es ein Proton aufnimmt; das Chlorwasserstoffmolekül ist Säure, da es ein Proton abgibt.
Auch auf die Reaktion von Chlorwasserstoff mit Wasser läßt sich die Brönstedsche Säure-Base-Definition anwenden:

$$HCl + H_2O \rightarrow Cl^-_{aq} + H_3O^+_{aq} \qquad (1)$$
$$H^+$$

Das Chlorwasserstoffmolekül ist Säure, das Wassermolekül Base.
Bei der Reaktion von Ammoniak mit Wasser ist das Ammoniakmolekül Base und das Wassermolekül Säure:

$$NH_3 + H_2O \rightarrow NH^+_{4\,aq} + OH^-_{aq} \qquad (2)$$
$$H^+$$

Ampholyte können Protonen aufnehmen oder abgeben

4. Die beiden letzten Reaktionen zeigen, daß Wasser einmal als Säure (2), einmal als Base (1) reagiert. Welche der beiden Funktionen übernommen wird, hängt offenbar vom Reaktionspartner ab. Teilchen, die sowohl als Säure wie auch als Base reagieren können, heißen Ampholyte.

5. Für Neutralisationen in wäßrigen Lösungen gilt die oben erwähnte Teilchengleichung

H_3O^+ als Säure
OH^- als Base

$$H_3O^+ + OH^- \rightarrow H_2O + H_2O \quad | \Delta H = -56{,}9 \text{ kJ}$$
$$H^+$$

Nach der Definition von Brönsted können nicht nur Moleküle, sondern auch Ionen als Säure bzw. Base reagieren. Saure wäßrige Lösungen enthalten das H_3O^+-Ion als Brönsted-Säure, alkalische das OH^--Ion als Brönsted-Base.

6. Auch die Reaktion zwischen Calciumoxid und Wasser ist im Brönstedschen Sinn eine Säure-Base-Reaktion:

$$CaO + H_2O \rightarrow Ca(OH)_2$$

$$| Ca^{2+} + O^{2-} | + H_2O \rightarrow Ca^{2+}_{aq} + OH^-_{aq} + OH^-_{aq}$$

Das O^{2-}-Ion ist hier Base, das Wassermolekül Säure.

Bei der Reaktion von Ammoniumchlorid mit Natronlauge reagiert das Ammonium-Ion als Säure, das Hydroxid-Ion als Base:

$$NH^+_{4aq} + OH^-_{aq} \rightarrow NH_3 + H_2O$$

A1 Welche Teilchen müssen bei folgenden Reaktionen als Brönsted-Säure, welche als Brönsted-Base bezeichnet werden:

a) $Ca(OH)_2 + 2\,HBr \rightarrow CaBr_2 + 2\,H_2O$
b) $Ca(OH)_2 \rightarrow CaO + H_2O$
c) $FeS + 2\,HCl \rightarrow FeCl_2 + H_2S$
d) $2\,NaCl + H_2SO_4 \rightarrow Na_2SO_4 + 2\,HCl$
e) $NH_4Cl + NaOH \rightarrow NH_3 + H_2O + NaCl$

A2 Welches Teilchen ist bei den beiden folgenden Reaktionen ein Ampholyt:

a) $NaCl + NaHSO_4 \xrightarrow{\text{erhitzen}} Na_2SO_4 + HCl$
b) $NaHSO_4 + H_3PO_4 \xrightarrow{\text{erhitzen}} NaH_2PO_4 + H_2SO_4$

Die Teilchengleichungen der Reaktionen sollen formuliert werden.

11.3 Redox-Reaktionen

Redox-Reaktionen auch ohne Sauerstoff?

V1 Zwei Standzylinder werden ca. 2 cm hoch mit Sand gefüllt. In den einen leitet man Sauerstoff in den anderen *Chlor (giftig)* ein. *(Abzug!)* Dann wirft man in jeden einen kleinen in der Brennerflamme erhitzten Knäuel aus Stahlwolle und vergleicht

V2 Man wiederholt die in Kapitel 1.4 aufgeführten Versuche zur Synthese von Zinksulfid und von Eisensulfid.

V3 Wiederholen Sie Versuch V6 von Kapitel 1.4 zur thermischen Zersetzung von *Quecksilberoxid (giftig)*.

V4 In einem mit Glaswolle verschlossenen schwerschmelzbaren Reagenzglas werden etwa 3 g einer Mischung aus *Quecksilbersulfid (giftig)* und Eisenpulver (5 : 1) kräftig erhitzt *(giftige Dämpfe; Abzug!)*. Man beobachtet die kälteren Teile des Reagenzglases.

1. Unter Oxidation haben wir bisher die Reaktion eines Stoffes mit Sauerstoff verstanden.
Untersucht man die Oxidation verschiedener Metalle hinsichtlich der Vorgänge im Bereich der reagierenden Teilchen, so stellt man eine wichtige Gemeinsamkeit fest. Zwei Beispiele sollen dies verdeutlichen:

$$2\,Mg + O_2 \rightarrow 2\,|Mg^{2+} + O^{2-}| \qquad 4\,Li + O_2 \rightarrow 2\,|2\,Li^{+} + O^{2-}|$$

Auf den Gitterplätzen fester Metalloxide befinden sich positiv geladene Metall-Ionen und zweifach negativ geladene Sauerstoff-Ionen. Bei der Oxidation gehen also Elektronen von den Metallatomen auf die Sauerstoffatome über:

$$\begin{array}{rcl} 2\,Mg & \rightarrow & 2\,Mg^{2+} + 4\,e^- \\ O_2 + 4\,e^- & \rightarrow & 2\,O^{2-} \\ \hline 2\,Mg + O_2 & \rightarrow & 2\,|Mg^{2+} + O^{2-}| \end{array} \qquad \begin{array}{rcl} 4\,Li & \rightarrow & 4\,Li^{+} + 4\,e^- \\ O_2 + 4\,e^- & \rightarrow & 2\,O^{2-} \\ \hline 4\,Li + O_2 & \rightarrow & 2\,|2\,Li^{+} + O^{2-}| \end{array}$$

Gemeinsames Merkmal dieser Reaktionen ist der Übergang von Elektronen zum Sauerstoff, der dabei in das O^{2-}-Ion des Oxidgitters übergeht.

2. Neben diesen Reaktionen zwischen Metall und Sauerstoff kennt man eine große Zahl weiterer Reaktionen, bei denen ebenfalls Elektronen übertragen werden, z. B.

$Zn + S \rightarrow |Zn^{2+} + S^{2-}|$ oder $2\,Fe + 3\,Cl_2 \rightarrow 2\,|Fe^{3+} + 3\,Cl^-|$

Schwefel und Chlor verhalten sich hier gleich wie oben der Sauerstoff: Sie entziehen den Metallatomen Elektronen, wobei positiv geladene Metall-Ionen entstehen. Daher kann man auch die Reaktionen mit Schwefel und Chlor im weiteren Sinn als Oxidationen bezeichnen. In diesem weiteren Sinn versteht man unter Oxidation allgemein die Abgabe von Elektronen an einen Reaktionspartner:

Oxidation im weiteren Sinn ist Elektronenabgabe

Oxidation ist Elektronenabgabe

In den obigen Beispielen geben Zink und Eisen Elektronen ab:

$Zn \rightarrow Zn^{2+} + 2\,e^-$ $2\,Fe \rightarrow 2\,Fe^{3+} + 6\,e^-$

Zink und Eisen werden also oxidiert.

3. Wir haben bisher den Begriff Reduktion definiert als Entzug von Sauerstoff aus einer Verbindung. So zerfällt Quecksilberoxid beim Erhitzen in Quecksilber und Sauerstoff:

$$2\,|Hg^{2+} + O^{2-}| \xrightarrow{\text{erhitzen}} 2\,Hg + O_2$$

Quecksilberoxid wird unter Abgabe von Sauerstoff zu Quecksilbermetall reduziert. Dabei kommt es zwischen den reagierenden Teilchen wiederum zu einem Elektronenübergang:

$$2\,Hg^{2+} + 4\,e^- \rightarrow 2\,Hg$$
$$2\,O^{2-} \rightarrow O_2 + 4\,e^-$$

Das Hg^{2+}-Ion des HgO-Gitters nimmt Elektronen vom benachbarten O^{2-}-Ion auf. Dabei entstehen Quecksilberatome und Sauerstoffatome. Die Abspaltung von Sauerstoff ist also mit einer Elektronenaufnahme durch das Hg^{2+}-Ion verbunden. Im weiteren Sinn verstehen wir daher unter Reduktion die Aufnahme von Elektronen:

Reduktion im weiteren Sinn ist Elektronenaufnahme

Reduktion ist Elektronenaufnahme

4. Bei der Zinksulfidsynthese wird das Zink durch den Schwefel, bei der Eisenchloridsynthese das Eisen durch Chlor oxidiert. Schwefel und Chlor wirken also als Oxidationsmittel. Sie sind in der Lage, ihren Reaktionspartnern Elektronen zu entziehen. Oxidationsmittel sind also Teilchen, die dem Reaktionspartner Elektronen entziehen (Elektronenempfänger).

Bei der Analyse des Quecksilberoxids wird das Hg^{2+}-Ion durch Elektronenaufnahme zum Hg-Atom reduziert. Reduktionsmittel ist hier das O^2-Ion, das diese Elektronen liefert. Allgemein sind Reduktionsmittel Teilchen, die an den Reaktionspartner Elektronen abgeben (Elektronenspender).

5. Bei allen Reaktionen, bei denen ein Elektronenübergang stattfindet, sind Elektronenabgabe (Oxidation) und Elektronenaufnahme (Reduktion) miteinander gekoppelt. So ist in unserem Beispiel die Reduktion des Hg^{2+}-Ions mit der Oxidation des O^{2-}-Ions verbunden. Bei der Reaktion von Eisen mit Quecksilbersulfid, die zur Bildung von Eisensulfid und Quecksilber führt, wird Eisen oxidiert und Quecksilber reduziert:

$$Fe + |Hg^{2+} + S^{2-}| \rightarrow |Fe^{2+} + S^{2-}| + Hg$$

$$Fe \xrightarrow{\text{Oxidation}} Fe^{2+} + 2\,e^-$$

$$Hg^{2+} + 2\,e^- \xrightarrow{\text{Reduktion}} Hg$$

Reaktionen, bei denen zwischen den Reaktionspartnern Elektronen ausgetauscht werden, heißen Redox-Reaktionen.

Redox-Reaktion: Elektronenübergang zwischen Teilchen

6. Beim Vergleich der Redox-Reaktionen mit den protolytischen Reaktionen stellt man eine interessante Parallele fest. Während bei Redox-Reaktionen Elektronen zwischen den Reaktionspartnern verschoben werden, finden bei den Protolysen Protonenübergänge statt. Den Säuren als Protonenspendern entsprechen die Reduktionsmittel als Elektronenspender; die Basen sind als Protonenempfänger mit den Oxidationsmitteln als Elektronenempfängern vergleichbar.
Die neuen Begriffe sollen helfen, die Mannigfaltigkeit chemischer Reaktionen überschaubar zu machen und deren Verständnis zu erleichtern.

A1 Bei folgenden Reaktionen sollen Oxidation und Reduktion als Teilvorgänge unter Angabe der abgegebenen und der aufgenommenen Elektronen formuliert werden:

a) $2\,Al + 3\,Cl_2 \rightarrow 2\,AlCl_3$
b) $2\,FeCl_3 + Na_2S \rightarrow 2\,FeCl_2 + 2\,NaCl + S$
c) $Fe_2O_3 + 2\,Al \rightarrow Al_2O_3 + 2\,Fe$
d) $2\,Cu + S \rightarrow Cu_2S$
e) $Zn + CuSO_4 \rightarrow ZnSO_4 + Cu$

A2 Welche der in Aufgabe 1 aufgeführten Teilchen wirken als Oxidationsmittel, welche als Reduktionsmittel?

A3 Ordnen Sie folgende Reaktionen den beiden Reaktionstypen Protolyse bzw. Redox-Reaktion zu:

a) $2\,Na + F_2 \rightarrow 2\,NaF$
b) $ZnO + 2\,HCl \rightarrow ZnCl_2 + H_2O$
c) $Mg + H_2SO_4 \rightarrow MgSO_4 + H_2$
d) $Cu(OH)_2 + 2\,HBr \rightarrow CuBr_2 + 2\,H_2O$

11.4 Die Oxidationszahl

Redox-Reaktionen mit Molekülen

V1 Einige Körnchen Aktivkohle werden in einem Verbrennungslöffel erhitzt und danach rasch in einen mit Sauerstoff gefüllten Standzylinder getaucht. Man prüft das entstandene Gas durch Schütteln mit Kalkwasser.

V2 Sauerstoff und *Wasserstoff (feuergefährlich)* werden in einem dickwandigen 250 ml-Standzylinder im Volumenverhältnis 1 : 2 gemischt. Den Zylinder umwickelt man gut mit einem Handtuch und hält ihn mit der Öffnung gegen eine Flamme *(Vorsicht!)*

V3 In einen mit Kohlenstoffdioxid gefüllten Standzylinder wird mit einer Tiegelzange ein etwa 5 cm langes, brennendes Magnesiumband eingetaucht *(Nicht in die Flamme schauen!)*.

1. Bisher wurden nur solche Redox-Reaktionen als Beispiele betrachtet, bei denen ein vollständiger Elektronenübergang von einer Teilchenart auf eine andere eintrat. Dementsprechend waren an den Reaktionen in jedem Fall auch Ionen beteiligt. Die Zahl der zwischen den Reaktionspartnern ausgetauschten Elektronen kann dabei einfach aus der Änderung der Ionenladungszahl ermittelt werden. So entnimmt man der Teilchengleichung für die Zinksulfidsynthese, daß das Zink zwei Elektronen an den Schwefel abgibt:

$$Zn + S \rightarrow |Zn^{2+} + S^{2-}|$$
$$Zn \rightarrow Zn^{2+} + 2\,e^-$$
$$S + 2\,e^- \rightarrow S^{2-}$$

Redox-Reaktionen ohne Beteiligung von Ionen

2. Bei Reaktionen, an denen keine Ionen beteiligt sind, kann man dagegen oft nur schwer feststellen, ob es sich um eine Redox-Reaktion handelt. Bei der Verbrennung von Kohlenstoff zu Kohlenstoffdioxid z. B. ist aus der entsprechenden Gleichung $C + O_2 \rightarrow CO_2$ nicht ohne weiteres ersichtlich, daß das Kohlenstoffatom Elektronen an den Sauerstoff abgegeben hat. Das gleiche Problem stellt sich bei der Oxidation des Wasserstoffs zu Wasser:

$$2\,H_2 + O_2 \rightarrow 2\,H_2O$$

Auch hier liegt eine Redox-Reaktion vor, bei der Sauerstoff als Oxidationsmittel, also als Elektronenempfänger, auftritt. Das ist aber weder aus der Reaktionsgleichung, noch aus der Teilchengleichung zu erkennen.

Oxidationszahl: effektive bzw. formale Ladungszahl

3. Diese Schwierigkeit wird durch die Einführung einer wichtigen Hilfsgröße, der sogenannten Oxidationszahl, überwunden. Denkt man sich das Wassermolekül rein formal aus Ionen aufgebaut, so wird man die Bindungselektronen dem Bindungspartner mit der größeren Elektronegativität zuordnen. Sauerstoff bekommt dadurch die formale Ladungszahl −II, Wasserstoff +I. Diese formalen Ladungszahlen nennt man Oxidationszahlen.

Regeln zur Bestimmung von Oxidationszahlen

4. Wir sehen, daß die Oxidationszahl eine gedanklich konstruierte Größe ist. Man behandelt eine aus Molekülen aufgebaute Verbindung so, als ob sie aus Ionen aufgebaut wäre, und findet dadurch die Oxidationszahlen.
Dabei gelten folgende Regeln:

– Die Bindungselektronenpaare von Atombindungen werden immer dem elektronegativeren Bindungspartner zugeordnet. Die dabei als formale Ladungszahlen entstehenden Oxidationszahlen werden im folgenden in römischen Ziffern über die betreffenden Elementsymbole geschrieben. Beispiele:

Oxidationszahl	+I −II	−III +I	+I −I	+IV −II
Summenformel	H_2O	NH_3	HCl	CO_2

Strukturformel

Sauerstoff hat in der Regel die Oxidationszahl −II, Wasserstoff die Oxidationszahl +I.

– In den Elementen haben die einzelnen Atome die gleiche EN. Deshalb werden hier die Bindungselektronen den Bindungspartnern je zur Hälfte zugeordnet. Die Atome in Elementen erhalten somit die Oxidationszahl 0. Beispiele:

±0	±0	±0	±0
N_2	H_2	Cl_2	O_2
|N≡N|	H—H	|Cl—Cl|	·O—O·

– Die Summe der Oxidationszahlen innerhalb einer Verbindung muß 0 ergeben. Diese Regel erlaubt uns, die Oxidationszahl eines Elementes zu bestimmen, wenn die Oxidationszahlen der übrigen Elemente bekannt sind. Soll z. B. die Oxidationszahl des Stickstoffs in der Salpetersäure HNO_3 ermittelt werden, setzen wir für Sauerstoff die Oxidationszahl –II und für Wasserstoff +I; es ergibt sich für den Stickstoff die Oxidationszahl +V:

$$\overset{+\mathrm{I}}{\mathrm{H}}\;\overset{\mathrm{Z}}{\mathrm{N}}\;\overset{-\mathrm{II}}{\mathrm{O}_3} \qquad +\mathrm{I} + \mathrm{Z} + 3 \cdot (-\mathrm{II}) = 0$$

Z (gesuchte Oxidationszahl) = +V

– Für einfache Ionen (Na^+, Cl^-, Al^{3+}, S^{2-}) ist die Oxidationszahl gleich der Ionenladungszahl. Beispiele:

$$\overset{+\mathrm{I}}{\mathrm{Na}^+} \qquad \overset{-\mathrm{I}}{\mathrm{Cl}^-} \qquad \overset{+\mathrm{III}}{\mathrm{Al}^{3+}} \qquad \overset{-\mathrm{II}}{\mathrm{S}^{2-}}$$

Bei zusammengesetzten Ionen (SO_4^{2-}, NH_4^+) ist die Summe der Oxidationszahlen gleich der Ionenladungszahl. Auf diese Regel greift man zurück, wenn z. B. die Oxidationszahl des Schwefels im Sulfat-Ion SO_4^{2-} bestimmt werden soll. Die Oxidationszahl des Sauerstoffs beträgt –II. Die Summe der Oxidationszahlen des Schwefelatoms und der vier Sauerstoffatome muß –2 ergeben:

$$\overset{\mathrm{Z}}{\mathrm{S}}\,\overset{-\mathrm{II}}{\mathrm{O}_4^{2-}} \qquad \mathrm{Z} + 4 \cdot (-\mathrm{II}) = -2$$

$$\mathrm{Z} = +\mathrm{VI}, \text{ da } +\mathrm{VI} + 4 \cdot (-\mathrm{II}) = -2$$

Der Schwefel hat hier also die Oxidationszahl +VI.

5. Mit Hilfe der Oxidationszahlen lassen sich jetzt die Elektronenübergänge für alle Redoxreaktionen erfassen. Für das oben angeführte Beispiel der Oxidation des Wasserstoffs notieren wir zunächst die Oxidationszahlen der beteiligten Elemente:

Oxidationszahlen dienen der Ermittlung von Elektronenübergängen

$$2\,\overset{\pm 0}{\mathrm{H}_2} + \overset{\pm 0}{\mathrm{O}_2} \longrightarrow 2\,\overset{+\mathrm{I}}{\mathrm{H}_2}\overset{-\mathrm{II}}{\mathrm{O}}$$

(Sauerstoff: $+4e^-$; Wasserstoff: $-4e^-$)

Dann sieht man, daß zwei Wasserstoffmoleküle insgesamt vier Elektronen an ein Sauerstoffmolekül abgegeben haben.

Ein weiteres Beispiel ist die Reduktion des Kohlenstoffdioxids durch Magnesiummetall:

$$\overset{+\mathrm{IV}}{\mathrm{C}}\overset{-\mathrm{II}}{\mathrm{O}_2} + 2\,\overset{\pm 0}{\mathrm{Mg}} \longrightarrow \overset{\pm 0}{\mathrm{C}} + 2\,|\overset{+\mathrm{II}}{\mathrm{Mg}^{2+}} + \overset{-\mathrm{II}}{\mathrm{O}^{2-}}|$$

(Magnesium: $-4e^-$; Kohlenstoff: $+4e^-$)

A1 Für folgende Verbindungen sollen die Oxidationszahlen der beteiligten Elemente bestimmt werden: Na_2S, MgO, SO_2, SO_3, P_4, H_2SO_3, N_2O, H_2S, NH_4Cl, NH_4NO_3, $NaNO_3$, $K_2Cr_2O_7$.

A2 Anhand der EN-Tabelle auf Seite 148 sollen die Oxidationszahlen der Elemente in folgenden Verbindungen bestimmt werden: H_2O_2, LiH, F_2O.

A3 Mit Hilfe der Oxidationszahlen sollen die Teilvorgänge für folgende Reaktionen formuliert werden:

a) $2\,Al + 3\,F_2 \rightarrow 2\,AlF_3$
b) $CuO + H_2 \rightarrow Cu + H_2O$
c) $4\,NH_3 + 3\,O_2 \rightarrow 2\,N_2 + 6\,H_2O$
d) $2\,SO_2 + O_2 \rightarrow 2\,SO_3$

11.5 Formulierung von Redox-Reaktionsgleichungen

Kompliziertere Redox-Reaktionen

V1 1 bis 2 g Kaliumnitrat werden in einem senkrecht am Stativ gefestigten schwerschmelzbaren Reagenzglas zum Schmelzen gebracht. In die heiße Schmelze wirft man höchstens erbsengroße Stückchen Schwefel oder Holzkohle *(Vorsicht! Heftige Reaktion! Schutzscheibe und -brille!)*

V2 In einen mit etwas *halbkonzentrierter Salpetersäure (ätzend)* gefüllten Erlenmeyerkolben gibt man einige Kupferspäne *(Vorsicht! Giftige Gase! Abzug!)*

V3 In einem Reagenzglas wird etwas Kaliumpermanganat mit konzentrierter *Salzsäure (ätzend)* versetzt *(Abzug!)*. Man leitet das *entstehende Gas (giftig)* über ein gewinkeltes Glasrohr in einen Standzylinder, gibt Kaliumbromidlösung zu und schüttelt.

1. Oxidationszahl und Elektronengleichung sind praktische Hilfsmittel, um vollständige Reaktionsgleichungen für Redox-Reaktionen zu formulieren. Wir wählen zunächst ein einfaches Beispiel:

$$a\,KNO_3 + b\,S \rightarrow c\,K_2SO_4 + d\,NO$$

Die Koeffizienten a, b, c und d lassen sich hier noch durch Vergleich der beiden Seiten der Reaktionsgleichung bestimmen:

$$2\,KNO_3 + S \rightarrow K_2SO_4 + 2\,NO$$

Richtigstellung komplizierter Redox-Gleichungen

2. Für die Gleichung, mit der wir die Reaktion zwischen Kupfer und verdünnter Salpetersäure beschreiben, ist das schon etwas schwieriger:

$$a\,Cu + b\,HNO_3 \rightarrow x\,Cu(NO_3)_2 + d\,NO_2 + e\,H_2O$$

Zur Bestimmung der gesuchten Koeffizienten sind nacheinander folgende Schritte notwendig:

Beteiligte Teilchen und Änderung der Oxidationszahlen

– Zunächst müssen die bei der Reaktion auftretenden Teilchen formuliert werden:

$$Cu + H^+_{aq} + NO^-_{3\,aq} \rightarrow Cu^{2+}_{aq} + NO^-_{3\,aq} + NO_2 + H_2O$$

– Dann schreibt man über jedes Elementsymbol die entsprechende Oxidationszahl:

$$\overset{\pm 0}{Cu} + \overset{+I}{H}{}^+_{aq} + \overset{+V\,-II}{NO}{}^-_{3\,aq} \rightarrow \overset{+II}{Cu}{}^{2+}_{aq} + \overset{+V\,-II}{NO}{}^-_{3\,aq} + \overset{+IV\,-II}{NO_2} + \overset{+I\,-II}{H_2O}$$

– Die Teilchen der Ausgangs- und der Endstoffe werden verglichen. Man ermittelt dabei die Teilchen, bei denen sich die Oxidationszahlen geändert haben, und formuliert die beiden Teilvorgänge:

$$\overset{\pm 0}{Cu} \rightarrow \overset{+II}{Cu^{2+}_{aq}} + 2\,e^-$$

$$\overset{+V}{NO^-_{3\,aq}} + e^- \rightarrow \overset{+IV}{NO_2}$$

– Jetzt wird jeder dieser Teilvorgänge mit dem kleinsten Faktor multipliziert, welcher bewirkt, daß die Zahl der aufgenommenen Elektronen gleich der Zahl der abgegebenen Elektronen wird: Elektronenbilanz

Teilvorgänge ohne Koeffizienten	Faktoren	*Teilvorgänge mit Koeffizienten*
$Cu \rightarrow Cu^{2+}_{aq} + 2e^-$	$\cdot 1$	$Cu \rightarrow Cu^{2+}_{aq} + 2\,e^-$
$NO^-_{3\,aq} + e^- \rightarrow NO_2$	$\cdot 2$	$2\,NO^-_{3\,aq} + 2\,e^- \rightarrow 2\,NO_2$

Für die beiden Teilvorgänge gilt also die Teilchengleichung:

$$Cu + 2\,NO^-_{3\,aq} \rightarrow Cu^{2+}_{aq} + 2\,NO_2$$

– Nun stellt man die Zahl der Sauerstoffatome (mit der Oxidationszahl –II) auf beiden Seiten der Gleichung fest. Links ermittelt man 6, rechts 4 Sauerstoffatome. Auf der rechten Seite der Gleichung fehlen 2 Sauerstoffatome. Sie sind im H_2O als weiterem Reaktionsprodukt enthalten. Zur Bildung von 2 Wassermolekülen braucht man 4 Wasserstoffatome mit der Oxidationszahl +I, d. h. 4 H^+-Ionen: Sauerstoffbilanz Wasserstoffbilanz

$$Cu + 2\,NO^-_{3\,aq} + 4\,H^+_{aq} \rightarrow Cu^{2+}_{aq} + 2\,NO_2 + 2\,H_2O$$

Die vollständige Reaktionsgleichung lautet also:

$$Cu + 4\,HNO_3 \rightarrow Cu(NO_3)_2 + 2\,NO_2 + 2\,H_2O$$

3. Am Beispiel der Herstellung von Chlorgas aus Kaliumpermanganat und Salzsäure

$$a\,KMnO_4 + b\,HCl \rightarrow c\,MnCl_2 + d\,Cl_2 + e\,H_2O + f\,KCl$$

sollen die einzelnen Schritte des aufgezeigten Verfahrens noch einmal erläutert werden:

– $K^+_{aq} + MnO^-_{4\,aq} + H^+_{aq} + Cl^-_{aq} \rightarrow Mn^{2+}_{aq} + Cl^-_{aq} + Cl_2 + H_2O + K^+_{aq} + Cl^-_{aq}$

$$\overset{+I}{K^+_{aq}} + \overset{+VII\;-II}{MnO^-_{4\,aq}} + \overset{+I}{H^+_{aq}} + \overset{-I}{Cl^-_{aq}} \rightarrow \overset{+II}{Mn^{2+}_{aq}} + \overset{-I}{Cl^-_{aq}} + \overset{0}{Cl_2} + \overset{+I\;-II}{H_2O} + \overset{+I}{K^+_{aq}} + \overset{-I}{Cl^-_{aq}}$$

– $\overset{+VII}{MnO^-_{4\,aq}} + 5\,e^- \rightarrow \overset{+II}{Mn^{2+}_{aq}}$ $\cdot 2$

$2\,\overset{-I}{Cl^-_{aq}} \rightarrow \overset{0}{Cl_2} + 2\,e^-$ $\cdot 5$

$2\,MnO^-_{4\,aq} + 10\,Cl^-_{aq} \rightarrow 2\,Mn^{2+}_{aq} + 5\,Cl_2$
8 Sauerstoffatome 0 Sauerstoffatome

Teilchengleichung:

$$2\ MnO^-_{4aq} + 10\ Cl^-_{aq} + 16\ H^+_{aq} \rightarrow 2\ Mn^{2+}_{aq} + 5\ Cl_2 + 8\ H_2O$$

Reaktionsgleichung:

$$2\ KMnO_4 + 16\ HCl \rightarrow 2\ MnCl_2 + 5\ Cl_2 + 8\ H_2O + 2\ KCl$$

A Für folgende Redox-Reaktionen sollen die Koeffizienten ermittelt werden:
a) $Na_2SO_3 + FeCl_3 + H_2O \rightarrow Na_2SO_4 + FeCl_2 + HCl$
b) $HI + H_2SO_{4\,konz.} \rightarrow H_2S + I_2 + H_2O$
c) $MnO_2 + HCl \rightarrow MnCl_2 + Cl_2 + H_2O$

11.6 Elektrochemische Redox-Reihe

Metalle und Metallsalzlösungen

V1 In ein Becherglas mit verdünnter *Silbernitratlösung (ätzend)* wird ein Kupferblech eingetaucht.

V2 Für eine Reihe von 9 Versuchen füllt man je 3 Bechergläser mit verdünnten Lösungen von Kupfersulfat, Zinksulfat und *Silbernitrat (ätzend)*. In diese Lösungen taucht man Bleche aus Kupfer, Zink und Silber. In welchen Fällen findet eine Reaktion statt?

Elektrischer Strom aus galvanischen Zellen

V3 Mit einer Versuchsanordnung gemäß Abbildung (galvanische Zelle) wird die Spannung zwischen folgenden Systemen gemessen (alle Lösungen 1 mol/l):
a) Zinkblech / *$ZnSO_4$-Lösung* und Kupferblech / *$CuSO_4$-Lösung*
b) Zinkblech / *$ZnSO_4$-Lösung* und Silberblech / *$AgNO_3$-Lösung*
c) Kupferblech / *$CuSO_4$-Lösung* und Silberblech / *$AgNO_3$-Lösung*
Der Stromschlüssel wird mit einer durch Gelatine angedickten KCl-Lösung (1 mol/l) gefüllt.

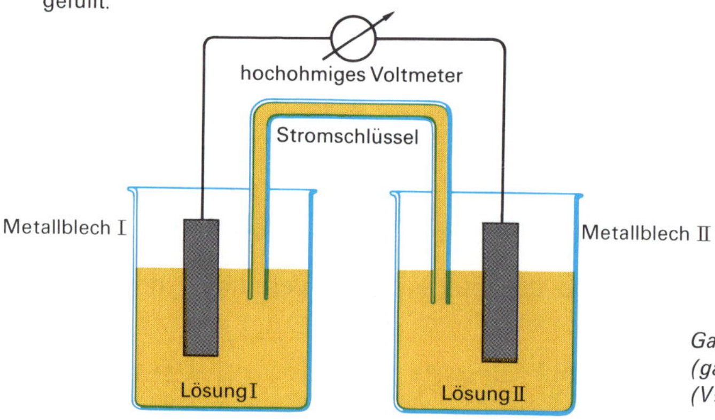

Galvanische Zelle (galvanisches Element) (V3)

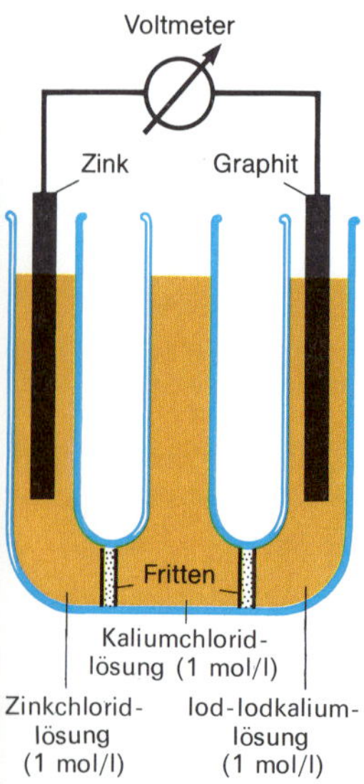

Galvanische Zelle, zusammengesetzt aus Zinkhalbzelle und Iodhalbzelle (V4)

V4 Man benützt ein Doppel-U-Rohr (siehe Abb.), dessen Schenkel mit durchlässigen Fritten voneinander getrennt sind. In den mittleren Schenkel füllt man Kaliumchloridlösung. In einem der beiden Außenschenkel taucht eine Zinkelektrode in eine *Zinkchloridlösung (ätzend!)*, in dem anderen eine Graphitelektrode in eine *Iod-Iodkaliumlösung (ätzend)* (alle Lösungen 1 mol/l). Man mißt die Zellspannung zwischen beiden Elektroden mit einem hochohmigen Voltmeter.

Nichtmetall und Nichtmetallsalzlösung

V5 Im Reagenzglas gibt man zu ca. 3 cm^3 Kaliumiodidlösung ca. 3 cm^3 *Bromwasser (giftige Dämpfe)*. Dann wird mit ca. 3 cm^3 *Tetrachlorkohlenstoff (giftige Dämpfe)* geschüttelt (Gummistopfen verwenden!).

1. Taucht man ein Kupferblech in eine Silbernitratlösung, so entstehen Silber und Kupfernitrat nach folgender Reaktionsgleichung:

Silber-Ionen oxidieren Kupferatome

$$Cu + 2\,AgNO_3 \rightarrow 2\,Ag + Cu(NO_3)_2$$

Der Teilchengleichung entnimmt man, daß dabei Kupferatome in Kupfer-Ionen und Silber-Ionen in Silberatome übergeführt werden:

$$Cu + 2\,Ag^{+}_{aq} + 2\,NO^{-}_{3aq} \rightarrow 2\,Ag + Cu^{2+}_{aq} + 2\,NO^{-}_{3aq}$$

Ein Kupferatom gibt zwei Elektronen an zwei Silber-Ionen ab, die dadurch zu Silberatomen entladen werden:

$$Cu \xrightarrow{\text{Oxidation}} Cu^{2+}_{aq} + 2\,e^-$$

$$2\,Ag^{+}_{aq} + 2\,e^- \xrightarrow{\text{Reduktion}} 2\,Ag$$

Es handelt sich also um eine Redox-Reaktion, bei der Kupferatome oxidiert und Silber-Ionen reduziert werden.

2. Versuche mit weiteren Metallen und Metallsalzlösungen zeigen, daß die Fähigkeit verschiedenartiger Metalle, aus dem Ionen-Zustand in den Atomzustand überzugehen, verschieden groß ist. So kann aus einer Silbernitratlösung durch Kupfer oder Zink metallisches Silber abgeschieden werden. Umgekehrt wird aber beim Eintauchen eines Silberstabes in eine Kupfersulfatlösung kein metallisches Kupfer abgeschieden. Die positiv geladenen Silber-Ionen können also ihren Reaktionspartnern Elektronen entziehen und dabei in ungeladene Silberatome übergehen. Zink- oder Kupfer-Ionen können dagegen den Silberatomen keine Elektronen entziehen.
Silber-Ionen lassen sich unter Aufnahme von Elektronen leichter zu Silberatomen reduzieren als Zink- oder Kupfer-Ionen. Umgekehrt lassen sich Kupfer- und Zinkatome leichter zu den entsprechenden Ionen oxidieren.

Zn | Elektronenabgabe
Cu | und Ionenbildung
Ag ↓ erschwert

3. Ordnet man die Metalle nach ihrer Tendenz, durch Elektronenabgabe in den Ionen-Zustand überzugehen, so kommt man zu folgender Reihe (je länger der Pfeil, desto leichter werden Elektronen abgegeben):

Je schwerer die Elektronenabgabe, desto edler das Metall

$$K \longrightarrow K^{+}_{aq} + e^-$$
$$Ca \longrightarrow Ca^{2+}_{aq} + 2\,e^-$$
$$Na \longrightarrow Na^{+}_{aq} + e^-$$
$$Mg \longrightarrow Mg^{2+}_{aq} + 2\,e^-$$
$$Al \longrightarrow Al^{3+}_{aq} + 3\,e^-$$
$$Zn \longrightarrow Zn^{2+}_{aq} + 2\,e^-$$
$$Fe \longrightarrow Fe^{2+}_{aq} + 2\,e^-$$
$$Pb \longrightarrow Pb^{2+}_{aq} + 2\,e^-$$
$$Cu \longrightarrow Cu^{2+}_{aq} + 2\,e^-$$
$$Ag \longrightarrow Ag^{+}_{aq} + e^-$$
$$Hg \longrightarrow Hg^{2+}_{aq} + 2\,e^-$$
$$Au \longrightarrow Au^{3+}_{aq} + 3\,e^-$$

Edelmetalle wie Silber und Gold können nur schwer, unedle Metalle wie Kalium und Calcium können dagegen leicht oxidiert werden.

4. Der Elektronenübergang zwischen Metall-Atom und Metall-Ion kann als elektrischer Strom nachgewiesen werden, wenn man die beiden Redox-

Galvanische Zelle aus zwei Halbzellen

Partner im Experiment voneinander trennt und elektrisch leitend über ein Meßinstrument miteinander verbindet. Eine solche Versuchsanordnung ist in der Abbildung zum Versuch 3 dargestellt. Sie heißt galvanische Zelle oder galvanisches Element[1].

Halbzelle: Metallblech in Elektrolyt

In jedem der beiden Gefäße taucht eine Metallplatte in eine Salzlösung. Eine solche Anordnung wird als Halbzelle bezeichnet. Der Stromkreis wird geschlossen, indem die beiden Halbzellen elektrisch leitend miteinander verbunden werden: die Metallplatten über einen Metalldraht mit Meßinstrument, die Lösungen über einen elektrolythaltigen Stromschlüssel. Zwischen den Metallplatten der galvanischen Zelle wird am Meßinstrument die Spannung abgelesen.

Galvanische Zellen:
Edleres Metall: + -Pol
Unedleres Metall: – -Pol

5. Um das Entstehen einer Spannung zwischen zwei Elektroden besser zu verstehen, betrachten wir die Vorgänge an den Grenzflächen Metall/Lösung einer galvanischen Zelle, deren Metallplatten aus Kupfer bzw. aus Silber bestehen: In der Kupfer-Halbzelle werden aus dem Metallgitter des Kupferblechs Kupfer-Ionen in die Lösung abgegeben. Dabei bleiben Elektronen im Metall zurück:

$$Cu \rightarrow Cu^{2+}_{aq} + 2\,e^-$$

Auch das Silberblech gibt Ionen in Lösung, jedoch weniger leicht und damit in geringerer Zahl als das Kupferblech.
Im Kupferblech bleiben also mehr Elektronen zurück, d. h. es herrscht dort ein höherer «Elektronendruck». Die Elektronen fließen deshalb vom Kupfer zum Silber. Kupfer wird zum negativen, Silber zum positiven Pol der galvanischen Zelle. Die zum Silberblech fließenden Elektronen werden dort zur Entladung positiver Silber-Ionen und damit zur Bildung von Silberatomen verbraucht:

$$Ag^+ + e^- \rightarrow Ag$$

Die beiden Teilreaktionen in den Halbzellen können zur Gesamtreaktion der galvanischen Zelle zusammengefaßt werden:

$$\begin{array}{rcl} Cu & \rightarrow & Cu^{2+} + 2\,e^- \\ 2\,Ag^+ + 2\,e^- & \rightarrow & 2\,Ag \\ \hline 2\,Ag^+ + Cu & \rightarrow & 2\,Ag + Cu^{2+} \end{array}$$

6. Die zwischen den Elektroden einer galvanischen Zelle gemessene Spannung stellt eine elektrochemische Potentialdifferenz dar. Sie entsteht durch verschieden große Aufladung der Metallbleche mit Elektronen und wird auch als Zellspannung bezeichnet. Durch Kombination verschiedener Halbzellen kann man galvanische Zellen mit unterschiedlich hohen Spannungen (Potentialdifferenzen) herstellen (siehe nebenstehende Abbildung). Jeder Halbzelle

Potentialdifferenzen bei der Kombination verschiedener Halbzellen

Normalwasserstoff-Halbzelle erhält das Potential Null

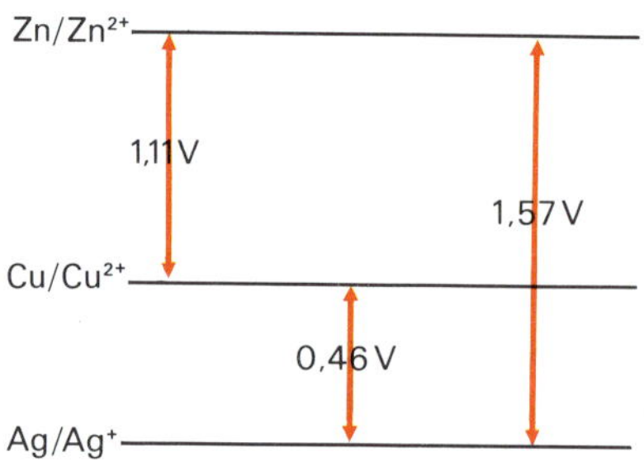

[1] Benannt nach dem italienischen Arzt und Naturforscher Luigi Galvani (1737–1798).

kann ein bestimmtes Potential zugeordnet werden, das der Fähigkeit des betreffenden Metalls entspricht, Ionen zu bilden und sich entsprechend elektrisch negativ aufzuladen. Da aber nur Potentialdifferenzen zwischen jeweils zwei Halbzellen meßbar sind, müssen die Potentiale gegenüber einer einheitlich festgelegten Halbzelle gemessen werden. Dazu benützt man die sogenannte Normalwasserstoff-Halbzelle und ordnet ihr den Potentialwert 0 Volt zu. Sie liefert das Potential für den Elektronenübergang zwischen Wasserstoffmolekülen und Wasserstoff-Ionen:

$$H_2 \rightarrow 2\,H^+ + 2\,e^-$$

Die Messungen werden vorgenommen, indem man ein von Wasserstoffgas umspültes Platinblech z. B. in Salzsäure (1 mol/l) eintaucht (siehe Abbildung). Die Konzentration der Hydronium-Ionen beträgt 1 mol pro Liter.

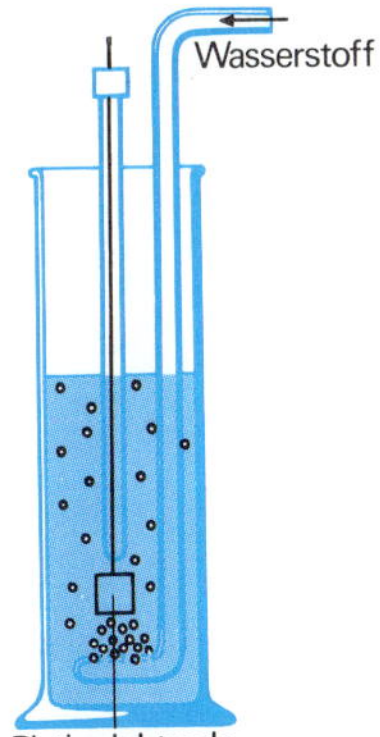

Normalwasserstoff-Halbzelle

Normalpotential und Redox-Reihe der Metalle

7. Messungen von Halbzellen gegen die Normalwasserstoff-Halbzelle bei festgelegten Bedingungen (Lösungen einer Konzentration 1 mol/l, 25 °C) liefern die Normalpotentiale E_0. Ordnet man die Metalle nach den Normalpotentialen ihrer Halbzellen, so entsteht die gleiche Reihe, die wir bei der Abscheidung von Metallen aus Lösungen ermittelt haben. In dieser «Redox-Reihe der Metalle» stehen oben Metalle, die leicht Elektronen abgeben, also leicht oxidiert werden können. Nach unten hin werden die Metalle immer «edler», lassen sich also immer schwerer oxidieren.

Redox-Reihe der Metalle mit Normalpotentialen E_0 (in Volt)

Reduzierte Form		Oxidierte Form		E_0 (V)
K	$\rightarrow$	K^+_{aq}	$+\ e^-$	− 2,92
Ca	$\rightarrow$	Ca^{2+}_{aq}	$+ 2\,e^-$	− 2,76
Na	$\rightarrow$	Na^+_{aq}	$+\ e^-$	− 2,71
Mg	$\rightarrow$	Mg^{2+}_{aq}	$+ 2\,e^-$	− 2,40
Al	$\rightarrow$	Al^{3+}_{aq}	$+ 3\,e^-$	− 1,67
Zn	$\rightarrow$	Zn^{2+}_{aq}	$+ 2\,e^-$	− 0,76
Fe	$\rightarrow$	Fe^{2+}_{aq}	$+ 2\,e^-$	− 0,44
Pb	$\rightarrow$	Pb^{2+}_{aq}	$+ 2\,e^-$	− 0,13
H_2	$\rightarrow$	$2\,H^+_{aq}$	$+ 2\,e^-$	0,00
Cu	$\rightarrow$	Cu^{2+}_{aq}	$+ 2\,e^-$	+ 0,34
Ag	$\rightarrow$	Ag^+_{aq}	$+\ e^-$	+ 0,81
Hg	$\rightarrow$	Hg^{2+}_{aq}	$+ 2\,e^-$	+ 0,85
Au	$\rightarrow$	Au^{3+}_{aq}	$+ 3\,e^-$	+ 1,50
Pt_{aq}	$\rightarrow$	Pt^{2+}_{aq}	$+ 2\,e^-$	+ 1,60

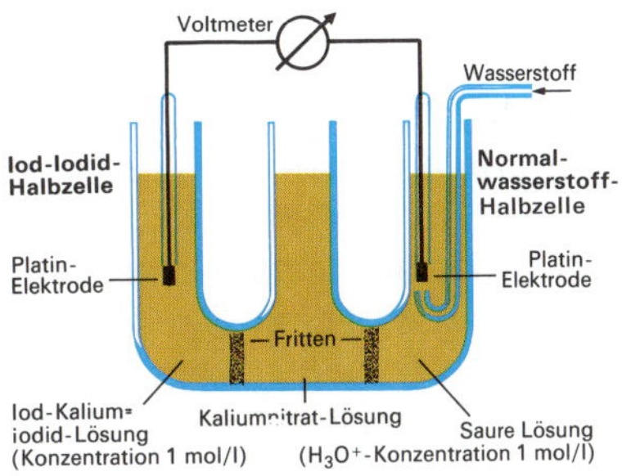

Galvanische Zelle zur Messung des Iod-Iodid-Normalpotentials

8. Als Beispiel für eine Redox-Reaktion zwischen Nichtmetall und Nichtmetallverbindung soll die Reaktion von Brom mit Kaliumiodidlösung zu Kaliumbromid und Iod näher untersucht werden, bei der folgender Elektronenübergang stattfindet:

$$2\,I^- \rightarrow I_2 + 2\,e^-$$
$$Br_2 + 2\,e^- \rightarrow 2\,Br^-$$

Auch für solche Redox-Systeme können Normalpotentiale bestimmt werden. Dafür muß z. B. für das System $2\,I^- \rightarrow I_2 + 2\,e^-$ eine Halbzelle aufgebaut werden, bei der Iodatome und Iodid-Ionen an einer Elektrode zusammen kommen. Dazu taucht man eine Platin-Elektrode in eine Lösung von Iod und Kaliumiodid mit der Konzentration 1 mol/l. Wird diese Halbzelle mit der Normalwasserstoff-Halbzelle kombiniert, so entspricht die gemessene Zellspannung dem Normalpotential des Iod-Iodid-Systems (s. Abb.). Wird die Iodhalbzelle ($E_0 = 0,53$ V) mit einer Zinkhalbzelle ($E_0 = -0,76$ V) zusammengeschaltet, so ist eine Zellspannung von 1,29 V zu erwarten.

9. Wie für die Redox-Systeme der Metalle können auch für die Redox-Systeme der Nichtmetalle und für kompliziertere Redox-Systeme Redox-Reihen zusammengestellt werden:

Redox-Reihe von Nichtmetallen mit Normalpotentialen E₀ (in Volt)

Reduzierte Form		Oxidierte Form	E_0 (V)
Te^{2-}_{aq}	→	$Te + 2e^-$	−1,14
Se^{2-}_{aq}	→	$Se + 2e^-$	−0,78
S^{2-}_{aq}	→	$S + 2e^-$	−0,51
$2I^-_{aq}$	→	$I_2 + 2e^-$	+0,54
$2\,Br^-_{aq}$	→	$Br_2 + 2\,e^-$	+1,07
$2\,Cl^-_{aq}$	→	$Cl_2 + 2e^-$	+1,36
$2\,F^-_{aq}$	→	$F_2 + 2e$	+2,85

Redox-Reihe weiterer Redox-Systeme mit Normalpotentialen E₀ (in Volt)

Reduzierte Form		Oxidierte Form	E_0 (V)
Cu^+	→	$Cu^{2+}_{aq} + e^-$	+0,17
Pb^{2+}_{aq}	→	$Pb^{4+}_{aq} + 2e^-$	+1,80
$Pb^{2+}_{aq} + 2H_2O$	→	$PbO_2 + 4H^+_{aq} + 2e^-$	+1,46
$Mn^{2+}_{aq} + 2H_2O$	→	$MnO_2 + 4H^+_{aq} + 2e^-$	+1,35
$Mn^{2+}_{aq} + 4H_2O$	→	$MnO^-_{4aq} + 8H^+_{aq} + 5e^-$	+1,52

Normalpotentiale zur Vorhersage von Redox-Reaktionen

10. Aus den Normalpotentialen läßt sich vorhersagen, ob eine Redox-Reaktion ablaufen kann oder nicht. Je negativer das Normalpotential eines Redox-Systems ist, desto leichter geben die Teilchen der reduzierten Form Elektronen ab, desto leichter werden sie oxidiert. Je positiver das Normalpotential eines Redox-Systems ist, desto leichter nehmen die Teilchen der oxidierten Form Elektronen auf, desto leichter werden sie also reduziert. Bei einer Redoxreaktion reagiert immer das leichter oxidierbare Teilchen mit dem leichter reduzierbaren Teilchen. Ein Beispiel soll dies verdeutlichen:

$$S^{2-}_{aq} \rightarrow S + 2e^- \qquad E_0 = -0,51\,V$$
$$Fe^{2+}_{aq} \rightarrow Fe^{3+}_{aq} + e^- \qquad E_0 = +0,77\,V$$

Das S^{2-}-Ion ist leichter oxidierbar als das Fe^{2+}-Ion. Das Fe^{3+}-Ion ist leichter reduzierbar als das Schwefelatom. Das S^{2-}-Ion muß also mit dem Fe^{3+}-Ion reagieren; umgekehrt wird das Fe^{2+}-Ion nicht mit dem Schwefelatom reagieren können.

A1 Bei welcher der folgenden Kombinationen wird Metall aus der Lösung ausgefällt:
a) $Zn/AuCl_3$-Lösung
b) Ag/NaCl-Lösung
c) $Pb/MgCl_2$-Lösung
d) $Mg/AgNO_3$-Lösung

A2 Welche Spannungen können unter Normalbedingungen bei folgenden galvanischen Zellen gemessen werden (s. Normalpotentiale der Metalle, Tabelle S. 375):

a) $Cu/CuSO_4$ kombiniert mit $Hg/Hg(NO_3)_2$
b) $Zn/ZnSO_4$ kombiniert mit $Au/AuCl_3$
c) $Mg/MgCl_2$ kombiniert mit I_2/KI
d) S/Na_2S kombiniert mit I_2/KI

A3 Welche Redoxreaktionen können zwischen folgenden Teilchen ablaufen: Br^-, Cl_2, Ag^+ und Zn. Die Angaben sollen mit Hilfe der Normalpotentiale begründet werden.

A4 Für die in V4 beschriebene galvanische Zelle sollen die an den Elektroden ablaufenden Vorgänge formuliert werden.

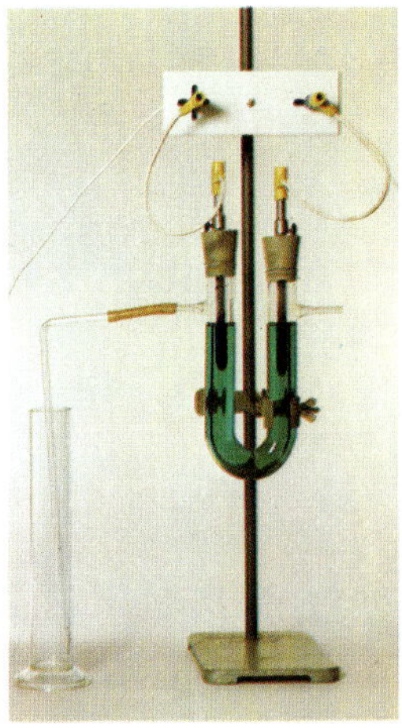

Elektrolyse einer $CuCl_2$-Lösung (V1)

11.7 Elektrolyse und elektrochemische Stromquellen

Zersetzung eines Elektrolyten durch Gleichstrom

V1 In ein U-Rohr (siehe Abbildung) füllt man eine verdünnte Kupferchloridlösung. An die Graphit-Elektroden wird eine Gleichspannung von etwa 20 V angelegt. Man fängt das an der Anode *entstehende Gas (giftig)* in einen kleinen Standzylinder auf und schüttelt es mit Kaliumbromidlösung *(Abzug!)*. Was geschieht an der Kathode?

Aufbau einer galvanischen Zelle durch Elektrolyse

V2 Eine Mischung von 8 g *Iod (ätzend)* und 4 g Zinkpulver wird unter Umrühren langsam in 100 cm^3 Wasser gegeben *(nicht umgekehrt!)*. Man filtriert die entstandene Lösung in ein U-Rohr, das unten einen Glaswollebausch enthält (s. Abb.). Dann wird eine Elektrolyse durchgeführt (Graphitelektroden, 10 V Gleichspannung). Was kann nach kurzer Zeit im U-Rohr beobachtet werden? Was beobachtet man nach dem Abschalten der Stromquelle am Voltmeter?

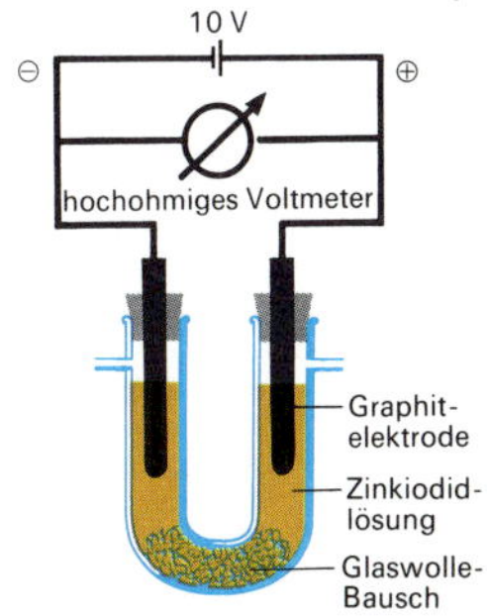

Versuchsanordnung zu V2

Modellversuch zum Bleiakkumulator

V3 Ein weites, 250 cm^3 Becherglas wird mit ca. 200 cm^3 *25%iger Schwefelsäure (ätzend)* gefüllt. Man taucht zwei blankgeschmirgelte Bleiplatten als Elektroden ein und beobachtet danach ihre Oberfläche. Dann wird ca. 5 Min. lang mit einer Gleichspannung von 5–7 V elektrolysiert. Was ist jetzt an der Oberfläche der Elektroden zu beobachten? Welche Spannung kann mit einem hochohmigen Voltmeter zwischen den Elektroden gemessen werden? Wie lange leuchtet ein Glühbirnchen (2 V, 0,1 A), wenn es in den Stromkreis geschaltet wird?

Modellversuch zur Leclanché-Zelle

V4 Ein rechteckiges, blankes Stück Zinkblech wird so zu einem Zylinder geformt, daß es der Innenwand eines 300 cm^3 Becherglases anliegt. Dann füllt man einen Tonzylinder mit einer Paste aus Braunsteinpulver (MnO_2) und 20%iger Ammoniumchloridlösung und steckt einen Graphitstab hinein. Der Tonzylinder wird ins Becherglas gestellt und der Raum zwischen Zinkblech und Tonzylinder mit *20%iger Ammoniaklösung (ätzend)* gefüllt. Welche Zellspannung kann mit einem hochohmigen Voltmeter zwischen Zinkblech und Graphitstab gemessen werden? In den Stromkreis soll eine kleine Glühbirne (2 V) geschaltet werden. Was ist nach einiger Zeit zu beobachten?

1. Die Zersetzung von Elektrolyten durch Gleichstrom wird als Elektrolyse bezeichnet. Als Elektrolyte dienen dabei meistens Lösungen oder Schmelzen von Salzen; über zwei Elektroden wird Gleichspannung angelegt. Ein einfaches Beispiel ist die Elektrolyse von Kupferchlorid-Lösung (s. Abb.).

Elektrolyse:
Kathodische Reduktion
Anodische Oxidation

Dabei entsteht am negativen Pol, der Kathode, Kupfer, am positiven Pol, der Anode, Chlorgas. An den Elektroden laufen folgende Vorgänge ab:

$$\text{Kathode:}\quad Cu^{2+}_{aq} + 2\,e^- \xrightarrow{\text{Reduktion}} Cu$$

$$\text{Anode:}\quad 2\,Cl^-_{aq} \xrightarrow{\text{Oxidation}} 2\,Cl + 2\,e^-;\quad 2\,Cl \rightarrow Cl_2$$

An der Kathode nehmen positiv geladene Kupfer-Ionen Elektronen auf und werden dabei zu Kupferatomen reduziert. An der Anode geben negativ geladene Chlorid-Ionen Elektronen ab und werden zu Chloratomen oxidiert. Je zwei Chloratome bilden zusammen ein Chlormolekül. Man spricht von kathodischer Reduktion und anodischer Oxidation.

Redoxvorgänge: freiwillig in der galvanischen Zelle, erzwungen bei der Elektrolyse

2. Zwischen den Vorgängen bei der Elektrolyse und beim Stromfluß in der galvanischen Zelle besteht ein einfacher Zusammenhang. Dies soll an einem Beispiel gezeigt werden: Bei der Elektrolyse von Zinkiodid-Lösung bildet sich an der Kathode Zinkmetall und an der Anode elementares Iod:

$$Zn^{2+}_{aq} + 2\,e^- \rightarrow Zn$$
$$2\,I^-_{aq} \rightarrow I_2 + 2\,e^-$$

Dabei ist eine galvanische Zelle entstanden: Eine Zinkelektrode taucht in eine Zinksalz-Lösung (Zinkhalbzelle), eine Graphitelektrode in eine Lösung von Iod und Kaliumiodid (Iodhalbzelle). Schaltet man die Gleichstromquelle ab, so zeigt das Meßgerät eine Zellspannung, die durch folgende Vorgänge in den Halbzellen aufgebaut wird:

$$Zn \rightarrow Zn^{2+}_{aq} + 2\,e^-$$
$$I_2 + 2\,e \rightarrow 2\,I^-_{aq}$$

Zink und Iod gehen in einem freiwillig ablaufenden Vorgang unter Bildung von Ionen wieder in Lösung. Man sieht, daß die Elektrolyse genau umgekehrt verlaufen ist. Sie ist die erzwungene Umkehrung der in der galvanischen Zelle freiwillig ablaufenden Redoxvorgänge.

Akkumulatoren zur Speicherung elektrischer Energie

3. Die Tatsache, daß galvanische Zellen durch Elektrolyse gebildet werden können, wird technisch ausgenützt bei den sogenannten Akkumulatoren. Akkumulatoren sind Vorrichtungen zur Speicherung elektrischer Energie. Sie werden durch Zufuhr von elektrischem Strom in galvanische Zellen übergeführt und können anschließend als bewegliche Stromquellen dienen. Eine «Batterie» zum Starten von Automotoren ist der Bleiakkumulator (s. Abb.). In einen aus mehreren Zellen bestehenden Behälter mit 20–30%iger Schwefelsäure taucht ein Satz mit Platten ein, die poröses Blei, bzw. poröses Bleidioxid enthalten. Jede Zelle liefert eine Zellspannung von ungefähr 2 V. Schaltet man z. B. drei solche Zellen hintereinander, so liefert der Akkumulator einen Strom von 6 V Batteriespannung.

4. Bei Stromabnahme («Entladen») laufen an den Platten des Bleiakkumulators folgende Vorgänge ab:

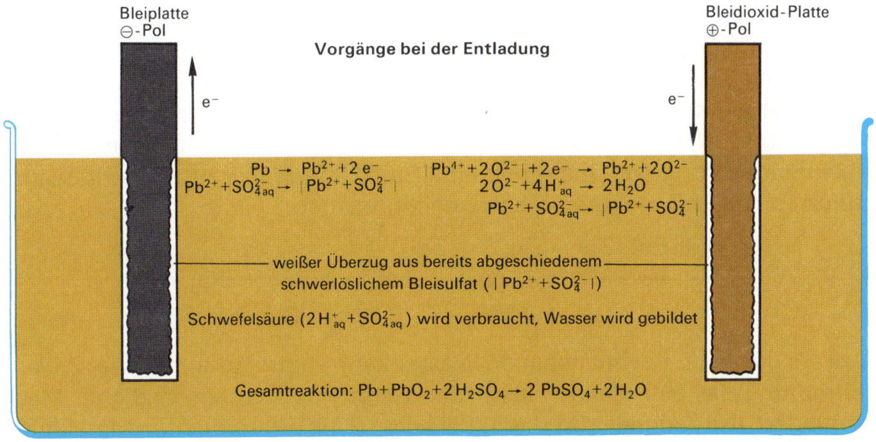

Beim Laden verbindet man die Bleiplatte mit dem negativen Pol, die Bleidioxidplatte mit dem positiven Pol einer Gleichstromquelle. Dadurch erzwingt man den umgekehrten Ablauf der Entladungsvorgänge:

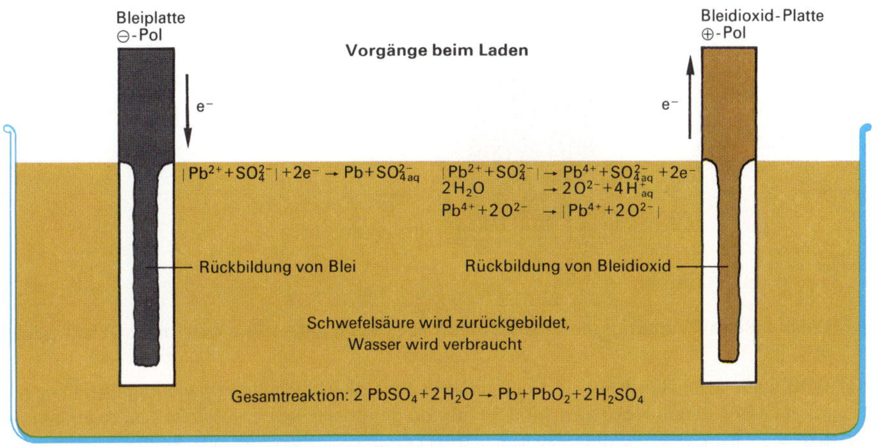

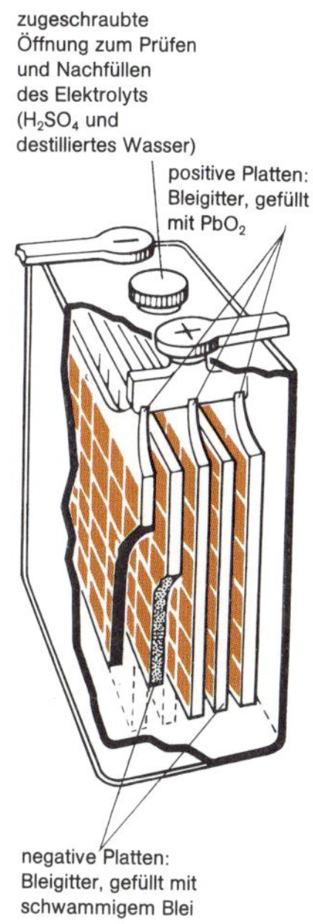

Blick in einen Bleiakkumulator

Aus den Gleichungen erkennt man, daß die Konzentration der Schwefelsäurelösung beim Entladen abnehmen und beim Laden zunehmen muß. Je konzentrierter eine Schwefelsäurelösung ist, desto größer ist ihre Dichte. Der Ladungszustand eines Bleiakkumulators kann also dadurch ermittelt werden, daß man mit Hilfe geeigneter Araeometer die Dichte der «Akkusäure» mißt.

5. Zur Stromversorgung transportabler elektrischer Geräte (Taschenlampen, Kofferradios, Kameras usw.) verwendet man Trockenbatterien (Monozellen). Im Gegensatz zu den Akkumulatoren können sie nach Abgabe des elektrischen Stroms nicht wieder aufgeladen werden. Die häufigste Trokkenbatterie ist die schon im Jahre 1868 entwickelte und nach ihrem Erfinder

benannte Leclanché-Zelle (s. Abb.). Ihre negative Elektrode wird von einem zylinderförmigen Becher aus Zink gebildet. Die positive Elektrode besteht aus einem Graphitstab, der von Braunstein (MnO_2) umgeben ist. Als Elektrolyt dient eine mit Stärke dickflüssig gemachte Lösung von Ammoniumchlorid (NH_4Cl) in Wasser. Die bei der Abgabe von elektrischem Strom ablaufenden Vorgänge sind sehr kompliziert, können aber zusammenfassend durch folgende Gleichungen beschrieben werden:

$$\ominus\text{-Pol: } Zn \rightarrow Zn^{2+}_{aq} + 2\,e^-$$
$$\oplus\text{-Pol: } Mn^{4+} + 2O^{2-} + 2\,e^- \rightarrow Mn^{2+} + 2O^{2-}$$
$$O^{2-} + 2\,NH^+_{4\,aq} \rightarrow 2\,NH_3 + 2H_2O$$

Das am positiven Pol entstehende Wasser kann zum «Auslaufen» der Zellen führen und das betreffende elektrische Gerät erheblich beschädigen. Man verhindert dies dadurch, daß die Batterie von einer wasserdichten Metallhülse umhüllt wird. Die Leclanché-Zelle liefert eine Spannung von maximal 1,5 V.

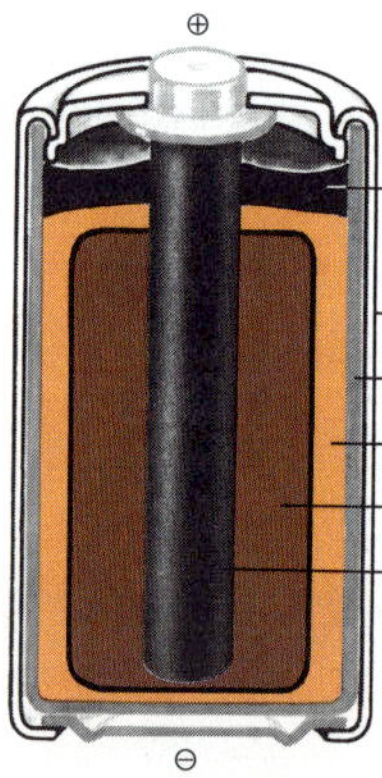

Leclanché-Zelle

A1 Welche Redox-Vorgänge laufen bei der Elektrolyse von Salzsäure an den beiden Elektroden ab?

A2 Wird nach der Elektrolyse von Kupferchlorid (V1) die Gleichstromquelle abgeschaltet, so kann zwischen den Elektroden eine Spannung gemessen werden. Wie ist dies zu erklären?

A3 Welcher der bei der Entladung eines Bleiakkumulators ablaufenden Vorgänge ist eine Oxidation und welcher eine Reduktion? Welcher Vorgang ist eine Protolyse?

A4 Früher wurde als Spannungsquelle das sog. Daniell-Element benützt, bei dem die Halbzellen $Cu/CuSO_4$ und $Zn/ZnSO_4$ kombiniert sind. Welche Spannung liefert dieses Element? Welche Vorgänge laufen bei Stromentnahme an den Elektroden ab?

12 Der Ablauf chemischer Reaktionen

12.1 Die Reaktionsgeschwindigkeit

Von welchen Faktoren ist die Reaktionsgeschwindigkeit abhängig?

V_1 In drei großen Reagenzgläsern werden gleiche Mengen Magnesiumband, Zink- und Eisenblech von möglichst gleicher Oberfläche mit jeweils 15 cm^3 Salzsäure (1 mol/l) versetzt. Welche Beobachtungen lassen sich bei der Entwicklung von *Wasserstoff (feuergefährlich)* machen?

V_2 Bei der Reaktion zwischen stärkehaltiger Iodsäurelösung (HIO_3) und Natriumhydrogensulfitlösung ($NaHSO_3$) wird die Zeit bis zur Blaufärbung bei verschiedenen Temperaturen und Konzentrationen gemessen.
Zur Herstellung der stärkehaltigen Iodsäurelösung benutzt man HIO_3-Lösung (0,1 mol/l), HCl-Lösung (0,1 mol/l) und frische Stärkelösung, die man sich durch Lösen von 2 g löslicher Stärke in 100 cm^3 dest. Wasser zubereitet. Die Natriumhydrogensulfitlösung hat eine Konzentration von 0,1 mol/l.
Bei den Versuchen werden z. B. unterschiedliche Volumina an HIO_3-Lösung (0,1 mol/l), denen stets 20 cm^3 HCl-Lösung (0,1 mol/l) und stets 5 cm^3 Stärkelösung zugefügt wurden, zunächst mit dest. Wasser auf 150 cm^3 aufgefüllt und dann mit Natriumhydrogensulfitlösungen verschiedener Konzentrationen (z. B. 10 cm^3 $NaHSO_3$-Lösung (0,1 mol/l) mit dest. Wasser auf 150 cm^3 auffüllen) zur Reaktion gebracht und jeweils die Zeit bis zur Blaufärbung gestoppt.

V_3 Gleiche Mengen *Magnesiumpulver (feuergefährlich)* und Magnesiumband werden mit verdünnter Salzsäure zusammengebracht (siehe Abbildung).

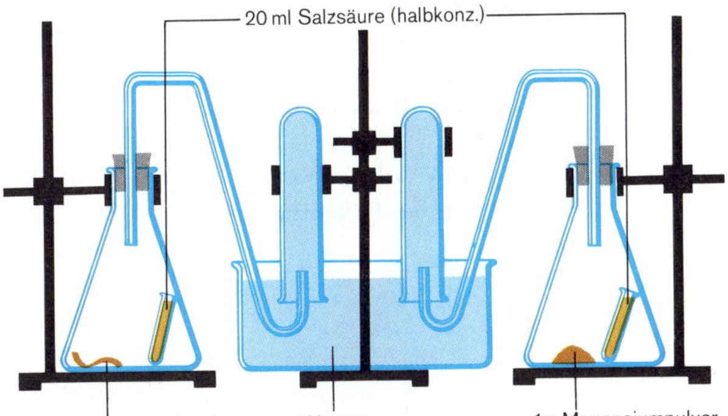

Bestimmung der Abhängigkeit der Reaktionsgeschwindigkeit vom Zerteilungsgrad (V_3)

Chemische Reaktionen laufen mit unterschiedlichen Reaktionsgeschwindigkeiten ab

1. Chemische Reaktionen laufen mit unterschiedlichen Reaktionsgeschwindigkeiten ab. Die Umsetzung von Kochsalz mit Silbernitrat z. B. verläuft sehr schnell. Beim Zusammentreffen der gelösten Ausgangsstoffe kann sofort ein Reaktionsprodukt (der schwerlösliche Niederschlag von Silberchlorid) beobachtet werden.

$$Na^+_{aq} + Cl^-_{aq} + Ag^+_{aq} + NO^-_{3\,aq} \rightarrow |Ag^+ + Cl^-| + Na^+_{aq} + NO^-_{3\,aq}$$

Reine Ionenreaktionen laufen immer sehr schnell ab, da bei ihnen keine Atombindungen gespalten oder gebildet werden müssen.
Bei der Umsetzung von Wasserstoff mit Sauerstoff zu Wasser liegen sowohl Ausgangsstoffe als auch Reaktionsprodukte als Moleküle vor. Auch diese stark exotherme Reaktion läuft sehr rasch ab, allerdings erst nach Erhitzen oder nach Zugabe reaktionsbeschleunigender Stoffe, sogenannter Katalysatoren.

$$2\,H_2 + O_2 \rightarrow 2\,H_2O \qquad |\,\Delta H = -571{,}12\text{ kJ}$$

Reagiert dagegen Natriumthiosulfat mit Salzsäure, so beobachtet man erst nach einiger Zeit die Bildung von Schwefel. Es handelt sich um eine langsam ablaufende Reaktion.

$$2\,Na^+_{aq} + S_2O^{2-}_{3\,aq} \; + \; 2\,H^+_{aq} + 2\,Cl^-_{aq} \rightarrow SO_2 + H_2O + S + \; 2\,Na^+_{aq} + 2\,Cl^-_{aq}$$

Reaktionsgeschwindigkeit abhängig von:
Art des Stoffes
Zerteilungsgrad
Konzentration
Temperatur
Katalysatoren

2. Die Reaktionsgeschwindigkeit ist stark von der Art der Reaktionspartner abhängig. Reagieren z. B. gleiche Mengen derselben Säure bei gleichen Bedingungen mit verschiedenen unedlen Metallen, so beobachten wir auch unterschiedliche Reaktionsgeschwindigkeiten. Die Versuche 2 und 3 zeigen, daß die Reaktionsgeschwindigkeit auch noch von weiteren Faktoren beeinflußt wird:

- Je höher die Konzentration der reagierenden Teilchen, desto größer ist die Reaktionsgeschwindigkeit.
- Je höher die Temperatur des Reaktionsgemisches, desto größer ist die Reaktionsgeschwindigkeit[1].
- Je höher der Zerteilungsgrad eines beteiligten Feststoffes, d. h. je größer seine reagierende Oberfläche, desto größer ist die Reaktionsgeschwindigkeit.
- Schließlich wird die Geschwindigkeit vieler Reaktionen durch die Gegenwart von Katalysatoren beeinflußt.

3. Sollen ganz allgemein bei einer chemischen Reaktion die Stoffe A und B in wäßriger Lösung miteinander zu den Reaktionsprodukten C und D reagieren, so läßt sich die Gleichung aufstellen:

$$A + B \rightarrow C + D$$

Der Gehalt der Stoffe wird zweckmäßigerweise als Stoffmengenkonzentration c in Mol/Liter angegeben. Die Angabe c(A) bedeutet: Konzentration des Stoffes A in Mol/Liter.

Änderung der Konzentration c in Abhängigkeit von der Reaktionszeit t

Vor Beginn der Reaktion liegen nur die Stoffe A und B vor; ihre Konzentrationen entsprechen den eingesetzten Werten c(A) und c(B). Zu diesem Zeitpunkt sind noch keine Reaktionsprodukte vorhanden, d.h., c(C) und c(D) sind gleich Null. Sobald die Reaktion beginnt, nehmen c(A) und c(B) ab (Abfall der Kurve c(A), c(B)), während c(C) und c(D) ständig zunehmen (Anstieg der Kurve c(C), c(D)). Die Grafik zeigt, daß die Konzentrationsänderungen pro Zeiteinheit zu Beginn der Reaktion am größten sind, da hier die Wahrscheinlichkeit wirksamer Zusammenstöße zwischen den Teilchen A und B am höchsten ist. Deshalb ist die Abnahme von c(A) und c(B) bzw. die Zunahme von c(C) und c(D) am Anfang besonders groß, was sich in der Steilheit der Kurven ausdrückt. Mit zunehmender Reaktionszeit werden beide Kurven flacher, da c(A) und c(B) immer kleiner werden.

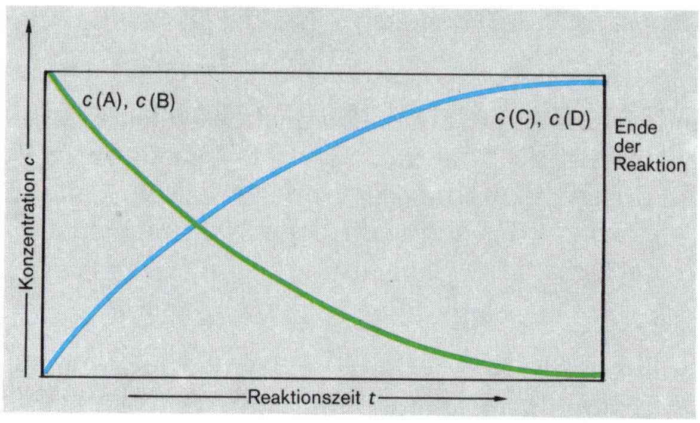

In der Abbildung ist der Zusammenhang zwischen Reaktionszeit t und Konzentration c grafisch dargestellt.

[1] Als Faustregel für die Temperaturabhängigkeit der Reaktionsgeschwindigkeit kann die von Van't Hoff[2] aufgestellte «RGT-Regel» (Reaktionsgeschwindigkeit-Temperatur-Regel) dienen: «Bei Erhöhung der Reaktionstemperatur um je 10 °C wird die Reaktionsgeschwindigkeit im allgemeinen verdoppelt.» Diese Regel gilt allerdings für viele Reaktionen nur annähernd.

[2] Jacobus Hendricus Van't Hoff (1852–1911), niederländischer Chemiker, Professor in Berlin.

4. Bei allen chemischen Reaktionen finden Konzentrationsänderungen statt. Wenn verschiedene Reaktionen mit unterschiedlicher Reaktionsgeschwindigkeit ablaufen, so heißt das, daß auch die Konzentrationsänderungen mit unterschiedlicher Geschwindigkeit eintreten. In der folgenden Abbildung sind zwei Reaktionen mit verschiedener Reaktionsgeschwindigkeit anhand der pro Zeiteinheit eintretenden Konzentrationsänderung grafisch dargestellt.

Reaktionsgeschwindigkeit, ausgedrückt als Konzentrationsänderung pro Zeiteinheit, bei zwei verschiedenen Reaktionen

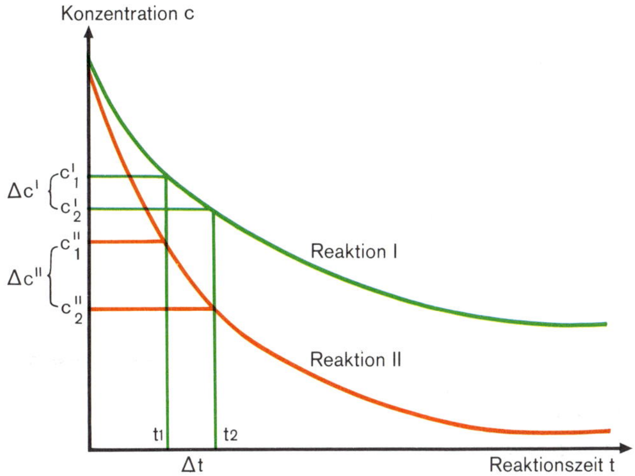

Die Grafik zeigt, daß die Reaktion I langsamer abläuft als die Reaktion II. Zum Zeitpunkt t_1 *liegt ein an der Reaktion I beteiligter Stoff in der Konzentration* c_1^I *vor; zu einem späteren Zeitpunkt* t_2 *ist diese Konzentration auf den Wert* c_2^I *gesunken. Damit entspricht einem bestimmten Zeitintervall* $\Delta t = t_2 - t_1$ *eine bestimmte Konzentrationsänderung* $\Delta c^I = c_1^I - c_2^I$*. Betrachtet man die schneller ablaufende Reaktion II, so zeigt sich ein analoges Bild. Den Zeitpunkten* t_1 *und* t_2 *entsprechen die Konzentrationen* c_1^{II} *bzw.* c_2^{II}*. Man sieht jedoch beim Vergleich beider Reaktionen, daß die Konzentrationsänderung* Δc^{II} *der Reaktion II bei gleichem Zeitintervall* Δt *erheblich größer ist als die entsprechende Konzentrationsänderung* Δc^I *der Reaktion I.*

Reaktionsgeschwindigkeit: Konzentrationsänderung pro Zeiteinheit

Damit ist eine Definition der Reaktionsgeschwindigkeit (RG) möglich:

$$\mathrm{RG} = \frac{\Delta c}{\Delta t}$$

Die Reaktionsgeschwindigkeit ist gleich der Konzentrationsänderung (Δc) pro Zeiteinheit (Δt).

Höhere Konzentration: mehr Zusammenstöße, höhere Temperatur: heftigere Zusammenstöße

5. Die RG ist von der momentanen Konzentration der Ausgangsstoffe abhängig. Die RG der Bildung von Iodwasserstoff ist zum Beispiel der Konzentration von Iod und Wasserstoff proportional:

$$\mathrm{RG} = k \cdot c(\mathrm{H_2}) \cdot c(\mathrm{I_2})$$

Der Faktor k ist dabei die sogenannte Geschwindigkeitskonstante. Diese ist eine für die betreffende Reaktion charakteristische Größe und in ihrem Zahlenwert davon abhängig, wie oft ein Zusammenprall der Teilchen auch

[1] Das Zeitintervall t_2–t_1 kann beliebig gewählt werden und muß nur beim Vergleich verschiedener Reaktionen konstant bleiben.

tatsächlich zu einer Reaktion führt («erfolgreich ist»). In vielen Fällen tritt eine Reaktion nur ein, wenn die Teilchen eine bestimmte (kinetische) Mindestenergie besitzen. Da die Teilchen bei höherer Temperatur häufiger und vor allem mit höherer Geschwindigkeit und daher mit größerer Energie zusammenstoßen, wächst der Faktor k im allgemeinen mit steigender Temperatur. Daß die Zahl der möglichen Zusammenstöße nicht etwa der Summe, sondern dem Produkt der Konzentrationen entspricht, geht aus der folgenden Abbildung hervor.

Häufigkeit der Zusammenstöße in Abhängigkeit von der Konzentration bei konstantem Reaktionsvolumen

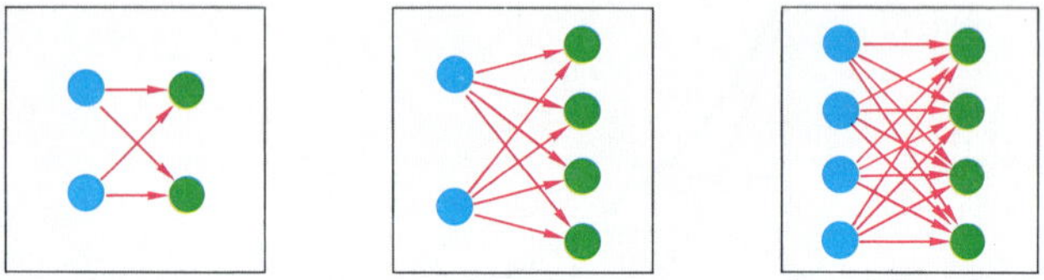

Konzentration	c_1	<	c_2	<	c_3
Häufigkeit des Zusammenstoßes	$2 \cdot 2 = 2^2$		$2 \cdot 4 = 2^3$		$4 \cdot 4 = 4^2 = 2^4$
Reaktions-geschwindigkeit	RG_1	<	RG_2	<	RG_3

6. Ist, wie bei der Synthese von Iodwasserstoff, die RG dem Produkt zweier Konzentrationen proportional, so spricht man von einer Reaktion 2. Ordnung. Eine Reaktion 1. Ordnung ist dagegen der Konzentration nur eines Stoffes proportional. Bei der Zersetzung von Wasserstoffperoxid (H_2O_2) z. B. sinkt die Konzentration an H_2O_2 jeweils innerhalb desselben Zeitintervalls auf die Hälfte ab. Die RG ist der Konzentration von Wasserstoffperoxid proportional:

$$RG = k \cdot c(H_2O_2)$$

Dem gleichen Zeitgesetz wie eine Reaktion 1. Ordnung folgt auch der radioaktive Zerfall von Atomkernen.
Ob es sich um eine Reaktion 1. oder 2. Ordnung handelt, kann nicht ohne weiteres der Reaktionsgleichung entnommen werden. Viele Reaktionen bestehen nämlich aus mehreren nacheinander ablaufenden Teilreaktionen. Für die RG ist dann der langsamste Teilschritt maßgeblich.
Von den Reaktionen

$$2\,AsH_3 \rightarrow 2\,As + 3\,H_2 \quad \text{und}$$
$$2\,HI \rightarrow H_2 + I_2$$

ist z. B. die erste eine Reaktion 1., die zweite eine Reaktion 2. Ordnung.

Aktivierungsenergie bei exothermen und endothermen Reaktionen

7. Sowohl die Ausgangsstoffe, z. B. A und B, als auch die Reaktionsprodukte, z. B. C und D, besitzen bei gegebener Temperatur einen bestimmten Energiegehalt. Dieser ist im allgemeinen um so kleiner, je mehr und je festere Bindungen zwischen den Atomen oder sonstigen Teilchen eines Stoffes bestehen. Sind die Reaktionsprodukte energieärmer als die Ausgangsstoffe,

so läuft die Reaktion exotherm ab. Sind dagegen die Reaktionsprodukte energiereicher als die Ausgangsstoffe, so liegt eine endotherme Reaktion vor.
In vielen Fällen muß selbst dann, wenn die Reaktion insgesamt exotherm abläuft, zunächst Energie zugeführt werden, damit die Reaktion überhaupt in Gang kommt. Das gilt z. B. für die stark exotherme Reaktion zwischen Wasserstoff und Sauerstoff. Das Gemisch der beiden Elemente muß durch Zündung zur Reaktion gebracht werden. Ohne Zufuhr von Energie kann ein Knallgasgemisch über Jahre hinweg aufbewahrt werden, ohne daß eine meßbare Reaktion eintritt; d. h., die Reaktionsgeschwindigkeit ist praktisch gleich Null.

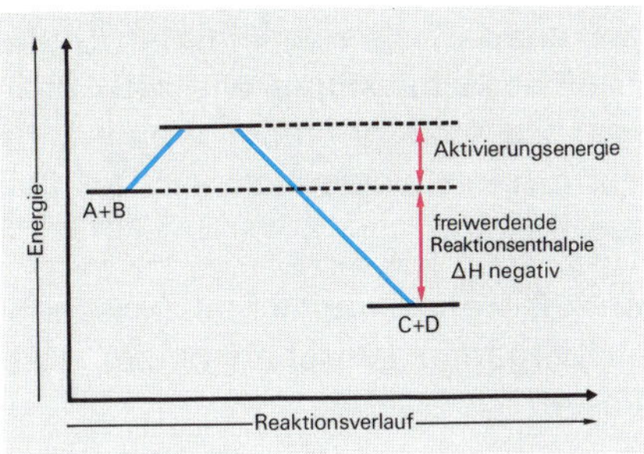

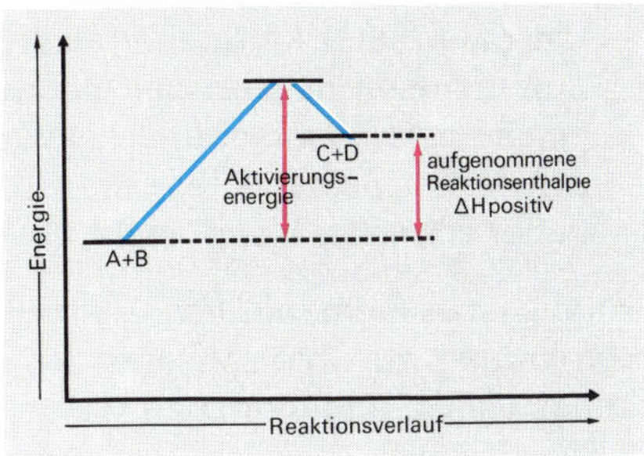

Energiediagramm einer exothermen Reaktion (links)

Energiediagramm einer endothermen Reaktion (rechts)

Die zum Auslösen der Reaktion notwendige Energie wird, wie wir bereits kennengelernt haben, als Aktivierungsenergie bezeichnet. Diese Aktivierungsenergie kann z. B. notwendig sein, um vorhandene Bindungen zu spalten oder um Moleküle bzw. Atome in einen «angeregten», reaktionsfähigen Zustand zu versetzen. Auch bei endothermen Reaktionen ist häufig zusätzlich eine Aktivierungsenergie notwendig.

Katalysatoren vermindern Aktivierungsenergie

8. Die Knallgasreaktion kann aber nicht nur durch Zufuhr von Aktivierungsenergie, sondern auch durch die Zugabe bestimmter Stoffe wie z. B. Platinasbest ausgelöst werden. Schon bei Raumtemperatur kommt es in Gegenwart dieses Katalysators zu einer rasch ablaufenden Reaktion. Wie wir bereits wissen, können Katalysatoren chemische Reaktionen beschleunigen oder überhaupt erst in Gang bringen, ohne dabei verbraucht zu werden. Die Wirkung der Katalysatoren läßt sich zunächst energetisch erklären. Sie beruht darauf, daß durch Katalysatoren die Aktivierungsenergie herabgesetzt wird. Für die einfache Reaktion

$$A + B \rightarrow AB$$

läßt sich dies folgendermaßen darstellen:

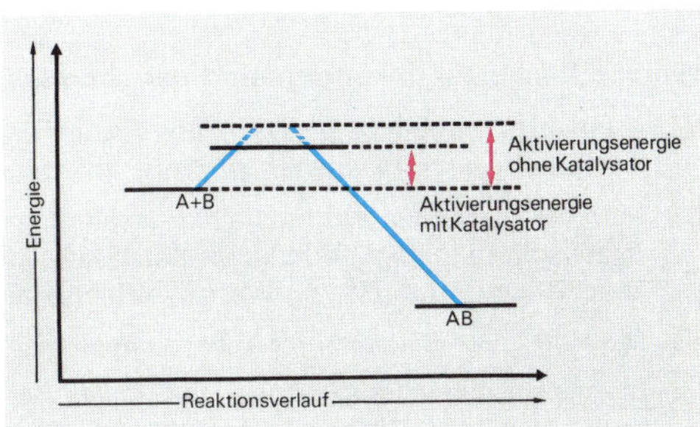

Energiediagramm einer Reaktion mit Katalysatorwirkung

Betrachtet man die Vorgänge im Bereich der Teilchen, so können Katalysatoren auf zwei verschiedene Arten wirksam werden:

– Der Katalysator K reagiert mit einem der Ausgangsstoffe (z. B. A), wobei eine reaktionsfähige Zwischenverbindung AK entsteht:

$$A + K \rightarrow AK$$

Diese reagiert dann mit B weiter zum Produkt AB, wobei der Katalysator wieder freigesetzt wird:

$$AK + B \rightarrow AB + K$$

Insgesamt läuft die Reaktion über diesen Reaktionsweg mit größerer Reaktionsgeschwindigkeit ab als bei Fehlen des Katalysators.

Katalysatorwirkung: Bildung einer Zwischenverbindung oder Adsorption

– Ein Katalysator kann aber auch so wirken, daß die reagierenden Stoffe durch Adsorption an der Oberfläche eines Katalysators wie z. B. Pt in einen reaktionsbereiten («aktivierten») Zustand gebracht werden. Im aktivierten Zustand reagieren die Stoffe dann wesentlich leichter und daher schneller als im nicht aktivierten Zustand.

Häufig ist es nicht möglich, klar zwischen Adsorption und echter Zwischenverbindung zu unterscheiden, so daß Übergänge zwischen beiden Wirkungsweisen angenommen werden müssen.

A1 Durch welchen einfachen Versuch kann aufgezeigt werden, daß die Reaktionsgeschwindigkeit vom Zerteilungsgrad der Materie abhängig ist?

A2 Was versteht man unter einem Katalysator?

12.2 Chemisches Gleichgewicht und Energetik chemischer Reaktionen

Sind chemische Reaktionen umkehrbar?

V1 Man leitet Kohlenstoffdioxid in ein großes Reagenzglas mit Kalkwasser und beobachtet. Nach Auflösen des Niederschlages wird die klare Lösung erhitzt.

V2 Ein Erlenmeyerkolben mit wäßriger *Ammoniaklösung (ätzend)* wird erwärmt. Das *entstehende Gas (giftig)* leitet man über ein gewinkeltes Glasrohr in ein Becherglas, in dem sich destilliertes Wasser und etwas Phenolphthalein befinden (Glasrohr nicht ins Wasser eintauchen).
Der Versuch wird unter Verwendung von *Salzsäure (ätzend)* wiederholt, wobei nun Bromthymolblau als Indikator dient.

Welche Energieänderungen sind bei chemischen Reaktionen zu beobachten?

V3 In einem hohen Becherglas gibt man vorsichtig zu *konzentrierter Salzsäure (ätzend)* einige feste *Natriumhydroxidperlen (ätzend)* und mißt die Temperatur *(Schutzbrille!)*.

V4 Man versetzt etwa 500 cm^3 einer gesättigten Natriumcarbonatlösung mit einer kleinen Spatelspitze Luminol und fügt als Katalysator etwas Hämin bei. Im Dunkeln gibt man dazu etwa 10 cm^3 einer 2%igen Wasserstoffperoxidlösung.

V5 Mit Hilfe einer Brennstoffzelle wird ein kleiner Elektromotor angetrieben.

V6 In einem großen Reagenzglas wird festes Bariumhydroxid mit festem Ammoniumthiocyanat gemischt. Welche Temperaturveränderung kann man beobachten?

Wie kann man die Reaktionsenthalpie messen?

V7 In einer Thermosflasche mit Stopfen und Thermometer werden gleiche Mengen Salzsäure (1 mol/l) und Natronlauge (1 mol/l) gemischt. Aus der Temperaturzunahme ist die Reaktionsenthalpie zu bestimmen.

Chemische Reaktionen sind meist umkehrbar

1. Die meisten chemischen Reaktionen sind umkehrbar. So kann z. B. Kohlenstoffdioxid mit Calciumcarbonat zu Calciumhydrogencarbonat reagieren und umgekehrt Calciumhydrogencarbonat wieder in Kohlenstoffdioxid und Calciumcarbonat umgewandelt werden:

$$CO_2 + H_2O + CaCO_3 \rightarrow Ca(HCO_3)_2$$
$$Ca(HCO_3)_2 \rightarrow CO_2 + H_2O + CaCO_3$$

Auch die Bildung von Ammoniakwasser oder von Salzsäure sind Beispiele für umkehrbare Reaktionen:

$$NH_3 + H_2O \rightarrow NH^+_{4\,aq} + OH^-_{aq}$$
$$NH^+_{4\,aq} + OH^-_{aq} \rightarrow NH_3 + H_2O$$
$$HCl + H_2O \rightarrow Cl^-_{aq} + H_3O^+_{aq}$$
$$Cl^-_{aq} + H_3O^+_{aq} \rightarrow HCl + H_2O$$

Dasselbe gilt für den Übergang von braunem Stickstoffdioxid in farbloses Distickstofftetraoxid (N_2O_4):

$$2\,NO_2 \xrightarrow{\text{Abkühlung}} N_2O_4$$
$$N_2O_4 \xrightarrow{\text{Erwärmung}} 2\,NO_2$$

2. Eine genauer untersuchte umkehrbare Reaktion ist die Bildung bzw. der Zerfall von farblosem Iodwasserstoffgas:

$$H_2 + I_2 \rightarrow 2\,HI \quad |\Delta H = -10{,}5\ \text{kJ}$$
$$2\,HI \rightarrow H_2 + I_2 \quad |\Delta H = +10{,}5\ \text{kJ}$$

Wird Iodwasserstoff in einem geschlossenen Gefäß erwärmt, so stellt man ab etwa 180 °C fest, daß die Verbindung in Wasserstoff und Iod zerfällt. Das ist am Auftreten violetter Ioddämpfe leicht zu erkennen. Erhitzt man umgekehrt ein Gemisch aus Wasserstoff und Iod, so vereinigen sich die Elemente zum Teil zu Iodwasserstoff.
Quantitative Untersuchungen ergeben, daß dabei immer sowohl die Ausgangs- wie auch die Endprodukte vorhanden sind. Und zwar entspricht jeder Temperatur ein ganz bestimmtes Volumenverhältnis der Reaktionsteilnehmer, unabhängig davon, von welcher Seite der Reaktionsgleichung man ausgeht. So liegen z. B. bei 300 °C stets folgende Volumenanteile vor: 19% des Reaktionsgemisches in Form der Elemente, 81% als Iodwasserstoff. Bei 1000 °C lauten die Zahlen 33% bzw. 67%, ganz gleichgültig, ob man von Iodwasserstoff oder von den Elementen ausgeht. Es stellt sich also bei jeder Temperatur ein bestimmter Endzustand ein, in dem alle an der Reaktion

Chemisches Gleichgewicht: Ausgangs- und Endstoffe bestehen nebeneinander

beteiligten Stoffe immer in einem bestimmten Mengenverhältnis zueinander vorliegen. Dieser Zustand wird als Gleichgewichtszustand einer Reaktion oder kurz als chemisches Gleichgewicht bezeichnet. Reaktionen, die zu einem solchen Gleichgewicht führen, nennt man Gleichgewichtsreaktionen. In der Reaktionsgleichung wird dies durch Gleichgewichtspfeile zum Ausdruck gebracht. Man unterscheidet bei Gleichgewichtsreaktionen zwischen Hin- und Rückreaktion.

$$H_2 + I_2 \underset{\text{Rückreaktion}}{\overset{\text{Hinreaktion}}{\rightleftharpoons}} 2\,HI$$

Bestimmung von ΔU. Für Reaktionen bei konstantem Volumen wird die sog. kalorimetrische Bombe benutzt. Die Zündung des Reaktionsgemisches erfolgt mit Hilfe einer Heizspirale von außen.

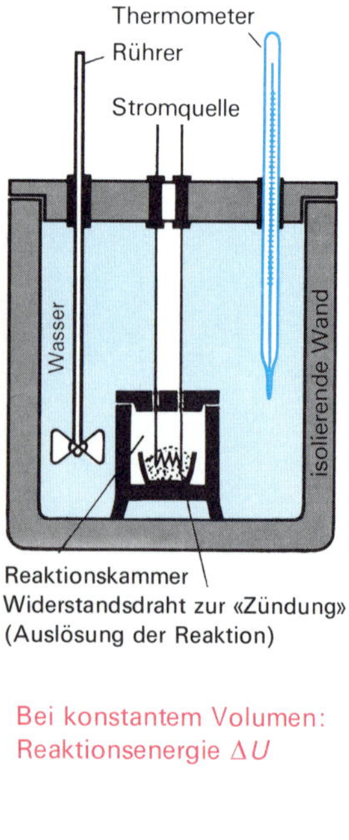

3. Jede chemische Reaktion wird von einer Energieänderung begleitet, gleichgültig, in welcher Richtung sie abläuft. Gleichgewichtsreaktionen, die in der einen Richtung exotherm ablaufen, müssen in der anderen Richtung endotherm sein.
Dabei wird pro Formelumsatz bei der exothermen Reaktion genau die gleiche Energiemenge frei, die umgekehrt für die endotherme Reaktion aufgewendet werden muß. Dies zeigt sich beim Vergleich der Reaktionswärmen z. B. bei der Bildung und beim Zerfall von Iodwasserstoff (s. oben) oder bei den Reaktionen

$$Fe + S \rightarrow FeS \qquad | \, \Delta H = -96{,}7 \text{ kJ}$$
$$FeS \rightarrow Fe + S \qquad | \, \Delta H = +96{,}7 \text{ kJ}$$

Bei konstantem Volumen: Reaktionsenergie ΔU

4. Will man die bei chemischen Reaktionen ablaufenden Energieänderungen quantitativ erfassen, so darf man sich nicht nur auf die Beobachtung der Temperatur beschränken, sondern muß z. B. auch Druck und Volumen des Reaktionsraumes beachten. Energie kann nicht nur in Form von Wärme aufgenommen oder abgegeben werden, sondern zum Teil auch als mechanische Arbeit in Erscheinung treten. Dabei ist zu unterscheiden zwischen Reaktionen, die bei gleichbleibendem Volumen (V = konstant), und solchen, die bei gleichbleibendem Druck (p = konstant) ablaufen.
Läßt man eine chemische Reaktion in einem geschlossenen Gefäß z. B. in einer kalorimetrischen Bombe (siehe Abb.) mit unveränderlichem Volumen ablaufen, so wird keine Arbeit geleistet, und der gesamte Energieumsatz erscheint in Form von Wärme. Bei konstantem Volumen ist die bei der Reaktion auftretende Wärmeänderung also ein Maß für die gesamte Änderung des Energieinhalts des Reaktionssystems. Wärmeänderungen, die bei konstantem Volumen gemessen werden, bezeichnet man auch als Reaktionsenergien (ΔU).

Bei konstantem Druck: Reaktionsenthalpie ΔH

5. Die meisten chemischen Reaktionen werden jedoch in Verbindung mit der freien Atmosphäre durchgeführt, d. h., der Druck bleibt während der Reaktion konstant, während sich das Volumen ändern kann. Die bei konstantem Druck gemessenen Wärmeänderungen sind die uns schon bekannten Reaktionsenthalpien *(ΔH)*. Daß zwischen Reaktionsenergie und Reaktionsenthalpie deutlich unterschieden werden muß, zeigt folgendes Beispiel: Bei der Reaktion von unedlen Metallen mit Säuren wird Wasserstoff freigesetzt. Dieser Wasserstoff dehnt sich gegen den Druck der Luft aus, wobei Arbeit verrichtet wird. Die Wärmeänderung, die man bei konstantem Druck messen kann (Reaktionsenthalpie), ist also um den Energiebetrag, der

dieser Ausdehnungsarbeit («Volumenarbeit») entspricht, kleiner als die Wärmeänderung bei konstantem Volumen (Reaktionsenergie).
Da die meisten in der Praxis durchgeführten chemischen Reaktionen bei konstantem Druck ablaufen, ist die Reaktionsenthalpie ΔH die für den Chemiker wichtigere Größe.

Kalorimeter für die Bestimmung von Reaktionsenthalpien (ΔH) für Reaktionen bei konstantem Druck

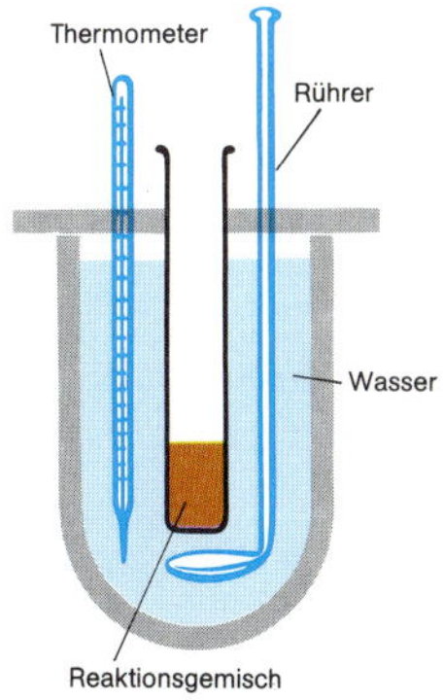

6. Quantitative Messungen von Reaktionsenthalpien werden in Kalorimetern durchgeführt (Abb.). Im einfachsten Fall kann eine Thermosflasche mit Rührer und Thermometer als Kalorimeter dienen. Dabei wird in einem inneren Gefäß die Reaktion durchgeführt. Das Gefäß ist allseits von einem Wassermantel umgeben. Mißt man die Temperatur des Wassers vor und nach der Reaktion, so läßt sich aus der Menge des reagierenden Stoffes, der Wassermasse, der spezifischen Wärme von Wasser und der Temperaturdifferenz die Reaktionsenthalpie berechnen.

7. Bei manchen chemischen Reaktionen ist es wegen experimenteller Schwierigkeiten nicht möglich, die Reaktionsenthalpie direkt zu messen. In diesem Fall kann man sie mit Hilfe des Satzes von Hess indirekt ermitteln (vgl. S. 79). Ein Beispiel soll dies verdeutlichen:

$$2\,C + O_2 \rightarrow 2\,CO \qquad |\ \Delta H = ?$$

Berechnung der Reaktionsenthalpie über den Hess'schen Satz

Für die Oxidation von Kohlenstoff zu Kohlenstoffmonooxid kann die Reaktionsenthalpie nicht direkt bestimmt werden, da bei der Reaktion immer ein Teil des Kohlenstoffmonooxids zu Kohlenstoffdioxid weiterreagiert. Experimentell meßbar aber sind die Enthalpien der Oxidation von Kohlenstoff zu Kohlenstoffdioxid

$$C + O_2 \rightarrow CO_2 \qquad |\ \Delta H = -393{,}8\ \text{kJ}$$

sowie der Oxidation von Kohlenstoffmonooxid zu Kohlenstoffdioxid (das verwendete Kohlenstoffmonooxid wurde auf anderem Wege in reiner Form hergestellt):

$$CO + \tfrac{1}{2}\,O_2 \rightarrow CO_2 \qquad |\ \Delta H = -283{,}2\ \text{kJ}$$

Wie aus dem folgenden Schema zu ersehen ist, läßt sich daraus leicht die gesuchte Reaktionsenthalpie berechnen:

$$C + \tfrac{1}{2}\,O_2 \xrightarrow{\Delta H = ?} CO$$
$$CO + \tfrac{1}{2}\,O_2 \xrightarrow{\Delta H = -283{,}2\ \text{kJ}} CO_2$$
$$C + O_2 \xrightarrow{\Delta H = -393{,}8\ \text{kJ}} CO_2$$

Die Reaktionsenthalpie für die Oxidation von Kohlenstoff zu Kohlenstoffmonooxid entspricht der Differenz von $-393{,}8$ kJ und $-283{,}2$ kJ und hat also den Wert $-110{,}6$ kJ.

Für die Triebkraft chemischer Reaktionen ist nicht nur das Energieprinzip verantwortlich!

8. Gleichgewichtsreaktionen verlaufen in der einen Richtung exotherm, in der anderen Richtung endotherm. Bei der Frage nach der «Triebkraft», also nach dem Grund, warum chemische Reaktionen überhaupt ablaufen, haben wir bisher lediglich das «Energieprinzip» betrachtet. Danach laufen chemische Reaktionen bevorzugt so ab, daß möglichst energiearme Endstoffe entstehen. Demnach dürften nur exotherme Reaktionen von sich aus vor sich

gehen. Der freiwillige Ablauf einer endothermen Reaktion, wie er z. B. bei Gleichgewichtsreaktionen immer gegeben ist, wäre unverständlich. Es muß also neben dem Energieprinzip noch eine andere Ursache wirksam sein, die für den Ablauf chemischer Reaktionen verantwortlich ist.

«Alles natürliche Geschehen wird regiert einerseits von dem Bestreben nach minimaler Energie, andererseits einer Zunahme der Entropie» (Ulich)

9. Die genaue Überprüfung der energetischen Verhältnisse chemischer Reaktionen hat ergeben, daß neben dem «Energieprinzip» in der Natur noch ein zweites Prinzip beachtet werden muß, das sog. «Entropieprinzip». Dieses kann man vereinfacht auch als «Prinzip vom Streben nach Zunahme der Unordnung» bezeichnen.
Alle chemischen Reaktionen sind danach geprägt durch das Streben nach minimaler Energie und gleichzeitig nach maximaler Unordnung, also zunehmender Entropie. Der freiwillige Ablauf einer chemischen Reaktion wird also nicht alleine durch die Reaktionsenthalpie bestimmt, sondern auch durch die Änderung der Entropie. Als Entropie können wir den Anteil der Reaktionsenthalpie ansehen, der sich nicht als Arbeit nutzbar machen läßt. Der dann noch verbleibende, für eine Arbeitsleistung nutzbare Anteil wird als «freie Energie» *(ΔG)*[1] bezeichnet.

Freie Energie ΔG: Maß für die Triebkraft chemischer Reaktionen

10. Die freie Energie ist ein Maß für den freiwilligen Ablauf einer chemischen Reaktion. Für sie gilt folgende Beziehung:

$$\Delta G = \Delta H - T \cdot \Delta S$$

Diese Gleichung wird als Gibbs-Helmholtz-Gleichung[2] bezeichnet. Es bedeuten dabei:

ΔG = Änderung der freien Energie (kJ/mol)
ΔH = Reaktionsenthalpie (kJ/mol)
ΔS = Reaktionsentropie $\left(\frac{\text{kJ}}{\text{K} \cdot \text{mol}}\right)$
T = Reaktionstemperatur (K)

Man sieht, daß der Einfluß der Entropieänderung mit steigender Temperatur zunimmt.

11. Chemische Reaktionen laufen grundsätzlich nur dann freiwillig ab, wenn dabei die freie Energie erniedrigt wird, ΔG also negatives Vorzeichen erhält.
Solche Reaktionen werden als exergonische Reaktionen bezeichnet. Reaktionen mit positiven ΔG laufen nicht freiwillig ab und heißen «endergonisch».

12. Wir sehen, daß die Größe der freien Energie *(ΔG)* aus dem Wechselspiel zweier Energien *(ΔH und $T \cdot \Delta S$)* resultiert.

[1] Richtiger wäre, von der (Änderung der) «freien Enthalpie» oder «Gibbs-Energie» zu sprechen, doch ist der Ausdruck «freie Energie» in diesem Zusammenhang gebräuchlich geworden.
[2] Willard Gibbs (1839–1903), Professor für mathematische Physik in New Haven (USA), Yale University.
Hermann von Helmholtz (1821–1894), Physiker und Physiologe, Professor an verschiedenen deutschen Hochschulen.

Für die Reaktion:

$$C + O_2 \rightarrow CO_2 \qquad | \Delta H = -393 \text{ kJ/mol}$$

betragen die Entropien für Kohlenstoff (Graphit) 0,006 [kJ/mol · K], für Sauerstoff 0,205 [kJ/mol · K] und für Kohlenstoffdioxid 0,213 [kJ/mol · K]. Damit wird:

$$\Delta S = 0{,}213 - (0{,}205 + 0{,}006) \text{ [kJ/mol} \cdot \text{K]}$$
$$= 0{,}002 \text{ [kJ/mol} \cdot \text{K]}$$

Nach der Gibbs-Helmholtz-Gleichung ist bei 298 K:

$$\Delta G = -393 - 298 \cdot 0{,}002 \left[\frac{\text{kJ} \cdot \text{K}}{\text{mol} \cdot \text{K}}\right]$$
$$= -393{,}6 \text{ [kJ/mol]}$$

Bei dieser Reaktion ist das Enthalpieglied negativ, die Entropieänderung ΔS positiv. Damit wird der Wert ΔG bei jeder Temperatur negativ, die Reaktion also immer exergonisch.

13. Als zweites Beispiel soll die Oxidation von Magnesium betrachtet werden:

$$Mg + \tfrac{1}{2} O_2 \rightarrow MgO \qquad | \Delta H = -613{,}6 \text{ kJ/mol}$$

Bei 300 K betragen die Entropiewerte für Magnesium etwa 0,033 [kJ/mol · K], für Sauerstoff etwa 0,205 [kJ/mol · K] und für Magnesiumoxid 0,027 [kJ/mol · K]. Damit wird:

$$\Delta S = 0{,}027 - (0{,}033 + 0{,}103) \text{ [kJ/mol} \cdot \text{K]}$$
$$= -0{,}109 \text{ [kJ/mol} \cdot \text{K]}$$

Folglich ist $\quad T \cdot \Delta S = 300 \cdot (-0{,}109) \text{ [kJ/mol} \cdot \text{K]}$

$$= -32{,}7 \text{ [kJ/mol} \cdot \text{K]}$$

Der Wert für ΔG ist dann: $\quad -580{,}9$ [kJ/mol]

Man sieht, daß bei 300 K das Reaktionsentropieglied nicht einmal 10% der freien Energie ausmacht. Daher wird die Reaktion vom Enthalpieglied bestimmt, sie ist exergonisch, obwohl die Entropie abnimmt.

14. Anders sieht die Situation jedoch aus, wenn man sich Vorgänge oder Reaktionen ansieht, bei denen die Reaktionsenthalpie niedrig ist. Hier wird dann das Reaktionsentropieglied zur entscheidenden Größe.

Beispiel: Auflösen von Kaliumchlorid in Wasser

$$KCl \rightarrow K^+_{aq} + Cl^-_{aq}$$

Hier lauten die Werte bei 300 K:

$$\Delta H = +18{,}35 \text{ kJ/mol}$$
$$T \cdot \Delta S = +22{,}55 \text{ kJ/mol}$$

Also wird $\quad \Delta G = -4{,}20$ kJ/mol

Man sieht, daß Kaliumchlorid sich endotherm, aber dennoch exergonisch in Wasser auflöst, weil hier das Reaktionsentropieglied (ΔS) bei 300 K, d.h. schon bei 27 °C, größer ist als das Reaktionsenthalpieglied (ΔH). Dies ist leicht einzusehen, weil beim Lösungsvorgang die Unordnung (d.h. die Entropie) stark zunimmt. Eine endotherme Reaktion kann also nur dann freiwillig ablaufen, wenn gleichzeitig eine starke Zunahme der Entropie erfolgt.

15. Bei der Synthese von Wasser aus den Elementen läuft folgende Reaktion ab:

$$2\,H_2 + O_2 \rightarrow 2\,H_2O \qquad |\ \Delta H = -241{,}9\ \text{kJ/mol}$$

Im Verlauf der Reaktion nimmt die Entropie ab, ΔS wird also negativ. Dadurch wird jedoch das Glied $-T \cdot \Delta S$ positiv. Daraus ergibt sich, daß mit zunehmender Temperatur die freie Energie und damit die Tendenz zum freiwilligen Ablauf der Reaktion abnimmt. Wird bei hohen Temperaturen das Glied $T \cdot \Delta S$ schließlich größer als ΔH, so zerfällt Wasserdampf in Wasserstoff und Sauerstoff. Bei hohen Temperaturen bestimmt also das Entropieglied den Ablauf der Reaktion, bei tieferen Temperaturen das Enthalpieglied. Überschreitet $T \cdot \Delta S$ den Wert für ΔH (= 241,9 kJ/mol), so wird die Reaktion endergonisch.

A1 Welche Reaktionsenthalpien treten bei Vorgängen mit folgenden Merkmalen auf:
a) Es wird Wärme an die Umgebung abgegeben.
b) Es wird Arbeit geleistet.
c) Die Reaktionsprodukte dehnen sich gegen den äußeren Druck aus.

A2 Für die Gleichgewichtsreaktion $C + CO_2 \rightleftharpoons 2\,CO$ erhält man bei einer Temperatur von 25 °C folgende Werte: $\Delta H = 167$ kJ, $\Delta G = 113$ kJ pro Formelumsatz.
a) Wie groß ist bei dieser Temperatur das Entropieglied $T \cdot \Delta S$?
b) Läuft die Kohlenstoffmonooxidbildung bei dieser Temperatur freiwillig ab?
c) Muß man bei hohen oder tiefen Temperaturen arbeiten, um einen hohen Kohlenstoffmonooxidanteil zu erreichen?

A3 Wenn man Wasserdampf über glühenden Koks (Kohlenstoff) leitet, so entsteht ein Gemisch aus Kohlenmonoxid und Wasserstoff (= sog. Wassergas).
Die Reaktionsgleichung ist zu formulieren. Was läßt sich über die Wahrscheinlichkeit dieser Reaktion in Abhängigkeit von der Temperatur aussagen?

A4 Für die Reaktion $CuO + H_2 \rightleftharpoons Cu + H_2O \ |\ \Delta H = -128{,}5$ kJ/mol lauten bei 300 K die Entropiewerte für Kupfer(II)-oxid 0,043 [kJ/mol · K], für Wasserstoff 0,130 [kJ/mol · K], für Kupfer 0,033 [kJ/mol · K] und für Wasser 0,189 [kJ/mol · K]. Welchen Wert besitzt ΔS? Ist diese Reaktion bei 300 K exergonisch oder endergonisch?

12.3 Das Massenwirkungsgesetz

Modellversuch zum chemischen Gleichgewicht

V1 In einen mit 80 cm³ angefärbtem Wasser gefüllten Standzylinder I (siehe Abbildung) taucht ein Glasrohr von etwa 1 cm Durchmesser. Man hebt die im Glasrohr enthaltene Flüssigkeit in einen Standzylinder II. Ein etwa 0,7 cm weites Glasrohr wird in den Standzylinder II eingetaucht, und die darin enthaltene Flüssigkeit wird in den Standzylinder I zurückgebracht. Man wiederholt beide Arbeitsgänge mehrmals und beobachtet die Veränderung des Flüssigkeitsstands in beiden Zylindern. Welche Parallele besteht zum Ablauf einer Reaktion bis zum Gleichgewicht?

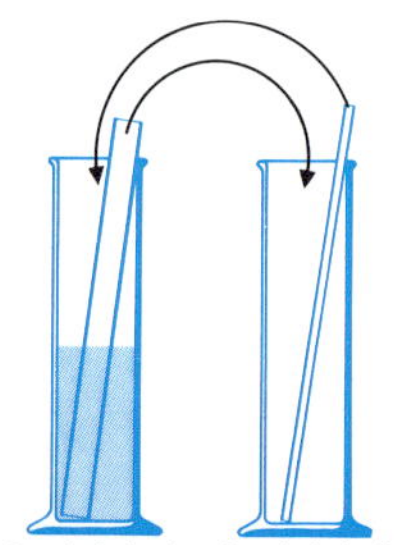

Modellversuch zum chemischen Gleichgewicht (V1)

Wie kann man chemische Gleichgewichte beeinflussen?

V2 Zu einer Eisen (III)-chloridlösung ($FeCl_3$) in einem großen Reagenzglas gibt man etwas *Kaliumthiocyanatlösung* (KSCN). Das Reaktionsprodukt wird so lange mit destilliertem Wasser verdünnt, bis es nur noch schwach rot erscheint. Dann wird die Lösung auf zwei Reagenzgläser verteilt. In eines der Reagenzgläser gibt man eine Spatelspitze Eisen (III)-chlorid, in das andere dieselbe Menge Kaliumthiocyanat. Was läßt sich beobachten?

V3 Durch Erhitzen von etwa 2 g *Bleinitrat,* $Pb(NO_3)_2$, *(giftig!)* stellt man *Stickstoffdioxid (giftig)* her und leitet das Gas in einen durch Eis-Kochsalz-Mischung gekühlten 100-cm^3-Kolben, der durch Glaswolle locker verschlossen wird *(Abzug!)*. Was ist beim Erwärmen im Wasserbad bzw. Abkühlen zu beobachten?

V4 In ein Reagenzglas gibt man zu einer gesättigten Kochsalzlösung etwas *rauchende Salzsäure (ätzend)* bzw. *konzentrierte Natriumhydroxidlösung (ätzend)*.

1. Betrachten wir nochmals die Bildung bzw. den Zerfall von Iodwasserstoff, so können wir zwei Teilreaktionen unterscheiden, die «Hinreaktion» und die «Rückreaktion»:

Hin- und Rückreaktion

$$H_2 + I_2 \underset{\text{Rückreaktion}}{\overset{\text{Hinreaktion}}{\rightleftarrows}} HI + HI$$

Für die Geschwindigkeit der Hinreaktion ($\overrightarrow{RG}$) gilt:

$$\overrightarrow{RG} = \vec{k} \cdot c(H_2) \cdot c(I_2)$$

Die Geschwindigkeit ist also bei gegebener Temperatur von den Konzentrationen der reagierenden Stoffe abhängig. Für die Rückreaktion gilt analog:

$$\overleftarrow{RG} = \overleftarrow{k} \cdot c(HI) \cdot c(HI)$$

Geht man von den Elementen aus, so ist zu Beginn der Reaktion $\overrightarrow{RG}$ besonders groß, da hier $c(H_2)$ und $c(I_2)$ ihre höchsten Werte besitzen. Im Laufe der Zeit wird $\overrightarrow{RG}$ jedoch kleiner, da $c(H_2)$ und $(c(I_2)$ abnehmen. Umgekehrt wird die $\overleftarrow{RG}$ ansteigen, da $c(HI)$ größer wird.

2. Die insgesamt nach außen hin beobachtbare Geschwindigkeit der Gesamtreaktion (RG_{gesamt}) entspricht der Differenz der Geschwindigkeiten von Hin- und Rückreaktion:

$$RG_{gesamt} = \overrightarrow{RG} - \overleftarrow{RG}$$

Im Gleichgewichtszustand ist diese Differenz gleich Null, d. h., die Reaktion kommt für den Beobachter scheinbar zum Stillstand, weil pro Zeiteinheit gleich viel Iodwasserstoff aus den Elementen gebildet wird, wie umgekehrt Iodwasserstoff in die Elemente zerfällt. Dann gilt:

$$RG_{gesamt} = \overrightarrow{RG} - \overleftarrow{RG} = 0 \quad \text{oder} \quad \overrightarrow{RG} = \overleftarrow{RG}$$

Tatsächlich aber ist die Reaktion nicht zu einem echten Stillstand, sondern zu einem «dynamischen Gleichgewichtszustand» gekommen. Diesen Zustand haben wir bereits als «chemisches Gleichgewicht» kennengelernt.

Das chemische Gleichgewicht ist ein dynamisches Gleichgewicht

3. Für unser Beispiel gilt im Gleichgewichtszustand:

$$\overrightarrow{RG} = \overleftarrow{RG} \quad \text{oder} \quad \vec{k} \cdot c(H_2) \cdot c(I_2) = \overleftarrow{k} \cdot c^2(HI)$$

Dies läßt sich umformen zu:

$$\frac{\overrightarrow{k}}{\overleftarrow{k}} = \frac{c^2\,(HI)}{c\,(H_2) \cdot c\,(I_2)}$$

Das Verhältnis $\frac{\overrightarrow{k}}{\overleftarrow{k}}$ stellt eine neue Konstante dar, die sogenannte Gleichgewichtskonstante *K*. Man erhält somit die Gleichung:

$$\frac{c^2\,(HI)}{c\,(H_2) \cdot c\,(I_2)} = K$$

Allgemein ergibt sich für eine Reaktion

$$aA + bB + \ldots \rightleftarrows cC + dD + \ldots$$

wo A, B ... die Ausgangsstoffe, C, D ... die Produkte und a, b, c, d ... die stöchiometrischen Koeffizienten bedeuten, die Gleichung:

$$\frac{c^c\,(C) \cdot c^d\,(D)\ \ldots}{c^a\,(A) \cdot c^b\,(B)\ \ldots} = K$$

Massenwirkungsgesetz (MWG): mathematischer Zusammenhang zwischen den Konzentrationen der Reaktionsteilnehmer im Gleichgewicht

Diese Beziehung wird als Massenwirkungsgesetz (MWG)[1] bezeichnet.

Die Gleichgewichtskonstante *K* gilt nur für eine bestimmte Temperatur. Bei anderen Temperaturen nimmt die Konstante *K* andere Zahlenwerte an.
Je nach der Anzahl der beteiligten Ausgangs- und Endstoffe und deren stöchiometrischen Koeffizienten ist die Gleichgewichts- oder Massenwirkungskonstante *K* dimensionslos oder erhält die Dimension einer Konzentration, gegebenenfalls mit einem Exponenten. Üblicherweise wird jedoch auf eine Dimensionsangabe für *K* verzichtet. Vereinbarungsgemäß wird die Reaktionsgleichung so geschrieben, daß die exotherme Reaktion von links nach rechts verläuft. Die Konzentrationen der Reaktionsprodukte stehen dann im Zähler. Mit dem MWG ist also eine quantitative Beziehung gegeben, aus der sich die Konzentrationen der in einem Gleichgewicht vorhandenen Stoffe berechnen lassen. Diese Beziehungen wurden zunächst auf empirischem Wege gefunden und erstmals 1867[1] formuliert.

Lage des Gleichgewichts konzentrationsabhängig

4. Das MWG ist in der angegebenen Form auch dann gültig, wenn die Ausgangs- bzw. Endstoffe nicht in stöchiometrischem Mengenverhältnis beteiligt sind. Verändert man die Konzentration irgendeines der Reaktionsteilnehmer, so wird der Gleichgewichtszustand gestört, d.h., die Stoffe reagieren unter Veränderung auch der übrigen Stoffkonzentrationen in der Weise, daß die Gleichgewichtskonstante *K* ihren Wert beibehält. Wird z. B. das Gleichgewicht zwischen H_2, I_2 und HI durch Zugabe von weiterem H_2 «gestört», so reagiert ein Teil des zusätzlichen H_2 unter Verbrauch von I_2 und unter Bildung von HI so lange, bis der bei gegebener Temperatur konstante *K*-Wert wieder erreicht ist.
Kann anderseits z. B. ein Endstoff, etwa als Gas, aus dem Reaktionsraum entweichen, so bedeutet dies eine dauernde Störung des Gleichgewichtes.

[1] Das MWG wurde erstmals klar und umfassend 1867 von dem norwegischen Mathematiker Cato M. Guldberg (1836–1902) und dem norwegischen Chemiker Peter Waage (1833 bis 1900) formuliert.

Der entweichende Endstoff wird durch Reaktion der Ausgangsstoffe so lange nachgeliefert, bis diese verbraucht sind. Ein wirklicher Gleichgewichtszustand kann sich also nur einstellen, wenn kein Reaktionsteilnehmer den Reaktionsraum verlassen kann.

5. Wird bei Gasreaktionen der äußere Druck geändert, so ändert sich auch das Volumen und damit ändern sich auch die Konzentrationen der am Gleichgewicht beteiligten Stoffe.

Le Chatelier: Gleichgewichtssysteme weichen dem äußeren Zwang aus

Qualitativ wird der Einfluß von Druck und Temperatur auf das chemische Gleichgewicht durch das «Prinzip von der Verminderung des Zwangs» beschrieben, das 1888 von Le Chatelier[1] formuliert wurde:
Übt man auf ein im Gleichgewicht befindliches System durch Änderung der äußeren Bedingungen einen Zwang aus, so ändert sich das Gleichgewicht derart, daß es dem äußeren Zwang ausweicht, d. h., es stellt sich ein neues Gleichgewicht mit vermindertem Zwang ein.
Vermindert sich z. B. bei der Hinreaktion das Volumen, so wird diese durch Druckerhöhung begünstigt, d. h., das chemische Gleichgewicht weicht dann nach der Seite aus, wo der äußere Zwang, in diesem Falle der Druck, geringer wird. So wird der Anteil der Endprodukte am Reaktionsgemisch höher als bei niedrigem Druck. Das System weicht gewissermaßen der Druckerhöhung dadurch aus, daß es ein geringeres Volumen einnimmt.

Bei der Gleichgewichtsreaktion:

$$2\,NO_2 \rightleftarrows N_2O_4 \qquad |\Delta H = -86{,}2\ kJ$$

reagieren zwei Volumina Stickstoffdioxid zu einem Volumen von ebenfalls gasförmigem Distickstofftetraoxid. Bei Druckerhöhung bildet sich also mehr Distickstofftetraoxid.

6. Wie wir bereits wissen, gilt die Gleichgewichtskonstante K nur für eine bestimmte Temperatur. In der Literatur angegebene K-Werte beziehen sich im allgemeinen auf Zimmertemperatur. Die Änderung des K-Wertes ist bei Änderung der Temperatur quantitativ nicht ganz einfach zu erfassen.

Änderung des Zahlenwertes der Gleichgewichtskonstanten K durch Änderung der Temperatur

Qualitativ aber ist auch dies durch das Prinzip von der Verminderung des Zwangs möglich: Im Gleichgewicht wird bei Temperaturerhöhung die endotherme, bei Temperaturerniedrigung die exotherme Reaktionsrichtung begünstigt. Im Beispiel

$$2\,NO_2 \rightleftarrows N_2O_4 \qquad |\Delta H = -86{,}2\ kJ$$

führt Temperaturerhöhung zur verstärkten Bildung von Stickstoffdioxid, Temperaturerniedrigung begünstigt die Bildung von Distickstofftetraoxid. Wenn man die Reaktionsgleichung, wie üblich, so schreibt, daß die Reaktion von links nach rechts exotherm verläuft, so verändert sich also bei Temperaturerhöhung das Gleichgewicht zugunsten der auf der linken Seite stehenden Stoffe, d. h., der Anteil der Ausgangsstoffe am Reaktionsgemisch ist höher als bei tieferer Temperatur. Dies entspricht einer Erniedrigung der Gleichgewichtskonstanten K mit zunehmender Temperatur.

[1] Henri Le Chatelier (1850–1936), Professor für Chemie in Paris. Arbeiten über spezifische Wärme von Gasen und Silicatchemie.

Ammoniaksynthese nach Haber-Bosch: Herstellung von Ammoniak aus Stickstoff und Wasserstoff

7. Am Beispiel einer der wichtigsten Synthesen der Chemie, des Haber-Bosch-Verfahrens[1] zur Darstellung von Ammoniak, wollen wir das Prinzip von Le Chatelier nochmals erläutern.
Die Reaktionsgleichung lautet:

$$3\,H_2 + N_2 \rightleftharpoons 2\,NH_3 \quad |\,\Delta H = -92{,}13\ \text{kJ}$$

Abhängigkeit der Ammoniaksynthese von Druck und Temperatur

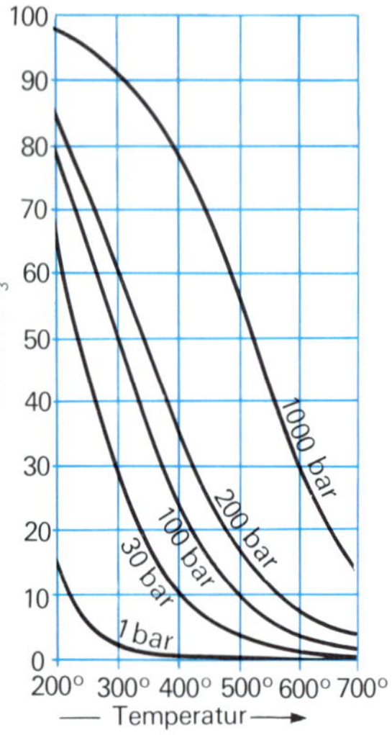

Daraus ist ersichtlich, daß es sich bei der Bildung von Ammoniak aus den Elementen um eine Gleichgewichtsreaktion handelt, die exotherm und unter Volumenkontraktion abläuft. In der Technik ist man verständlicherweise bestrebt, einen möglichst hohen Umsatz zu erzielen. Da bei der Reaktion aus 3 Volumenanteilen Wasserstoff und 1 Volumenanteil Stickstoff nur 2 Volumenanteile Ammoniak entstehen, ist der Anteil des Ammoniaks am Reaktionsgemisch um so größer, je höher der Druck ist. Bei höherem Druck weicht die Reaktion nach der Seite der Ammoniakbildung aus, also nach der Seite, wo die Produkte ein geringeres Volumen einnehmen. Deshalb arbeitet man bei der großtechnischen Ammoniakherstellung mit einem Druck von etwa 200 Atmosphären.
Da die Reaktion exotherm abläuft, sollte sie bei möglichst tiefer Temperatur durchgeführt werden. Dann verändert sich das Gleichgewicht zugunsten der exothermen Reaktionsrichtung, also zugunsten der Bildung von Ammoniak. Da aber nach der RGT-Regel die Reaktionsgeschwindigkeit bei tiefen Temperaturen sehr gering ist, ist man gezwungen, höhere Temperaturen anzuwenden. Um jedoch nicht bei zu hohen Temperaturen arbeiten zu

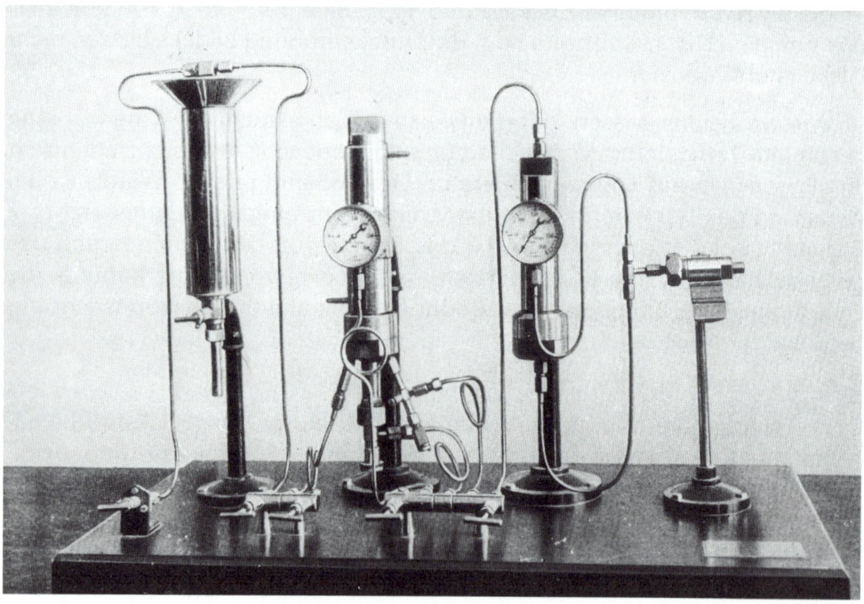

Von Fritz Haber um 1908/09 benutzter Laboratoriumsapparat für die Synthese von Ammoniak

[1] Carl Alexander Bosch (1874–1940), deutscher Chemiker, der in den Jahren 1908–1913 die großtechnische Durchführung der von Fritz Haber (1868–1934) entwickelten Ammoniaksynthese ermöglichte und dafür 1931 den Nobelpreis erhielt. Haber war Professor für Chemie in Karlsruhe und Berlin und erhielt 1918 den Nobelpreis.

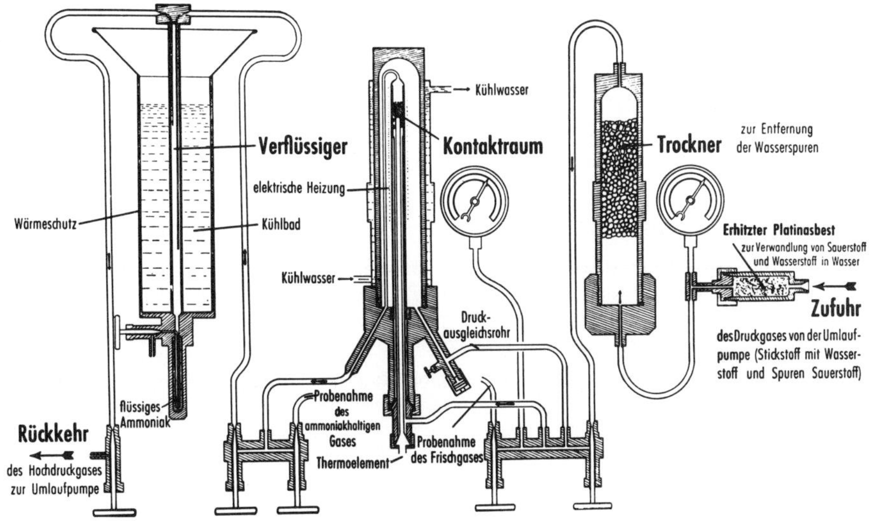

Schema der Versuchsapparatur von Fritz Haber zur Ammoniaksynthese

müssen, verwendet man in der Technik Katalysatoren (Fe/Al_2O_3), die schon bei 500 °C eine ausreichende Reaktionsgeschwindigkeit gewährleisten. Der Ammoniakanteil beträgt unter diesen Bedingungen 17,6 Volumenanteile in %. Durch fortwährende Störung des Gleichgewichts (Entfernung von NH_3 und Zufuhr von neuem H_2 und N_2) werden die Ausgangsstoffe restlos in das Produkt übergeführt.

Die Ammoniaksynthese hat außergewöhnliche wirtschaftliche Bedeutung und ist bei einer Produktion von mehr als 100 Millionen Tonnen pro Jahr einer der wichtigsten technischen Prozesse überhaupt. Mit Hilfe der Ammoniaksynthese ist es möglich, das sehr stabile und reaktionsträge Stickstoffmolekül zu spalten. Ammoniak ist daher der wichtigste Ausgangsstoff für viele Stickstoffverbindungen wie Salpetersäure, Pharmazeutika, Spreng- und Farbstoffe. Insbesondere erfolgt die Herstellung von stickstoffhaltigen Düngemitteln heute fast ausschließlich über das Haber-Bosch-Verfahren. So ist dieses Verfahren zu einer der Lebensgrundlagen der ständig wachsenden Weltbevölkerung geworden.

A_1 Wie lassen sich die Beobachtungen von Versuch 2 mit Hilfe des MWG erklären?

A_2 Für folgende Reaktionen soll das MWG formuliert werden:

a) Reaktion von Kohlenstoff mit Wasser unter Bildung von Kohlenstoffmonooxid und Wasserstoff

b) Reaktion von Chlorwasserstoffgas mit Sauerstoff unter Bildung von Chlor und Wasser

A_3 Im sogenannten Wassergasgleichgewicht liegen folgende Stoffe nebeneinander vor: Kohlenstoffmonooxid und Wasser (Ausgangsstoffe) sowie Kohlenstoffdioxid und Wasserstoff (Endstoffe). Formulieren Sie die Reaktionsgleichung! In welcher Richtung ist diese Reaktion exotherm? Kann sie durch Druckänderung gesteuert werden?

12.4 Anwendung des Massenwirkungsgesetzes auf protolytische Reaktionen

Leitet Wasser den elektrischen Strom?

V_1 Mit der in Kapitel 8.1 dargestellten Vorrichtung prüft man die Leitfähigkeit von Leitungswasser, destilliertem Wasser und doppelt destilliertem Wasser.

Messung von pH-Werten

V_2 Mit Universalindikatorpapier werden die pH-Werte folgender Flüssigkeiten bestimmt: Salzsäure (0,1 mol/l), Salzsäure (0,01 mol/l), Essigsäure (0,1 mol/l) destilliertes Wasser, Ammoniaklösung (0,1 mol/l), Natronlauge (0,1 mol/l), Speiseessig, Frischmilch, Sauermilch, Leitungswasser, Speichel, Seifenlösung.

V_3 Durch Verdünnung von Salzsäure (1 mol/l) mit destilliertem Wasser stellt man Salzsäure der Konzentrationen 0,1 mol/l, 0,01 mol/l, 0,001 mol/l und 0,0001 mol/l her.
Jeweils drei Reagenzgläser werden mit den entsprechenden Säuren gefüllt und mit Methylrot, Methylviolett und Methylorange als Indikator versetzt.

V_4 Destilliertes Wasser, verdünnte Natronlauge und verdünnte Salzsäure werden mit folgenden Indikatoren geprüft: Thymolblau, Methylorange, Methylrot, Bromthymolblau, Phenolphthalein und Universalindikator.

Haben gleichkonzentrierte Säurelösungen den gleichen pH-Wert?

V_5 Im Reagenzglas prüft man nacheinander Essigsäure (0,1 mol/l), Salzsäure (0,1 mol/l) und Borsäure (0,1 mol/l) mit einigen Tropfen Universalindikator.

Müssen Salzlösungen neutral sein?

V_6 Man löst in Bechergläsern Kochsalz, Kaliumbromid, Ammoniumchlorid, Aluminiumsulfat, Natriumcarbonat und *Natriumsulfid (ätzend)* in Wasser und bestimmt die pH-Werte dieser Lösungen mit Universalindikator.

V_7 Eine konzentrierte Ammoniumchloridlösung wird mit Magnesiumspänen versetzt. Man prüft das *entstehende Gas (feuergefährlich)* auf Brennbarkeit.

pH-Werte von Säure-Base-Gemischen

V_8 Etwa 5 cm^3 verdünnte Essigsäure werden im Reagenzglas mit einigen Tropfen Universalindikatorlösung versetzt. Dann fügt man etwas festes Natriumacetat hinzu.

V_9 In zwei Bechergläser werden 30 cm^3 destilliertes Wasser gefüllt und einige Tropfen Universalindikator zugegeben. In zwei weiteren Bechergläsern mischt man jeweils 15 cm^3 Essigsäure (1 mol/l), 15 cm^3 Natriumacetatlösung (1 mol/l) und etwas Indikatorlösung. Aus einer Bürette wird zu je einem Glas Wasser und Mischung Salzsäure (0,1 mol/l) zugetropft. Das gleiche wird mit Natronlauge (0,1 mol/l) wiederholt. Wie ändert sich der pH-Wert?

Autoprotolyse des Wassers

1. Messungen mit sehr empfindlichen Instrumenten ergeben, daß auch reinstes Wasser eine geringe Leitfähigkeit besitzt. Sie kommt durch Ionen zustande, die aus Wassermolekülen nach folgender Gleichung gebildet werden:

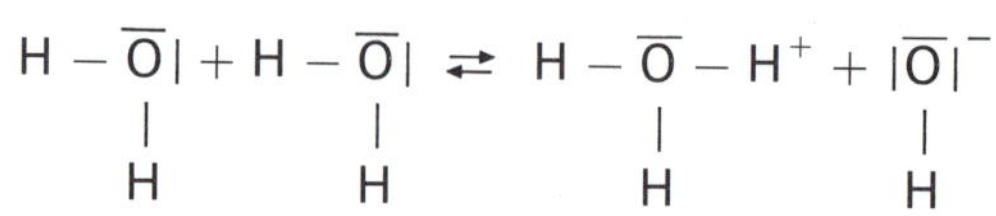

$$H_2O + H_2O \rightleftharpoons H_3O^+_{aq} + OH^-_{aq}$$

Dabei geht ein Proton von einem Wassermolekül auf ein anderes über. Man bezeichnet diese Reaktion als Autoprotolyse des Wassers. Auf das Protolysengleichgewicht können wir das Massenwirkungsgesetz anwenden:

$$\frac{c\,(H_3O^+) \cdot c\,(OH^-)}{c^2\,(H_2O)} = K$$

2. Bei der Autoprotolyse müssen gleich viele Hydronium-Ionen wie Hydroxid-Ionen entstehen. Wie die Leitfähigkeitsmessungen zeigen, ist ihre Konzentration nur sehr gering:

$$c\,(H_3O^+) = c\,(OH^-) = 10^{-7}\ \text{mol/l}$$

Die Konzentration des Wassers $c\,(H_2O)$ ist dagegen sehr viel größer. Ein Liter Wasser enthält 1000 : 18 = 55,6 Mol Wassermoleküle, d. h. $c\,(H_2O) = 55{,}6$ mol/l. Man kann $c\,(H_2O)$ deshalb als konstant betrachten und $c^2\,(H_2O)$ mit der Konstanten K zusammenfassen:

$$c\,(H_3O^+_{aq}) \cdot c\,(OH^-_{ag}) = K \cdot c^2\,(H_2O) = K_w$$

Die neue Konstante K_w heißt Ionenprodukt des Wassers. Ihr Wert beträgt bei 22 °C $K_w = 10^{-14}$:

Das Ionenprodukt des Wassers $K_w = 10^{-14}$

$$c\,(H_3O^+_{aq}) \cdot c\,(OH^-_{aq}) = 10^{-14}\ \text{mol}^2 \cdot \text{l}^{-2}$$

Ein Liter reines Wasser enthält also 10^{-7} mol Hydronium-Ionen und 10^{-7} mol Hydroxid-Ionen.

3. Vom Ionenprodukt des Wassers spricht man nicht nur bei reinem Wasser, sondern auch bei wäßrigen Lösungen. Voraussetzung ist allerdings, daß sie nicht zu stark konzentriert sind, denn nur dann bleibt die Konzentration des Wassers praktisch konstant.

Anwendung des Ionenprodukts auf saure und alkalische Lösungen

Für verdünnte Säuren und Hydroxidlösungen kann die Konzentration der H_3O^+-Ionen und der OH^--Ionen wie folgt berechnet werden:

– Löst man eine starke Säure (z. B. Chlorwasserstoffgas) in Wasser, so reagieren praktisch sämtliche Säuremoleküle mit Wassermolekülen unter Bildung von Hydronium-Ionen und Säure-Anionen:

$$HCl + H_2O \rightarrow Cl^-_{aq} + H_3O^+_{aq}$$

In einer Salzsäure (0,01 mol/l) ist deshalb

$$c\,(H_3O^+) = 0{,}01\ \text{mol/l} = 10^{-2}\ \text{mol/l}$$

Aus dem Ionenprodukt berechnet man

$$c\,(OH^-) = \frac{10^{-14}}{c\,(H_3O^+)} = \frac{10^{-14}}{10^{-2}} = 10^{-12}\ \text{mol/l}$$

– Eine Natronlauge (0,01 mol/l) enthält 0,01 mol/l OH^--Ionen:

$$c\,(OH^-) = 0{,}01\ \text{mol/l} = 10^{-2}\ \text{mol/l}$$

Dann ist:

$$c\,(H_3O^+) = \frac{10^{-14}}{c\,(OH^-)} = \frac{10^{-14}}{10^{-2}} = 10^{-12}\ \text{mol/l}$$

$c(H_3O^+)$ in sauren und alkalischen Lösungen

4. Aus den obigen Berechnungen geht hervor, daß in sauren Lösungen die H_3O^+-Konzentration größer, in alkalischen Lösungen kleiner ist als 10^{-7} mol/l. Jedoch sind in sauren Lösungen neben H_3O^+-Ionen immer auch OH^--Ionen, in alkalischen Lösungen neben OH^--Ionen auch H_3O-Ionen in geringer Konzentration vorhanden. Die Konzentrationen der beiden Ionenarten sind über das Ionenprodukt des Wassers miteinander verknüpft. Es genügt deshalb, eine von beiden, nämlich die H_3O^+-Konzentration, anzugeben. Zur Vereinfachung schreibt man nicht den ganzen Ausdruck, sondern nur den negativen Exponenten (z. B. statt 10^{-2} nur 2), der als pH-Wert bezeichnet wird. Beispiele:

$$c(H_3O^+) = 10^{-4} \text{ mol/l}; \quad pH = 4$$
$$c(H_3O^+) = 10^{-9,4} \text{ mol/l}; \quad pH = 9,4$$

pH-Wert: negativer Zehnerlogarithmus der Hydronium-Ionen-Konzentration

Allgemein gilt: $pH = -\lg [c(H_3O^+)]$, d. h. der pH-Wert ist der negative Zehnerlogarithmus der Hydronium-Ionen-Konzentration.
Für reines Wasser beträgt der pH-Wert 7. Bei sauren Lösungen ist er kleiner, bei alkalischen Lösungen größer als 7.

Die Skala der pH-Werte

$c(H_3O^+)$	10^{-1}	10^{-2}	10^{-3}	10^{-4}	10^{-5}	10^{-6}	10^{-7}	10^{-8}	10^{-9}	10^{-10}	10^{-11}	10^{-12}	10^{-13}
$c(OH^-)$	10^{-13}	10^{-12}	10^{-11}	10^{-10}	10^{-9}	10^{-8}	10^{-7}	10^{-6}	10^{-5}	10^{-4}	10^{-3}	10^{-2}	10^{-1}
pH	1	2	3	4	5	6	7	8	9	10	11	12	13
	sauer						neutral	alkalisch					

Saure Lösungen: pH < 7
Neutrale Lösungen: pH = 7
Alkalische Lösungen: pH > 7

Der pH-Wert beeinflußt den Ablauf vieler Säure-Base-Reaktionen; vor allem biochemische Vorgänge hängen wesentlich von ihm ab. Für das Pflanzenwachstum spielt der pH-Wert des Bodens eine wichtige Rolle.

pH-Werte einiger Flüssigkeiten

Stoff	pH-Wert	Stoff	pH-Wert
Magensaft	0,9 bis 1,5	Weinessig	2,4
Speichel	6,7	Frischmilch	6,5
Darmsaft	8,3	Sauermilch	4,4
Blut	7,36	Meerwasser	8,3
Harn	5,5 bis 6,5	Sauerwasser	6,0
Limonade	2 bis 3	Seifenlösung	10 bis 11

5. Der pH-Wert ist ein Maß für die H_3O^+-Konzentration und sagt nichts über die Säurestärke einer Verbindung aus. Unter der Säurestärke versteht man die Fähigkeit eines Teilchens, Protonen abzugeben:

$$HA + H_2O \rightleftarrows A^-_{aq} + H_3O^+_{aq}$$

HA = Säure
A^- = Säure-Anion (konjugierte Base)

Je mehr das Gleichgewicht der Reaktion auf der rechten Seite der Gleichung liegt, desto stärker ist die betreffende Säure. Nach dem Massenwirkungsgesetz gilt:

$$\frac{c(A^-) \cdot c(H_3O^+)}{c(HA) \cdot c(H_2O)} = K$$

In verdünnten Lösungen ist die Konzentration des Wassers praktisch konstant. Das Massenwirkungsgesetz lautet dann:

$$\frac{c\,(A^-) \cdot c\,(H_3O^+)}{c\,(HA)} = K \cdot c\,(H_2O) = K_s$$

Die Säurekonstante K_s: Maß für die Stärke einer Säure

Die Konstante K_s heißt Säurekonstante. Ihr Wert kennzeichnet die Lage des Gleichgewichts und ist damit ein Maß für die Stärke der Säure HA. Je größer die Säurekonstante, desto stärker ist die Säure.
Der Einfachheit halber verwendet man auch zur Angabe der Säurestärke an Stelle der Säurekonstanten K_s häufig deren negativen Logarithmus, den pK_s-Wert:

$$pK_s = -\lg\,[K_s]$$

Ist z. B. $K_s = 10^{-5}$, dann wird pK_s = 5. Je kleiner der pK_s-Wert, desto stärker ist die betreffende Säure:

- starke Säuren $pK_s < -1$ $K_s > 10$
- sehr starke Säuren $pK_s < -2$ $K_s > 100$

Säuren und konjugierte Basen

6. Jede Säure geht durch Abgabe eines Protons in eine Base über:

$$HA \rightleftarrows A^- + H^+$$

Man bezeichnet A^- als konjugierte Base zur Säure HA. HA und A^- bilden zusammen ein Säure-Base-Paar. Die Stärke einer Base, also ihre Fähigkeit, Protonen aufzunehmen, hängt mit der Stärke der konjugierten Säure zusammen. Je stärker eine Säure, desto schwächer ist ihre konjugierte Base, und umgekehrt. In der folgenden Tabelle sind wichtige Säure-Base-Paare nach zunehmendem pK_s-Wert, also abnehmender Säurestärke, geordnet.

pK_s-Werte von Säure-Base-Paaren bei 25 °C

	Säure	pK_s	konjugierte Base
Perchlorsäure	$HClO_4$	−9	ClO_4^-
Chlorwasserstoff	HCl	−6	Cl^-
Schwefelsäure	H_2SO_4	−3	HSO_4^-
Hydronium-Ion	H_3O^+	−1,74	H_2O
Salpetersäure	HNO_3	−1,32	NO_3^-
Hydrogensulfat-Ion	HSO_4^-	1,92	SO_4^{2-}
Fluorwasserstoff	HF	3,1	F^-
Schwefelwasserstoff	H_2S	7,06	HS^-
Ammonium-Ion	NH_4^+	9,21	NH_3
Hydrogencarbonat-Ion	HCO_3^-	10,40	CO_3^{2-}
Hydrogenphosphat-Ion	HPO_4^{2-}	12,32	PO_4^{3-}
Wasser	H_2O	15,74	OH^-
Hydroxid-Ion	OH^-	24	O^{2-}

Säurestärke nimmt zu (↑) — Basenstärke nimmt zu (↓)

Im Anhang befindet sich eine erweiterte Tabelle mit pK_s-Werten.

pK_s-Werte zur Vorhersage von Säure-Base-Gleichgewichten

7. Aus den pK_s-Werten läßt sich die Lage des Gleichgewichts bei Protolysen ableiten. In der Säure-Base-Reihe der Tabelle kann die stärkere Säure an die konjugierte Base einer schwächeren Säure Protonen abgeben. Das Gleichgewicht liegt dann weitgehend auf der Seite der Reaktionsprodukte. So reagiert z. B. Schwefelwasserstoff mit Ammmoniak weitgehend unter Bildung von Ammonium-Ionen und Hydrogensulfid-Ionen:

$$H_2S + NH_3 \rightleftarrows HS^- + NH_4^+$$

Umgekehrt können NH_4^+-Ionen mit HS^--Ionen nur in geringem Maß zu H_2S und NH_3 reagieren.

Indikatoren: schwache organische Säuren; Molekül und Anion zeigen verschiedene Farben

8. Zur Messung des pH-Werts verwendet man Indikatoren, die in verschiedenen pH-Bereichen unterschiedliche Farben annehmen. Indikatoren sind schwache organische Säuren, bei denen die Säure (HInd) eine andere Farbe aufweist als das Indikator-Anion (Ind^-). In verdünnten Indikatorlösungen liegt folgendes Protolysegleichgewicht vor:

$$HInd + H_2O \rightleftarrows Ind^-_{aq} + H_3O^+_{aq}$$

Daraus ergibt sich bei der praktisch konstanten Konzentration des Wassers:

$$\frac{c\,(Ind^-) \cdot c\,(H_3O^+)}{c\,(HInd)} = K_s \qquad (1)$$

Erhöht man die H_3O^+-Konzentration durch Zugabe einer Säure, so muß die Ind^--Konzentration kleiner und die HInd-Konzentration größer werden. Überwiegt $c\,(HInd)$ gegen $c\,(Ind^-)$, so zeigt der Indikator die Farbe der Indikatorsäuremoleküle. Bei Zugabe einer Base werden H_3O^+-Ionen aus dem Gleichgewicht entfernt. Die Ind^--Konzentration steigt, die HInd-Konzentration fällt. Überwiegt $c\,(Ind^-)$ gegen $c\,(HInd)$, so zeigt sich die Farbe des Indikator-Anions. So erklären sich die Farbunterschiede der Indikatoren in sauren und alkalischen Lösungen.

9. Jeder Indikator ändert seine Farbe in einem bestimmten pH-Bereich, dem sogenannten Umschlagsbereich:

Farben einiger Indikatoren bei verschiedenen pH-Werten

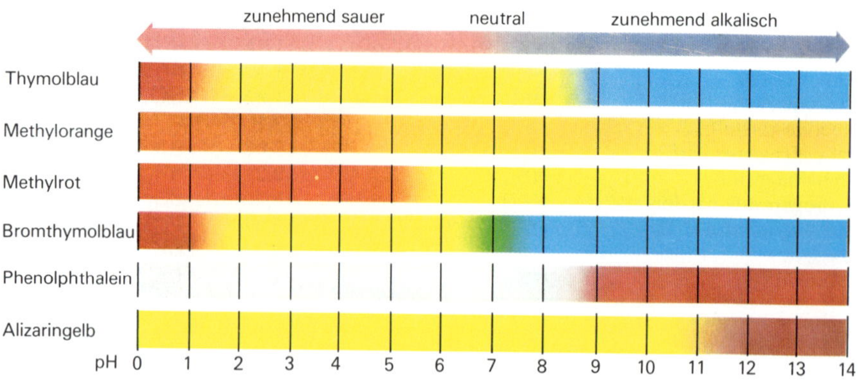

Am Umschlagspunkt müssen $c(Ind^-)$ und $c(HInd)$ gleich groß sein:

$$\frac{c(Ind^-)}{c(HInd)} = 1 = \frac{1}{1} \qquad (2)$$

Setzt man die Werte von (2) in Gleichung (1) ein, so folgt:

$$\frac{c(H_3O^+) \cdot 1}{1} = K_s$$

Es wird also $c(H_3O^+) = K_s$ und damit $pH = pK_s$, d.h., der pH-Wert am Umschlagspunkt entspricht dem pK_s-Wert des Indikators. Durch Mischung von Indikatoren mit verschiedenen Umschlagspunkten erhält man sogenannte Universalindikatoren, die von pH-Einheit zu pH-Einheit ihre Farbe ändern und daher eine annähernd genaue Messung der pH-Werte ermöglichen.

Am Umschlagspunkt des Indikators; $pH = pK_s$

10. Lösungen von Salzen in Wasser zeigen sehr verschiedene pH-Werte. So ist eine Kochsalzlösung neutral, eine Natriumsulfidlösung alkalisch und eine Ammoniumchloridlösung sauer. In der alkalischen Natriumsulfidlösung liegen OH^--Ionen vor, die sich folgendermaßen gebildet haben:

Salzlösungen mit neutraler, saurer oder alkalischer Reaktion

$$|2\,Na^+ + S^{2-}| + H_2O \rightleftarrows 2\,Na^+_{aq} + HS^-_{aq} + OH^-_{aq}$$

Das Wassermolekül gibt ein Proton an das Sulfid-Ion ab, wobei OH^--Ionen entstehen. Ähnlich reagieren auch die Anionen anderer Salze schwacher Säuren mit Wasser.

$$\begin{array}{llll} CO^{2-}_{3\,aq} & + H_2O \rightleftarrows & HCO^-_{3\,aq} & + OH^-_{aq} \\ PO^{3-}_{4\,aq} & + H_2O \rightleftarrows & HPO^{2-}_{4\,aq} & + OH^-_{aq} \\ O^{2-} & + H_2O \rightleftarrows & OH^-_{aq} & + OH^-_{aq} \end{array}$$

In der sauren Ammoniumchloridlösung sind die Hydronium-Ionen durch Protolyse des Ammonium-Ions mit Wasser entstanden:

$$NH^+_{4\,aq} + H_2O \rightleftarrows NH_3 + H_3O^+_{aq}$$

Die saure Reaktion vieler Metallsalzlösungen (Aluminiumsulfat, Eisen(III)-chlorid, Zinksulfat) geht auf die hydratisierten Metall-Ionen zurück. Wassermoleküle der Hydrathülle können unter dem Einfluß der positiven Ladung, z. B. des Aluminium-Ions, Protonen an das Wasser abgeben:

$$[Al(H_2O)_6]^{3+}_{aq} + H_2O \rightleftarrows [Al(H_2O)_5OH]^{2+}_{aq} + H_3O^+_{aq}$$

Die bei dieser Reaktion gebildeten H_3O^+-Ionen bewirken die saure Eigenschaft der Lösung.

11. Als Puffergemische bezeichnet man Lösungen, deren pH-Wert sich bei Zusatz von sauren bzw. alkalischen Lösungen nur unwesentlich ändert. Puffergemische enthalten in der Regel eine Säure HA und die konjugierte Base A^- im Molverhältnis 1 : 1. Ein Beispiel ist die gleichmolare Lösung von Essigsäure und ihrem Salz Natriumacetat. Bei Zugabe von Säure werden die H_3O^+-Ionen durch die im Puffergemisch enthaltenen Acetat-Anionen A^- abgefangen:

Puffergemisch enthält konjugiertes Säure-Base-Paar

$$A^- + H_3O^+ \rightleftarrows HA + H_2O$$

Zugegebene Hydroxid-Ionen reagieren mit Säuremolekülen:

$$HA + OH^- \rightleftarrows A^- + H_2O$$

Die Konzentrationen von A^- und HA sind über folgende Beziehung miteinander verknüpft:

$$\frac{c(A^-) \cdot c(H_3O^+)}{c(HA)} = K_s$$

Für gleichmolare Puffergemische gilt: $pH = pK_s$

12. Bei gleichmolaren Mischungen von A^- und HA ist

$$\frac{c(A^-)}{c(HA)} = 1 = \frac{1}{1}$$

Setzt man diese Zahlenwerte in die obige Gleichung ein, so folgt daraus:

$$c(H_3O^+) = K_s \quad \text{und damit} \quad pH = pK_s$$

Der pH-Wert, bei dem eine gleichmolare Mischung puffert, ist gleich dem pK_s-Wert der betreffenden Säure. Der pK_s-Wert der Essigsäure beträgt 4,7. Der pH-Wert des Essigsäure-Acetat-Puffers liegt deshalb bei 4,7. Weitere Beispiele sind in der folgenden Tabelle enthalten:

Säure	pK_s	Puffergemisch	Puffer-pH
NH_4^+	9,2	NH_4Cl/NH_3	9,2
$H_2PO_4^-$	7,2	NaH_2PO_4/Na_2HPO_4	7,2
HPO_4^{2-}	12,3	Na_2HPO_4/Na_3PO_4	12,3

Bedeutung der Pufferung für biochemische Reaktionen

Da viele chemische Reaktionen nur bei einem bestimmten konstanten pH-Wert ablaufen, sind Puffergemische von großer praktischer Bedeutung. Viele chemische Prozesse in lebenden Organismen sind nur in gepufferten Lösungen möglich. Der pH-Wert des menschlichen Blutes wird durch Pufferung im schmalen Bereich von pH = 7,3 bis 7,5 konstant gehalten.

A1 Welchen pH-Wert besitzt eine Kalilauge (0,001 mol/l)?

A2 Mit Hilfe der pK_s-Werte (siehe Tabelle S. 211) soll erklärt werden, warum konzentrierte Schwefelsäure mit Natriumnitrat reagieren kann.

A3 Warum kann die Säure H_2O praktisch nicht mit der Base Cl^- reagieren?

A4 Die Vorgänge, die a) beim Lösen von Kochsalz und b) beim Lösen von Natriumsulfid ablaufen, sollen verglichen werden.

A5 Die Gleichgewichtslage der in Abschnitt 10 formulierten Reaktionen soll an Hand der pK_s-Werte verglichen werden.

A6 In eine Pufferlösung mit pH = 2 gibt man einen Indikator mit $pK_s = 4$. In welchem Mengenverhältnis liegen Indikatorsäure und Indikator-Anion vor?

A7 Der Umschlagspunkt von Bromthymolblau liegt bei pH = 7, derjenige von Methylrot bei pH = 5,8. Welcher der beiden Indikatoren enthält die stärkere Säure?

A8 100 cm^3 einer Ammoniaklösung (0,1 mol/l) werden mit 50 cm^3 einer Salzsäure (0,1 mol/l) versetzt. Welche Teilchen enthält das Reaktionsprodukt? Welchen pH-Wert besitzt es?

A9 Feuchtes Ammoniumcarbonat riecht nach Ammoniak. Welche Erklärung gibt es dafür?

A10 Wie kann aus Ammoniumchloridlösung und Magnesium Wasserstoff entstehen?

A11 Bei welchem pH-Wert puffert eine gleichmolare Mischung von Fluorwasserstoff und Natriumfluorid?

13 Metalle

13.1 Eigenschaften und Bau der Metalle

Einige Eigenschaften von Metallen und Legierungen

V_1 Ein etwa 30 cm langer Eisendraht wird zwischen zwei Isolatoren eingespannt. Dann legt man eine Spannung von etwa 2 Volt an. Was zeigt ein in den Stromkreis eingeschaltetes Amperemeter, wenn der Draht erhitzt wird?

V_2 Man untersucht Bleche gleicher Stärke aus verschiedenen Metallen (Blei, Zink, Eisen, Kupfer, Messing) auf Härte und Biegsamkeit.

V_3 a) In einem schwerschmelzbaren Reagenzglas erhitzt man ein Stück Blei. Dasselbe versuchen wir mit Zink oder Eisen *(Schutzbrille!)*.
b) Ein Reagenzglas mit einem Stück Woodscher Legierung wird für einige Zeit in kochendes Wasser gestellt.

1. Ein großer Teil aller chemischen Elemente sind Metalle. Zu den wenigen Halb- und Nichtmetallen gehören z. B. die Edelgase, die Halogene, Sauerstoff, Schwefel, Stickstoff, Kohlenstoff und Silicium. Diese Substanzen haben sehr unterschiedliche Eigenschaften. Viele Nichtmetalle sind bei Zimmertemperatur gasförmig (die Edelgase, Sauerstoff, Wasserstoff usw.), andere sind fest (Kohlenstoff, Phosphor und Schwefel); Brom wiederum ist flüssig. Manche sind farblos (Wasserstoff oder Stickstoff), andere leicht gefärbt (Chlor und Schwefel), wieder andere dunkel glänzend (Iod).

Eigenschaften der Metalle: fest (außer Quecksilber), stromleitend, glänzend

2. Demgegenüber zeigen die Metalle, die rund drei Viertel aller Elemente ausmachen, überraschend einheitliche Eigenschaften. Sie sind, mit Ausnahme des flüssigen Quecksilbers, bei Zimmertemperatur alle fest[1] und leiten sowohl im flüssigen wie auch im festen Zustand den elektrischen Strom. Im Unterschied zu den Salzschmelzen und Salzlösungen nimmt bei den Metallen die Leitfähigkeit mit steigender Temperatur ab. Metalle verändern sich nicht, wenn sie den elektrischen Strom leiten; es findet also keine Elektrolyse statt. Metalle leiten nicht nur den elektrischen Strom sehr gut, sie sind auch gute Wärmeleiter. Alle Metalle mit glatter Oberfläche zeigen den typischen «metallischen» Glanz. Schließlich sind Metalle in Wasser unlöslich[2].

Metallatome sind schwach elektronegativ

3. Diese übereinstimmenden Eigenschaften beruhen auf dem ähnlichen Aufbau der Metalle und damit auf Gemeinsamkeiten im Atombau. Im Periodensystem der Elemente finden sich die Metalle links und unten. Der metallische Charakter der Elemente nimmt innerhalb der Perioden von links nach rechts ab und innerhalb der Gruppen von oben nach unten zu. Gerade umgekehrt verhält es sich mit der Elektronegativität der Elemente. Metallatome besitzen also verhältnismäßig geringe Elektronegativitätswerte.

[1] Einige Metalle schmelzen allerdings schon knapp über Zimmertemperatur: Gallium bei 29,8 °C, Cäsium bei 28,7 °C.
[2] Einige Metalle reagieren allerdings mit Wasser (z. B. die Alkalimetalle) und bilden wasserlösliche Verbindungen.

Metallgitter mit leichtbeweglichen Elektronen

4. Die Metallatome ordnen sich zu einem Gitter, in dem die relativ locker gebundenen Valenzelektronen gleichzeitig zu mehreren benachbarten Atomen gehören und dadurch den Zusammenhalt der Atome bewirken. Anders als bei der Atombindung lassen sich die Bindungselektronen aber keinen bestimmten Atomen zuordnen, sie können vielmehr innerhalb des Gitters leicht ihre Plätze wechseln. Im Metallgitter treten daher keine für das betreffende Atom charakteristischen Bindungsrichtungen auf, die Anziehung wirkt in alle Richtungen des Raumes.
Die sehr gute elektrische Leitfähigkeit der Metalle wird dadurch erklärt, daß sich die beweglichen Elektronen bei Anlegen einer elektrischen Spannung verschieben können. Die Abnahme der Leitfähigkeit bei höherer Temperatur kann durch die stärkere Eigenbewegung der Atome erklärt werden, die das Verschieben der Elektronen behindert. Die besonders leicht beweglichen Atome übertragen aber auch die bei höherer Temperatur verstärkte Schwingungsenergie auf andere Atome. Dadurch erklärt sich die gute Wärmeleitfähigkeit der Metalle.

Hexagonal dichteste Kugelpackung

Kubisch dichteste Kugelpackung

5. Metallgitter sind recht einfach gebaut. Im Gegensatz zum Ionengitter besitzen alle Teilchen den gleichen Radius. Daher herrschen hohe Koordinationszahlen (8 bzw. 12) vor. Die Teilchen werden möglichst eng gepackt. Innerhalb einer Schichtebene ist dabei jedes Teilchen von sechs Nachbarteilchen umgeben. Liegen die Schichtebenen so übereinander, daß die Teilchen der dritten Schicht jeweils senkrecht über den Teilchen der ersten Schicht stehen, dann spricht man von der hexagonal dichtesten Kugelpackung. In der kubisch dichtesten Kugelpackung stehen dagegen die Teilchen der vierten Schicht senkrecht über denen der ersten Schicht. In beiden Gittern besitzen die Teilchen Koordinationszahl 12. Im etwas lockerer gebauten kubisch raumzentrierten Gitter liegt dagegen Koordinationszahl 8 vor. Jedes Metallatom steht dabei im Zentrum eines Würfels, dessen Ecken von den acht benachbarten Atomen besetzt sind.

Metalle sind duktil

6. Verschieben sich im Ionengitter eines Salzes die Schichten gegeneinander, so kommen Ionen gleicher Ladung nebeneinander zu stehen. Diese Ionen stoßen sich gegenseitig ab, das Ionengitter zerspringt. Daher sind Salze spröde. Im Metallgitter dagegen lassen sich die Schichten gegeneinander verschieben, ohne daß der Zusammenhalt verloren geht. Das Metall läßt sich verformen, es ist duktil. Besonders gut verformbar sind die Metalle mit kubisch dichtester Kugelpackung, zu ihnen gehören zum Beispiel die relativ weichen und daher leicht zu verarbeitenden Metalle Gold, Kupfer, Silber, Aluminium und Blei. Demgegenüber sind die im kubisch raumzentrierten Gitter kristallisierenden Metalle Wolfram und Chrom erheblich weniger duktil.

Metallstücke bestehen aus einzelnen Kristalliten

7. Die in der Technik verwendeten Metallstücke bestehen im allgemeinen aus vielen kleinen, ineinander verwachsenen Einzelkristallen. Größe und Form dieser Kristallite sind mitverantwortlich für Härte und Verformbarkeit des Metallstücks. Die Eigenschaften eines Metalls können daher auch durch geeignete thermische oder mechanische Bearbeitung verändert werden. Einkristalle, das sind Metallstücke, die aus nur einem durchgehenden

Kristall bestehen, lassen sich nur bei besonderen Bedingungen herstellen. Da die Verschiebung der Elektronen in ihnen nicht durch Kristallgrenzen behindert wird, leiten sie den elektrischen Strom besonders gut. Einkristalle werden daher vor allem in der Computerindustrie verwendet.

Legierungen: Metalle aus verschiedenen Elementen

8. Metallstücke, die verschiedene Metallarten enthalten, werden als Legierungen bezeichnet. Dabei sind verschiedene Möglichkeiten des inneren Aufbaus gegeben:
– Die Legierung ist lediglich aus Kristalliten verschiedener Metalle zusammengesetzt. Hartblei zum Beispiel besteht zu 85% aus reinen Blei-, zu 15% aus reinen Antimonkristalliten.
– Im einzelnen Kristallgitter stehen, rein statistisch verteilt, Atome verschiedener Atomsorten. Das ist möglich, wenn die Atome ähnliche Größe und ähnliche chemische Eigenschaften besitzen und wenn die Metalle im gleichen Gitter kristallisieren. Beispiele dafür sind Gold-Silber- oder Kupfer-Nickel-Legierungen.
– Bei den meisten Metallen lassen sich die Atome im Gitter nur innerhalb bestimmter Konzentrationsbereiche durch andere Metallatome ersetzen. Beim Abkühlen einer gemischten Metallschmelze entstehen dann verschiedene Mischkristalle bestimmter Zusammensetzung und gegebenenfalls Reinkristallite der überschüssigen Elementsorten.
– Gelegentlich bilden sich auch Gitter, in denen bestimmte stöchiometrische Verhältnisse bevorzugt werden. Solche Legierungsgitter erhalten dann bestimmte chemische Formeln (wie zum Beispiel Mg_2Pb) und werden gelegentlich auch als intermetallische Verbindungen bezeichnet.
Legierungen haben oft charakteristische Eigenschaften, die sie von den Reinmetallen unterscheiden. So sind Legierungen oft härter als die entsprechenden Metalle oder besitzen eine niedrigere Schmelztemperatur. Sie spielen daher in der Technik eine große Rolle.

Wichtige Legierungen und ihre Zusammensetzung

Legierung	Zusammensetzung	Eigenschaften	Verwendung
Chromnickelstahl	Eisen mit 0,2% C, 18% Cr, 8% Ni	Hart, sehr korrosionsfest	Panzerplatten Gebrauchsgegenstände
Nickelstahl	Eisen mit Chrom und bis zu 20% Nickel	Sehr zäh und dehnbar	Für widerstandsfähige Stähle
Messing–Gelbguß	Kupfer mit 30 bis 35% Zink	Hart und widerstandsfähig	Maschinenteile usw.
Duraluminium	93,5% Al, 4% Cu, 1% Mg, 1% Si, 0,5% Mn	Leicht, hart	Im Flugzeugbau

Halbmetalle als Halbleiter

9. Die Halbmetalle wie Silicium und Germanium zeigen eine schwache elektrische Leitfähigkeit, welche – im Gegensatz zum Verhalten der Metalle – mit zunehmender Temperatur stark ansteigt. Silicium und Germanium bilden Atomgitter mit der Struktur des Diamants. Wie in diesem werden die Atome durch unpolare Atombindungen zusammengehalten. Die Bindungselektronen sind aber nicht so streng an die beiden Atome, die an ihnen Anteil haben, gebunden, daß sie sich nicht vereinzelt von diesen loslösen könnten. Dabei entstehen sogenannte Störstellen. Durch Zufuhr von Energie, z. B. Wärme, wird die Bildung von Störstellen erleichtert.

Unter der Einwirkung einer elektrischen Spannung wandern die losgelösten Elektronen in Richtung des Potentialgefälles. Desgleichen werden die von den losgelösten Elektronen hinterlassenen «Lücken» durch benachbarte Bindungselektronen besetzt, wobei neue Lücken entstehen, so daß auch die Lücken durch das Gitter wandern. Die Verschiebung von Elektronen und – in entgegengesetzter Richtung – von Lücken bedingt die elektrische Leitfähigkeit.
Störstellen treten besonders auch dann auf, wenn in das Atomgitter der Halbmetalle bestimmte Fremdatome eingebaut werden, die entweder mehr oder weniger Valenzelektronen enthalten als das betreffende Halbmetall. Auch dann kommt es zur Leitfähigkeit. Stoffe mit diesen Eigenschaften werden als «Halbleiter» bezeichnet und spielen z. B. im Transistorbau eine wichtige Rolle.

A_1 Inwiefern hängen metallischer Charakter und Elektronegativität zusammen?

A_2 In welchen Eigenschaften unterscheiden sich Metallkristalle von Salzkristallen? Worauf sind diese Unterschiede zurückzuführen?

A_3 Warum haben Metallgitter immer hohe Koordinationszahlen?

A_4 Warum kann man Legierungen nicht einfach als Verbindungen bezeichnen?

A_5 Wie kann es erklärt werden, daß sich Goldatome im Gitter zwar ohne weiteres durch Silberatome, nicht aber in jedem Verhältnis durch Magnesium- oder durch Strontiumatome ersetzen lassen?

13.2 Komplexverbindungen

Komplexe mit Kupfer- und Zink-Ionen

V_1 Zu wasserfreiem Kupfersulfat gibt man im Reagenzglas Wasser und löst das Salz auf. Anschließend wird Ammoniaklösung zugesetzt.

V_2 Zu einer Lösung von 5 g Kupfersulfat in 20 cm^3 Wasser gibt man erst wenig, dann mehr Ammoniaklösung (bis alles wieder gelöst ist). Dann fügt man 25 cm^3 *Alkohol (Brennspiritus; feuergefährlich)* zu, läßt kurze Zeit stehen und filtriert dann ab. Der Filterrückstand wird mit wenig *absolutem Alkohol (feuergefährlich)* gewaschen. Eine Probe des Rückstands erwärmt man kurz im Reagenzglas. Dabei hält man an die Öffnung des Glases eine offene Salzsäureflasche bzw. einen Streifen feuchtes, rotes Lackmuspapier.

V_3 Eine Lösung von Zinkchlorid in Wasser wird im Reagenzglas mit Bromthymolblaulösung versetzt.

Komplexe mit Cobalt und Nickel

V_4 Eine Cobaltchloridlösung wird zunächst mit wenig, dann mit mehr Ammoniaklösung versetzt. Die Lösung läßt man einige Zeit stehen. Was ist jeweils zu beobachten?

V_5 Etwas Cobaltchlorid wird in einer Porzellanschale erhitzt. Anschließend setzt man dem Salz im Reagenzglas etwas Wasser zu.

V_6 Zu etwas Nickelchloridlösung gibt man in einem Reagenzglas erst verdünnte Natronlauge und dann Ammoniaklösung.

Nebengruppenelemente: innere d- oder f-Orbitale werden aufgefüllt

1. Die meisten Metalle, darunter so bekannte wie Eisen, Chrom, Kupfer, Silber und Gold, stehen in den Nebengruppen des Periodensystems. Dabei handelt es sich um Elemente, in deren Atomen Unterschalen innerer Schalen mit Elektronen aufgefüllt werden.

Vom Scandium ($_{21}Sc$) bis zum Zink ($_{30}Zn$) werden die 3d-Orbitale, vom Yttrium ($_{39}Y$) bis zum Cadmium ($_{48}Cd$) die 4d- und beim Lanthan ($_{57}La$) sowie vom Hafnium ($_{72}Hf$) bis zum Quecksilber ($_{80}Hg$) die 5d-Orbitale besetzt. Die Elektronen dieser d-Orbitale sind nach außen lediglich durch s-Elektronen der nächsten Schale abgeschirmt und beteiligen sich daher an vielen chemischen Reaktionen. Die betreffenden Metalle haben deshalb, je nach Anzahl der vorhandenen d-Elektronen, recht unterschiedliche Eigenschaften.

Lanthaniden mit ähnlichen Eigenschaften

2. Auch die Lanthaniden und Actiniden (die auf das Lanthan bzw. das Actinium folgenden je 14 Elemente) sind Nebengruppenelemente. Bei ihnen werden jedoch Elektronen in f-Orbitale eingebaut.
Die 4f-Unterschale, die bei den Lanthaniden aufgefüllt wird, ist durch darüberliegende 5s-, 5p- und 6s-Elektronen gut abgeschirmt. Die 4f-Unterschale kann sich daher, obwohl nur teilweise besetzt, an chemischen Reaktionen kaum beteiligen. Alle 14 Elemente sind in ihren chemischen Eigenschaften dem im Periodensystem vor ihnen stehenden Lanthan sehr ähnlich und werden daher unter der Bezeichnung Lanthaniden zusammengefaßt. Da sie (in Form ihrer Oxide, sogenannter Erden) in Gesteinen relativ selten bzw. in geringer Konzentration auftreten, nennt man sie oft «seltene Erden». Bei den Elementen der Actiniden-Gruppe liegen ähnliche Verhältnisse vor.

Alle Übergangselemente gehören zu den Metallen

3. Elemente, in deren Atome innere d- oder f-Unterschalen neu aufgefüllt wurden, werden auch als Übergangselemente bezeichnet. Zu ihnen gehören die Elemente von Scandium ($_{21}Sc$) bis Zink ($_{30}Zn$), von Yttrium ($_{39}Y$) bis Cadmium ($_{48}Cd$) und von Lanthan ($_{57}La$) bis Quecksilber ($_{80}Hg$), ferner das Actinium ($_{89}Ac$) und die darauf folgenden Elemente. Bei allen Übergangselementen handelt es sich um Metalle. Meist treten sie in verschiedenen Oxidationsstufen auf und bilden farbige Ionen oder farbige Verbindungen. Die Übergangsmetalle sind besonders häufig an sogenannten Komplexverbindungen beteiligt.

4. Eine Komplexverbindung entsteht zum Beispiel, wenn man wasserfreies farbloses Kupfersulfat in Wasser löst. Die positiv geladenen Kupfer-Ionen ziehen dann die negativen Pole der Wasser-Dipolmoleküle an. Jedes Kupfer-Ion bindet vier Wassermoleküle, es entsteht ein sogenanntes Komplex-Ion. In den Formeln werden für Komplexe meist eckige Klammern verwendet:

$$Cu^{2+} + 4\,H_2O \rightarrow \underset{\text{Tetraaquakupfer-Ion}^1}{[Cu(H_2O)_4]^{2+}}$$

Während das Kupfer-Ion farblos ist, sind Verbindungen mit dem Tetraaquakupfer-Ion blau. Die blaue Farbe der Kupfersulfatlösung ist also auf das Tetraaquakupfer-Ion zurückzuführen. Dasselbe gilt für kristallwasserhaltiges Kupfersulfat. Dieses Salz enthält neben den im Tetraaquakupfer-

[1] Die Benennung der Komplexe richtet sich nach der Art der Liganden: H_2O ergibt Aquakomplexe, NH_3 Amminkomplexe, OH^- Hydroxokomplexe, Cl^- Chlorokomplexe, usw.

Ion gebundenen vier Wassermolekülen noch jeweils ein weiteres im Gitter eingebautes Wassermolekül. Seine üblicherweise mit $CuSO_4 \cdot 5\,H_2O$ bezeichnete Formel müßte daher korrekt $[Cu(H_2O)_4]\,SO_4 \cdot H_2O$ lauten.

Komplexverbindungen mit Zentralteilchen und Liganden

Das im Zentrum einer Komplexverbindung stehende Teilchen (hier das Kupfer-Ion) wird als Zentral-Ion oder Zentralatom bezeichnet, die anhängenden Teilchen (hier die Wassermoleküle) als Liganden.

5. Gibt man der Kupfersulfatlösung Ammoniak zu, so werden die vier Wassermoleküle durch Ammoniak ersetzt. Das so entstehende Tetraamminkupfer-Ion verleiht der Lösung eine tiefblaue Farbe. Es ist in Lösung stabiler als das Tetraaquakupfer-Ion und entsteht daher spontan:

Ligandenaustausch als Komplexreaktion

$$[Cu(H_2O)_4]^{2+} + 4\,NH_3 \rightleftarrows [Cu(NH_3)_4]^{2+} + 4\,H_2O$$

Die geringere Reaktionsfähigkeit des Tetraammin-Ions zeigt sich auch in der Reaktion mit Hydroxid-Ionen. Kupferhydroxid, $Cu(OH)_2$, entsteht zwar aus wäßriger Lösung, nicht aber bei Anwesenheit von Ammoniak. Das Gleichgewicht

$$Cu^{2+} + 4\,NH_3 \rightleftarrows [Cu(NH_3)_4]^{2+}$$

bietet erheblich weniger freie Kupfer-Ionen als das entsprechende Gleichgewicht mit Wasser. Aus ammoniakhaltiger Lösung fällt daher kein Kupferhydroxid aus.

Die Reaktion, bei der Liganden eines Komplexes durch andere Liganden ersetzt werden, nennt man Ligandenaustauschreaktion. Zusammen mit Reaktionen, bei denen Komplexe entstehen oder abgebaut werden, gehören sie zu den Komplexreaktionen. Neben Protolysen und Redox-Reaktionen lernen wir damit einen dritten Reaktionstyp kennen. Er ist insbesondere bei Reaktionen in wäßriger Lösung sehr häufig anzutreffen.

6. Vor allem Aquakomplexe sind weit verbreitet. Im Prinzip können alle in wäßriger Lösung hydratisierten Metall-Ionen als Aquakomplexe bezeichnet werden. Auch viele kristallwasserhaltige Salze enthalten ähnlich dem Kupfersulfat Aquakomplexe.

Aquakomplexe können als Säuren reagieren

Aquakomplexe können Protonen abspalten, sind also potentielle Säuren. Dabei gehen ein oder mehrere Wassermoleküle in Hydroxid-Ionen über:

$$[Fe(H_2O)_6]^{3+} + H_2O \rightleftarrows [Fe(H_2O)_5OH]^{2+} + H_3O^+$$
$$[Zn(H_2O)_4]^{2+} + H_2O \rightleftarrows [Zn(H_2O)_3OH]^{+} + H_3O^+$$

Die Beispiele zeigen, daß als Liganden auch Ionen auftreten können. Außer Hydroxid-Ionen finden sich unter anderem Chlorid-Ionen oder die aus der Blausäure (Cyanwasserstoff HCN) stammenden Cyanid-Ionen (CN^-) in Komplexen:

Dichlorodiaquakupfer $[CuCl_2(H_2O)_2]$ im festen Kupferchlorid
Hexacyanoeisen(II)-Ion $[Fe(CN)_6]^{4-}$ im gelben Blutlaugensalz $K_4[Fe(CN)_6]$

7. Darüber, wie Zentralteilchen und Liganden im Komplex zusammenhalten, gibt es verschiedene Theorien. Man kann danach den Zusammenhalt nicht nur durch elektrostatische Anziehung erklären, vielmehr muß man auch eine Überlappung von Orbitalen und die Bildung gemeinsamer Molekülorbitale

annehmen. Dabei überlappt, anders als im Kapitel Atombindungen besprochen, ein doppelt besetzes mit einem unbesetzten Orbital. Die so entstehenden Bindungen unterscheiden sich nicht von gewöhnlichen polaren Atombindungen, sie sind nur anders entstanden. Während bei «normalen» Atombindungen jeder Partner eines der beiden Bindungselektronen liefert, stammt in Komplexen das bindende Elektronenpaar vom einen Bindungspartner, der andere Partner stellt nur ein unbesetztes Orbital zur Verfügung. Diese Art der Bindung wird als koordinative Bindung bezeichnet.

Koordinative Bindung: bindendes Elektronenpaar stammt nur von einem Partner

$R_1\cdot + \cdot R_2 \rightarrow R_1–R_2$	$Z + :L \rightarrow Z–L$
«normale» Atombindung	koordinative Bindung

Diese Modellvorstellung vom Zusammenhalt der Teilchen innerhalb des Komplexes wird gelegentlich auch zur Definition des Begriffs «Komplex» benutzt. Danach kann man Komplexverbindungen als Verbindungen definieren, die koordinative Bindungen besitzen.

Komplex mit koordinativer Bindung

8. Die Elektronenkonfiguration der Komplexteilchen läßt sich vereinfacht durch die Paulingsche Kästchenschreibweise für das Zentralatom darstellen. Wir wollen dies am Beispiel des Hexaammincobalt-Ions betrachten.
Kobalt steht im Periodensystem auf Platz 27, sein Atom besitzt also 27, das dreimal positiv geladene Ion Co^{3+} 24 Elektronen. 10 von diesen Elektronen finden sich in den Schalen 1 und 2, die restlichen 14 Elektronen verteilen sich nach Pauling wie folgt auf die Schalen 3 und 4:

Elektronenkonfiguration der Komplexe in Kästchenschreibweise

$_{27}Co^{3+}$ 3s [↑↓] 3p [↑↓|↑↓|↑↓] 3d [↑↓|↑|↑|↑|↑] 4s [ ] 4p [| |]

Um das Zustandekommen des Komplexes zu erklären, kann man annehmen, daß sich die Anordnung der Elektronen in der 3d-Unterschale ändert[1]. Die dann freien Orbitale überlappen mit besetzten Orbitalen je eines Ammoniakmoleküls. Es entstehen sechs koordinative Bindungen:

$_{27}Co^{3+}$ im Komplex 3s [↑↓] 3p [↑↓|↑↓|↑↓] 3d [↑↓|↑↓|↑↓|↑↓|↑↓] 4s [↑↓] 4p [↑↓|↑↓|↑↓]
(zwei 3d-, 4s- und drei 4p-Kästchen: von den Liganden)

Das Cobalt-Ion bindet sechs Liganden, es hat die Koordinationszahl 6. Ähnliche Verhältnisse liegen in den Komplex-Ionen $[Co(H_2O)_6]^{3+}$, $[Co(CN)_6]^{3-}$ und $[Co(NO_2)_6]^{3-}$ vor, ebenso im Hexacyanoeisen(II)-Ion des vorn schon genannten gelben Blutlaugensalzes:

$_{26}Fe^{2+}$ im Komplex 3s [↑↓] 3p [↑↓|↑↓|↑↓] 3d [↑↓|↑↓|↑↓|↑↓|↑↓] 4s [↑↓] 4p [↑↓|↑↓|↑↓]
(zwei 3d-, 4s- und drei 4p-Kästchen: von den Liganden)

9. Sowohl im beschriebenen Cobalt- wie auch im Eisenkomplex kommt nach Anlagerung der Liganden eine Konfiguration mit voll besetzten 3d-, 4s- und 4p-Unterschalen zustande. Das ist die recht stabile Edelgaskonfigura-

Zentralteilchen erreichen oft keine Edelgaskonfiguration

[1] Diese Vorstellung wird als Hybridisierung bezeichnet, siehe S. 238.

tion; in diesem Fall entspricht sie der Konfiguration des Edelgases Krypton. Sehr oft allerdings erreichen die Zentralteilchen trotz Anlagerung von Liganden keine Edelgaskonfiguration. Trotzdem entstehen mehr oder weniger stabile Komplexe. Im Hexaamminchrom(III)-Komplex $[Cr(NH_3)_6]^{3+}$ z. B. fehlen zur Edelgaskonfiguration drei Elektronen:

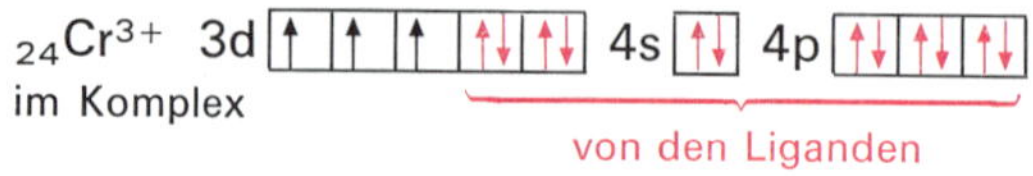

Im Hexaamminnickel(II)-Komplex $[Ni(NH_3)_6]^{2+}$ sind es dagegen zwei Elektronen zuviel:

Die Stabilität eines Komplexes ist nicht nur von der Elektronenkonfiguration, sondern unter anderem auch von Größe und Ladung des Zentral-Ions und der Liganden abhängig. Kleine, stark geladene Bestandteile, wie sie zum Beispiel im Hexafluoroaluminium-Ion $[AlF_6]^{3-}$ vorliegen, halten besonders gut zusammen, ihre Komplexe sind sehr stabil.

Koordinationszahl bestimmt die Raumstruktur

10. Wie diese Beispiele zeigen, richtet sich die Koordinationszahl nicht nur danach, möglichst Edelgaskonfiguration zu erreichen, sie ist auch von verschiedenen anderen Faktoren abhängig. Auch hierbei spielen, wegen der Platzverhältnisse, die Größen der Liganden und des Zentralteilchens eine Rolle.
Zu jeder Koordinationszahl gehören bestimmte Raumstrukturen des Komplexteilchens. Bei der sehr häufigen Koordinationszahl 6 ordnen sich die Liganden zum Beispiel immer in Form eines Oktaeders um das Zentralatom herum an.

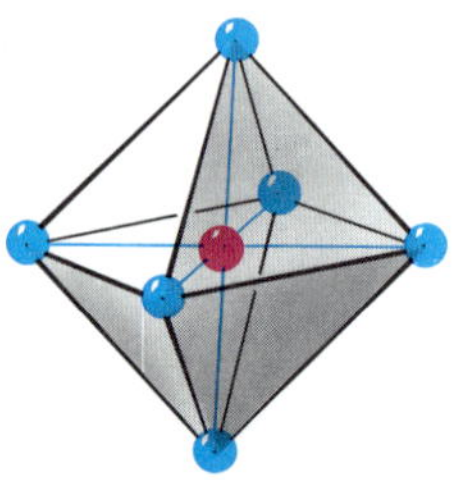

Oktaedrischer Komplex

A1 Welche besondere Elektronenkonfiguration besitzen die Nebengruppenelemente?

A2 Was versteht man unter Lanthaniden? Worauf ist es zurückzuführen, daß sie ähnliche Eigenschaften haben?

A3 Wie läßt es sich erklären, daß Aluminium mit Fluor $[AlF_6]^{3-}$-Komplexe, mit Brom dagegen $[AlBr_4]^{-}$-Komplexe bildet?

A4 Welche Elektronenkonfiguration kann in Paulingscher Kästchenschreibweise für die Zentralatome im Komplex $[Ni(CO)_4]$, $[Cu(NH_3)_4]^{2+}$ und $[CoCl_4]^{2-}$ formuliert werden?

A5 Aluminium bildet in wäßriger Lösung Hexaaqua-Komplexe. Auf welche Reaktion ist es zurückzuführen, daß Aluminiumchloridlösung sauer reagiert (Reaktionsgleichung angeben)?

A6 Silberhydroxid löst sich in Ammoniak zum Diamminsilber-Komplex. Die Reaktionsgleichung soll formuliert werden.

13.3 Eisen und Stahl

Wie kann Eisenoxid reduziert werden?

V1 An eine Kohlenstoffdioxid-Stahlflasche werden hintereinander zwei schwerschmelzbare Reaktionsrohre angeschlossen. Das erste Rohr füllt man mit einer etwa 8 cm langen Schicht kleiner Holzkohlestücke, die, beidseitig von einem Glaswollebausch gehalten, den ganzen Querschnitt des Rohres ausfüllen sollen. In das zweite Reaktionsrohr kommt eine Magnesiarinne mit 0,2–0,3 g Eisen(III)-oxid. Man erhitzt die Holzkohle auf Rotglut und leitet dann einen langsamen Kohlenstoffdioxidstrom durch die Apparatur *(Vorsicht, giftige Gase; Abzug benutzen)*. Die Holzkohle wird dabei weiter kräftig erhitzt, auch das Eisen(III)-oxid im zweiten Reaktionsrohr wird jetzt erhitzt. Nach etwa 8–10 Min. beendet man das Erhitzen, nach weiteren 3 Min. kann der Kohlenstoffdioxidstrom abgestellt werden. Nach dem Erkalten wird das im Rohr zwei erhaltene Produkt auf Farbe und magnetisches Verhalten untersucht.

Kohlenstoff im Stahl?

V2 Eine nicht platinierte Rasierklinge wird in etwas Salzsäure aufgelöst und die Lösung abfiltriert. Ist dabei auf dem Filterpapier ein Rückstand zu beobachten?

Eisen: Gewinnung, Verwendung, Vorkommen

1. Das in der Technik meistgebrauchte Metall ist das Eisen. In Form von Stahl dient es zur Herstellung von Werkzeugen, Waffen und Geräten. Eisen ist, nach dem Aluminium, das zweithäufigste Metall in der Erdrinde. Es findet sich vor allem in Form oxidischer oder sulfidischer Erze:
Magneteisenstein (Fe_3O_4) kommt in riesigen Lagern bei Kiruna (Nordschweden) vor. Roteisenstein (Fe_2O_3) bildet die größten Eisenerzlager Nordamerikas am Oberen See. Mit wechselndem Wassergehalt ($Fe_2O_3 \cdot xH_2O$) findet es sich als Brauneisenstein auch in Mitteleuropa (Lothringen, Salzgitter, Peine). Pyrit oder Eisenkies (FeS_2) wird hauptsächlich in Spanien und den Vereinigten Staaten abgebaut.
Zur Gewinnung von metallischem Eisen müssen die sulfidischen Erze erst abgeröstet und dadurch in Oxide übergeführt werden. Die Eisenoxide reduziert man dann im Hochofen zu Eisen.

Im Hochofen Reduktion von Eisenoxiden durch CO und C

2. Moderne Hochöfen sind rund 40 m hoch bei einem Gestelldurchmesser von bis zu 15 m. Sie können täglich bis 12 000 t Roheisen erzeugen. Dabei spielen sich folgende Vorgänge ab:
- Die oxidischen Eisenerze werden zunächst mit bestimmten Zuschlägen (z. B. Kalkstein) gemischt. Diese Zuschläge sind notwendig, damit das im Erz noch enthaltene Begleitgestein, die sogenannte Gangart, im Ofen schmilzt und sich dann als Schlacke vom Roheisen trennt. Die Art der Zuschläge wechselt je nach Art des Begleitgesteins. Das Gemisch aus Erz und Zuschlägen wird dann, abwechselnd mit Koks, von oben her, durch die sogenannte Gicht, in den Hochofen eingefüllt.
- Von unten her leitet man auf etwa 800 °C erhitzte Luft in den Hochofen. Sie verbrennt den Koks zu Kohlenstoffdioxid:

$$C + O_2 \rightleftarrows CO_2 \qquad | \Delta H = -393{,}8 \text{ kJ}$$

Der untere Teil des Hochofens wird dadurch auf etwa 2000 °C aufgeheizt. Bei dieser Temperatur schmelzen sowohl das Eisen als auch die Schlacke.

– Zwischen Kohlenstoff, Kohlenstoffdioxid und Kohlenstoffmonooxid kommt folgendes Gleichgewicht zustande:

$$2\,CO \rightleftarrows CO_2 + C \qquad |\,\Delta H = -172{,}5\ kJ$$

Bei den in der Schmelzzone herrschenden hohen Temperaturen verändern sich nach dem Prinzip von der Verminderung des Zwangs die Konzentrationen zugunsten der Bildung von Kohlenstoffmonooxid. Das daher in hohen Konzentrationen vorliegende Kohlenstoffmonooxid reduziert die Eisenoxide:

$$Fe_2O_3 + 3\,CO \rightleftarrows 2\,Fe + 3\,CO_2 \qquad |\,\Delta H = -26{,}8\ kJ$$

– In den etwas kühleren Zonen des Hochofens verändern sich die Konzentrationen des Kohlenstoffmonooxid-Kohlenstoffdioxid-Gleichgewichts zugunsten der bei exothermer Reaktion entstehenden Stoffe. Aus Kohlenstoffmonooxid entsteht also vermehrt Kohlenstoffdioxid und Kohlenstoff. Der so entstehende feinverteilte Kohlenstoff kann ebenfalls Eisenoxid reduzieren:

$$Fe_2O_3 + 3\,C \rightleftarrows 2\,Fe + 3\,CO \qquad |\,\Delta H = +491{,}1\ kJ$$

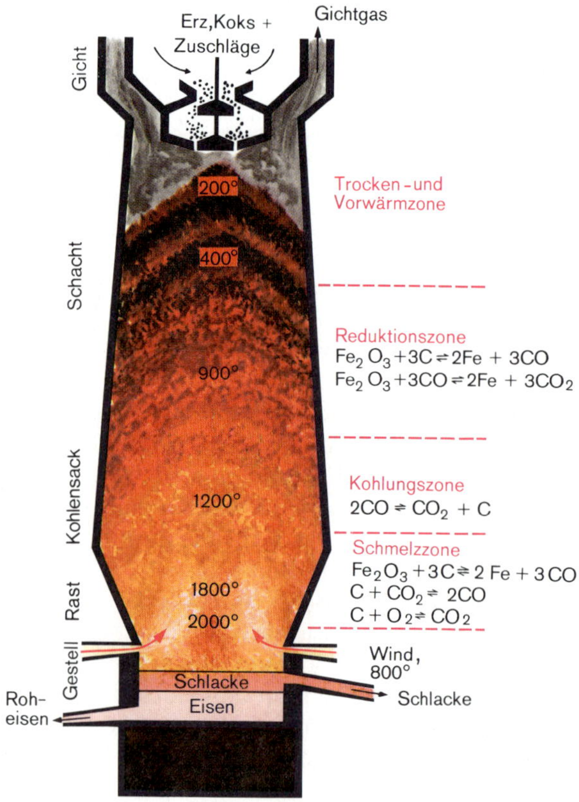

Schematische Darstellung eines Hochofens

Im oberen Teil des Ofens wird das Gemisch aus Eisenerz, Zuschlägen und Koks vom durchströmenden Gas vorgewärmt. Gelangt das Gemisch in die heißeren Zonen, so beginnt ab etwa 500°C die Reduktion des Eisenoxids durch Kohlenstoffmonooxid und bei etwas höherer Temperatur auch durch den beim Zerfall des Kohlenstoffmonooxids entstehenden feinstverteilten Kohlenstoff. Das entstehende Eisen ist bei dieser Temperatur noch fest. Es nimmt jedoch in der Kohlungszone Kohlenstoff auf, wodurch sich sein Schmelzpunkt bis auf etwa 1100 bis 1200°C erniedrigt. Das Eisen wird flüssig und tropft in das sogenannte Gestell. Durch die hohe Temperatur der Schmelzzone werden restliche Eisenverbindungen teilweise direkt durch den Kohlenstoff des Kokses zu Eisen reduziert. Hier wird schließlich auch die Schlacke flüssig und sammelt sich, da sie spezifisch leichter ist, über dem flüssigen Eisen an. Sie schützt dadurch das Eisen vor Oxidation. Eisen und Schlacke werden von Zeit zu Zeit gesondert abgestochen

– Das Gasgemisch verläßt den Hochofen oben als sogenanntes Gichtgas. Es enthält etwa 60 Volumenanteile in % Stickstoff (aus der Luft), 20% Kohlenstoffmonooxid und 12% Kohlenstoffdioxid sowie geringe Mengen Wasserstoff und Methan (CH_4). Wegen des Kohlenstoffmonooxidgehalts ist es brennbar und kann als Heizgas verwendet werden. Im Hüttenbetrieb dient es zur Erhitzung des «Winds», das ist die Luft, die von unten her in den Hochofen eingeblasen wird.

Roheisen enthält 3–4% C

3. Neuerdings werden manche Eisenerze auch durch das Verfahren der Direktreduktion aufgearbeitet. Dabei reduziert man die Erze mit einem aus Erdgas gewonnenen Gasgemisch aus Kohlenstoffmonooxid und Wasserstoff. Der durch Direktreduktion gewonnene Eisenschwamm kann genau wie das Roheisen des Hochofens zur Stahlherstellung dienen.
Roheisen enthält etwa 3–4% Kohlenstoff sowie geringe Mengen an Silicium, Mangan, Phosphor und Schwefel. Infolge dieser Verunreinigungen ist seine Schmelztemperatur verhältnismäßig niedrig, sie liegt bei etwa 1100–1300 °C. Roheisen kann daher gut vergossen werden (Gußeisen). Andererseits bleibt Roheisen bis knapp unterhalb seiner Schmelztemperatur spröde, es läßt sich daher nicht schmieden oder walzen. Schmiedbar ist Eisen nur, wenn sein Kohlenstoffgehalt unter 1,7% liegt.

Stahl ist schmiedbares Eisen

4. Schmiedbares Eisen wird als Stahl bezeichnet. Für die Herstellung von Stahl aus Roheisen, das sogenannte «Frischen» des Eisens, gibt es verschiedene Methoden.

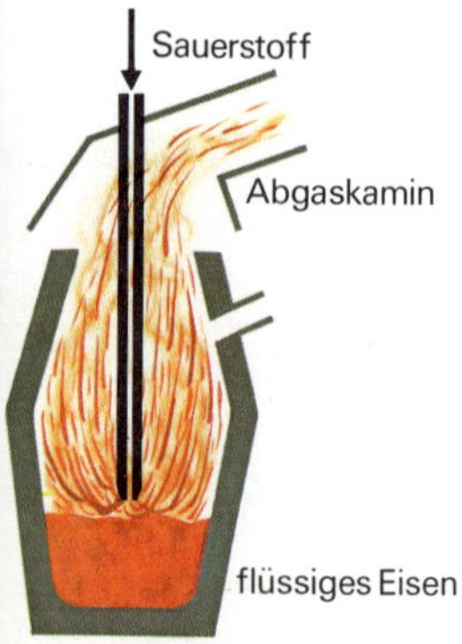

Schema des Sauerstoff-Aufblasverfahrens

– Beim Sauerstoff-Aufblasverfahren kommt das Roheisen noch flüssig in große Tiegel (Konverter). Durch eine gekühlte Lanze wird dann auf das Eisen Sauerstoff aufgeblasen, der sowohl den Kohlenstoff wie auch andere Verunreinigungen des Eisens oxidiert. Aus dem Roheisen entsteht hochwertiger Stahl. Da die Oxidationen exotherm sind, bleibt der Stahl im Konverter flüssig und kann nach erfolgter Reaktion durch Kippen des Tiegels entleert werden.
– Bei den Elektroverfahren verschmilzt man flüssiges Roheisen im Elektrolichtbogenofen mit Schrott oder Erz. Der im Schrott oder Erz als Oxid enthaltene Sauerstoff oxidiert die Verunreinigungen des Roheisens. Das Verfahren ist weniger wirtschaftlich als das Aufblasverfahren, da es mehr Zeit und zusätzliche Energie benötigt. Es wird insbesondere dann angewendet, wenn dem Stahl noch andere Metalle zugeschmolzen werden sollen.

Legierte Stähle mit Chrom, Nickel, Wolfram u. a.

5. Die sogenannten legierten Stähle enthalten neben Eisen und wenig Kohlenstoff weitere Metalle. Je nach Art der zugesetzten Metalle und nach Mischungsverhältnissen haben diese Stähle unterschiedliche Eigenschaften. Zum Beispiel ist Stahl, der etwa 18% Chrom, 8% Nickel und nur 0,2% Kohlenstoff enthält, sehr hart und rostet nicht. Als Chromnickelstahl (z. B. V2A-Stahl) wird er für viele Gebrauchsgegenstände und für Panzerplatten verwendet. Ein auch noch bei Rotglut sehr harter Stahl enthält 15 bis 18% Wolfram, 2 bis 5% Chrom und 1 bis 3% Vanadium. Als Schnellarbeitsstahl dient er zur Herstellung schnellaufender Werkzeuge. Nickelstähle, die außer

Eisen und wenig Chrom bis zu 20% Nickel enthalten, sind außerordentlich zäh und dehnbar.

A1 Worin unterscheiden sich Roheisen und Stahl (Eigenschaften und Zusammensetzung)?

A2 Es sollen die Gleichungen einiger Reaktionen formuliert werden, die beim Frischen des Roheisens im Sauerstoff-Aufblasverfahren ablaufen.

A3 Beim Elektroverfahren zur Stahlherstellung wird dem Roheisen Schrott beigemengt. Warum?

A4 Wieviel reines Eisenoxid (Fe_2O_3) ist notwendig, um 1 Tonne Eisen zu erschmelzen?

13.4 Nichteisenmetalle – Technische Elektrolysen

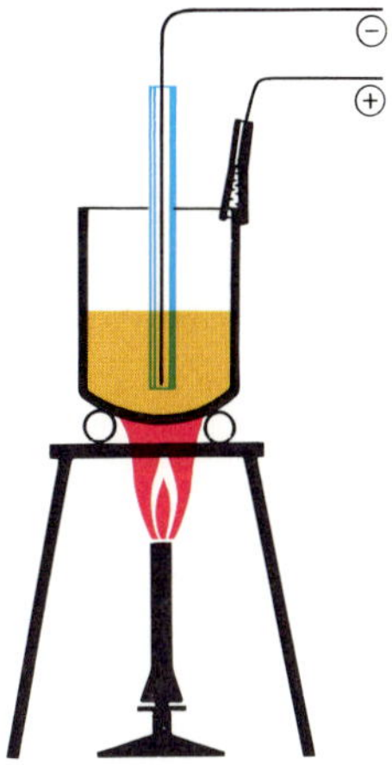

Elektrolyse einer Salzschmelze (V1)

Elektrolyse einer Salzschmelze

V1 Im Metalltiegel schmilzt man ein Gemisch aus gleichen Mengen Lithium- und Kaliumchlorid. In die Schmelze wird als Kathode ein dicker Eisendraht eingeführt, der von einem Glasrohr umschlossen ist. Der Metalltiegel selbst dient als Anode (siehe Bild). Für einige Zeit wird eine Gleichspannung von etwa 6 Volt angelegt. Dann läßt man kurz abkühlen, zieht das Glasrohr heraus und gibt es nach Abkühlung in mit Phenolphthalein versetztes Wasser *(Abzug, Schutzbrille!)*. Was ist zu beobachten?

Was geschieht bei Verwendung von Kupfer als Elektrodenmaterial?

V2 In eine etwa 10%ige Schwefelsäurelösung hängt man als Anode ein Kupferblech, als Kathode einen Kupferstab ein. Dann wird Gleichspannung von etwa 2 Volt angelegt. Was ist nach etwa 30 Minuten zu beobachten? Die Anode soll vor und nach dem Versuch gewogen werden.

Wie reagiert Bleioxid mit Kohlenstoff?

V3 6 g Bleioxid (PbO) werden mit 0,3 g Holzkohlepulver gut gemischt. Im schwerschmelzbaren Reagenzglas erwärmt man das Gemisch erst leicht und erhitzt es dann einige Zeitlang bis zum Glühen. Nach dem Abkühlen zerschlägt man das Reagenzglas.

Al_2O_3 aus Bauxit

1. Eines der wichtigsten Metalle neben dem Eisen ist das Aluminium, das 1827 durch Friedrich Wöhler[1] entdeckt wurde. Insbesondere wegen seines geringen spezifischen Gewichts ist dieses Metall zu einem gesuchten Material der Technik geworden. Aluminium ist mit einem Gesamtanteil von etwa 7,5% das häufigste Metall in der Erdrinde. Meist findet es sich hier allerdings in Form von Aluminium-Silicium-Verbindungen, deren Aluminiumgehalt so gering ist, daß eine Verhüttung nicht lohnt. Wichtigstes Rohmaterial zur Gewinnung von Aluminium ist der Bauxit[2], ein Aluminiumoxid, das durch Wasser und verschiedene andere Oxide (insbesondere Eisenoxid) verunreinigt ist.
Bauxit muß zuerst gereinigt und in reines Aluminiumoxid (Al_2O_3) übergeführt werden. Mit diesem Aluminiumoxid muß eine Schmelzflußelektrolyse durchgeführt werden. Da es aber eine sehr hohe Schmelztemperatur von rund 2050 °C hat, löst man das Aluminiumoxid in geschmolzenem Kryolith. Kryolith ist ein Salz, das aus Natrium-Ionen und dem Hexafluoroaluminium-

[1] Bild und nähere Angaben auf Seite 235.
[2] Der Name Bauxit stammt von dem französischen Ort Les Baux, bei dem das Material erstmals abgebaut wurde.

komplex-Ion besteht, $Na_3[AlF_6]$. Er wird heute meist künstlich hergestellt und schmilzt bei etwa 1000 °C. Die Schmelztemperatur des Aluminiumoxid-Kryolith-Gemischs liegt bei 950 °C–970 °C.

Aluminiumgewinnung durch Schmelzelektrolyse

2. Die Elektrolyse erfolgt in einem Eisen- oder Steintrog, dessen Innenwände mit einer Kohlemasse ausgelegt sind und daher als Kathode dienen können. Die Anoden werden in Form von Kohleblöcken in das Gemisch eingehängt. Bei knapp 5 Volt Spannung arbeitet man bei Stromstärken bis zu 200 000 Ampere. Dadurch wird die Schmelze so stark aufgeheizt, daß sie ohne zusätzliche Erwärmung flüssig bleibt. Das an der Kathode, also an den Gefäßwänden, entstehende Aluminium ist mit seiner Schmelztemperatur von 660 °C ebenfalls flüssig. Da es schwerer ist als die Schmelze, sammelt es sich am Boden des Gefäßes und kann hier von Zeit zu Zeit abgezogen werden. An der Anode entsteht Sauerstoff, der mit dem Anodenmaterial zu Kohlendioxid reagiert. Das bei der Schmelzelektrolyse gewonnene sogenannte «Hüttenaluminium» ist sehr rein (bis zu 98,8% Aluminium) und muß daher meist nicht weiter gereinigt werden.
Die Schmelzelektrolyse des Aluminiums verbraucht sehr viel Strom. Zur Gewinnung von 1 Tonne Hüttenaluminium werden annähernd 15 000 kWh benötigt. Ein Aluminiumwerk verbraucht daher ebenso viel Strom wie eine mittlere Großstadt. Das Verfahren ist nur dort wirtschaftlich, wo preiswerte Stromquellen zur Verfügung stehen. Die bei der Reaktion entstehenden Abgase enthalten unter anderem giftiges Fluor und müssen daher gut gereinigt werden.

Gewinnung von Aluminium durch Schmelzelektrolyse Schema

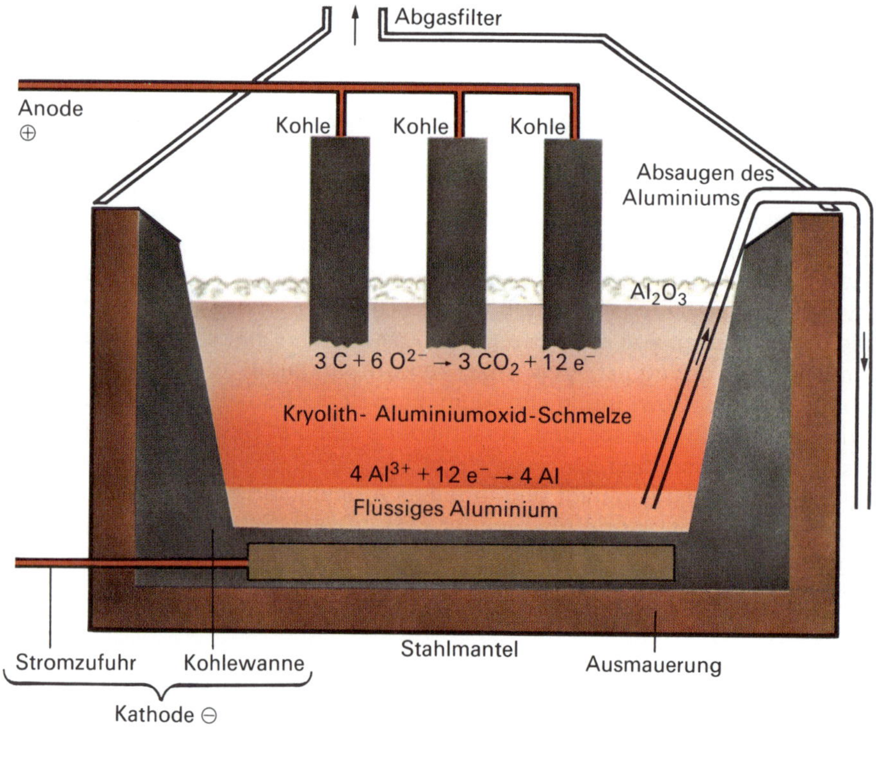

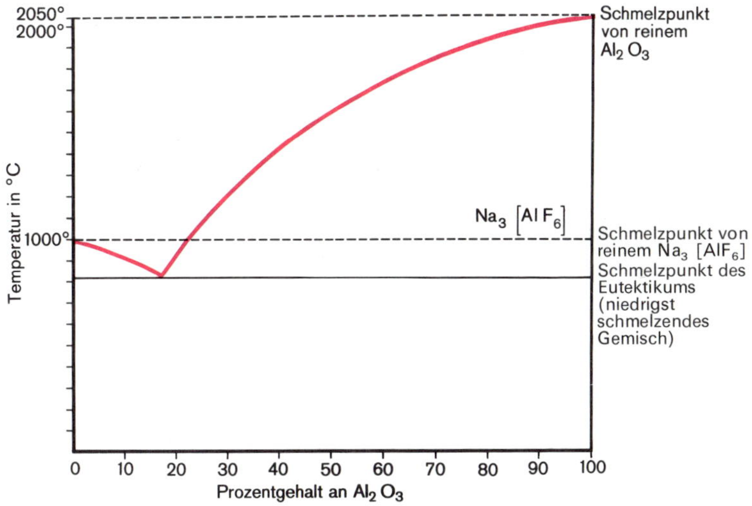

Schmelzdiagramm einer Mischung von Al_2O_3 und $Na_3[AlF_6]$

3. Reines Aluminium ist silberweiß und sehr gut verformbar. Es läßt sich zu feinstem Draht ausziehen oder zu hauchdünnen Folien auswalzen. Die Technik benutzt es insbesondere wegen seiner niedrigen Dichte von 2,7 g/cm^3 im Flugzeug-, Schiffs-, Motoren- und Maschinenbau sowie in der Bauindustrie. Dabei werden dem Aluminium in der Regel andere Elemente wie Magnesium, Kupfer, Mangan oder Silicium in unterschiedlichen Mengen beigemischt. Die entstehenden Legierungen sind meist härter als das reine Aluminium.
An der Luft überzieht sich Aluminium mit einer dünnen Schicht von Aluminiumoxid. Obwohl kaum sichtbar, schützt sie das Metall vor dem Zutritt von Wasser und Luftsauerstoff. Trotz seines niedrigen Normalpotentials wird Aluminium daher an der Luft kaum angegriffen.

Die Chloralkalielektrolyse liefert NaOH, H_2 und Cl_2

4. Ein weiteres großtechnisches Elektrolyseverfahren ist die Chloralkalielektrolyse. Dabei wird die wäßrige Lösung eines Alkalichlorids, z. B. des Natriumchlorids, elektrolysiert.
Von den verschiedenen technischen Möglichkeiten der Chloralkalielektrolyse ist vor allem das Amalgamverfahren wichtig. In den Zellen der hierzu verwendeten Anlage besteht die Anode aus Graphitplatten; als Kathode dient flüssiges Quecksilber, das langsam über den schräg stehenden Boden der Zelle abfließt. Das an der Kathode entstehende Natrium bildet mit dem Quecksilber eine Legierung, das Natriumamalgam. Dieses wird abgezogen und in einem zweiten Gefäß mit Wasser versetzt. Dabei reagiert das Natrium zu Natronlauge, aus der durch Eindampfen reines Natriumhydroxid (NaOH) gewonnen werden kann. Das Quecksilber wird wieder in die Elektrolysierzelle zurückgeleitet.
Das Verfahren liefert also Natriumhydroxid, Wasserstoff und Chlor:

Anode:	Kathode:
$2\,Cl^- \rightarrow 2\,Cl + 2\,e^-$	$2\,Na^+ + 2\,e^- \rightarrow 2\,Na$
$2\,Cl \rightarrow Cl_2$	$2\,Na + 2\,H_2O \rightarrow 2\,NaOH + H_2$

Schema des Amalgamverfahrens zur Chloralkalielektrolyse

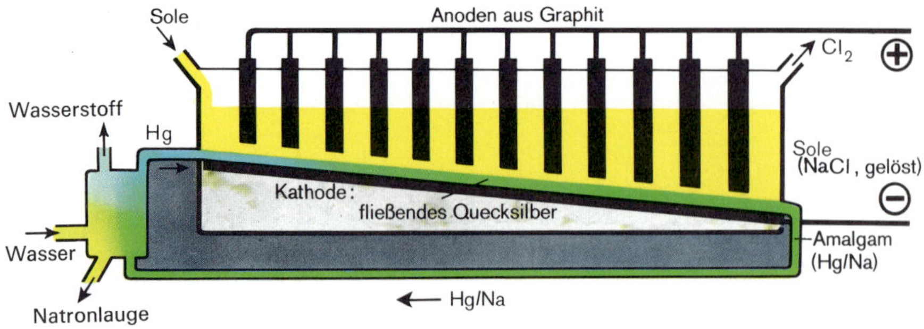

Diaphragmaverfahren der Chloralkalielektrolyse

5. Verwendet man an Stelle der Quecksilberkathode Kathoden aus Eisen, dann ist die Bildung von Natriumamalgam nicht möglich. In diesem Fall werden an der Kathode nicht Natrium-Ionen reduziert, sondern Wassermoleküle:

$$2\,H_2O + 2\,e^- \rightleftarrows H_2 + 2\,OH^-$$

Das hängt damit zusammen, daß diese Reaktion ein höheres Redoxpotential hat als das Redox-Paar Na/Na^+. Wassermoleküle lassen sich also leichter reduzieren als Natrium-Ionen.
Damit sammeln sich an der Kathode im Verlauf der Elektrolyse Natrium- und Hydroxid-Ionen an, an der Anode entsteht Chlor. Trennt man Anoden- und Kathodenraum durch eine halbdurchlässige Membran, ein «Diaphragma», so lassen sich aus dem Kathodenraum Natronlauge und Wasserstoff, aus dem Anodenraum Chlor gewinnen. Dieses Diaphragmaverfahren liefert also dieselben Produkte wie das Amalgamverfahren.

Anlage zur Chloralkalielektrolyse

6. Kupfer kann als relativ edles Metall leicht aus seinen Erzen gewonnen werden. Kupferne Gebrauchsgegenstände gibt es daher schon seit einigen tausend Jahren. Aus der Kupferlegierung Bronze (etwa 94% Kupfer und 6% Zinn) wurden während der Bronzezeit Waffen hergestellt. Noch heute ist Kupfer, insbesondere in Form seiner Legierungen mit Zink (Messing), Zinn, Aluminium oder Nickel, ein sehr wichtiges Gebrauchsmetall. Da Kupfer ausgezeichnete elektrische Leitfähigkeit besitzt, wird es für elektrische Leitungen verwendet. Wegen seiner guten Wärmeleitfähigkeit dient es zur Herstellung von Kühlschlangen, Waschkesseln und Brauereipfannen.

Rohkupfer ist als relativ edles Metall leicht zu gewinnen

Kupfer findet sich in der Natur meist in Form sulfidischer Erze, z. B. als Kupferglanz (Cu_2S) und Kupferkies ($CuFeS_2$). Diese Erze werden abgeröstet und dann im Konverter verblasen:

$$3\,Cu_2S + 3\,O_2 \rightarrow 6\,Cu + 3\,SO_2$$

Kupfer-Raffination

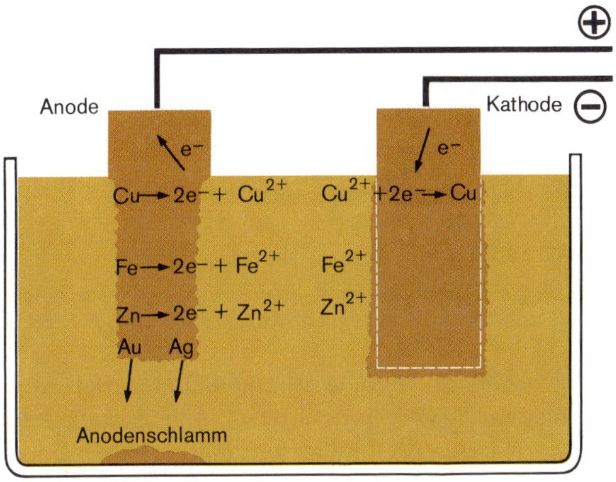

7. Das so erhaltene Rohkupfer muß durch elektrolytische Raffination gereinigt werden. Dazu wird es als Anode in eine Kupfersulfatlösung eingehängt, während dünne Feinbleche aus reinem Kupfer als Kathode dienen. Legt man Spannung an, so werden an der Anode das Kupfer und mit ihm alle Verunreinigungen mit niedrigerem Normalpotential oxidiert. Sie gehen in Form ihrer Ionen in Lösung. Die edleren Metalle, die ein höheres Normalpotential besitzen als das Kupfer, werden nicht oxidiert, sie sinken als «Anodenschlamm» ab. An der Kathode kommt es zur Reduktion, wobei sich lediglich Kupfer abscheidet. Denn von allen in Lösung befindlichen Ionen haben die Kupfer-Ionen das höchste Potential. Die Ionen der unedleren Metalle bleiben in Lösung. Das an der Kathode zu erhaltende Elektrolytkupfer hat daher eine Reinheit von etwa 99,9%. Da an den beiden Elektroden im wesentlichen die gleichen Reaktionen, nur in umgekehrter Richtung, ablaufen, kann bei ganz geringen Spannungen (zum Beispiel 0,25–0,3 V) gearbeitet werden. Dafür ist der Vorgang sehr zeitaufwendig. Es dauert mehrere Monate, bis sich die anfangs einige Zentimeter dicken Rohkupferanoden aufgelöst haben.

Reinkupfer durch elektrolytische Raffination

A1 Wie Versuch V3 zeigt, kann Bleioxid mit Holzkohle zu Blei reduziert werden. Zu dieser Reaktion soll die Reaktionsgleichung formuliert werden.

A2 Magnesium wird großtechnisch durch Schmelzelektrolyse von Magnesiumchlorid gewonnen. Welche Reaktionen laufen dabei an den Elektroden ab?

A3 Im Versuch V1 wird eine Schmelzelektrolyse durchgeführt. Welche Reaktionen laufen an den Elektroden ab? Welche Stoffe sind an der Kathode entstanden? Welche Reaktion läuft ab, wenn man das Glasrohr der Kathode in Wasser taucht?

A4 Was versteht man unter dem «Rösten» von Erzen? Die Reaktionsgleichungen für das Rösten von Pyrit (FeS_2) und von Bleiglanz (PbS) sollen formuliert werden.

A5 Anhand der elektrochemischen Spannungsreihe soll erklärt werden, warum sich bei der Kupferraffination an der Anode Gold und Silber nicht lösen.

13.5 Korrosion und Korrosionsschutz

Wie verhalten sich Metalle bei verschiedenen Bedingungen?

V1 Ein dünnes Aluminiumblech wird senkrecht in die heiße Brennerflamme gehalten.

V2 In geschlossene Gefäße gibt man
a) ein Eisenblech, Wasser und Luft,
b) ein Eisenblech in ausgekochtem Wasser (ohne Luft),
c) ein Eisenblech und Pyrogallollösung,
d) ein Eisenblech und *Phosphorpentoxid (ätzend)*.
Was ist jeweils nach einiger Zeit zu beobachten?

Wie kann man Eisen schützen?

V3 Zwei Eisennägel werden als Anode bzw. Kathode in Leitungswasser eingehängt. Dann legt man etwa 4 bis 6 Volt Gleichspannung an. Was ist nach einigen Stunden festzustellen?

Korrosion: oxidative Zerstörung von Metallen

1. Im Gebrauch werden die Metalle durch mechanischen Abrieb abgenutzt und durch chemische Reaktionen unterschiedlich stark angegriffen. Die Zerstörung des Metalls durch chemische Reaktionen, wobei die Metallatome in den Ionenzustand übergehen, wird als Korrosion[1] bezeichnet.
Ob ein Metall leichter oder schwerer korrodiert, kann aus der Spannungsreihe entnommen werden (siehe Tabelle auf Seite 185). Die unedlen Metalle mit negativerem Normalpotential gehen leicht in den Ionenzustand über; sie korrodieren stark. Die edleren Metalle mit positiverem Normalpotential bilden weniger leicht Ionen; sie korrodieren also schwächer.

Korrosion durch «Lokalelemente»

2. Die Korrosion kann durch direkten Angriff von sauren Lösungen (H_3O^+-Ionen) oder Sauerstoff (Bildung von Metalloxiden) erfolgen. Oft beruhen Korrosionsvorgänge jedoch auf der Bildung kleiner galvanischer Zellen, sogenannter «Lokalelemente». Es handelt sich also um elektrochemische Vorgänge. An einer Legierung aus Eisen und Mangan bilden sich z. B. bei Anwesenheit von Wasser kurzgeschlossene galvanische Zellen, in denen das Eisen als Plus-Pol, das unedlere Mangan als Minus-Pol auftritt. Das Mangan geht als Mangan-Ion (Mn^{2+}_{aq}) in Lösung, die dabei frei werdenden Elektronen wandern zum Eisen, wo sie von Hydronium-Ionen des Wassers oder auch vom Sauerstoff der Luft aufgenommen werden. Auf diese Weise zerfällt (korrodiert) die Legierung im Laufe der Zeit.

[1] *corrodere* (lat.) zerfressen.

Entsprechende Vorgänge sind auch bei Eisen allein möglich. Oxidiert das Eisen an der Oberfläche unterschiedlich stark, so bilden sich ebenfalls kurzgeschlossene galvanische Zellen aus. Dabei ist das Eisen Anode und das Eisenoxid Kathode. In Lösung gehen Eisen(II)-Ionen ($Fe^{2+}{}_{aq}$), die später an der Luft zu Eisen(III)-Ionen oxidiert werden.

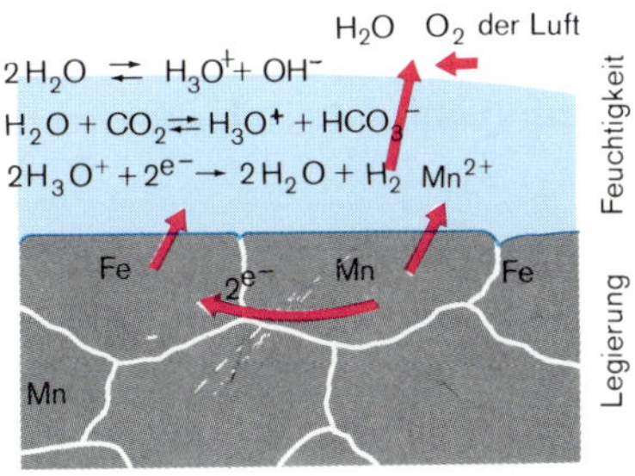

Korrosion einer Legierung

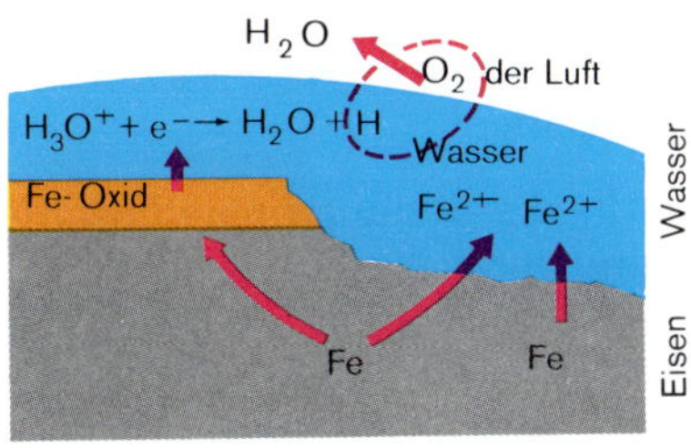

Korrosion von Eisen

3. Zum Schutz gegen die Korrosion kann das Metall mit bestimmten, nur schwer reagierenden Stoffen überzogen werden. Im Falle des Aluminiums bildet sich eine solche Schutzschicht von allein aus. Aluminium überzieht sich nämlich an der Luft mit einer dünnen Oxidschicht aus Al_2O_3, die den meisten chemischen Angriffen trotzt und das an und für sich recht unedle Metall gut vor Korrosion schützt. Eine solche «Passivierung» kann bei Aluminium und bei verschiedenen anderen Metallen auch künstlich hervorgerufen werden. So zum Beispiel durch Behandeln mit starken Oxidationsmitteln oder durch Verwendung des Metalls als Anode in einer wäßrigen Lösung.

Korrosionsschutz: Lackieren, Emaillieren, Passivieren, Überziehen mit Metallen

Das unedle Eisen wird durch Auftragen dünner Schichten von Glas (Email), Farblack oder Kunststoff geschützt. Häufig erhält die Oberfläche auch eine dünne Auflage eines edleren oder passiveren Metalls, das weniger angegriffen wird und daher das darunterliegende Eisen vor Korrosion schützt. Diesem Zweck dienen z. B. Überzüge von Zinn (Weißblech).

4. Wird ein Überzug aus edlerem Metall allerdings beschädigt, erhält er Risse oder Kratzer, in denen Wasser bis zum Eisen vordringen kann, so wird das Blech an dieser Stelle erheblich stärker angegriffen als blankes Eisen. Auch hier bildet sich ein Lokalelement aus, bei dem das Eisen den negativen, das edlere Metall den positiven Pol bildet. Eisen geht als Eisen-Ion in Lösung; die Elektronen fließen zum edleren Metall ab und werden an dessen Oberfläche von Hydronium-Ionen oder von Sauerstoff aufgenommen.

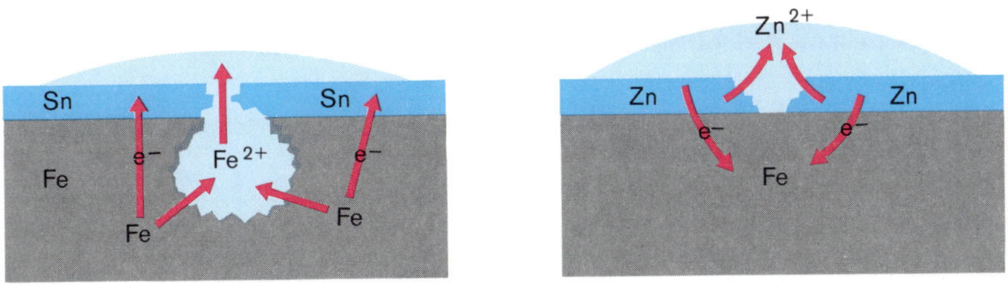

Korrosion von Weißblech und von verzinktem Blech

Ein solches Lokalelement ist besonders wirksam, wenn die benetzende Flüssigkeit den elektrischen Strom gut leitet. Salzlösungen begünstigen daher die Korrosion. Kochsalzlösung zeigt dabei noch eine zusätzliche Wirkung: Chlorid-Ionen begünstigen katalytisch das Auflösen von Metall. Da sich Lokalelemente gerade auch in Legierungen ausbilden können, korrodieren viele Legierungen verhältnismäßig leicht. Andererseits sind bestimmte Legierungen sehr korrosionsfest. Chromnickelstahl z. B. ist rostfrei, weil durch die Legierung mit Chrom und Nickel das Eisen passiviert wird. Wie sich dieser Vorgang der Eisenpassivierung abspielt, ist bisher noch ungeklärt.

Korrosionsschutz durch unedlere Metalle und durch elektrische Aufladung

5. Um die Bildung unerwünschter Lokalelemente zu vermeiden, wird Eisen häufig durch eine Zinkschicht geschützt. Zink ist unedler als Eisen, überzieht sich aber an der Luft mit einer Schicht aus Zinkoxid und Zinkcarbonat, die eine weitere Korrosion verhindert. Wird der Überzug beschädigt, so kann sich auch hier ein Lokalelement ausbilden. Dabei bildet aber nicht das Eisen, sondern das unedlere Zink den negativen Pol. Daher gehen nicht Eisen-, sondern Zink-Ionen in Lösung. Das Eisen ist vor der Korrosion weiterhin geschützt. Dasselbe Prinzip verfolgt man bei einem Korrosionsschutzverfahren, bei dem das zu schützende eisenhaltige Metall mit einem Stück unedleren Metalls (z. B. Magnesium) in elektrisch leitende Verbindung gebracht wird. Auch in diesem Fall ist das Eisen das edlere Metall, geht also nicht in Lösung, während sich das unedlere Metall auflöst. Die Elektronen fließen durch die gut isolierte Leitung vom Magnesiumstück zum Eisen.
Der Elektronenfluß zum Eisen kann auch durch Anlegen an den negativen Pol einer Gleichstromquelle erreicht werden. Dazu bringt man in der Nähe des zu schützenden Metalls Stahlschrott oder Graphit in den Boden. Die Gleichstromquelle wird dann so angelegt, daß der Schrott oder Graphit an den Pluspol, das zu schützende Metall an den Minuspol angeschlossen wird. Der Schrott oder Graphit wird dann allmählich abgetragen, während das Nutzmetall kathodisch vor Korrosion geschützt ist.

Kathodischer Korrosionsschutz

A1 Wie reagieren Eisen bzw. Aluminium mit Salzsäure oder mit Schwefelsäure? Wie lauten die Gleichungen dieser Reaktionen?

A2 Warum korrodieren Legierungen oft leichter als die reinen Metalle?

A3 Warum darf der Zahnarzt keine Amalgamfüllungen neben Goldplomben einsetzen?

A4 Warum soll eine kupferne Dachrinne nicht mit verzinktem Eisenblech befestigt werden?

14 Aliphatische Kohlenwasserstoffe und Halogenderivate

14.1 Sonderstellung der Kohlenstoffchemie

Was haben organische Verbindungen gemeinsam?

V1 In verschiedenen Reagenzgläsern werden folgende Stoffe erhitzt: Sägemehl, Federn, Zucker, Aspirin, ein Waschmittel. Man versucht, die an der Mündung des Reagenzglases austretenden gasförmigen Stoffe zu entzünden.

V2 In einem trockenen Standzylinder werden 1 bis 2 Tropfen *Benzin (feuergefährlich)* verbrannt, die man in einem Verbrennungslöffel entzündet hat. Man beobachte die Wände des Standzylinders und prüfe dann die Verbrennungsprodukte mit Kalkwasser.

Organische Verbindungen enthalten Kohlenstoff

1. Die Untersuchung von Stoffen aus dem Pflanzen- und Tierreich zeigt, daß darin stets das Element Kohlenstoff enthalten ist. Beim Verbrennen entstehen jeweils Kohlenstoffdioxid und Wasser. Damit sind die Elemente Kohlenstoff und Wasserstoff als Bestandteile der Organismen nachgewiesen. Die Analyse zeigt, daß daneben auch noch andere Elemente in den organischen Stoffen vorkommen, z. B. Sauerstoff, Stickstoff, Schwefel, Halogene und Phosphor.

Friedrich Wöhler (1800–1882), Professor der Chemie in Berlin und Göttingen. Entdecker des Aluminiums, bedeutende Experimentaluntersuchungen über Harnstoff, Harnsäure, Benzoesäure und Cyansäure

2. In der Mitte des 18. Jahrhunderts widmete sich vor allem Scheele[1] der Isolierung von Stoffen aus pflanzlichen und tierischen Produkten. Trotz intensiver Bemühungen gelang es aber nicht, solche Verbindungen der belebten Natur im Reagenzglas künstlich herzustellen. Daher schien sich immer mehr die Vorstellung zu bestätigen, daß Verbindungen der lebenden Organismen nur mit Hilfe einer «Lebenskraft», der sogenannten Vis vitalis, aufgebaut werden können. So schlug Berzelius 1807 vor, die kohlenstoffhaltigen Verbindungen der belebten Natur als sogenannte «organische» Verbindungen zu bezeichnen und sie den Stoffen der unbelebten Natur, den anorganischen Verbindungen, gegenüberzustellen.

3. Im Jahre 1828 gelang es jedoch Wöhler, die Ansicht der «Vitalisten» zu widerlegen. Er stellte Harnstoff, also einen typisch «organischen» Stoff, aus einer anorganischen Substanz, dem Ammoniumcyanat, her:

$$NH_4OCN \xrightarrow{\text{Erhitzen}} \underset{\text{Harnstoff}}{CO(NH_2)_2}$$

«Harnstoff ohne Nieren»

Mit dieser Synthese, der bald weitere folgten, war bewiesen, daß prinzipiell auch organische Verbindungen im Labor hergestellt werden können. Wöhler war sich der Bedeutung dieser Tatsache bewußt, als er seinem Lehrer Berzelius schrieb: «... und muß Ihnen sagen, daß ich Harnstoff machen kann, ohne dazu Nieren oder überhaupt ein Thier, sei es Mensch oder Hund, überhaupt nötig zu haben.»

[1] Carl Wilhelm Scheele (1742–1786), Apotheker und Chemiker. Er entdeckte Chlor (siehe Seite 111), Sauerstoff, Mangan und isolierte aus Naturstoffen Oxalsäure und Glycerin.

Damit war die Einteilung in anorganische und organische Chemie eigentlich gegenstandslos geworden. Wenn heute die Chemie des Kohlenstoffs[1] dennoch als «organische Chemie» von der Chemie der übrigen Elemente abgegrenzt wird, so geschieht dies zum Teil aus historischen Gründen. Die Sonderstellung der organischen Chemie ist jedoch auch deshalb berechtigt, weil vom Element Kohlenstoff mehr Verbindungen bekannt sind (einige Millionen) als von allen anderen Elementen zusammen (etwa 200 000).

Vielfalt organischer Verbindungen: Ketten, Ringe, Einfach- und Mehrfachbindungen

4. Die Vielfalt der organischen Kohlenstoffverbindungen erklärt sich folgendermaßen:

- Das Kohlenstoffatom besitzt vier Valenzelektronen und hat die Möglichkeit, vier Atombindungen einzugehen, wobei Moleküle entstehen können. Die theoretische Möglichkeit, C^{4+}- bzw. C^{4-}-Ionen zu bilden, wird im allgemeinen nicht realisiert, da dabei zu große Energien aufgewendet werden müßten.
- Die wichtigste Besonderheit des Kohlenstoffs besteht darin, daß sich seine Atome in den Molekülen nahezu unbegrenzt untereinander zu Ketten, Ringen, Netzen oder dreidimensionalen Gerüsten verbinden können. Die dabei entstehenden C—C-Bindungen sind bei Raumtemperatur sehr beständig.
- Das Kohlenstoffatom besitzt wie keine andere Atomart die Fähigkeit, mit benachbarten Kohlenstoffatomen neben der C—C-Einfachbindung auch Doppelbindungen (C=C) und Dreifachbindungen (C≡C) zu bilden, wodurch die Zahl der möglichen Verbindungen weiter ansteigt.
- In vielen Kohlenstoffverbindungen sind trotz gleicher Summenformel unterschiedliche Atomanordnungen möglich, eine Erscheinung, die als Isomerie bezeichnet wird. Auch dadurch wird die Zahl der möglichen Verbindungen erhöht.
- Weitere Verbindungsmöglichkeiten ergeben sich durch das Auftreten von «Fremdatomen» (z. B. N, O, S) in oder an den Kohlenstoffketten und -ringen.

C—C-Bindungen stabiler als Si—Si-Bindungen

5. Obwohl sich das Element Silicium in derselben Gruppe des Periodensystems findet wie der Kohlenstoff, zeigt es in vielen Fällen ein anderes chemisches Verhalten. Silicium vermag zwar wie Kohlenstoff Ketten zu bilden, jedoch sind diese wesentlich kürzer und vor allem relativ instabil. Doppel- und Dreifachbindungen des Siliciums konnten bisher nicht beobachtet werden; dafür ist das Siliciumatom bereits zu groß. Die Orbitale können hier nicht mehr im nötigen Umfang überlappen.
Si—Si-Bindungen sind weniger stabil als C—C-Bindungen. Die Bindungsenergie der C—C-Bindung (Bindungslänge 154 pm) beträgt 347 kJ/mol, die der Si—Si-Bindung mit der größeren Bindungslänge von 234 pm jedoch nur 177 kJ/mol. Ähnliches gilt für die Si—H-Bindung (294 kJ/mol), die eine erheblich geringere Bindungsenergie besitzt als die C—H-Bindung (413 kJ/mol).

[1] Das Element Kohlenstoff, die Kohlenstoffoxide, Kohlensäure und die Carbonate werden der «anorganischen» Chemie zugeordnet.

Das unterschiedliche Verhalten z. B. von Kohlenstoff- bzw. Silicium-Wasserstoffverbindungen ist auch auf die unterschiedlichen Elektronegativitätswerte zurückzuführen. Während das Wasserstoffatom in der C—H-Bindung der positiver geladene Partner ist, trägt es in der Si—H-Bindung die negative Teilladung.
Aus diesem Grunde sind auch Si—O-Bindungen (451 kJ/mol) stabiler als C—O-Bindungen (351 kJ/mol). So kommt Silicium in vielen Gesteinen in Form von Sauerstoffverbindungen, den sogenannten Silicaten, vor.

14.2 Das Tetraedermodell des Methans

Vorsicht! Methan ist feuergefährlich und bildet mit Luft explosive Gemische!

Wie kann man Methan herstellen?

V1 In einem Erlenmeyerkolben mit Gummistopfen und Gasableitungsrohr fügt man zu etwa 5 g Aluminiumcarbid (Al_4C_3) etwas Wasser und erwärmt vorsichtig. Das *entstehende Gas (feuergefährlich)* wird in einer mit Wasser gefüllten pneumatischen Wanne in mehrere Standzylinder geleitet. Einer der Zylinder wird nur zu $^1/_{10}$ des Volumens mit dem Gas gefüllt. Welche Eigenschaften des Gases lassen sich beobachten?

Welche Zusammensetzung hat Methan?

V2 Unter einem Trichter läßt man eine Erdgasflamme brennen. Die Verbrennungsprodukte werden mittels Wasserstrahlpumpe durch ein gekühltes U-Rohr und durch eine Waschflasche mit Kalkwasser gesaugt.

Eigenschaften von Methan

V3 In einem Standzylinder wird das in Versuch 1 erhaltene *Gas* auf Brennbarkeit untersucht. Dann gibt man etwas Kalkwasser, $Ca(OH)_2$, in den Zylinder, verschließt mit einer Glasscheibe und schüttelt. Welche Verbindung läßt sich nachweisen?

V4 In den nur zu $^1/_{10}$ mit *Gas* gefüllten Standzylinder gemäß Versuch 1 werden $^9/_{10}$ Luft eingeleitet. Dann wird der Standzylinder *mit einem Tuch umwickelt* und das *Gasgemisch (explosiv; Schutzbrille!)* gezündet.

1. Reagiert Aluminiumcarbid (Al_4C_3) mit Wasser, so erhält man ein farb- und geruchloses Gas (Sdt. −161,4 °C) mit der Verhältnisformel CH_4, das Methan: Methan: CH_4

$$Al_4C_3 + 12\,H_2O \rightarrow 4\,Al(OH)_3 + 3\,CH_4$$

Methan brennt mit fahler Flamme, wobei Kohlenstoffdioxid und Wasser entstehen:

$$CH_4 + 2\,O_2 \rightarrow CO_2 + 2\,H_2O \qquad |\,\Delta H = -883\text{ kJ}$$

Da die Verbrennung stark exotherm abläuft, ist natürlich vorkommendes Methan als Heizgas und Motorentreibstoff von großer Bedeutung. Mit Luft bildet Methan explosive Gemische, wobei die Explosionsgrenze bei 6 bis 12 Vol.% Methan liegt.
Eine Molmassenbestimmung des Methans ergibt den Wert 16 g. Dies zeigt, daß das Methanmolekül nur 1 Kohlenstoffatom und 4 Wasserstoffatome enthält. Weitere Untersuchungen haben gezeigt, daß alle Wasserstoffatome gleich fest an das Kohlenstoffatom gebunden sind und die Bindungslänge 107 pm beträgt. Der H—C—H-Bindungswinkel beträgt 109° 28′.

Methanmolekül und Elektronenkonfiguration des C-Atoms

2. Die Bildung von vier Bindungen durch Kohlenstoff im Methan läßt sich aus der Elektronenkonfiguration des Kohlenstoffs (siehe Kapitel 7.8)

$_6C$ 1s [↑↓] 2s [↑↓] 2p [↑ | ↑ |]

nicht ohne weiteres verstehen: Das Kohlenstoffatom besitzt zwar vier Valenzelektronen, doch liegen im Grundzustand nur zwei einfach besetzte 2p-Orbitale vor, die mit den 1s-Orbitalen von nur zwei Wasserstoffatomen zu Atombindungen überlappen könnten. Zu erwarten wäre also eine Verbindung mit der Formel CH_2.
Da dies mit den Tatsachen nicht übereinstimmt, nimmt man an, daß das Kohlenstoffatom zunächst aus dem Grundzustand unter Energieaufnahme in einen angeregten Zustand übergeht. Dabei wird ein Elektron des doppelt besetzten 2s-Orbitals in das noch freie 2p-Orbital gehoben, wodurch vier einfach besetzte Orbitale gebildet werden:

$_6C$ 1s [↑↓] 2s [↑] 2p [↑ | ↑ | ↑]

Würde das Kohlenstoffatom in diesem angeregten Zustand mit vier Wasserstoffatomen polare Atombindungen eingehen, so müßten drei Wasserstoffatome anders an das Kohlenstoffatom gebunden werden als das vierte. Experimentelle Untersuchungen zeigen jedoch, daß im Methanmolekül die vier Bindungen der Wasserstoffatome an das Kohlenstoffatom völlig gleichwertig sind.

Vier gleichwertige sp^3-Hybridorbitale

3. Für das Kohlenstoffatom schlug Pauling deshalb eine abgewandelte Modellvorstellung vor, den sogenannten hybridisierten Zustand. Man nimmt dabei an, daß die drei senkrecht aufeinanderstehenden 2p-Orbitale und das kugelsymmetrische 2s-Orbital beim angeregten Kohlenstoffatom vier gleichwertige sogenannte sp^3-Hybridorbitale bilden:

$_6C$ sp^3-hybr. 1s [↑↓] 2sp^3 [↑ | ↑ | ↑ | ↑]

Dies wird als sp^3-Hybridisierung des Kohlenstoffs bezeichnet. Die Hybridorbitale können wirkungsvoller als reine s- und p-Orbitale mit anderen Orbitalen überlappen und erstrecken sich räumlich in die Ecken eines regulären Tetraeders.

Überlappung von einem p- mit einem s-Orbital bzw. von einem s- mit einem sp^3-Hybridorbital

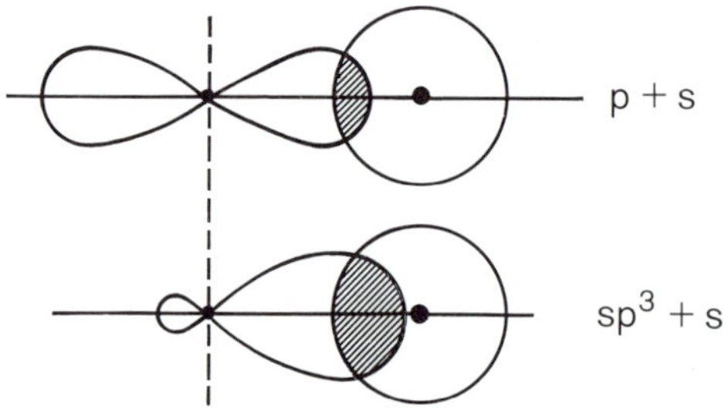

Tetraederanordnung der sp^3-Hybridorbitale

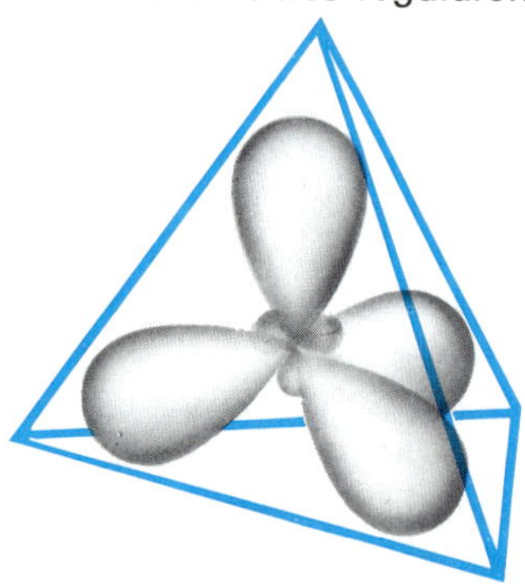

4. Im Methanmolekül überlappen also die vier gleichwertigen sp^3-Hybridorbitale des Kohlenstoffatoms mit den kugelsymmetrischen 1s-Orbitalen von

Zwei Molekülmodelle des Methans: Das linke Modell zeigt besonders gut die Winkel im Methanmolekül, das rechte insbesondere die Größenverhältnisse der Atome.

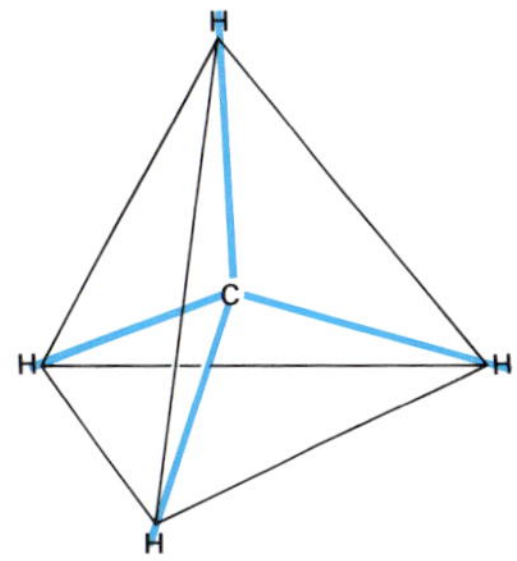

Methanmolekül: Die Wasserstoffatome sitzen in den Ecken eines Tetraeders

vier Wasserstoffatomen. Es entstehen vier untereinander völlig gleichartige Atombindungen. Das Kohlenstoffatom des Methanmoleküls steht dabei im Mittelpunkt eines regulären Tetraeders, die Wasserstoffatome in den Ecken. Der Bindungswinkel von 109° 28′ entspricht dem «Tetraederwinkel», d. h. dem Winkel zwischen zwei Strahlen, die durch das Zentrum und je eine Ecke des Tetraeders verlaufen. Die von Pauling vorgeschlagene Modellvorstellung wird damit den tatsächlichen Verhältnissen des Methanmoleküls gerecht.

Die Struktur des Methanmoleküls wird gewöhnlich durch nebenstehende Strukturformel dargestellt. Im Gegensatz zu den obigen Abbildungen läßt diese Formel die räumliche Anordnung der Atome unberücksichtigt. Es handelt sich lediglich um eine Projektion in die Papierebene.

Strukturformel von Methan:

```
   H
   |
H—C—H
   |
   H
```

Eigenschaften des Methans

5. Viele Eigenschaften des Methans lassen sich aus der Art der chemischen Bindungen im Methanmolekül verstehen. Infolge der geringen Elektronegativitätsdifferenz zwischen Kohlenstoff (EN 2,5) und Wasserstoff (EN 2,1) sind die Atombindungen im Methan nur schwach polar. Das Kohlenstoffatom besitzt eine schwach negative, die vier Wasserstoffatome haben je eine schwach positive Teilladung. Infolge der Tetraederstruktur fallen die Ladungsschwerpunkte zusammen. Methan ist deshalb kein Dipolmolekül. Die zwischenmolekularen Kräfte sind daher gering, so daß Methan bei Zimmertemperatur ein Gas ist. In Wasser ist es nur schwach, in unpolaren Lösungsmitteln dagegen gut löslich. Methan gibt praktisch keine Protonen ab, reagiert also nicht als Säure. Hingegen reagiert es mit Radikalen, also Teilchen mit ungepaarten Elektronen. Dabei wird die C – H-Bindung homolytisch gespalten. Die Oxidation des Methans mit Sauerstoff bei höherer Temperatur ist eine solche Radikalreaktion.

A_1 Welche Fakten begründen die Sonderstellung der Kohlenstoffchemie?

A_2 Wieviel Gramm Aluminiumcarbid werden benötigt, um unter Normalbedingungen 10 Liter Methan zu erhalten?

A_3 Welche Elektronenkonfigurationen können für das Kohlenstoffatom im Grundzustand, im angeregten Zustand und im hybridisierten Zustand angenommen werden? Welche experimentell ermittelten Ergebnisse sollen durch diese Annahmen erklärt werden?

A_4 Welcher Bindungstyp liegt im Methanmolekül vor, wenn man die Elektronegativitätsunterschiede beachtet?

14.3 Alkane und Cycloalkane

Vorsicht: Alle Alkane sind brennbar. Leichtflüchtige Alkane (z.B. Propan,, Hexan, Heptan, Benzin) sind leicht entzündlich; als Gase bzw. Dämpfe bilden sie mit Luft explosive Gemische.

Wie verhalten sich Alkane beim Verbrennen?

V_1 Ein Standzylinder wird durch Luftverdrängung mit *Propan* gefüllt. Das Gas wird entzündet.

V_2 In einem völlig trockenen Standzylinder werden 1 bis 2 Tropfen *Hexan* oder *Heptan* in einem Verbrennungslöffel verbrannt. Man beobachtet die Wände des Standzylinders und prüft dann die Verbrennungsprodukte mit Kalkwasser.

V_3 Wenige Milliliter folgender Stoffe werden in je einen Porzellantiegel gegeben: *Hexan, Leichtbenzin, Schwerbenzin,* Petroleum, Dieselöl, Paraffinöl. Dann versucht man, die Stoffe mit Hilfe eines brennenden Holzspans zu entzünden. Eventuell ist vorsichtiges Erwärmen notwendig.

Eigenschaften und Reaktionen von Alkanen

V_4 Im Reagenzglas werden gleiche Mengen von *Benzin* und Wasser unter Schütteln vermischt.

V_5 In einem Reagenzglas fügt man zu etwa 6 cm^3 *Benzin* zunächst 1 cm^3 Paraffinöl und schüttelt. Dann gibt man ein Stückchen festes Paraffin dazu und schüttelt wieder.

V_6 In verschiedenen Reagenzgläsern werden die Reaktionen von *Benzin* und Petroleum mit folgenden Stoffen untersucht: *konzentrierte Schwefelsäure (ätzend, Schutzbrille), konzentrierte Salzsäure (ätzend), Natronlauge (ätzend).*

V_7 Die Löslichkeit von Paraffin wird im Reagenzglas in kaltem und heißem Wasser geprüft. Was ist beim Abkühlen zu beobachten?

Homologe Reihe der Alkane: C_nH_{2n+2}

1. Neben dem Methan (CH_4) gibt es noch eine große Zahl von organischen Verbindungen, die nur aus den Elementen Kohlenstoff und Wasserstoff aufgebaut sind. Solche Verbindungen werden als «Kohlenwasserstoffe» bezeichnet.
Kohlenwasserstoffe, deren Moleküle nur die relativ stabilen C–C-Einfachbindungen und C–H-Bindungen enthalten, lassen sich theoretisch vom Methan dadurch ableiten, daß man jeweils eine CH_2-Gruppe, die sogenannte Methylengruppe, dazurechnet. Verbindungsreihen, deren einzelne Glieder sich nur durch die Zahl der Methylengruppen voneinander unterscheiden, nennt man homologe Reihen. Die vom Methan abgeleitete homologe Reihe besitzt die allgemeine Formel C_nH_{2n+2} und wird als die Reihe der Alkane bezeichnet.

Alkylradikal: C_nH_{2n+1}

Die Namen der höheren Alkane (ab Butan) sind von griechischen Zahlwörtern abgeleitet und erhalten alle die Endung «an». Die aus den Alkanen durch Abgabe eines Wasserstoffatoms entstehenden Radikale (Teilchen mit ungepaarten Elektronen) werden als Alkyle bezeichnet. Ihr Name entsteht, indem die Endung «an» des entsprechenden Alkans durch die Endung «yl» ersetzt wird. Alle Bindungen in Alkanen stehen im Tetraederwinkel zueinander.

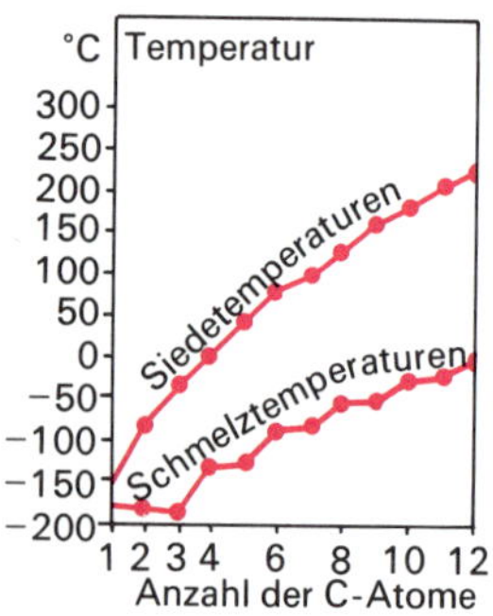

Schmelz- und Siedetemperaturen der Alkane

2. In vielen Eigenschaften verhalten sich die einzelnen Glieder einer homologen Reihe sehr ähnlich. Es sind nur graduelle Unterschiede vorhanden, die sich aus der ansteigenden Molekülmasse erklären. Bei den Alkanen steigen die Siedetemperaturen mit steigender Zahl von Kohlenstoffatomen

Einige Vertreter aus der homologen Reihe der Alkane

Name	Summenformel	Struktur	Smt. (°C)	Sdt. (°C)	Name/Formel der Radikale (Alkyle)
Methan	CH_4	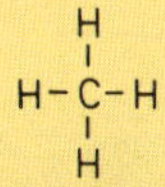	−184	−164	Methyl/CH_3—
Ethan	C_2H_6	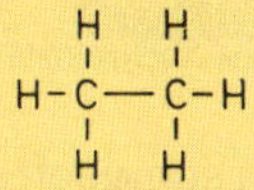	−172	−88,5	Ethyl/C_2H_5—
Propan	C_3H_8	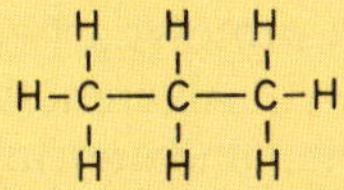	−190	−42,06	Propyl/C_3H_7—
Butan	C_4H_{10}	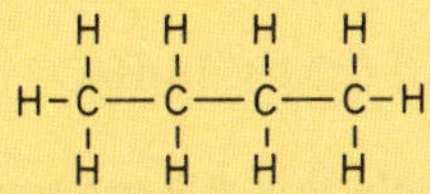	−135	−0,65	Butyl/C_4H_9—
Pentan	C_5H_{12}	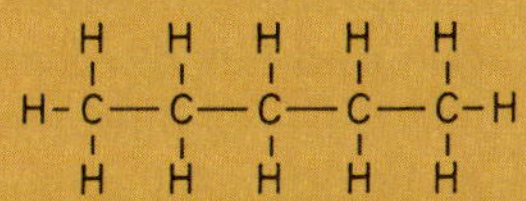	−130	36,2	Pentyl/C_5H_{11}—
Hexan	C_6H_{14}	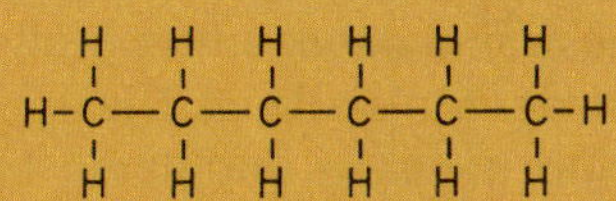	−94,3	69	Hexyl/C_6H_{13}—
. . .					
Hexadecan	$C_{16}H_{34}$	$H_3C{-}(CH_2)_{14}{-}CH_3$	17,8	287	Hexadecyl/$C_{16}H_{33}$—
Heptadecan	$C_{17}H_{36}$	$H_3C{-}(CH_2)_{15}{-}CH_3$	22,5	303	Heptadecyl/$C_{17}H_{35}$—
. . .					
Hexakontan	$C_{60}H_{122}$	$H_3C{-}(CH_2)_{58}{-}CH_3$	101	–	Hexakontyl/$C_{60}H_{121}$—

Allgemeine Summenformel: C_nH_{2n+2}

an, weil mit zunehmender Molekülgröße auch die Van-der-Waals-Kräfte größer werden. Die Tabelle auf Seite 241 zeigt, daß die ersten vier Glieder der homologen Reihe der Alkane bis zum Butan bei gewöhnlicher Temperatur gasförmig sind. Sie sind in reinem Zustand geruchlos und wie alle Alkane in Wasser nur sehr wenig löslich. Vom Pentan bis zum Hexadecan handelt es sich um farblose Flüssigkeiten von petroleumähnlichem Geruch, während die noch höheren Alkane fest sind (sog. Paraffine).

Je größer das Molekül, desto höher die Siedetemperatur

Molekülmodelle der ersten sechs Alkane

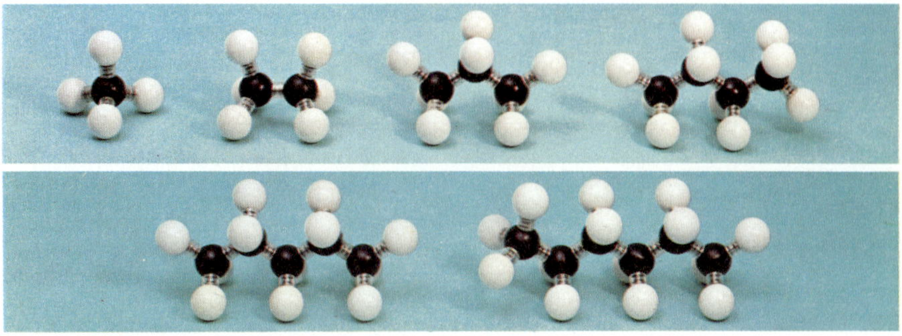

Die Bindungen in den Alkanen sind nur schwach polar. Sie können daher nur schwer heterolytisch gespalten werden. Alkane bilden aus diesem Grunde keine Ionen und nehmen nicht an protolytischen Reaktionen teil. Demgegenüber sind die Bindungen in Alkanmolekülen homolytisch leichter spaltbar. Alkane reagieren daher unter anderem mit Sauerstoff. Darauf beruht ihre Bedeutung als Brenn- und Treibstoffe:

$$2\ C_6H_{14} + 19\ O_2 \rightarrow 12\ CO_2 + 14\ H_2O \qquad |\ \Delta H = -8276\ kJ$$

Unpolare Stoffe lösen sich in unpolaren Lösungsmitteln, polare Stoffe in polaren Lösungsmitteln

3. Aus den Versuchen ergibt sich, daß Alkane untereinander, z. B. Paraffinöl in Benzin oder festes Paraffin in Benzin gut löslich sind. Dies läßt sich aus der Art der chemischen Bindungen und aus der Symmetrie der Alkanmoleküle verstehen. Wegen der unpolaren C–C-Bindungen und der sehr geringen Polarität der C–H-Bindungen besitzen Alkanmoleküle keinen Dipolcharakter. In den Alkanen sind deshalb Van-der-Waals-Kräfte als zwischenmolekulare Kräfte wirksam. Diese sind dabei um so größer, je größer die Oberfläche und je größer die Masse der Moleküle ist. Die unpolaren Alkanmoleküle z. B. des festen Paraffins sind daher in unpolaren Lösungsmitteln wie z. B. in anderen Alkanen gut löslich.
In Wasser jedoch sind die Alkane praktisch unlöslich. Als zwischenmolekulare Kräfte werden zwischen den Alkanmolekülen die Van-der-Waals-Kräfte wirksam, im Wasser werden die Wassermoleküle durch Wasserstoffbrücken zusammengehalten. Da Alkane mit Wasser nicht mischbar sind, kann angenommen werden, daß die Van-der-Waals-Kräfte der Alkanmoleküle untereinander bzw. die Wasserstoffbrücken der Wassermoleküle untereinander stärker sein müssen als die Kräfte, die zwischen Alkanmolekülen einerseits und den kleinen Dipolmolekülen des Wassers wirksam werden können.

Isomerie: gleiche Summenformel, aber unterschiedliche Eigenschaften

4. Mit Ausnahme der ersten drei Glieder der homologen Reihe können die Moleküle der Alkane auch aus verzweigten Ketten aufgebaut sein.
Vom Butan gibt es zwei Verbindungen. Sie haben die gleiche Summenformel, aber verschiedene Struktur und damit verschiedene Eigenschaften.
Die Erscheinung, daß Moleküle gleicher Summenformel verschiedene Eigenschaften besitzen können, bezeichnet man als Isomerie. Beruht die Isomerie, wie hier bei den Alkanen, auf der unterschiedlichen Verknüpfung der Atome in den Molekülen, so spricht man von Strukturisomerie.

Die Isomere des Butans

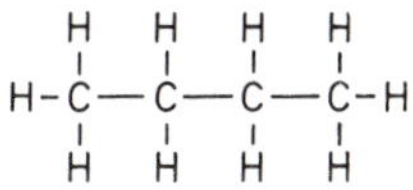

Sdt. − 0,5°C

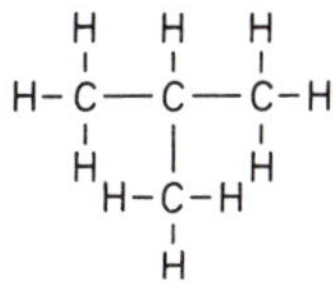

Sdt. − 11,7°C

Beim Pentan sind bereits drei Isomere, beim Hexan fünf Isomere möglich.

Pentane:

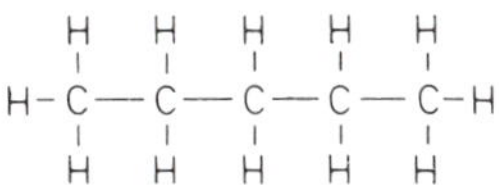

Sdt. 36°C

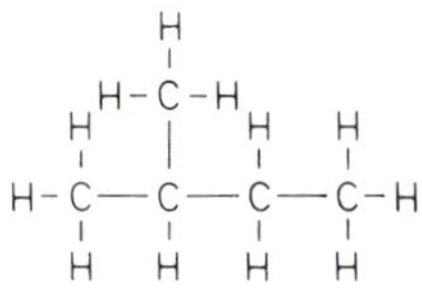

Sdt. 27,9°C

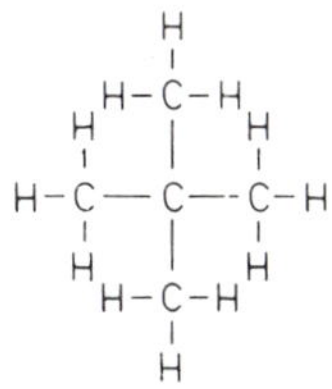

Sdt. 9°C

Hexane:

Je mehr C-Atome im Molekül, desto mehr Isomere

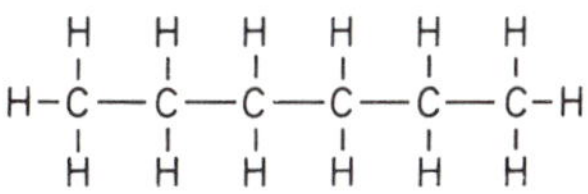

Sdt. 69°C

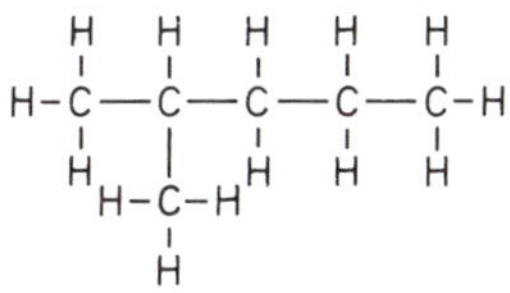

Sdt. 60,3°C

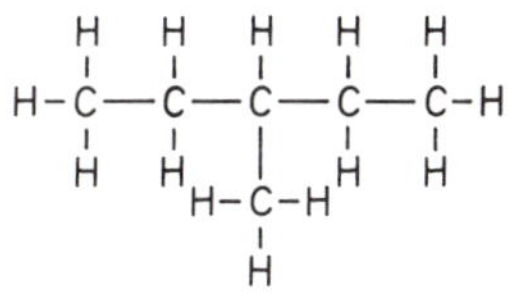

Sdt. 63,3°C

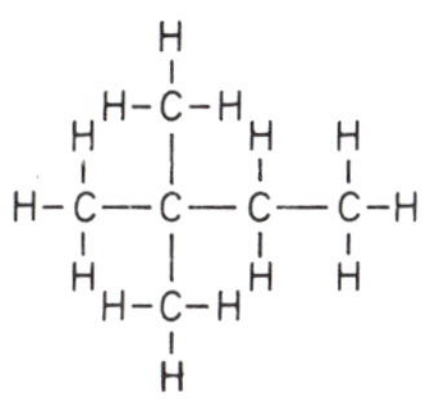

Sdt. 49,7°C

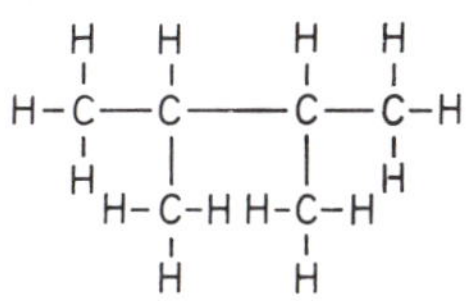

Sdt. 58°C

Wie ersichtlich, haben unverzweigte Alkane in der Regel eine höhere Siedetemperatur als verzweigte Alkane mit der gleichen Zahl von C-Atomen. Dies hängt unter anderem mit der kleineren Oberfläche der letzteren und den dadurch verminderten Van-der-Waals-Kräften zusammen.

Mit steigender Kohlenstoffzahl steigt die Anzahl möglicher Isomere stark an:

Zahl der Isomere bei Alkanen

Zahl der C-Atome	4	5	6	7	8	9	10	20	30
Zahl der Isomere	2	3	5	9	18	35	75	366 319	4 111 846 763

Benennung der Alkane

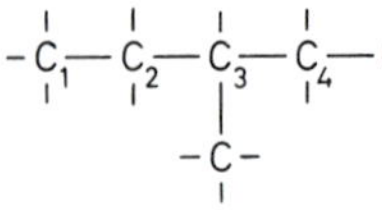

richtig!

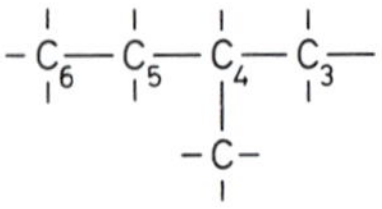

falsch!

5. Für die Benennung der Alkane gelten folgende Regeln[1]:

- Zunächst wird die längste Kette durchnumeriert. Aus der Zahl der C-Atome ergibt sich der Name der Grundkette[2]: ...-hexan.
- Man ermittelt die Namen der Seitenketten: ...-Methylhexan.
- Schließlich wird noch die Nummer der C-Atome angegeben, an denen die Seitenketten hängen: 3-Methylhexan. (Grundsätzlich wird so durchnumeriert, daß die C-Atome mit Seitenketten möglichst niedrige Nummern erhalten; also nicht: 4-Methylhexan.)

Weitere Beispiele:

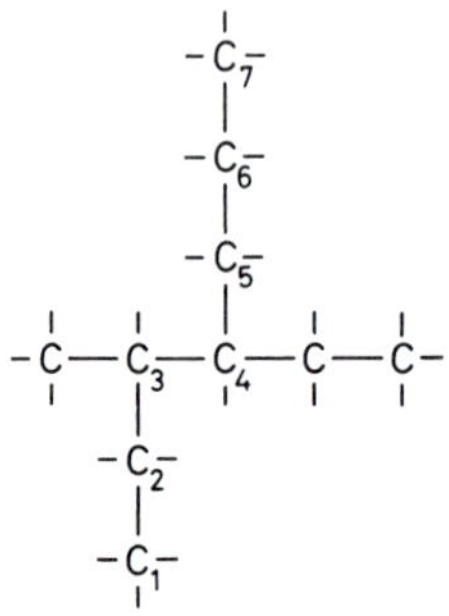

3-Methyl-4-ethylheptan

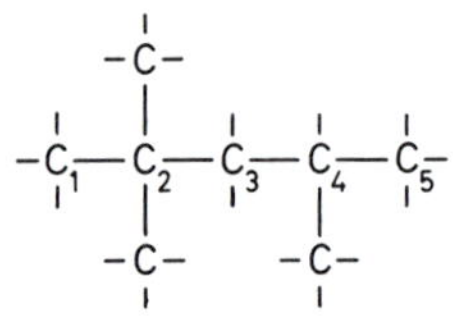

2,2,4-Trimethylpentan (Isooctan)

Cycloalkane enthalten C-Ringe

6. Eine weitere, jedoch weniger bedeutende homologe Reihe bilden die sogenannten Cycloalkane. Sie enthalten wie die Alkane nur C–C-Einfachbindungen und C–H-Bindungen, bilden jedoch ringförmige Moleküle. Die einfachste Verbindung dieser Reihe ist das gasförmige Cyclopropan (C_3H_6). In diesem Molekül wird der Tetraederwinkel nicht erreicht; der Bindungswinkel im Cyclopropan beträgt 60 °. Die hybridisierten Kohlenstoffatome überlappen nur geringer. Damit kann die niedrigere Bindungsenergie gedeutet werden. Daher ist Cyclopropan sehr reaktionsfähig.
Auch das Cyclobutan (C_4H_8) ist aus den gleichen Gründen noch recht reaktiv. Beständiger sind erst die 5- und 6-Ringe, also Cyclopentan und Cyclohexan. Die allgemeine Summenformel der Cycloalkane lautet C_nH_{2n}.

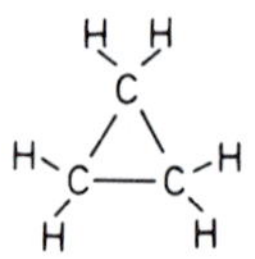

Cyclopropan

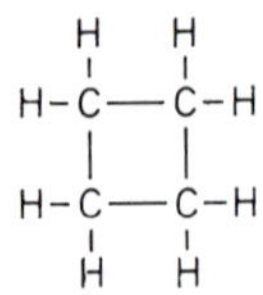

Cyclobutan

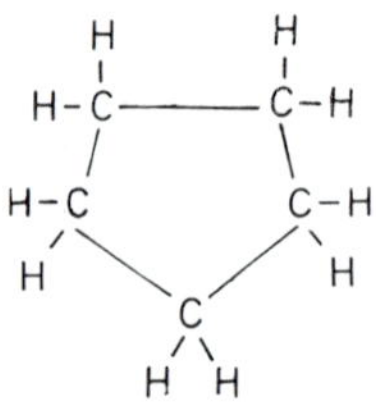

Cyclopentan

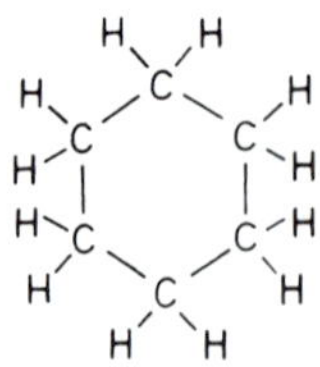

Cyclohexan

[1] Im Interesse der internationalen Verständigung wurden Regeln für die Benennung von Verbindungen durch die IUPAC (Internationale Union für praktische und angewandte Chemie) aufgestellt.

[2] In den Formeln sind die H-Atome nicht eingezeichnet.

A1 Erklären Sie, weshalb die C – C-Einfachbindung relativ stabil ist.

A2 Wie lauten die Namen der Pentan- und Hexanisomere?

A3 Eine Verbindung der Alkanreihe hat nebenstehende Struktur. Wie lautet der Name dieser Substanz?

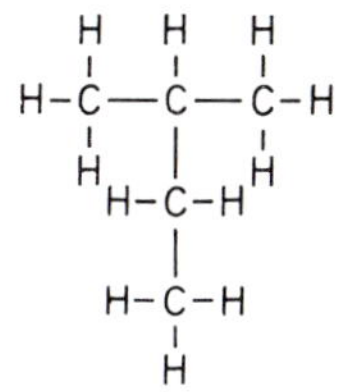

A4 Stellen Sie die Strukturformel der Verbindung 2,2-Dimethyl-3,4-diethylhexan auf.

A5 Wieviel Liter Sauerstoff werden verbraucht, wenn 1 Liter Hexan (Dichte 0,66 g/cm³) vollständig verbrannt wird?

A6 Wie können die unterschiedlichen Beobachtungen von Versuch V3 erklärt werden?

14.4 Halogenalkane

Vorsicht: Alkane und Halogenalkane sind meist brennbar und zum Teil leicht entzündlich. Halogenalkandämpfe sind zum Teil giftig – nicht einatmen!

Wie reagieren Alkane mit Halogenen?

V1 Zwei mit *Methan* bzw. *Chlor (giftig)* gefüllte Standzylinder werden *mit einem Handtuch umwickelt* und so aufeinandergestellt, daß sich die Gase vermischen. Nach Trennen der beiden Standzylinder wird das *Methan-Chlor-Gemisch (explosiv)* des einen Standzylinders an der Bunsenbrennerflamme entzündet und das Verbrennungsprodukt mit *Ammoniakgas (giftig)* geprüft.
Der zweite Standzylinder wird mit der Öffnung nach unten in eine gesättigte Kochsalzlösung gestellt und einige Zeit im diffusen Tageslicht stehengelassen. Was ist zu beobachten?

V2 In zwei 100-cm³-Erlenmeyerkolben gibt man je 20 cm³ *Hexan* und versetzt mit je 0,5 bis 1 cm³ *Brom (ätzend; giftige Dämpfe)*. Ein Kolben wird im Dunkeln aufbewahrt, der andere mit einer UV-Lampe bestrahlt. In welchem Kolben findet eine Reaktion statt? Prüfung der Reaktionsprodukte mit Lackmuspapier und Ammoniak!

Welche Eigenschaften haben Halogenalkane?

V3 In verschiedenen Porzellanschalen werden folgende Stoffe auf Brennbarkeit geprüft: *Monochlorethan* (C_2H_5Cl), *Chloroform* ($CHCl_3$), *Monobromethan* (C_2H_5Br) und *Tetrachlorkohlenstoff* (CCl_4) *(Dämpfe nicht einatmen!)*.

V4 Aus einer Ampulle sprüht man *Monochlorethan* auf die Hand bzw. in die Bunsenflamme *(Dämpfe nicht einatmen!)*.

V5 Die Löslichkeit von *Chloroform, Monochlorethan,* Iodoform, Bromoform ($CHBr_3$) und *Tetrachlorkohlenstoff* in Wasser wird überprüft.

Wie kann man Halogenalkane nachweisen?

V6 Ein jeweils frisch ausgeglühter und wiedererkalteter Kupferblechstreifen wird in folgende Stoffe getaucht und danach in die Bunsenflamme gehalten: *Chloroform, Tetrachlorkohlenstoff, Monochlorethan,* Iodoform (CHI_3).

Aus Alkanen und Halogenen entstehen Halogenalkane

1. Alkane sind vielen Stoffen gegenüber reaktionsträge. Mit Halogenen dagegen reagieren sie teilweise sehr heftig. So setzt sich das reaktionsfähigste Halogen, Fluor, bereits bei Zimmertemperatur mit allen Alkanen um, zum Teil sogar explosionsartig.
Das sehr viel weniger reaktionsfähige Brom reagiert, z. B. mit Hexan, bei Belichtung. Dabei entsteht als Nebenprodukt Bromwasserstoff (HBr). Bei der Reaktion müssen also Brommoleküle und C – H-Bindungen des Alkans gespalten worden sein. Im Hexan werden Wasserstoffatome durch Bromatome ersetzt:

$$C_6H_{14} + Br_2 \xrightarrow{\text{UV-Licht}} \underset{\text{Monobromhexan}}{C_6H_{13}Br} + HBr$$

Die Reaktion eines Halogens mit einem Alkan bleibt nicht auf eine einzige C–H-Bindung beschränkt, sondern es entstehen Gemische verschiedener Halogenalkane. Zum Beispiel erhält man durch Einwirkung von Chlor auf Methan vier verschiedene Verbindungen, sogenannte Abkömmlinge oder Derivate – in diesem Fall Chlorderivate – des Methans:

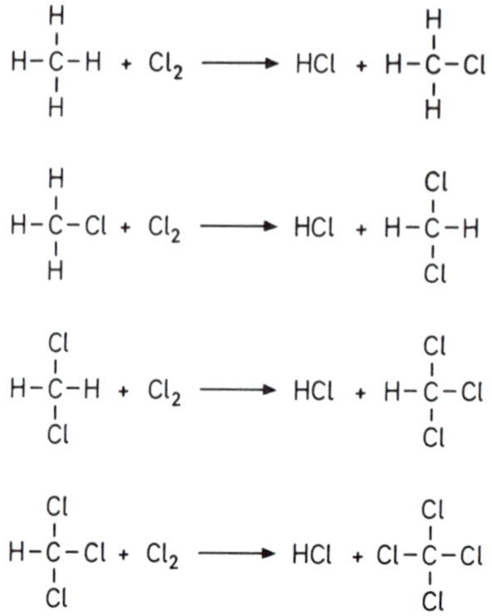

Monochlormethan

Dichlormethan

Trichlormethan (Chloroform)

Tetrachlormethan (Tetrachlorkohlenstoff)

Substitution: Austausch von Atomen oder Atomgruppen

Reaktionen, bei denen Atome oder Atomgruppen durch andere Atome oder Atomgruppen ersetzt werden, bezeichnet man als Substitutionsreaktionen.[1]

2. Bei der Substitution von Hexan mit Brom lassen sich drei Teilschritte unterscheiden:

Startreaktion: Entstehung von Radikalen

– Zunächst absorbieren die Halogenmoleküle Licht, wobei ihr Energieinhalt erhöht wird. Dabei kann es zu einer homolytischen Spaltung des Halogenmoleküls kommen, so daß Halogenatome als Radikale entstehen:

$$|\overline{Br}-\overline{Br}| \xrightarrow{\text{Lichtenergie}} |\overline{Br}\cdot + \cdot\overline{Br}|$$

Kettenreaktion: Bei jedem Reaktionsschritt entstehen erneut reaktionsfähige Radikale

– Beim Zusammenstoß eines Bromatoms mit einem Hexanmolekül wird eine C–H-Bindung homolytisch gespalten. Es entstehen Bromwasserstoff (HBr) und ein Hexanradikal:

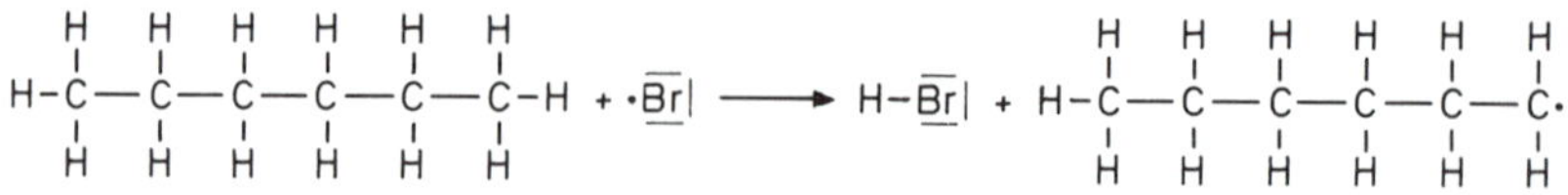

Hexanradikal

– Trifft ein solches Hexanradikal mit einem Brommolekül zusammen, so können Bromhexan sowie ein weiteres Bromatom entstehen:

[1] *substituere* (lat.) ersetzen.

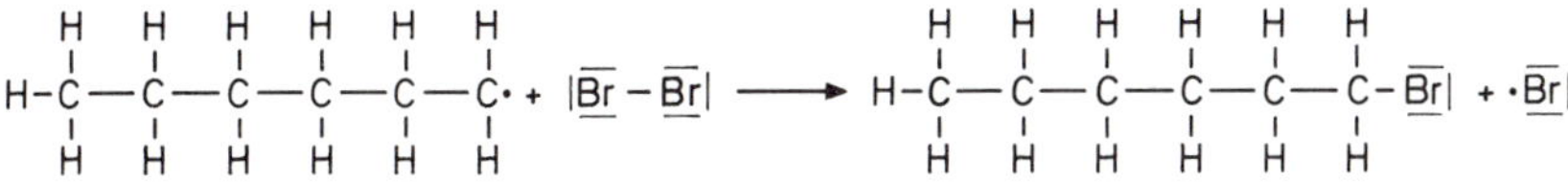

Monobromhexan

Abbruchreaktion: Reaktion von zwei Radikalen miteinander

So gebildete Bromatome können nun in einer Kettenreaktion erneut mit Hexanmolekülen reagieren. Die Kettenreaktion bricht erst ab, wenn zwei Radikale zusammenstoßen und miteinander reagieren. Je nach Reaktionsbedingungen (Dauer der Reaktion, Stoffmengen, Katalysator, Temperatur) können verschieden viele Wasserstoffatome der Alkane durch Halogenatome substituiert werden. Da bei der Reaktion Radikale als Zwischenprodukte auftreten, wird sie als radikalische Substitution bezeichnet.

Eigenschaften von Halogenalkanen

3. Die Halogenalkane sind in der Regel spezifisch schwere, süßlich riechende, in Wasser praktisch unlösliche Flüssigkeiten. Einige, wie Monochlormethan, Monobromethan und Monochlorethan, sind gasförmig. In der nachfolgenden Tabelle sind einige wichtige Halogenalkane und deren Verwendung zusammengestellt. Wegen ihrer erhöhten Reaktivität spielen Halogenalkane auch als Zwischenprodukte für chemische Synthesen eine bedeutende Rolle.

Halogenalkane von praktischer Bedeutung

Name	Formel	Sdt. (°C)	Eigenschaften	Verwendung
Trichlormethan (Chloroform)	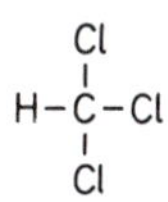	61	Farblose Flüssigkeit, süßlicher Geruch, stark lichtbrechend	Lösungsmittel für Fette, Harze, Iod; Narkotikum
Tetrachlormethan (Tetrachlorkohlenstoff)	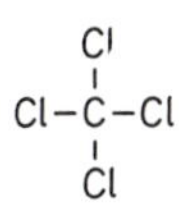	76,5	Giftig, nicht brennbar, farblose Flüssigkeit, süßlicher Geruch	Lösungsmittel für Harze und Fette, chemische Reinigung
Difluordichlormethan (Freon 12, Frigen 12)	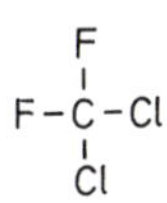	−29,8	Unbrennbares, nicht giftiges Gas, nicht korrosiv wirkend	Kältemittel für Kühlanlagen, Treibgas für Sprays
Monochlorethan	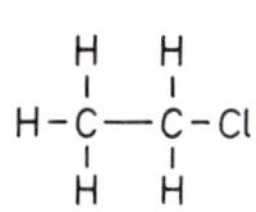	12	Leicht bewegliche, farblose Flüssigkeit, hohe Verdunstungskälte	Kältemittel, örtliches Betäubungsmittel
Triiodmethan (Iodoform)	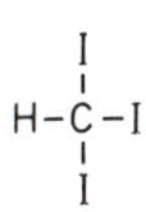		Gelbe Blättchen bildender Feststoff (Smt. 119 °C), charakteristischer Geruch, keimtötende Wirkung	Desinfektionsmittel für Wunden

4. Der Nachweis der Halogene in Halogenalkanen gelingt mit Hilfe eines erhitzten Kupferbleches (sogenannte Beilsteinprobe[1]). In Gegenwart von Kupfer bilden sich in der Flamme Kupferhalogenide, welche eine grüne Flammenfärbung hervorrufen.
Halogenalkane sind mit Wasser nur wenig mischbar. Die Halogenderivate eines bestimmten Alkans besitzen im allgemeinen höhere Schmelz- und Siedetemperaturen als das betreffende Alkan selber. Dies ist auf die größeren Van-der-Waals-Kräfte zurückzuführen, die durch die höheren Molekülmassen der Halogenalkane bedingt sind.

A_1 Reines Chloroform soll mit alkoholischer Silbernitratlösung versetzt werden. Warum ist keine Reaktion möglich, obwohl die Substanz Halogen enthält? Wie könnte man das Chlor nachweisen?

A_2 Formulieren Sie die radikalische Substitution am Beispiel der Reaktion von Methan mit Chlor.

A_3 Monochlormethan siedet bei −24 °C, Dichlormethan bei 39,8 °C, Trichlormethan bei 61 °C, Tetrachlormethan bei 76,5 °C. Wie sind die unterschiedlichen Siedetemperaturen zu erklären?

A_4 Chloroform löst sich in Wasser etwas besser als Tetrachlormethan. Wie ist das zu erklären?

14.5 Alkene

Vorsicht: Die in den folgenden Versuchen verwendeten bzw. auftretenden Gase sind sehr leicht entzündlich und im Gemisch mit Luft explosiv.

Herstellung von Ethen

V_1 In einem 100-cm^3-Rundkolben, der über einen Gummistopfen mit einem langen Steigrohr verbunden ist, wird ein Gemisch aus etwa 6 g Zinkpulver und 3 cm^3 *1,2-Dibromethan (giftige Dämpfe)* über einem Drahtnetz erhitzt. Sobald die Luft durch die lebhafte Gasentwicklung aus dem Rundkolben verdrängt ist, fängt man das *Gas* in einer Gasmeßglocke auf.

V_2 In einen 200-cm^3-Erlenmeyerkolben mit Stopfen und Gasableitungsrohr gibt man 10 cm^3 96%iges *Ethanol (leicht entzündlich)*, etwas Quarzsand und anschließend langsam 15 cm^3 *konzentrierte Schwefelsäure (ätzend)*. Dann wird vorsichtig bis 150 °C erwärmt und das *entstehende Gas* mit Hilfe einer pneumatischen Wanne in Standzylindern aufgefangen.

Zusammensetzung und Eigenschaften von Ethen

V_3 Der *Inhalt* eines Standzylinders von Versuch V_1 oder V_2 wird entzündet. Anschließend gibt man etwas Kalkwasser dazu und schüttelt gut durch.

V_4 Die Verbrennungsprodukte einer Ethylenflamme werden mit Hilfe einer Wasserstrahlpumpe über einen Trichter durch ein gekühltes U-Rohr und danach durch eine Waschflasche mit Kalkwasser geleitet.

V_5 In einen Standzylinder von Versuch 1 gibt man etwas *Bromwasser (giftige Dämpfe)*, verschließt mit einer Glasscheibe und schüttelt gut durch. Dasselbe wird unter Verwendung einer Lösung mit 10% Natriumcarbonat (Na_2CO_3) und etwas Kaliumpermanganat ($KMnO_4$) wiederholt. Zum Vergleich führt man dieselben Reaktionen mit *Ethan* durch.

V_6 Durch eine Waschflasche mit *Bromwasser (giftige Dämpfe)* leitet man *Stadtgas*.

V_7 Einem Standzylinder von Versuch 2 wird im Verhältnis 1 : 15 Luft zugemischt. Nach *Umwickeln mit einem Handtuch* wird das *Gemisch* gezündet *(Schutzscheibe! Schutzbrille!)*.

[1] Nach dem St. Petersburger Chemiker Friedrich Beilstein (1838–1906).

1. Bei der Reaktion von 1,2-Dibromethan mit Zinkpulver erhält man ein farbloses Gas, das Ethen (Ethylen), mit der Formel C_2H_4 und Zinkbromid:

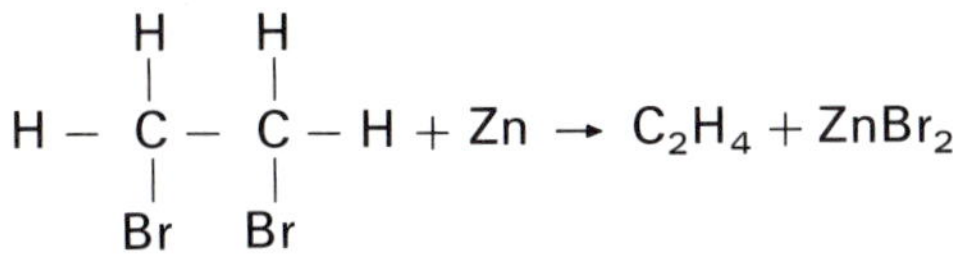

Ethen: C_2H_4

Ethen kann für Laboratoriumszwecke auch durch Reaktion von Ethanol (C_2H_5OH) mit Schwefelsäure hergestellt werden:

$$C_2H_5OH \xrightarrow{H_2SO_4} H_2O + C_2H_4$$

Ethen ist ein brennbares Gas, das mit rußender und leuchtender Flamme verbrennt. Dabei werden in exothermer Reaktion Kohlenstoffdioxid und Wasser als Verbrennungsprodukte gebildet:

$$C_2H_4 + 3\,O_2 \rightarrow 2\,CO_2 + 2\,H_2O \qquad |\,\Delta H = -1386 \text{ kJ}$$

2. Ethen ist wie Methan ein Kohlenwasserstoff. Die Summenformel C_2H_4 zeigt jedoch, daß es sich nicht um ein Alkan handeln kann. Man muß vielmehr annehmen, daß das Ethenmolekül eine C=C-Doppelbindung besitzt:

Strukturformel von Ethen:

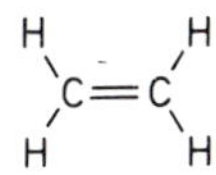

Modelle des Ethenmoleküls

Das linke Modell des Ethenmoleküls läßt die Größenverhältnisse der Atome erkennen; das rechte Modell zeigt die Winkel im Ethenmolekül, die Anordnung der Atome in einer Ebene und die Tatsache, daß die C=C-Bindung nicht mehr frei drehbar ist.

Strukturuntersuchungen zeigen, daß im Ethenmolekül sowohl die H–C–H-Bindungen wie auch die H–C=C-Bindungen Winkel von 120° einschließen, daß die C=C-Bindungslänge 135 pm, die C–H-Bindungslänge 107 pm beträgt und daß alle Atome des Moleküls in einer Ebene liegen.

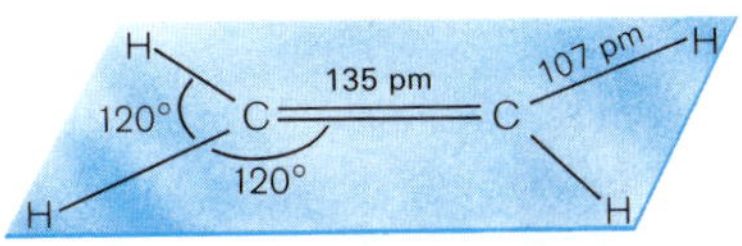

Bindungslängen und Bindungswinkel im Ethenmolekül

3. Überprüft man diese Struktur anhand der Elektronenkonfiguration des Kohlenstoffatoms, so ergibt sich, daß jedes Kohlenstoffatom wie in den Alkanen vier Bindungen betätigt. Da aber der Bindungswinkel von 120° stark vom Tetraederwinkel (109°28′) abweicht, ist die Annahme einer sp^3-

Hybridisierung im Ethen, die zu vier gleichartigen Bindungen führen würde, nicht sinnvoll. Auch die Bindungsenergie der C=C-Doppelbindung, die mit 594 kJ bei weitem nicht doppelt so hoch ist wie die der C–C-Einfachbindung in Alkanen (347 kJ), zeigt, daß im Ethen andere Bindungsverhältnisse herrschen müssen. Deshalb stellt man sich hier eine andere Art der Hybridisierung vor, die sogenannte sp^2-Hybridisierung. Man geht dabei von der Elektronenkonfiguration des angeregten Kohlenstoffatoms aus:

C=C-Doppelbindung mit sp^2-hybridisierten C-Atomen

$_6$C   1s [↑↓]   2s [↑]   2p [↑ | ↑ | ↑]

Nun wird das 2s-Orbital mit nur zwei der drei vorhandenen 2p-Orbitale hybridisiert, und es entstehen drei identische Hybridorbitale, die sogenannten sp^2-Hybridorbitale. Das dritte 2p-Orbital des C-Atoms bleibt von der Hybridisierung unberührt:

$_6$C sp^2-hybr.   1s [↑↓]   2sp^2 [↑ | ↑ | ↑]   2p [↑]

Die Form der sp^2-Hybridorbitale ist sehr ähnlich wie die der sp^3-Hybridorbitale. Dabei liegen die drei sp^2-Hybridorbitale in einer Ebene und bilden zueinander Winkel von 120°. Das verbliebene p-Orbital steht senkrecht zur Ebene der sp^2-Hybridorbitale (vgl. nachfolgende Abbildung links):

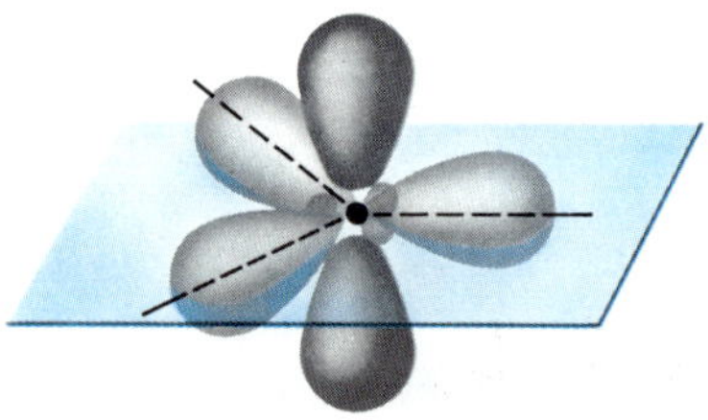

sp^2-Hybridorbitale mit senkrecht zur Ebene stehendem 2p-Orbital

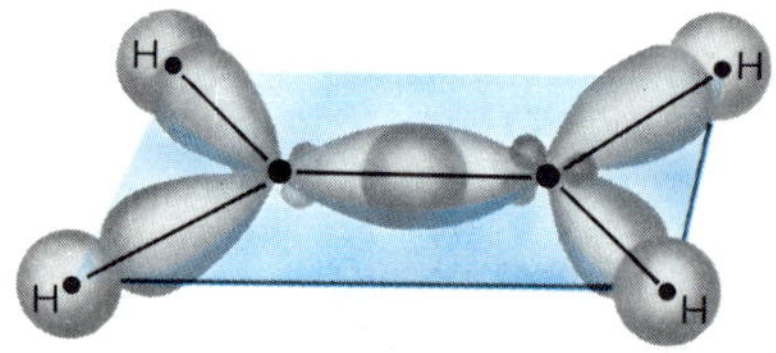

Überlappung der sp^2-Hybridorbitale im Ethen (die p-Orbitale sind nicht dargestellt)

4. Bei der Molekülbildung des Ethens überlappen nun zwei der drei 2sp^2-Hybridorbitale der Kohlenstoffatome jeweils mit den 1s-Orbitalen von zwei Wasserstoffatomen, während das dritte sp^2-Hybridorbital des einen Kohlenstoffatoms mit dem dritten sp^2-Hybridorbital des anderen Kohlenstoffatoms überlappt (vgl. obige Abbildung rechts). So entstehen je zwei C–H-Bindungen und eine C–C-Bindung, die in einer Ebene liegen und einen Winkel von 120° zueinander besitzen. Die C–C-Bindung kommt durch Überlappung zweier Hybridorbitale zustande, die rotationssymmetrisch zur Bindungsachse liegen. Die an der Hybridisierung nicht beteiligten 2p-Orbitale der beiden Kohlenstoffatome, die senkrecht zu dieser Molekülebene stehen, überlappen ebenfalls. Auch hierbei kommt es zu einer Atombindung, bei der die Überlappung der Orbitale aber seitlich der Bindungsachse (über und unter der Molekülebene) erfolgt:

Ethen: ebenes Molekül mit Bindungswinkeln von 120°

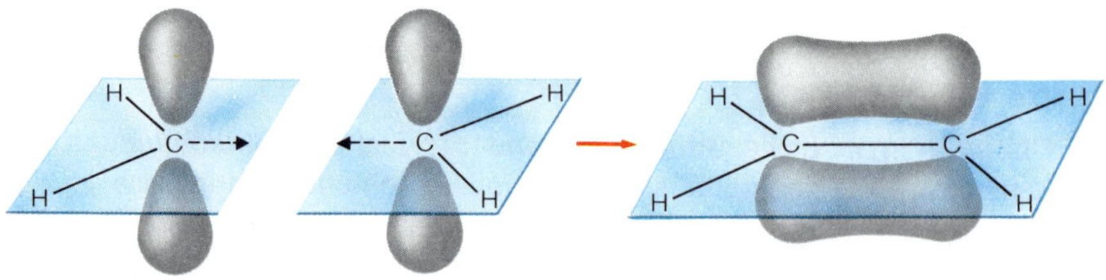

Überlappung der p-Orbitale im Ethenmolekül

5. Nach dieser Modellvorstellung unterscheiden wir also zwei verschiedene Bindungsarten:

- Im einen Fall überlappen hybridisierte sp-Orbitale zweier C-Atome untereinander oder mit dem s-Orbital von Wasserstoff. Die Überlappung erfolgt zwischen den Atomen in deren Bindungsachse. Diese Bindung wird als σ- (Sigma-) Bindung bezeichnet. Diese Bindungsart liegt in allen C–C- bzw. C–H-Bindungen der Alkane vor.
- Im anderen Fall überlappen zwei nichthybridisierte p-Orbitale. Die Überlappung erfolgt dabei beidseits der Bindungsachse; diese Bindung wird als π- (Pi-) Bindung bezeichnet.

σ-Bindung und π-Bindung

Da die Überlappung von p-Orbitalen nicht so stark sein kann wie diejenige hybridisierter Orbitale, ist eine π-Bindung schwächer als eine σ-Bindung zwischen zwei C-Atomen.

6. Aus dem Bau des Moleküls lassen sich viele Eigenschaften des Ethens verstehen. Ethenmoleküle besitzen keinen Dipolcharakter; zwischen ihnen herrschen nur schwache Van-der-Waals-Kräfte. Deshalb ist Ethen ein Gas (Smt. −169,2 °C, Sdt. −103,7 °). Ähnlich den Alkanen ist Ethen bei Zimmertemperatur beständig, kann bei höheren Temperaturen aber leicht oxidiert werden. Im Vergleich zum Ethanmolekül wird eine wesentlich höhere Reaktionsfähigkeit festgestellt. So wird Bromwasser durch Ethen entfärbt, wobei Brom an das Ethenmolekül angelagert wird. Auch die Entfärbung einer alkalischen Kaliumpermanganatlösung (sogenannte «Baeyersche Probe[1]») ist ein Hinweis auf die erhöhte Reaktionsfähigkeit, die mit dem Vorhandensein der C=C-Doppelbindung im Molekül zusammenhängt.

Ethen ist reaktionsfreudiger als Ethan

Die Entfärbung von Bromwasser und die Baeyersche Probe dienen allgemein zum Nachweis von Mehrfachbindungen zwischen Kohlenstoffatomen in organischen Molekülen. Bei diesen Reaktionen erweist sich die π-Bindung als die eigentliche reaktionsfähige Stelle des Moleküls.

Nachweis der Doppelbindung

7. Die bei der Anlagerung von Brom an Ethen im einzelnen ablaufenden Vorgänge sind gut untersucht. Durch die π-Bindung besitzt das Ethen an der C=C-Doppelbindung eine Stelle erhöhter negativer Ladungsdichte. Sie polarisiert ein sich näherndes Brommolekül, das dadurch Teilladungen erhält:

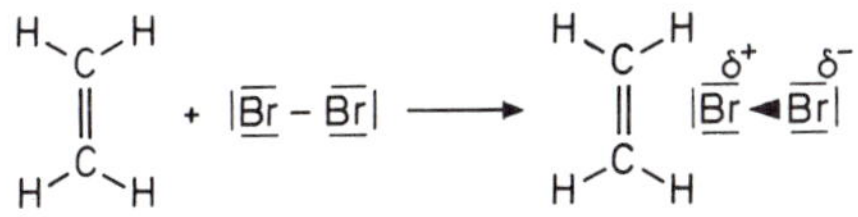

Unter der zusätzlichen Wirkung eines polaren Lösungsmittels wird das Brommolekül heterolytisch gespalten, wobei ein Br^+-Kation und ein Br^--Anion entstehen. Das Br^+-Kation greift sofort an der π-Bindung des Ethens an. Teilchen, die wie das Br^+-Kation an Stellen erhöhter negativer Ladungsdichte angreifen, heißen elektrophile[2] Teilchen. Man spricht daher vom

Elektrophile und nukleophile Reaktion

[1] Nach Adolf von Baeyer (1835–1917), Professor der Chemie in Straßburg und München.
[2] *philos* (gr.) der Freund; elektrophil also «elektronenfreundlich» oder elektronensuchend.

elektrophilen Angriff des Br^+-Kations. Dabei wird die π-Bindung des Ethens gelöst und das Br^+-Kation in einer σ-Bindung an das Ethen angelagert, wobei ein Teilchen mit positiv geladenem Kohlenstoffatom, ein sogenanntes Carbenium-Ion,[1] entsteht:

Carbenium-Ion

Dieses Carbenium-Ion reagiert nun mit dem noch vorhandenen Br^--Anion. Teilchen, die wie das Br^--Anion Elektronenüberschuß besitzen, bezeichnet man als nukleophile («kernsuchende») Teilchen. Br^- greift also nukleophil am Carbenium-Ion an und bildet ebenfalls eine σ-Bindung aus:

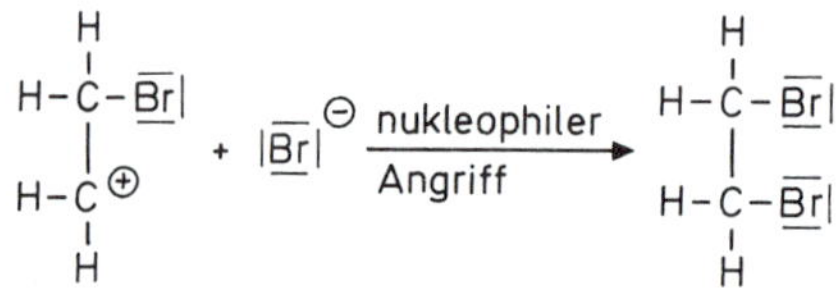

Additionsreaktion: Anlagerung von Atomen oder Atomgruppen

8. Insgesamt wird bei der Reaktion Brom an das Ethen angelagert, addiert:

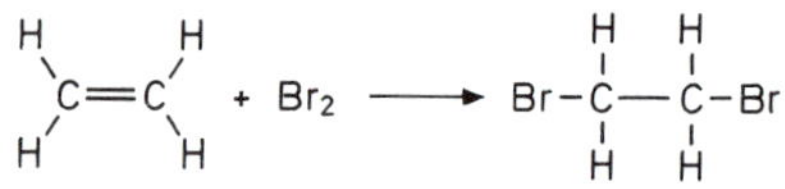

1,2-Dibromethan

Reaktionen dieser Art werden als Additionsreaktionen bezeichnet. Da bei der Brom-Anlagerung der erste Reaktionsschritt im elektrophilen Angriff eines Br^+-Kations besteht, bezeichnet man die Reaktion als elektrophile Addition. In gleicher Weise ist auch die Addition von Halogenwasserstoff oder von Wasserstoff an Ethen möglich:

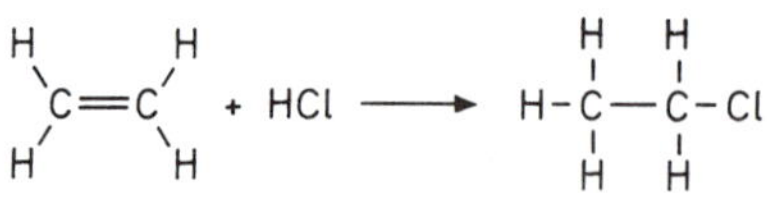

Monochlorethan

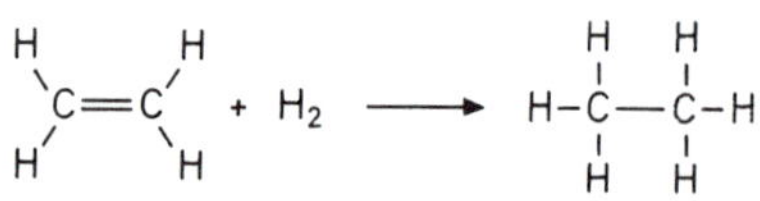

Ethan

Eine Verbindung, welche, wie Ethen, noch Wasserstoff anzulagern vermag, wird als «ungesättigt» bezeichnet. Demgegenüber sind z. B. Alkane «gesättigte» Verbindungen.

[1] Früher als Carbonium-Ion bezeichnet.

cis-trans-Isomerie

9. Infolge der π-Bindung ist die im Ethan vorhandene Drehbarkeit um die C–C-Bindungsachse im Ethenmolekül blockiert. So sind Derivate des Ethens möglich, in welchen die Atome zwar gleich miteinander verknüpft, aber räumlich anders angeordnet sind. Es wurden zwei isomere 1,2-Dichlorethene gefunden, die sich in ihren physikalischen Eigenschaften unterscheiden. Liegen dabei die Chloratome auf der gleichen Seite des Moleküls, also benachbart, so spricht man von cis-1,2-Dichlorethen (Sdt. 60,3 °C). Beim trans-1,2-Dichlorethen (Sdt. 47,7 °C) liegen sie auf verschiedenen Seiten. Diese Form der Isomerie bezeichnet man als cis-trans-Isomerie.

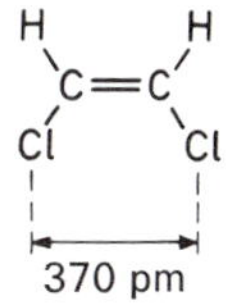

cis-1,2-Dichlorethen
(Sdt. 60,3°C)

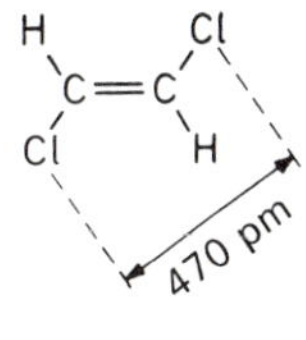

10. Wie vom Methan die Alkanreihe, kann vom Ethen ebenfalls eine homologe Reihe, die der sogenannten Alkene, abgeleitet werden. Die Alkene enthalten nur die Elemente Kohlenstoff und Wasserstoff und sind durch die Atomgruppe C=C als reaktionsbestimmende, sogenannte funktionelle Gruppe charakterisiert. Da die Doppelbindung an verschiedenen Stellen des Moleküls sitzen und außerdem Anlaß zu cis-trans-Isomerie geben kann, ergeben sich gegenüber den entsprechenden Alkanen zusätzliche Isomeriemöglichkeiten.

Funktionelle Gruppen

Die Namen der Alkene lassen sich von denjenigen der Alkane dadurch ableiten, daß man die Endung «an» durch die Endung «en» ersetzt; z. B. wird aus Eth*an* Eth*en*, aus Prop*an* Prop*en*. Die Stellung der C=C-Doppelbindung im Molekül wird so bezeichnet, daß man die Nummer des C-Atoms, an dem die Doppelbindung beginnt, dem Namen (mit Bindestrich) vorsetzt.

Homologe Reihe der Alkene: C_nH_{2n}

Wie bei den Alkanen sind auch die niederen Alkene (bis Buten) bei Normalbedingungen gasförmig, die höheren (C_5H_{10} bis $C_{15}H_{30}$) flüssig; größere Moleküle bilden Feststoffe.

Erdöl – Ethen – Kunststoff

11. Eine wichtige Verbindung der Alkenreihe ist das Ethen. Seine großtechnische Darstellung erfolgt fast ausschließlich aus Erdöl. Ethen wird besonders zur Herstellung des Kunststoffs Polyethylen verwendet, welcher aus Ethen in Gegenwart bestimmter Katalysatoren bei höherer Temperatur und unter Druck entsteht:

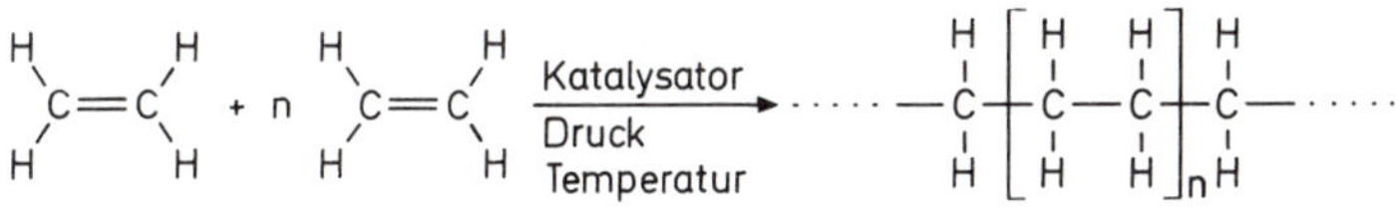

Ausschnitt aus einer Polyethylenkette

Diene und Polyene

12. Schließlich gibt es auch Verbindungen, die nicht nur eine, sondern zwei oder mehr Doppelbindungen im Molekül besitzen. Sie werden als Diene bzw. Polyene bezeichnet. Ein wichtiger Vertreter der Diene ist das 1,3-Butadien (Sdt. −4,4 °C):

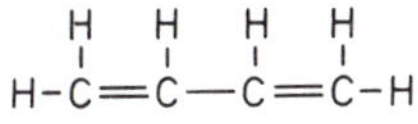

1,3-Butadien wird vor allem zur Herstellung von synthetischem Kautschuk verwendet.

Homologe Reihe der Alkene

Name	Summenformel	Struktur	Smt. (°C)	Sdt. (°C)
Ethen (Ethylen)	C_2H_4	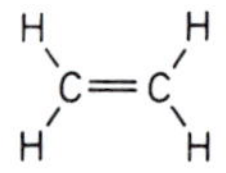	−169,4	−103,7
Propen	C_3H_6	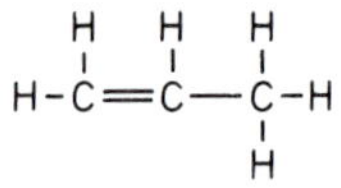	−185	− 47,7
1-Buten	C_4H_8	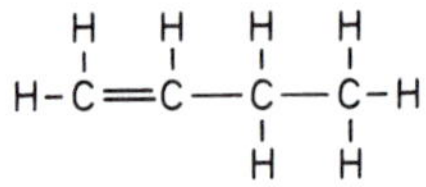	−186	− 6,5
2-Buten	C_4H_8	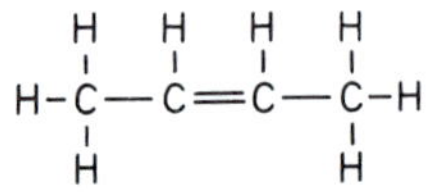	−139,3	− 3,7
2-Methyl-1-propen	C_4H_8	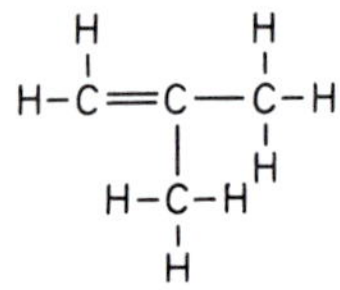	−140	− 6,6
1-Penten	C_5H_{10}	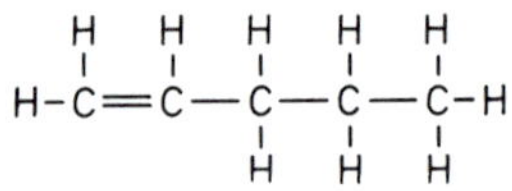	−166	30,1
1-Hexen	C_6H_{12}	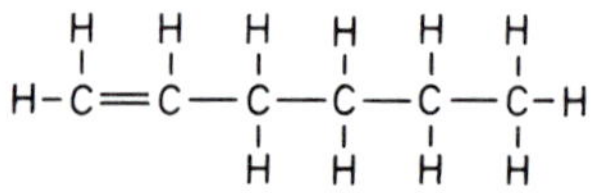	−138	63,5

Allgemeine Summenformel: C_nH_{2n}

A1 Welcher Reaktionsgleichung folgt die Reaktion von Ethen mit Chlorwasserstoff? Welcher Stoff entsteht dabei? Welcher Reaktionsmechanismus läuft ab?

A2 Wie viele Pentene sind möglich? Wie sind sie zu bezeichnen?

A3 Geben Sie die Formeln folgender Verbindungen an: 1-Buten, cis-2-Buten, trans-2-Buten, 2-Methyl-2-buten

A4 Folgende Stoffe werden mit Bromwasser geschüttelt: Hexan, 1-Hexen, Cyclohexan, 2-Methyl-2-penten. Welche Stoffe reagieren?

A5 Was ist ein Carbenium-Ion? Wie kann es gebildet werden?

14.6 Alkine

Vorsicht: Das in den folgenden Versuchen auftretende Gas Ethin ist sehr leicht entzündlich; Gemische mit Luft sind explosiv.

Herstellung und Zusammensetzung von Ethin

V1 In einem 250-cm^3-Rundkolben mit aufgesetztem Tropftrichter und Gasableitungsrohr läßt man Wasser auf einige erbsengroße Stücke Calciumcarbid (CaC_2) tropfen. Nachdem alle Luft verdrängt ist, leitet man das bei der Reaktion *entstehende Gas* mit Hilfe einer pneumatischen Wanne in mehrere Standzylinder. *Vor der weiteren Verwendung ist zu prüfen, ob das Gas luftfrei ist (Knallgasprobe!).*

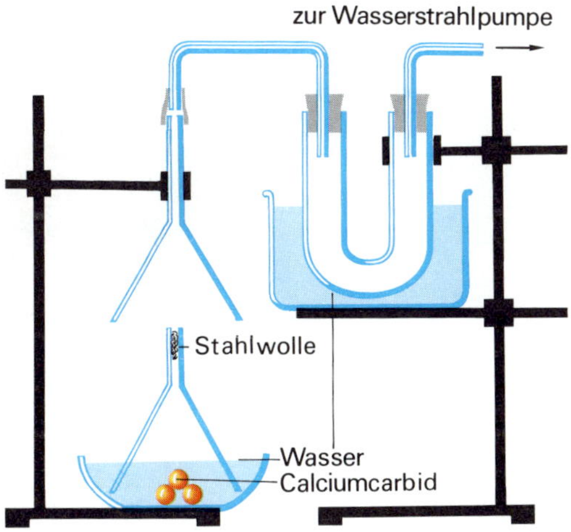

Apparatur zu V4

V2 In einem Standzylinder von Versuch 1 wird das *Gas* entzündet.

V3 In Standzylindern aus Stahl werden *Ethin und Luft* im Volumenverhältnis 1 : 12 *gemischt* und dann gezündet *(Schutzscheibe! Schutzbrille!)*.

V4 In der Apparatur gemäß Abbildung stellt man *Ethin* her und entzündet nach völliger Luftverdrängung. Die Verbrennungsprodukte leitet man mit Hilfe einer Wasserstrahlpumpe durch ein von außen gekühltes U-Rohr.

Welche Reaktionen zeigt Ethin?

V5 Je ein Standzylinder von Versuch 1 wird mit einer 10%igen Natriumcarbonatlösung, die wenig Kaliumpermanganat enthält, bzw. mit verdünntem *Bromwasser (giftige Dämpfe)* geschüttelt.

V6 *Ethin,* das analog Versuch V1 hergestellt wird, leitet man durch Waschflaschen mit wenig ammoniakalischer Kupfer (I)-chloridlösung bzw. *ammoniakalischer Silbernitratlösung (ätzend)*. Die entstehenden *Niederschläge (explosiv)* werden abfiltriert und in kleinen Portionen auf einem Drahtnetz durch Erhitzen gezündet (*Schutzscheibe! Schutzbrille! Keine Niederschlagsreste aufbewahren!*).

Ethin: C_2H_2

1. Bei der Reaktion von Calciumcarbid mit Wasser entsteht ein farb- und nahezu geruchloses Gas, das Ethin (Acetylen), mit der Formel C_2H_2:

$$CaC_2 + 2\,H_2O \rightarrow Ca(OH)_2 + C_2H_2$$

Ethin ist leicht brennbar und bildet mit Luft Gemische, die bei einem Ethingehalt von 3 bis 70 Volumenanteilen in % explosionsartig reagieren:

$$2\,C_2H_2 + 5\,O_2 \rightarrow 4\,CO_2 + 2\,H_2O \qquad |\ \Delta H = -2614\ kJ$$

Ethin wird für viele chemische Synthesen benötigt und ist als Energielieferant beim Schweißen von Bedeutung. Die großtechnische Darstellung des Ethins erfolgt heute in erster Linie aus Erdöl. Ethin kommt in gelben Stahlflaschen in den Handel.

2. Die Summenformel des Ethins (C_2H_2) und die Vierbindigkeit der Kohlenstoffatome lassen sich nur durch die Annahme einer C≡C-Dreifachbindung im Molekül in Übereinstimmung bringen.
Untersuchungen haben ergeben, daß die Bindungslänge der C≡C-Dreifachbindung 121 pm, die C—H-Bindungslänge 105 pm beträgt. Dabei sind alle Atome des Moleküls linear angeordnet; die Bindungswinkel betragen also 180°.

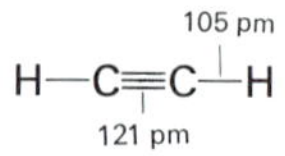

Strukturformel von Ethin

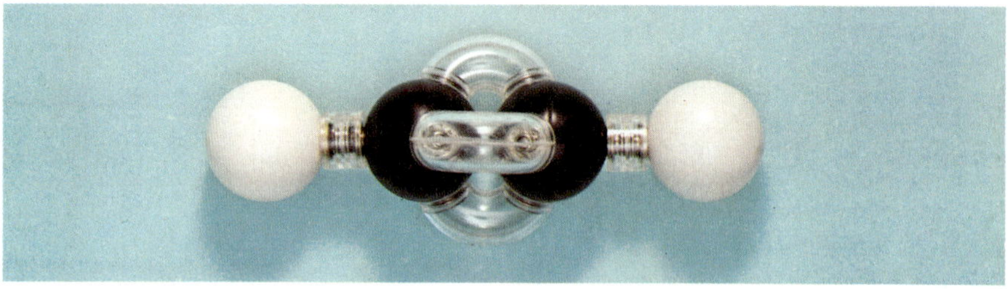

Das Modell des Ethinmoleküls zeigt die räumliche Anordnung der Atome im Molekül. Durch die C≡C-Dreifachbindung ist die freie Drehbarkeit aufgehoben.

C≡C-Dreifachbindung mit sp-hybridisierten C-Atomen

3. Um die Struktur des Ethinmoleküls aus der Orbitalmodellvorstellung verstehen zu können, muß eine weitere Form der Hybridisierung, die sogenannte sp-Hybridisierung, angenommen werden.
Geht man von der Elektronenkonfiguration des angeregten C-Atoms aus, so entstehen bei der sp-Hybridisierung aus nur einem der drei 2p-Orbitale und dem 2s-Orbital zwei sp-Hybridorbitale. Die beiden restlichen 2p-Orbitale des C-Atoms nehmen an der Hybridisierung nicht teil:

$_6C$ 1s [↑↓] 2s [↑] 2p [↑ | ↑ | ↑] → $_6C$ sp-hybr. 1s [↑↓] 2sp [↑ | ↑] 2p [↑ | ↑]

Die beiden sp-Hybridorbitale liegen auf einer Achse. Die beiden 2p-Orbitale stehen senkrecht zueinander und zu den sp-Hybridorbitalen (Abbildung links):

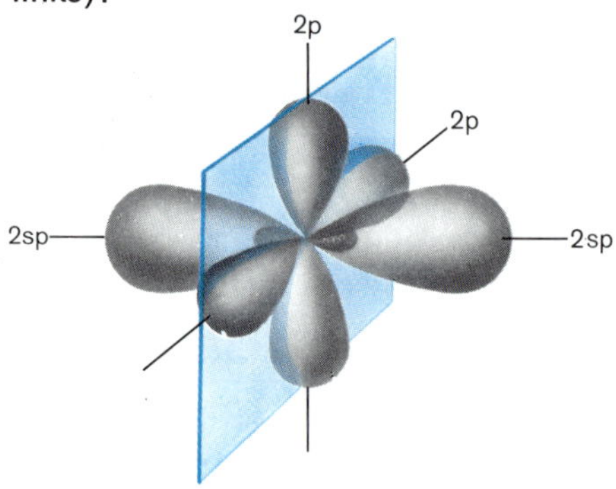

sp-hybridisiertes C-Atom

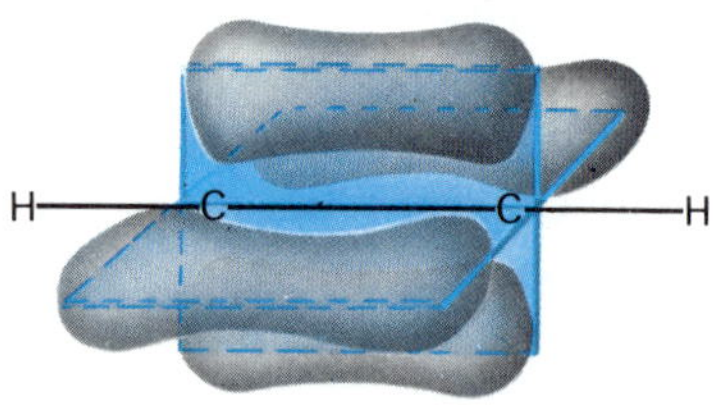

Überlappung der Orbitale im Ethinmolekül

4. Bei der Molekülbildung des Ethins überlappt ein sp-Hybridorbital des einen Kohlenstoffatoms mit einem sp-Hybridorbital des anderen Kohlenstoffatoms zu einer σ-Bindung (vgl. Abbildung S. 256). Das an jedem C-Atom noch vorhandene zweite sp-Hybridorbital bildet durch Überlappung mit je einem 1s-Orbital eines H-Atoms ebenfalls eine σ-Bindung. Alle drei σ-Bindungen sind linear angeordnet. Die zu dieser Achse senkrecht stehenden zwei 2p-Orbitale jedes C-Atoms überlappen ebenfalls, wobei zwei π-Bindungen gebildet werden.
Im linearen Ethinmolekül liegt also eine C≡C-Dreifachbindung vor, wobei eine Bindung als σ-Bindung, zwei als π-Bindungen ausgebildet sind. Die C–H-Bindungen sind σ-Bindungen. (siehe Abb. S. 256)

C≡C-Dreifachbindung: eine σ-Bindung und zwei π-Bindungen

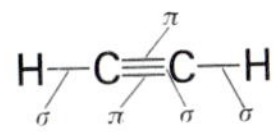

σ- und π-Bindungen im Ethinmolekül

5. Im Vergleich zum Ethan (C–C-Bindungslänge 154 pm) und Ethen (C=C-Doppelbindungslänge 135 pm ist die C≡C-Dreifachbindungslänge mit 121 pm weiter verkürzt. Dies spricht für eine noch höhere Bindungsenergie.

Bindung	C–C	C=C	C≡C
Bindungsenergie (kJ/mol)	347	594	779

6. Infolge der π-Bindungen ist Ethin, ähnlich wie Ethen, zu Additionsreaktionen befähigt. Da der Mechanismus dieser Reaktion teilweise anders ist als beim Ethen, läuft sie langsamer ab.

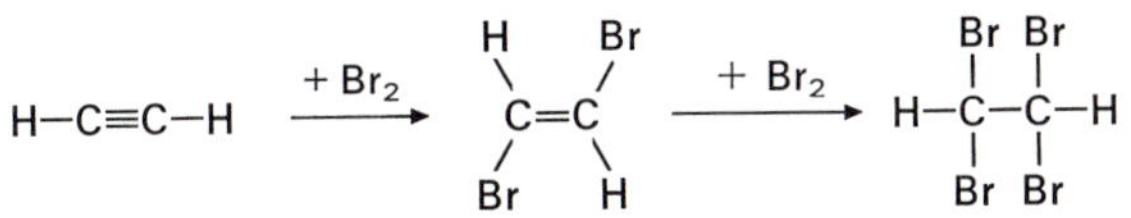

1,2-Dibromethen 1,1,2,2-Tetrabromethan

Additionen an der C≡C–Dreifachbindung

Die Baeyersche Probe verläuft beim Ethin ebenfalls positiv.

7. Ethin reagiert als schwache Säure. Dies kann durch die Annahme erklärt werden, daß sp-hybridisierte Kohlenstoffatome eine höhere Elektronegativität besitzen, wodurch die Polarität der C–H-Bindung verstärkt wird. Das bei der Abgabe von Protonen entstehende Acetylid-Ion bildet mit Metall-Ionen Salze, die sogenannten Acetylide:

$$H{-}C{\equiv}C{-}H + 2\,Ag^+ + 2\,NH_3 \longrightarrow \underset{\text{Silberacetylid (aus 2 Ag}^+\text{ und }|C{\equiv}C|^{2-})}{Ag_2(C{\equiv}C)} + 2\,NH_4^+$$

Manche Acetylide sind explosiv. So explodiert Silberacetylid bereits bei Schlag, wobei das Acetylid-Ion zu Kohlenstoff oxidiert, die Silber-Ionen zu Silber reduziert werden:

Ethin bildet Salze: Acetylide

$$Ag_2^+\,(C{\equiv}C)^{2-} \longrightarrow 2\,Ag + 2\,C$$

Homologe Reihe der Alkine: C_nH_{2n-2}

8. Wie vom Methan die Alkanreihe und vom Ethen die Alkenreihe, läßt sich vom Ethin die homologe Reihe der sogenannten Alkine ableiten. Die Alkine enthalten als funktionelle Gruppe eine C≡C-Atomgruppe im Molekül. Da die Dreifachbindung an verschiedenen Stellen des Moleküls stehen kann, ergeben sich wiederum entsprechende Isomeriemöglichkeiten. Die Namen der Alkine leiten sich von denjenigen der Alkane dadurch ab, daß die Endung «an» durch die Endung «in» ersetzt wird; so wird z. B. aus Eth*an* Eth*in*, aus Prop*an* Prop*in*.
Alkene und Alkine werden als ungesättigte Kohlenwasserstoffe den Alkanen und Cycloalkanen (gesättigte Kohlenwasserstoffe) gegenübergestellt.

Homologe Reihe der Alkine

Name	Summenformel	Struktur	Smt. (°C)	Sdt. (°C)
Ethin (Acetylen)	C_2H_2	H–C≡C–H	– 83,4	– 81,8
Propin	C_3H_4	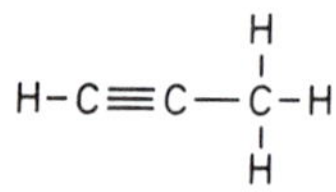	–101,5	– 23,3
1-Butin	C_4H_6	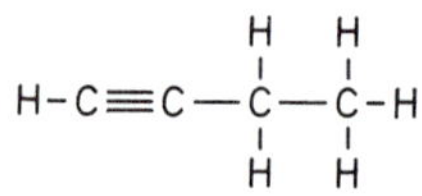	–122,5	8,6
1-Pentin	C_5H_8	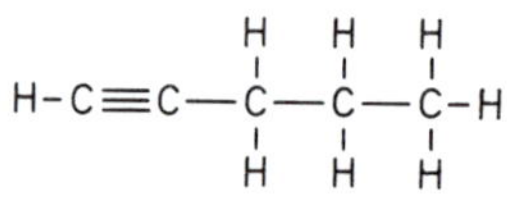	– 98	39,7

Allgemeine Summenformel: C_nH_{2n-2}

A1 Wie lautet die Reaktionsgleichung der Kupferacetylidbildung?

A2 Wie viele Isomere sind bei Pentin möglich? Wie lauten ihre Namen?

A3 In drei unbeschrifteten Standzylindern sollen sich Ethan, Ethen und Ethin befinden. Wie könnte man durch Reaktionen feststellen, welches Gas in den einzelnen Standzylindern vorhanden ist?

A4 Wieviel Gramm Ethin sind aus 100 g Calciumcarbid herstellbar, wenn man eine 90%ige Ausbeute annimmt?

A5 Was entsteht aus Ethin bei der Addition von Chlor bzw. Chlorwasserstoff? Reaktionsgleichungen angeben!

A6 Calciumcarbid ist aus Calcium- und Acetylid-Ionen aufgebaut. Für die Reaktion von Calciumcarbid mit Wasser soll eine Teilchengleichung formuliert werden. Welche Teilchen reagieren als Säure bzw. als Base?

14.7 Petrochemie

Vorsicht: Benzin und andere tiefsiedende Erdölprodukte sind leicht entzündlich. Die Dämpfe von Brom und Tetrachlorkohlenstoff sind giftig.

Zusammensetzung des Erdöls

V1 In einer Destillationsapparatur werden in einem 500-cm^3-Rundkolben etwa 250 cm^3 Rohöl unter Zusatz von Siedesteinen in einer Pilzheizhaube erhitzt. Während der Destillation ist das Thermometer genau zu beobachten. Es werden Fraktionen folgender Temperaturbereiche in Vorlagen gesammelt: *1. Fraktion* bis 70 °C, *2. Fraktion* 70 bis 110 °C, *3. Fraktion* 110 bis 150 °C, *4. Fraktion* 150 bis 250 °C.

V2 In verschiedenen Porzellanschalen werden Proben der vier *Fraktionen* von Versuch 1 durch langsames Annähern eines brennenden Spans zur Entzündung gebracht. Was läßt sich dabei feststellen?

Welche Elemente sind im Erdöl nachzuweisen?

V3 Die Verbrennungsprodukte einer Probe von Versuch 1 werden mit Hilfe einer Wasserstrahlpumpe über einen Trichter durch ein U-Rohr und eine Waschflasche mit Kalkwasser gesaugt.

Eigenschaften und Reaktionen von Erdölprodukten

V4 Am oberen Ende einer schräg eingespannten Blechrinne befindet sich ein Trichter mit einem *benzingetränkten* Wattebausch, am unteren Ende eine brennende Kerze. Was läßt sich nach einiger Zeit beobachten?

V5 In einen etwa 4 cm hoch mit Quarzsand gefüllten Stahlzylinder leitet man Sauerstoff und gibt 2 bis 3 Tropfen *Benzin* dazu. Das *Benzin-Sauerstoff-Gemisch (explosiv)* wird geschüttelt und *nach Umwickeln mit einem Handtuch* an der Bunsenflamme gezündet *(Schutzscheibe! Schutzbrille).*

Katalytisches Cracken von Paraffinöl

V6 In ein schwerschmelzbares Reagenzglas gibt man ca. 3 cm^3 Paraffinöl; anschließend füllt man das Reagenzglas nach Abb. zu etwa 2/3 mit Perlkatalysator (oder einer Rolle aus Kupferdrahtnetz) und etwas Quarzwolle. Das Reagenzglas wird mit einem wassergekühlten U-Rohr und einem Glasrohr verbunden, das locker etwas Stahlwolle enthält. Mit dem Brenner erhitzt man zunächst den Perlkatalysator bzw. das Kupferdrahtnetz und erst dann zusätzlich auch das Paraffinöl. Sobald man die ersten Tropfen eines Kondensats im U-Rohr beobachten kann, versucht man die aus dem Glasrohr austretenden Dämpfe zu entzünden. Wenn sich genügend Kondensat gebildet hat, wird der Versuch beendet. Paraffinöl bzw. Kondensat werden mit Bromwasser geschüttelt bzw. auf ihre Entflammbarkeit geprüft. Was kann man beobachten?

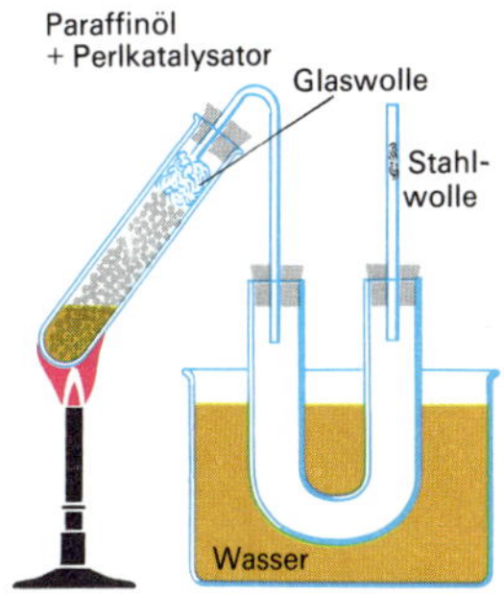

Versuchsanordnung zu V6

Wie kann man Blei im Benzin nachweisen?

V7 In einem Scheidetrichter werden 100 cm^3 *Autobenzin* vorsichtig mit 10 cm^3 reiner *konzentrierter Salzsäure (ätzend)* versetzt. Das Gemisch wird im Scheidetrichter einige Minuten geschüttelt und schließlich mit 100 cm^3 destilliertem Wasser verdünnt. Die wäßrige Phase wird abgetrennt und mit *Natronlauge (ätzend)* schwach alkalisch gemacht (Indikatorpapier). Ein Teil dieses Benzinextrakts wird im Reagenzglas mit 3 bis 5 cm^3 einer frisch bereiteten Lösung von 1 bis 2 mg Dithizon in 10 cm^3 *Tetrachlorkohlenstoff (giftige Dämpfe)* geprüft.

1. Erdöl und Erdgas gehören zu den wichtigsten Energieträgern und chemischen Rohstoffen unserer Zeit. Sie finden sich in der Natur in großen Mengen in verschiedenen geologischen Formationen. Meist ist das Erdöl in porösen Sedimentgesteinen in größerer Tiefe abgelagert und muß mit Hilfe

von komplizierten geophysikalischen Methoden gesucht und dann durch Bohrungen gewonnen werden.
Die erste planmäßige Bohrung nach Erdöl wurde am 27. August 1859 in Oil Creek bei Titusville in Pennsylvania, USA, niedergebracht. Die Geschichte der modernen Erdölindustrie ist also nicht viel älter als hundert Jahre.

Erdöl wahrscheinlich aus Plankton entstanden

2. Bei der Frage nach der Entstehung des Erdöls und Erdgases ist die Wissenschaft bis heute noch nicht zu einem einheitlichen Ergebnis gelangt. Wahrscheinlich hat sich am Grunde von Seen und abgetrennten Meeresarmen durch Zersetzung von abgestorbenem pflanzlichem und tierischem Plankton zunächst sogenannter Faulschlamm gebildet, eine Erscheinung, die auch heute auf dem Grunde von sehr nährstoffreichen Gewässern, z. B. dem Kaspischen Meer, zu beobachten ist. Unter der Einwirkung von anaeroben Mikroorganismen, Druck, Temperatur und katalytischen Prozessen wurde der Faulschlamm im Laufe von Jahrmillionen chemisch abgebaut und letztlich in Erdgas und Erdöl umgewandelt. Für die Entstehung des Erdöls aus biologischem Material spricht die Tatsache, daß man im Rohöl Stoffe findet, die als Abbauprodukte des Chlorophylls (grüner Pflanzenfarbstoff) und des Hämins (Blutfarbstoff) aufzufassen sind. Auch das Auftreten optisch aktiver Substanzen (vgl. Kapitel 15.7) im Rohöl deutet auf eine Entstehung aus organischem Material.
Da man Kohlenwasserstoffe jedoch auch aus Metallcarbiden (Methan aus Aluminiumcarbid, Ethin aus Calciumcarbid) herstellen kann, könnten Erdgas und Erdöl nach einer anderen Theorie auf anorganischem Wege gebildet worden sein.

Erdöl, ein kompliziertes Kohlenwasserstoffgemisch

3. Rohöl, das «flüssige Gold», ist eine braungefärbte Flüssigkeit von charakteristischem, petroleumähnlichem Geruch. Es besteht aus einem komplizierten Gemisch sehr verschiedenartiger Kohlenwasserstoffe, wobei die gesättigten, kettenförmigen Verbindungen mengenmäßig überwiegen. Daneben sind auch ungesättigte Kohlenwasserstoffe, zyklische und aromatische Verbindungen (siehe Kapitel 16) vorhanden. Je nach Herkunftsort ist das Erdöl verschiedenartig zusammengesetzt. Zum Beispiel besteht das Erdöl aus Pennsylvania fast ausschließlich aus normalen und verzweigten Alkanen, die Erdölvorkommen des Mittleren Ostens enthalten etwa 75%

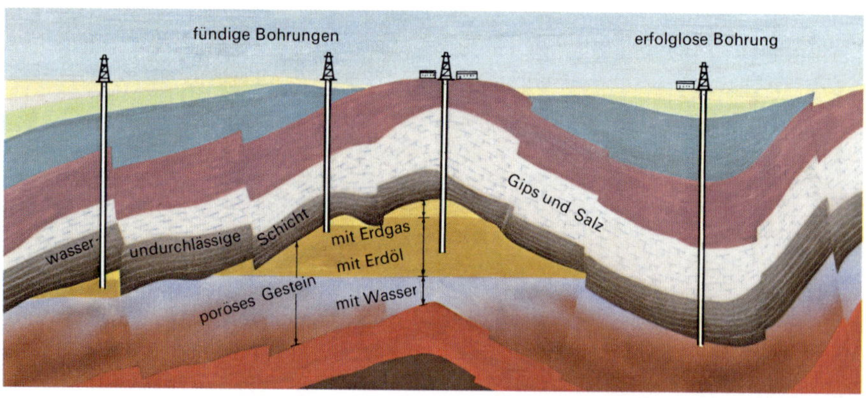

Erdöllagerstätte, schematische Darstellung

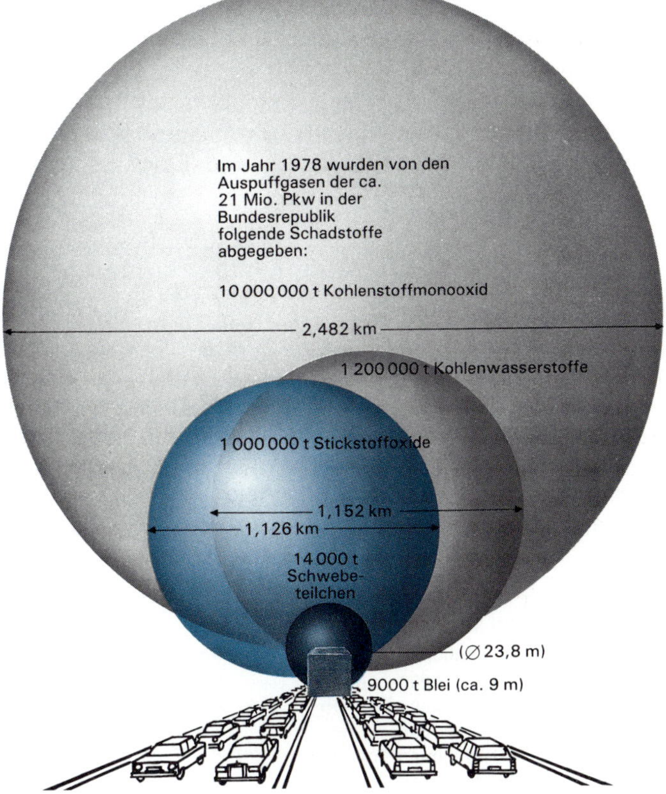

Luftverschmutzung durch Auspuffgase der Kraftfahrzeuge

Alkane, während das russische Erdöl bis zu 80% aus Cycloalkanen besteht. Erdöl enthält in geringen Mengen auch organische Schwefelverbindungen. Der darin enthaltene Schwefel bildet beim Verbrennen des Öls Schwefeldioxid und stellt so ein ernstzunehmendes Umweltproblem dar.

Hauptbestandteil des Erdgases ist Methan

4. Auch das Erdgas zeigt je nach Herkunft eine unterschiedliche Zusammensetzung. In der Regel sind die mit dem Erdöl ausströmenden Erdgase überwiegend Gemische von gesättigten Kohlenwasserstoffen. In erster Linie handelt es sich dabei um Methan (bis 95 Volumenanteile in %), daneben sind Ethan, Propan, Butan sowie Kohlenstoffdioxid, Stickstoff und manchmal sogar Helium im Erdgas enthalten. In Texas z. B. gibt es Erdgasquellen mit einem Heliumgehalt von bis zu 1 Volumenanteil in %.
Technisch wird Erdgas in erster Linie zu Heizzwecken benutzt. Daneben sind auch die Gewinnung von Ethin aus Methan und die Herstellung von Ruß und Wasserstoff aus dem Erdgas von Bedeutung.

Erdöl und Erdgas: wichtigste Energieträger und wichtigste Rohstoffe der organischen Chemie

5. Erdgas und Erdöl haben als Energieträger und als Rohstoff der chemischen Großindustrie besonders nach dem Zweiten Weltkrieg eine überragende Bedeutung erlangt. Gegenwärtig werden mehr als 60% des Weltbedarfs an Energie aus Erdölprodukten gedeckt. Ohne Übertreibung kann man sagen, daß Erdölprodukte als Kraftstoff für Automobile, Schiffe und Flugzeuge, als Heizmaterial für Kraftwerke, private Haushalte und Industrieanlagen, als Schmierstoff für Maschinen, als Ausgangsmaterial zur Herstellung von

Kunststoffen, Textilien und Pharmazeutika eine wesentliche Stütze unserer heutigen Zivilisation bilden.
In Deutschland deckt die organisch-chemische Industrie mindestens 80% ihres Rohstoffbedarfs durch Erdöl- bzw. Erdgasprodukte. Daraus ergibt sich die Bedeutung der Chemie des Erdöls und Erdgases, der sogenannten Petrochemie.

Welterdölförderung und bekannte Welterdölreserven (in Millionen Tonnen)

	1960	1970	1974	1981
Welterdölförderung	1052,0	2333,5	2872,5	2859,0
Welterdölreserven	40 940	83 890	97 300	91 489

Da der Erdölverbrauch in den letzten Jahrzehnten nahezu explosionsartig angewachsen ist, sind viele Forscher in fast allen Teilen der Welt auf der Suche nach neuen Erdöllagerstätten. Viele Vorkommen, z. B. unter dem Meeresboden, lassen sich aber nur mit großem Aufwand ausbeuten.

Welterdölförderung im Jahre 1982 2756 Millionen Tonnen

davon UdSSR	612 Millionen Tonnen	Irak	48 Millionen Tonnen
USA	480 Millionen Tonnen	Kuwait	42 Millionen Tonnen
Saudiarabien	325 Millionen Tonnen	Ägypten	34 Millionen Tonnen
Mexiko	148 Millionen Tonnen	Algerien	32 Millionen Tonnen
Großbritannien	103 Millionen Tonnen	Argentinien	25 Millionen Tonnen
China	102 Millionen Tonnen	Norwegen	24 Millionen Tonnen
Venezuela	100 Millionen Tonnen		
Iran	98 Millionen Tonnen		
Kanada	73 Millionen Tonnen		
Indonesien	65 Millionen Tonnen		
Nigeria	64 Millionen Tonnen		
Ver. Arab. Emirate	60 Millionen Tonnen		
Libyen	55 Millionen Tonnen		

Gewinnung von Treibstoffen, Heiz- und Schmierölen

6. Vor der Verwendung muß das Rohöl in Raffinerien aufgearbeitet werden. Das bereits beim Austritt aus der Erde von Wasser, Salzlösungen, Sand und Bohrschlamm gereinigte Rohöl wird dabei in bis zu 50 m hohen Destillationstürmen – zunächst bei Normaldruck – einer fraktionierten Destillation unterworfen. Dabei wird das Rohöl zuerst in einem Röhrenofen erhitzt. Die hier entstehenden Rohöldämpfe gelangen in den eigentlichen Destillationsraum, den Fraktionierturm. Dieser ist durch Zwischenböden, sogenannte Glockenböden, abgeteilt. Die von unten aufsteigenden Rohöldämpfe werden entsprechend ihren Siedetemperaturen an verschiedenen Stellen des Fraktionierturmes kondensiert. Die niedrig siedenden Bestandteile kondensieren in den oberen Glockenböden, die höher siedenden Verbindungen in den tieferen, während ganz oben nicht kondensierte Gase abgeleitet werden, die im Rohöl gelöst waren. So erhält man durch Destillation bei Normaldruck zunächst folgende Hauptfraktionen:

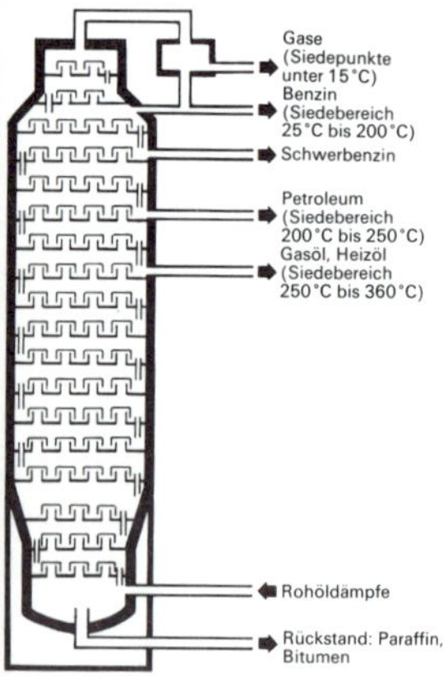

Destillationsturm

Sdt. bis 150 °C	Rohbenzin (Gasolin)
Sdt. 150 bis 250 °C	Leuchtöl (Kerosin)
Sdt. 250 bis 350 °C	Gasöl (Dieselöl, Heizöl)

Der über 350 °C siedende Rückstand wird durch Vakuumdestillation weiter aufgearbeitet. Dabei gewinnt man schweres Gasöl, Heiz- und Schmieröle, während als Rückstand Pech und asphaltartige Produkte, sogenanntes Bitumen, verbleiben. Die Hauptfraktionen werden nun erneut destilliert, wobei Teilfraktionen gewonnen werden. Die wichtigsten Fraktionen und deren Verwendung sind in der folgenden Tabelle zusammengestellt.

Erdölfraktionen und deren Verwendung

Siedebereich (°C, 760 bar [101 kPa])	Fraktion	Hauptanteil an Alkanen (Anzahl der C-Atome)	Verwendung
40–70	Petrolether	5–6	Lösungsmittel für Harze und Fette
70–150	Benzin	6–10	Treibstoff für Ottomotoren
140–180	Schwerbenzin	9–12	Kraftstoff für Düsenflugzeuge, Terpentinersatz
170–250	Petroleum	12–20[1]	Leichtes Heizöl für Haushalt- und Beleuchtungszwecke
240–300	Dieselöl und Schmieröl	12–20[1]	Treibstoff für Dieselmotoren, schweres Heizöl, Schmiermittel
über 300	Paraffin	20–28	Kerzen, Bohnerwachs
	Rückstand: Bitumen	–	Straßenbau, Dachpappe

[1] Die Verbindungen mit höheren C-Zahlen sind in den flüssigen Komponenten gelöst.

Cracken: Aufspalten von Ketten

7. Da im Rohöl die besonders begehrten Fraktionen wie Benzin oft nur in relativ geringer Menge enthalten sind (z. B. enthält russisches Erdöl aus Baku nur 18%, deutsches Erdöl aus Celle nur 7% Benzin), hat man bereits im Jahre 1912 damit begonnen, die weniger wertvollen hochsiedenden Öle und auch die Hauptmenge der Petroleumfraktion in flüchtigere, benzinartige Produkte aufzuspalten. Dies gelingt im sogenannten Crackprozeß[1]. Dabei werden langkettige, hochsiedende Kohlenwasserstoffe in kürzere, tiefer siedende Moleküle aufgespalten.
Beim thermischen Cracken wird dies durch hohe Temperaturen, manchmal unter Anwendung von Druck erreicht, z. B. nach dem Reaktionsschema:

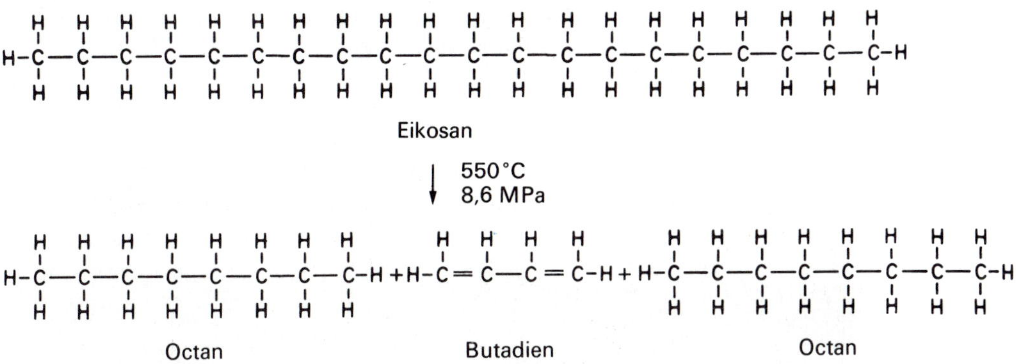

[1] *to crack* (engl.) spalten, zerbrechen.

Das katalytische Cracken, das man heute in verschiedenen Varianten durchführt, bringt die Spaltung der langkettigen Moleküle durch den Einsatz von Katalysatoren (meist Aluminiumoxid-Siliciumdioxid-Mischkatalysatoren) zustande, z. B. gemäß

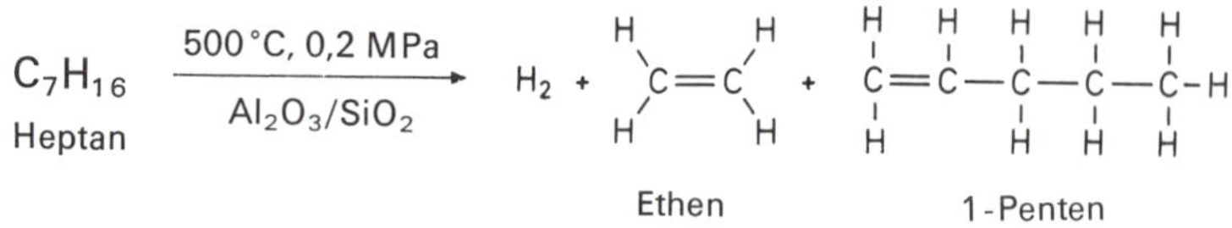

Beim Cracken erhält man also auch ungesättigte Kohlenwasserstoffe wie z. B. das zur Herstellung von Polyethylen wichtige Ethen.

Bohrturm (Höhe etwa 51 m) beim Einsatz einer Erdgasbohrung. Im Vordergrund verschiedene Arten von Bohrmeißeln

8. Benzin, der wichtigste Motorentreibstoff, ist ein Gemisch, das vor allem Alkane mit 5–10 Kohlenstoffatomen enthält.

Octanzahl und Klopffestigkeit

Da der Wirkungsgrad von Benzinmotoren vom Verdichtungsverhältnis (Verhältnis von Anfangs- zu Endvolumen des Treibstoff-Luft-Gemisches) abhängt, ist es günstig, ein möglichst hochverdichtetes Gemisch im Motor zur Zündung zu bringen. Hochverdichtete Treibstoff-Luft-Gemische zünden jedoch häufig schon vorzeitig. Diese Erscheinung wird als «Klopfen» bezeichnet und führt nicht nur zu beträchtlichem Energieverlust, sondern auch zu starkem Motorenverschleiß. Um hohe Verdichtungen erreichen zu können, war es notwendig, möglichst «klopffeste» Treibstoffe zu entwickeln.
Als Maß für die Klopffestigkeit eines Benzins wurde die sogenannte Octanzahl eingeführt. Dabei teilte man dem n-Heptan, das besonders stark zum Klopfen neigt, die Octanzahl 0, dem Isooctan (2,2,4-Trimethylpentan), das sehr klopffest ist, die Octanzahl 100 zu (heute sind Stoffe mit Octanzahlen über 100 bekannt). Um die Octanzahl eines Treibstoffes festzustellen, vergleicht man seine Klopffestigkeit in einem genormten Einzylindermotor mit einer Mischung aus n-Heptan und Isooctan. Verhält sich z. B. ein untersuchter Treibstoff so wie ein Gemisch aus 85% Isooctan und 15% n-Heptan, so erhält er die Octanzahl 85.
Die Octanzahl läßt sich durch Zusatz von sogenannten Antiklopfmitteln, z. B. Bleitetraethyl, $Pb(C_2H_5)_4$, heraufsetzen. Da sowohl das Bleitetraethyl als auch seine Verbrennungsprodukte giftig sind, bemüht man sich, ungiftige Antiklopfmittel zu entwickeln bzw. klopffestere Kohlenwasserstoffmischungen zu verwenden.

9. Neben den Crackverfahren werden noch weitere «Veredlungsverfahren», sogenannte Reforming-Verfahren, durchgeführt, um Treibstoffe mit möglichst hohen Octanzahlen zu erhalten. Gesättigte unverzweigte Kohlenwasserstoffe besitzen niedrigere Octanzahlen als verzweigte oder vor allem ungesättigte und aromatische Kohlenwasserstoffe (siehe Kapitel 16). Der Reforming-Prozeß dient dazu, aus den Alkanen und Cycloalkanen des Erdöls Benzine mit höherem Gehalt an Verbindungen mit hoher Octanzahl herzustellen, wobei gleichzeitig große Mengen an Wasserstoff gewonnen werden.

Dank Reforming mehr und besseres Benzin

A1 Hexan wird in einem Ottomotor verbrannt. Wie muß das Hexan-Luft-Mischungsverhältnis sein, damit eine optimale Verbrennung stattfindet?

A2 Die durchschnittliche Zusammensetzung des Erdöls liefert etwa 12% Benzin, 15% Leuchtöl, 16% Gasöl, 35% Schmieröl und etwa 22% Bitumen. Am Weltmarkt werden jedoch durchschnittlich folgende Mengen benötigt: 45% Benzin, 5% Leuchtöl, 35% Heiz- und Dieselöl, 3% Schmieröl, 12% Bitumen. Durch welche Verfahren können Angebot und Nachfrage aufeinander abgestimmt werden? Geben sie die Reaktionsgleichungen an.

A3 Wie läßt sich erklären, daß im flüssigen Rohöl Komponenten vorliegen, deren C-Zahlen bis über 20 reichen?

A4 Welche Octanzahl besitzt ein Gemisch aus 95% Isooctan und 5% n-Heptan?

A5 Welche Vorstellungen bezüglich der Erdölentstehung wurden im Text erwähnt, und welche Fakten stützen diese Theorien?

A6 Aus den Tabellenwerten soll errechnet werden, wie lange die Erdölvorräte noch ausreichen, wenn man gleichbleibende Jahresförderung voraussetzt.

Die Verarbeitung des Erdöls geschieht in sog. Raffinerien, die im Tag- und Nachtbetrieb Erdöl destillieren und in die einzelnen Erdölfraktionen zerlegen. Die einzelnen Fraktionen werden in verschiedenen Etagen aus den Glockenböden kontinuierlich abgezogen.

15 Einfache organische Sauerstoffverbindungen

15.1 Strukturaufklärung am Beispiel des Ethanols

Vorsicht: Ethanol ist leicht entzündlich; seine Dämpfe geben mit Luft explosive Gemische.

Welche Elemente enthält Ethanol?

V_1 Im Verbrennungslöffel wird *Ethanol* entzündet und brennend in einen Standzylinder getaucht. Was ist an den Wänden des Zylinders zu beobachten? Man füllt Kalkwasser ein und schüttelt kräftig um.

V_2 In einem schwerschmelzbaren Reagenzglas wird etwas Quarzsand mit absolutem *Ethanol* getränkt. Nachdem das Reagenzglas waagerecht am Stativ befestigt ist, bringt man in seinen vorderen Teil Magnesiumpulver und verschließt durch einen Gummistopfen mit abgewinkeltem Glasröhrchen. Durch Erhitzen wird *Ethanoldampf* über heißes *Magnesiumpulver (feuergefährlich)* geleitet. Nach Verdrängen der Luft entzündet man das *entweichende Gas (leicht entzündlich; bildet mit Luft explosive Gemische)* an der Spitze des Röhrchens. Was ist zu beobachten?

Wieviele Kohlenstoffatome enthält das Ethanolmolekül?

V_3 Man tropft 0,058 cm^3 (1 mmol) absolutes Ethanol aus einer Mikropipette auf den Boden eines ca. 20 cm langen Quarz-Reagenzglases und überschichtet nacheinander jeweils 4 cm hoch mit Kupfer (II)-oxid-Pulver und Kupfer (II)-oxid in Drahtform. Das Reagenzglas wird waagrecht am Stativ befestigt und mit einem 100-ml-Kolbenprober verbunden (siehe Abbildung). Man erhitzt zuerst den Kupferoxid-Draht und dann das Kupferoxid-Pulver. Nach dem Erkalten wird die Volumenzunahme im Kolbenprober bestimmt.

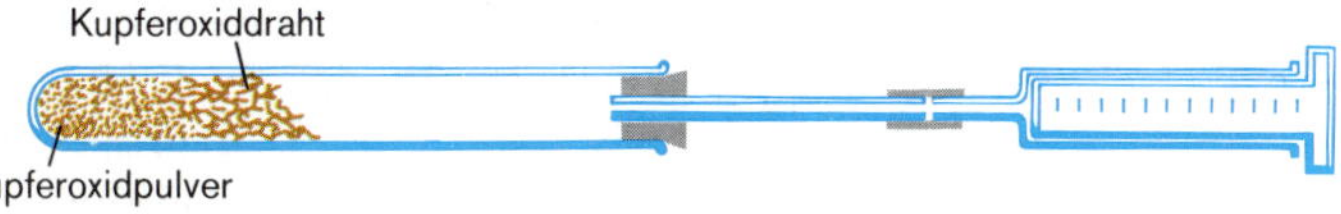

Quantitative Bestimmung des Kohlenstoffs im Ethanol (V_2)

Struktur des Ethanolmoleküls?

V_4 Im Reagenzglas gibt man zu absolutem *Ethanol* ein erbsengroßes Stückchen entkrustetes *Natrium (feuergefährlich; reagiert heftig mit Wasser)*. Das *entstehende Gas (leicht entzündlich; bildet mit Luft explosive Gemische)* wird an der Öffnung eines aufgesetzten Glasröhrchens entzündet *(Schutzbrille! Knallgasprobe!)*.

1. Eine der wichtigsten Aufgaben bei der Untersuchung einer organischen Verbindung ist die Ermittlung ihrer Struktur. Die klassische Methode dazu soll am Beispiel des Ethanols beschrieben werden. Ethanol ist eine wasserklare, leicht bewegliche Flüssigkeit, die bei 78 °C siedet und mit bläulicher Flamme verbrennt.

Qualitative Analyse: Ethanol enthält C, H und O

– Zuerst muß man die am Aufbau der Verbindung beteiligten Elemente ermitteln. Bei der Oxidation von Ethanol entstehen Kohlendioxid und Wasser. Ethanol enthält also Kohlenstoff und Wasserstoff. Mit heißem Magnesium reagiert das Ethanol unter Bildung von Magnesiumoxid. Als weiteres Element muß also Sauerstoff am Aufbau des Ethanolmoleküls beteiligt sein.

– Eine weitere für die Strukturaufklärung wichtige Größe ist die molare Masse. Bei Flüssigkeiten wird sie meistens durch Messung des Dampfvolumens einer ausgewogenen Stoffportion bestimmt. Da das molare Volumen von Gasen bekannt ist (22,4 Liter), kann aus diesen Werten die molare Masse berechnet werden. Sie beträgt für Ethanol 46 g. Die Masse eines Moleküls in Atommasseneinheiten, die Molekülmasse, beträgt also 46 u. Danach sind zwei verschiedene Summenformeln möglich:

Verschiedene Summenformeln bei gleicher Molekülmasse

Summenformel	1. Möglichkeit C_2H_6O		2. Möglichkeit CH_2O_2	
Atome und Massen (u)	2 C	24	1 C	12
	6 H	6	2 H	2
	1 O	16	2 O	32
Molekülmasse (u)		46		46

Quantitative Analyse: Atomzahlverhältnis C : H : O = 2 : 6 : 1

– Um entscheiden zu können, welche der beiden Summenformeln zutrifft, muß man das Massenverhältnis der Elemente C, H und O im Ethanol ermitteln. Dies geschieht durch die von Justus von Liebig entwickelte quantitative Elementaranalyse. Dabei werden die beim Verbrennen einer bestimmten Menge der organischen Verbindung entstehenden Massen an CO_2 und H_2O bestimmt. Zum Beispiel erhält man durch Verbrennung von 0,0830 g Ethanol 0,0964 g Wasser und 0,1580 g Kohlenstoffdioxid. Ethanol enthält also in Massenanteilen rund 52% C, 13% H und 35% O (100 – 52 – 13 = 35). Indem man diese Massen durch die Atommassen der betreffenden Elemente dividiert, erhält man das Atomzahlverhältnis C : H : O = 4,3 : 13,0 : 2,2, auf ganze Zahlen gebracht C : H : O = 2 : 6 : 1. Ethanol hat also die Summenformel C_2H_6O.

Summenformel C_2H_6O

2. Kohlenstoff ist gewöhnlich vierbindig, Wasserstoff einbindig und Sauerstoff zweibindig. Unter dieser Voraussetzung sind für C_2H_6O zwei isomere Strukturformel denkbar:

I
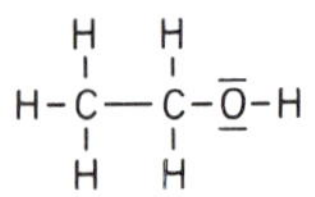

II
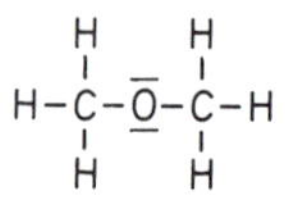

Ethanol Dimethylether

Während in Formel II alle Wasserstoffatome gleichartig an Kohlenstoffatome gebunden sind, enthält Formel I ein durch die Bindung an Sauerstoff ausgezeichnetes Wasserstoffatom.

Wasserfreies Ethanol reagiert mit Natrium unter Wasserstoffentwicklung. Natrium kann jedoch unter Paraffinöl einem Alkan-Gemisch, ohne Reaktion aufbewahrt werden. Das zeigt, daß dieses Alkalimetall die chemisch stabilen C–H-Bindungen nicht angreift. Der freigesetzte Wasserstoff stammt also nicht aus den Alkylresten, sondern aus der in Formel I enthaltenen OH-Gruppe. Damit ist die Strukturformel des Ethanols gefunden.

Strukturformel von Ethanol:

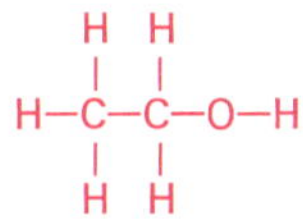

3. Bei komplizierten Molekülen ist die klassische chemische Methode der Strukturaufklärung schwierig und zeitraubend. Heute werden deshalb zusätzlich physikalische Methoden angewendet, die in kurzer Zeit und mit kleinen Stoffmengen Einblick in den Molekülbau gewähren.

Infrarotspektroskopie

Eines dieser Verfahren ist die Infrarotspektroskopie. Dabei wird die Verbindung, die untersucht werden soll, mit Infrarot bestrahlt, einer elektromagnetischen Strahlung mit einer Energie im Bereich von 1,25 bis 12,5 kJ. Trifft Infrarotstrahlung auf die Moleküle eines Stoffes auf, so können die Atome in bestimmte Schwingungen versetzt werden. Die dazu nötige Anregungsenergie wird der Energie der elektromagnetischen Strahlung entnommen. Die Strahlung schwächt sich in denjenigen Wellenbereichen ab, die dieser Anregungsenergie entsprechen. Im Spektrum des Infrarots treten Absorptionsbereiche, sogenannte Banden, auf. Jede dieser Absorptionsbanden entspricht einer Schwingung der Atome im Molekül.

4. Die Theorie der Atombindung zeigt, daß die Kräfte zwischen zwei Atomen in einem Molekül den Charakter von Federkräften haben. Zwischen den Atomen können Schwingungen entlang ihrer Verbindungslinie (sogenannte Valenzschwingungen) auftreten, deren Frequenz[1] mit steigender Masse der Atome abnimmt. Anstelle der Frequenz ν wird meistens die Wellenzahl ω angegeben. Beide Größen sind proportional: $\nu = c \cdot \omega$ (c = Lichtgeschwindigkeit).

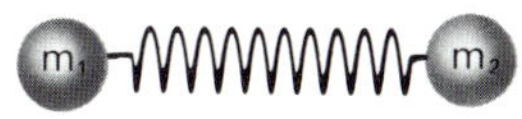

Federmodell eines Moleküls

Abhängigkeit der Schwingungsfrequenz von der Atommasse

Bindung	$m_1 + m_2$ (u)	Wellenzahl (cm^{-1})
C–H	13	2950
C–F	30	1049
C–Cl	47	710
C–Br	92	595
C–I	139	523

Auch die Bindekraft zwischen den Atomen beeinflußt die Lage der Schwingungsfrequenz bzw. Wellenzahl:

Schwingungsfrequenz und Bindungsenergie

Bindung	Bindungsenergie (kJ/mol)	Wellenzahl (cm^{-1})
$-\overset{\vert}{\underset{\vert}{C}}-\overset{\vert}{\underset{\vert}{C}}-$	347,5	990
$>C=C<$	607,1	1640
$-C\equiv C-$	837,4	1970

[1] Die Frequenz (Schwingungszeit) ist die Zeit, die ein schwingender Massepunkt zum vollen Hin- und Herschwingen benötigt.

Schwingungsformen eines dreiatomigen Moleküls

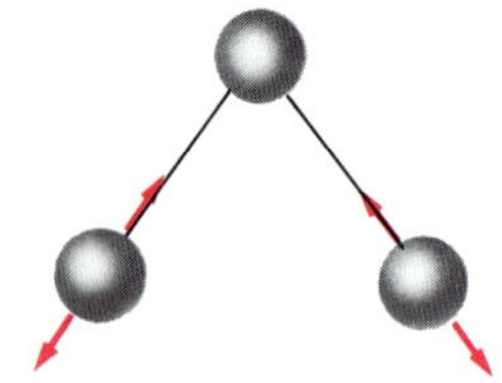

Valenzschwingung

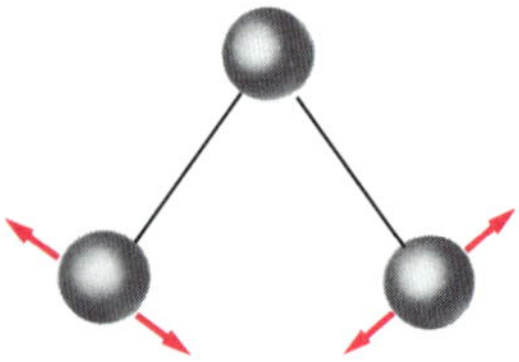

Deformationsschwingung

Die Schwingungsfrequenz der Atome entspricht der Frequenz, bei der die Bindung im Infrarotspektrum absorbiert. Die in den Tabellen angegebenen Bindungen absorbieren also Infrarotstrahlung entsprechend den aufgeführten Wellenzahlen.

5. In einem Molekül mit drei oder mehr Atomen können neben Schwingungen in Richtung der Bindungen (Valenzschwingungen) auch sogenannte Deformationsschwingungen auftreten, d. h. Schwingungen, bei welchen der Bindungswinkel verengt oder aufgeweitet wird.
Da die Valenzkräfte wesentlich größer sind als die winkelerhaltenden Kräfte, haben die Deformationsschwingungen im allgemeinen niedrigere Energien, somit auch niedrigere Frequenzen.
Im IR-Spektrum des Ethanols (vgl. nachfolgende Abbildung) können die Durchlässigkeitsminima (Absorptionsbanden) den in der danebenstehenden Tabelle aufgeführten Schwingungen zugeordnet werden.
Als «Fingerabdrücke der Moleküle» geben die IR-Spektren einen Einblick in die Feinstruktur der Moleküle. Aus den Spektren können Rückschlüsse auf Bindungslänge, Bindungsenergie und Bindungswinkel gezogen werden.

Bande	Schwingung
A	O—H-Valenz
B	C—H-Valenz
C	C—H-Deformation
D, E	C—O-Valenz
F	C—C-Valenz

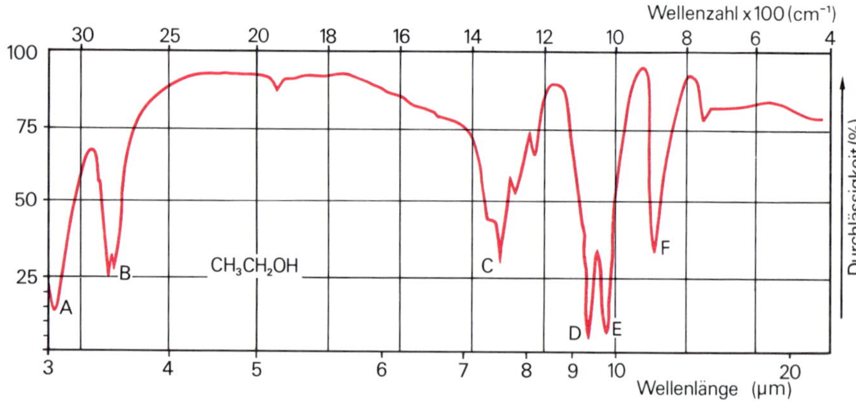

IR-Spektrum des Ethanols

Massenspektroskopie: Zertrümmerung der Moleküle und Identifizierung der Bruchstücke

6. Die Massenspektroskopie ist schon seit langem zur Bestimmung der Atommasse und zur Isotopentrennung benützt worden. Inzwischen hat sich diese Methode auch bei der Strukturaufklärung bewährt.
Wenige Milligramm der zu untersuchenden Substanz werden einer energiereichen Elektronenstrahlung ausgesetzt. Dadurch werden die Moleküle zertrümmert und in positiv geladene Bruchstücke unterschiedlicher Masse aufgespalten. Aus der Menge und der Massenzahl der dabei auftretenden Ionen erhält man Hinweise auf die Summenformel und die Stabilität der Bindungen des untersuchten Moleküls.
Die folgende Tabelle zeigt das «Massenspektrum» von Ethanol. Die Masse des größten Ions $C_2H_5OH^+$ entspricht der Molekülmasse. Aus der Art der Bruchstücke sieht man, daß die C—O-Bindung stabiler sein muß als die C—C-Bindung.

Getrennte Bindung	Ion	Masse (u)	Menge der Bruchstücke (Intensität)
C—C	CH_2OH^+	31	100
C—H	$C_2H_4OH^+$	45	42
C—O, C—H	$C_2H_3^+$	27	22
C—O	$C_2H_5^+$	29	19
–	$C_2H_5OH^+$	46	18
C—C	CH_3^+	15	11

Massenspektrum des Ethanols

7. Neben Infrarot- und Massenspektroskopie spielen bei der Strukturaufklärung weitere Verfahren (z. B. Ultraviolett-, Raman-, Kernresonanzspektroskopie), deren Ergebnisse sich gegenseitig zu einem Gesamtbild ergänzen, eine wichtige Rolle. Sie sind als moderne physikalische Hilfsmittel heute aus der Chemie nicht mehr wegzudenken.

A_1 Wieviel Gramm Wasser und wieviel cm^3 Kohlenstoffdioxid entstehen bei der Verbrennung von 5 g Ethanol?

A_2 Die Molekülmasse einer organischen Verbindung beträgt 150 u. Bei der Verbrennung von 150 mg entstehen 88,7 cm^3 Kohlenstoffdioxid. Wie viele Kohlenstoffatome enthält ein Molekül dieser Verbindung?

A_3 Eine organische Verbindung hat die Molekülmasse 62 u. Im IR-Spektrum treten u. a. die Absorptionsbanden folgender Schwingungen auf: C—H-Valenz 2950 cm^{-1}, C—Cl-Valenz 710 cm^{-1}, C=C-Valenz 1640 cm^{-1}. Welche Strukturformel hat diese Verbindung?

A_4 Die qualitative Elementaranalyse einer organischen Verbindung ergibt die Elemente Kohlenstoff, Wasserstoff und Brom. Das Massenspektrum zeigt Bruchstücke mit folgenden Massen: 15, 29, 94 und 109 u. Welche Verbindung liegt vor? Welche Ionen entsprechen den angegebenen Massen?

15.2 Alkohole (Alkanole)

Vorsicht: Niedere Alkohole sind leicht entzündlich; ihre Dämpfe bilden mit Luft explosive Gemische.

Eigenschaften der Alkohole?

V_1 In einem 150-cm^3-Mischzylinder gibt man zu 60 cm^3 Wasser vorsichtig 60 cm^3 *Ethanol*. Nach dem Umschütteln werden Temperatur und Volumen der Mischung bestimmt.

V_2 Folgende Alkohole werden auf ihre Mischbarkeit mit Wasser und *Tetrachlorkohlenstoff (giftige Dämpfe)* untersucht: *Methanol (giftig), Ethanol, 1-Propanol, 1-Butanol, 1-Pentanol, Glykol,* Glycerin und Mannit.

V_3 Durch Messung der Ausfließgeschwindigkeit aus einer Bürette vergleicht man die Viskosität von Wasser, *1-Propanol, Glykol* und Glycerin.

Reaktionen der Alkohole?

V_4 Versuch V_4 aus Kapitel 15.1 wird mit *Methanol (giftig)* (statt mit Ethanol) durchgeführt. Nach der Reaktion prüft man die Flüssigkeit mit Phenolphthaleinlösung und untersucht ihre Leitfähigkeit im Vergleich zu der des *Methanols*.

V_5 In einem kleinen Destillierkolben gibt man zu 20 cm^3 *Ethanol* unter Kühlung langsam 20 cm^3 *konzentrierte Schwefelsäure (ätzend; Schutzbrille!)*. Zur abgekühlten Mischung werden 10 ml Wasser und 20 g gepulvertes Kaliumbromid gegeben. Dann destilliert man in eine mit Wasser gefüllte Vorlage. Mit dem Destillat wird die Beilstein-Probe durchgeführt.

Entstehung und Nachweis von Ethanol?

V6 In einem 500-cm^3-Rundkolben mit aufgesetztem 60 bis 80 cm langem Steigrohr werden etwa 200 cm^3 billiger Süßwein erhitzt. *Nach Verdrängung der Luft* entzündet man die *entweichenden Dämpfe* am oberen Ende des Steigrohrs.

V7 Etwas Hefe wird mit Wasser aufgeschlämmt und unter dem Mikroskop betrachtet. In einem 1-Liter-Rundkolben mischt man 500 cm^3 lauwarmes Wasser, 20 g Hefe und 50 g Zucker. Der Kolben wird durch einen mit Kalkwasser gefüllten Gäraufsatz verschlossen. Nach etwa 12 Stunden ersetzt man den Gäraufsatz durch das in Versuch 1 verwendete Steigrohr. Die beim Erhitzen *entweichenden Dämpfe* werden auf Geruch und – *nach Verdrängung der Luft* – auf Brennbarkeit überprüft.

Hydroxylgruppe: $-OH$
Hydroxid-Ion: OH^-

Alkohole: $R-O-H$

1. Denkt man sich bei den in Kapitel 14 beschriebenen Kohlenwasserstoffmolekülen einzelne Wasserstoffatome durch die Hydroxylgruppe $-OH$ ersetzt, so erhält man die entsprechenden Alkoholmoleküle. Die Hydroxylgruppe muß streng vom Hydroxid-Ion OH^- unterschieden werden. In der Nomenklatur wird sie angezeigt, indem man an den Namen des entsprechenden Kohlenwasserstoffs die Endung -ol anhängt. So gelangt man zum Beispiel vom Methan zum Methanol und allgemein von der homologen Reihe der Alkane zur homologen Reihe der Alkanole. Um die Stellung der OH-Gruppe in der Kohlenstoffkette zu bezeichnen, setzt man die Nummer des Kohlenstoffatoms, das die OH-Gruppe trägt, als Zahl mit Bindestrich vor den Namen. Beim Numerieren der längsten Kohlenstoffkette muß mit dem C-Atom begonnen werden, das der OH-Gruppe am nächsten steht. Neben diesen systematischen oder rationellen Bezeichnungen sind vielfach noch Trivialnamen gebräuchlich, z. B. Ethylalkohol für Ethanol (vgl. Tabelle).

Beispiel zur Benennung:

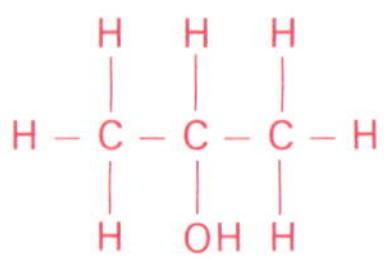

2-Propanol

Die ersten Glieder aus der homologen Reihe der Alkanole

Formel	Rationeller Name	Trivialname	Smt. (°C)	Sdt. (°C)	Dichte (g/cm^3)
CH_3-OH	Methanol	Methylalkohol	– 97	65	0,792
CH_3-CH_2-OH	Ethanol	Ethylalkohol	–114	78	0,789
$CH_3-CH_2-CH_2-OH$	1-Propanol	Propylalkohol	–126	97	0,804
$CH_3-CH-CH_3$ OH	2-Propanol	Isopropylalkohol	– 90	82	0,786
$CH_3-CH_2-CH_2-CH_2-OH$	1-Butanol	n-Butylalkohol	– 90	117	0,810
$CH_3-CH-CH_2-OH$ CH_3	2-Methyl-1-propanol	Isobutylalkohol	–108	108	0,802
$CH_3-CH-CH_2-CH_3$ OH	2-Butanol	sek. Butylalkohol	– 89	100	0,808
CH_3 CH_3-C-CH_3 OH	2-Methyl-2-propanol	tert. Butylalkohol	25	83	0,789
$CH_3-CH_2-CH_2-CH_2-CH_2-OH$	1-Pentanol	n-Amylalkohol	– 79	138	0,817

2. Durch die Hydroxylgruppe wird die Zahl der Isomeriemöglichkeiten gegenüber den Alkanen stark erhöht. So existieren zwei isomere Propanole, die sich in der Stellung der OH-Gruppe voneinander unterscheiden[1]. Bei Alkoholen mit 4 C-Atomen sind insgesamt 4 Isomere möglich.

Isomerie bei Alkanolen

Nach der Stellung der OH-Gruppe unterscheidet man primäre, sekundäre und tertiäre Alkohole:

Charakteristische Gruppe

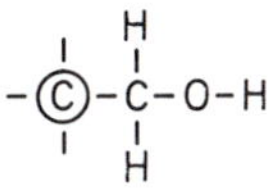

Bei primären Alkoholen ist das C-Atom, das die OH-Gruppe trägt, an höchstens ein weiteres C-Atom gebunden

Primäre, sekundäre und tertiäre Alkohole

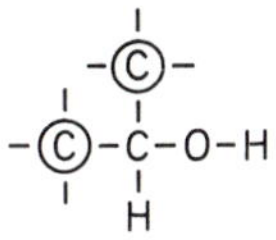

Bei sekundären Alkoholen ist das die OH-Gruppe tragende C-Atom an zwei weitere C-Atome gebunden

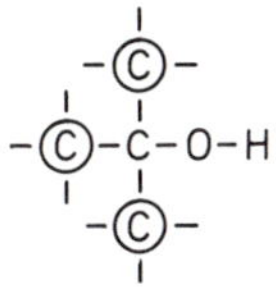

Bei tertiären Alkoholen ist das die OH-Gruppe tragende C-Atom an drei weitere C-Atome gebunden

Primäre, sekundäre und tertiäre Alkohole besitzen unterschiedliche physikalische und chemische Eigenschaften.

3. Die physikalischen und chemischen Eigenschaften der Alkohole werden wesentlich durch ihre funktionelle Gruppe, die Hydroxylgruppe, bestimmt. Im Vergleich zu Alkanen mit ungefähr gleichgroßer Molekülmasse haben die Alkohole höhere Siedetemperaturen und höhere Viskositäten.

Siedetemperaturen von Alkanen und Alkanolen

Verbindung	Ethanol	Propan	Methanol	Ethan
Molekülmasse (u)	46	44	32	30
Sdt. (°C)	78,3	−42,1	65	−88,5

Wie die Wassermoleküle, besitzen auch die Alkoholmoleküle Dipolcharakter:

R = Alkylrest

Die starken Anziehungskräfte zwischen den Dipolmolekülen führen auch bei den Alkoholen zur Bildung von Wasserstoffbrücken:

Wasserstoffbrücken bei Alkoholen, daher relativ hohe Siedetemperaturen und Viskositäten

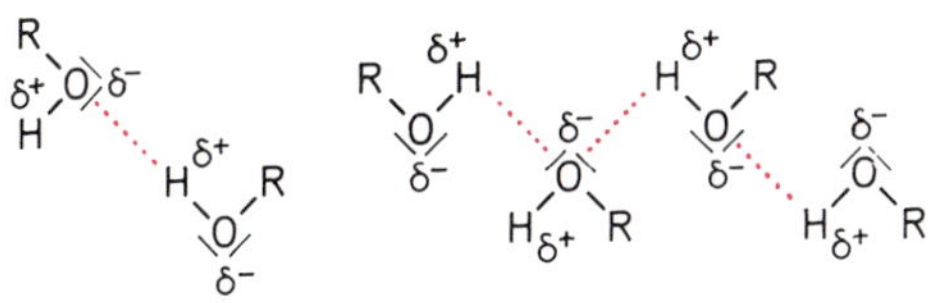

[1] Diese Stellungsisomerie ist eine besondere Form der Strukturisomerie.

Beim Verdampfen des flüssigen Alkohols müssen diese Wasserstoffbrücken unter Energiezufuhr gelöst werden. Das erklärt die relativ hohen Siedetemperaturen. Auch die verhältnismäßig hohe Viskosität ist eine Folge der Wasserstoffbrücken.
Im übrigen steigt, wie bei den Alkanen, die Siedetemperatur mit zunehmender Zahl der Kohlenstoffatome (vgl. Tabelle), da dabei die Van-der-Waals-Kräfte größer werden. Alkohole mit mehr als 12 C-Atomen sind bei Zimmertemperatur fest. Alkohole mit verzweigten Molekülen haben niedrigere Siedetemperaturen als solche mit unverzweigten.

Hydrophile OH-Gruppe und lipophiler Alkylrest

4. Eine weitere Auswirkung der Hydroxylgruppe ist die im Gegensatz zu den Alkanen ausgeprägte Mischbarkeit der niederen Alkohole mit Wasser. Dabei werden zwischen den Alkoholmolekülen und den Wassermolekülen Wasserstoffbrücken gebildet:

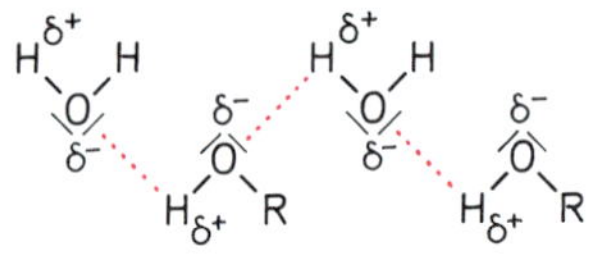

Die Hydroxylgruppe besitzt, wie man sagt, hydrophilen[1] Charakter. Bei längerer Kohlenstoffkette, werden die Van-der-Waals-Kräfte zwischen den Alkoholmolekülen immer größer. Schließlich überwiegt die Zunahme der Wechselwirkung zwischen den Alkylresten der Alkoholmoleküle gegenüber den Wasserstoffbrücken zwischen Hydroxylgruppen und Wassermolekülen. Butanole und Pentanole mischen sich nur noch teilweise mit Wasser, höhere Alkohole praktisch gar nicht mehr (es bilden sich zwei getrennte Phasen). Demgegenüber mischen sich auch höhere Alkohole mit unpolaren Lösungsmitteln wie Hexan oder Tetrachlorkohlenstoff. Sie sind ausgezeichnete Lösungsmittel für Fette und Wachse. Dies ist eine Folge der Van-der-Waals-Kräfte, die zwischen dem Alkylrest des Alkohols und unpolaren Molekülen wirksam werden. Der Alkylrest hat sogenannt lipophile[2] Wirkung. Die hydrophile Hydroxyl-Gruppe und der lipophile Alkylrest bestimmen das Verhalten der Alkohole bei Lösungs- und Mischungsvorgängen.

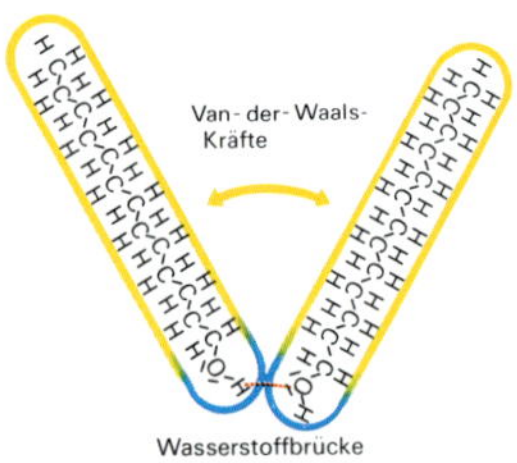

Wechselwirkung zwischen langkettigen Alkoholmolekülen

Alkohol als Ampholyt

5. Alkoholmoleküle sind Ampholyte, d.h. sie können je nach Reaktionspartner als Säure oder als Base reagieren.

– Die alkoholische OH-Gruppe besitzt, wie die OH-Gruppe des Wassers, infolge ihrer Polarität schwache Säureeigenschaften, d.h. sie wirkt als Protonenspender:

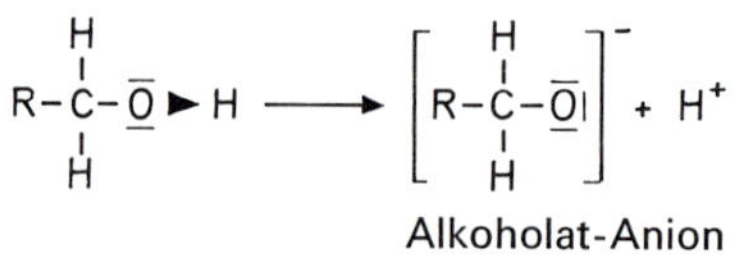

(R steht für einen Alkylrest)

Dies kommt zum Ausdruck bei der Reaktion zwischen Ethanol und Natrium, für die folgende Teilchengleichung formuliert wird:

[1] *hydrophil* (gr.) wasserfreundlich.
[2] *lipophil* (gr.) fettfreundlich.

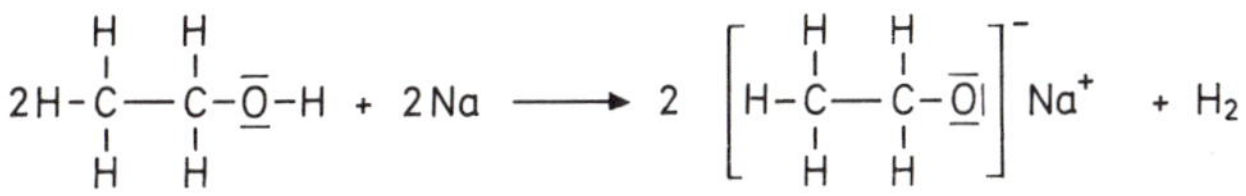

Natriumethanolat

Salze der Alkohole: Alkoholate

Neben Wasserstoff entsteht als Salz des Ethanols festes Natriumethanolat, dessen Lösung den elektrischen Strom leitet. Die Salze der Alkohole heißen Alkoholate. Das Ethanolat-Anion kann als starke Base mit Wasser unter Bildung von Ethanol reagieren:

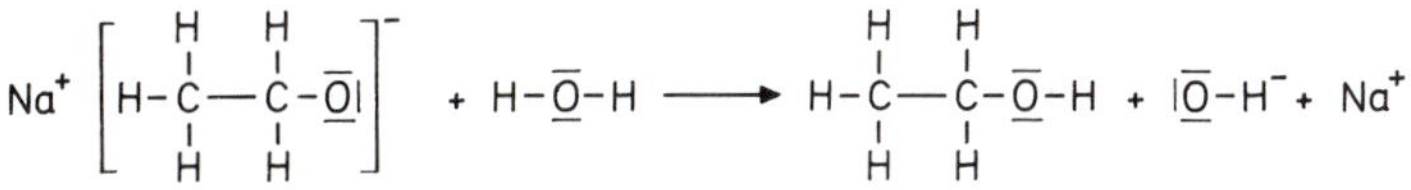

– Das Alkoholmolekül reagiert als Base, wenn ein Proton an ein freies Elektronenpaar des Hydroxylsauerstoffs angelagert wird:

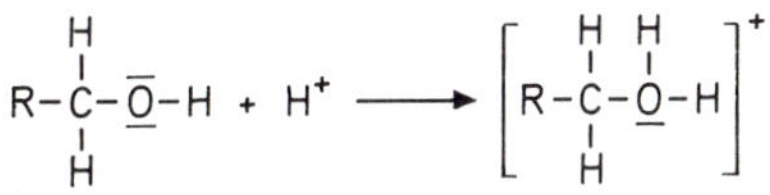

Oxonium-Kation

Oxonium-Kation

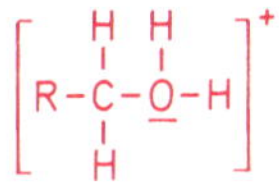

Das Oxonium-Kation entsteht, wenn Alkohole mit starken Säuren reagieren. Ein Beispiel dafür ist die Umsetzung des Ethanols mit Bromwasserstoffsäure:

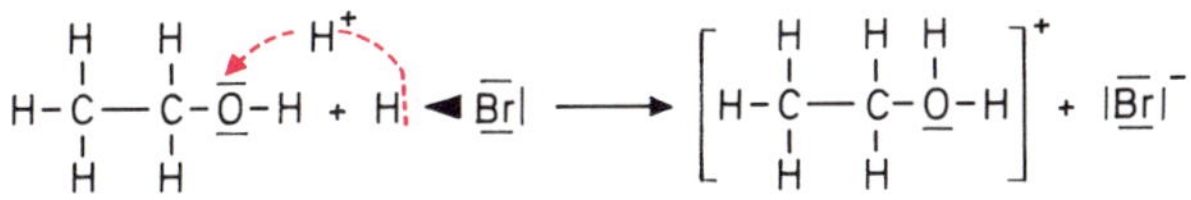

Feste Oxiumsalze sind nicht bekannt. Vielmehr lagert sich das negativ geladene Bromid-Ion am positiven Pol des polaren Oxonium-Ions an, wobei Wasser abgespalten und Bromäthan gebildet wird:

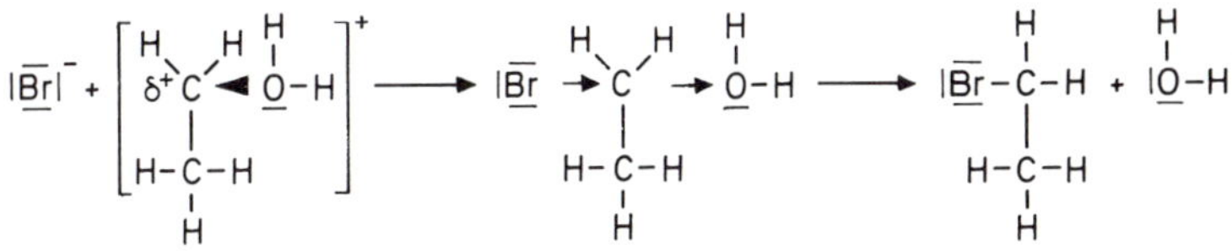

Bromethan

Nukleophile Substitution bei Alkoholen

Das Bromid-Ion reagiert als nukleophiles Teilchen und tritt an die Stelle des abgespaltenen Wassers. Unter nukleophilen Teilchen versteht man Teilchen, die sich bei chemischen Reaktionen an Atome mit positiver Teilladung anlagern. Die Reaktion wird deshalb als nukleophile Substitution bezeichnet. Das Oxonium-Ion spielt auch bei anderen Alkoholreaktionen eine wichtige Rolle, so bei der Ether- und bei der Esterbildung.

Methanol: CH_3OH

6. Methanol (Methylalkohol, CH_3OH) wird technisch in großen Mengen aus Wasserstoff und Kohlenmonooxid unter Druck und unter Verwendung von Metalloxidkatalysatoren hergestellt:

$$CO + 2\,H_2 \rightarrow CH_3OH$$

Methanol ist eine fast geruchlose, leicht brennbare Flüssigkeit. Als Lösungsmittel und als Ausgangsstoff zur Herstellung von Kunststoffen ist es eine der wichtigsten organischen Grundchemikalien. Methanol ist ein Gift, das bei Einnahme zur Erblindung oder zum Tod führt. Deshalb darf es nicht mit trinkbarem Ethanol verwechselt werden.

Ethanol: C_2H_5OH

7. Ethanol (Ethylalkohol, «Weingeist», C_2H_5OH) kann auf zwei verschiedene Arten gewonnen werden:

– Technisch durch Addition von Wasser an Ethen:

Ethanol aus Ethen oder durch Alkoholische Gärung

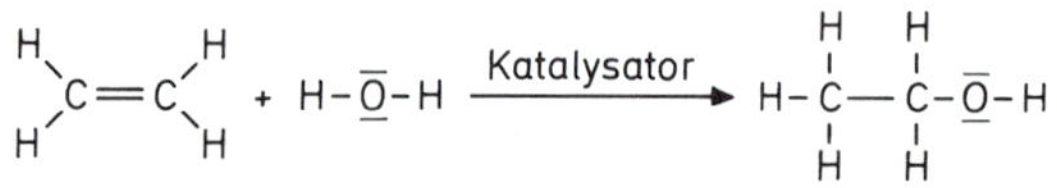

– Biochemisch bei der Vergärung von Zucker durch Hefepilze. Dabei wird durch Enzyme, die in der Hefe enthalten sind, Zucker (meist Traubenzucker) über eine Reihe komplizierter Zwischenschritte zu Ethanol und Kohlenstoffdioxid oxidiert:

$$\underset{\text{Traubenzucker}}{C_6H_{12}O_6} \xrightarrow{\text{Gärung}} 2\,C_2H_5OH + 2\,CO_2 \mid \Delta H = -108{,}9\,kJ$$

Die freiwerdende Energie wird im Stoffwechsel der Hefepilze verbraucht. Die alkoholische Gärung liefert Flüssigkeiten mit maximal 18 Vol.% Ethanol. Zur Herstellung hochprozentiger Mischungen muß destilliert werden. Dabei erreicht man eine Ethanolkonzentration von maximal 96%. Wasserfreier («absoluter») Alkohol wird durch Entzug des restlichen Wassers mit Hilfe von hygroskopischen (d. h. wasseranziehenden) Stoffen (Calciumoxid, wasserfreies Kupfersulfat) hergestellt.

Reines, sogenanntes absolutes Ethanol ist eine schwach riechende, wasserklare Flüssigkeit, die bei 78 °C siedet. Ethylalkohol ist ein gutes Lösungsmittel und dient als Ausgangsstoff für zahlreiche Synthesen. In großen Mengen wird er als Bestandteil alkoholischer Getränke verbraucht (Bundesrepublik 1982 : 12,2 Liter reiner Alkohol pro Kopf der Bevölkerung). Er wirkt als Rauschgift und beeinträchtigt dabei die Funktionen des Nervensystems und des Gehirns (Seh- und Gleichgewichtsstörungen). Alkoholmißbrauch führt zu chronischen Herz- und Leberschäden.

Gefahren des Alkoholmißbrauchs

Als Branntwein unterliegt Alkohol einer hohen Steuer (Steueranteil bis zu 90% des Verkaufspreises). Für den technischen Gebrauch wird er durch Zusatz von Vergällungsmitteln (Petroläther, Pyridin) ungenießbar gemacht und kommt so als billiger Brennspiritus in den Handel.

Alkoholische Getränke

	Alkoholgehalt (Vol.%)	g Alkohol in 1 Liter	Gewinnung
Bier	3–8	30	Gärung von malzhaltigen Maischen
Wein	4–7	50	Gärung von Traubenmaischen
Süßwein	7–14	80	
Likör	20–40	250	Weingeist, Zucker und Aromastoffe
Branntweine	40–80	350	Destillation vergorener, alkoholhaltiger Maischen
Weinbrand			Wein
Whisky			Korn
Wodka			Kartoffeln
Obstbranntwein			Obst (Äpfel, Birnen, Kirschen)
Rum			Zuckerrohr

8. Alkohole, bei denen ein Molekül mehrere Hydroxylgruppen enthält, werden als mehrwertige Alkohole bezeichnet. Nach der Erlenmeyerschen[1] Regel sind Verbindungen mit mehr als einer OH-Gruppe am gleichen C-Atom instabil. Sie zerfallen leicht unter Abspaltung von Wasser:

Mehrwertige Alkohole: mehrere Hydroxylgruppen

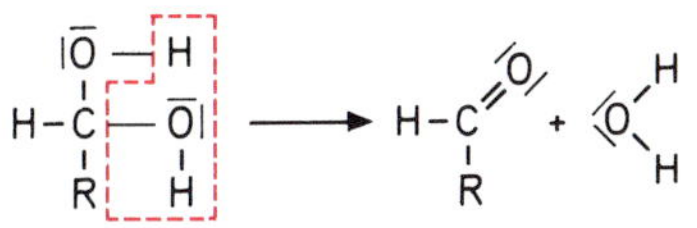

Glykol (1,2-Ethandiol, CH_2OHCH_2OH) ist der einfachste stabile zweiwertige Alkohol. Es ist eine farblose, ölige Flüssigkeit (Sdt. 197 °C, Smt. −17,4 °C) mit schwach süßem Geschmack[2], die sich mit Wasser in jedem Verhältnis mischt. Glykol wird vor allem als Frostschutzmittel für Motorkühler verwendet.

Glycerin (1,2,3-Propantriol, $CH_2OHCHOHCH_2OH$) ist eine hochviskose, hygroskopische Flüssigkeit mit süßem Geschmack und hoher Siedetemperatur (290 °C). Es kann aus Fetten hergestellt werden und mischt sich, wie das Glykol, mit Wasser. Glycerin wird zur Herstellung von Salben und als Frostschutzmittel verwendet und ist Ausgangsstoff zur Herstellung des Sprengstoffs Nitroglycerin.

Mannit, $CH_2OH(CHOH)_4CH_2OH$, ist ein sechswertiger Alkohol. Er ist fest (Smt. 165 °C), schmeckt süß und ist in vielen Pflanzen enthalten. Chemisch ist er mit den Zuckern verwandt.

A1 Warum kann man die Bildung von Natriummethanolat aus Natrium und Methanol als Redox-Reaktion, die Reaktion von Natriummethanolat mit Wasser als Protolyse bezeichnen?

[1] Nach dem Chemiker Carl Emil Erlenmeyer (1825–1909), Professor an der Technischen Hochschule München.

[2] *glykos* (gr.) süß.

A2

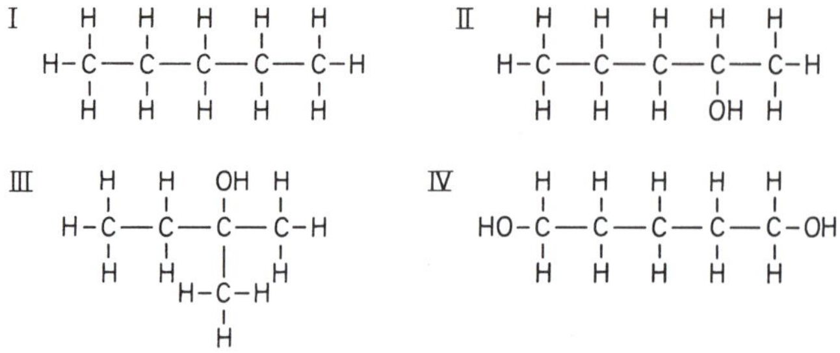

a) Wie heißen die zu diesen Strukturformeln gehörigen Stoffe?
b) Ordnen Sie die Stoffe nach ansteigenden Siedetemperaturen und begründen Sie die Anordnung.
c) Welcher dieser Stoffe mischt sich am besten, welcher am schlechtesten mit Wasser? Geben Sie die Gründe an.
d) Welche der angegebenen Strukturformeln gehört zu einem tertiären Alkohol?

A3 Erklären Sie die unterschiedlichen Siedetemperaturen und Viskositäten von 1-Hexanol, Glykol und Glycerin.

A4 Warum ist Glykol ein geeignetes Frostschutzmittel?

15.3 Ether

Vorsicht beim Arbeiten mit Diethylether! Ether ist leicht entzündlich; Etherdampf-Luft-Gemische sind leicht explosiv; selbst relativ weit entfernte Flammen können zur Entzündung führen.

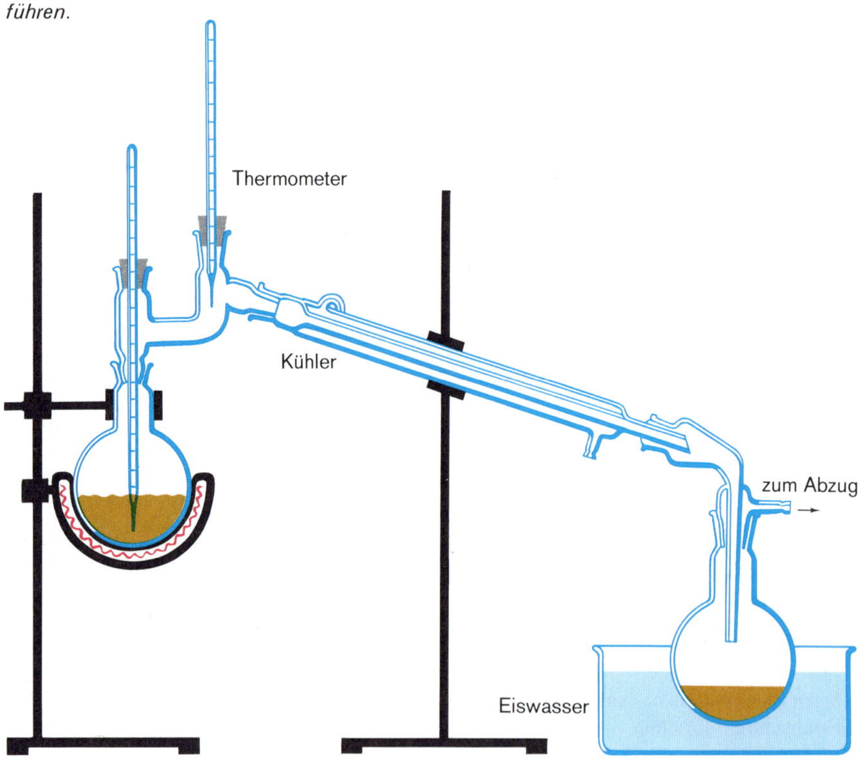

Herstellung von Diethylether (V2)

Herstellung von Diethylether

V_1 In einem 100-ml-Destillierkolben werden 30 ml einer gesättigten Lösung von *Kaliumhydroxid (ätzend)* in *Ethanol (feuergefährlich)* mit 4 ml *Ethylbromid (feuergefährlich)* gemischt. Man destilliert durch Erwärmen mit einem Heizpilz in eine mit Eiswasser gekühlte Vorlage, die durch einen Schlauch mit dem Abzug verbunden ist. Was kann im Destillierkolben beobachtet werden? Man prüft das *Destillat (feuergefährlich)* auf Geruch und Mischbarkeit mit Wasser. Eine kleine Probe wird in einer Porzellanschale angezündet.

V_2 In einem kleinen Destillierkolben gibt man zu 15 ml *Ethanol (feuergefährlich)* vorsichtig 10 ml *konzentrierte Schwefelsäure (ätzend! Schutzbrille!)*. Dann setzt man die in der Abbildung dargestellte Destillationsapparatur zusammen und erhitzt auf 130–140 °C. Ist der Destillationsvorgang beendet muß zuerst der heiße Heizpilz entfernt werden. Dann prüft man das *Destillat (feuergefährlich)* auf Geruch und auf Mischbarkeit mit Wasser. Eine kleine *Probe* wird angezündet.

Welche Eigenschaften hat Ether?

V_3 In Reagenzgläsern wird die Mischbarkeit des *Diethylethers* mit *Methanol (giftig)*, *Tetrachlorkohlenstoff (giftige Dämpfe)* und *Benzin (feuergefährlich)* untersucht.

V_4 Man prüft die Löslichkeit von Fett, Kerzenwachs und *Iod (ätzend)* in *Diethylether*.

V_5 Kleine Stückchen gut gereinigtes *Natrium (feuergefährlich; Schutzbrille!)* werden in Reagenzgläsern jeweils mit absolutem *Ethanol (feuergefährlich)* und wasserfreiem *Diethylether* übergossen.

V_6 In den Trichter einer Apparatur gemäß Abbildung wird ein mit *Diethylether* getränkter Wattebausch gebracht. Man wiederholt das Experiment, wobei die Kerze durch einen vorher erhitzten Dreifuß ersetzt wird.

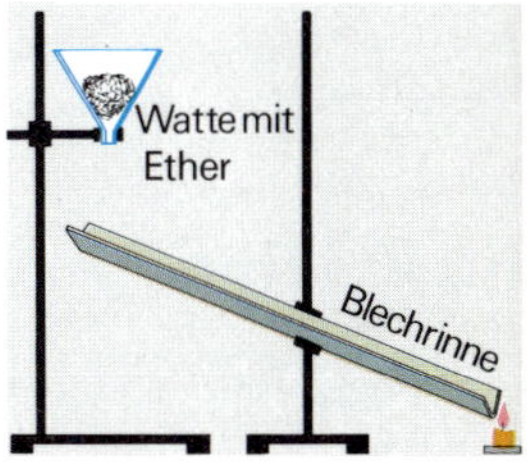

Brennbarkeit von Etherdämpfen (V_6)

1. Ether sind Verbindungen, deren Moleküle zwei über ein Sauerstoffatom («Sauerstoffbrücke») verknüpfte Alkylreste enthalten: R–O–R′. Als funktionelle Gruppe tritt die Sauerstoffbrücke auf.

Ether: R–O–R′

Wichtige Ether

Formel	Name	Sdt. (°C)	Weitere Eigenschaften
CH_3-O-CH_3	Dimethylether	–24,9	Wenig löslich in Wasser
$CH_3CH_2-O-CH_3$	Ethylmethylether	10,8	
$CH_3CH_2-O-CH_2CH_3$	Diethylether	34,6	Wenig mischbar mit Wasser
$CH_3CH_2CH_2-O-CH_3$	Propylmethylether	39	
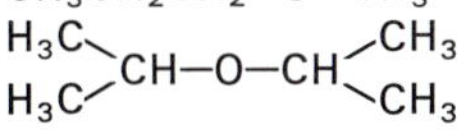	Diisopropylether	67,5	Klopffester Treibstoff
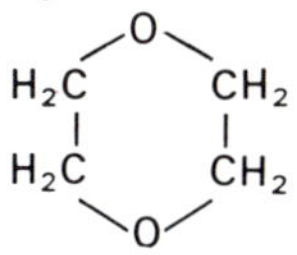	Dioxan	101	Mischbar mit Wasser, Lösungsmittel bei Synthesen

Ether sind relativ reaktionsträge Stoffe und werden deshalb bei vielen Synthesen als indifferente Lösungsmittel verwendet. Ihr wichtigster Vertreter ist der Diethylether. Er ist eine farblose, leicht bewegliche Flüssigkeit von süßlichem Geruch mit einer Siedetemperatur von 34,6 °C. Da seine Dämpfe beim Einatmen Bewußtlosigkeit verursachen, dient er als Narkosemittel. Etherdämpfe sind leicht entzündbar und schwerer als Luft, mit der sie explosive Gemische bilden. Diethylether ist ein ausgezeichnetes Lösungsmittel für Fette und Harze.

Eigenschaften von Diethylether $C_2H_5-O-C_2H_5$

Herstellung von Ether aus Alkohol

2. Man erhält Ether aus Alkoholen durch folgende Synthesen:

– Reaktion von Alkalialkoholat mit Halogenalkan gemäß

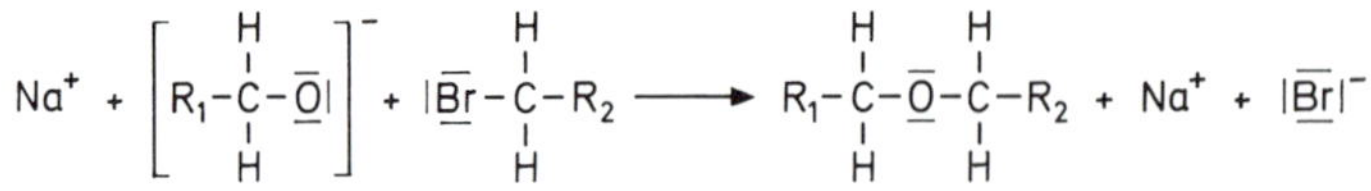

– Wasserabspaltung aus Alkohol mit konzentrierter Schwefelsäure gemäß

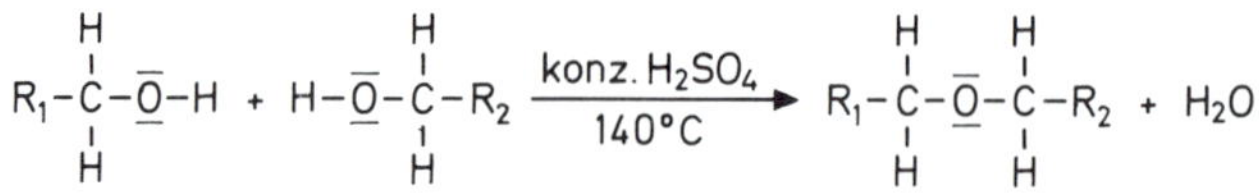

Bei der zweiten Reaktion handelt es sich um eine nukleophile Substitution. Dabei wird zunächst ein Alkoholmolekül zum Oxonium-Kation protoniert:

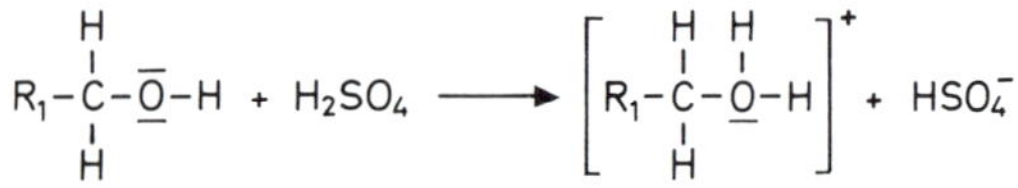

Dann wird unter Abspaltung von Wasser ein Alkoholmolekül an das Oxonium-Ion angelagert:

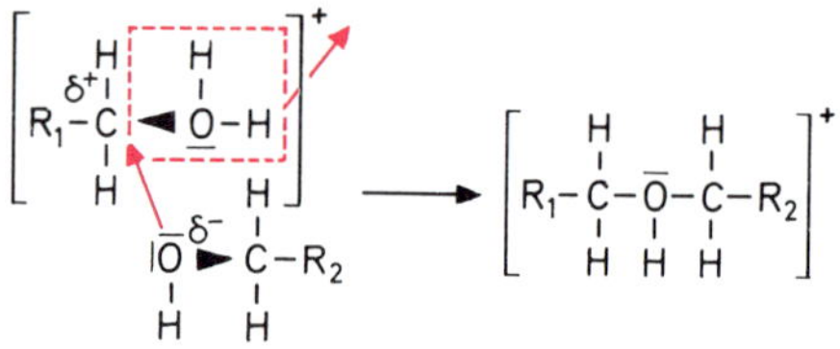

Schließlich bildet sich durch Abspaltung eines Protons ein neutrales Ethermolekül:

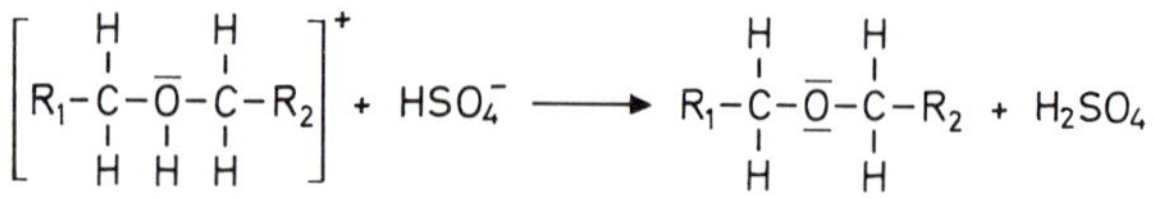

3. Die Beziehung des Diethylethers zu Ethanol und Wasser wird durch folgende Zusammenstellung verdeutlicht:

Wasser, Ethanol und Diethylether im Vergleich

Strukturformel	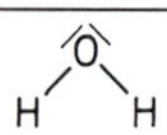 Wasser	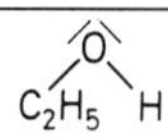 Ethanol	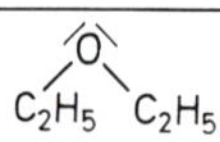 Diethylether
Molekülmasse	18	46	74
Sdt. (°C)	100	78	34,6
Dichte (g/cm^3)	1,0	0,78	0,71

Trotz der größeren Molekülmasse liegt die Siedetemperatur des Diethylethers wesentlich unter derjenigen des Ethanols. Wasserstoffbrücken sind zwischen den Molekülen des Diethylethers, im Gegensatz zum Ethanol, nicht möglich. Die zwischenmolekularen Anziehungskräfte nehmen von Wasser über Ethanol zum Diethylether hin ab. Da Diethylether keine hydrophilen Hydroxylgruppen enthält, mischt er sich nur schlecht mit Wasser.

Keine Wasserstoffbrücken bei Ethern

A_1 Welches Verfahren eignet sich zur Herstellung von Propylmethylether?

A_2 Mischt man Ether, Wasser und Ethanol in gleichen Volumenverhältnissen miteinander, so entsteht eine homogene Mischung. Wie läßt sich das erklären?

A_3 Warum besitzt das Diethylethermolekül schwache Dipoleigenschaften?

A_4 Nach welchem Reaktionsmechanismus kann die Ethersynthese aus Alkoholat und Halogenalkan ablaufen? Formulieren Sie die einzelnen Teilschritte.

15.4 Aldehyde (Alkanale)

Vorsicht: tiefsiedende organische Verbindungen sind feuergefährlich; Methanal ist giftig und ätzend.

Wie werden Aldehyde hergestellt?

V_1 Eine in der Bunsenflamme erhitzte und dabei oxidierte Kupferdrahtnetzrolle wird in ein wenig *Ethanol* enthaltendes Reagenzglas gebracht *(Schutzbrille!)*, Man beobachtet die dabei stattfindenden Farb- und Geruchsveränderungen *(giftige Dämpfe)*.

V_2 In einen 250-ml-Rundkolben gibt man etwa 10 Tropfen *Methanol (giftig)* und schüttelt um. Dann wird eine vorher erhitzte Platinspirale eingetaucht *(Schutzbrille!)*. Was ist beim langsamen und beim raschen Eintauchen zu beobachten? Geruchsprobe *(Vorsicht: giftige Dämpfe!)*.

Wie werden Aldehyde nachgewiesen?

V_3 In einem gut gereinigten Reagenzglas werden die beiden Fehlingschen Lösungen im Volumenverhältnis 1 : 1 gemischt (Fehling I: Kupfersulfatlösung, Fehling II: *alkalische Seignettesalzlösung, ätzend*). Dann gibt man einige Tropfen dieser Mischung zu neutraler *Methanal*-Lösung und erhitzt im Wasserbad. *(Siederverzug möglich!)*

V_4 In einem Reagenzglas versetzt man wenig *Silbernitratlösung (ätzend)* so lange mit Ammoniakwasser, bis der auftretende Niederschlag vollständig verschwunden ist. Nach Zugabe von *Methanal*-Lösung wird das Reagenzglas kurz in der heißen Flamme des Bunsenbrenners gedreht *(Siedeverzug möglich!)*.

V_5 *Methanal*-Lösung wird mit fuchsinschwefliger Säure (durch Schwefeldioxid entfärbte Fuchsinlösung) versetzt. Was ist zu beobachten?

Addition am Aldehyd

V_6 Zu ca. 2 cm^3 frisch destilliertem *Ethanal* gibt man im Reagenzglas unter Eiskühlung tropfenweise gesättigte Natriumhydrogensulfitlösung *(Abzug!)*.

1. Bei der vollständigen Oxidation (Verbrennung) von Alkoholen entsteht Kohlendioxid und Wasser. Mit bestimmten Oxidationsmitteln (Kupferoxid) oder Katalysatoren (Platin) können dagegen, falls es sich um primäre Alkohole handelt, folgende Reaktionen ablaufen:

Primärer Alkohol
↓ Dehydrierung
Aldehyd

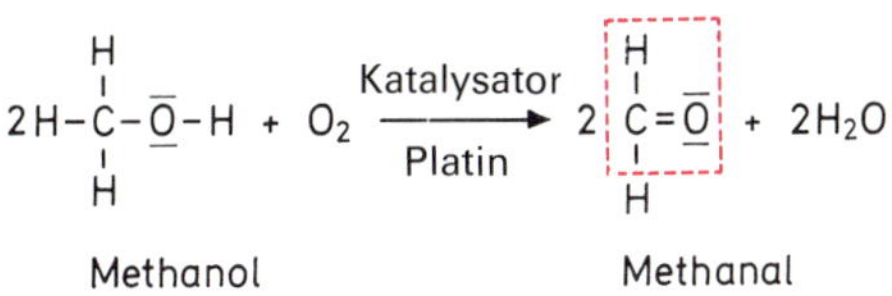

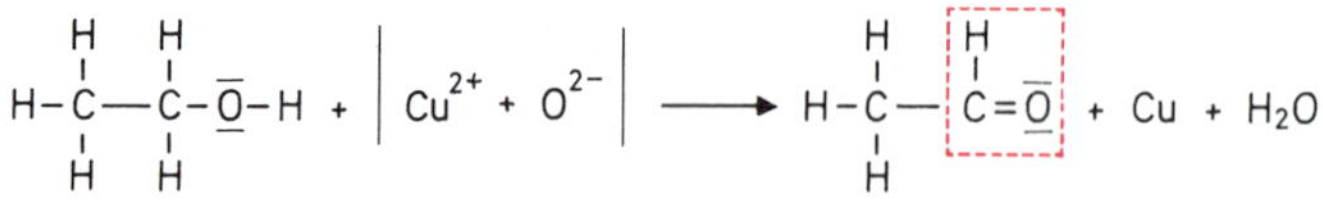

Ethanol Ethanal

Aldehyde: (Alkanale)

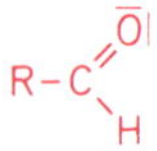

Dem Alkohol wird dabei vom Reaktionspartner Wasserstoff entzogen; er wird dehydriert. Die durch Dehydrierung primärer Alkohole entstehenden Stoffe heißen Aldehyde[1] (Alkanale). Sie haben die allgemeine Formel

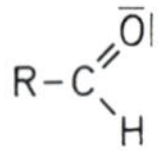

worin R Wasserstoff oder eine Alkylgruppe ist.

2. Die rationellen Namen der Aldehyde (Alkanale) enden mit der Silbe -al, die an die Bezeichnung des entsprechenden Alkans angehängt wird. Auch bei den Aldehyden sind noch Trivialnamen gebräuchlich.

Homologe Reihe unverzweigt kettenförmiger Aldehyde (Alkanale)

Formel	Rationeller Name	Trivialname	Sdt. (°C)
HCHO	Methanal	Formaldehyd	−19,3
CH_3CHO	Ethanal	Acetaldehyd	20,2
CH_3CH_2CHO	Propanal	Propionaldehyd	48,8
$CH_3CH_2CH_2CHO$	Butanal	n-Butyraldehyd	75,7
$CH_3CH_2CH_2CH_2CHO$	Pentanal	n-Valeraldehyd	103

Bei Aldehyden keine Wasserstoffbrücken

Zwischen den Aldehydmolekülen sind im Gegensatz zu den entsprechenden Alkoholmolekülen keine Wasserstoffbrücken möglich. Die Siedetemperaturen der Aldehyde liegen deshalb niedriger als die der Alkohole. Mit zunehmender Kohlenstoffzahl steigt erwartungsgemäß die Siedetemperatur und sinkt die Mischbarkeit mit Wasser.

Methanal als Desinfektions- und Konservierungsmittel

3. Methanal (Formaldehyd, HCHO) ist ein stechend riechendes Gas, das sich in Wasser leicht löst. Es reagiert mit Eiweißstoffen, kann Bakterien und andere Krankheitserreger abtöten und wird deshalb als Desinfektionsmittel benützt. Die Lösung von Methanal in Wasser (Formalin) dient als Konservierungsmittel in Haarshampoos und für anatomische Präparate.

Ethanal (Acetaldehyd, CH_3CHO) ist eine farblose, leicht brennbare Flüssigkeit mit obstartigem Geruch. Es siedet bei 20 °C und mischt sich mit Wasser und unpolaren Lösungsmitteln. Ethanal kann technisch aus Acetylen hergestellt werden:

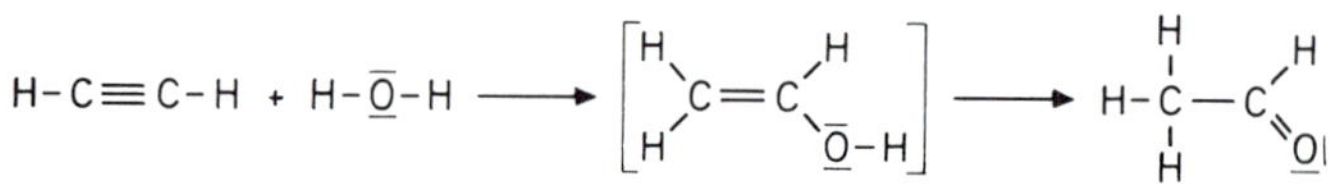

Acetylen (Ethin) Vinylalkohol Ethanal

[1] *al*cohol *dehyd*rogenatus = Aldehyd.

Ethanal spielt als Zwischenprodukt bei organischen Synthesen eine wichtige Rolle.
Höhere Aldehyde sind gesuchte Riechstoffe (Himbeer- und Erbeeraroma).

Aldehyde sind Reduktionsmittel

4. Die chemischen Eigenschaften der Aldehyde sind zum größten Teil auf Reaktionen an der Aldehydgruppe zurückzuführen. Aldehyde sind besonders in alkalischer Lösung starke Reduktionsmittel, was bei folgenden beiden Nachweisreaktionen ausgenützt wird:

Nachweis durch die Fehlingsche Reaktion

– Fehlingsche Lösung (eine alkalische Kupfersalzlösung) wird in der Hitze zu rotem unlöslichem Kupfer (I)-oxid reduziert:

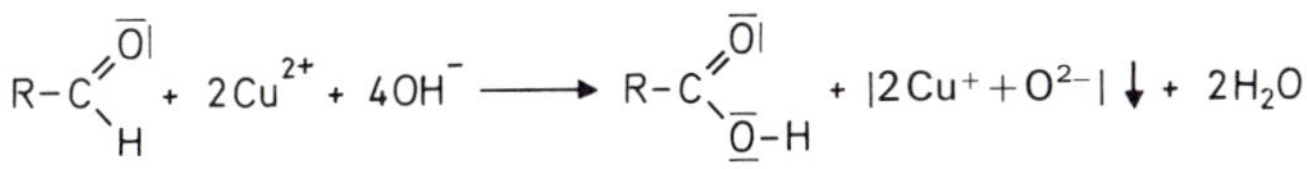

Nachweis durch die Silberspiegel-Reaktion

– Silber-Ionen einer ammoniakalischen Silbersalzlösung werden durch Aldehyde zu metallischem Silber reduziert (Silberspiegel-Reaktion):

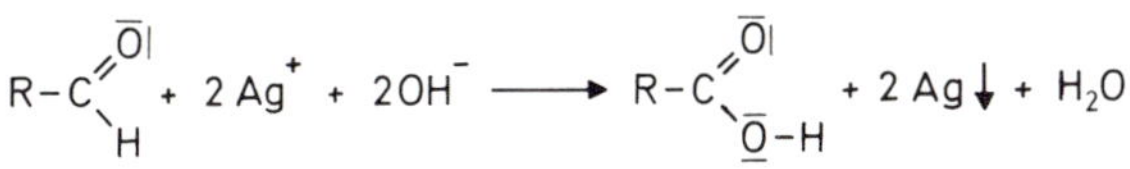

Wie die Reaktionsgleichungen zeigen, wird der Wasserstoff der Aldehydgruppe zur Hydroxylgruppe oxidiert. Dabei entstehen Carbonsäuren[1].
Ein weiterer Nachweis gelingt mit fuchsinschwefliger Säure, die mit Aldehyden eine Violettfärbung ergibt. Der Ablauf dieser Reaktion ist noch nicht vollständig geklärt.

5. Die Aldehydgruppe enthält neben Wasserstoff auch die >C=O-Gruppe, die als Carbonylgruppe bezeichnet wird. Wie die C=C-Doppelbindung, ist die C=O-Doppelbindung aus einer σ-Bindung und einer π-Bindung aufgebaut.
Aufgrund der unterschiedlichen Elektronegativität von Kohlenstoff und Sauerstoff sind die beiden Elektronenpaare, besonders aber das π-Elektronenpaar, zum Sauerstoff hin verschoben:

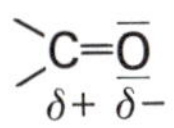

Addition an die Carbonylgruppe

Dadurch bekommt der Kohlenstoff eine positive, der Sauerstoff eine negative Partialladung. Bei Additionen an die Carbonylgruppe greifen deshalb nukleophile Teilchen an dem eine positive Partialladung tragenden Kohlenstoff, elektrophile dagegen an dem eine negative Partialladung tragenden Sauerstoff an. Dies soll an zwei Beispielen gezeigt werden:
– Addition von Natriumhydrogensulfit ($NaHSO_3$) an Methanal:

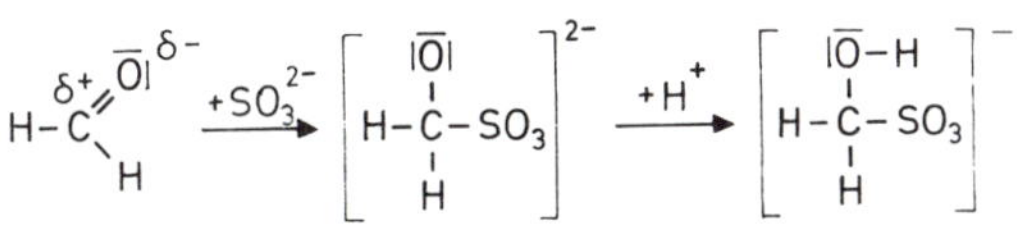

[1] Da die Reaktionen in alkalischer Lösung ablaufen, entstehen genau genommen nicht die freien Säuren, sondern deren Salze.

– Addition von Wasser an Methanal:

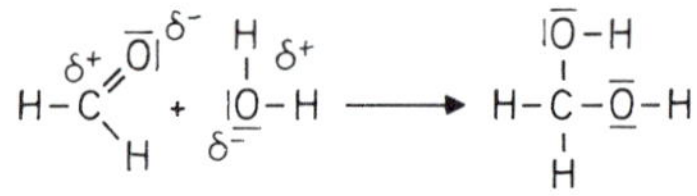

Methanal-Hydrat

Bei Aldehyd-Hydraten Wasserstoffbrücken

Die Hydroxylgruppen des Aldehyd-Hydrats können mit Wassermolekülen Wasserstoffbrücken bilden. Darauf beruht die gute Wasserlöslichkeit der niederen Aldehyde. Die Hydratmoleküle enthalten zwei OH-Gruppen am gleichen C-Atom und sind deshalb unbeständig. Beim Eindampfen der Lösung zerfallen sie wieder in Aldehyd und Wasser.

6. In konzentrierten Methanal-Lösungen bildet sich nach längerem Stehen ein weißer Niederschlag, der von Staudinger[1] als makromolekularer Stoff identifiziert wurde. Unter Abspaltung von Wasser reagieren die Methanalhydratmoleküle zu kettenförmigen Riesenmolekülen:

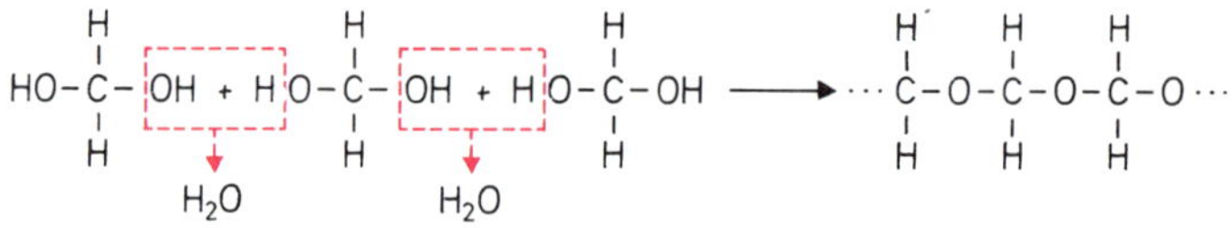

Ausschnitt aus einer Polyoxymethylen-Kette

Polykondensation: Bildung von Makromolekülen unter Abspaltung eines Nebenprodukts

Die Bildung eines Makromoleküls unter Abspaltung eines Nebenprodukts heißt Polykondensation. Polykondensationen mit Methanal liefern technisch wichtige Kunststoffe.

A1 Was entsteht bei der katalytischen Addition von Wasserstoff an Ethanal?

A2 Konzentrierte Methanal-Lösung kann mit Fehlingscher Lösung unter Bildung eines Kupferspiegels reagieren. Wie lautet die Reaktionsgleichung?

A3 Welche Strukturformel hat die Verbindung, die bei der Dehydrierung von Glykol entsteht?

15.5 Ketone (Alkanone)

Vorsicht: Aceton ist leicht entzündlich; sein Dampf bildet mit Luft explosive Gemische.

Herstellung von Aceton

V1 In einem 100-cm³-Destillierkolben werden 10 g Kaliumdichromat in 40 cm³ Wasser gelöst und 4 cm³ *konzentrierte Schwefelsäure (ätzend)* vorsichtig zugegeben *(Schutzbrille!)*. Nach dem Erkalten gibt man 10 cm³ *2-Propanol (feuergefährlich)* dazu und destilliert etwa 5 cm³ in die Vorlage. Das *Destillat (feuergefährlich)* wird auf seinen Geruch und auf seine Mischbarkeit mit Wasser geprüft.

[1] Hermann Staudinger, deutscher Chemiker (1881–1965), Erforschung der Makromoleküle, Chemie-Nobelpreis 1953.

Eigenschaften und Reaktionen des Acetons

V2 Man untersucht die Mischbarkeit von *Aceton* mit Wasser, *Ethanol (feuergefährlich), Tetrachlorkohlenstoff (giftige Dämpfe)* und *Benzin (feuergefährlich)*.

V3 Einige Körnchen Kaliumpermanganat werden im Reagenzglas mit *Aceton* übergossen.

V4 In einem Becherglas wird ein Tischtennisball auf die Flüssigkeitsoberfläche von *Aceton* gebracht. Was ist nach einiger Zeit zu beobachten?

V5 In einer Porzellanschale werden einige Milliliter *Aceton* auf Brennbarkeit geprüft.

V6 Ca. 3 cm^3 gesättigte Natriumhydrogensulfitlösung werden im Reagenzglas vorsichtig unter Eiskühlung mit ca. 3 cm^3 *Aceton* versetzt.

V7 Man wiederholt die Versuche V3 und V4 des Kapitels 15.4 (Fehlingsche Probe und Silberspiegelreaktion) mit *Aceton*.

Sekundärer Alkohol
↓ Dehydrierung
Keton

1. Bei der Dehydrierung primärer Alkohole entstehen Aldehyde. Dehydriert man sekundäre Alkohole, so entstehen Ketone (Alkanone):

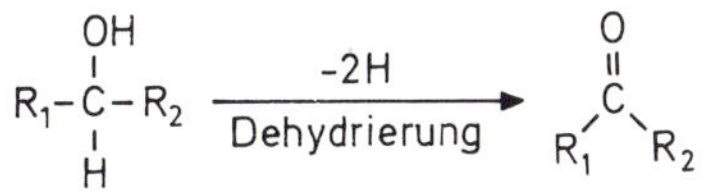

Sekundärer Alkohol — Keton

Die Abspaltung von Wasserstoff erfolgt am positiv polarisierten Kohlenstoff und an der Hydroxylgruppe.

Ketone: (Alkanone)

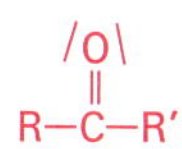

Die Ketone enthalten als funktionelle Gruppe ebenfalls die Carbonylgruppe >C=O. Der Unterschied zu den Aldehyden besteht darin, daß an das Kohlenstoffatom der Carbonylgruppe kein Wasserstoff gebunden ist. Die Ketone sind deshalb keine Reduktionsmittel. Sie reagieren also nicht mit Fehlingscher Lösung oder mit Silbernitrat-Ammoniak-Lösung. Dafür zeigen sie die für die Carbonylgruppe charakteristischen Reaktionen, z. B. Additionsreaktionen:

Addition an die Carbonyl-Gruppe

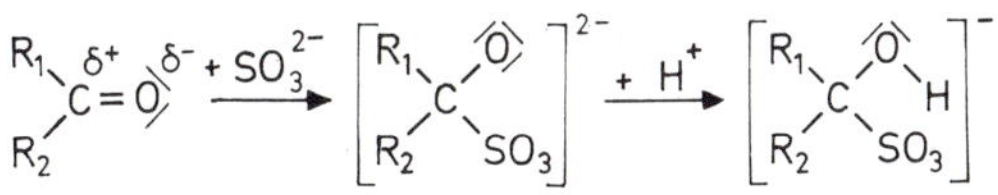

2. Die rationellen Namen der Ketone werden in der Weise gebildet, daß man der zugrunde liegenden Kohlenwasserstoffverbindung die Endung -on anhängt. Eine vorgesetzte Zahl (mit Bindestrich) bezeichnet auch hier die Position des doppelt gebundenen Sauerstoffatoms.

Die von den Alkanen abgeleiteten Ketone bilden die homologe Reihe der Alkanone. Die folgende Tabelle faßt deren wichtigste Vertreter zusammen.

Homologe Reihe unverzweigt kettenförmiger Ketone (Alkanone)

Formel	Rationeller Name	Trivialname	Sdt. (°C)
$CH_3—CO—CH_3$	Propanon	Aceton	56,2
$CH_3—CO—CH_2—CH_3$	2-Butanon	Methylethylketon	79,6
$CH_3—CO—CH_2—CH_2—CH_3$	2-Pentanon	Methylpropylketon	101,7
$CH_3—CH_2—CO—CH_2—CH_3$	3-Pentanon	Diethylketon	102,7

Die Siedetemperatur der Ketone nimmt mit steigender Kohlenstoffzahl zu, die Mischbarkeit mit Wasser dagegen ab.

IR-Spektren von Aceton und Methylethylketon

Bande	Schwingung
A	C—H-Valenz
B	C=O-Valenz
C D E	CH-Deformation in der Ebene
F	C—C-Valenz
G H	CH-Deformation aus der Ebene
J	C—C—C-Deformation

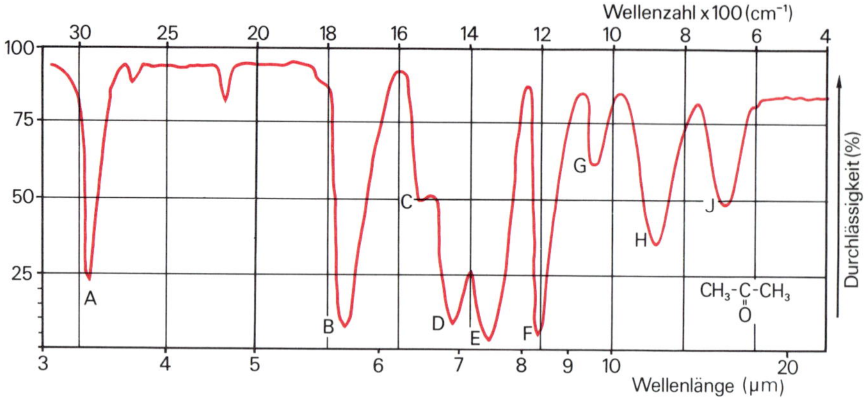

Aceton (Propanon)
$CH_3-CO-CH_3$

3. Wichtigstes Alkanon ist das Aceton (Propanon, $CH_3-CO-CH_3$). Aceton ist eine leicht brennbare Flüssigkeit mit niedriger Siedetemperatur. Es mischt sich mit hydrophilen und hydrophoben Substanzen und ist daher ein hervorragendes Lösungsmittel für Lacke, Harze und Klebstoffe. Es wird zur Quellung von Nitrocellulose und zum Lösen von Acetatseide verwendet.
Die Wasserstoffatome der Methylgruppen des Acetons können durch Halogenatome ersetzt werden:

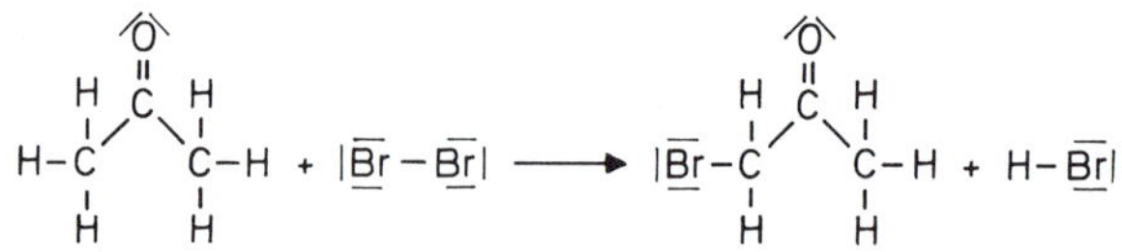

Bromaceton

Im Vergleich mit den Alkanen ist dabei die Substitution durch die Nachbarschaft der Carbonylgruppe wesentlich erleichtert. Bromaceton wird wegen seiner stark augenreizenden Wirkung als Tränengas verwendet.

A1 Wie die Aldehyde, bilden Ketone beim Mischen mit Wasser Hydrate. Welche Strukturformel hat Acetonhydrat?

A2 Aceton mischt sich mit Wasser, Dimethylether dagegen ist nur wenig wasserlöslich. Wie kann dieser Unterschied erklärt werden?

A3 Aus welchem Alkohol kann Methylethylketon hergestellt werden? Geben Sie die Reaktionsgleichung an.

A4 Bestimmen und vergleichen Sie die Oxidationszahlen der Kohlenstoffatome in 2-Propanol und in Aceton.

15.6 Carbonsäuren und Carbonsäurederivate

Vorsicht! Flüssige Carbonsäuren und ihre Lösungen wirken ätzend!

Wie entsteht Essigsäure?

V1 In einem Destillierkolben gibt man zu 100 cm^3 konzentrierter Kaliumpermanganatlösung 5 cm^3 *Ethanol (feuergefährlich)* und vorsichtig 4 cm^3 *konzentrierte Schwefelsäure (ätzend;*

Schutzbrille!). Das Gemisch wird langsam erwärmt, (Siedesteinchen verwenden!) und es werden ungefähr 10 cm^3 *Flüssigkeit (ätzend)* abdestilliert. Man versetzt das *Destillat* mit Bromthymolblau und tropft aus einer Pipette *verdünnte Natronlauge (ätzend)* zu.

Wie reagieren Carbonsäuren?

V_2 In Reagenzgläsern gibt man zu *verd. Ameisensäure (ätzend)* und *verd. Essigsäure (ätzend)* jeweils einige Magnesiumspäne und prüft das *entstehende Gas (brennbar)* mit Hilfe der Knallgas-Probe.

V_3 *Verd. Ameisensäure (ätzend)* und *verd. Essigsäure (ätzend)* werden in Reagenzgläsern jeweils mit etwas Bromthymolblau-Lösung und dann tropfenweise mit *verd. Natronlauge (ätzend)* versetzt.

V_4 Einige Milliliter *verd. Ameisensäure (ätzend)* und *verd. Essigsäure (ätzend)* werden jeweils mit *verd. Natronlauge (ätzend)* neutralisiert (Phenolphthalein als Indikator); dann versetzt man mit fuchsinschwefliger Säure.

V_5 In einem Reagenzglas versetzt man etwa 1 cm^3 *Ameisensäure (ätzend)* vorsichtig mit etwa 2 ml *konzentrierter Schwefelsäure (ätzend; Schutzbrille!)* und erwärmt schwach. Die Brennbarkeit des *entstehenden Gases (giftig; feuergefährlich)* wird *nach Verdrängung der Luft* an der Mündung eines aufgesetzten Röhrchens geprüft *(Abzug!).*

V_6 Kleine Mengen Palmitinsäure, Stearinsäure und Ölsäure werden jeweils in *Eisessig (ätzend)* gelöst. Dann versetzt man tropfenweise mit einer Lösung von wenig *Brom in Eisessig (ätzend).*

Welche Eigenschaften hat Oxalsäure?

V_7 Etwas *Oxalsäure (giftig)* wird im Reagenzglas erhitzt. Man leitet die *gasförmigen Zersetzungsprodukte (giftig; feuergefährlich)* durch Kalkwasser *(Abzug!).*

V_8 *Konzentrierte Oxalsäurelösung (giftig)* wird im Erlenmeyerkolben mit verdünnter Schwefelsäure versetzt. Dann gibt man einige Milliliter Kaliumpermanganatlösung zu und erhitzt. Das entstehende Gas wird durch Kalkwasser geleitet.

1. Durch Oxidation von Aldehyden entstehen sauer reagierende organische Verbindungen, die Carbonsäuren. Ihre Moleküle enthalten die Carboxylgruppe[1] –COOH.

Aldehyde
↓ Oxidation
Carbonsäuren

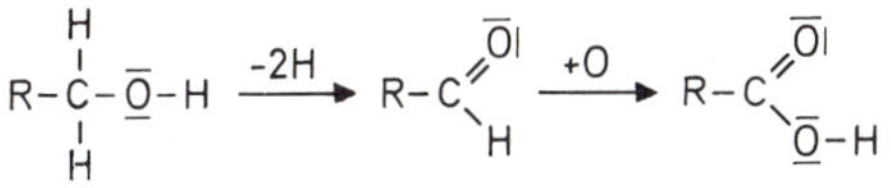

Alkohol Aldehyd Carbonsäure

Carbonsäuren:

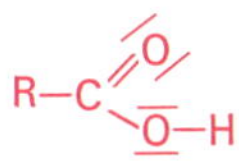

2. Bei der sauren Reaktion der Carboxylgruppe wird der Hydroxylwasserstoff als Proton auf den Reaktionspartner übertragen:

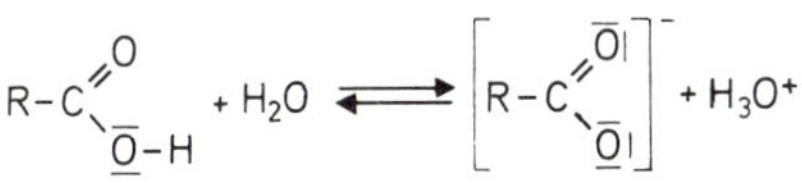

Säurewirkung der Carboxylgruppe

Auch Alkohole besitzen eine an Kohlenstoff gebundene OH-Gruppe, doch ist ihre Säurestärke erheblich geringer als die der Carbonsäuren. Die leichte Abspaltbarkeit des Protons von Carbonsäuren muß daher mit der Nachbarschaft des Sauerstoffs der Carbonylgruppe zusammenhängen. Er ist stark elektronegativ und zieht die beiden Bindungselektronenpaare auf seine Seite.

[1] *Carbonyl* + Hydr*oxyl* = *Carboxyl.*

Wichtige Monocarbonsäuren

Formel	Rationeller Name	Trivialname	Smt. (°C)	Sdt. (°C)	Dichte (g/cm³)	pKs
H—COOH	Methansäure	Ameisensäure	8,4	100,5	1,22	3,77
CH_3—COOH	Ethansäure	Essigsäure	16,6	118,1	1,05	4,76
CH_3—CH_2—COOH	Propansäure	Propionsäure	− 22	141,3	0,99	4,88
CH_3—CH_2—CH_2—COOH	Butansäure	Buttersäure	− 7,9	164,0	0,96	4,82
CH_3—CH_2—CH_2—CH_2—COOH	Pentansäure	Valeriansäure	− 34,5	186,4	0,94	4,81
$C_{15}H_{31}$—COOH	Hexadecansäure	Palmitinsäure	64	–	0,85	–
$C_{17}H_{35}$—COOH	Octadecansäure	Stearinsäure	70,1	–	0,84	–

Dieser Elektronenzug wirkt sich auch auf die benachbarten Bindungen aus:

Alkohol Carbonsäure

Die Wirkung, die ein Atom auf die Polarität mehrerer Atombindungen in einem Molekül ausübt, wird als induktiver Effekt (I-Effekt) bezeichnet. Wirkt dieses Atom, wie in unserem Beispiel, elektronenanziehend, so spricht man von einem −I-Effekt. In der Carboxylgruppe wird dadurch die Polarität der O—H-Bindung verstärkt. Sie kann leichter heterolytisch gespalten werden, wobei ein Proton an den Reaktionspartner abgegeben wird[1].

−I-Effekt: Elektronenzug

3. Je nach Anzahl der Carboxylgruppen unterscheidet man Monocarbonsäuren, Dicarbonsäuren, Tricarbonsäuren usw. In der obenstehenden Tabelle sind die Namen und die physikalischen Eigenschaften wichtiger Monocarbonsäuren zusammengestellt.
Wie in den früher erwähnten homologen Reihen, steigt mit der Verlängerung der Kohlenstoffkette die Siedetemperatur und sinkt die Mischbarkeit mit Wasser. Monocarbonsäuren mit mehr als vier Kohlenstoffatomen sind nicht mehr in jedem Verhältnis mit Wasser mischbar; Säuren mit mehr als zehn Kohlenstoffatomen sind feste, wasserunlösliche Substanzen.

4. Ameisensäure (HCOOH), eine stechend riechende Flüssigkeit, kommt in den Giftdrüsen von Ameisen und Brennesseln vor. Verdünnte Ameisensäure reagiert stark sauer. Mit Metallen, Metalloxiden und Metallhydroxiden bildet sie Salze, die sogenannten Formiate:

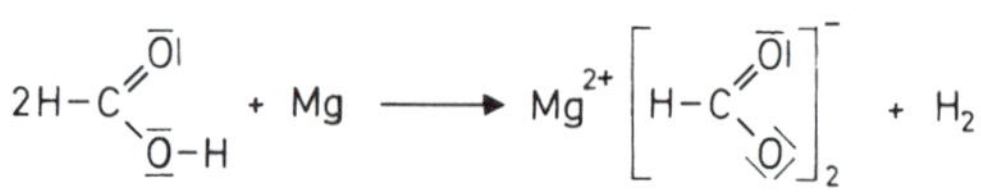

Magnesiumformiat

[1] Für die höhere Säurestärke der Carbonsäuren ist noch ein weiterer Effekt verantwortlich, der mit der Stabilität der Säureanionen zusammenhängt (Siehe Kapitel 16.2).

Die nebenstehende Strukturformel zeigt, warum Ameisensäure neben der Säurewirkung auch die Eigenschaften eines Aldehyds besitzt. Sie wirkt deshalb reduzierend und wird dabei zu Kohlendioxid und Wasser oxidiert:

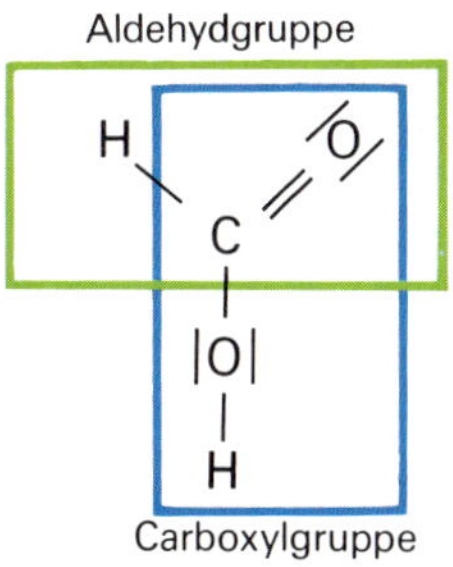

Ameisensäure mit Aldehydgruppe

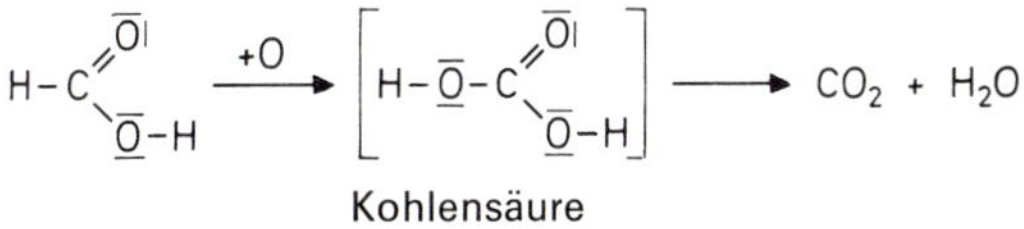

Durch konzentrierte Schwefelsäure wird Ameisensäure in Kohlenmonoxid und Wasser zerlegt:

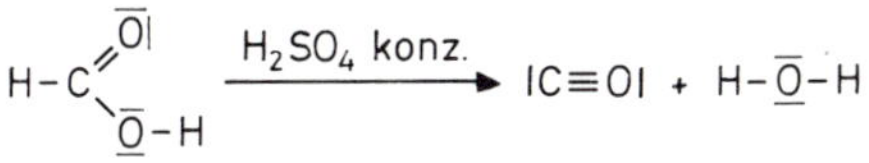

5. Essigsäure (CH_3COOH) ist eine farblose Flüssigkeit mit stechendem Geruch. Da reine Essigsäure schon bei 16,5°C erstarrt, wird sie als Eisessig bezeichnet. Die Salze der Essigsäure heißen Acetate. Sie können durch die bekannten Verfahren hergestellt werden, z. B.

Essigsäure

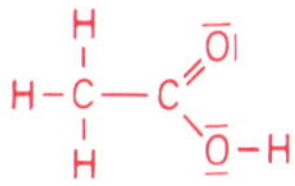

$$CH_3COOH + Na^+_{aq} + OH^-_{aq} \rightarrow CH_3COO^-_{aq} + Na^+_{aq} + H_2O$$

Natriumacetat

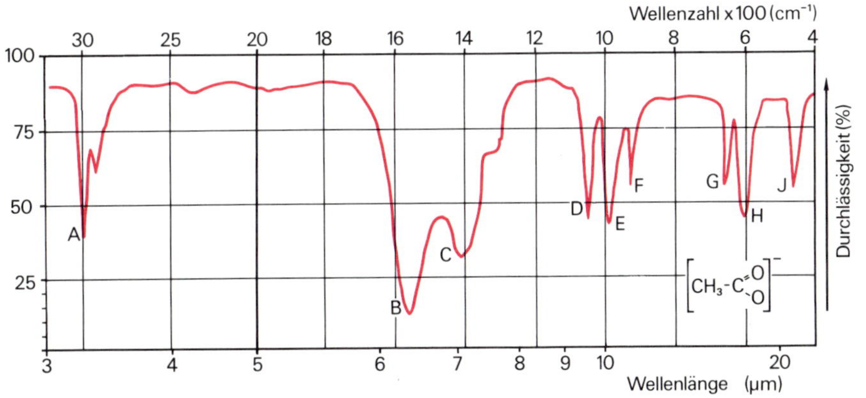

Infrarotspektrum des Acetat-Ions

Bande	Schwingung
A	C—H-Valenz
B	C┈O-Valenz (asymmetrisch)
C	C┈O-Valenz (symmetrisch) CH_3-Deformation in der Ebene
D E	CH_3-Deformation aus der Ebene
F	C—C-Valenz
G H J	COO-Deformation

Speiseessig mit einem Massenanteil von etwa 4,5% wird in einem biochemischen Prozeß aus alkoholhaltigen Flüssigkeiten (Wein) hergestellt. Dabei oxidieren Essigsäurebakterien Ethanol zu Essigsäure. Das Verfahren wird neuerdings in großen Stahlbehältern durchgeführt, in denen starke Pumpen die zur Oxidation notwendige Luft von unten durch die alkoholhaltige Flüssigkeit pressen. Dadurch werden die Essigsäurebakterien in der Schwebe gehalten. Die bei der Oxidation auftretende Reaktionswärme wird durch Kühlwasser abgeführt, so daß die Temperatur nicht über den für die Bakterien optimalen Bereich von 25 bis 30 °C steigt.

Bakterien oxidieren Alkohol zu Essigsäure

Im Vergleich zur Ameisensäure ist Essigsäure eine relativ schwache Säure. Man muß annehmen, daß Alkylgruppen Elektronen in Richtung der Carboxylgruppe verschieben (+I-Effekt). Dieser induktive Effekt setzt die Polarität der O—H-Bindung und damit die Säurestärke herab.

+I-Effekt: Elektronenschub

Ungesättigte Fettsäuren mit C=C-Doppelbindungen

6. Buttersäure (C_3H_7COOH), eine unangenehm riechende Flüssigkeit, entsteht bei der Zersetzung von Butterfett. Palmitinsäure ($C_{15}H_{31}COOH$) und Stearinsäure ($C_{17}H_{35}COOH$) sind Bestandteile der Fette. Wichtige Bestandteile flüssiger Fette sind die Ölsäure ($C_{17}H_{33}COOH$), die Linolsäure ($C_{17}H_{31}COOH$) und die Linolensäure ($C_{17}H_{29}COOH$). Linol- und Linolensäure können vom menschlichen Körper nicht synthetisiert werden und müssen deshalb als sogenannte essentielle Fettsäuren mit der Nahrung zugeführt werden. Durch Addition von Iod oder Brom an die Doppelbindung kann der ungesättigte Charakter dieser Säuren nachgewiesen werden.

Höhere Fettsäuren

	18	17	16	15	14	13	12	11	10	9	8-2	1
Stearinsäure	CH_3-	CH_2-	CH_2-	CH_2-	CH_2-	CH_2-	CH_2-	CH_2-	CH_2-	CH_2-	$(CH_2)_7-$	$COOH$
Ölsäure	CH_3-	CH_2-	CH_2-	CH_2-	CH_2-	CH_2-	CH_2-	CH_2-	$CH=$	$CH-$	$(CH_2)_7-$	$COOH$
Linolsäure	CH_3-	CH_2-	CH_2-	CH_2-	CH_2-	$CH=$	$CH-$	CH_2-	$CH=$	$CH-$	$(CH_2)_7-$	$COOH$
Linolensäure	CH_3-	CH_2-	$CH=$	$CH-$	CH_2-	$CH=$	$CH-$	CH_2-	$CH=$	$CH-$	$(CH_2)_7-$	$COOH$

Dicarbonsäuren enthalten zwei Carboxylgruppen

7. Dicarbonsäuren entstehen durch Oxidation zweiwertiger primärer Alkohole:

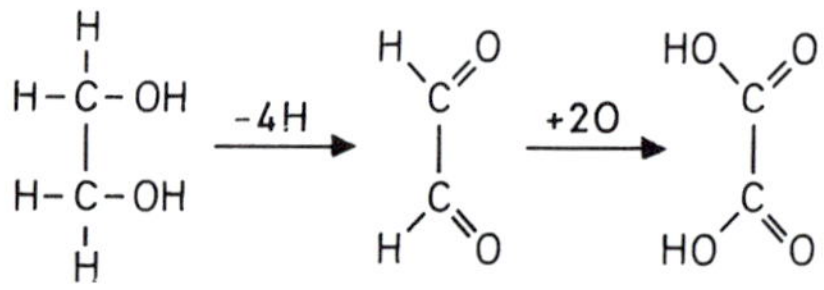

Glykol (1,2-Ethandiol) — Glyoxal (Ethandial) — Oxalsäure (Ethandisäure)

Homologe Reihe der Dicarbonsäuren

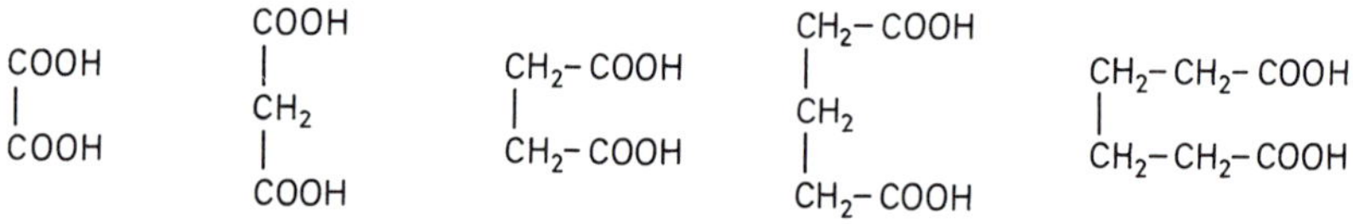

Oxalsäure — Malonsäure — Bernsteinsäure — Glutarsäure — Adipinsäure

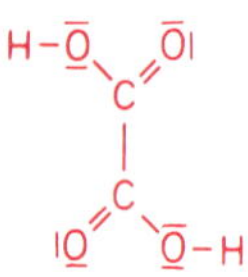

Oxalsäure

Im Unterschied zu den Monocarbonsäuren sind alle Dicarbonsäuren Feststoffe, die sich nicht mehr unzersetzt verdampfen lassen. Die wichtigste Verbindung der Reihe ist die Oxalsäure (HOOC—COOH). Da die Polarität ihrer O–H-Bindung durch den −I-Effekt von zwei Carbonyl-Sauerstoffatomen stark erhöht wird, ist sie eine stärkere Säure als die Ameisensäure (pKs-Werte: Ameisensäure 3,7, Oxalsäure 1,46). Oxalsäure bildet farblose, wasserhaltige Kristalle, die sich leicht in Wasser lösen:

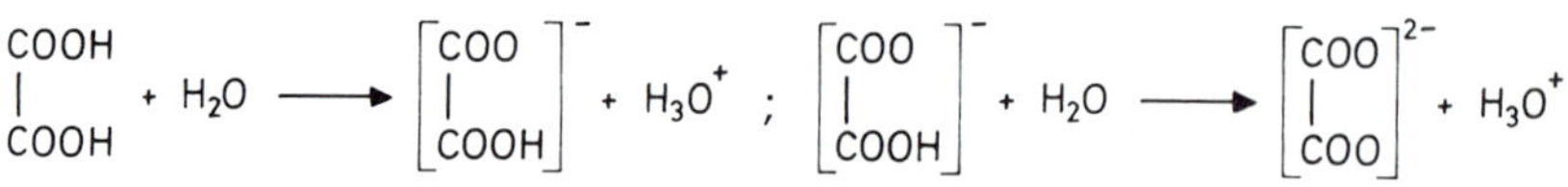

Die Salze der Oxalsäure heißen Oxalate:

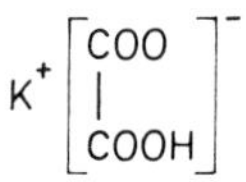

Kaliumhydrogenoxalat

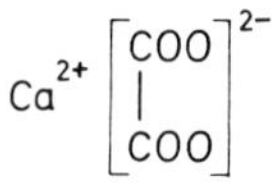

Calciumoxalat

Kaliumhydrogenoxalat ist im «Kleesalz» in Sauerklee, Rhabarber und anderen Pflanzen enthalten. Weil es, wie die Oxalsäure, mit Eisensalzen lösliche Komplexe bildet, wird es zum Entfernen von Rostflecken verwendet. Calciumoxalat bildet als schwerlösliches Salz in manchen Pflanzenzellen sternförmige Kristalle.

Oxalsäure zerfällt beim Erhitzen leicht in Kohlenstoffmonooxid, Kohlenstoffdioxid und Wasser:

$$\begin{array}{c} COOH \\ | \\ COOH \end{array} \xrightarrow{\text{Erhitzen}} CO + CO_2 + H_2O$$

Durch starke Oxidationsmittel, z. B. Kaliumpermanganat, wird Oxalsäure zu Kohlenstoffdioxid und Wasser oxidiert.

9. Ersetzt man in einer Carbonsäure Wasserstoffatome des Alkylrests durch andere Atome oder durch funktionelle Gruppen, so entstehen neue Verbindungen als Vertreter neuer Stoffklassen. Dies soll am Beispiel der Essigsäure gezeigt werden:

Essigsäure und am Alkylrest substituierte Derivate

Formel	Name	Stoffklasse
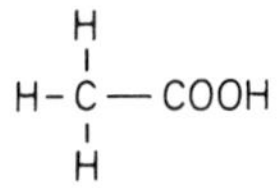	Essigsäure	Monocarbonsäuren
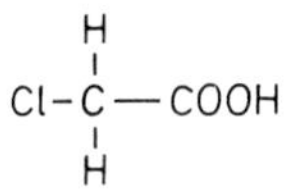	Monochloressigsäure	Halogencarbonsäuren
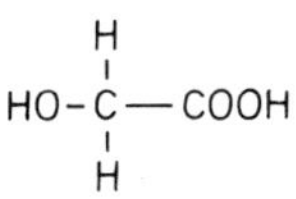	Glykolsäure (Hydroxyessigsäure)	Hydroxycarbonsäuren (siehe Kapitel 15.7)
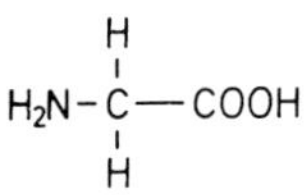	Glycin (Aminoessigsäure)	Aminocarbonsäuren (siehe Kapitel 20.1)
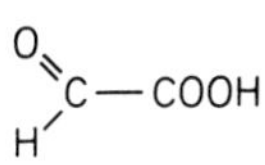	Glyoxylsäure	Aldehydcarbonsäuren
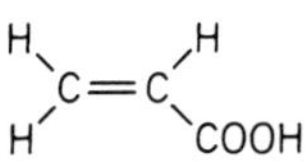	Acrylsäure (Propensäure)	Ungesättigte Carbonsäuren

Durch Substituenten im Alkylrest kann die Säurestärke der Verbindungen maßgeblich beeinflußt werden. Die folgende Tabelle zeigt dies an verschiedenen Halogencarbonsäuren.

Säurestärke von Halogencarbonsäuren

Formel	Name	pKs-Wert
CH_3COOH	Essigsäure	4,76
CH_2FCOOH	Fluoressigsäure	2,66
$CH_2ClCOOH$	Chloressigsäure	2,81
$CH_2BrCOOH$	Bromessigsäure	2,87
CH_2ICOOH	Iodessigsäure	3,13
$CHCl_2COOH$	Dichloressigsäure	1,30
CCl_3COOH	Trichloressigsäure	0,89
CF_3COOH	Trifluoressigsäure	0,23

−I-Effekt und Säurestärke bei Halogencarbonsäuren

Substituenten mit hoher Elektronegativität besitzen einen starken −I-Effekt. Da die Elektronegativität in der Reihe der Halogene vom Iod zum Fluor ansteigt, nimmt auch der −I-Effekt der Halogenatome von der Iodessigsäure zur Fluoressigsäure zu. Die am stärksten polare O−H-Bindung und damit die größte Säurestärke hat deshalb das Fluoressigsäuremolekül. Da der −I-Effekt auch von der Zahl der Substituenten abhängt, ist z. B. die Trichloressigsäure eine wesentlich stärkere Säure als die Monochloressigsäure. Trifluoressigsäure gehört zu den stärksten Säuren der organischen Chemie[1].

Derivate (Abkömmlinge) der Carbonsäuren

10. Weitere von den Carbonsäuren abgeleitete Stoffklassen erhält man durch Substitution des Wasserstoffatoms der Carboxylgruppe. Auch dies sei am Beispiel einiger Derivate der Essigsäure gezeigt:

An der Carboxylgruppe substituierte Essigsäurederivate

Formel	Name	Stoffklasse
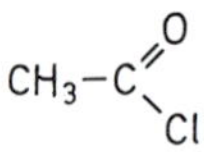	Acetylchlorid	Carbonsäurechloride
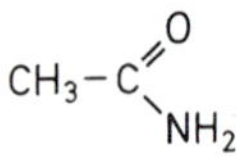	Acetamid	Carbonsäureamide
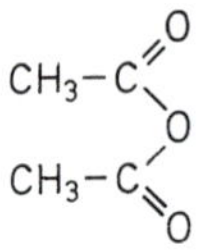	Essigsäureanhydrid	Carbonsäureanhydride
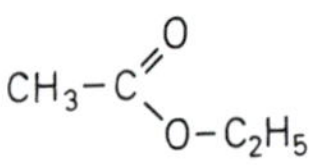	Essigsäureethylester	Carbonsäureester (siehe Kapitel 15.8)

[1] Für die unterschiedliche Säurestärke der Halogencarbonsäuren spielt außerdem die Stabilität der entstehenden hydratisierten Säureanionen eine Rolle.

A_1 Beim Erhitzen von 1,67 g Silberacetat entstehen 1,08 g Silber. Die Atommasse des Silbers beträgt 108. Wie groß ist die Molekülmasse der Essigsäure?

A_2 Ameisensäure und Ethanol haben die gleiche molare Masse. Warum liegt die Siedetemperatur der Ameisensäure höher als die des Ethanols? In welchen chemischen Eigenschaften unterscheiden sich die beiden Verbindungen?

A_3 Warum reagiert wasserfreie Ameisensäure nur schwach, halbkonzentrierte Ameisensäure dagegen sehr stark mit Magnesium?

A_4 Warum entsteht beim Erhitzen von Natriumformiat mit Silbernitrat-Ammoniak-Lösung metallisches Silber? Formulieren Sie die Reaktionsgleichung.

A_5 Beim Erhitzen von Calciumacetat entsteht Aceton. Wie lautet die Reaktionsgleichung?

A_6 Über welche Zwischenprodukte kann aus Calciumcarbid Essigsäure hergestellt werden? Reaktionsgleichungen?

A_7 Gesucht ist die Teilchengleichung für die Reaktion von Calciumchlorid mit Oxalsäure. Was beobachtet man beim Zusammengeben der beiden Lösungen?

A_8 Malonsäure soll aus einem Alkohol hergestellt werden. Welcher Syntheseweg ist möglich?

A_9 Beschreiben Sie drei Verfahren zur Herstellung von Aluminiumacetat durch die entsprechenden Reaktionsgleichungen.

A_{10} Wie läßt sich aus Natriumacetat Essigsäure herstellen?

A_{11} Bei der Reaktion von Bromlösung mit 0,1 mol einer ungesättigten Fettsäure werden 16 g Brom verbraucht. Wie viele Doppelbindungen enthält diese Fettsäure?

A_{12} Warum ist Malonsäure (pKs=2,83) eine schwächere Säure als Oxalsäure (pKs=1,46)?

A_{13} Vergleichen Sie die pKs-Werte der Nitroessigsäure (1,32) und der Monochloressigsäure (2,81) und erklären Sie den Unterschied aus dem Bau der Moleküle.

A_{14} Warum besitzt eine Mischung aus Essigsäure und Natriumacetat in Wasser Pufferwirkung? Welchen pH-Wert hat die Mischung, wenn beide Komponenten in Konzentrationen gleicher Molarität vorliegen? (pKs = 4,76 für Essigsaure)

15.7 Hydroxycarbonsäuren. Stereoisomerie

Wie «Brausepulver» reagiert

V_1 In einer Reibschale werden gleiche Mengen Natriumhydrogencarbonat und Weinsäure pulverisiert und gemischt. Man übergießt das Gemisch im Becherglas mit Wasser.

Weinsäure als Komplexbildner

V_2 Man gibt in Reagenzgläsern
a) zu Kupfersulfat-Lösung tropfenweise *Natronlauge, (ätzend)*
b) zu einer Mischung von Kupfersulfat- und Weinsäure-Lösung tropfenweise *Natronlauge (ätzend)*.
Welcher Unterschied ist zu beobachten?

Zersetzung der Milchsäure

V_3 In einem Reagenzglas mischt man Milchsäure mit der gleichen Menge *20%iger Schwefelsäure (ätzend)*. Das beim Erhitzen *entstehende Gas* wird durch fuchsinschweflige Säure geleitet.

Wie verhält sich polarisiertes Licht in Flüssigkeiten?

V_4 Ein hohes Becherglas mit 300 cm^3 einer 30%igen L-(+)-Weinsäure-Lösung wird auf dem Tageslichtprojektor zwischen zwei auf maximale Dunkelheit ausgerichtete Polarisationsfilter gestellt. Man dreht das obere Polarisationsfilter und beobachtet das durchfallende Licht auf der Projektionsfläche. Das Experiment wird mit Wasser, 10%iger L-(+)-Weinsäure-Lösung, Terpentinöl und 30%iger Fructose-Lösung wiederholt.

Hydroxycarbonsäuren mit Carboxylgruppe und Hydroxylgruppe

1. Eine Hydroxycarbonsäure enthält zwei funktionelle Gruppen: die Carboxylgruppe und die Hydroxylgruppe. Die Stellung der Hydroxylgruppe im Alkylrest wird durch Voranstellen der Nummer des betreffenden Kohlenstoffatoms angegeben, wobei der Carboxyl-Kohlenstoff die Nummer 1 erhält. Häufig wird die Position der Hydroxylgruppe auch mit griechischen Buchstaben bezeichnet; dabei beginnt man mit α erst am zweiten C-Atom, da das erste keine zusätzliche Hydroxylgruppe aufnehmen kann:

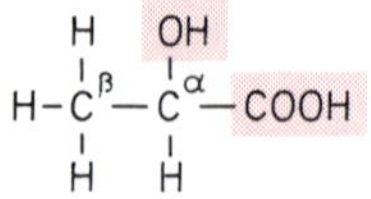

α-Hydroxypropansäure
(2-Hydroxypropansäure)

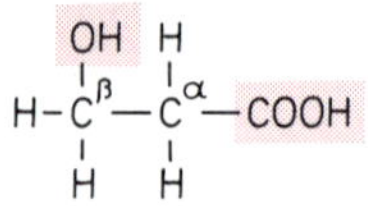

β-Hydroxypropansäure
(3-Hydroxypropansäure)

Für wichtige Hydroxycarbonsäuren sind Trivialnamen gebräuchlich.

Wichtige Hydroxycarbonsäuren, die in der Natur vorkommen

Struktur	Name	Vorkommen
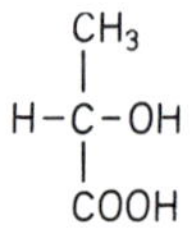	Milchsäure (α-Hydroxypropansäure)	Sauermilch, Sauerkraut, Muskulatur Salze: Lactate
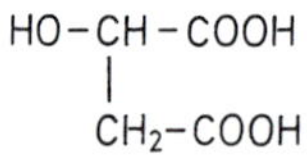	Äpfelsäure (Hydroxybernsteinsäure)	Obst
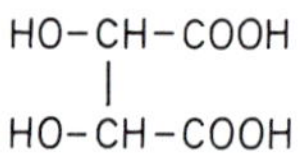	Weinsäure (Dihydroxybernsteinsäure)	Obstsäfte Salze: Tartrate; im Wein kann Kaliumhydrogentartrat (Weinstein) ausfallen
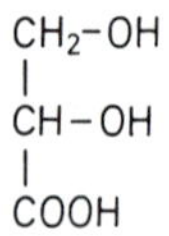	Glycerinsäure (Dihydroxypropansäure)	Als Phosphorsäureester im Stoffwechsel
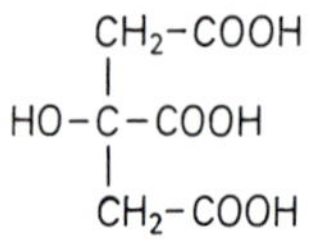	Citronensäure	Citrusfrüchte Salze: Citrate

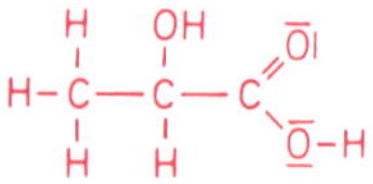

Milchsäure

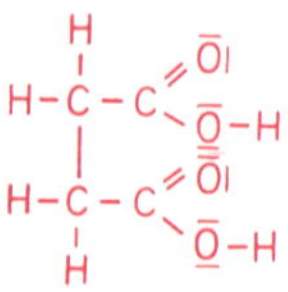

Weinsäure

Die Eigenschaften der Hydroxycarbonsäuren sind durch die beiden funktionellen Gruppen bestimmt. Hydroxycarbonsäuren sind stärkere Säuren als die zugrundeliegenden Carbonsäuren (pKs-Werte: Propansäure 4,88, Milchsäure 3,87). Dies ist auf den induktiven Effekt des Sauerstoffs der Hydroxylgruppe zurückzuführen.

Hydroxycarbonsäuren als Komplexbildner

Viele Hydroxycarbonsäuren und ihre Salze bilden mit Schwermetall-Ionen stabile Komplexe. So reagiert Natrium-Kalium-Tartrat (Seignette-Salz) mit Kupfersalzlösungen unter Bildung eines tiefblau gefärbten Komplexes (Fehlingsche Lösung):

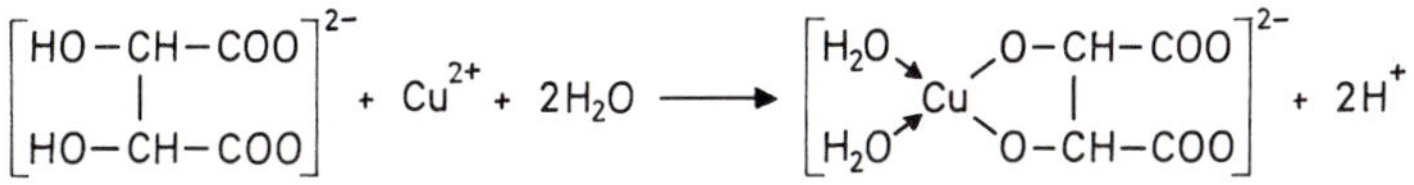

2. Milchsäure ($CH_3-CHOH-COOH$) entsteht aus zuckerhaltigen Lösungen bei einem durch Bakterien verursachten Gärungsprozeß, z. B. beim Sauerwerden der Milch oder bei der Herstellung von Sauerkraut. Im wasserfreien Zustand bildet sie farblose Kristalle mit niedrigem Schmelzpunkt (18°C). Beim Erhitzen mit verdünnter Schwefelsäure zerfällt Milchsäure in Ethanal und Ameisensäure:

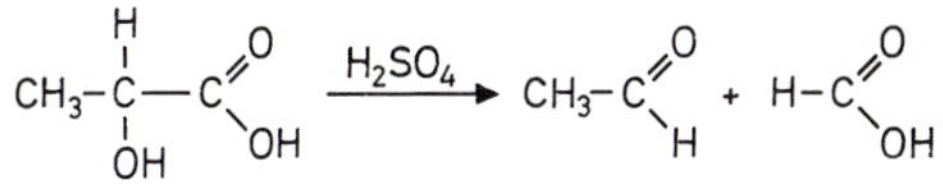

Milchsäure Ethanal Ameisensäure

3. Weinsäure, Milchsäure und Äpfelsäure sind optisch aktiv. Die Lösungen dieser Verbindungen drehen die Schwingungsebene des polarisierten Lichts nach rechts oder links. Wie stark die Schwingungsebene dabei gedreht wird, ist von der Konzentration der Lösung und von der Dicke der durchstrahlten Schicht abhängig.

Optische Aktivität: Schwingungsebene des polarisierten Lichts wird gedreht

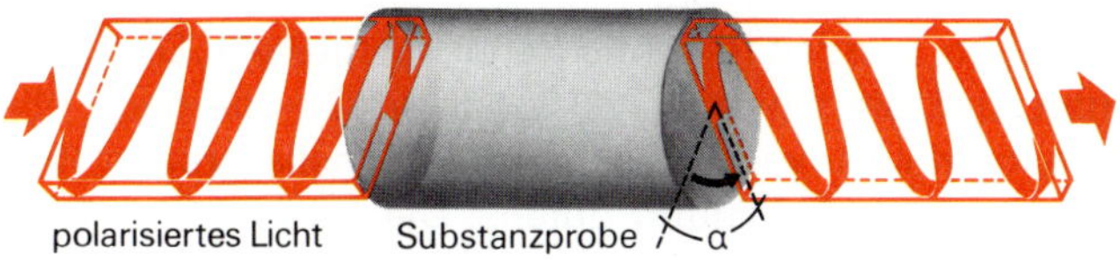

Drehung der Schwingungsebene von polarisiertem Licht durch eine optisch aktive Substanz

Die optische Aktivität hängt mit der Molekülstruktur zusammen. Die Moleküle optisch aktiver Verbindungen sind nicht symmetrisch gebaut. Das hängt meist damit zusammen, daß sie Kohlenstoffatome besitzen, an denen vier verschiedenartige Substituenten gebunden sind, sogenannte asymmetrische Kohlenstoffatome (C*).

Asymmetrisches Kohlenstoffatom: C-Atom mit vier verschiedenen Substituenten

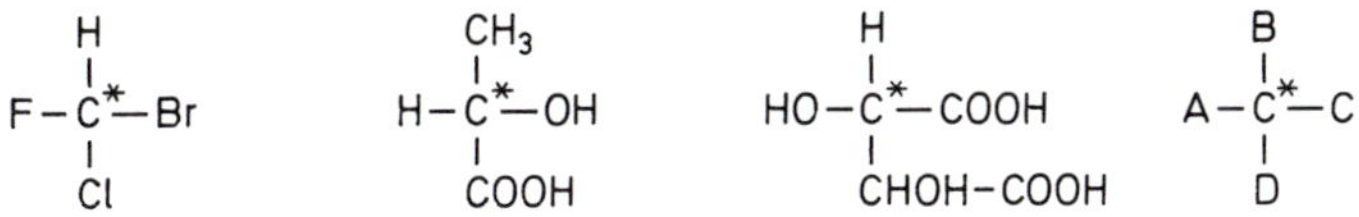

Brom-Chlor-Fluor-Methan Milchsäure Weinsäure Allgemein

4. Am asymmetrischen Kohlenstoffatom können die gleichen Substituenten in zwei räumlich verschiedenen Anordnungen auftreten. Es sind zwei Moleküle möglich, die sich zueinander wie Bild und Spiegelbild verhalten. Ähnlich wie die rechte und die linke Hand, können sie nicht miteinander zur Deckung gebracht werden. Zwei solche, räumlich nicht identische Moleküle werden als Stereoisomere bezeichnet.

Stereoisomerie: Moleküle gleicher Struktur sind nicht deckungsgleich

Bei gleichen Bedingungen drehen stereoisomere Verbindungen die Ebene des polarisierten Lichts um den gleichen Winkel, aber in entgegengesetzter

Zwei stereoisomere Moleküle

Recemat: Mischung zweier optischer Isomere in gleichen Mengen

Richtung. Sie heißen deshalb auch optische Isomere. Rechtsdrehende (+)-Milchsäure findet sich als «Fleischmilchsäure» in der Muskulatur. Linksdrehende (−)-Milchsäure entsteht neben (+)-Milchsäure beim Gärungsprozeß. Die Mischung zweier Isomere in gleicher molarer Konzentration ist optisch inaktiv; man bezeichnet sie als Racemat.

5. Um die Anordnung der Substituenten am asymmetrischen Kohlenstoffatom festzulegen, wurden folgende Regeln aufgestellt: Das Tetraeder wird so ausgerichtet, daß die am stärksten oxidierte Gruppe nach oben zeigt und das Wasserstoffatom sowie die weitere funktionelle Gruppe (hier −OH) nach vorne weisen (siehe Abbildung unten). Die Projektion in die Ebene ergibt dann die Strukturformeln:

Anordnung der Substituenten am aktiven Kohlenstoffatom der Milchsäure

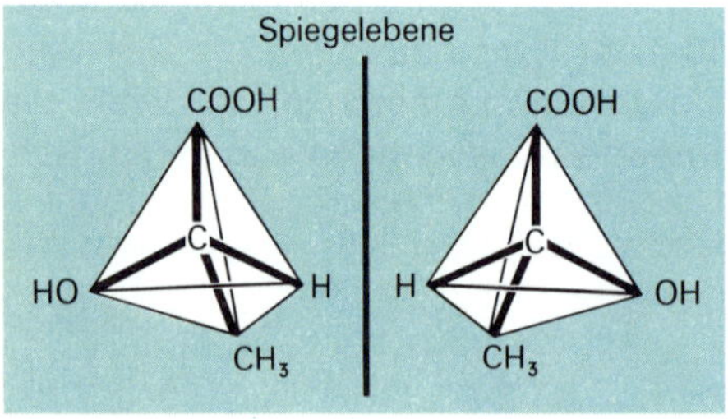

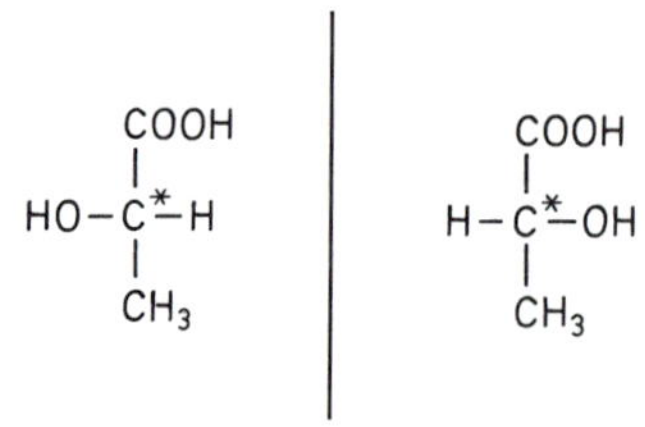

Räumliche Konfiguration der Substituenten: D-Form und L-Form

6. Als Bezugssystem für die Nomenklatur der Raumstruktur dient der Glycerinaldehyd. Steht in seiner Projektionsformel die für die Zuordnung maßgebliche Gruppe (OH-Gruppe) rechts, so wird die Verbindung als D-Glycerinaldehyd bezeichnet. Die dazu stereoisomere Verbindung heißt L-Glycerinaldehyd:

L-Glycerinaldehyd D-Glycerinaldehyd

Danach gehören alle Verbindungen, die im räumlichen Bau mit D-Glycerinaldehyd übereinstimmen, zur D-Reihe.

Unterscheidung zwischen Raumstruktur (D- und L-Form) und Drehsinn (+ und −)

Zwischen der Bezeichnung des Drehsinns (+ oder −) und der Bezeichnung der räumlichen Konfiguration (D- oder L-) muß streng unterschieden werden. In der D-Reihe gibt es sowohl rechtsdrehende als auch linksdrehende Substanzen. Die D-Milchsäure dreht z. B. nach links; sie ist also als D-(−)-Milchsäure zu bezeichnen. Der Zusammenhang zwischen der Raumstruktur des Moleküls und dem Drehsinn bei der optischen Aktivität ist noch ungeklärt.

7. Die Moleküle der Weinsäure enthalten zwei asymmetrische Kohlenstoffatome und können in drei stereoisomeren Formen auftreten:

Weinsäure mit zwei asymmetrischen C-Atomen

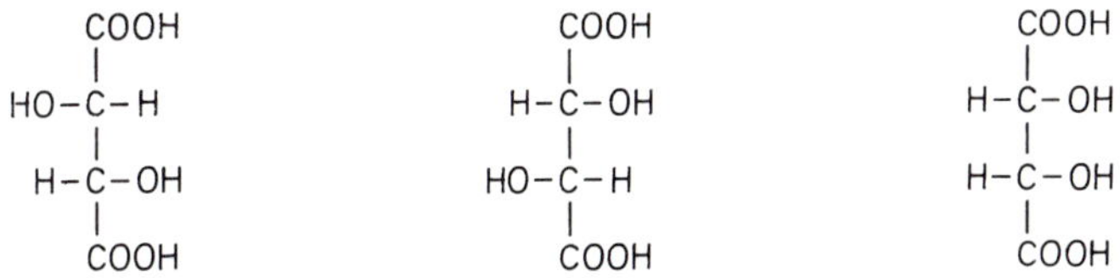

Tetraedermodelle der stereoisomeren Weinsäuren

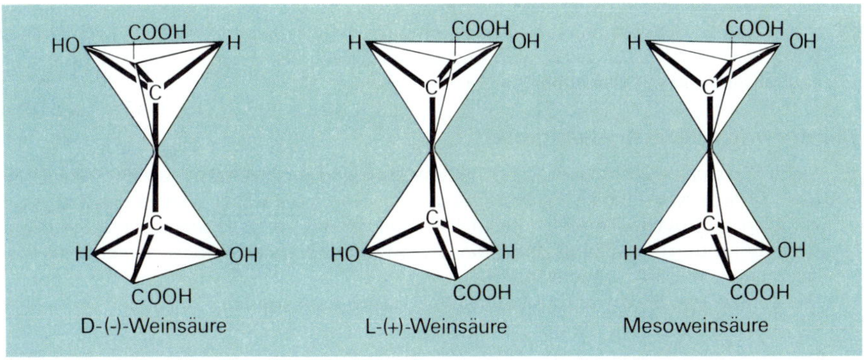

Von diesen drei Formen der Weinsäure kommt nur L-(+)-Weinsäure in der Natur vor. Ein optisch inaktives racemisches Gemisch aus L-(+)- und D-(−)- Weinsäure kommt in Weintrauben vor und kann synthetisch gewonnen werden; sie heißt Traubensäure. In der Mesoweinsäure heben sich die Drehwirkungen der beiden Molekülhälften gegenseitig auf; auch sie ist deshalb optisch inaktiv.

A_1 Formulieren Sie die Reaktionsgleichung für die Reaktion von Weinsäure mit Natriumhydrogencarbonat.

A_2 Oxalsäure und Milchsäure zerfallen beim Erhitzen mit Schwefelsäure. Auf welches gemeinsame Strukturmerkmal ist diese Reaktion zurückzuführen?

A_3 Welche der folgenden Stoffe sind optisch aktiv: 1,2-Propandiol, β-Hydroxypropansäure, Glycerinsäure, Ethanol, Ethanal?

A_4 Welche Projektionsformel schreibt man für L-Glycerinsäure?

15.8 Ester

Vorsicht: tiefsiedende organische Verbindungen sind leicht entzündlich; ihre Dämpfe können mit Luft explosive Gemische bilden.

Wie können Ester hergestellt werden?

V1 Im Reagenzglas werden zu einer Mischung aus 3 cm^3 *Ethanol (brennbar)* und 1 cm^3 *Eisessig (ätzend)* vorsichtig 2 cm^3 *konzentrierte Schwefelsäure (ätzend)* gegeben *(Schutzbrille!)*. Man erwärmt leicht und prüft den Geruch der *entweichenden Dämpfe*. Das Experiment wird mit einer Mischung aus 4 cm^3 *Ethanol*, 1 cm^3 Buttersäure und 3 cm^3 *konzentrierter Schwefelsäure* wiederholt.

V2 In einem kleinen Erlenmeyerkolben wird etwas Borsäure mit etwa 50 cm^3 *Methanol (giftig)* versetzt. Man schließt durch einen Stopfen mit Steigrohr und erhitzt. Die *entweichenden Dämpfe* werden *nach Verdrängen der Luft* an der Mündung des Steigrohres angezündet. (Abzug!)

Wie können Ester gespalten werden?

V3 Man mischt im Erlenmeyerkolben etwa 6 cm^3 *Oxalsäurediethylester (giftig) mit 30 cm^3* verdünnter Salzsäure und setzt einen Stopfen mit Glasrohr auf. Die beim Erhitzen durch das Glasrohr *austretenden Dämpfe* werden *nach Verdrängung der Luft* auf ihre Brennbarkeit geprüft. Die Flüssigkeit wird mit verdünntem Ammoniakwasser schwach alkalisch gemacht und mit Calciumchloridlösung versetzt.

V4 In ein großes Reagenzglas gibt man zu etwa 2 cm^3 *Oxalsäurediethylester (giftig)* etwa 6 cm^3 *verdünnte Kalilauge (ätzend)* und erwärmt. Nach dem Erkalten wird mit Essigsäure neutralisiert und mit Calciumchloridlösung versetzt.

Gleichgewicht beim Acetessigester

V5 Einen Standzylinder füllt man zu 1/3 mit Eiswasser und versetzt mit etwa 7 cm^3 Acetessigester. Dann wird so lange *Methanol (giftig)* eingerührt, bis der Ester zum großen Teil gelöst ist. Man gibt einige Tropfen Eisen (III)-chloridlösung zu und bringt die aufgetretene Rotfärbung durch rasche Zugabe von *Bromwasser (giftige Dämpfe)* gerade zum Verschwinden. Was ist zu beobachten?
Die Zugabe von *Bromwasser* kann mehrmals wiederholt werden.

Säure + Alkohol ⇄ Ester + Wasser

1. Ester entstehen bei der Reaktion organischer oder anorganischer Säuren mit Alkoholen unter Abspaltung von Wasser:

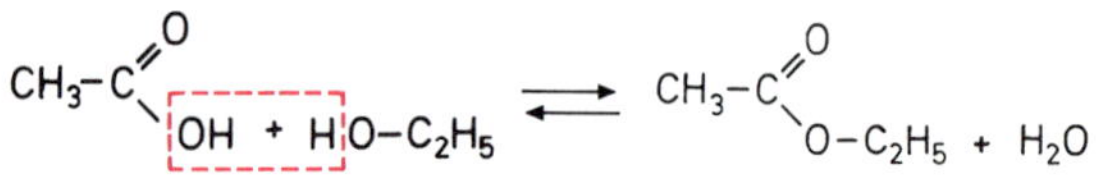

Essigsäure   Ethanol   Essigsäureethylester

$$B(OH)_3 + 3\,HOCH_3 \rightleftharpoons B(OCH_3)_3 + 3\,H_2O$$

Borsäure   Methanol   Borsäuretrimethylester

Carbonsäureester:

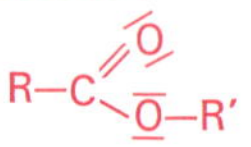

Die Ester von Carbonsäuren sind durch die funktionelle Gruppe $-\overset{\overset{O}{\|}}{C}-O-$ gekennzeichnet.

Esterbildung als Gleichgewichtsreaktion

2. Die Kondensation von Alkohol und Säure zum Ester heißt Veresterung, der Gegenvorgang (Rückreaktion) wird als Esterhydrolyse bezeichnet. Veresterung und Hydrolyse laufen in der Regel gleichzeitig ab. Dabei stellt sich zwischen den Ausgangsstoffen und den Reaktionsprodukten langsam ein Gleichgewicht ein:

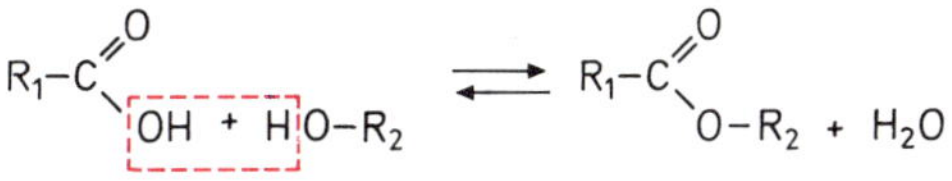

Die Einstellung der Gleichgewichtslage wird durch die katalytische Wirkung starker Säuren beschleunigt.
Für das Estergleichgewicht gilt das Massenwirkungsgesetz:

$$\frac{c\,(\mathrm{RCOOR'}) \cdot c\,(\mathrm{H_2O})}{c\,(\mathrm{RCOOH}) \cdot c\,(\mathrm{R'OH})} = K$$

Durch Abdestillieren des Esters oder durch Entzug von Wasser kann das Gleichgewicht auf die Seite des Esters verschoben werden. Umgekehrt wird ein Ester beim Kochen mit Lauge praktisch vollständig hydrolysiert, weil die entstehenden Säuremoleküle durch Neutralisation ständig aus dem Gleichgewicht entfernt werden.

Ester sind lipophile Stoffe

3. Wie die Ether, sind die Ester relativ schwer mit Wasser mischbar. Ihre Moleküle können keine Wasserstoffbrücken ausbilden und enthalten lipophile Alkylreste. Carbonsäureester mit kleiner Molekülmasse haben niedrige Siedepunkte.

Ester als Lösungsmittel und als Aromastoffe

Essigsäureethylester ($CH_3COOC_2H_5$) ist ein ausgezeichnetes Lösungsmittel für Lacke, Klebstoffe und Kunststoffe. Essigsäureamylester ($CH_3COOC_5H_{11}$) kommt als Birnenaroma, Buttersäureethylester ($C_3H_7COOC_2H_5$) als Ananasaroma in der Natur vor.
Fette sind Ester des Glycerins mit höheren Fettsäuren (siehe Kapitel 18.1 und 18.2).

4. Acetessigester ist der Ethylester der Acetessigsäure:

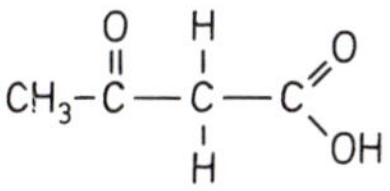

Acetessigsäure

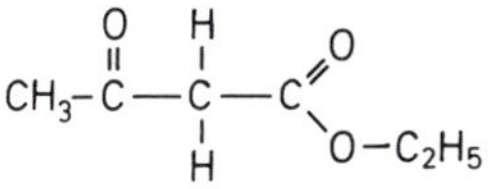

Acetessigester

Die Eigenschaften des Acetessigesters zeigen, daß dieser Ester aus einem Gemisch zweier isomerer Verbindungen besteht, die miteinander im Gleichgewicht stehen:

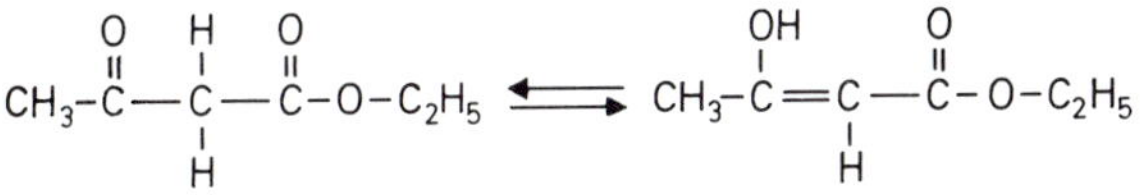

97 % Ketoform   3 % Enolform

Die Enolform[1] entsteht aus der Ketoform durch Übergang eines Protons von der CH_2-Gruppe auf die CO-Gruppe. Die leichte Abspaltbarkeit des Protons beruht auf dem induktiven Effekt der beiden benachbarten Carbonyl-Sauerstoffatome.

[1] Die Bezeichnung weist auf die C=C-Doppelbindung («en») und auf die an eines dieser C-Atome gebundene Hydroxylgruppe («ol») hin.

Tautomerie: zwei Isomere stehen im Gleichgewicht

Wenn ein Stoff aus zwei miteinander im Gleichgewicht befindlichen Isomeren besteht, die durch Wanderung eines Protons auseinander entstehen können spricht man von Tautomerie. Im Falle des Acetessigesters handelt es sich um Keto-Enol-Tautomerie.

Keto-Enol-Tautomerie beim Acetessigester

Die Enolform des Acetessigesters enthält die C=C–OH-Gruppe, welche mit Eisen(III)-chloridlösung nachgewiesen werden kann. Es entsteht dabei eine rotgefärbte Komplexverbindung. Durch Addition von Brom an die C=C-Doppelbindung kann die Enolform entfernt und damit das Gleichgewicht gestört werden; sie wird alsdann aus der Ketoform nachgebildet.
Da der Acetessigester in zwei tautomeren Formen vorliegt, geht er sehr verschiedenartige Reaktionen ein und ist aus diesem Grund Ausgangsstoff für zahlreiche wichtige Synthesen.

A_1 Ameisensäuremethylester ist teilweise mit Wasser mischbar, Essigsäureethylester mischt sich nicht mit Wasser. Wie ist dieser Unterschied zu erklären?

A_2 Formulieren Sie die Reaktionsgleichung für die Verbrennung von Essigsäureethylester.

A_3 Warum kann Acetessigester mit Natriummetall reagieren? Welche Struktur besitzt das Reaktionsprodukt, das neben Wasserstoff entsteht?

A_4 Auch bei Aceton liegt Keto-Enol-Tautomerie vor. Welche Struktur hat die Enolform? Der Anteil der Enolform am Gleichgewicht ist mit $2{,}5 \cdot 10^{-4}$% Enolform erheblich niedriger als beim Acetessigester. Wie ist das zu erklären?

16 Chemie der Aromaten

16.1 Benzol

Vorsicht: Benzol und seine Dämpfe sind sehr giftig und leicht entzündlich. Alle Versuche mit Benzol sind im Abzug durchzuführen.

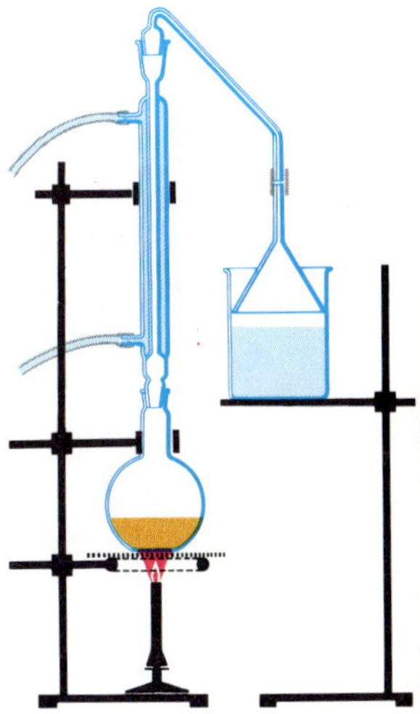

Vorrichtung zur Bromierung von Benzol (V_8)

Welche Eigenschaften hat Benzol?

V_1 In einer kleinen Destillieranlage wird *Benzol* mit einem Elektroheizer zum Sieden erhitzt und die Siedetemperatur bestimmt.

V_2 In einer Porzellanschale wird wenig *Benzol* entzündet.

V_3 Etwa 40 cm^3 *Benzol* werden mit Azobenzol angefärbt. Zur einen Hälfte dieser Lösung gibt man 20 cm^3 Wasser, zur anderen 20 cm^3 *Benzin (feuergefährlich)*.

V_4 In einem Reagenzglas wird etwas Fett in *Benzol* gelöst.

V_5 In einem Reagenzglas gibt man zu *Benzol* einige Tropfen einer Lösung von *Brom in Tetrachlorkohlenstoff (giftige Dämpfe)*.

V_6 In einem Reagenzglas gibt man zu *Benzol* einige Milliliter einer mit Natriumcarbonat alkalisch gemachten Kaliumpermanganatlösung und schüttelt kräftig.

Brennbarkeit von Naphthalin

V_7 In einer Porzellanschale wird Naphthalin erwärmt. Die entstehenden Dämpfe werden entzündet.

Wie reagiert Benzol mit Brom?

V_8 In einem kleinen Kochkolben gibt man zu 10 cm^3 *Benzol* eine Spatelspitze grobe Eisenfeilspäne und 2 cm^3 *Brom (ätzend; giftige Dämpfe)*. Auf den Kolben wird ein Rückflußkühler aufgesetzt und darauf ein zweimal gebogenes Glasrohr, das in einem Gefäß knapp über Wasser endet (siehe Abbildung). Nach anfänglichem leichtem Erwärmen läuft die Reaktion von selbst weiter. Die Lösung in der Vorlage wird im Scheidetrichter kräftig mit *Benzol* geschüttelt, um mitgerissenes Brom abzutrennen. Die wäßrige Phase prüft man dann mit Bromthymolblau und *Silbernitratlösung (ätzend)*.

1. Benzol hat eine Siedetemperatur von 80 °C; seine Dämpfe sind sehr giftig. Es ist farblos und verbrennt mit rußender Flamme. Benzol mischt sich nicht mit Wasser, wohl aber mit Benzin und anderen organischen Lösungsmitteln. Es besteht aus unpolaren Molekülen und kann daher auch als Lösungsmittel für Fette dienen.

Die Kekulé-Formel des Benzols

Die Elementaranalyse ergibt für Benzol als Verhältnisformel CH. Die Molmassenbestimmung (78 g) zeigt, daß die Summenformel C_6H_6 lautet. Aus der Formel C_6H_6 und den Eigenschaften des Benzols leitete Kekulé[1] 1865 eine Strukturformel ab, nach der das Benzolmolekül einen Kohlenstoffring besitzt, dessen Atome abwechselnd durch Einfach- und Doppelbindungen gebunden sind:

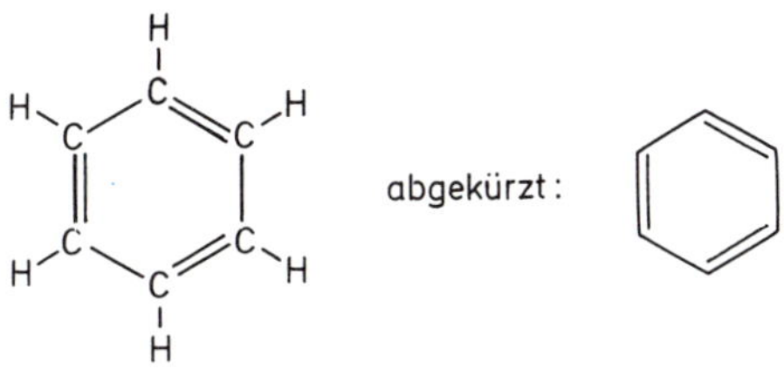

Strukturformel des Benzols nach Kekulé

[1] August Kekulé (1829–1896), Professor der Chemie in Gent und Bonn.

Denkbare Strukturformeln von C_6H_6

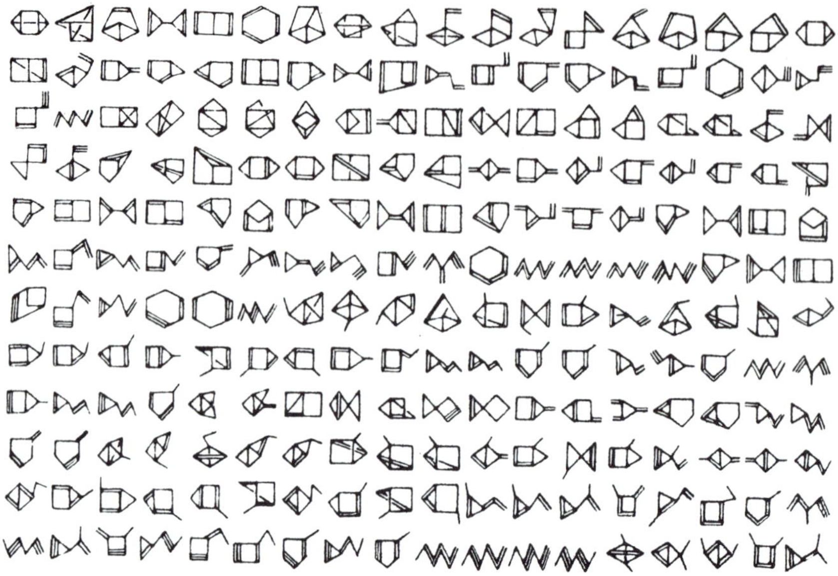

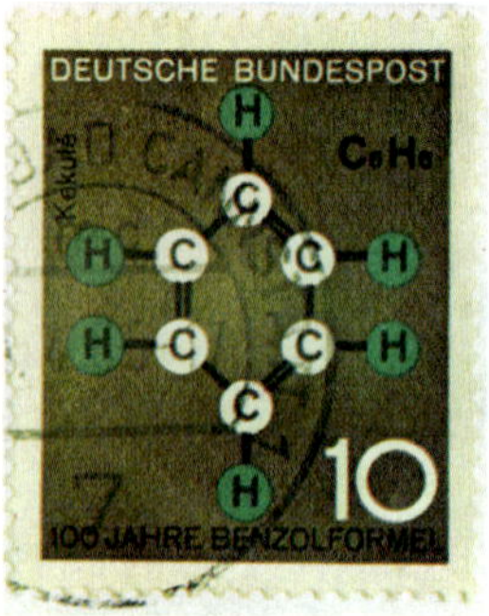

Briefmarke «100 Jahre Benzolformel»

Aromaten enthalten oft Benzolringe

2. Benzol ist der einfachste Vertreter der sogenannten aromatischen Kohlenwasserstoffe. Da sich viele aromatisch riechende Verbindungen vom Benzol herleiten lassen, entstand der Sammelname Aromaten. Heute wird der Ausdruck «aromatisch» jedoch nur noch mit bestimmten Struktur- und Eigenschaftsmerkmalen verknüpft, die sich besonders deutlich im Benzol zeigen. Benzol und seine Abkömmlinge heißen daher aromatische Verbindungen. Zu ihnen gehören auch Naphthalin, Anthracen und viele andere Systeme, die mehrere Benzolringe oder, wie man auch sagt, «Benzolkerne» aufweisen:

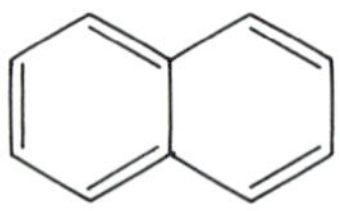

Naphthalin

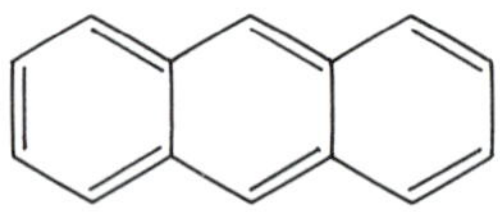

Anthracen

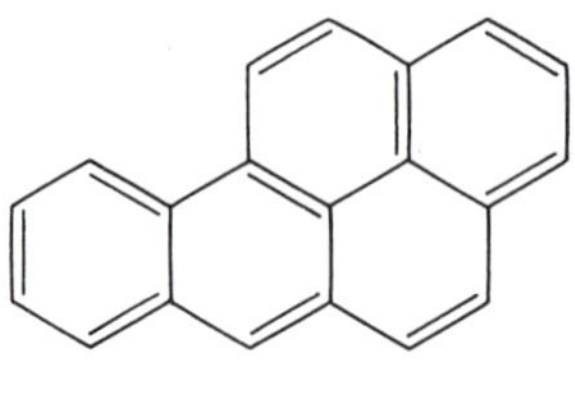

3,4-Benzpyren

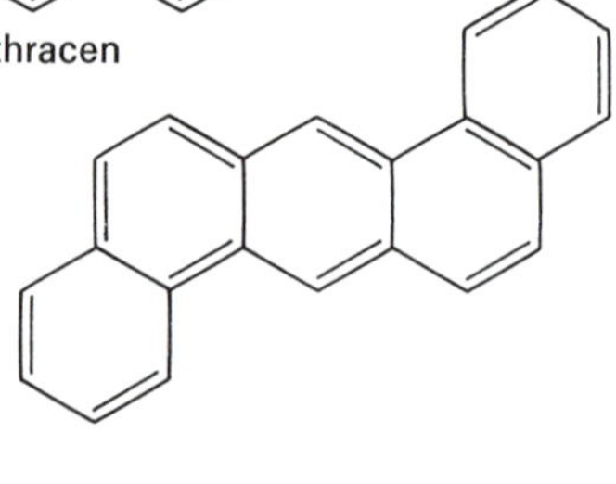

Dibenzanthracen

Aromaten finden sich im Steinkohlenteer ebenso wie im Teer des Tabakrauchs, im Ruß unserer Städte, in den Auspuffgasen, aber auch in gebratenen und gerösteten Lebensmitteln. Einige Aromaten, insbesondere das 3,4-Benzpyren, wirken stark carcinogen (krebserzeugend).

3. Kekulés Aufklärung der Benzolstruktur mit dem charakteristischen Kohlenstoffsechsring war für die organische Chemie außerordentlich wichtig und fruchtbar. Die Kekulé-Formel berücksichtigt die Vierbindigkeit des Kohlenstoffs und erklärt viele Eigenschaften des Benzols. So zum Beispiel den lipophilen Charakter des Benzols, die Tatsache, daß es nur ein Monosubstitutionsprodukt (zum Beispiel Monobrombenzol C_6H_5Br), aber drei isomere Dibrombenzole ($C_6H_4Br_2$) gibt und die Möglichkeit, an das Benzolmolekül sechs Wasserstoffatome zu addieren, das Benzol also zu Cyclohexan zu hydrieren. Einige Strukturmerkmale und Eigenschaften lassen sich allerdings mit dieser Formel nicht deuten:

Stärken und Schwächen der Kekulé-Formel

- Bei abwechselnden Einfach- und Doppelbindungen müßten die Kohlenstoffatome im Benzol unterschiedliche Abstände voneinander haben. Das ist aber nicht der Fall; die Röntgenstrukturanalyse zeigt vielmehr, daß die Bindungslängen der C–C-Bindungen ohne Unterschied 139 pm betragen.
- Bei drei Doppelbindungen müßte Benzol ähnlich reagieren wie Ethen, d. h. es müßte sehr leicht Additionsreaktionen eingehen. Das ist unter normalen Bedingungen jedoch nicht der Fall; vielmehr tritt bei der Reaktion von Benzol mit Brom bevorzugt Substitution ein:

$$C_6H_6 + Br_2 \rightarrow C_6H_5Br + HBr$$

Diese und weitere Eigentümlichkeiten werden durch die Erscheinung der Mesomerie erklärt.

16.2 Mesomerie

Verhalten verschiedener Kohlenwasserstoffe im Vergleich

V Man stellt eine mit Natriumcarbonat alkalisch gemachte Lösung von Kaliumpermanganat in Wasser sowie eine Lösung von *Brom in Tetrachlorkohlenstoff (giftige Dämpfe)* her. Von diesen Lösungen gibt man je eine Portion zu *Cyclohexan (feuergefährlich), Cyclohexen (feuergefährlich), Benzol (giftig; feuergefährlich)* sowie zu einer Lösung von Naphthalin in *Tetrachlorkohlenstoff (giftige Dämpfe)*. Was ist zu beobachten?

Molekülmodell von Benzol

1. Benzol und Ethen zeigen eine ähnliche Konstitution: beide Moleküle sind eben gebaut, und die von ihren Kohlenstoffatomen ausgehenden Bindungen bilden Winkel von 120 °. Man kann daher für die Kohlenstoffatome des Benzols, analog zu denjenigen des Ethens, sp^2-Hybridisierung annehmen. Jedes Kohlenstoffatom verfügt also zusätzlich über ein nichthybridisiertes p-Orbital. Der Kekulé-Formel entsprechend bilden dann jeweils zwei benachbarte p-Orbitale eine der drei π-Bindungen im Benzol.
Nun ist leicht einzusehen, daß jedes p-Orbital nicht nur mit dem p-Orbital eines der benachbarten Kohlenstoffatome überlappt. Es kommt vielmehr zur Überlappung mit den p-Orbitalen beider benachbarter Kohlenstoffatome. Die Elektronen aller sechs p-Orbitale bilden dadurch ein gemeinsames ringförmiges System von π-Elektronen, eine π-Wolke, die sich über den ganzen Benzolring erstreckt.

Benzol hat ein π-Elektronen-System

2. Mit Hilfe der π-Wolke kann die Elektronenstruktur des Benzols als Zwischenzustand zwischen zwei theoretisch denkbaren Grenzstrukturen beschrieben werden. Das Auftreten eines solchen Zwischenzustandes wird als Mesomerie, der Zwischenzustand selbst als mesomerer Zustand bezeichnet:

Mesomerie: Zwischenzustand zwischen hypothetischen Grenzzstrukturen

Mesomerie: π-Elektronen sind delokalisiert

Im mesomeren Zustand können die π-Elektronen keiner bestimmten Bindung zugeordnet werden; sie sind delokalisiert. In vielen Veröffentlichungen findet man als Formel des Benzols noch die Kekulé-Formel, die eigentlich nur mit einem der hypothetischen Grenzzustände übereinstimmt. Besser ist es, das π-Elektronen-Sextett durch einen Kreis zu symbolisieren und damit auf den mesomeren Zustand hinzuweisen (mittlere Formel oben).

Delokalisierte π-Elektronen im Benzolmolekül

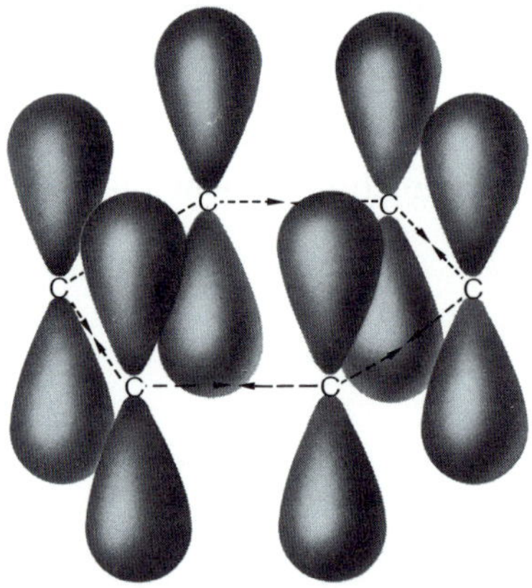

C₆-Ring mit sechs nichthybridisierten p-Orbitalen

Benzol mit delokalisiertem π-System

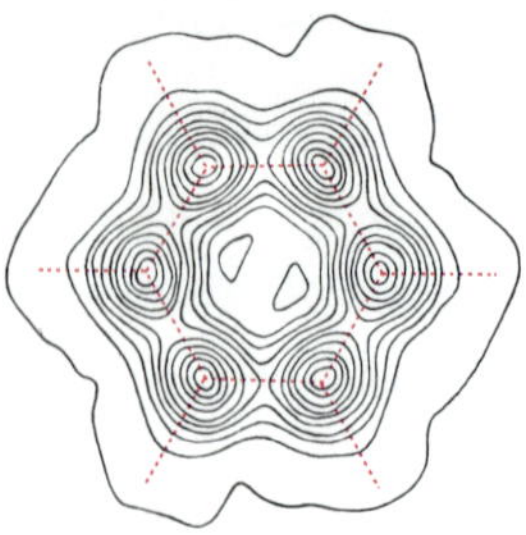

Experimentell und rechnerisch ermittelte Elektronendichteverteilung im Benzol

3. Wird die Mesomerie durch mesomere Grenzstrukturen beschrieben, so verwendet man einen Doppelpfeil:

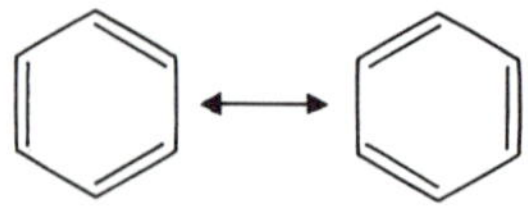

Dieser Mesomeriepfeil darf nicht mit dem Pfeilpaar der Gleichgewichtsreaktionen verwechselt werden. Die beiden Grenzstrukturen sind rein fiktiv, sie existieren nicht tatsächlich.

Die Hydrierung einer π-Bindung ist eine exotherme Reaktion, bei der rund 120 kJ/mol freigesetzt werden. Hätte das Benzol drei einzeln stehende π-Bindungen, so müßte die Hydrierungswärme $3 \cdot 120 = 360$ kJ/mol betra-

gen. Bei der Hydrierung des Benzols werden jedoch nur 209 kJ/mol freigesetzt. Das Benzol ist also um 151 kJ/mol energieärmer und damit stabiler als die gedachte Verbindung der Grenzstruktur mit ihren drei Doppelbindungen.
Dieser Energiedifferenzbetrag wird Mesomerie-Energie genannt und geht auf die Delokalisierung der Elektronen zurück. Die Mesomerie-Energie und damit die Stabilität einer Verbindung sind um so größer, je stärker und gleichmäßiger die Delokalisierung der Elektronen ist.
Die den Grenzstrukturen entsprechenden Verbindungen wären also beträchtlich energiereicher als der mesomere Zustand. Verbindungen mit der Formel der Grenzzustände existieren daher nicht; die Grenzstrukturen sind lediglich Formulierungshilfen.

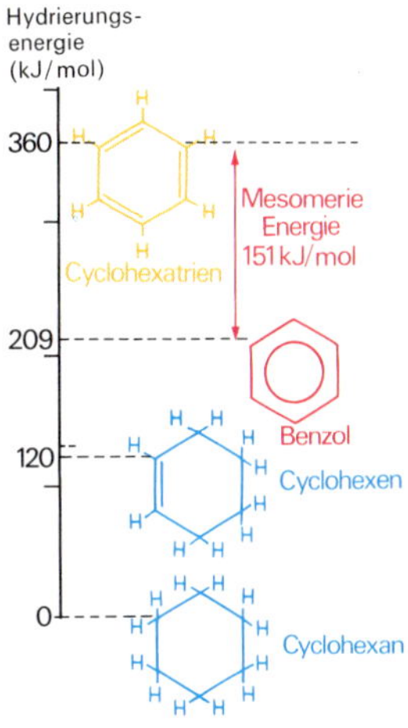

Mesomerie-Energie

4. Die Erscheinung der Mesomerie ist nicht auf das Benzol beschränkt. Die Chemie kennt viele Verbindungen mit delokalisierten Elektronen. Dazu gehören sämtliche Aromaten, von welchen das Naphthalin als weiteres Beispiel dargestellt sei:

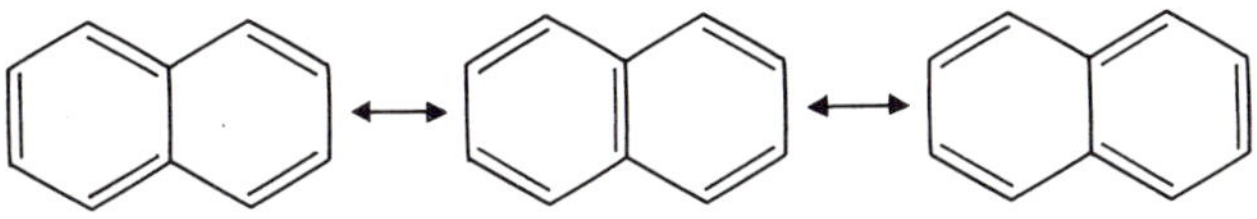

Mesomerie zeigen ferner z. B. die Ionen der Carbonsäuren:

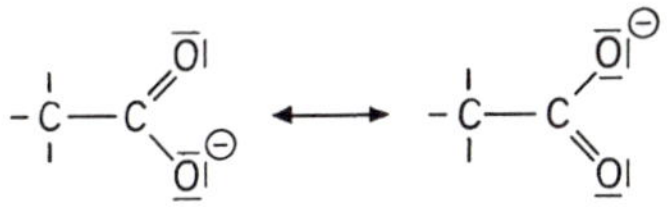

Mesomerie bei $RCOO^-$-, NO_3^-- und CO_3^{2-}-Ionen

Auch bei Verbindungen der anorganischen Chemie kommt es zur Delokalisierung von Elektronen. Für das Nitrat-Ion und für das Carbonat-Ion lassen sich z. B. die folgenden mesomeren Grenzzustände formulieren:

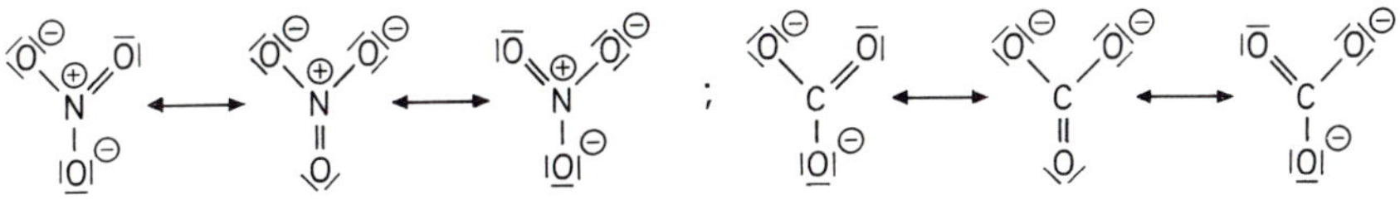

Als Folge der Mesomerie sind Nitrat- und Carbonat-Ionen, ähnlich wie die Ionen der Carbonsäuren, im Vergleich zu den entsprechenden Säuremolekülen relativ energiearm und daher stabil. Die Stabilität der Säure-Ionen wiederum beeinflußt die Säurestärke. Je stabiler das Ion, um so leichter entsteht es, um so stärker ist die Säure.

5. Mesomerie tritt auf, wenn gleichzeitig π-Elektronenpaare von mindestens zwei konjugierten Doppelbindungen oder von einer Doppelbindung und einem freien Elektronenpaar eines Nachbaratoms vorliegen. (Doppelbindungen heißen «konjugiert», wenn sich zwischen ihnen eine Einfachbindung befindet.) Dabei müssen die Moleküle oder Gruppen eben gebaut sein; nur dann stehen die p-Orbitale parallel zueinander und können überlappen.

16.3 Elektrophile Substitution

Wie reagiert Naphthalin mit Brom?

V1 In einem Reagenzglas wird zu einer Lösung von etwa 2 g Naphthalin in 10 cm^3 *Tetrachlorkohlenstoff (giftige Dämpfe)* 1 cm^3 reines *Brom (ätzend; giftige Dämpfe)* gegeben. Anschließend wird das Reagenzglas am Stativ befestigt. Nach Zugabe einer Spatelspitze Eisenpulver (Ferrum reductum) setzt man auf das Reagenzglas sofort ein Gasableitungsrohr auf, das in einem zweiten Reagenzglas knapp über Wasser endet. Was ist zu beobachten? Das vorgelegte Wasser wird anschließend mit Bromthymolblau und Silbernitratlösung geprüft.

Nitrieren von Benzol

V2 In einem Reagenzglas gibt man zu einer abgekühlten Mischung von 2 cm^3 *konz. Schwefelsäure (ätzend)* und 1 cm^3 *konz. Salpetersäure (ätzend, Schutzbrille)* vorsichtig höchstens 1 cm^3 *Benzol (giftig, feuergefährlich, im Abzug arbeiten)*. Das Reagenzglas muß dabei gekühlt werden, damit die Temperatur nicht über 60 °C steigt. Nach etwa 5 Min. gießt man die Mischung in ein Becherglas mit kaltem Wasser und prüft vorsichtig auf Geruch *(giftige Dämpfe)*.

Elektrophile Teilchen greifen am π-Elektronen-System an

1. Bei der Reaktion von Benzol mit Brom tritt, wenn geeignete Katalysatoren anwesend sind, Substitution ein, wobei Bromwasserstoff als Nebenprodukt entsteht (vgl. S. 301).
Trotz der unterschiedlichen Endstoffe ist der Ablauf dieser Substitution der elektrophilen Addition sehr ähnlich. In beiden Fällen sind π-Systeme beteiligt. Das Brommolekül spaltet heterolytisch, wobei ein elektrophiles Br^+-Teilchen entsteht. Die π-Wolke des durch Mesomerie stabilisierten Benzols wirkt hierbei schwächer als die gewöhnliche π-Bindung (z. B. im Ethen oder Cyclohexen). Bei der Reaktion von Brom mit Benzol ist daher als Katalysator Eisen(III)-bromid ($FeBr_3$) notwendig, das aus dem zugesetzten Eisen und Brom entsteht. Eisenbromid bindet Br^--Ionen und begünstigt dadurch die heterolytische Spaltung des Broms:

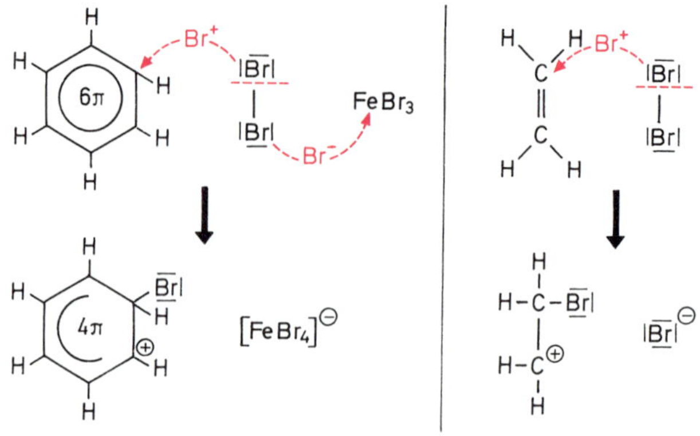

Reaktion von Benzol mit Brom[1]

Reaktion von Ethen mit Brom

[1] In der Formel werden ausnahmsweise die H-Atome des Benzols mit eingezeichnet, da sie für die Darstellung der Reaktion wichtig sind. Die Zahl in der Mitte zeigt an, wie viele π-Elektronen an der Mesomerie beteiligt sind.

Die Reaktion von Benzol mit Brom könnte nun, genau wie beim Vorliegen einer gewöhnlichen Doppelbindung, durch Aufnahme des Bromid-Ions (Br^- aus dem $[FeBr_4]^-$ zu Ende gehen. Dann wäre aber im Ring keine Mesomerie mehr möglich; der Ring wäre nicht mehr stabilisiert. Die Reaktion wird daher durch Abspaltung eines Protons beendet:

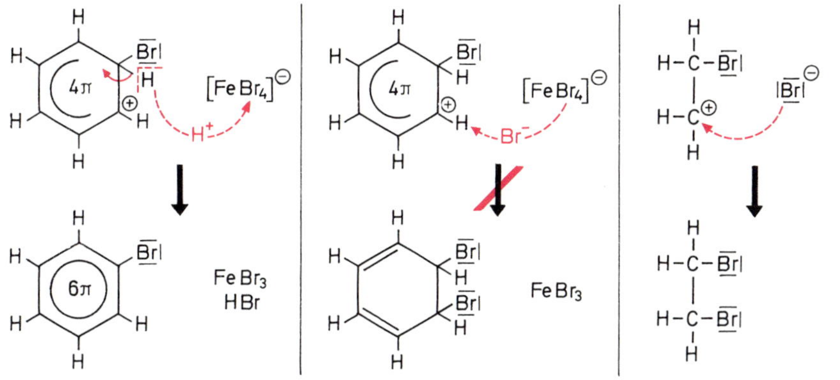

Elektrophile Substitution

Elektrophile Addition

Nitrierung von Benzol als elektrophile Substitution

2. Auch die Einführung einer Nitrogruppe durch Reaktion von Salpetersäure mit dem aromatischen Kern ist eine elektrophile Substitution. Die Bildung des elektrophilen Teilchens NO_2^+ wird dabei durch konzentrierte Schwefelsäure begünstigt:

$$HNO_3 + 2\,H_2SO_4 \rightleftarrows H_3O^+ + NO_2^+ + 2\,HSO_4^-$$

Die elektrophile Substitution läuft dann nach demselben Mechanismus ab wie die Reaktion mit Brom:

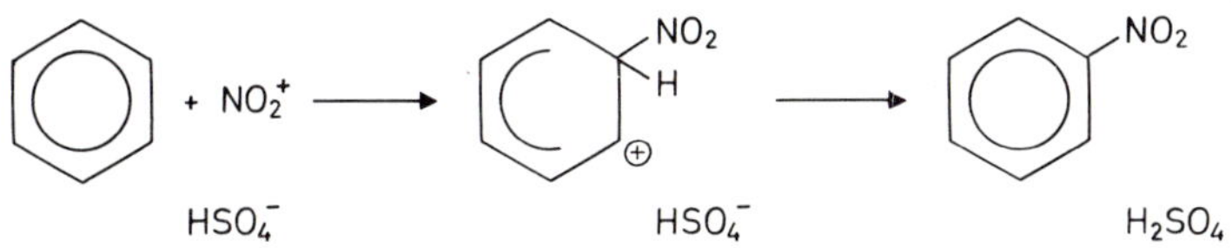

Das Gemisch aus konzentrierter Salpetersäure und konzentrierter Schwefelsäure, das man für die Substitution verwendet, wird als Nitriersäure bezeichnet.

16.4 Benzolderivate und ihre Reaktionen

Substitution an Toluol bei unterschiedlichen Bedingungen

V1 10 cm^3 *Toluol (feuergefährlich)* werden mit 10 cm^3 *Tetrachlorkohlenstoff (giftige Dämpfe)* verdünnt. Nach Zugabe von 1 cm^3 *Brom (ätzend; giftige Dämpfe)* ist die Lösung ebenso zu behandeln wie die Naphthalinlösung bei Versuch V1 in Kapitel 16.3.

V2 In einem Reagenzglas werden 10 cm^3 *Toluol (feuergefährlich)* bei nicht zu hellem Licht mit 1 cm^3 *Brom (ätzend; giftige Dämpfe)* gemischt. Das Reagenzglas spannt man in ein Stativ ein und setzt ein Gasableitungsrohr auf, das in einem anderen Reagenzglas knapp über Wasser endet. Die Mischung wird belichtet (Sonne oder UV-Lampe). Was ist zu beobachten? Das vorgelegte Wasser wird anschließend mit Bromthymolblau und Silbernitratlösung geprüft.

Wie reagiert Benzaldehyd an der Luft?

V3 Man gibt etwas Benzaldehyd in ein Uhrglas und läßt es einige Tage an der Luft stehen. Das Reaktionsprodukt wird in heißem Wasser gelöst und mit Bromthymolblau geprüft.

Welche Eigenschaften hat Phenol?

V4 a) In zwei verschiedenen Reagenzgläsern gibt man zu wäßriger Phenollösung bzw. zu Wasser je einige Tropfen Bromthymolblau. Vergleich.
b) Wäßrige Phenollösung wird mit Universalindikator geprüft.

V5 *Festes Phenol (ätzend, giftig)* wird im Reagenzglas in möglichst wenig *10%iger Natronlauge (ätzend)* gelöst. Zu der Lösung gibt man etwas verdünnte Salzsäure und anschließend wieder Natronlauge.

V6 20 cm^3 wäßrige Phenollösung versetzt man tropfenweise mit 0,3 cm^3 *Brom (ätzend; giftige Dämpfe)*. Was ist zu beobachten?

Wie lassen sich Phenol bzw. Nitrobenzol nitrieren?

V7 5 cm^3 Wasser und 5 cm^3 *konzentrierte Salpetersäure (ätzend)* werden in einem kleinen Kochkolben gemischt. Dann gibt man unter Umrühren 1 cm^3 verflüssigtes Phenol zu. Die Mischung wird einige Zeit gekocht *(Vorsicht: giftige nitrose Gase; Abzug benutzen!)*. Die Mischung wird dann abgekühlt und in 1 Liter Wasser geschüttet. Was ist zu beobachten? Ein Teil der wäßrigen Lösung wird mit Lauge alkalisch gemacht.

V8 In einem 250-cm^3-Kochkolben werden 10 cm^3 *rauchende Salpetersäure (ätzend)* und 10 cm^3 *konzentrierte Schwefelsäure (ätzend)* miteinander gemischt *(Schutzbrille!)*. Dann gibt man 5 ml *Nitrobenzol (giftig)* zu und stellt das Gefäß für etwa 15 Minuten in ein kochendes Wasserbad *(Vorsicht: giftige nitrose Gase; unbedingt Abzug benutzen!)*. Anschließend kühlt man das Gefäß ab und setzt dann 80 cm^3 Wasser zu. Was ist zu beobachten?

Alkyl- und Alkenylbenzole

1. Die Stelle der Wasserstoffatome im Benzol kann rein formal von beliebigen Alkyl- oder Alkenylresten eingenommen werden. Im Toluol (Methylbenzol) steht z. B. anstelle eines Wasserstoffatoms ein Methylrest, im Ethylbenzol ein Ethylrest usw.:

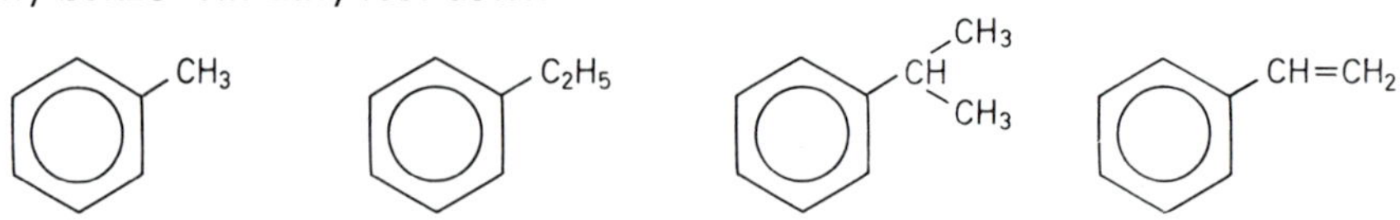

Toluol (Methylbenzol) | Ethylbenzol | Cumol (Isopropylbenzol) | Styrol (Vinylbenzol)

Alkylbenzolmoleküle reagieren je nach den Reaktionsbedingungen entweder im Benzolteil oder im Alkanteil. Bei Anwesenheit von Eisen z. B. greift Brom den aromatischen Kern des Toluols an (elektrophile Substitution):

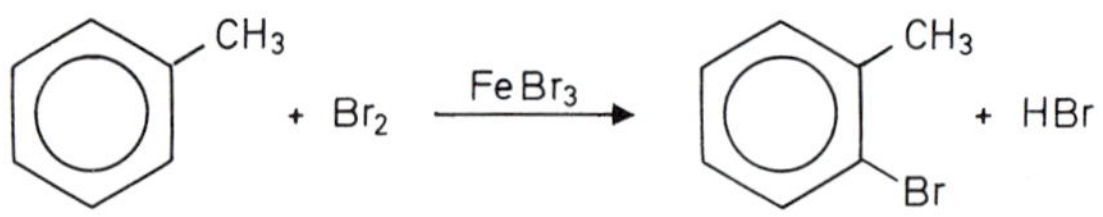

Beim Belichten (oder bei hoher Temperatur) wird dagegen die Seitenkette substituiert (radikalische Substitution):

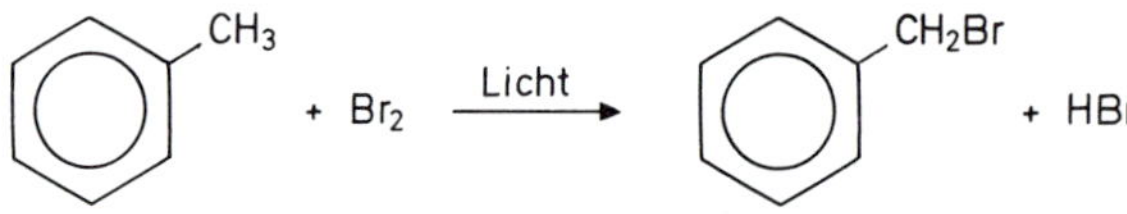

2. Die Seitenkette ist, insbesondere an ihrem kernnächsten (d. h. direkt an den Benzolkern gebundenen) Kohlenstoffatom, vielen chemischen Reaktionen leichter zugänglich als entsprechende aliphatische Verbindungen. Benzylalkohol z. B. wird sehr leicht zu Benzaldehyd und weiter zu Benzoesäure oxidiert. Die Oxidation des Aldehyds zur Benzoesäure geht bereits an der Luft vor sich:

Reaktionen an der Seitenkette erleichtert

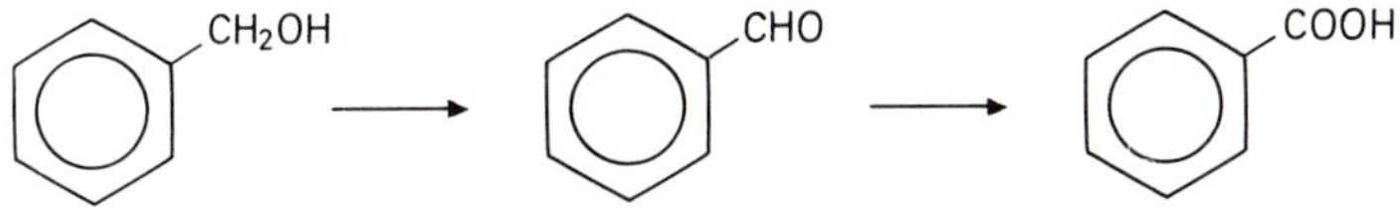

Benzylalkohol | Benzaldehyd | Benzoesäure

Benzoesäure ist eine etwas stärkere Säure als die Essigsäure und eine feste, in Wasser relativ schwer lösliche Verbindung.

3. Natürlich kann eine Verbindung am aromatischen Kern auch zwei oder mehr Seitenketten tragen. Mit zwei gleichartigen Seitenketten sind drei verschiedene Isomere[1] möglich.

Bei zwei gleichartigen Substituenten drei Isomere: ortho-, meta-, para-

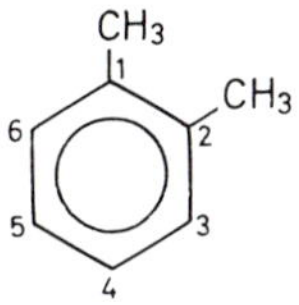

1,2-Dimethylbenzol
(ortho-Xylol, o-Xylol)

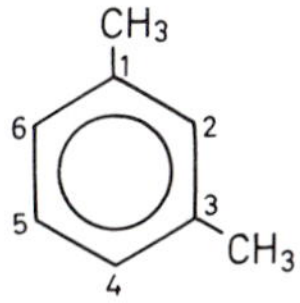

1,3-Dimethylbenzol
(meta-Xylol, m-Xylol)

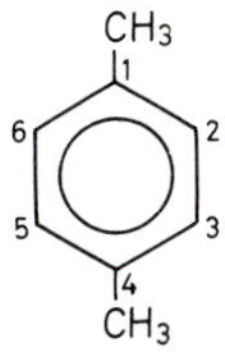

1,4-Dimethylbenzol
(para-Xylol, p-Xylol)

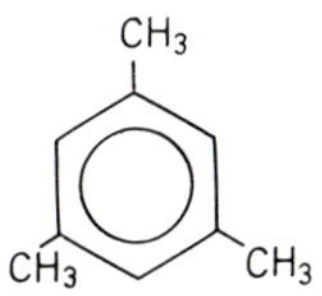

1,3,5-Trimethylbenzol

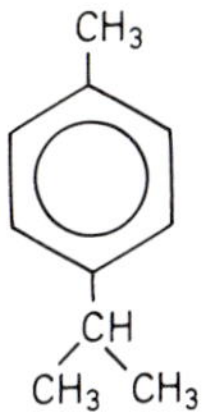

1-Methyl-
4-isopropylbenzol
(p-Cymol)

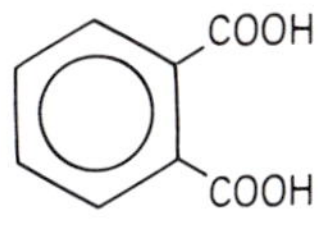

Phthalsäure

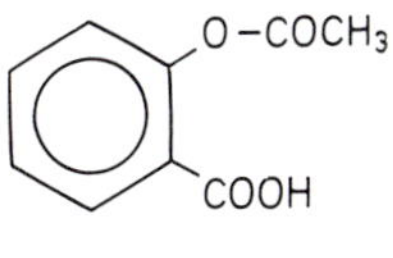

Acetylsalicylsäure

4. Neben den Brom- und Nitroverbindungen des Benzols, die in Kapitel 16.3 bereits erwähnt wurden, sind die Hydroxylderivate der Aromaten von Bedeutung. Bei ihnen ist formal jeweils ein Wasserstoffatom durch eine OH-Gruppe ersetzt. Die einfachste und gleichzeitig bekannteste Hydroxyverbindung ist das Phenol, C_6H_5OH. Mit seiner Hydroxylgruppe ist Phenol den Alkoholen vergleichbar. Jedoch besitzt Phenol eine erheblich höhere Säurestärke als zum Beispiel Ethanol. Dafür kann man zwei Ursachen verantwortlich machen:

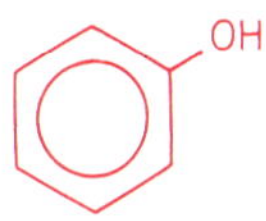

Phenol

[1] Es handelt sich hier um Stellungsisomerie (siehe Kapitel 15.2).

Der Benzolring wirkt «elektronenziehend»

– Der aromatische Ring des Phenolmoleküls wirkt «elektronenziehend». Daher ist die OH-Bindung hier stärker polarisiert als bei den Alkoholen:

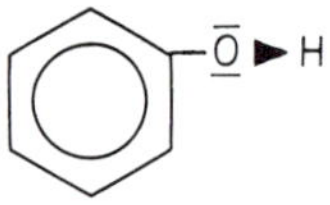

Phenol
$pK_s = 10$

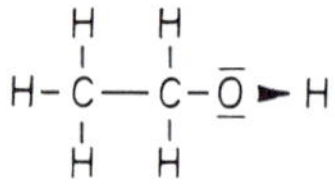

Ethanol
$pK_s = 16$

– Das bei der Reaktion als Säure entstehende Phenolat-Ion ist durch Mesomerie stabilisiert und entsteht daher leichter. Daher ist Phenol stärker sauer als zum Beispiel Ethanol, es ist freilich bei weitem nicht so stark sauer wie Ameisen- oder Essigsäure.
In verdünnter Natronlauge geht Phenol als Phenolat-Ion in Lösung:

$$C_6H_5OH + OH^- \rightleftarrows C_6H_5O^- + H_2O$$

Bei 20 °C lösen sich im Liter Wasser etwa 80 g Phenol. Mit Indikatoren läßt sich nachweisen, daß diese Lösung schwach sauer reagiert.

5. Die Di- und Triphenole, die zwei oder drei Hydroxylgruppen in ihren Molekülen enthalten, lassen sich leicht oxidieren und wirken somit als Reduktionsmittel. Hydrochinon und Brenzkatechin werden daher als fotografische Entwickler verwendet, Pyrogallol dient zur Adsorption von Sauerstoff aus Gasgemischen.

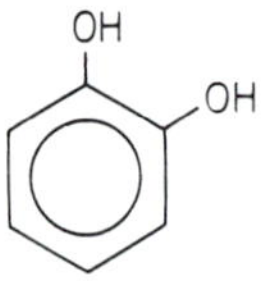

Brenzkatechin

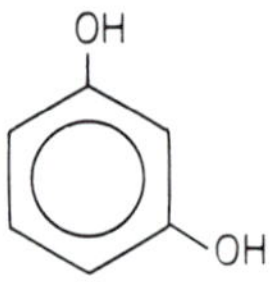

Resorcin

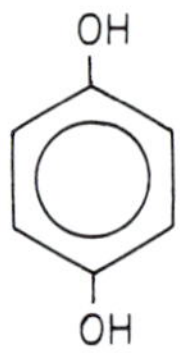

Hydrochinon

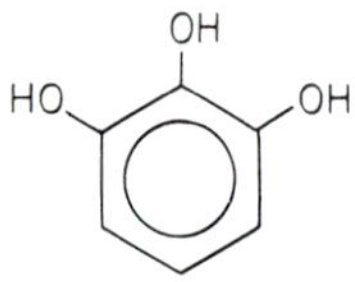

Pyrogallol

Komplizierter gebaute Phenole finden sich als Inhaltsstoffe in vielen Pflanzen. Zu ihnen gehören zum Beispiel die Gerbstoffe, manche Aromastoffe und bestimmte Blütenfarben. Verschiedene Phenole dienen in der chemischen Industrie zur Herstellung von Kunststoffen, Farbstoffen und Heilmitteln.

Zweitsubstitution: Einfluß des induktiven Effekts

6. Der aromatische Kern beeinflußt das chemische Verhalten anhängender Alkylreste oder funktioneller Gruppen. Umgekehrt reagiert aber auch der aromatische Ring je nach bereits vorhandenen Substituenten unterschiedlich. Alkylreste z. B. wirken «elektronenschiebend» (+ I-Effekt) und erhöhen dadurch die Elektronendichte der π-Wolke im aromatischen Kern. Toluol ist daher elektrophilen Substitutionen im Kern leichter zugänglich als Benzol. Bei Substituenten mit hoher Elektronegativität ($-OH$, $-Cl$, $-Br$, $-NO_2$ und ähnliche) wirkt der induktive Effekt entgegengesetzt (– I-Effekt). Diese Gruppen sind «elektronenziehend» und haben dadurch die Tendenz, die Elektronendichte im aromatischen Kern zu erniedrigen und die Bereitschaft zu elektrophilen Substitutionen herabzusetzen.

7. Bei vielen dieser Substituenten spielt jedoch neben dem I-Effekt auch ein mesomerer Effekt (M-Effekt) eine Rolle. Oft können nämlich freie Elektronenpaare des Substituenten mit dem π-Elektronensystem des aromatischen Kerns in Wechselwirkung treten und dabei die Elektronendichte der π-Wolke entweder erhöhen (+ M-Effekt) oder herabsetzen (− M-Effekt). Wir können diesen Vorgang durch zusätzliche hypothetische Grenzstrukturen ausdrücken:

− M-Effekt: Erniedrigung der Elektronendichte am Substituenten
+ M-Effekt: Erhöhung der Elektronendichte am Substituenten

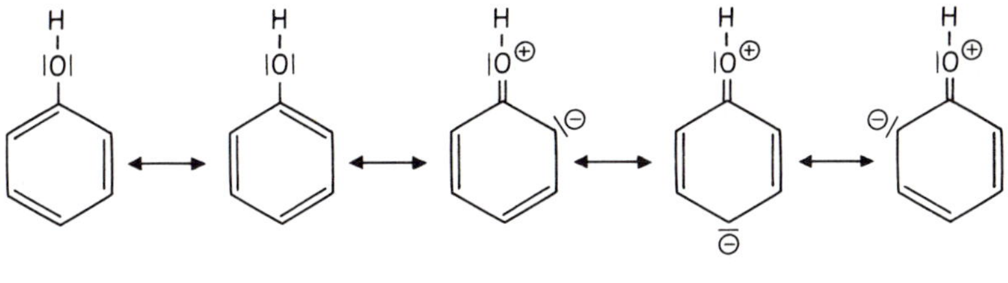

+ M- und − I-Effekt haben bei Phenol entgegengesetzte Wirkung: der − I-Effekt erniedrigt die Elektronendichte am Kern, der + M-Effekt erhöht sie. Phenol läßt sich erheblich leichter substituieren als Benzol. Daraus ist zu schließen, daß sich der + M-Effekt im Phenolmolekül stärker auswirkt als der − I-Effekt.

8. Toluol (dank des + I-Effekts) und Phenol (dank des + M-Effekts) lassen sich daher auch leichter nitrieren als Benzol. Es genügt dazu bereits konzentrierte oder rauchende Salpetersäure ohne Zusatz von Schwefelsäure. Beim Nitrieren von Toluol entsteht Trinitrotoluol, aus Phenol entsteht Trinitrophenol (Pikrinsäure):

Nitroverbindungen enthalten die Nitrogruppe ($-NO_2$)

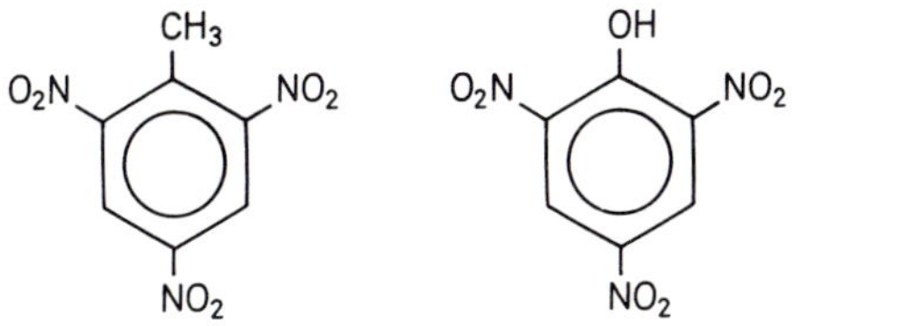

Trinitrotoluol (TNT) Trinitrophenol (Pikrinsäure)

Pikrinsäure ist eine stärkere Säure als Phenol:

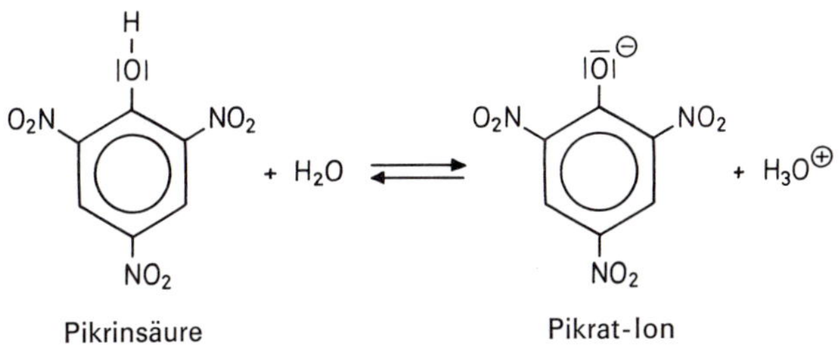

Pikrinsäure Pikrat-Ion

Die Pikrinsäure ist nur schwach gelb gefärbt, das Pikrat-Ion dagegen kräftig dunkelgelb. Pikrinsäure kann daher als Indikator verwendet werden (Umschlag bei pH 0 bis 1). Die Salze der Pikrinsäure wurden früher als Farbstoff zum Färben von Wolle verwendet.
Verbindungen mit mehreren Nitrogruppen im Molekül neigen häufig zu explosionsartiger Zersetzung. Das gilt auch für Pikrinsäure und Trinitrotoluol. Trockene Pikrinsäure und insbesondere deren Salze, die Pikrate, explodieren bei Schlag oder Erwärmung. Trinitrotoluol ist ein unter dem Namen Trotyl oder TNT sehr viel gebrauchter Sprengstoff, der durch einen Initialzünder zur Detonation gebracht werden muß. Die Sprengkraft von Trinitrotoluol wird häufig als Maßstab für die Sprengwirkung beliebiger Sprengkörper verwendet. Die Wirkung wird dann in kg (oder Tonnen) TNT angegeben.

Nitrogruppe wirkt elektronenziehend

9. Ein mesomerer Effekt tritt auch auf, wenn eine Nitrogruppe an den Benzolkern gebunden ist. Ihre mesomere Wirkung ist derjenigen einer OH-Gruppe gerade entgegengesetzt. Die hypothetischen Grenzstrukturen zeigen, daß der mesomere Effekt der Nitrogruppe elektronenziehend auf den Kern wirkt (– M-Effekt):

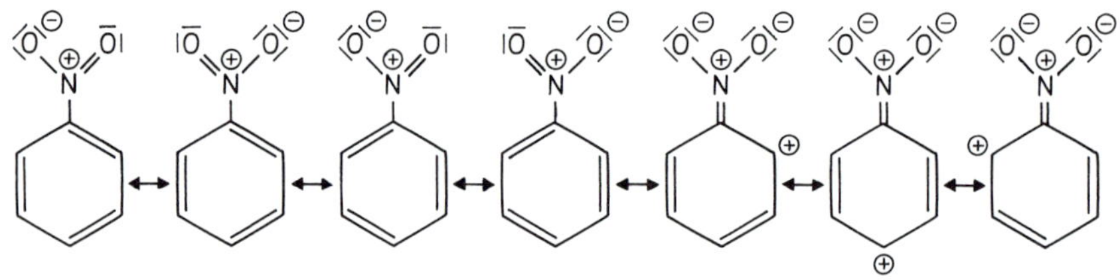

Hier wirkt die Nitrogruppe sowohl dank des mesomeren Effekts wie auch des induktiven Effekts elektronenziehend. Die Elektronendichte der π-Wolke ist daher im Nitrobenzol erheblich geringer als im Benzol, Nitrobenzol läßt sich schwerer elektrophil substituieren.

Erstsubstituent dirigiert Zweitsubstituent in bestimmte Stellung

10. Ein schon vorhandener Substituent vermag nicht nur eine Zweitsubstitution zu erleichtern oder zu erschweren, sondern beeinflußt auch den Ort, wo diese erfolgt. So «dirigieren» z. B. die Gruppen – CH, – Cl, – Br, – CH_3 und – O – CH_3 weitere Substituenten vorwiegend in 2- oder in 4-Stellung, während z. B. die Nitrogruppe einen Zweitsubstituenten vorwiegend in die 3-Stellung lenkt.

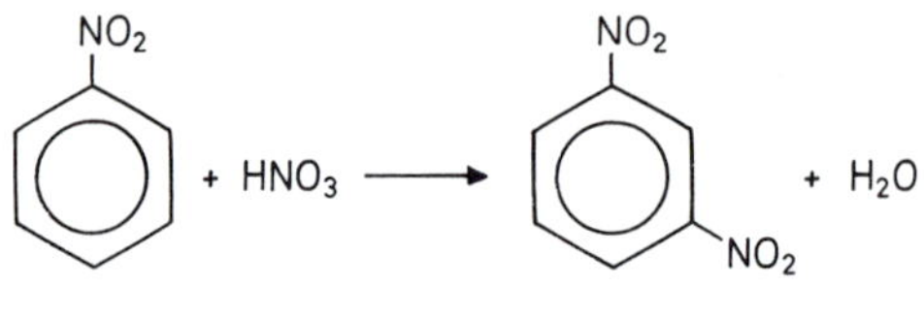

A_1 Warum rußt Naphthalin beim Brennen noch stärker als Benzol?

A_2 Anthracen ist ein mesomeres System. Welche mesomeren Grenzstrukturen lassen sich formulieren?

A_3 Obwohl bei der Hydrierung von Cyclohexadien nur vier Wasserstoffatome addiert werden, ist die Reaktionswärme höher als bei der Hydrierung von Benzol. Geben Sie den Grund dafür an.

A_4 Rauchende Schwefelsäure enthält Schwefeltrioxid (SO_3), dessen Schwefelatom eine positive Teilladung trägt und daher elektrophil ist. Nach welchem Mechanismus könnte die Reaktion zwischen Benzol und rauchender Schwefelsäure ablaufen?

A_5 Welche Arten von Substitutionsreaktionen kennen Sie, und unter welchen Voraussetzungen kommen sie zustande?

A_6 Warum ist Benzoesäure eine stärkere Säure als Essigsäure?

A_7 Wie reagiert Phenol mit Salpetersäure? Formulieren Sie den Verlauf der Reaktion mit den Zwischenprodukten. (Reaktionsmechanismus).

A_8 Wieviel Isomere gibt es von Trihydroxybenzol [$C_6H_3(OH)_3$]? Welche Strukturformeln haben sie?

A_9 Warum ist Pikrinsäure stärker sauer als Phenol?

17 Organische Basen

17.1 Amine

Amine als Basen

V1 Man stellt eine Ammoniak- und eine Methylaminlösung gleicher Konzentration (etwa 1,5 mol/l) her und prüft beide Lösungen auf ihren pH-Wert (Universalindikator oder pH-Meter).

V2 Methylaminlösung wird mit verdünnter Salzsäure neutralisiert und dann auf dem Wasserbad eingedampft *(Abzug!)*.

Komplexbildung mit Aminen

V3 Zu Kupfersulfatlösung gibt man verdünnte Ammoniaklösung und in einem zweiten Versuch Methylaminlösung.

1. Die Elektronenkonfiguration des Stickstoffs

$${}_7\text{N}\;\; 1s\,[\uparrow\downarrow]\;\; 2s\,[\uparrow\downarrow]\;\; 2p\,[\uparrow|\uparrow|\uparrow]$$

läßt für dessen Wasserstoffverbindung (Ammoniak) die Formel NH_3 erwarten.
Nach dem Orbitalmodell sollten die drei N—H-Bindungen aufeinander senkrecht stehen. Die im Ammoniak tatsächlich auftretenden Valenzwinkel von 107° zeigen jedoch, daß es zu einer teilweisen Hybridisierung der 2p- und 2s-Orbitale kommt:

$${}_7\text{N hybr.}\;\; 1s\,[\uparrow\downarrow]\;\; 2sp^3\,[\uparrow\downarrow|\uparrow|\uparrow|\uparrow]$$

Amine: Wasserstoffatome des Ammoniaks durch Alkylreste ersetzt

Das gleiche gilt für Verbindungen, in denen statt der Wasserstoffatome Alkylreste an den Stickstoff gebunden sind, das heißt für die primären, sekundären und tertiären Amine:

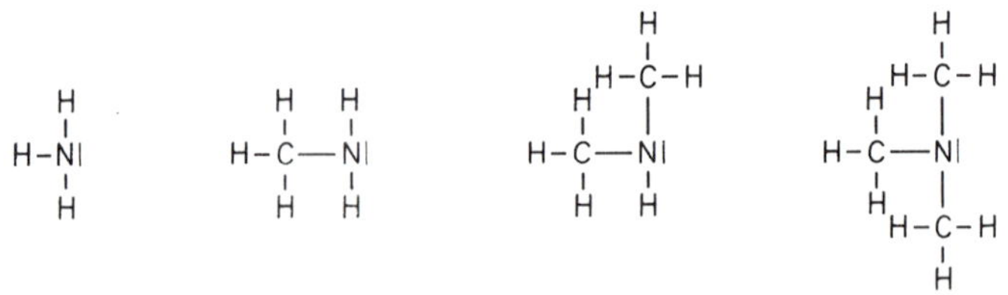

Ammoniak | Methylamin (primäres Amin) | Dimethylamin (sekundäres Amin) | Trimethylamin (tertiäres Amin)

Im Trimethylamin betragen die C—N—C-Bindungswinkel 108,7°.

2. Die niedermolekularen Alkylamine sind wie Ammoniak gasförmig und besitzen einen intensiven, fischartigen Geruch. Sie entstehen unter anderem beim Abbau von Fischeiweiß.
Synthetisch erhält man Alkylamine in nukleophiler Reaktion aus Halogenalkanen und Ammoniak:

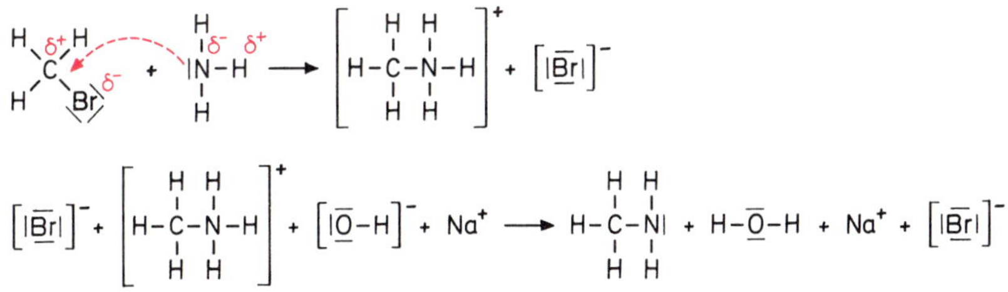

3. Das Stickstoffatom des Ammoniakmoleküls besitzt ein freies Elektronenpaar, das ein Proton addieren kann. Ammoniak ist daher nach Brönsted eine Base. Dasselbe gilt auch für Alkylamine:

Ammoniak und Amine reagieren basisch

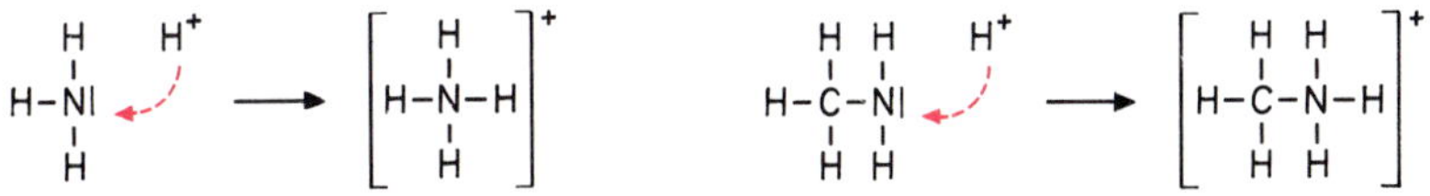

Ammoniak Ammonium-Ion Methylamin Methylammonium-Ion

Als Maß für die Basenstärke dient die Basenkonstante K_b die sich analog der Säurekonstante (K_s) auf die Reaktion der Base mit Wasser bezieht.

$$NH_3 + H_2O \rightleftharpoons NH_4^+ + OH^- \qquad K_b = \frac{c\,(NH_4^+) \cdot c\,(OH^-)}{c\,(NH_3)}$$

Basenkonstanten K_b

Ammoniak	NH_3	$1{,}62 \cdot 10^{-5}$
Methylamin	CH_3NH_2	$41{,}7 \cdot 10^{-5}$
Ethylamin	$C_2H_5NH_2$	$42{,}7 \cdot 10^{-5}$
Propylamin	$C_3H_7NH_2$	$39{,}9 \cdot 10^{-5}$
Dimethylamin	$(CH_3)_2NH$	$43{,}7 \cdot 10^{-5}$
Trimethylamin	$(CH_3)_3N$	$5{,}75 \cdot 10^{-5}$

Infolge des + I-Effekts – die Alkylgruppen wirken elektronenschiebend – ist die Elektronendichte am Stickstoffatom der Amine höher als beim Ammoniak. Amine sind daher stärkere Basen als Ammoniak. Zum Beispiel reagiert Methylamin rund 25 mal stärker basisch als Ammoniak. Tritt anstelle der Methylgruppe eine Ethylgruppe oder wird eine zweite Alkylgruppe eingeführt, so ist der elektronenschiebende Effekt noch stärker; Ethylamin und sekundäre Amine sind daher noch stärker basisch. Die niedrigere Basenkonstante der tertiären Amine und des Propylamins zeigen allerdings, daß die Basenstärke auch noch von anderen Faktoren beeinflußt wird.

4. Infolge ihres basischen Charakters bilden die Amine mit Mineralsäuren Salze, z. B. Methylammoniumchlorid ($CH_3NH_3^+\ Cl^-$) oder Methylammoniumnitrat ($CH_3NH_3^+NO_3^-$). Diese Salze sind geruchlos, fest und wasserlöslich.
Genau wie Ammoniak bilden auch Amine mit Kupfer-Ionen (Cu^{2+}) tiefblaue Komplexe:

Amine bilden Salze und Komplexe

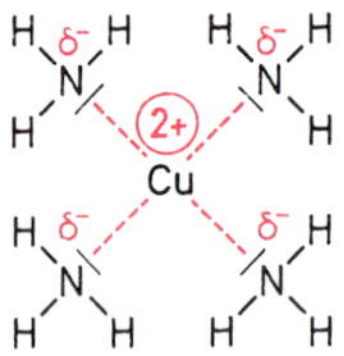

Tetraamminkupfer-Komplex

Tetramethylaminkupfer-Komplex

17.2 Harnstoff

Was entsteht beim Erhitzen von Harnstoff?

V_1 Man füllt in ein trockenes Reagenzglas etwa 2 cm hoch Harnstoff ein und erwärmt. Das beim Schmelzen entweichende *Gas (giftig)* ist mit rotem Lackmuspapier und mit Salzsäuredämpfen zu prüfen.

Eigenschaften von Harnstoff?

V_2 Harnstoff wird in Wasser gelöst. Diese Lösung prüft man auf ihre elektrische Leitfähigkeit. Konzentrierte Harnstofflösung wird mit *konzentrierter Salpetersäure (ätzend)* versetzt. Was ist jeweils zu beobachten?

V_3 Im trockenen Reagenzglas wird Harnstoff geschmolzen und anschließend weiter erhitzt. Was ist zu beobachten?
Das Produkt versetzt man mit etwas Wasser, kocht kurz auf und gibt zu der Lösung dann etwas Kalilauge sowie einen oder zwei Tropfen Kupfersulfatlösung.

Harnstoffsynthese nach Wöhler

V_4 15 g *Kaliumcyanat (giftig)* werden in 50 cm^3 Wasser, 15 g Ammoniumsulfat in 30 cm^3 heißem Wasser gelöst. Die Lösungen gibt man zusammen und dampft auf dem Wasserbad ein *(Abzug!)*. Das zurückbleibende Kristallpulver wird mit wasserfreiem *Alkohol (feuergefährlich)* übergossen. Die so entstehende Lösung wird abfiltriert und der *Alkohol* abdestilliert. Mit dem auskristallisierenden Produkt werden die Reaktionen der Versuche V_1 und V_3 durchgeführt.

Der enzymatische Abbau von Harnstoff

V_5 In eine etwa 10%ige Harnstofflösung tauchen zwei Elektroden ein, die über ein Amperemeter mit der Stromquelle verbunden sind (etwa 20 Volt Wechselstrom). Die Spannung wird so angelegt, daß das Amperemeter gerade ausschlägt. Nach Zugabe von etwas Urease zur Lösung schaltet man den Strom alle zwei Minuten jeweils kurz ein und liest die Stromstärke ab. Was ist festzustellen, wenn man die Ergebnisse grafisch festhält?

1. Harnstoff, das erste im Labor synthetisch hergestellte Produkt der organischen Chemie, ist eine feste, wasserlösliche Verbindung. Das Molekül enthält zwei Aminogruppen. Harnstoff kann formal als das Diamid der (nicht beständigen) Kohlensäure angesehen werden:

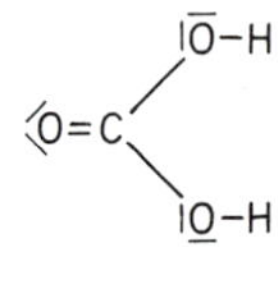

Kohlensäure

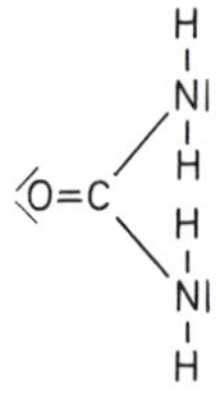

Harnstoff

Harnstoff, $CO(NH_2)_2$ reagiert als schwache Base

Infolge seiner Aminogruppen reagiert Harnstoff basisch, er vermag also ein Proton aufzunehmen und mit Mineralsäuren Salze zu bilden:

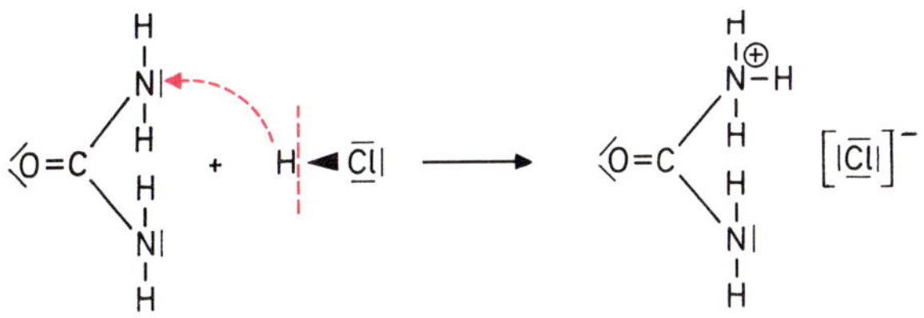

Da der am Kohlenstoffatom gebundene Sauerstoff stark elektronegativ ist und infolgedessen Elektronen zieht (−I-Effekt), ist die Basenstärke des Harnstoff allerdings nur gering. Mit Hilfe von Indikatoren ist in wäßriger Lösung keine alkalische Reaktion nachzuweisen.

Nachweis durch Biuretreaktion

2. Beim Erhitzen lagert sich Harnstoff unter Abspaltung von Ammoniak zum sogenannten Biuret zusammen:

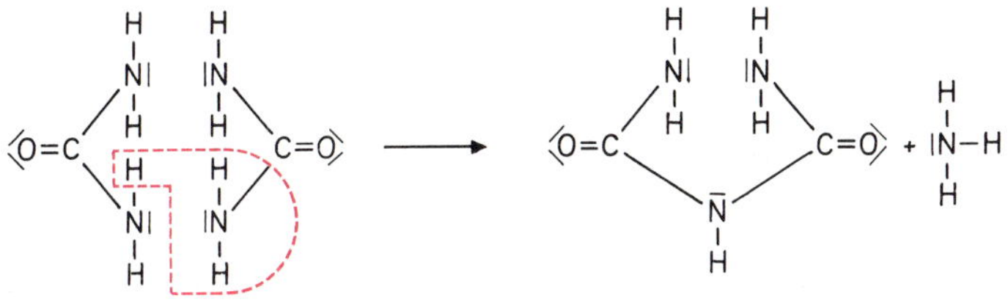

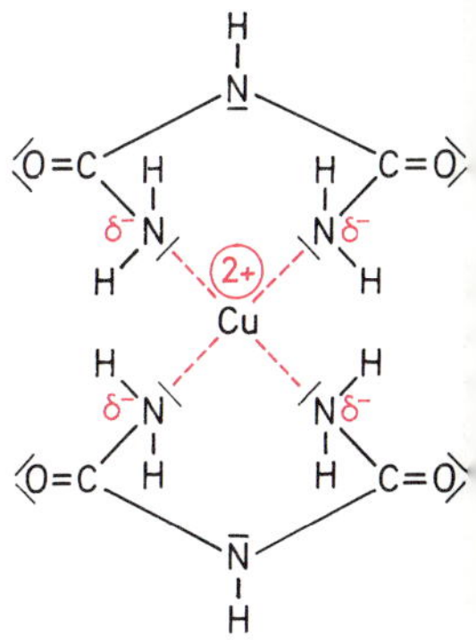

Kupfer-Biuret-Komplex

Biuret kann in alkalischer Lösung mit Kupfersulfat nachgewiesen werden. Dabei entsteht, ähnlich wie bei der Reaktion zwischen Kupfersalz und Aminen, ein rotvioletter Komplex.

Stoffwechselprodukt und Düngemittel

3. Harnstoff ist das wichtigste stickstoffhaltige Endprodukt des menschlichen und tierischen Stoffwechsels. Fast der gesamte Stickstoff der Proteine fällt beim Abbau in Form von Harnstoff an. Im menschlichen Urin werden täglich etwa 30 g Harnstoff ausgeschieden. Das in vielen Bodenbakterien enthaltene Enzym Urease baut Harnstoff zu Kohlenstoffdioxid und Ammoniak ab. Manche Tiere, z. B. die Wiederkäuer, sind auch in der Lage, aus Harnstoff Aminosäuren und damit lebenswichtige Proteine selbst aufzubauen. Harnstoff kann daher als Futterzusatz für Wiederkäuer verwendet werden. Ferner dient er als stickstoffhaltiges Düngemittel für bestimmte Kulturen tropischer und subtropischer Pflanzen. Die chemische Industrie braucht Harnstoff insbesondere zur Herstellung von Kunststoffen.

17.3 Anilin. Diazotierung

Vorsicht: Anilin und Anilindämpfe sind giftig.

Wie stellt man Anilin her?

V1 In einem Becherglas mischt man 10 cm^3 Wasser, 10 cm^3 *konzentrierte Salzsäure (ätzend)* und 2,5 cm^3 *Nitrobenzol (giftig)*. Dann wird unter fortwährendem Rühren portionsweise Zinkpulver zugegeben. Die Lösung wird abfiltriert. Ist das Filtrat dunkel verfärbt, so verdünnt man so weit, daß die Färbung nur noch schwach erscheint, und setzt dann einen Spatel Chlorkalk zu (*Vorsicht: giftige Dämpfe; Abzug benutzen!*).

Eigenschaften von Anilin?

V2 Im Reagenzglas wird etwas *Anilin* mit Wasser geschüttelt. Dann gibt man eine Spatelspitze Chlorkalk zu.

V3 Ein Reagenzglas wird etwa 1/2 cm hoch mit *Anilin* gefüllt, Dazu gibt man 2 bis 3 cm^3 Wasser und fügt dann verdünnte Salzsäure zu. Was ist zu beobachten? Anschließend wird mit Natronlauge alkalisch gemacht.

Diazotierung und Herstellung von Azofarbstoffen.

V4 5 g *Anilinhydrochlorid* werden in 40 cm^3 destilliertem Wasser gelöst und mit verdünnter Salzsäure angesäuert. Dann gibt man unter Kühlung in Eiswasser nach und nach eine Lösung von 3 g Natriumnitrit in 15 cm^3 Wasser hinzu. Die so erhaltene Diazoniumchloridlösung wird geteilt.
Eine Hälfte davon erwärmt man und fängt das sich entwickelnde Gas über Wasser auf. Das Gas wird mit einem brennenden Holzstab geprüft.
Die andere Hälfte der Diazoniumchloridlösung wird für Versuch V5 aufbewahrt.

V5 In drei großen Bechergläsern mit jeweils 1 bis 2 Litern Wasser werden folgende Substanzen gelöst:
a) etwas *Anilinhydrochlorid*lösung und wenig Natronlauge,
b) etwas α-Naphthol, das vorher im Reagenzglas in Natronlauge (2 mol/l) gelöst wurde,
c) etwas β-Naphthol, das vorher im Reagenzglas ebenfalls in Natronlauge (2 mol/l) gelöst wurde.
Dann gibt man zu jeder Lösung etwas von der aus Versuch V4 übriggebliebenen Diazoniumchloridlösung hinzu.

Anilin, $C_6H_5NH_2$, eine schwache Base

1. Das Anilin (Aminobenzol) enthält in seinem Molekül eine an den aromatischen Benzolring gebundene Aminogruppe. Da der aromatische Ring wegen des mesomeren Effekts elektronenziehend wirkt, ist die Elektronendichte am Stickstoffatom des Anilins geringer als bei Ammoniak, d. h. Anilin reagiert erheblich schwächer basisch:

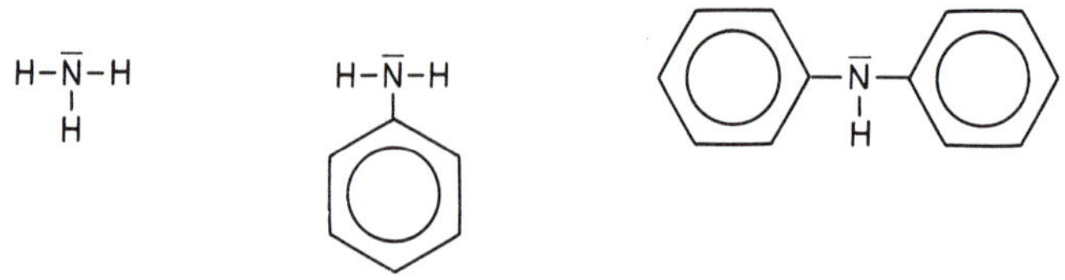

Ammoniak $K_b = 1,62 \cdot 10^{-5}$ — Anilin $K_b = 3,8 \cdot 10^{-10}$ — Diphenylamin $K_b = 7,5 \cdot 10^{-14}$

Anilin ist eine farblose Flüssigkeit, die sich mit Wasser nicht mischt und sich beim Stehen an der Luft rasch verfärbt. Mit Mineralsäuren bildet Anilin feste weiße und wasserlösliche Salze:

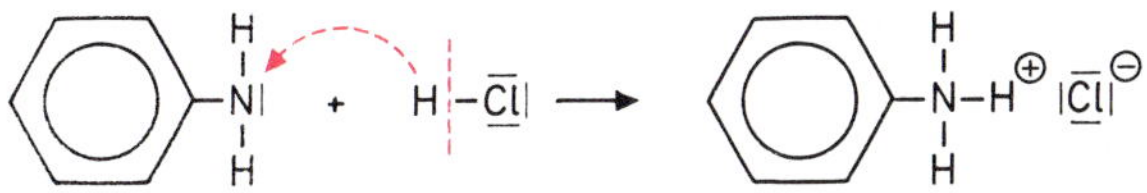

2. Anilin erhält man durch Reduktion von Nitrobenzol. Der zur Reduktion notwendige reaktionsfähige Wasserstoff kann aus Metall und Säure gewonnen werden:

Anilin durch Reduktion von Nitrobenzol

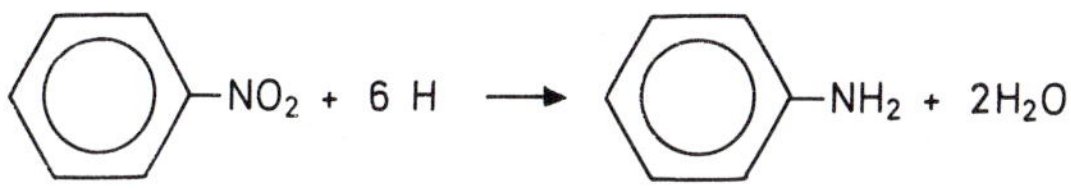

3. Anilin ist ein wichtiger Ausgangsstoff zur Herstellung von Farbstoffen. Dabei werden Anilin oder andere aromatische Amine in saurer Lösung mit salpetriger Säure umgesetzt, wobei unter Austritt von Wasser ein Diazoniumsalz entsteht:

Mit salpetriger Säure entstehen Diazoniumsalze

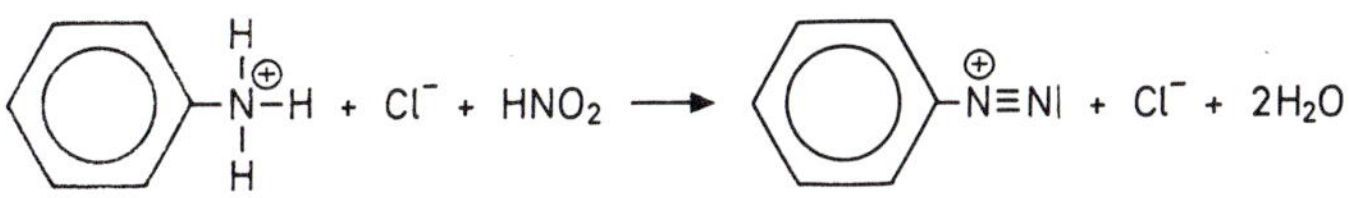

Die Diazonium-Ionen spalten leicht Stickstoff ab; sie sind instabil. An den aromatischen Ring lagert sich dann ein nukleophiles Teilchen an, in wäßriger Lösung ein Hydroxid-Ion (OH^-):

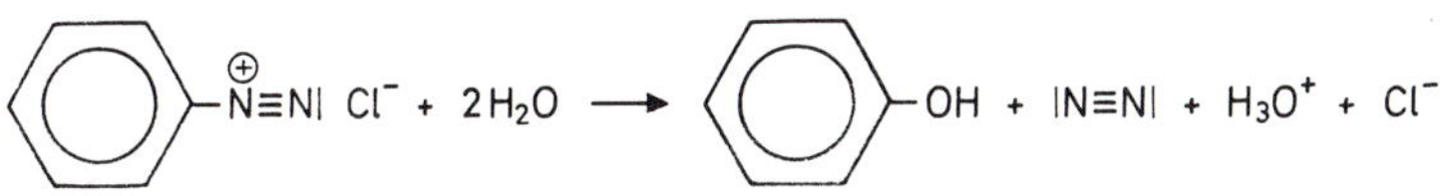

Diazoniumchlorid Phenol

Bei veränderten Bedingungen können auch andere negativ geladene Ionen angelagert werden:

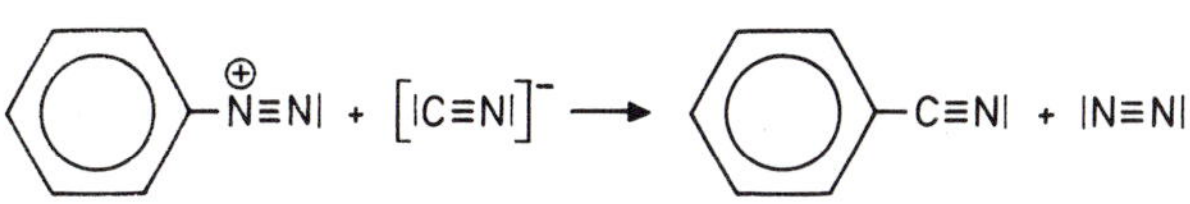

Diazonium-Ion Cyanid-Ion Benzonitril

4. Das Diazonium-Ion selbst kann als elektrophiles Teilchen wirken. Es reagiert z. B. mit Aromaten wie Anilin oder Phenol, bei denen die elektrophile Substitution am aromatischen Kern durch entsprechende Substituenten begünstigt ist:

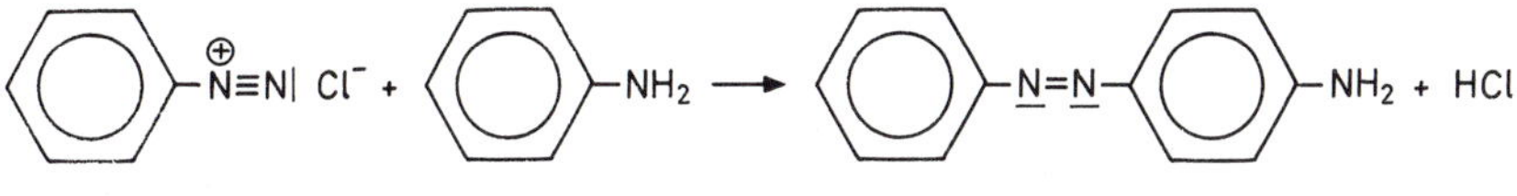

Aminoazobenzol

Azoverbindungen enthalten $-\underline{N}=\underline{N}-$

Dieses spezielle Beispiel einer elektrophilen Substitution wird als Kupplungsreaktion bezeichnet. Die entstehende Verbindung heißt Aminoazobenzol. Azoverbindungen enthalten die direkt an zwei Kohlenstoffatome gebundene Gruppe $-\underline{N}=\underline{N}-$. Sie sind oft farbig (sogenannte Azofarbstoffe).

Technisch wichtige Azofarbstoffe

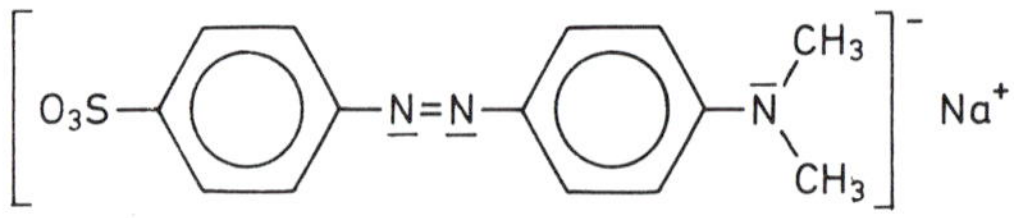

Methylorange (Indikator)

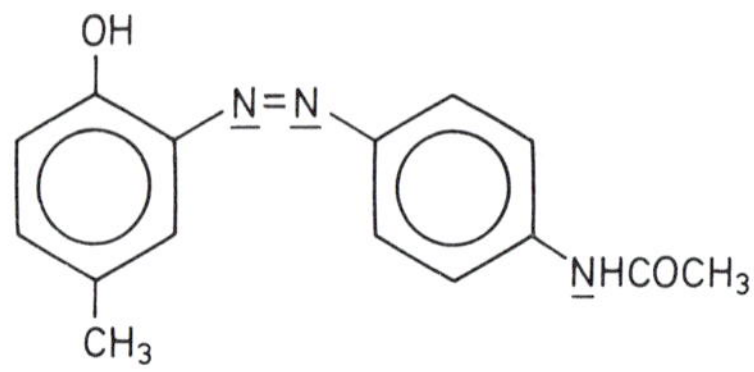

Cellitonechtgelb (Dispersionsfarbstoff)

17.4 Heterozyklen

Schwefel in Thiophen?

V1 Ein am durchbohrten Stopfen befestigter Verbrennungslöffel taucht in einen 500 cm³-Erlenmeyerkolben. Im Kolben sind etwa 20 cm³ dest. Wasser, im Verbrennungslöffel läßt man Thiophen brennen. Nach Erlöschen der Flamme nimmt man den Verbrennungslöffel heraus, setzt einen Gummistopfen auf und schüttelt den Erlenmeyer gut durch. Die Lösung wird auf drei Reagenzgläser verteilt (evtl. vorher den Ruß abfiltrieren). Zu den drei Portionen gibt man a) Bariumchloridlösung, b) 3%iges Wasserstoffperoxid und dann Bariumchloridlösung, c) Bromthymolblaulösung

Eigenschaften von Thiophen und Pyridin?

V2 In einem großen Reagenzglas werden 20 cm³ *Tetrachlorkohlenstoff (giftige Dämpfe)* und 4 cm³ Thiophen gut gemischt. Dann gibt man 1 cm³ *Brom (ätzend; giftige Dämpfe)* hinzu und setzt sofort ein Gasableitungsrohr auf, das in einem Gefäß mit destilliertem Wasser knapp über der Wasseroberfläche endet *(Abzug!)*. Was ist zu beobachten?
Das vorgelegte Wasser wird mit *Silbernitratlösung (ätzend)* und mit Bromthymolblau geprüft.

V3 a) In einem Reagenzglas gibt man Wasser zu etwas *Pyridin (giftig)*.
b) In einem Reagenzglas versetzt man Wasser mit einigen Tropfen Bromthymolblau und einem Tropfen verdünnter Salzsäure. Dann wird *Pyridin (giftig)* zugegeben.
Was ist in beiden Fällen zu beobachten?

Herstellung von Indigo und Küpenfärberei

V4 1 g o-Nitrobenzaldehyd wird in 3 cm³ reinem *Aceton (feuergefährlich)* gelöst. Der Lösung setzt man tropfenweise Natronlauge zu. Was ist nach einiger Zeit zu beobachten? Der so erhaltene Indigo kann durch Filtern abgetrennt werden.

V5 0,5 g Indigo, 1,5 g Natriumdithionit ($Na_2S_2O_4$) und 3 g *Ätzkali (ätzend)* werden mit 30 cm³ Wasser versetzt und unter Rühren einige Zeit zum Sieden erhitzt. Die gelbbraune Lösung filtert man noch heiß in 300 cm³ heißes Wasser, dem etwas Natriumdithionit zugesetzt wurde.
a) In der Lösung schwenkt man einen vorher mit Wasser benetzten Baumwolltuchstreifen, den man anschließend an die Luft hängt.
b) Durch einen Teil der Lösung saugt man Luft.
c) Ein kleiner Teil der Lösung wird mit 3%igem Wasserstoffperoxid versetzt.

1. Benzol und die übrigen bisher besprochenen Aromaten sind Isozyklen, d. h. ihre Ringe werden nur aus Kohlenstoffatomen gebildet. Daneben gibt es viele Verbindungen, deren Ringsysteme nicht nur Kohlenstoff-, sondern auch andere Atome enthalten, die sogenannten Heterozyklen. Einige davon haben ausgeprägt aromatischen Charakter. Ähnlich wie das Benzol sind sie relativ stabil, zeigen nur geringe Tendenz zu Additionsreaktionen, lassen sich aber leicht substituieren.

Heterozyklen: Ringverbindungen mit Fremdatomen im Ring

2. Das Molekül des Thiophen besitzt einen Ring aus vier Kohlenstoffatomen und einem Schwefelatom. Bei der Verbrennung von Thiophen entsteht daher unter anderem Schwefeldioxid. Der ausgeprägt aromatische Charakter des Thiophen ist darauf zurückzuführen, daß sich in seinen Molekülen genau wie im Benzol ein π-Elektronen-System aus sechs Elektronen findet. An diesem π-System ist neben den vier π-Elektronen der Kohlenstoffatome ein freies Elektronenpaar des Schwefelatoms beteiligt.

Viele Heterozyklen sind Aromaten

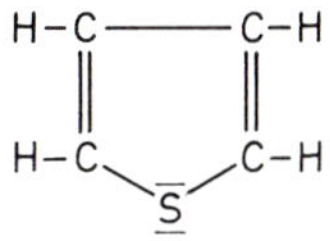

Thiophen

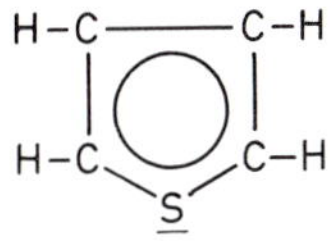

Mesomerer Zustand des Thiophen

Dank des π-Systems kommt es auch beim Thiophen bevorzugt zu elektrophilen Substitutionsreaktionen. Sie verlaufen hier im allgemeinen sogar noch leichter als beim Benzol.

3. Auch Pyrrol und Furan, deren Moleküle aus Fünfringen mit je einem Stickstoff-bzw. Sauerstoffatom bestehen, zeigen aromatischen Charakter. Dieser ist jedoch, insbesondere bei Furan, nicht so ausgeprägt wie bei Thiophen. Das dürfte damit zusammenhängen, daß das Sauerstoffatom stärker elektronegativ ist, weshalb sein freies Elektronenpaar nicht so leicht in das π-System einbezogen werden kann:

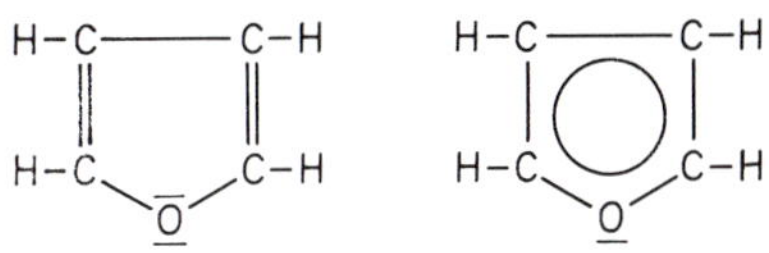

Furan

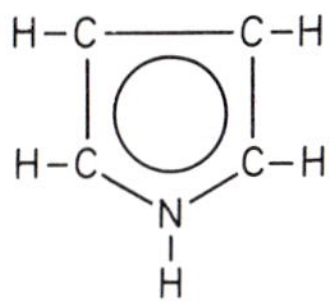

Pyrrol

4. Die Moleküle des Pyridins besitzen einen Sechsring aus fünf Kohlenstoffatomen und einem Stickstoffatom. Auch für sie lassen sich mesomere Grenzstrukturen formulieren:

Pyridinmolekül:

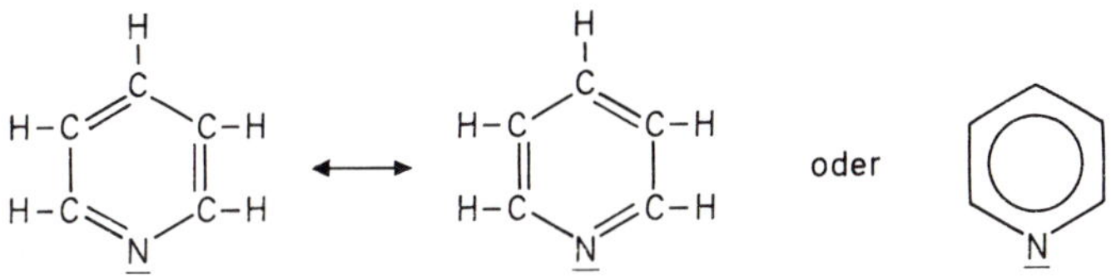

Damit ist auch das Pyridin durch ein π-Elektronen-Sextett mesomeriestabilisiert und besitzt aromatischen Charakter. Im Unterschied zum Benzol ist das π-System hier aber nicht über den ganzen Ring gleichmäßig verteilt. Da der Stickstoff mit seiner höheren Elektronegativität die Elektronen stärker anzieht, ist Pyridin ein Dipolmolekül und als solches in Wasser löslich. Infolge der geringeren Elektronendichte an den Kohlenstoffatomen ist auch der Angriff elektrophiler Teilchen erschwert.
Das Stickstoffatom des Pyridins besitzt ein freies Elektronenpaar, an das ein Proton gebunden werden kann. Pyridin reagiert deshalb bevorzugt als Base:

Pyridin als Base

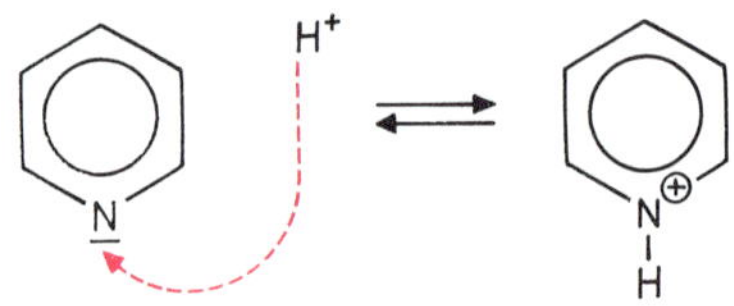

Wegen der elektronenziehenden Wirkung des π-Systems ist der basische Charakter des Pyridins allerdings relativ schwach.

5. Neben den bisher genannten Heterozyklen gibt es auch solche, die mehr als ein Fremdatom im Kohlenstoffring besitzen. Dazu gehören die vom Pyrimidin abzuleitenden Basen Thymin, Uracil und Cytosin sowie die vom Purin abzuleitenden Basen Guanin und Adenin:

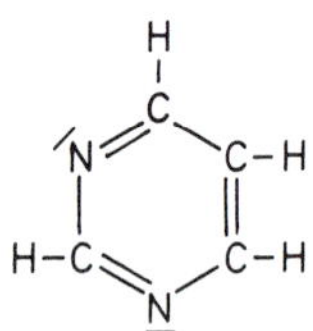

Pyrimidin

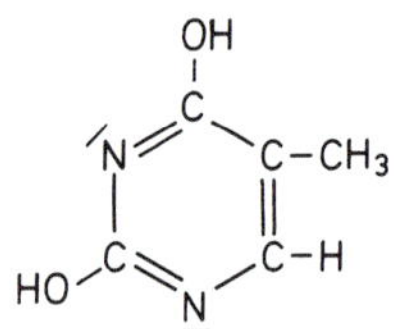

Thymin

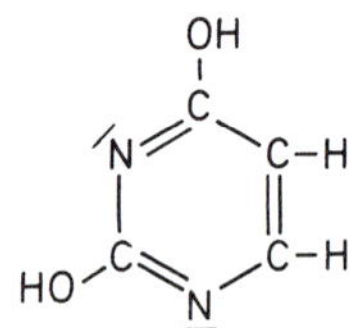

Uracil

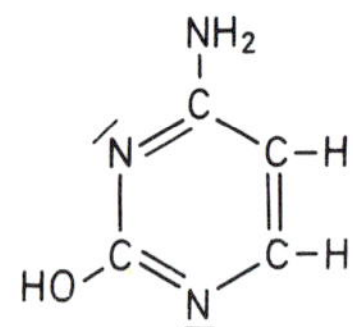

Cytosin

Pyrimidin- und Purinbasen

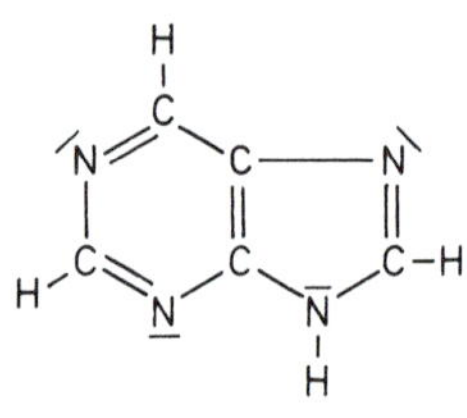

Purin

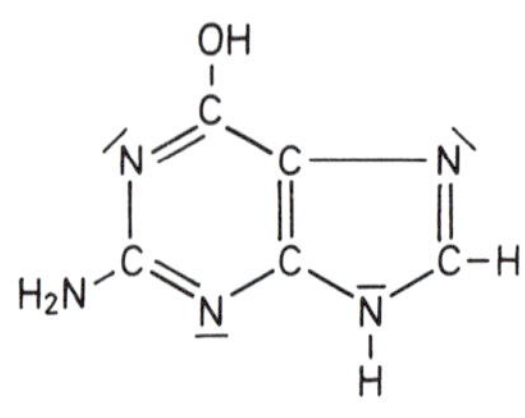

Guanin

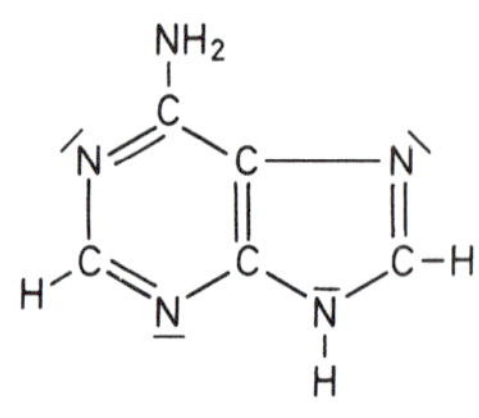

Adenin

DNS:
Träger der Erbinformation

Diese Basen sind Bestandteile der Nukleinsäuren, die als Informationsträger in den Zellen aller Lebewesen vorkommen. Aus einer dieser Basen sowie zwei weiteren Bausteinen (dem Zucker Ribose oder Desoxyribose und einer Phosphatgruppe) entsteht zunächst ein Nukleotid. Viele solche Nukleotide aneinandergereiht ergeben eine Nukleinsäure (Ribonukleinsäure bzw. Desoxyribonukleinsäure) in Form eines langen, fadenförmigen Moleküls.

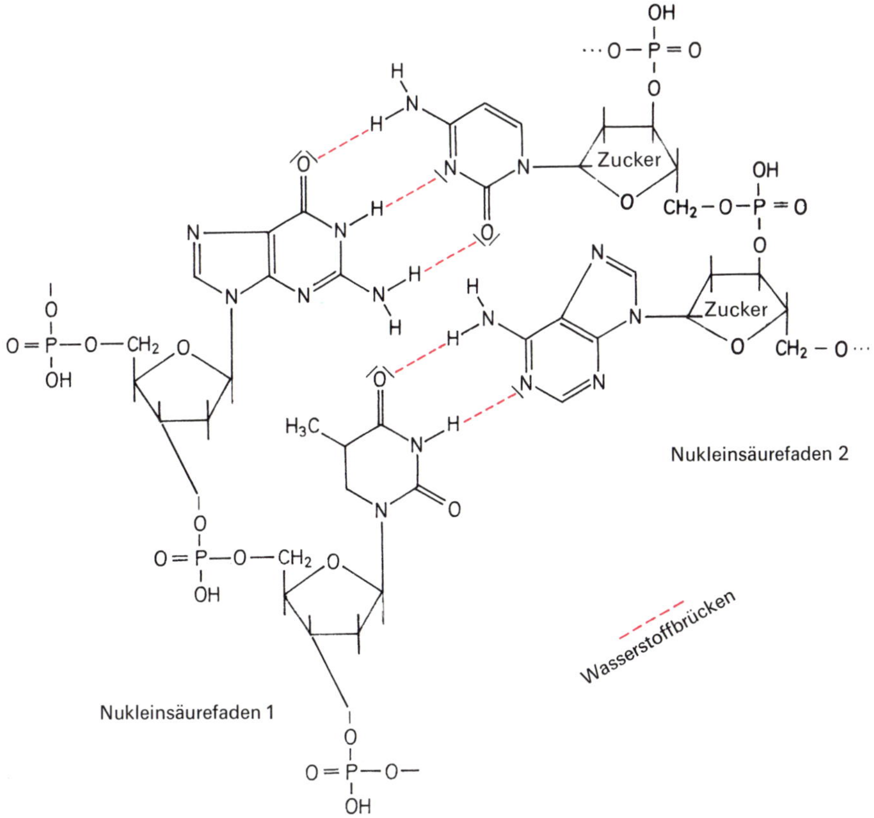

Ausschnitt aus der Formel eines DNS-Doppel-Fadens

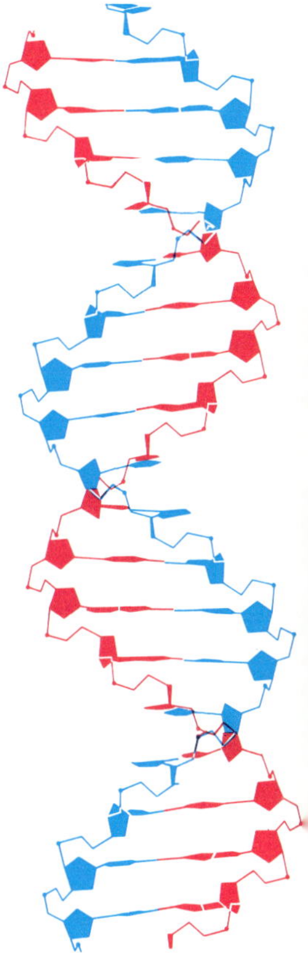

Je zwei «Fäden» der Desoxyribonukleinsäure (abgekürzt DNS oder DNA) sind gewöhnlich zu einem «Doppelfaden» verdrillt («Doppel-Helix»). Die beiden Fadenmoleküle sind durch H-Brücken miteinander verbunden, die sich zwischen den Basen des einen Moleküls und den Basen des andern Moleküls ausbilden. Dabei stehen sich immer die Basen Adenin und Thymin oder die Basen Cytosin und Guanin gegenüber.

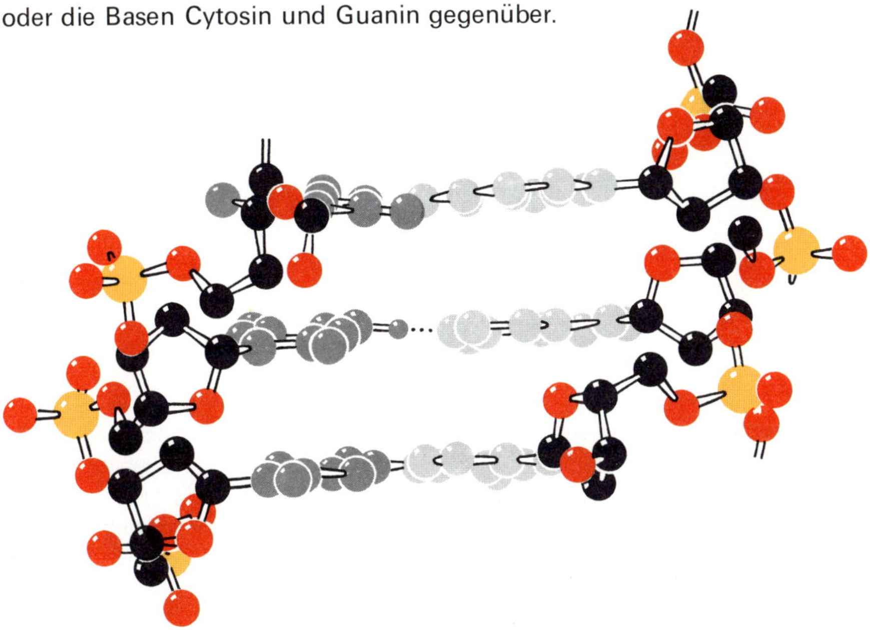

Ausschnitt aus dem Modell eines DNS-Doppelfadens

ATP: Energielieferant im Zellstoffwechsel

6. Adenin ist darüber hinaus in einigen Enzymen und im wichtigsten Energieüberträger des Zellstoffwechsels, dem ATP (Adenosintriphosphat), enthalten:

Adenosintriphosphat (ATP)

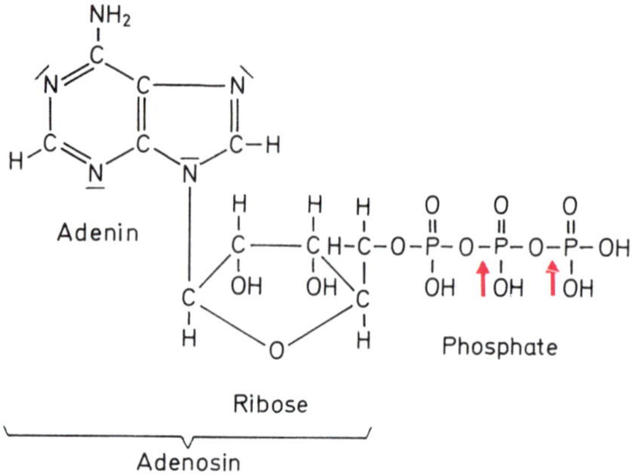

Bei der Hydrolyse der durch rote Pfeile gekennzeichneten Bindungen wird relativ viel Energie frei. Durch Kopplung der ATP-Hydrolyse mit anderen Reaktionen kann diese Energie im Stoffwechsel der lebenden Zelle zum Verrichten von Arbeit genutzt werden.

Alkaloide meist mit starken physiologischen Wirkungen

7. Komplizierte heterozyklische Ringsysteme besitzen auch die meisten Alkaloide[1], stickstoffhaltige basische Stoffe, die mit Säuren Salze bilden und in den verschiedensten Pflanzen vorkommen. Im menschlichen und tierischen Organismus üben viele Alkaloide schon in ganz geringen Mengen starke physiologische Wirkungen aus.

Einige bekannte Alkaloide

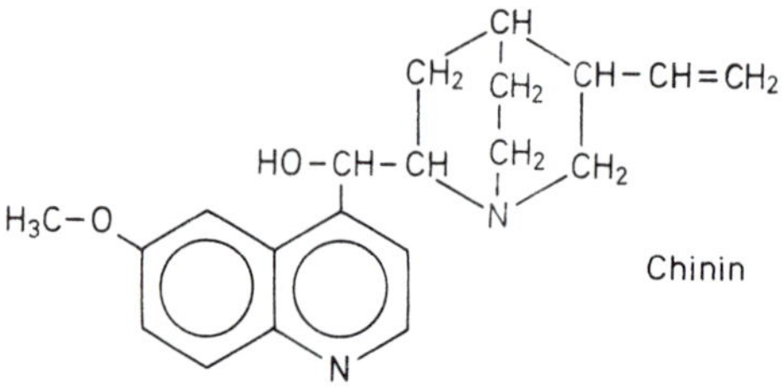

Chinin

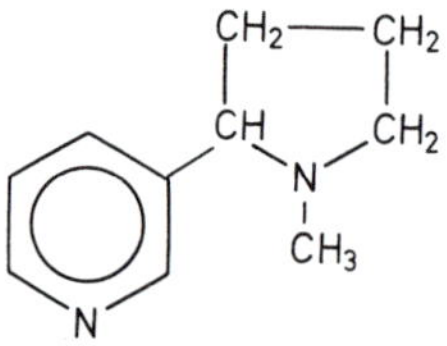

Nicotin

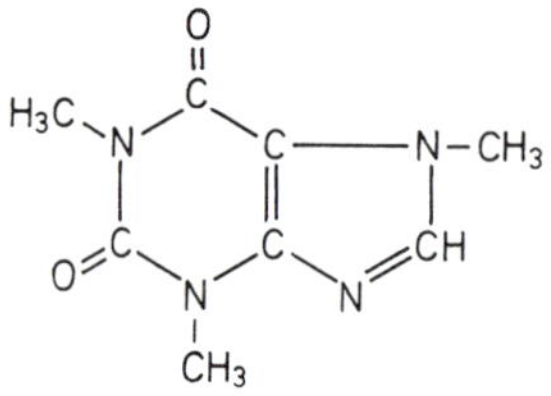

Coffein

[1] Der Name «Alkaloide» ist auf die basische, also «Alkali-ähnliche» Wirkung zurückzuführen.

Blut- und Blattfarbstoff

8. Schließlich sind heterozyklische Ringsysteme auch in vielen farbigen Stoffen enthalten, z. B. in dem für die Fotosynthese wichtigen Chlorophyll der grünen Pflanzen und im Häm, einem Bestandteil des Hämoglobins der roten Blutkörperchen.

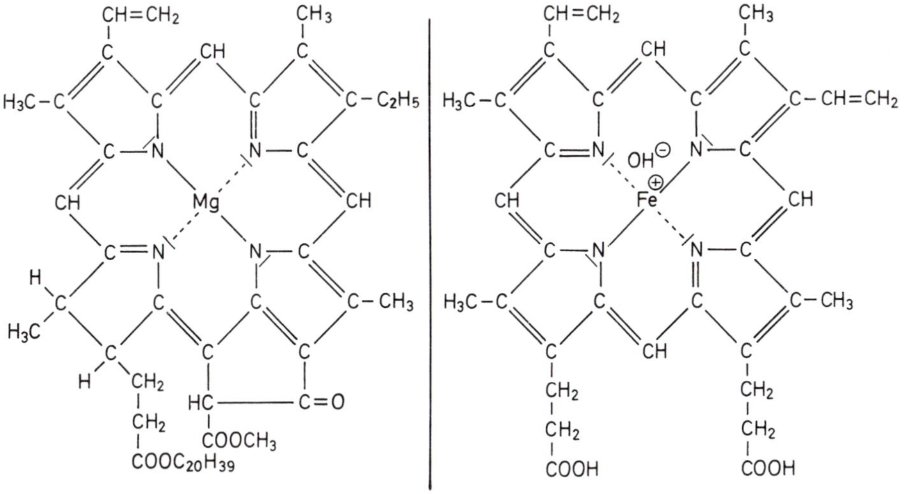

Chlorophyll a (links)

Häm (rechts)

Indigo als Küpenfarbstoff

Der ursprünglich aus der Indigopflanze gewonnene blaue Farbstoff Indigo wird heute synthetisch hergestellt. Er dient als sogenannter Küpenfarbstoff zum Färben insbesondere von Baumwolle. Dazu wird der Indigo zum farblosen Indigweiß reduziert (verküpt). Dank den phenolischen Hydroxylgruppen ist dieses Indigweiß z. B. in Kalilauge löslich und kann so auf das Gewebe aufgebracht werden. An der Luft oxidiert Indigweiß wieder zu Indigo, der in feinster Form direkt auf und in der Faser ausfällt. Die Färbung ist daher recht wasch- und lichtecht. Insbesondere zum Färben der Blue Jeans wird in großen Mengen Indigo gebraucht.

Indigo

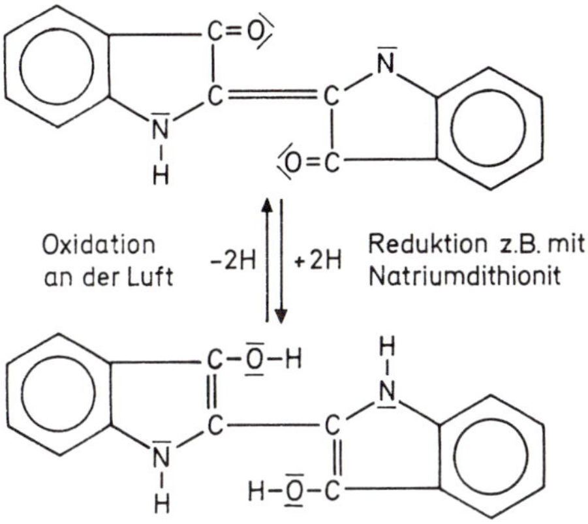

Indigweiß

Verküpung von Indigo

A_1 Warum reagieren stickstoffhaltige organische Verbindungen häufig basisch?

A_2 Formulieren Sie die Gleichung für die Reaktion von Methylamin mit Chlorwasserstoff.

A_3 Bei der Reaktion von Harnstoff mit Salpetersäure fällt aus der Lösung ein fester weißer Stoff aus. Um welchen Stoff handelt es sich dabei und welche Formel hat er?

A_4 Warum ist Anilin schwächer basisch als Ammoniak?

A_5 Was ist ein Diazonium-Ion? Aus welchen Ausgangsstoffen kann es hergestellt werden?

A_6 Was versteht man unter einem Azofarbstoff? Zeichnen Sie die Strukturformel eines Vertreters dieser Farbstoffgruppe.

A_7 Bei welchen Voraussetzungen können heterozyklische Verbindungen aromatischen Charakter besitzen?

A_8 Welche Strukturformeln haben die folgenden Verbindungen: Thiophen, Pyridin, Pyrimidin?

A_9 Pyrrol enthält ein Stickstoffatom im heterozyklischen Fünfring und ist trotzdem nur außerordentlich schwach basisch. Welche Erklärung gibt es dafür?

18 Fette und Waschmittel

18.1 Zusammensetzung der Fette

V1 Butter bzw. Speiseöl werden im Reagenzglas mit Wasser, *Benzin (feuergefährlich)* oder *Tetrachlorkohlenstoff (giftige Dämpfe)* geschüttelt.

V2 Wir bringen auf ein Stück Papier:
a) etwas Fett,
b) eine Lösung von Fett in *Benzin (feuergefährlich)*.

V3 Je 1 g Speiseöl bzw. 1 g festes tierisches Fett (z. B. Rindertalg) werden in 10 cm^3 *Tetrachlorkohlenstoff (giftige Dämpfe)* gelöst. Zu beiden Lösungen gibt man jeweils gleiche Mengen einer Lösung von *Brom in Eisessig (ätzend; giftige Dämpfe)*. Was ist beim Vergleich der Lösungen festzustellen?

V4 Butter wird in etwas warmem *Alkohol (feuergefährlich)* gelöst. Dann gibt man etwas Wasser und Bromthymolblaulösung hinzu. Der Versuch wird mit ranziger Butter wiederholt. Was ist zu beobachten?

Fette: Fettsäureester des Glycerins

1. Fette sind Ester des dreiwertigen Alkohols Glycerin mit verschiedenen Carbonsäuren. Die im Fett enthaltenen Carbonsäuren werden allgemein als «Fettsäuren» bezeichnet. Das Glycerin kann dabei mit drei Molekülen derselben Fettsäure oder mit verschiedenen Fettsäuremolekülen verestert sein. Die natürlichen Fette sind durchweg Gemische der verschiedensten Glycerinester. Daraus reine Ester mit einheitlichem Molekülbau zu erhalten, ist außerordentlich schwierig. Die Zusammensetzung der Fette wird daher lediglich durch das Mengenverhältnis der bei der Hydrolyse erhaltenen Fettsäuren angegeben.

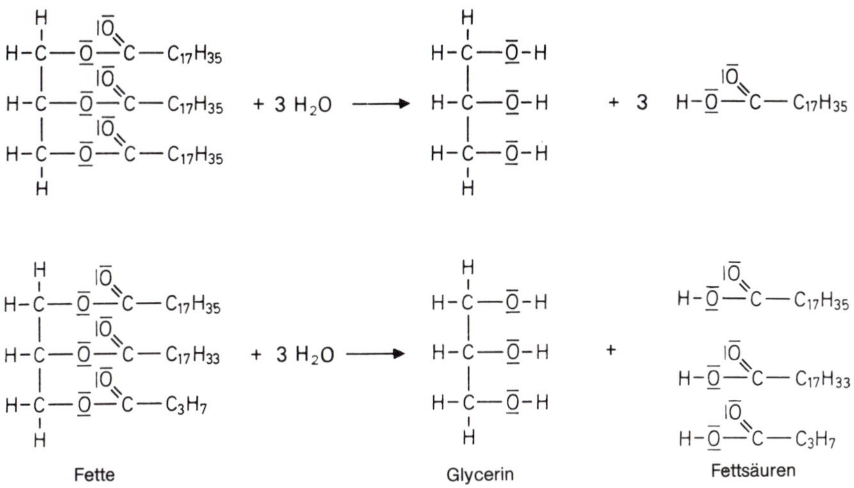

Fettsäuren natürlicher Fette haben immer eine gerade Zahl von C-Atomen

2. Die am häufigsten auftretenden Fettsäuren sind Palmitinsäure (Hexadecansäure, $C_{15}H_{31}COOH$), Stearinsäure (Octadecansäure, $C_{17}H_{35}COOH$) und Ölsäure (Octadecensäure, $C_{17}H_{33}COOH$). Die Moleküle der Ölsäure besitzen eine C=C-Doppelbindung in der Mitte der Kohlenstoffkette. Am Aufbau der Fette sind noch eine ganze Reihe anderer Fettsäuren beteiligt, die zum Teil nur in bestimmten Fetten und zum Teil nur in geringer Menge vorkommen. Alle in den natürlichen Fetten vorkommenden Fettsäuren besitzen eine unverzweigte Kohlenstoffkette und eine gerade Zahl von Kohlenstoffatomen.

Einige wichtige Fettsäuren

Formel	Trivialname	Zahl der C-Atome	Smt. (°C)	Vorkommen
$C_{15}H_{31}COOH$	Palmitinsäure	16	63	In den meisten Fetten
$C_{17}H_{35}COOH$	Stearinsäure	18	70	In den meisten Fetten
$C_{17}H_{33}COOH$	Ölsäure	18	14	In den meisten Fetten
C_3H_7COOH	Buttersäure	4	−5	Zu 3 bis 4% in der Butter
$C_{17}H_{31}COOH$	Linolsäure	18	−5	In verschiedenen Pflanzenölen
$C_{17}H_{29}COOH$	Linolensäure	18	−11	Vor allem in Leinöl
$C_{11}H_{23}COOH$	Laurinsäure	12	44	Zu fast 50% im Kokosfett
$C_7H_{15}COOH$	Caprylsäure	8	16	In Ziegenbutter

Flüssige Fette enthalten ungesättigte Fettsäuren

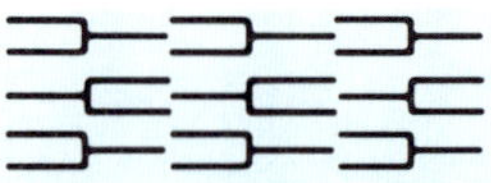

Modell eines gesättigten Fetts

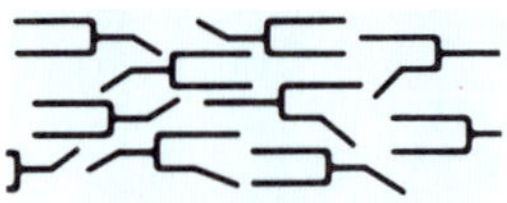

Modell eines ungesättigten Fetts

3. Fette enthalten sowohl gesättigte wie auch ungesättigte Fettsäuren. Die gesättigten Fettsäuren haben höhere Schmelztemperaturen und sind bei Zimmertemperatur meist fest. Anders die ungesättigten Fettsäuren: Infolge *cis*-Konfiguration an der Doppelbindung ergibt sich hier ein «Knick» in der Kohlenstoffkette. Die Moleküle können sich daher weniger leicht in ein Kristallgitter einordnen, die Verbindungen besitzen niedrigere Schmelztemperaturen und sind bei Zimmertemperatur flüssig. Dasselbe gilt auch für die Ester dieser Fettsäuren: Je mehr ungesättigte Fettsäuren ein Fett enthält, um so mehr «Knicks» treten in den Kohlenstoffketten der Glycerinester auf und um so schwerer lassen sich diese Moleküle in ein Gitter einordnen. Der Schmelzbereich dieser Fette ist daher niedrig, das Fett weich. Fette mit einem besonders hohen Gehalt an ungesättigten Fettsäuren sind bei Zimmertemperatur flüssig (sogenannte «fette Öle», z. B. Olivenöl oder Leinöl)[1]. Der ungesättigte Charakter eines Fettes, also die Zahl der in seinen Molekülen enthaltenen Doppelbindungen, wird durch Reaktion mit einem Halogen (zum Beispiel Brom oder Iod) ermittelt. Als Maßstab dient dabei die sogenannte Iodzahl, die angibt, wieviel Gramm Iod an 100 g des Fetts addiert werden können.

Fette sind lipophil

4. Die Fettmoleküle enthalten lange Kohlenstoffketten, an die nur Wasserstoff gebunden ist. Fette sind daher ausgesprochen hydrophob; sie lösen sich nicht in Wasser, wohl aber in lipophilen Lösungsmitteln wie Benzin oder Tetrachlorkohlenstoff. Emulsionen feinster Fetttröpfchen in Wasser trennen sich meist schnell, können aber durch Zufügen sogenannter Emulgatoren (z. B. Seifen oder Eiweiß) für einige Zeit stabilisiert werden. Eine solche stabilisierte Fettemulsion ist die Milch.

[1] Der Begriff Öl ist ein rein technischer Begriff, der mit der Struktur nichts zu tun hat. Er bezeichnet lediglich den flüssigen Zustand des Stoffs (vgl. Erdöl, Schmieröl, Terpentinöl).

18.2 Vorkommen, Gewinnung und Eigenschaften der Fette

Extraktion von Fett

V_1 In den Lösungsmittelkolben einer Soxhlet-Extraktionsapparatur gibt man *Tetrachlorkohlenstoff (giftige Dämpfe)*, in die Extraktionshülse fein gemahlene und getrocknete Kokosflocken. Dann wird das *Lösungsmittel* etwa 1/2 Stunde zum Sieden erhitzt. Nach Abschluß der Extraktion destilliert man den *Tetrachlorkohlenstoff* weitgehend ab, den letzten Rest läßt man verdunsten *(Abzug!)*. Es bleibt Fett zurück.

Wie kann man Butter und Margarine unterscheiden?

V_2 a) Etwas Margarine wird mit Wasser aufgekocht. Nach dem Abkühlen setzt man einige Tropfen *Iod-Kaliumiodid-Lösung (ätzend)* zu.
b) Derselbe Versuch wird mit Butter durchgeführt.

Gewinnung von Seife aus Fett

V_3 Etwa 10 g Palmin werden in einem großen Becherglas geschmolzen und mit 10 cm^3 20%iger *Natronlauge (ätzend)* versetzt. Dabei muß ständig gerührt und die Mischung am Sieden gehalten werden. Nach einiger Zeit erhält man einen zähen Leim (gegebenenfalls wenig destilliertes Wasser zugeben), der sich in warmem destilliertem Wasser löst. Welche Eigenschaft zeigt diese Lösung bei kräftigem Schütteln?

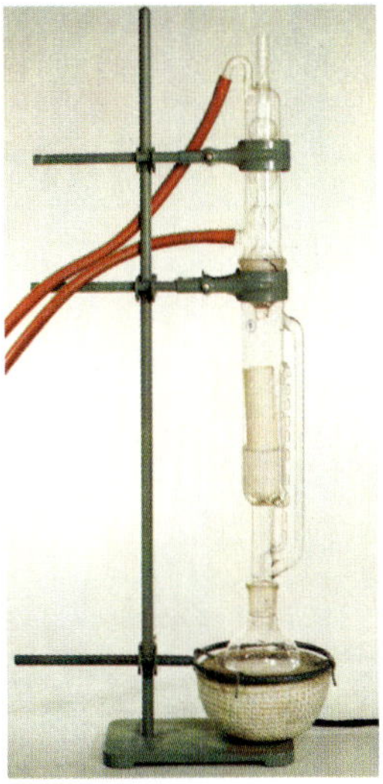

Fettextraktion im Soxhlet-Apparat (V_1). Foto und Schema

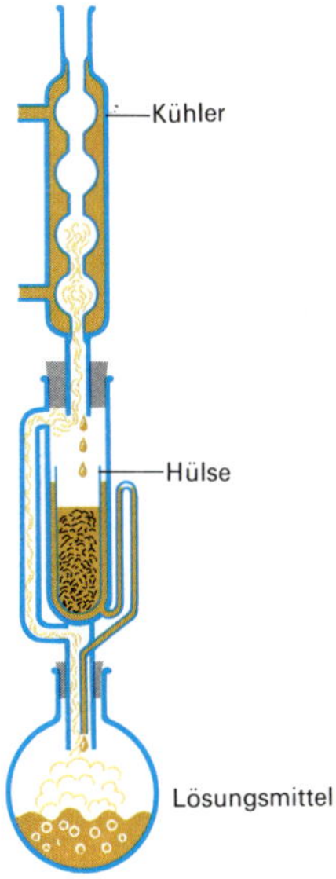

1. Fette sind, wie Kohlenhydrate und Eiweiße, wichtige Nährstoffe. 1 g Fett liefert bei der Verbrennung im menschlichen Organismus rund 38,9 kJ Wärme bzw. Arbeit, 1 g Zucker oder Stärke dagegen nur 17,2 kJ. Die Fette sind die energiereichsten Speicher- und Reservestoffe sowohl im tierischen wie auch im pflanzlichen Organismus. Darüber hinaus dient Fett wegen seiner geringen Wärmeleitfähigkeit vielen Tieren als Wärmeschutz.
Pflanzenfette finden sich im allgemeinen in den Samen und sind meist flüssig (Olivenöl, Leinöl, Erdnußöl usw.). Tierische Fette sind fast immer fest und reichern sich in verschiedenen Geweben und Organen an. Beim Menschen lagert sich das Fett vor allem im Gewebe der Unterhaut ab. Aus tierischen Geweben werden die Fette durch Ausschmelzen gewonnen. Pflanzliches Fett gewinnt man durch Auspressen oder durch Extraktion mit Benzin, Tetrachlorkohlenstoff oder ähnlichen lipophilen Lösungsmitteln.

2. Viele Fette, wie Butter, Schweineschmalz, Olivenöl oder Kokosfett, werden direkt als Nahrungsmittel verwendet. Aus einigen in großer Menge und relativ billig anfallenden Ölen (z. B. Sonnenblumenöl) wird Margarine hergestellt. Dazu werden die Öle katalytisch hydriert. Unter katalytischer Wirkung von metallischem Nickel lagert sich Wasserstoff an die Doppelbindungen der ungesättigten Fettsäuren an. Dadurch steigt die Schmelztemperatur der Fette: aus Öl wird festes Fett. Bei dieser sogenannten Fetthärtung werden allerdings nicht alle Doppelbindungen abgesättigt, Margarine enthält immer noch in größerer Menge ungesättigte Fettsäuren. Damit sie von Butter leicht zu unterscheiden ist, wird der Margarine etwas Stärke zugesetzt, die mit Hilfe von Iod nachgewiesen werden kann.

Fetthärtung: Hydrierung ungesättigter Fettsäuren

3. Im menschlichen Darm wird das Fett emulgiert und dann durch bestimmte Enzyme (Lipasen) in Glycerin und Fettsäuren aufgespalten. Bereits in der Darmwand entsteht daraus dann körpereigenes, «menschliches» Fett.

Unsere Nahrung muß essentielle Fettsäuren enthalten

Fettansatz bildet sich nicht nur bei Genuß zu fetter Speisen; wir werden auch dick, wenn wir zu viel Brot, Zucker oder Eiweiß essen. Überschüssig aufgenommene Energie wird hauptsächlich in Form von Fett gespeichert. Der Organismus hat die Fähigkeit, die meisten benötigten Fettsäuren und Fette aus Kohlenhydraten und Eiweiß aufzubauen. Wichtige Ausnahmen sind die Linol- und die Linolensäure mit zwei bzw. drei Doppelbindungen. Diese müssen in der menschlichen Nahrung enthalten sein. Man bezeichnet sie daher als «essentielle» Fettsäuren.

Auf- und Abbau der Fettsäuren über die Acetylgruppe

Sowohl am Aufbau wie am Abbau der Fettsäuren ist das Acetyl-Coenzym A beteiligt. Es werden jeweils Teilchen mit zwei Kohlenstoffatomen abgespalten oder angehängt. Das ist der Grund, weshalb alle natürlichen Fette nur Fettsäuren mit einer geraden Zahl von Kohlenstoffatomen enthalten und weshalb auch nur solche Fette im Organismus ohne Störung abgebaut werden können.

Aufbau einer Fettsäure mit Hilfe von Acetyl-Coenzym A

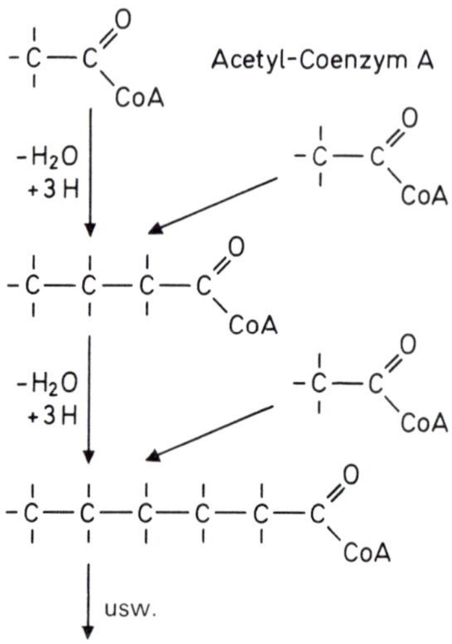

4. Viele flüssige Fette mit ungesättigten Fettsäuren lagern beim Stehen an der Luft Sauerstoff an die Doppelbindungen an. Dabei werden Fettmoleküle miteinander verbunden, das Fett verharzt und wird hart. Diese «trocknenden Öle» werden für Ölfarben und Firnisse sowie zur Herstellung von Linoleum verwendet. Fett dient außerdem als Rohstoff zur Herstellung von Seife.

18.3 Seifen und Waschwirkung. Kolloide

Gewinnung von Seife aus Fettsäuren

V_1 In einem Reagenzglas wird ein Spatel Stearinsäure mit *10%iger Natronlauge (ätzend)* erwärmt, bis weitgehende Lösung eintritt. Dann gibt man destilliertes Wasser zu und schüttelt kräftig.

Welche Eigenschaften hat Seifenlösung?

V_2 Etwas Seifenpulver wird im Reagenzglas mit destilliertem Wasser versetzt. Was ist festzustellen?

V_3 Eine gefilterte Seifenlösung wird seitlich belichtet. Was ist festzustellen?

Seifen: Alkalisalze von Fettsäuren

1. Seifen sind Kalium- oder Natriumsalze von Fettsäuren. Sie entstehen neben Glycerin beim Kochen von Fetten mit Kalium- oder Natriumhydroxidlösung. Der Vorgang wird auch als Verseifung bezeichnet:

$$\begin{array}{lcl}
CH_2OCOC_{15}H_{31} & & CH_2OH \quad C_{15}H_{31}COO^-Na^+ \\
| & & | \\
CHOCOC_{17}H_{33} \; + \; 3\,Na^+OH^- & \longrightarrow & CHOH \; + \; C_{17}H_{33}COO^-Na^+ \\
| & & | \\
CH_2OCOC_{17}H_{35} & & CH_2OH \quad C_{17}H_{35}COO^-Na^+
\end{array}$$

Natürlich können diese Salze auch durch Neutralisation von Fettsäuren mit Natrium- oder Kaliumhydroxidlösung hergestellt werden.

Die Konsistenz der Seifen hängt, ähnlich wie die der Fette, vom Anteil ungesättigter Fettsäuren ab. Seifen mit hohem Anteil an ungesättigten Fettsäuren haben einen niedrigeren Schmelzbereich als solche mit hauptsächlich gesättigten Fettsäuren. Für die Konsistenz der Seifen spielt auch das Alkali-Ion eine Rolle. Kaliumseifen haben einen niedrigeren Schmelzbereich und bleiben bei Zimmertemperatur meist weich und schmierig (Schmierseifen), Natriumseifen sind dagegen bei Zimmertemperatur fest (Kernseifen).

Echte und kolloide Lösungen

2. Seifenlösung erscheint trüb und bleibt auch dann trüb, wenn man die Lösung durch ein Filter laufen läßt und dadurch gröbere Seifenflocken entfernt. Ein von der Seite her einfallender Lichtstrahl ist in der Lösung deutlich sichtbar. Dieser sogenannte Tyndall-Effekt tritt bei Kochsalz- oder Schwefelsäurelösungen nicht auf. Er zeigt, daß es sich bei der Seifenlösung um eine kolloide Lösung handelt.
Während «echte» Lösungen nur zusammenhanglose kleine Moleküle oder Ionen mit Durchmessern unter 1 nm enthalten, finden sich in den kolloiden Lösungen entweder Makromoleküle, also sehr große Moleküle, oder größere Partikel aus vielen kleineren Teilchen. In der kolloiden Lösung ist der gelöste Stoff also weniger fein zerteilt als in der «echten»; die Partikel erreichen Durchmesser zwischen 1 nm und 100 nm. Sie sind immer noch so klein, daß sie auch mit dem Mikroskop nicht zu erkennen sind und durch ein Filter glatt durchlaufen. Sie sind andererseits aber so groß, daß sie, im Unterschied zu den kleineren Teilchen echter Lösungen, einfallendes Licht streuen (Tyndall-Effekt).

Stabile Kolloide durch elektrische Aufladung der Teilchen

3. Kolloidteilchen haben oft das Bestreben, sich zu gröberen und größeren Partikeln zusammenzulagern. Aus kolloiden Lösungen kann daher der gelöste Stoff nach einiger Zeit ausflocken. Zu den Kolloiden, die lange Zeit beständig bleiben, gehören die Seifenlösungen. Ihre Kolloidteilchen sind kugelförmig und bestehen jeweils aus ganzen Gruppen von Fettsäure-Ionen. Dabei sind die langen, lipophilen Kohlenstoff-Wasserstoff-Ketten nach innen gerichtet und ziehen sich durch van-der-Waals-Kräfte gegenseitig an. Die geladenen Enden zeigen nach außen, dem umgebenden Wasser zu. Die Kolloidkügelchen sind daher alle negativ geladen und stoßen sich gegenseitig ab. Aus diesem Grund treten sie nicht so leicht zu größeren Partikeln zusammen, das Kolloid flockt nicht aus. Ähnlich wie die Seifenlösung sind viele Kolloide durch elektrische Aufladung stabilisiert. Sei es, daß die

Teilchen, wie bei der Seife, selbst elektrisch geladen sind, sei es, daß Kolloidpartikel bevorzugt Ionen bestimmter Ladung adsorbieren. Die infolge elektrischer Aufladung stabilisierten Kolloide lassen sich oft durch Zugabe eines Elektrolyten ausflocken. Besonders wirksam sind dabei hochgeladene Ionen wie zum Beispiel Al^{3+} oder Fe^{3+}, sie können die elektrische Ladung von Kolloidpartikeln kompensieren und ermöglichen dann die Entstehung größerer Partikel.

Reinigung eines Kolloids durch Dialyse

4. Will man eine kolloide Lösung reinigen, also mitgelöste Ionen entfernen, so füllt man sie in eine Hülse aus Pergament oder bestimmten Kunststoffmembranen. Wird diese Hülse in reines Wasser eingehängt, so diffundieren nur die echt gelösten Ionen aus der Hülse hinaus ins Wasser. Die größeren Kolloidteilchen können die Membran nicht passieren. Fortlaufende Erneuerung des Wassers führt schließlich zu praktisch vollständiger Entfernung der gelösten Ionen. Diese Trennung kolloider Teilchen von den Teilchen echter Lösungen wird als Dialyse bezeichnet.

Kolloide Lösung: Sol
Festes Kolloid: Gel

5. Eine kolloide Lösung wird auch als Sol bezeichnet. Ist die Konzentration an Kolloidteilchen sehr groß, so können diese Teilchen aneinander haften. Eventuell entsteht, z. B. bei teilweiser Verdunstung des Lösungsmittels, ein Netz von Kolloidteilchen. Das Kolloid ist dann keine Lösung mehr, es enthält aber in den Hohlräumen des Netzes noch wechselnde Mengen an Lösungsmittel. Ein Kolloid in diesem Zustand wird als Gel bezeichnet.
Manche Kolloide lassen sich, z. B. durch Erwärmen und Abkühlen, vom Sol- in den Gelzustand umwandeln und umgekehrt. In anderen Fällen ist die Umwandlung eines Sols in ein Gel nicht mehr rückgängig zu machen.

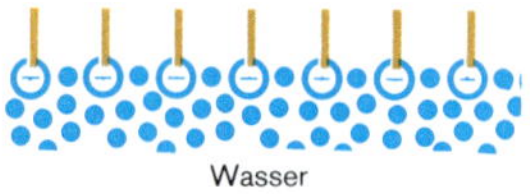

Fettsäure-Ionen an der Wasseroberfläche

6. Für die Waschwirkung der Seifen sind die Fettsäure-Ionen verantwortlich. In ihnen hängt die negativ geladene Carboxylatgruppe ($-COO^-$) an einer langen Kohlenstoffkette. Die geladene Gruppe ist hydrophil: sie wird im Wasser hydratisiert. Die lange Kohlenstoffkette, an die lediglich Wasserstoffatome gebunden sind, ist unpolar und hydrophob[1], sie kann keine zwischenmolekularen Beziehungen zu den Wassermolekülen ausbilden. Die Fettsäure-Ionen ordnen sich daher in Lösung nicht nur zu den schon genannten Kolloid-Kügelchen, sie sammeln sich auch an der Wasseroberfläche an. Dabei bilden die hydrophoben Alkylreste die Oberfläche der Lösung.

Stearat-Ion

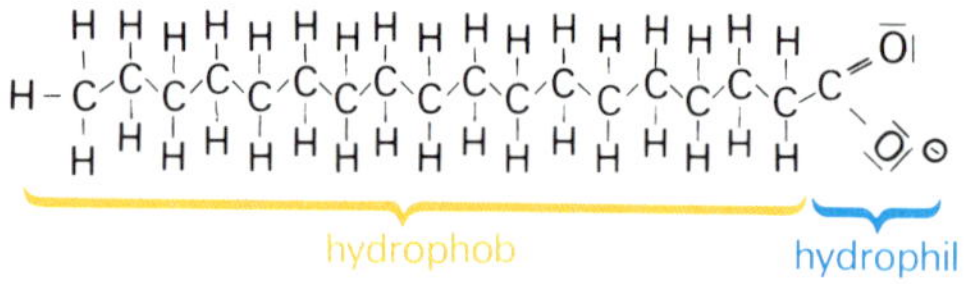

Vereinfachte Darstellung eines Fettsäure-Ions

Seifenlösung: geringere Oberflächenspannung, benetzend, emulgierend

7. Die Moleküle des Wassers werden durch Wasserstoffbrücken zusammengehalten; Wasser hat daher eine verhältnismäßig hohe Siedetemperatur. An der Wasseroberfläche werden die Moleküle einseitig von innen her angezo-

[1] *hydrophob* (gr.) wasserfeindlich.

gen. Die Folge ist eine hohe Oberflächenspannung des Wassers, die bewirkt, daß Wasser nach Möglichkeit die Kugelform anstrebt. Durch das Dazwischentreten von Fettsäure-Ionen werden die Anziehungskräfte zwischen den Wassermolekülen vermindert. Seife setzt daher die Oberflächenspannung des Wassers stark herab. Seifenlösung dringt deshalb besser als reines Wasser in Poren und Zwischenräume ein.

Darüber hinaus benetzt die Seifenlösung auch lipophile Schmutzteilchen, die reines Wasser abstoßen, wie insbesondere Fett. An den Grenzflächen zwischen Wasser und lipophilen Stoffen sammeln sich die Fettsäure-Ionen so an, daß ihre lipophile Kette zum Fett, die hydrophile Carboxylatgruppe dagegen zum Wasser ausgerichtet ist. Die Fettsäure-Ionen bilden so gewissermaßen ein Bindeglied zwischen Fett und Wasser. In dieser Weise benetzte Fettpartikel werden in der Seifenlösung emulgiert und durch die anhängenden Fettsäure-Ionen gleichzeitig elektrisch negativ aufgeladen. Die emulgierten Tröpfchen stoßen sich daher gegenseitig ab und das Schmutzfett wird als einigermaßen haltbare Emulsion ausgewaschen.

Emulgieren von Fett in Seifenlösung

Wasser bzw. Seifenlösung an einer porösen Oberfläche

18.4 Synthetische Waschmittel. Phosphatgehalt der Abwässer

Nachteile der Seife als Waschmittel

V1 In zwei Erlenmeyerkolben gibt man je 50 cm³ Leitungswasser bzw. destilliertes Wasser. Dann fügt man jeweils 1 bzw. 2 oder mehr cm³ Seifenlösung hinzu und schüttelt kräftig.

V2 Zwei Reagenzgläser oder Erlenmeyer enthalten etwas Seifenlösung und werden kräftig geschüttelt. Was ist zu beobachten, wenn man
a) etwas Calciumchloridlösung
b) einige Tropfen *konz. Salzsäure (ätzend)* oder *Essigsäure (ätzend)* zugibt?

V3 Zu einer Seifenlösung gibt man im Reagenzglas einige Tropfen Phenolphtaleinlösung.

Herstellung und Eigenschaften synthetischer Tenside

V4 Versuch V1 wird wiederholt, wobei man anstelle von Seifenlösung ein Spülmittel verwendet.

V5 In ein Reagenzglas geben wir einen Spatel Cetylalkohol (Hexadecanol). Durch Einstellen in siedendes Wasser wird der Alkohol geschmolzen. Dann gibt man 3 Tropfen *konzentrierte Schwefelsäure (ätzend)* zu und läßt das Reagenzglas einige Minuten im siedenden Wasser stehen. Schließlich setzt man einen Tropfen Phenolphthalein und dann so viel *10%ige Natronlauge (ätzend)* hinzu, daß gerade eine Rotfärbung bleibt (dabei muß immer wieder geschüttelt und in siedendes Wasser gestellt werden). Vom entstehenden festen Produkt wird eine Probe entnommen und in einem Reagenzglas mit Wasser kräftig geschüttelt.

Nachteile der Seife in hartem und saurem Wasser

1. Fettsäure-Ionen bilden mit Calcium-Ionen (Ca^{2+}) schwerlösliche Salze. In «hartem» Wasser, das relativ viele Calcium-Ionen enthält, fallen die Fettsäure-Ionen daher in Form ihrer Calciumsalze aus:

$$2\ C_{17}H_{35}COO^- + Ca^{2+} \rightarrow (C_{17}H_{35}COO^-)_2Ca^{2+}$$ *Calciumstearat*

$$2\ C_{15}H_{31}COO^- + Ca^{2+} \rightarrow (C_{15}H_{31}COO^-)_2Ca^{2+}$$ *Calciumpalmitat*

Beim Waschen mit hartem Wasser wird durch diese Reaktion viel Seife nutzlos verbraucht. Auch in saurem Wasser sind Seifen nicht zu gebrauchen, da hier die Fettsäure-Ionen in Fettsäuremoleküle übergehen. Aus der löslichen Seife werden unlösliche Fettsäuren, die ausfallen:

$$C_{17}H_{33}COO^- + H_3O^+ \rightleftarrows C_{17}H_{33}COOH + H_2O$$

Ein weiterer Nachteil ist die alkalische Reaktion der Seifenlösungen. Sie ist auf die basische Wirkung der Fettsäure-Ionen zurückzuführen und hat insbesondere auf Wolle negative Auswirkungen:

$$C_{17}H_{35}COO^- + H_2O \rightleftarrows C_{17}H_{35}COOH + OH^-$$

Tenside: grenzflächenaktive Stoffe aus Teilchen mit lipophiler und hydrophiler Gruppe

2. In neuerer Zeit benutzt man daher anstelle von Seife häufig synthetische Waschmittel, sogenannte Detergentien. Die Moleküle oder Ionen dieser Substanzen besitzen, genau wie die Fettsäure-Ionen der Seife, eine lipophile Kette und eine stark hydrophile Gruppe. Solche Teilchen, die genau wie die Fettsäure-Ionen oberflächen- und grenzflächenaktiv sind, werden allgemein als Tenside bezeichnet. Synthetische Tenside haben dieselbe Wirkung wie Seifen, ohne deren Nachteile in hartem oder saurem Wasser aufzuweisen. Die am häufigsten verwendeten Tenside bilden wie die Seifen Ionen mit negativer Ladung: es sind anionische Tenside. Zu ihnen gehören z. B. die Salze bestimmter Sulfonsäuren oder Phosphorsäuren:

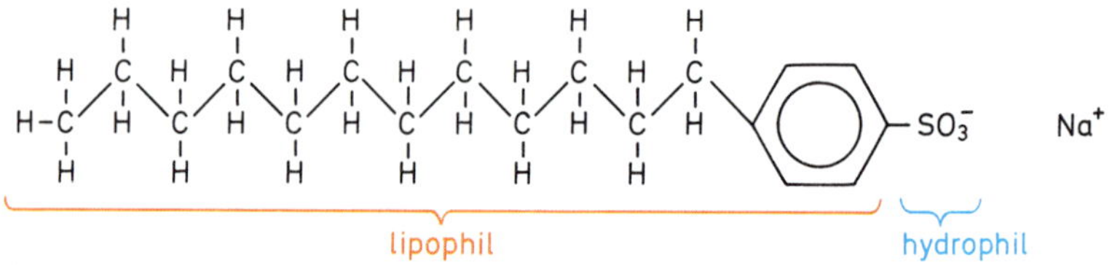

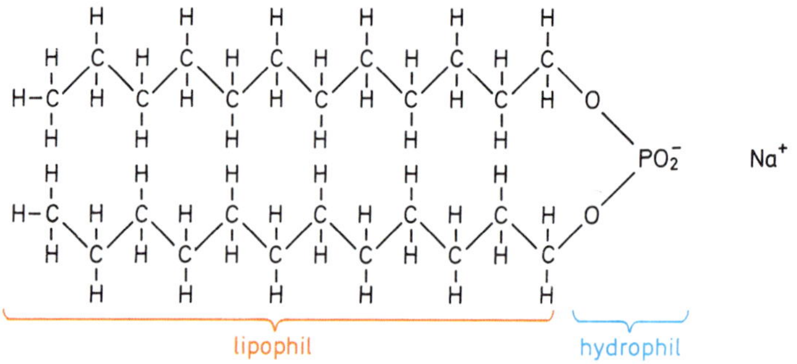

Daneben gibt es auch kationische Tenside (sogenannte Invertseifen), deren wirksame Ionen positive Ladung tragen, z. B. Salze quartärer Amine:

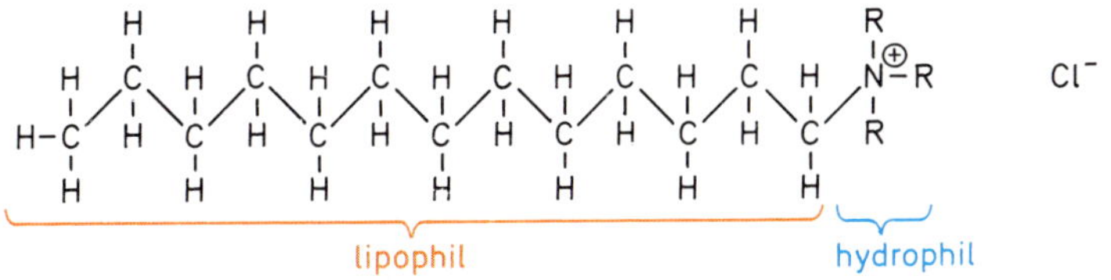

Sie spielen als Waschmittel keine Rolle, werden aber gelegentlich als Desinfektionsmittel verwendet. Schließlich kennt man auch Tenside, die keine Ionenladung tragen, dafür aber am einen Ende der Kette polare Bindungen besitzen und daher an dieser Stelle hydrophil sind:

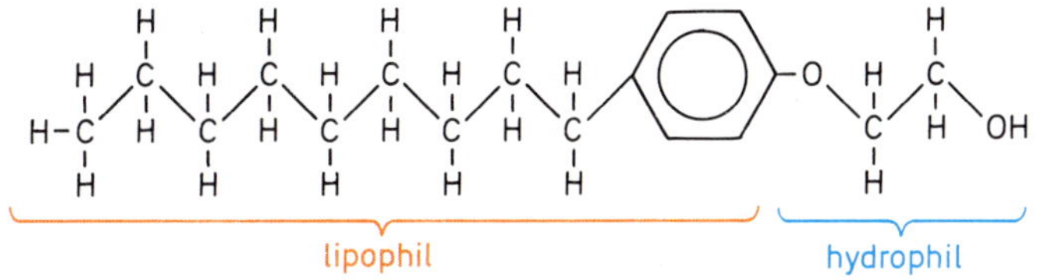

3. Die ersten synthetischen Waschmittel, die in den Handel kamen, konnten von Bakterien nicht angegriffen werden, sie waren biologisch nicht abbaubar. Mit zunehmendem Gebrauch synthetischer Waschmittel sammelten sich diese Detergentien daher in den Gewässern an; Bäche, Flüsse und Seen wurden zu Waschmittellösungen, auf denen zum Teil beträchtliche Schaumberge entstanden. Das sogenannte «Detergentiengesetz» hat in Deutschland, wenigstens teilweise, Abhilfe geschaffen. Es verpflichtet die Hersteller, nur solche Waschmittel in den Handel zu bringen, die zu wenigstens 80% biologisch abbaubar sind.

Detergentien sollen biologisch abbaubar sein

4. Handelsübliche Waschmittel enthalten heute neben den grenzflächenaktiven Tensiden noch eine Reihe weiterer Waschhilfsmittel. Als Bleichmittel sind z. B. Perborate wie $NaBO_2 \cdot H_2O_2 \cdot 3\ H_2O$ enthalten. Sie wirken stark oxidierend und zerstören dadurch farbige Verunreinigungen. Optische Aufheller wandeln einfallendes ultraviolettes in sichtbares, bläuliches Licht um. Sie verhindern dadurch die sonst nach mehrfachem Waschen auftretende gelbliche Verfärbung der Wäsche und verleihen ihr leuchtendere Farben. Manche Waschmittel enthalten auch Enzyme, die schon beim Einweichen der Wäsche eiweiß- oder fetthaltige Verschmutzungen abbauen können. Hauptbestandteil fast aller Waschmittel sind aber die Phosphate, die in 100 g eines handelsüblichen Vollwaschmittels bis zu 40 g ausmachen können. Verwendet wird dabei insbesondere Pentanatriumtriphosphat $Na_5P_3O_{10}$, das mit den sowohl in der Wasserhärte wie auch in Schmutzpartikeln enthaltenen Calcium-, Magnesium-, Aluminium- und Eisen-Ionen Komplexe bildet. Durch Lösen dieser Ionen unterstützt es den Waschvorgang.

Waschmittel mit Tensiden, Bleichmitteln, optischen Aufhellern und Phosphaten

Phosphate als Belastung der Gewässer

5. Die mit der Waschlauge ins Abwasser gelangenden Phosphate werden im mechanischen und biologischen Teil der Kläranlagen nicht vollständig entfernt. Sie gelangen daher größtenteils in die Gewässer und fördern hier als Düngemittel das Algenwachstum, die unerwünschte «Eutrophierung» des Gewässers. Es ist daher notwendig, den Phosphatgehalt der Gewässer, der zum Teil aus den Waschmitteln, aber auch aus Düngemitteln und Fäkalien stammt, zu vermindern. Die geeignetste Lösung hierzu ist die Errichtung sogenannter dritter Reinigungsstufen in den Kläranlagen. In diesen Stufen müssen die Phosphate und Stickstoffverbindungen aus dem Abwasser ausgefällt werden. Die Fällung der Phosphate kann mit Hilfe von Calcium-, Aluminium- oder Eisensalzen erfolgen. Anlagen dieser Art erreichen eine Verminderung des Phosphatgehalts um bis zu 90%. Leider ist die Anzahl öffentlicher Kläranlagen mit einer solchen dritten, chemischen Stufe noch gering. Ihre Realisierung ist hauptsächlich ein finanzielles Problem.
Neuerdings werden Waschmittel angeboten, in denen die Phosphate weitgehend durch Silicate ersetzt sind.

A1 Mit Fett kann unter katalytischer Wirkung bestimmter Säuren eine Esterhydrolyse durchgeführt werden. Für ein beliebiges Fettmolekül soll dazu die Reaktionsgleichung formuliert werden.

A2 Buttersäure mischt sich in jedem Verhältnis mit Wasser; Stearinsäure ist in Wasser nicht löslich. Buttersäure schmilzt bei − 5 °C, Stearinsäure bei 70 °C. Wie sind diese unterschiedlichen Eigenschaften zu erklären?

A3 Wie hängen Iodzahl und Schmelzbereich der Fette zusammen?

A4 Wieviel Liter Wasserstoffgas sind notwendig, um 1 kg Rapsöl mit der Iodzahl 98 vollständig zu hydrieren?

A5 Warum fallen beim Ansäuern von Seifenlösungen freie Fettsäuren aus?

A6 Warum reagieren Seifenlösungen alkalisch? Welche chemische Reaktion liegt hier zugrunde?

A7 Warum bilden die Lösungen waschaktiver Substanzen einen haltbaren Schaum?

A8 Warum laufen Fett-Tröpfchen in reinem Wasser rasch zu größeren Tropfen zusammen, in Seifenlösung dagegen nicht?

A9 Wie unterscheidet sich die Löslichkeit der folgenden Tenside in Wasser:

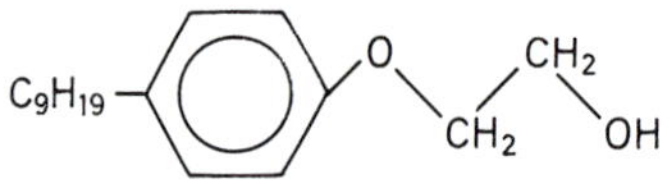

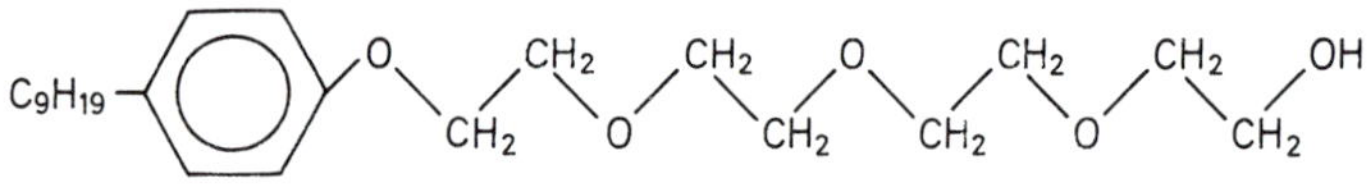

19 Kohlenhydrate

19.1 Die Glucose und ihre Isomere

Welche Zusammensetzung hat Glucose?

V1 Eine Spatelspitze Glucose wird im schwerschmelzbaren Reagenzglas mit 1 bis 2 g Kupferoxidpulver (CuO) gemischt. Das Reagenzglas spannt man waagerecht in ein Stativ und schließt eine Waschflasche mit Kalkwasser an. Dann wird das Gemisch erhitzt. Was ist im Reagenzglas und in der Waschflasche zu beobachten?

V2 Im schwerschmelzbaren Reagenzglas wird a) Glucose, b) Rohrzucker erhitzt. Was ist zu beobachten?

V3 Ein Spatel Glucose wird im Reagenzglas mit 1 bis 2 cm^3 *konzentrierter Schwefelsäure (ätzend)* vermischt. Was ist nach leichtem Erwärmen zu beobachten *(Schutzbrille!)*

Die Struktur der Glucose?

V4 Je einen Spatel Glucose versetzt man im Reagenzglas mit Wasser bzw. mit *Benzin (feuergefährlich)* und schüttelt.

V5 In 25 cm^3 destilliertem Wasser löst man 1 g *Silbernitrat (ätzend)* und gibt so viel *Ammoniaklösung (ätzend)* zu, daß sich der entstehende Niederschlag gerade wieder löst. Dann setzt man so viel Natronlauge (2 mol/l) zu, daß die Lösung gerade noch klar bleibt. Diese Lösung wird in einen gut gereinigten, innen fettfreien Rundkolben mit 100 cm^3 destilliertem Wasser gegeben. Schließlich setzt man 2,5 cm^3 einer 10%igen Glucoselösung zu und erwärmt den Kolben im Wasserbad auf 70 bis 80 °C.

V6 Mit Glucose wird die Fehling-Probe durchgeführt (siehe Aldehyde, Kapitel 15.4).

V7 Zu fuchsinschwefliger Säure (siehe Aldehyde, Kapitel 15.4) gibt man etwas Glucose.

Nachweis von Glucose und Fructose

V8 Mit Glucose-Teststäbchen wird Glucoselösung, Fructoselösung und Obstsaft geprüft.

V9 In zwei verschiedenen Reagenzgläsern wird je eine Spatelspitze Glucose bzw. Fructose in wenig Wasser gelöst. Nach Zugabe von *konzentrierter Salzsäure (ätzend)* und einigen Körnchen Resorcin kocht man kurz auf. Was ist zu beobachten?

V10 Die Fehling-Probe wird mit Fructose durchgeführt.

1. Glucose (Traubenzucker) hat die Summenformel $C_6H_{12}O_6$. Sie gehört zusammen mit vielen Verbindungen, die ähnliche Zusammensetzung und ähnliche Eigenschaften aufweisen, zu den Kohlenhydraten. Die Bezeichnung Kohlenhydrate rührt davon her, daß diese Verbindungen Kohlenstoff, Wasserstoff und Sauerstoff enthalten, wobei Wasserstoff und Sauerstoff im Atomzahlenverhältnis 2 : 1 vorliegen, genau wie im Wasser. Da die Kohlenhydrate aber keine an Kohlenstoff gebundenen Wassermoleküle enthalten, ist die Bezeichnung «Hydrat» eigentlich irreführend. Wenn sie trotzdem beibehalten wird, so hat das hauptsächlich historische Gründe.

Kohlenhydrate: $C_n(H_2O)_m$

2. Aus chemischen Reaktionen geht hervor, daß Glucose fünf Hydroxylgruppen und eine Aldehydgruppe besitzt. An die Kohlenstoffatome 2 bis 5 sind jeweils vier verschiedene Atome oder Atomgruppen gebunden. Da es sich also um asymmetrische Kohlenstoffatome handelt, ist die Glucose optisch aktiv. Bei vier asymmetrischen Kohlenstoffatomen sind insgesamt $2^4 = 16$ verschiedene optische oder Spiegelbild-Isomere der Glucose mög-

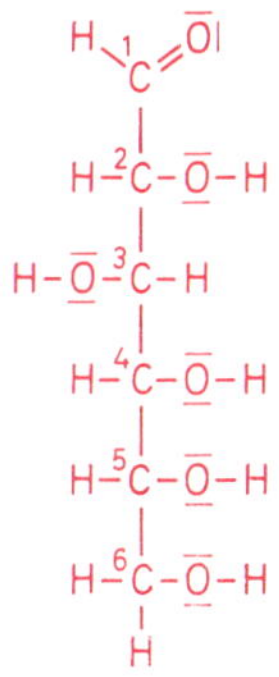

Glucose: $C_6H_{12}O_6$

lich. Das folgende Bild zeigt die auf die Papierebene projizierten Formeln von vier dieser Isomere.

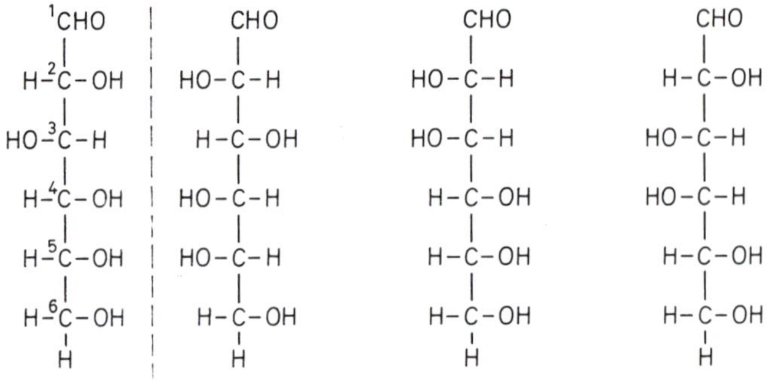

D-Glucose L-Glucose D-Mannose D-Galaktose

Die in der Natur vorkommende Glucose hat am Kohlenstoffatom 5, dem von der Aldehydgruppe am weitesten entfernten asymmetrischen Kohlenstoffatom, denselben räumlichen Bau wie der D-Glycerinaldehyd. Sie wird daher als D-Glucose bezeichnet.

Tautomerie bei gelöster Glucose

3. In wäßriger Lösung liegen die Glucose und ihre Isomere nicht nur in Form einer Kette, sondern auch in Form eines Rings vor. In ihm sind die Kohlenstoffatome 1 und 5 durch eine Sauerstoffbrücke miteinander verbunden. Diese beiden tautomeren Formen stehen zueinander in einem Gleichgewicht, wobei 99,8% der Glucosemoleküle in Ringform, 0,2% in Kettenform vorliegen:

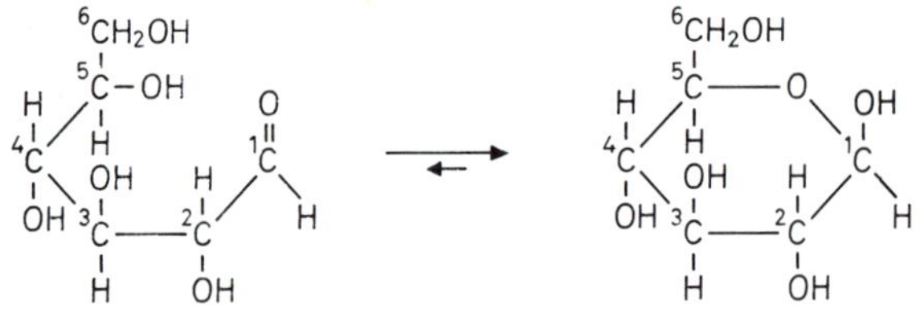

Die geringe Konzentration an Glucosemolekülen mit offenkettiger Form reicht für die Reaktion mit Fehlingscher Lösung aus, bei der die Aldehydgruppe zur Carboxylgruppe oxidiert wird. Durch den Verbrauch an Aldehyd wird dann, dem Prinzip von der Verminderung des Zwangs folgend, die offenkettige Form nachgeliefert. Die in wäßriger Lösung vorliegenden 0,2% an offenkettiger Form reichen aber offensichtlich nicht aus, um die Aldehydreaktionen mit Fuchsinschwefliger Säure oder mit Natriumhydrogensulfit auszulösen. Glucoselösung reagiert daher weder mit Fuchsinschwefliger Säure noch mit Natriumhydrogensulfitlösung.

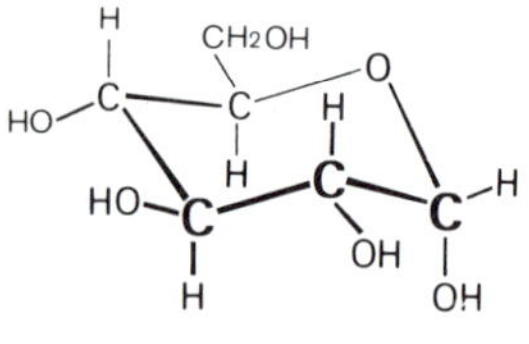

4. Als Folge der für das Kohlenstoffatom charakteristischen Tetraederwinkel liegen die fünf Kohlenstoffatome und das Sauerstoffatom nicht in einer Ebene. Die üblicherweise verwendeten Ringformeln für Glucose und andere Kohlenhydrate entsprechen also nicht der tatsächlichen Raumstruktur. Das Glucosemolekül liegt gewöhnlich in einer Art Sesselform vor.

5. Im Unterschied zur Kettenform ist in der Ringform auch das Kohlenstoffatom Nr. 1 asymmetrisch. Von der D-Glucose gibt es daher zwei Isomere, die sich in der Stellung der Substituenten am Kohlenstoffatom 1 unterscheiden und als α-D-Glucose bzw. β-D-Glucose bezeichnet werden. Dasselbe gilt für alle anderen optischen Isomere der Glucose, von denen es damit insgesamt 32 gibt.

32 optische Isomere mit der Strukturformel von ringförmiger Glucose

Sowohl α- wie auch β-D-Glucose liegen im Kristallzustand immer in Ringform vor. Nach Auflösen in Wasser stellt sich allmählich ein Gleichgewichtszustand ein, die Lösung enthält dann nicht nur Ring- und Kettenform der Glucose sondern auch α- und β-D-Glucose in einem bestimmten Verhältnis. Die Einstellung dieses Gleichgewichts ist daran zu erkennen, daß sich die optische Drehung der Lösung allmählich bis zu einem Endwert verändert. Diese Erscheinung wird als Mutarotation bezeichnet.

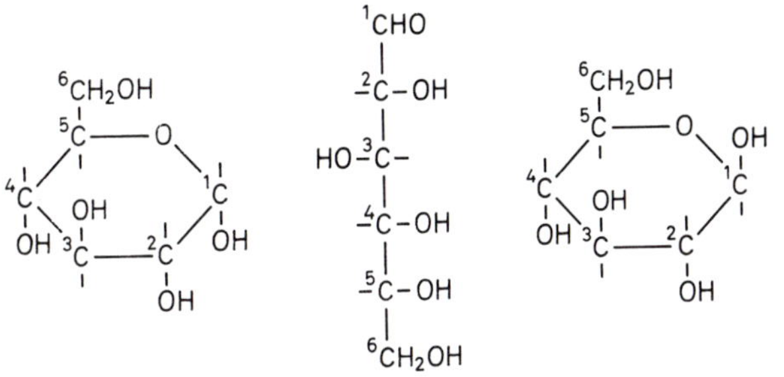

α-D-Glucose   Kettenform β-D-Glucose

Der besseren Übersichtlichkeit wegen sind hier und in den meisten folgenden Formeln die direkt an den Kohlenstoffatomen gebundenen Wasserstoffatome weggelassen.

6. Neben den verschiedenen optischen Isomeren der Glucose gibt es auch Strukturisomere der Summenformel $C_6H_{12}O_6$. Dazu gehört die Fructose (Fruchtzucker), die in der Kettenform eine Ketogruppe besitzt. Ähnlich wie Glucose tritt auch Fructose vorwiegend in Ringform auf:

Fructose, eine zur Glucose strukturisomere Ketose

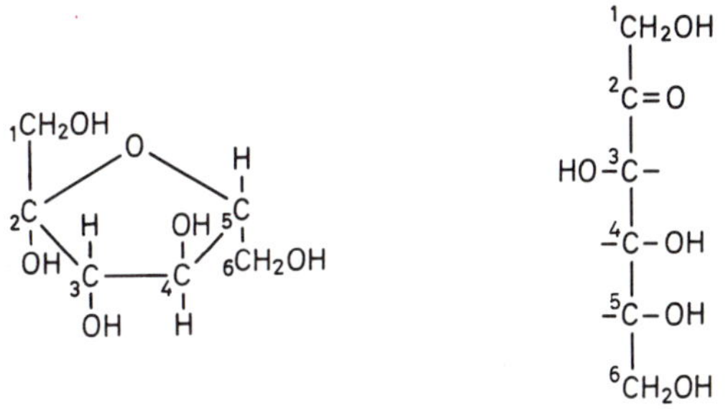

β-D-Fructose   D-Fructose

Zucker, die in der Kettenform eine Aldehydgruppe enthalten, werden als Aldosen, solche mit einer Ketogruppe als Ketosen bezeichnet. In alkalischer Lösung können sich Ketosen leicht in Aldosen umlagern. Fructose reagiert daher im Unterschied zu normalen Ketonen mit Fehlingscher Lösung.
Beim Erwärmen von Fructose mit Resorcin in salzsaurer Lösung tritt eine Rotfärbung auf.

$C_6H_{12}O_6$: Hexosen
$C_5H_{10}O_5$: Pentosen

7. Neben den zahlreichen Isomeren der Summenformel $C_6H_{12}O_6$ gibt es auch Zucker mit einer anderen Anzahl von Kohlenstoffatomen. Nach der Anzahl der im Molekül enthaltenen Kohlenstoffatome unterscheidet man Triosen, Tetrosen, Pentosen, Hexosen, Heptosen usw.
Die biologisch wichtigsten dieser Verbindungen sind die oben anhand von Beispielen beschriebenen Hexosen. Sie finden sich in den verschiedenartigsten Früchten, in Honig und Fruchtsäften, treten aber auch als Bestandteil höhermolekularer Verbindungen auf. Daneben spielen auch Pentosen in der Biologie eine bedeutende Rolle. Ribose und Desoxyribose sind Bausteine der für die Vererbung wichtigen Nukleinsäuren.

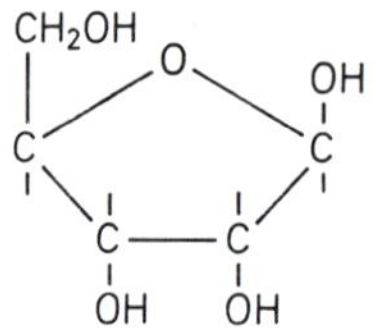

β-D-Ribose

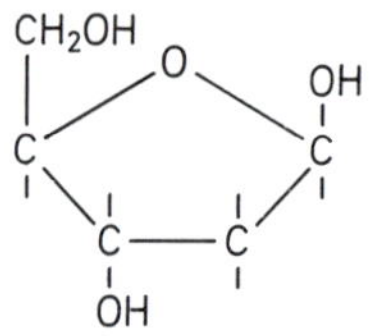

β-D-Desoxyribose

19.2 Mono- und Disaccharide

Auch Rohrzucker ist ein Kohlenhydrat

V1 50 cm^3 Wasser werden mit Rohrzucker gesättigt. In einem 200-cm^3-Erlenmeyerkolben gibt man zu dieser Lösung 50 cm^3 *konzentrierte Schwefelsäure (ätzend)*. Der Erlenmeyer muß dabei in einer größeren Glaswanne stehen *(Schutzbrille!)*.

Malzzucker und Milchzucker

V2 Mit Milchzucker bzw. Malzzucker wird die Fehling-Probe durchgeführt.

V3 Milch wird mit etwas Salzsäure versetzt und dann filtriert. Das Filtrat macht man mit Lauge alkalisch und führt dann die Fehling-Probe durch.

Welche Zusammensetzung hat Rohrzucker?

V4 Mit Rohrzuckerlösung wird die Fehling-Probe gemacht.

V5 Zu Rohrzuckerlösung gibt man etwas verdünnte Schwefelsäure und kocht kurz auf. Nach dem Abkühlen neutralisiert man die eine Hälfte der Lösung mit Lauge und macht die Fehling-Probe, mit der anderen Hälfte führt man die Resorcinprobe durch.

V6 In einem Becherglas werden etwa 20 g Rohrzucker mit Wasser durchfeuchtet. Dann gibt man einige Tropfen *konzentrierte Salzsäure (ätzend)* zu und erwärmt, bis die Masse gelbbraun wird. Zur Neutralisation der *Salzsäure* wird anschließend etwas Natriumcarbonat zugegeben.

2 Monosaccharidmoleküle
↓ $- H_2O$
1 Disaccharidmolekül

1. Alle bisher genannten Kohlenhydrate, ob Hexosen oder Pentosen, sind einfache Zucker, sogenannte Monosaccharide. Aus zwei Monosaccharidmolekülen kann unter Austritt von Wasser ein sogenanntes Disaccharid entstehen. Die beiden Bausteine werden dabei ätherartig über eine Sauerstoffbrücke miteinander verknüpft.

2. Reagiert z. B. die OH-Gruppe am Kohlenstoffatom Nr. 1 eines α-D-Glucose-Moleküls mit der OH-Gruppe am Kohlenstoffatom Nr. 4 eines zweiten Glucosemoleküls, so erhält man unter Wasserabspaltung das Disaccharid Maltose. Da die OH-Gruppe am Kohlenstoffatom 1 zu einer α-Glucose gehört, spricht man von einer α-glycosidischen Bindung:

Maltose aus 2 Molekülen α-D-Glucose

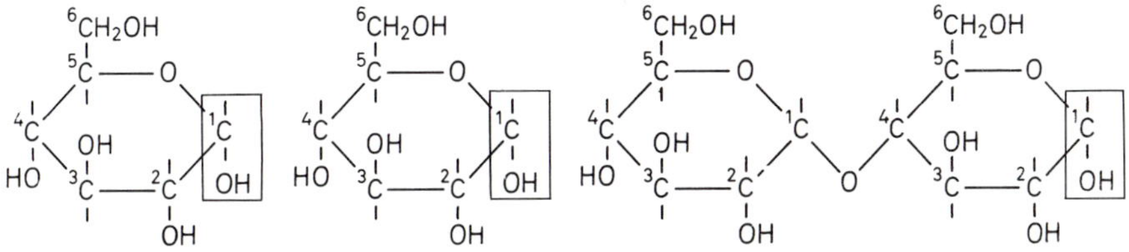

α-D-Glucose α-D-Glucose Maltose

Aus der in der Formel umrahmten Gruppe kann durch Ringöffnung die Aldehydgruppe entstehen. Maltose wirkt daher reduzierend, zum Beispiel auf Fehlingsche Lösung. Maltose entsteht aus Stärke und findet sich z. B. in keimender Gerste. Dieses «Malz» ist als Würze für die Bierherstellung wichtig.

Aus zwei β-D-Glucose-Molekülen entsteht entsprechend das Disaccharid Cellobiose mit β-glycosidischer Bindung. Hier haben die beiden Glucosebausteine eine etwas andere räumliche Zuordnung zueinander als in der Maltose. Das wird in der Formel dadurch zum Ausdruck gebracht, daß man die zweite Glucose-Einheit «auf den Kopf» stellt:

Cellobiose aus 2 Molekülen β-D-Glucose

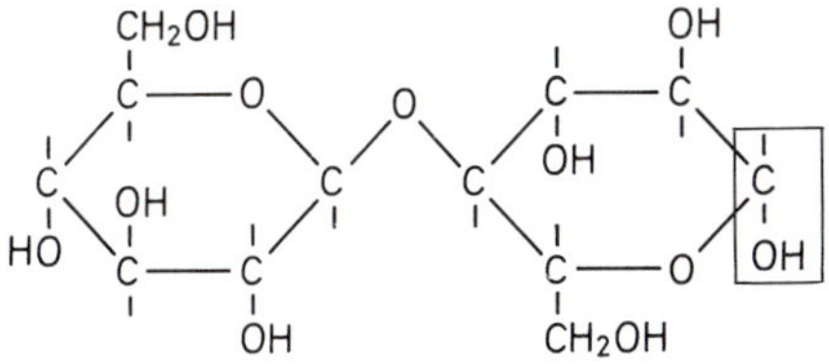

β-D-Glucose *Cellobiose* β-D-Glucose

Aus Galaktose und Glucose entsteht das Disaccharid Lactose:

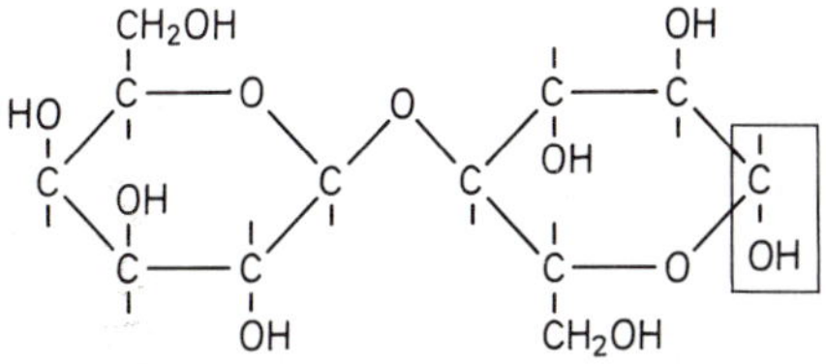

β-D-Galaktose *Lactose* β-D-Glucose

Lactose findet sich als Milchzucker in der Milch der Säugetiere. Kuhmilch z. B. enthält rund 4 bis 5% Lactose.

Saccharose (Rohrzucker) aus α-D-Glucose und β-D-Fructose

3. Das bekannteste Disaccharid ist die Saccharose, der aus Zuckerrohr oder Zuckerrüben gewonnene «Zucker» des Haushalts. Er entsteht unter Wasserabspaltung aus α-D-Glucose und β-D-Fructose, die durch eine Sauerstoffbrücke vom Kohlenstoffatom Nr. 1 der Glucose zum Kohlenstoffatom Nr. 2 der Fructose aneinander gebunden werden:

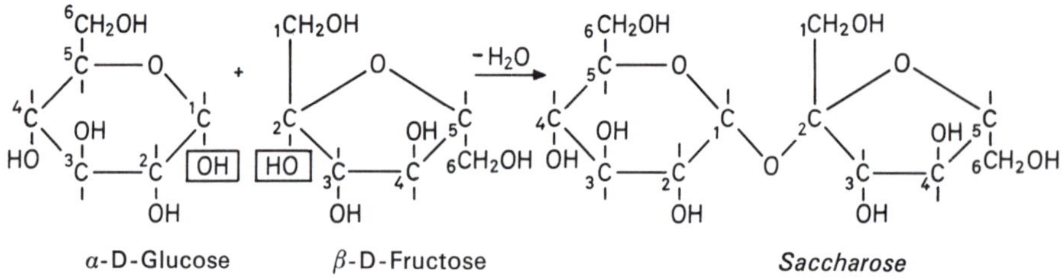

Diese Verknüpfung blockiert beide reduzierenden Gruppen, so daß eine Aufspaltung in die Kettenform mit freien Aldehydgruppen nicht möglich ist. Saccharose reagiert daher nicht mit Fehlingscher Lösung.

Hydrolyse von Disacchariden

4. Die Disaccharide lassen sich durch saure Hydrolyse (Anlagerung von Wasser unter katalytischer Wirkung von H_3O^+-Ionen) leicht in die entsprechenden Monosaccharide spalten. Dieser Vorgang ist die Umkehrung des Aufbaus der Disaccharide aus den Monosacchariden.
Die Spaltung gelingt auch mit Hilfe von Enzymen. Maltose z. B. wird durch das Enzym Maltase in Glucose übergeführt. Eine unter anderem im Bienenmagen vorkommende Saccharase spaltet die Saccharose des Blütennektars in Glucose und Fructose, die Hauptbestandteile des Bienenhonigs.

Kohlenhydrate als Energieträger

5. Die Kohlenhydrate entstehen bei der Fotosynthese der grünen Pflanzen. Mit Hilfe des grünen Farbstoffs Chlorophyll nutzt die Pflanze die Lichtenergie zum Aufbau von Kohlenhydraten aus Wasser und Kohlendioxid.
Kohlenhydrate sind wichtige Energieträger und Energiespender nicht nur der Pflanzen, sondern auch des Menschen und der Tiere. Dabei spielt in der menschlichen Nahrung neben der Stärke insbesondere die Saccharose eine

Zuckerrüben-Sammellager

Rolle. Dieser Zucker wird aus Zuckerrohr oder Zuckerrüben gewonnen. Aus den Rübenschnitzeln laugt man den Zucker mit Wasser aus. Die so erhaltene Zuckerlösung wird gereinigt und dann bei Unterdruck eingedickt. Aus dem Sirup kristallisiert dabei Zucker aus, der durch Zentrifugieren abgetrennt und dann durch Umkristallisieren gereinigt (raffiniert) werden kann. Zur Zeit werden auf der Erde pro Jahr weit über 50 Millionen Tonnen Zucker gewonnen. Weitaus die größte Menge wird als Nahrungsmittel verwendet. Darüber hinaus dient Zucker als Rohstoff. Durch Vergärung gewinnt man aus ihm Ethanol, durch Hydrieren den Sorbit, eine Verbindung mit 6 Hydroxylgruppen, die als Zuckerersatz für Diabetiker und zur Herstellung von Vitamin C verwendet wird.

19.3 Polysaccharide

Kann Stärke abgebaut werden?

V_1 Mit Stärke wird die Fehling-Probe durchgeführt.

V_2 Eine Spatelspitze Stärke wird mit 2 bis 3 cm^3 *konzentrierter Salzsäure (ätzend)* kurz aufgekocht. Anschließend verdünnt man mit Wasser, neutralisiert mit *Natronlauge (ätzend)* und führt dann die Fehling-Probe durch.

Nachweis und Eigenschaften der Stärke

V_3 Zu einer Stärkelösung gibt man wenig *Iod-Kaliumiodidlösung (ätzend)*. Das Gemisch wird dann erwärmt und wieder abgekühlt.

V_4 Stärkelösung wird mit Amylase versetzt. Aus der Lösung werden von Zeit zu Zeit Proben entnommen und mit *Iod-Kaliumiodidlösung (ätzend)* geprüft.

V_5 In 70 cm^3 kochendes Wasser werden in einer Porzellanschale 30 g Maispuder eingerührt. Dann läßt man abkühlen.

Saure Hydrolyse von Cellulose

V_6 Etwas Watte wird mit *konzentrierter Schwefelsäure (ätzend)* durchgeknetet. Die Mischung wird in wenig Wasser gegeben und einige Zeit gekocht. Nach Abkühlen und Neutralisieren führt man die Fehling-Probe durch *(Schutzbrille!)*.

1. Wird an ein Disaccharid unter Wasserabspaltung ein weiteres Monosaccharid ätherartig angehängt, so erhält man ein Trisaccharid:

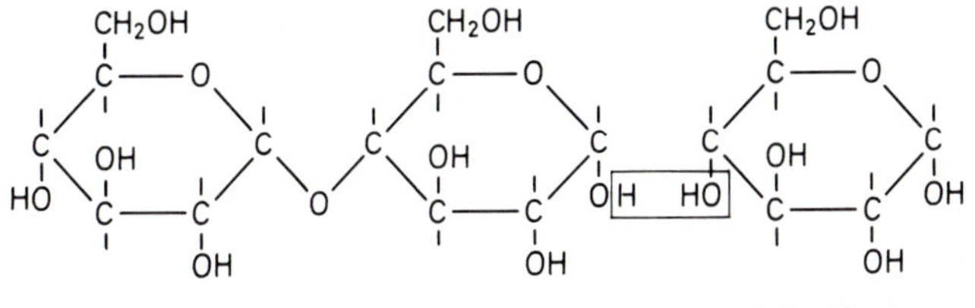

n + 1 Monosaccharidmoleküle
↓ $- n\ H_2O$
1 Polysaccharidmolekül

Durch Anhängen eines weiteren Monosaccharids entsteht ein Tetrasaccharid, aus vielen Monosacchariden schließlich ein Polysaccharid.

Stärke ist aus α-D-Glucose aufgebaut

2. Ein Polysaccharid, das ausschließlich aus α-D-Glucose aufgebaut ist, ist die Stärke:

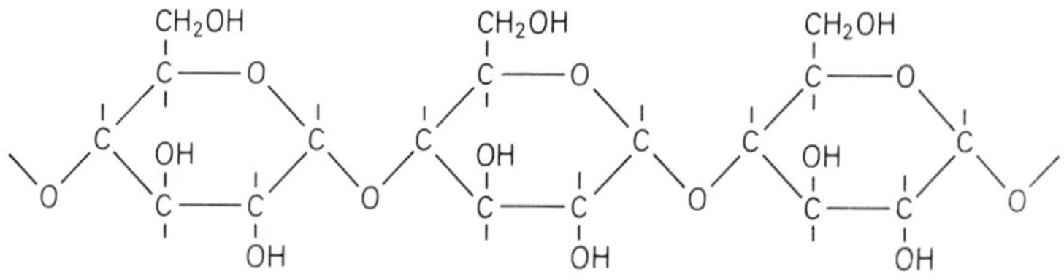

Ausschnitt aus der Formel eines Stärkemoleküls

Durch Enzyme (Amylasen) wird Stärke in Maltose, durch saure Hydrolyse in Glucose gespalten.

Stärke: Amylose und Amylopektin

Natürliche pflanzliche Stärke ist ein Gemisch aus Amylose und Amylopektin. Die Amylose enthält in einem Molekül etwa 250 bis 300 Glucose-Einheiten in unverzweigter Kette. Diese Kette ist in sich schraubenförmig gewunden, wobei auf eine Windung rund 6 Glucose-Einheiten kommen. Zwischen den Glucose-Einheiten benachbarter Windungen bilden sich Wasserstoffbrükken aus.

Amylopektin besitzt Moleküle mit über 1000 Glucose-Einheiten. Neben den Sauerstoffbrücken zwischen den Kohlenstoffatomen 1 und 4 zweier verschiedener Glucose-Einheiten (1–4-Bindungen) besitzt Amylopektin an etwa jedem 20. Glucosebaustein eine zusätzliche 1–6-Bindung. Die Moleküle sind daher verzweigt:

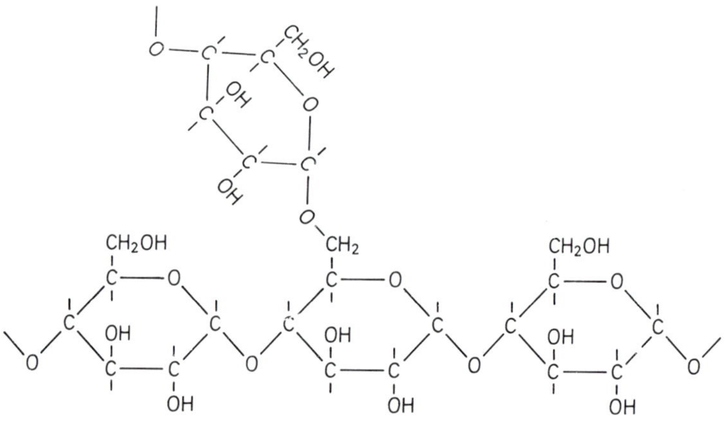

Ausschnitt aus der Formel eines Amylopektinmoleküls

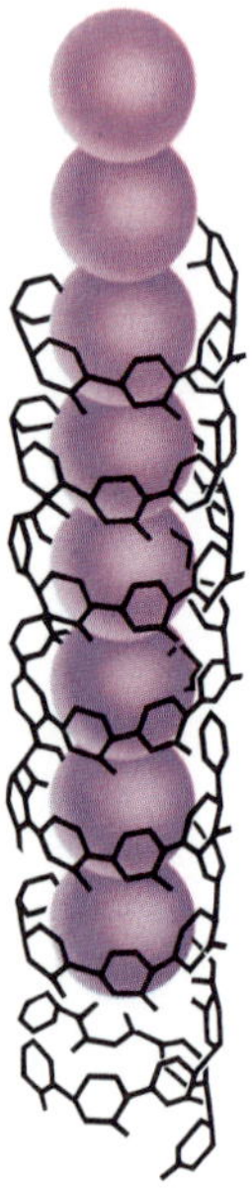

Iodstärke – eine Einschlußverbindung

Stärke löst sich in heißem Wasser zu einem Kolloid. Bei geringer Konzentration an Stärke ist dieses Kolloid flüssig, es ist ein Sol. Bei höherer Stärkekonzentration bildet sich ein Gel (Stärkekleister).

3. Mit Iod bildet Stärke eine Einschlußverbindung, die bei Verwendung von Amylose tiefblau, bei Amylopektin violett gefärbt ist.

In Einschlußverbindungen werden die Partner nicht durch chemische Bindungskräfte zusammengehalten. Hier kommt es vielmehr darauf an, daß die Komponenten räumlich zueinander passen. Moleküle ganz bestimmter Größe und Gestalt fügen sich in bestimmte Hohlräume anderer Moleküle oder Kristallgitter ein und werden hier eingeschlossen. Im Falle der Iodstärke werden Iodmoleküle kettenförmig in den Hohlraum der Amylose-Schraube eingelagert. Verständlicherweise sind Einschlußverbindungen nicht sehr stabil, die Iodstärke zerfällt daher bei stärkerer Eigenbewegung der Moleküle, also bei höherer Temperatur.

Nachweis von Stärke mit Iodlösung

4. Auch die in Papier und Watte enthaltene Cellulose ist ein Polysaccharid. Durch saure Hydrolyse entsteht, wie bei der Stärke, Glucose. Bei enzymatischem Abbau (durch das Enzym Cellulase) erhält man aber nicht Maltose, sondern Cellobiose. In der Cellulose sind die Glucose-Einheiten also im Unterschied zur Stärke β-glycosidisch miteinander verknüpft:

Cellulose ist aus β-D-Glucose aufgebaut

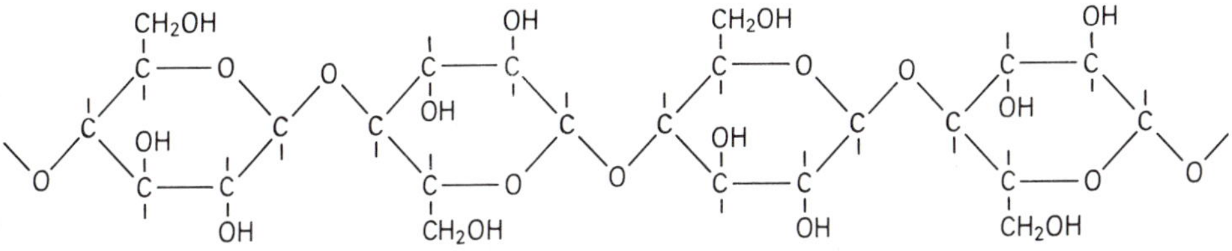

Ausschnitt aus der Formel eines Cellulosemoleküls

5. Die Moleküle der Cellulose enthalten zwischen 3000 und 5000 Glucose-Einheiten und sind unverzweigt. Die einzelnen Moleküle können sich daher paralell nebeneinander legen und untereinander Wasserstoffbrücken ausbilden. So entstehen Cellulosefibrillen, die aus gebündelten Cellulosemolekülen bestehen und in denen geordnete, durch Wasserstoffbrücken gefestigte mit ungeordneten Bereichen abwechseln. Cellulose ist in Wasser unlöslich und durch saure Hydrolyse erheblich schwerer abzubauen als Stärke.

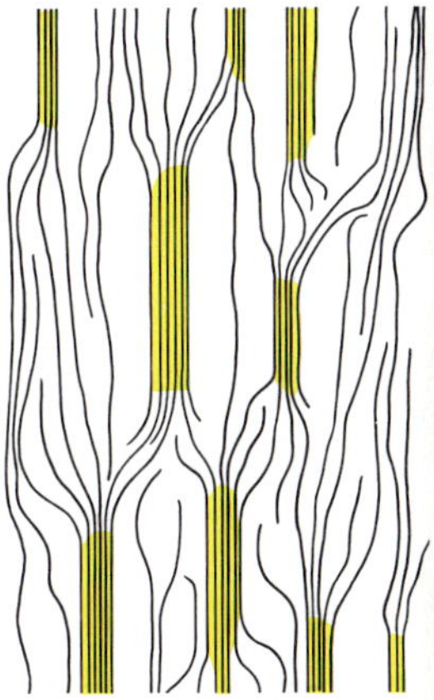

Ausschnitt aus einer Cellulosefibrille mit geordneten und ungeordneten Fadenmolekülen

19.4 Stärke und Cellulose in Natur und Technik

Stärke als Reservestoff in Pflanzen

V1 Kartoffelscheiben oder Mehl werden kurz aufgekocht; die Lösung wird nach Abkühlen mit *Iod-Kaliumiodidlösung (ätzend)* geprüft.

V2 Eine Stärkelösung wird mit Hefe versetzt und bei einer Temperatur von 30 °C gehalten. Aus der Lösung entnimmt man von Zeit zu Zeit Proben und prüft mit *Iod-Kaliumiodidlösung (ätzend)*.

Herstellung von Pergament aus Papier

V3 In einem großen Becherglas werden zu 1 Teil Wasser 2 Teile *konzentrierte Schwefelsäure (ätzend)* gegeben *(Schutzbrille!)*. In die abgekühlte Mischung taucht man Filterpapier genau 15 Sekunden lang ein. Das Papier wird dann mit Wasser gut abgewaschen und in verdünnter Ammoniaklösung neutralisiert. Was ist nach Trocknen des Papiers festzustellen?

Wie kann man Cellulose verarbeiten?

V4 Watte wird in *Tetraammin-Kupferhydroxid-Lösung (ätzend)* gelöst. Man füllt die Lösung in ein zur Spitze ausgezogenes Glasrohr und drückt sie mit Druckluft in ein Fällbad aus 15%iger *Natronlauge (ätzend!)*.

V5 Eine Lösung von Acetylcellulose in *Aceton (feuergefährlich)* wird teilweise auf Wasser gegeben, zum anderen Teil mit Hilfe eines Glasstabs ganz dünn auf einer Glasscheibe ausgestrichen. Nach einiger Zeit können von der Wasseroberfläche bzw. der Glasplatte dünne Folien abgezogen werden.

Stärke und Glykogen als Energiespeicher

1. Stärke kann durch Enzyme leicht in Maltose oder Glucose gespalten werden. Sie dient daher vielen Pflanzen als Reservestoff und ist ein wichtiger Nährstoff für Mensch und Tier. Durch die Enzyme des Mundspeichels wird die Stärke in Maltose und im Dünndarm vollends in Glucose aufgespalten. Das menschliche Blut enthält 0,1% Glucose, die im Stoffwechsel zur Gewinnung von Energie genutzt werden. Außerdem bauen die Muskeln und insbesondere die Leber aus Glucose Glykogen als Speicherstoff auf. Die Moleküle dieses Polysaccharids sind erheblich größer (bis 30 000 Glucose-Einheiten) und stärker verzweigt als die Moleküle der pflanzlichen Stärke.

Stärke als Nahrungsmittel

2. Mit Wasser quillt die Stärke auf. Ihre Fähigkeit, dabei ein Gel zu bilden, wird bei der Zubereitung von Speisen ausgenutzt. Reine Stärke, mit heißem Wasser angerührt, liefert einen mehr oder weniger festen Pudding. Da das Weizenkorn und damit auch das Weizenmehl zu 75% aus Stärke bestehen, entsteht auch bei der Teigbereitung und beim Backen ein lockerer Stärkekleister. Außerdem wird Stärke zur Gewinnung von Traubenzucker, als Kleister zum Kleben von Tapeten, Papier usw. sowie als Ausgangsstoff zur Herstellung von Alkohol verwendet.

Enzymatischer Abbau von Cellulose

3. Einige Lebewesen besitzen Cellulose spaltende Enzyme (Cellulasen), so daß sie die Cellulose als Nährstoff ausnutzen können. Zu ihnen gehören insbesondere Bakterien und Pilze sowie einige Schnecken- und Insektenarten. Wie alle Wirbeltiere produziert auch der Mensch keine Cellulase und ist daher nicht imstande, in seinem Verdauungssystem Cellulose abzubauen. Im Verdauungskanal vieler Pflanzenfresser finden sich aber bestimmte Bakterien, die durch Abbau der Cellulose die Verdauung unterstützen.

Cellulose in pflanzlichen Zellwänden

4. Aus den Cellulosefibrillen können Fasern aufgebaut werden, die zum einen fest und elastisch, zum anderen chemisch widerstandsfähig sind. Cellulose ist daher die wichtigste Gerüst- und Stützsubstanz der Pflanzen. Die Pflanzenzellen bilden eine stabile Zellwand aus, die im wesentlichen netzartig verflochtene Cellulosefibrillen enthält. Baumwolle, Hanf und Flachs bestehen fast vollständig aus Cellulose. Beim Holz sind Cellulosefasern in eine hochmolekulare Grundsubstanz, den «Holzstoff» Lignin, eingelagert.

Papier aus Cellulosefasern

5. Technisch wird Cellulose insbesondere aus Holz gewonnen. Mit einer Hydrogensulfitlösung löst man aus dem Holzbrei zunächst das Lignin heraus. Die zurückbleibende Cellulose kann zu einem Brei angerührt und anschließend entwässert und getrocknet werden. Der so entstehende

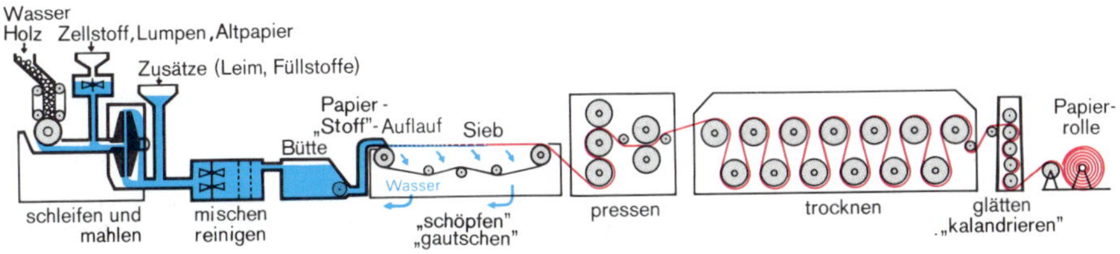

Schema der Papierherstellung

Papiermaschine Der Siebteil (Vordergrund) wird überragt vom Pressenteil, dahinter folgt der Trockenteil. Länge gegen 100 Meter, Leistung über 200 Tonnen pro Tag

Cellulosefilz ist ungeleimtes Papier (Filterpapier). Man macht es durch «Leimen» mit Harz, Kolophonium oder ähnlichen Stoffen tintenfest. Eine Behandlung des ungeleimten Papiers mit Schwefelsäure wandelt die Cellulose oberflächlich in stärkeähnliche Stoffe um, die teilweise verkleistern; man erhält Pergamentpapier.

«Kunstseide»: aus Cellulose hergestellt

6. Aus Cellulose werden auch die früher als «Kunstseide» bezeichneten Reyon-Fasern hergestellt. Sie sind äußerlich der Seide sehr ähnlich, chemisch mit ihr jedoch nicht verwandt. Zu ihrer Herstellung wird Cellulose zunächst aufgelöst und die meist dickflüssige Lösung durch eine Spinndüse gepreßt. Im anschließenden Fällbad scheidet sich die Cellulose in Form eines feinen Fadens wieder aus. Je nachdem, wie die Cellulose in Lösung gebracht wurde, unterscheidet man:

– Viskoseseide: Durch Behandeln der Cellulose mit Natronlauge und Schwefelkohlenstoff erhält man einen Celluloseester (Cellulosexanthogenat), der sich in verdünnter Natronlauge zu einer zähen Flüssigkeit, der Viskose, löst. Im sauren Fällbad spaltet der Ester wieder Cellulose ab. Die überwiegende Menge der Kunstseide wird nach diesem Verfahren hergestellt.
– Kupferseide: Reine Cellulose wird in Tetraammin-Kupferhydroxid aufgelöst und in einem Fällbad aus Schwefelsäure wieder ausgefällt.

– Acetatseide: Die Cellulose wird zunächst mit Essigsäure verestert. Der Ester (als Celluloseacetat bezeichnet) löst sich in Aceton und fällt, wenn die Lösung in Wasser gebracht wird, wieder aus. Acetatseide besteht also nicht aus reiner Cellulose, sondern aus deren Essigsäureester.

«Schießbaumwolle»: Salpetersäureester der Cellulose

7. Völlige Veresterung der Cellulose mit Salpetersäure ergibt Schießbaumwolle. Hier sind alle drei noch verbliebenen Hydroxylgruppen der Glucoseeinheiten verestert. Man spricht daher vom Trinitrat der Cellulose:

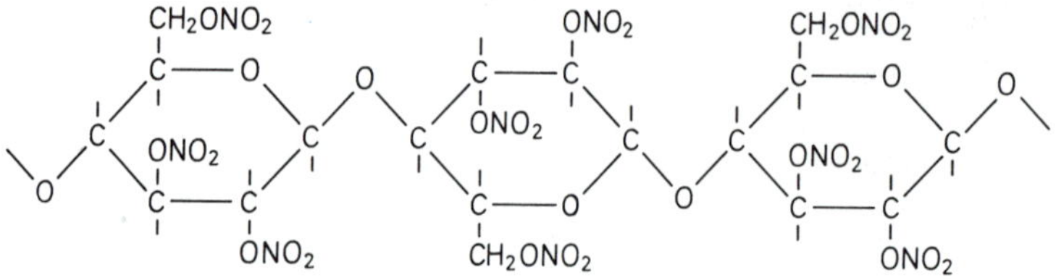

Schießbaumwolle ist leicht entzündlich und verbrennt sehr rasch und ohne Rückstände. Man gewinnt aus ihr, meist in Mischung mit anderen Explosivstoffen, rauchschwaches Pulver, das vor allem als Treibladung in Schußwaffen verwendet wird.

A_1 Wie viele optisch isomere Aldotetrosen (Tetrosen mit Aldehydgruppe) gibt es?

A_2 Welche Endprodukte sind bei der in Versuch V_1 (Kapitel 19.1) ablaufenden Reaktion zu erwarten?

A_3 Die Siedetemperaturerhöhung einer Lösung von 23 g Zucker in 100 g Wasser wird experimentell zu 0,35 °C gemessen. Welche molare Masse errechnet sich daraus für den Zucker?

A_4 Was versteht man unter a) Aldosen, b) Hexosen, c) Monosacchariden?

A_5 Wie lautet die Reaktionsgleichung für die Hydrolyse von Rohrzucker?

A_6 Wie unterscheiden sich Stärke und Cellulose im Bau ihrer Moleküle? Worin stimmen sie überein?

A_7 Welche Formel hat ein Ausschnitt aus dem Molekül des Essigsäureesters der Cellulose?

A_8 Warum kann der Mensch zwar Stärke, nicht aber Cellulose als Nährstoff verwerten?

A_9 Welches der folgenden Kohlenhydrate kann Fehlingsche Lösung reduzieren:

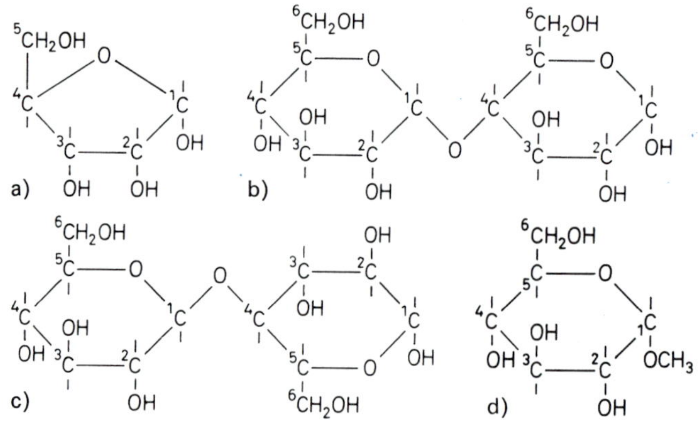

20 Proteine und ihre Bausteine

20.1 Aminosäuren

Zusammensetzung und Eigenschaften von Glycin?

V1 In einem Reagenzglas wird etwas Glycin erhitzt. Das entweichende Gas prüft man auf seinen Geruch und zusätzlich mit feuchtem rotem Lackmuspapier.

V2 Verdünnte Glycinlösung wird auf ihre elektrische Leitfähigkeit geprüft.

Nachweis von Aminosäuren im Protein

V3 a) In einem Reagenzglas gibt man zu Glycinlösung eine 0,1%ige Lösung von Ninhydrin in Wasser und erwärmt.
b) Auf ein Blatt weißes Filterpapier drückt man etwa 3 Minuten lang die Handfläche kräftig auf. Anschließend wird das Papier mit Ninhydrinlösung besprüht und im Trockenschrank auf 110 °C erhitzt.

V4 Auf eine mit Cellulose belegte Dünnschichtchromatographieplatte wird am Startpunkt (etwa 1 cm vom unteren Rand entfernt) ein Tropfen der stark verdünnten Lösung eines Aminosäuregemischs aufgetragen. Die Platte stellt man dann in ein geschlossenes Gefäß, dessen Boden mit einer Mischung von *2-Propanol (feuergefährlich), Ameisensäure (ätzend)* und Wasser (im Volumenverhältnis 40 : 2 : 10) bedeckt ist. Ist dieses Lösungsmittel nach einiger Zeit etwa 10 cm in der Platte hochgestiegen, so stellt man die Platte bei 110 °C in den Trockenschrank, besprüht sie dann mit Ninhydrin und stellt sie nochmals für kurze Zeit bei 110 °C in den Trockenschrank.

1. Aminocarbonsäuren, kurz Aminosäuren genannt, sind die Bausteine der Proteine (Eiweißstoffe). Sie enthalten sowohl Amino- als auch Carboxylgruppen. Bei allen Aminosäuren, die aus natürlich vorkommenden Proteinen gewonnen wurden, steht die Aminogruppe am ersten Kohlenstoffatom nach der Carboxylgruppe, dem sogenannten α-C-Atom. Man spricht in diesem Fall von α-Aminosäuren.

Aminosäuren sind Bausteine der Proteine und enthalten (formal) Amino- und Carboxylgruppen

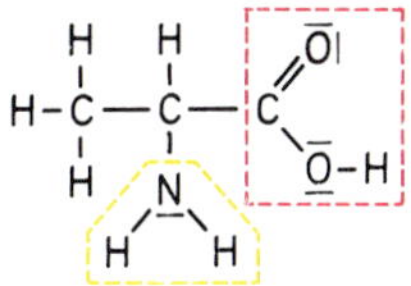

α-Aminopropansäure

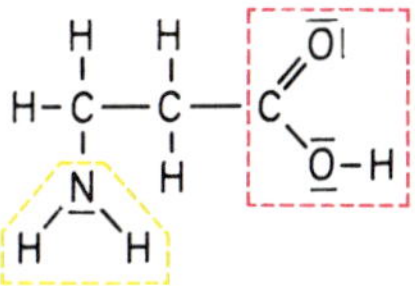

β-Aminopropansäure (in Proteinen nicht enthalten)

2. Den obigen Formeln kommt indessen nur formale Bedeutung zu. In Wirklichkeit treten die Aminosäuren als sogenannte «Zwitter-Ionen» auf, die man sich durch einen Protonenübergang innerhalb des Moleküls entstanden denken kann:

Aminosäuren als «Zwitter-Ionen»

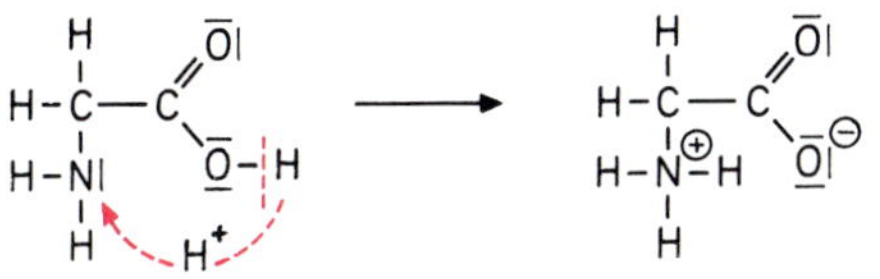

Zwitter-Ionen tragen sowohl negative als auch positive Ladung, sind also elektrisch insgesamt neutrale Teilchen. Infolge der innerhalb der Teilchen auftretenden Ladungen bilden Zwitter-Ionen salzartige Stoffe, die man als «innere Salze» bezeichnen kann.

Ampholyte und isoelektrischer Punkt

3. Zwitter-Ionen sind Ampholyte: in wäßriger Lösung können sie sowohl Protonen abgeben wie auch Protonen aufnehmen. In saurer Lösung trägt das Ion eine positive, in alkalischer Lösung eine negative Ladung:

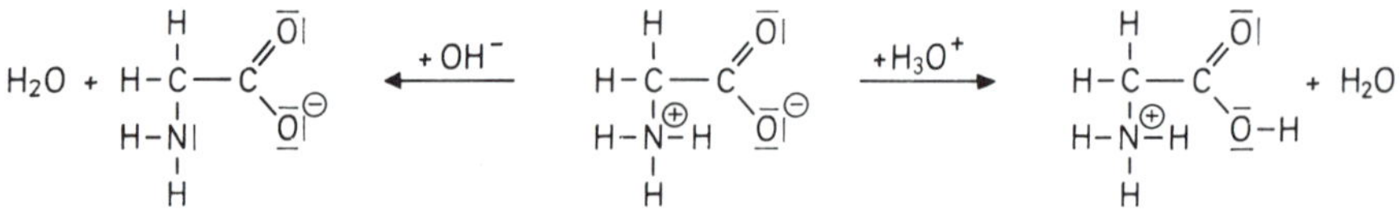

in alkalischer Lösung — in etwa neutraler Lösung — in saurer Lösung

Für jede Aminosäure gibt es einen bestimmten pH-Wert, bei dem sie auch in wäßriger Lösung praktisch nur aus Zwitter-Ionen besteht, insgesamt also elektrisch neutral ist. Dieser pH-Wert wird als isoelektrischer Punkt der Aminosäure bezeichnet. Der isoelektrische Punkt ist unter anderem davon abhängig, welche weiteren funktionellen Gruppen die betreffende Aminosäure im Molekül besitzt.
Zwitter-Ionen von Aminosäuren können also sowohl mit Hydronium- als auch mit Hydroxid-Ionen reagieren. Die dabei entstehenden Gemische mit den einfach geladenen Ionen sind pH-Puffer. Sie puffern eine Lösung gegen Erniedrigung und gegen Erhöhung des pH-Werts ab.

Natürliche Proteine mit 20 verschiedenen Aminosäuren

4. In natürlichen Proteinen finden sich 20 verschiedene Aminosäuren. Sie unterscheiden sich durch den am α-Kohlenstoffatom hängenden Rest. Dieser Rest kann, wie in den Aminosäuren Alanin, Leucin oder Phenylalanin, unpolar sein. Einen polaren Rest mit Teilladungen besitzen zum Beispiel die Aminosäuren Serin und Cystein. Andere Aminosäuren enthalten im Rest eine zusätzliche saure Gruppe (zum Beispiel die Asparaginsäure) oder eine basische Gruppe (zum Beispiel Lysin).
Alle Aminosäuren können durch eine Farbreaktion mit dem Reagenz Ninhydrin nachgewiesen werden. Die folgende Tabelle zeigt die Formeln einiger in natürlichen Proteinen enthaltene Aminosäuren:

Natürliche Aminosäuren

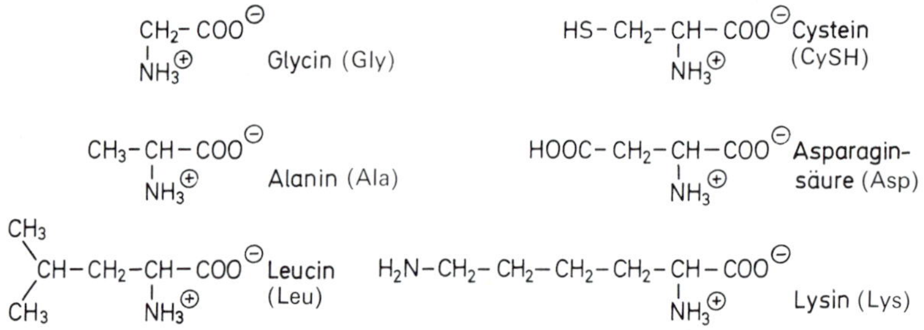

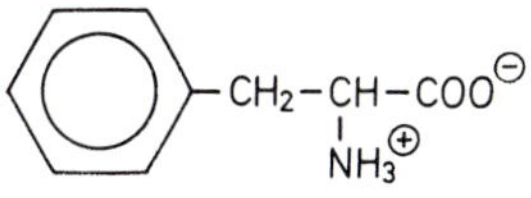

Phenylalanin (Phe)

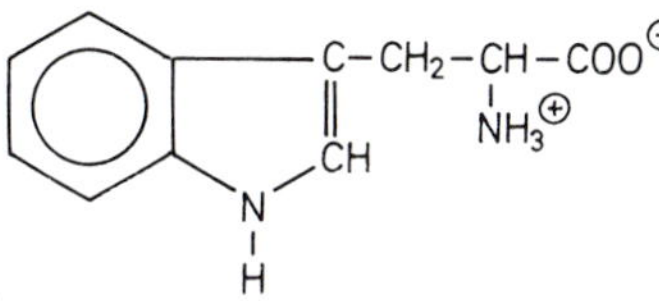

Tryptophan (Try)

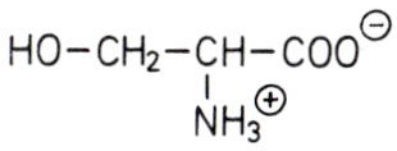

Serin (Ser)

5. In allen α-Aminosäuren außer dem Glycin trägt das α-C-Atom vier verschiedene Substituenten: es ist ein asymmetrisches Kohlenstoffatom. Es sind daher jeweils zwei optische Isomere möglich, z. B.:

In natürlichen Proteinen nur L-α-Aminosäuren

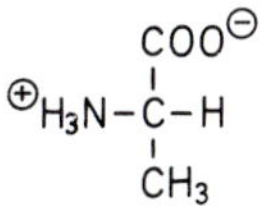

L-Alanin

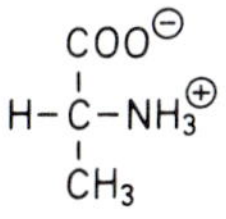

D-Alanin

Alle in der Natur vorkommenden Aminosäuren sind L-Aminosäuren.

6. Die $-COO^-$-Gruppe einer Aminosäure kann mit der $-NH_3^+$-Gruppe einer anderen Aminosäure reagieren. Unter Abspaltung von Wasser bildet sich zwischen den beiden Aminosäuren eine «Peptidbindung» mit der charakteristischen Gruppierung $-CO-NH-$ aus. Das entstehende Kondensationsprodukt ist ein Dipeptid:

Peptidgruppe: $-CO-NH-$

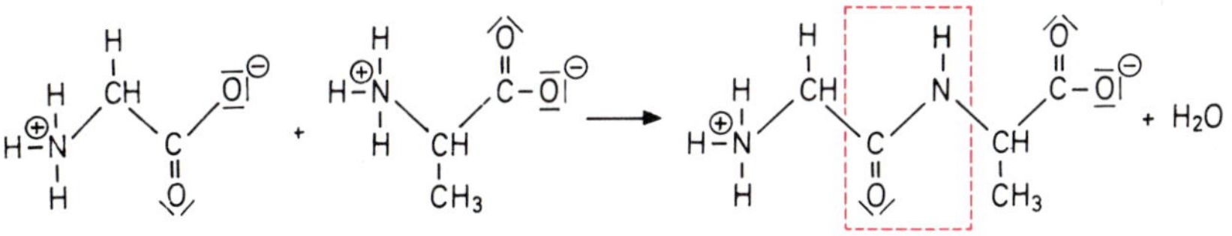

Glycin Alanin Dipeptid

In analoger Weise kann das Dipeptid mit weiteren Aminosäuren reagieren. Dadurch entstehen Tri-, Tetra- und schließlich Polypeptide.

2 Aminosäuremoleküle
↓ $-H_2O$
1 Dipeptidmolekül

20.2 Moderne Trennverfahren

Trennung von Farbstoffen durch Säulenchromatographie

V1 Ein senkrecht stehendes Glasrohr mit durchlässiger Glasfritte und Hahn wird mit gepulvertem Aluminiumoxid gefüllt. Durch das Aluminiumoxid tropft zunächst Wasser. Wenn die Wassersäule nur noch etwa 5 mm hoch über dem Aluminiumoxid steht, gibt man vorsichtig 0,5 cm³ der Lösung je einer Spatelspitze Eosin und Brillantgrün in 50 cm³ *1-Butanol (feuergefährlich)* zu. Anschließend wird von oben vorsichtig ein Gemisch aus *1-Butanol, Aceton* (beide *feuergefährlich*) und Wasser (im Volumenverhältnis 2 : 7 : 2) zugegeben, das bei unten geöffnetem Hahn langsam durch das Aluminiumoxid durchsickert. Was ist dabei zu beobachten?

Trennung von Blütenfarbstoffen durch Dünnschichtchromatographie

V2 Blütenblätter von Löwenzahn werden in der Reibschale mit wenig Sand verrieben und dann mit *Aceton (feuergefährlich)* leicht erwärmt. Von dem gelben Extrakt trägt man einige Tropfen auf den Startpunkt einer Dünnschichtplatte mit Kieselgel auf, die vorher durch Erhitzen auf 120 °C aktiviert wurde. Als Lösungsmittel, das den Boden des geschlossenen Chromatographiegefäßes etwa $^1/_2$ cm hoch bedeckt, dient ein *Benzol-Aceton-Gemisch (feuergefährlich; giftige Dämpfe)* im Volumenverhältnis 2 : 1.

Trennung von Tintenfarbstoffen durch Papierchromatographie

V3 Am Startpunkt des Chromatographiepapierstreifens (Papier Nr. 2043b der Firma Schleicher & Schüll) wird ein Tropfen brillantschwarzer, blauschwarzer oder brillantroter Tusche aufgetragen (Pelikan 4001). Den Streifen hängt man dann in ein Chromatographiegefäß ein. Als Lösungsmittel dient die obere klare Phase des Gemischs von *Butanol (feuergefährlich), Eisessig (ätzend)* und Wasser im Volumenverhältnis 4 : 1 : 5.

1. Bei der Strukturanalyse von Proteinen ist es notwendig, das bei der Hydrolyse anfallende Aminosäuregemisch in die einzelnen Aminosäuren aufzutrennen. Die dabei angewandten Trennmethoden sind nicht nur zur Trennung von Aminosäuregemischen, sondern auch auf vielen anderen Gebieten der organischen und anorganischen Chemie anwendbar.
Einige einfachere Möglichkeiten zur Trennung von Gemischen haben wir im Kapitel 1.3 schon kennen gelernt: Filtration, Extraktion, Destillation. In der organischen Chemie wird zur Trennung von Flüssigkeitsgemischen häufig die fraktionierte Destillation angewandt. Um eine gute Trennung der Flüssigkeit zu erreichen, wird auf den Destillierkolben eine Fraktionierkolonne aufgesetzt, in der die höhersiedenden Anteile wieder kondensieren und in den Kolben zurücktropfen.

Chromatographie: Trennung eines Substanzgemischs durch Verteilung zwischen einer stationären und einer mobilen Phase

2. Zur Lösung schwieriger Trennungsaufgaben wurden in neuerer Zeit verschiedene weitere Methoden entwickelt. Unter ihnen nehmen die chromatographischen Trennverfahren einen wichtigen Platz ein. Sie können auch bei empfindlichen Substanzen angewendet werden und liefern selbst bei geringsten Substanzmengen in kurzer Zeit gute Ergebnisse.

Säulenchromatographie

Bei der Säulenchromatographie läßt man eine Lösung der voneinander zu trennenden Substanzen durch eine Säule laufen, die mit einem Adsorptionsmittel (z. B. Aluminiumoxid oder präparierte Cellulose) gefüllt ist. Die verschiedenen Substanzen des Gemischs werden vom Adsorptionsmittel der Säule verschieden stark festgehalten und laufen daher unterschiedlich schnell durch die Säule hindurch. Unter Nachgießen von Lösungsmittel tropfen sie nacheinander aus der Säule heraus und können getrennt aufgefangen werden.

Dünnschichtchromatographie

3. Für die Dünnschichtchromatographie wird das adsorbierende Material in dünner Schicht auf eine Glas- oder Metallplatte aufgebracht. Nachdem man das Stoffgemisch, das getrennt werden soll, am «Startpunkt» aufgetragen hat, stellt man die Platte in eine Kammer mit dem geeigneten Lösungsmittel. Von Kapillarkräften hochgezogen, steigt das Lösungsmittel (mobile Phase) in dem festen Material (stationäre Phase) hoch und nimmt dabei das zu trennende Stoffgemisch mit. Die verschiedenen Stoffe des Gemischs werden von der stationären Phase unterschiedlich stark adsorbiert. Ihr Aufsteigen

wird daher mehr oder weniger stark verzögert. Wie weit eine Substanz hochsteigt, hängt sowohl von der Art des Lösungsmittels als auch von der Art des Adsorptionsmittels ab. Wenn die Substanz im Lösungsmittel leicht löslich ist und gar nicht adsorbiert wird, so steigt sie mit der Lösungsmittelfront hoch. Wird die Substanz dagegen völlig adsorbiert, so bleibt sie am Startpunkt zurück. Zwischen diesen beiden Extremfällen sind alle Zwischenstufen möglich. Besteht das adsorbierende Material aus einem Stoff, dessen Teilchen Ionen- oder Dipolladungen tragen, so werden vor allem Dipolmoleküle festgehalten. Hydrophile Stoffe steigen dann im Chromatogramm weniger weit hoch. Wichtig für die befriedigende Trennung eines Stoffgemisches ist die Auswahl eines geeigneten Lösungsmittels (meist Flüssigkeitsgemische) sowie der geeigneten stationären Phase (z. B. Kieselsäure, Aluminiumoxid, Magnesiumoxid).

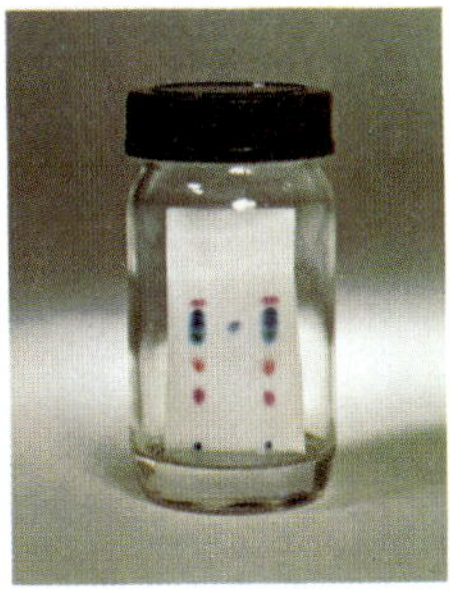

Erstellen eines Dünnschichtchromatogramms

Papierchromatographie

4. Bei der Papierchromatographie wird anstelle der Dünnschichtplatte ein Filterpapierstreifen verwendet, in dem Lösungsmittel und Substanzgemisch aufsteigen. Auch hierbei werden die verschiedenen Substanzen verschieden stark adsorbiert und daher unterschiedlich weit transportiert. Da die Cellulosefasern des Papiers immer auch von Wasser überzogen sind, spielt bei der Papierchromatographie neben den Adsorptionsvorgängen insbesondere die Verteilung der Substanzen zwischen stationärem Wasser und aufsteigendem Lösungsmittel eine Rolle (Adsorptionschromatographie und Verteilungschromatographie). Die aufsteigenden Stoffe lösen sich sowohl im Wasser wie im Lösungsmittel. Stärker hydrophile Stoffe gehen dabei in jeder Höhe vermehrt in das Wasser über und werden dort zeitweise festgehalten. Sie steigen daher weniger weit hoch.
Die Papierchromatographie ist für die Trennung hydrophiler Stoffgemische gut geeignet. Bei der Trennung lipophiler Substanzen liefert dagegen die Dünnschichtchromatographie bessere Ergebnisse, vor allem weil die stationäre Phase variiert werden kann.

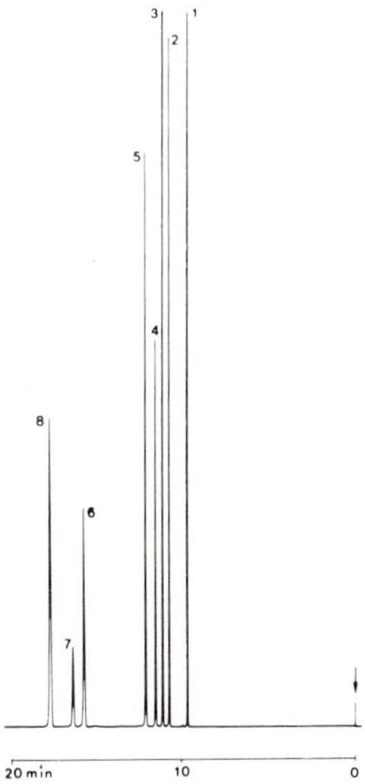

Gaschromatogramm
1 n-Heptan
2 n-Nonan
3 Benzol
4 Methylpropylketon
5 n-Decan
6 1-Butanol
7 Nitromethan
8 Pyridin

5. Nach dem selben Prinzip wie die beschriebenen Chromatographieverfahren arbeitet auch die Gaschromatographie, nur daß hier die mobile Phase gasförmig ist (sogenanntes Trägergas) und das zu trennende Substanzgemisch entweder als Gas vorliegen oder vor der Trennung verdampft werden muß. Trägergas und Substanzgemisch strömen durch ein Rohr, das mit einem adsorbierenden Feststoff oder einem mit Flüssigkeit getränkten Material gefüllt ist. Auch hier ist die Adsorption bzw. die Verteilung auf flüssige und gasförmige Phase bei den zu trennenden Substanzen unterschiedlich. Diese wandern daher verschieden schnell durch die Trennröhre hindurch. Ein Detektor am Ende der Röhre registriert die Ankunft der verschiedenen Substanzen und zeichnet sie gegebenenfalls automatisch als «Peak» in ein Chromatogramm ein. Vorteile der Gaschromatographie sind die hohe Arbeitsgeschwindigkeit, eine gute Trennung der Substanzen auch bei kleinsten Konzentrationen und die Möglichkeit der automatischen Registrierung.

Gaschromatographie

20.3 Polypeptide und Proteine

Zusammensetzung und Abbau von Proteinen?

V1 Etwas Gelatine wird mit etwa 5 cm^3 *konzentrierter Salzsäure (ätzend)* in einem kleinen Reagenzglas eingeschmolzen und für einige Stunden bei etwa 90 °C in ein Wasserbad gestellt *(Schutzbrille!)*. Nach Öffnen des Reagenzglases trägt man etwas von der entstandenen Lösung an der Ecke einer etwa quadratischen Dünnschichtchromatographieplatte mit Celluloseschicht auf und chromatographiert mit einem Gemisch aus *1-Butanol, Aceton* (beide *feuergefährlich*), Diethylamin und Wasser (im Volumenverhältnis 10 : 10 : 2 : 5). Anschließend wird die Platte getrocknet und um 90 Grad gedreht. Dann wird mit einem Gemisch aus *2-Propanol (feuergefährlich), Ameisensäure (ätzend)* und Wasser (im Volumenverhältnis 40 : 2 : 10) nochmals chromatographiert. Die Platte wird schließlich bei 110 °C getrocknet, dann mit Ninhydrin besprüht und anschließend nochmals bei 110 °C kurz in den Trockenschrank gestellt.

V2 In ein Reagenzglas gibt man zu einem Würfel aus hartgekochtem Hühnereiweiß 15 cm^3 Salzsäure (etwa 0,1 mol/l) sowie 1 cm^3 3%ige Pepsinogenlösung. Das Reagenzglas wird für einige Tage bei 37 °C in den Trockenschrank gestellt.

Nachweis und Eigenschaften von Protein

V3 In einem Reagenzglas wird Gelatinelösung mit *Natronlauge (ätzend)* und anschließend mit 1 bis 2 Tropfen Kupfersulfatlösung versetzt.

V4 Ungefärbte Wolle oder eine weiße Hühnerfeder werden kurze Zeit in *konzentrierte Salpetersäure (ätzend)* eingetaucht und anschließend mit Wasser ausgespült.

V5 Etwas *Bleiacetatlösung (giftig)* versetzt man mit *starker Kalilauge (ätzend)*, bis sich der zunächst entstehende weiße Niederschlag wieder löst. Dann gibt man beliebige Eiweißprodukte hinzu und erwärmt.

V6 Im Reagenzglas wird etwas Eiklar mit Wasser verdünnt und dann mit einigen cm^3 Kupfersulfatlösung versetzt.

n+1 Aminosäuremoleküle
↓ $- nH_2O$
1 Polypeptidmolekül

1. In den Polypeptiden sind viele Aminosäuren durch Peptidbindungen kettenförmig miteinander verknüpft. Sehr große, langkettige Polypeptide werden als Proteine[1] oder Eiweißstoffe bezeichnet.
Polypeptide und Proteine können durch Kochen mit Säuren oder mit Hilfe von Enzymen (Peptidasen) in ihre Bestandteile zerlegt werden. Dabei werden die Peptidbindungen unter Anlagerung von Wasser aufgespalten, und es entstehen freie Aminosäuren.

2. Die charakteristischen Eigenschaften der Proteine werden nicht nur durch die Art, sondern auch durch die Reihenfolge der Aminosäuren innerhalb der Kette bestimmt, durch die sogenannte Aminosäuresequenz. Diese wird oft auch als Primärstruktur der Proteine bezeichnet.

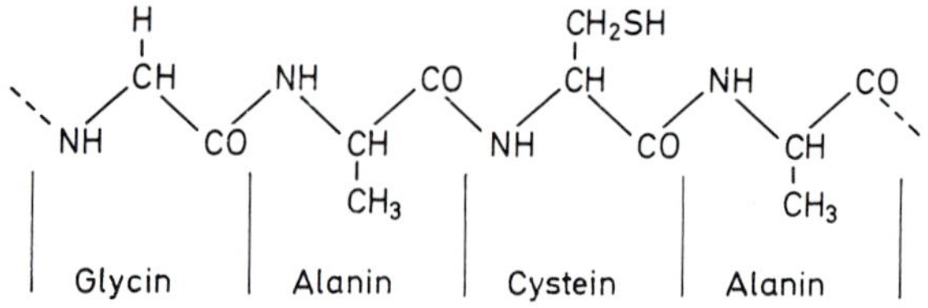

Ausschnitt aus einer Proteinkette

[1] *protos* (gr.) der Erste.

Die in der Natur vorkommenden Proteine enthalten etwa 20 verschiedene Aminosäuren, die in unterschiedlicher Reihenfolge zu langen Ketten verbunden sind. Dabei sind Ketten mit bis zu einigen hundert Aminosäuregliedern möglich. Es ist leicht einzusehen, daß die Anzahl der Kombinationsmöglichkeiten dabei unvorstellbar groß ist. Die Zahl möglicher Proteine mit unterschiedlicher Aminosäuresequenz ist fast unbegrenzt; jede Art von Lebewesen, ja sogar jedes Individuum kann daher seine spezifischen Proteine besitzen.

Die Anzahl der an einem Polypeptid beteiligten Aminosäureglieder wird oft durch ein griechisches Zahlwort angegeben. Zum Beispiel bezeichnet man ein Polypeptid mit einer Kette aus acht Aminosäuren als Oktapeptid. Unter Heranziehung von 20 verschiedenen Aminosäuren sind 400 verschiedene Dipeptide, 8000 Tripeptide, 160 000 Tetrapeptide und $2{,}56 \cdot 10^{10}$ Oktapeptide möglich. Für ein 100-gliedriges Polypeptid beträgt die Zahl der theoretisch möglichen Sequenzen 10^{130}.

Für ein 100-gliedriges Polypeptid aus 20 verschiedenen Aminosäuren gibt es 10^{130} Möglichkeiten der Aminosäuresequenz

3. Proteine können durch Erhitzen mit einer Ninhydrinlösung nachgewiesen werden. Es tritt eine Blaufärbung auf, wie wir sie bei den Aminosäuren schon kennen gelernt haben. Eine weitere Nachweisreaktion ist die Biuretreaktion mit Kupfersulfatlösung. Ähnlich wie im Biuret kommt es an den benachbarten NH-Gruppen des Proteins zur komplexen Bindung mit Kupfer-Ionen (siehe Kap. 17.2). Durch Versetzen mit konzentrierter Salpetersäure werden aromatische Seitenreste der Aminosäuren nitriert. Das zeigt sich in einer Gelbfärbung. Schließlich lassen sich auch die in den Seitenresten zweier Aminosäuren vorhandenen Schwefelatome durch Reaktion mit Blei-Ionen nachweisen. Es entsteht schwarzes Bleisulfid.

Nachweis von Protein zum Beispiel durch die Biuretreaktion

4. Die Atome der Carbonylgruppen ($>C=O>$) und der Iminogruppen ($>\bar{N}-H$) in den Polypeptidketten tragen elektrische Teilladungen. Negativ geladene Sauerstoffatome und positiv geladene Wasserstoffatome ziehen sich gegenseitig an; es entstehen Wasserstoffbrücken. Dabei werden die Ketten in bestimmter Weise räumlich angeordnet, d. h. es kommt zur Ausbildung einer sogenannten Sekundärstruktur.

Eine häufig auftretende Sekundärstruktur ist die sogenannte α-Helix[1], in der die Polypeptidkette schraubenförmig so aufgerollt ist, daß die CO-Gruppe der vierten Aminosäure der NH-Gruppe der ersten Aminosäure benachbart steht. Eine Schraubenwindung enthält damit rund 3,6 Aminosäuren. Die schraubige Anordnung der Kette wird durch eine Vielzahl von Wasserstoffbrücken zwischen CO-Gruppen und NH-Gruppen stabilisiert.

Die α-Helix, eine Sekundärstruktur von Polypeptidketten

5. Da die an der Peptidbindung beteiligten Atome in einer Ebene liegen, ist der Knick der Kette jeweils am α-Kohlenstoffatom der Aminosäuren zu suchen. An diesem Kohlenstoffatom sitzt auch der Rest R, der je nach

Tertiärstruktur: Räumliche Anordnung der α-Helix-Abschnitte

[1] Die Struktur der α-Helix wurde von Linus Pauling aufgestellt und durch Röntgenbeugungsaufnahmen von Aminosäuren und Peptiden belegt (Nobelpreis 1954).

Ausschnitt aus einer Polypeptidkette mit schraubiger Sekundärstruktur (α-Helix)

Modell in der Ansicht (die H-Atome der Gruppen —CHR— sind nicht dargestellt)

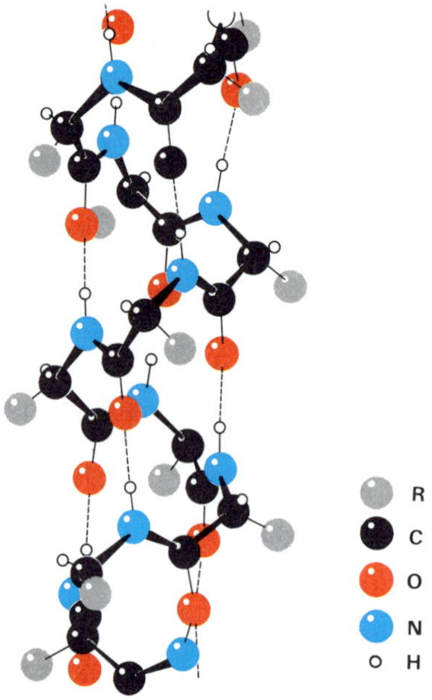

Schema in der Aufsicht. Die geraden Strecken stellen jeweils eine Gruppe —CHR—CO—NH—CHR— dar

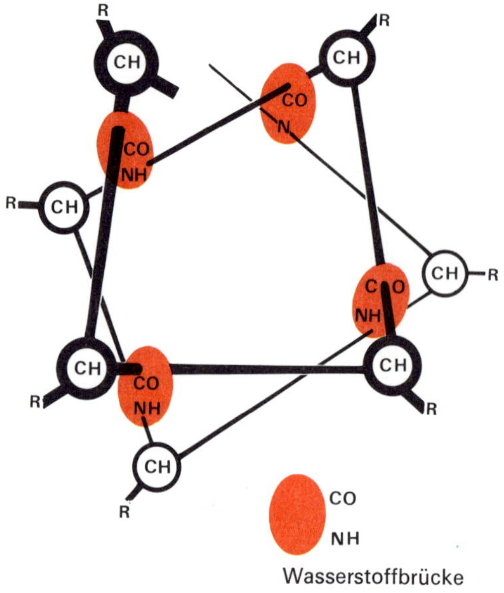

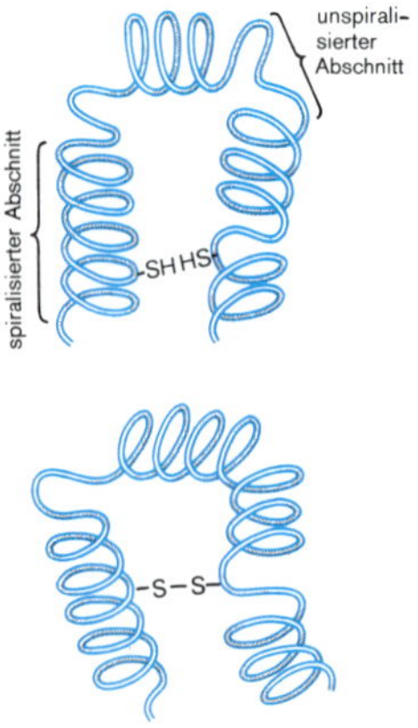

Räumlicher Bau eines Proteins mit Schwefelbrücke

Aminosäure verschieden ist. Die Reste mancher Aminosäuren sind so geartet, daß eine der α-Helix entsprechende Annäherung der Helixabschnitte nicht möglich ist. Das kann zum Beispiel darauf zurückzuführen sein, daß die Reste zu groß sind oder daß sie sich infolge gleichsinniger Ladung abstoßen. In diesem Fall bildet sich im Verlauf der Polypeptidhelix eine Schleife. Das Protein besitzt daher einen komplizierten räumlichen Bau, in dem die Polypeptidkette teilweise schraubig und teilweise nicht schraubig gewunden ist. Je nach Aminosäurensequenz treten innerhalb der Helix charakteristische Schleifen auf. Diese Raumstruktur wird auch als Tertiärstruktur bezeichnet.

6. Die aus den genannten Gründen entstehenden Schleifen können zusätzlich durch Wechselwirkungen zwischen Aminosäureresten stabilisiert werden. Dabei spielen van-der-Waals-Kräfte zwischen unpolaren, größeren Aminosäureresten, elektrostatische Anziehung oder Abstoßung zwischen geladenen Resten oder Wasserstoffbrücken zwischen dafür geeigneten Aminosäureresten eine Rolle. Von besonderer Bedeutung für die Stabilisierung der Raumstruktur sind die Reste der Aminosäure Cystein, die eine SH-Gruppe enthalten. Durch Oxidation reagieren zwei solche Gruppen miteinander; es entsteht die Aminosäure Cystin (CyS—SCy), deren Schwefelbrücke die beiden Cysteinreste und damit die entsprechenden Abschnitte der Polypeptidkette aneinander bindet.

Stabilisierung der räumlichen Struktur durch Schwefelbrücken

Viele Proteine bestehen auch aus zwei oder mehr Polypeptidketten, die durch Wasserstoffbrücken oder über Schwefelbrücken aneinander gebunden sind.

7. Die Proteine sind, nicht zuletzt wegen ihres komplizierten Baus, sehr empfindlich gegenüber vielen chemischen und physikalischen Einflüssen.

Änderungen des pH-Wertes, Temperaturerhöhung, die Anwesenheit bestimmter Metall-Ionen oder anderer Fällungsmittel verändern seine Raumstruktur, sie «denaturieren» das Protein. Für seine biologischen Aufgaben ist es dann nicht mehr geeignet. Die Denaturierung ist auf Veränderungen in der räumlichen Anordnung der Proteinkette zurückzuführen.

8. Häufig ist an ein Protein noch ein niedermolekularer Stoff, die sogenannte prosthetische Gruppe, gebunden. Die Verbindung aus prosthetischer Gruppe und Protein nennt man Proteid.

Proteid: Protein mit (niedermolekularer) prosthetischer Gruppe

Proteid	Prosthetische Gruppe
Nukleoproteid	Nukleinsäurerest
Phosphoproteid	Phosphorsäurerest
Chromoproteid	Farbstoffrest

20.4 Biologisch wichtige Polypeptide

1. Die Proteine sind als Baustoffe des Zellplasmas und zellulärer Strukturen von großer Bedeutung für alle lebenden Organismen. Als Enzyme oder Bestandteile von solchen sind sie darüber hinaus die eigentlichen Träger des gesamten Stoffwechsels, den sie katalytisch steuern. Aber auch schon kleinere Polypeptide spielen z. B. als Hormone eine Rolle im Stoffwechsel von Mensch und Tier. Hormone werden durch das Blut transportiert und haben die Aufgabe, innerhalb des Körpers Signale zu übermitteln. So regelt das Nonapeptid Ocytocin als Hormon der Hirnanhangsdrüse insbesondere die Kontraktionen der Gebärmutter, während das Nonapeptid Vasopressin auf Blutdruck und Wasserausscheidung in der Niere wirkt.

Peptidhormone der Hypophyse

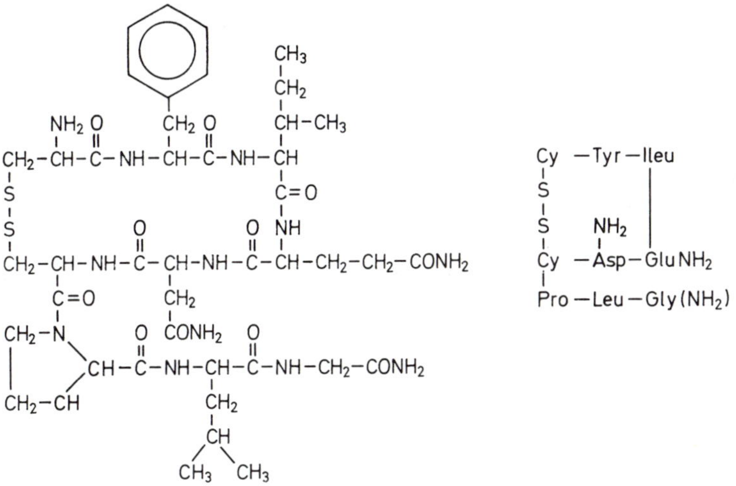

Ocytocin: Strukturformel und Aminosäuresequenz

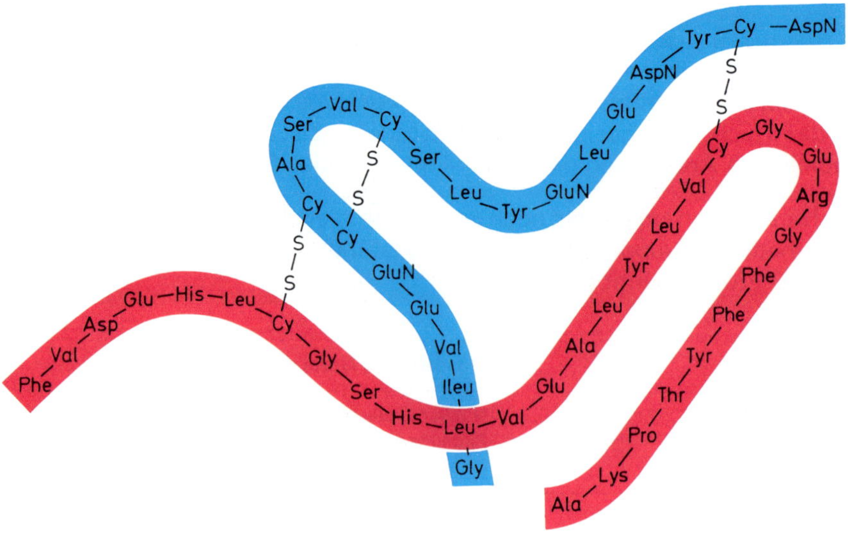

Insulin: Aminosäuresequenz

Das Peptidhormon Insulin

2. Ein Peptidhormon ist auch das in den Langerhansschen Inseln der Bauchspeicheldrüse gebildete Insulin. Seine Moleküle sind erheblich größer als die der vorgenannten Nonapeptide; sie enthalten jeweils zwei Polypeptidketten mit 21 bzw. 30 Aminosäurebausteinen[1]. Die beiden Ketten sind durch zwei Schwefelbrücken miteinander verbunden; die dritte Schwefelbrücke festigt eine Schleife innerhalb der kürzeren Kette (vgl. Abbildung). Insulin fördert den Aufbau von Glykogen, Fett und Protein im Organismus. Insulinmangel führt zu Diabetes (Zuckerkrankheit).

Myoglobin und Hämoglobin als Sauerstoffüberträger

3. Die eigentlichen Proteine und Proteide haben im lebenden Organismus eine Vielzahl von Aufgaben zu erfüllen. Myoglobin und Hämoglobin z. B. binden Sauerstoff und transportieren bzw. speichern ihn. Myoglobin findet sich im Muskelgewebe und ist ein Chromoproteid mit Häm (vgl. Kapitel 17.4) als (farbgebender) prosthetischer Gruppe. Der Proteinteil des Pottwal-Myoglobins besteht aus einer Kette von 153 Aminosäurebausteinen, deren Reihenfolge und räumliche Anordnung bekannt ist[2]. Die an die Proteinkette gebundene Hämgruppe bindet an ihrem Eisenatom Sauerstoff und gibt ihn bei bestimmten Bedingungen wieder ab.

4. In einem Kubikzentimeter Blut finden sich etwa 5 Milliarden roter Blutkörperchen, von denen jedes rund 280 Millionen Moleküle Hämoglobin enthält. Dieses Hämoglobin dient dem Sauerstofftransport. Es besteht aus vier Polypeptidketten, wovon je zwei untereinander gleich sind. Die vier Ketten sind ähnlich gebaut wie das Myoglobin, und jede enthält eine Hämgruppe, an die das Sauerstoffmolekül gebunden werden kann. Die vier Untereinheiten sind durch Wasserstoffbrücken und Van-der-Waals-Bindungen zu einem kugelförmigen Gebilde verknäuelt.

[1] Für die Aufklärung der Aminosäuresequenz des Insulins erhielt der englische Biochemiker Frederick Sanger (geboren 1918) 1958 den Nobelpreis.

[2] Die Aufklärung der räumlichen Struktur von Myoglobin und Hämoglobin gelang den Engländern John C. Kendrew (geboren 1917) und Max F. Perutz (geboren 1914) 1959 mit Hilfe von Röntgenbeugungsaufnahmen (Nobelpreis 1962).

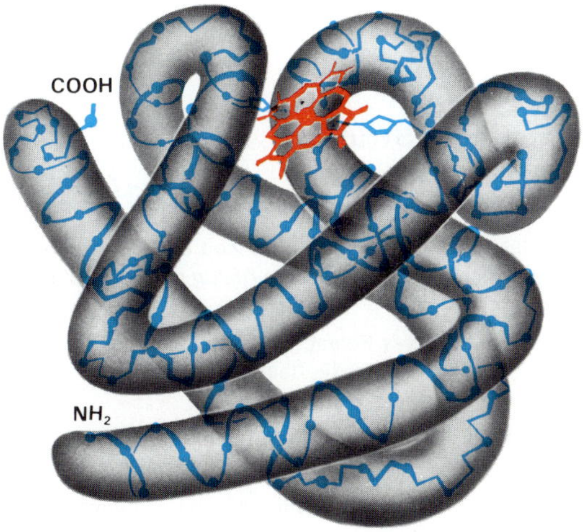

Myoglobin:
Das Bild zeigt den Verlauf der Polypeptidkette (blau) des Proteins. Die Hämgruppe (rot) ist an Seitenreste der Aminosäure Histidin gebunden.

5. Besonders wichtig ist die enzymatische Wirkung vieler Proteine. Enzyme sind Katalysatoren, die bestimmte chemische Reaktionen im Organismus beschleunigen. Alle bisher bekannten Enzyme sind Proteine oder Proteide. Bei Proteid-Enzymen bezeichnet man die prosthetische Gruppe als Coenzym.

Enzyme sind Proteine oder Proteide

Enzyme wirken im allgemeinen sehr spezifisch, d. h. jedes Enzym kann nur ganz bestimmte chemische Reaktionen an ganz bestimmten Molekülen oder Molekülteilen katalysieren. Man nimmt an, daß die Oberfläche der Enzyme so geformt ist, daß immer nur Moleküle einer ganz bestimmten Form in diese Oberfläche hineinpassen und an der aktiven Stelle des Enzyms reagieren können (Schlüssel-Schloß-Prinzip). Diese Vermutung wurde durch die Strukturaufklärung des Lysozyms bekräftigt. Die Oberfläche dieses Enzyms, das die hydrolytische Aufspaltung von bestimmten Polysacchariden katalysiert, zeigt einen deutlichen Spalt, in den das Polysaccharidmolekül hineinpaßt.

Schlüssel-Schloß-Prinzip der Enzymwirkung

A1 Liegt der isoelektrische Punkt der Aminosäure Asparaginsäure, $HOOC-CH(NH_2)-CH_2-COOH$, im alkalischen oder im sauren Bereich?

A2 Bei der Titration von 10 cm^3 Glycinlösung (0,1 mol/l) werden nur knapp 1 cm^3 Natronlauge (0,1 mol/l) zur Neutralisation verbraucht. Nach Zusatz von Formaldehyd sind dagegen 10 cm^3 Natronlauge (0,1 mol/l) notwendig. Welche Wirkung muß Formaldehyd haben?

A3 Wie entstehen Peptidbindungen und wie können sie experimentell wieder gelöst werden?

A4 Welche modernen Verfahren, um Substanzgemische voneinander zu trennen, kennen Sie?

A5 Welche Vorgänge können sich beim Denaturieren der Proteine abspielen? Was ist die Folge der Denaturierung?

A6 Welche Rolle spielt der räumliche Bau des Proteins bei seiner Wirkung als Enzym?

A7 Welche funktionelle Gruppe der Aminosäuren reagiert als Säure, welche als Base?

21 Kunststoffe

21.1 Eigenschaften und Struktur

Welche Zusammensetzung haben Kunststoffe?

V_1 In einem Reagenzglas wird etwas PVC kurze Zeit erhitzt. Was ist zu beobachten? Das *entstehende Gas (giftig)* prüft man *unter dem Abzug* mit feuchtem blauem Lackmuspapier und mit *Ammoniak (giftig)*.

V_2 In einem Reagenzglas wird etwas Polyacrylnitrilpulver kurze Zeit erhitzt *(giftige Dämpfe; Abzug!)*. Was ist zu beobachten? An die Reagenzglasöffnung hält man ein feuchtes rotes Lackmuspapier bzw. die geöffnete Salzsäureflasche.

V_3 Auf einem ausgeglühten Kupferblech entzünden wir etwas PVC-Pulver. Was ist zu beobachten?

V_4 Etwas Plexiglaspulver wird mit der doppelten Menge Kupferoxidpulver gemischt und im Reagenzglas erwärmt. An das Reagenzglas schließt man eine Waschflasche mit Kalkwasser an. Was ist in dem Gemisch, im oberen Teil des Reagenzglases und in der Waschflasche zu beobachten?

Welche Eigenschaften haben verschiedene Kunststoffe?

V_5 Etwas Styropor wird in zwei Reagenzgläsern mit Wasser bzw. mit *Aceton (feuergefährlich)* übergossen.

V_6 Eine Plexiglas- oder Polystyrolplatte wird im Trockenschrank auf etwa 150 °C erwärmt.

V_7 Etwas Plexiglas, Polystyrol oder Polyethylen wird im Reagenzglas erwärmt. Was ist zu beobachten?

V_8 Ein Stück Polyester oder Phenolharz wird über der Flamme oder im Reagenzglas erwärmt. Was ist zu beobachten? Welche unterschiedlichen Eigenschaften zeigen sich beim Vergleich der Versuche V_7 und V_8?

Kunststoffe enthalten Makromoleküle

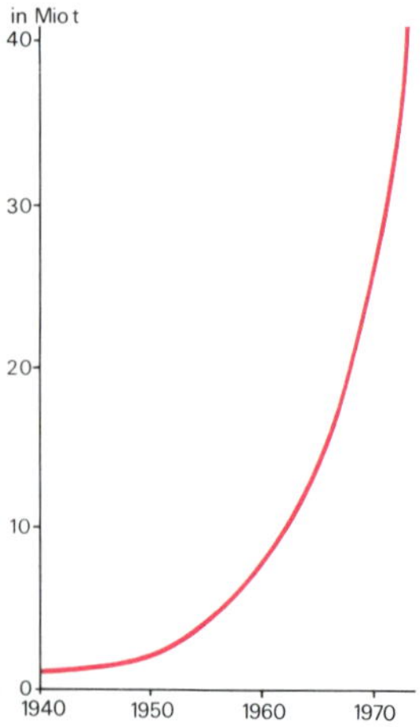

Weltkunststoffproduktion

1. Kunststoffe sind ein Material unserer Zeit. Erst seit wenigen Jahrzehnten auf dem Markt, sind sie bereits in alle Bereiche der Technik und des täglichen Lebens eingedrungen, und ihre Bedeutung nimmt immer noch zu.
Unter Kunststoffen versteht man Materialien, die aus Makromolekülen, also Molekülen sehr hoher Molekülmasse, bestehen und die synthetisch oder durch Umwandlung von Naturprodukten hergestellt sind. Die Bezeichnung «Kunststoffe» ist als Unterscheidung zu dem Begriff der «natürlichen» Werkstoffe wie Holz entstanden. Sie ist irreführend, denn durchaus nicht alle künstlich hergestellten Werkstoffe werden zu den Kunststoffen gerechnet. Andererseits sind nicht alle Kunststoffe rein «künstlich», also synthetisch hergestellt.
Die Mehrzahl der Kunststoffe gehört zu den organischen Verbindungen, besteht also vor allem aus Kohlenstoff und Wasserstoff. Daneben können noch andere Elemente, wie Sauerstoff, Halogene oder Stickstoff, enthalten sein. Kunststoffe haben Eigenschaften, die sie von allen anderen Werkstoffen unterscheiden. Schmelzen sie, so beobachtet man keine bestimmte Schmelztemperatur, da sie innerhalb eines mehr oder weniger großen Temperaturbereichs erweichen. Das zeigt unter anderem, daß es sich bei den Kunststoffen nicht um einheitliche Reinstoffe, sondern um ein Gemisch aus

Molekülen unterschiedlicher Größe handelt. Erhitzt man Kunststoffe auf höhere Temperatur, so zersetzen sie sich. Verdampfung tritt wegen der Größe der Makromoleküle nicht ein.

2. Viele bei Zimmertemperatur feste Kunststoffe erweichen beim Erwärmen und werden zähflüssig, nach dem Abkühlen erstarren sie wieder. Solche Kunststoffe bestehen meist aus langen, kettenförmigen Molekülen, die sich nur schwer in ein Kristallgitter einordnen lassen. Nur stellenweise liegen die Ketten parallel zueinander; meist sind sie unregelmäßig verknäuelt. Wenn sich beim Erwärmen die Molekularbewegung verstärkt, so lassen sich die Ketten zunächst in den ungeordneten, später auch in den geordneten, kristallinen Bereichen gegeneinander verschieben. Der Kunststoff wird verformbar; er wird plastisch und zähflüssig. Beim Abkühlen wird die Wärmebewegung geringer; die zwischenmolekularen Kräfte vermögen die Molekülketten wieder aneinander festzuhalten, und der Kunststoff erstarrt. Solche Kunststoffe bezeichnet man als Thermoplaste. Bestimmte Lösungsmittel können sich zwischen die Ketten einschieben und dadurch die Knäuel lockern. Die Moleküle werden dadurch ebenfalls gegeneinander beweglich, es entstehen zähflüssige Lösungen.

Thermoplaste erweichen beim Erwärmen. Sie bestehen aus einzelnen Molekülketten

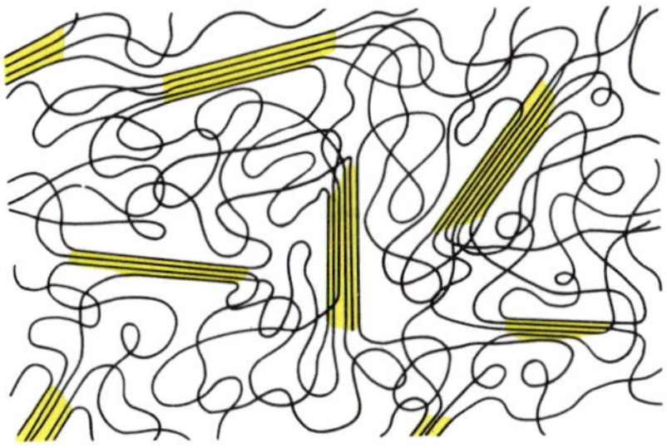

Kettenmoleküle eines Kunststoffs mit kristallinen Bereichen (Thermoplast)

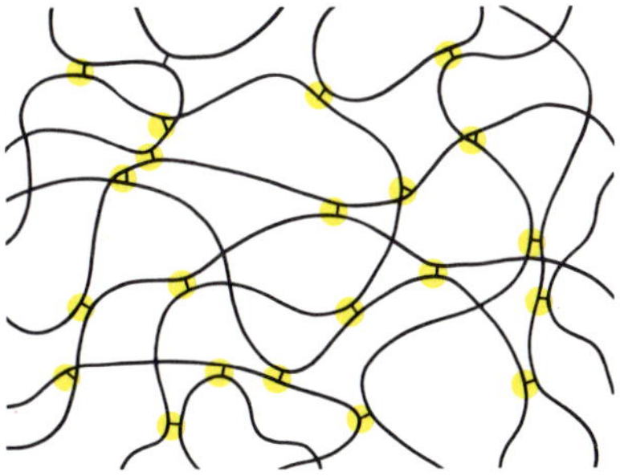

Vernetzte Kettenmoleküle eines nicht erweichenden Kunststoffs (Duroplast)

3. Andere Kunststoffe erweichen beim Erwärmen nicht, sie bleiben fest. Weiteres Erhitzen führt lediglich zur Zersetzung des Materials. Bei solchen Kunststoffen sind die Kettenmoleküle vernetzt, d. h. durch echte chemische Bindungen aneinander gebunden. Dadurch entstehen riesige dreidimensionale und sehr sperrige Molekülgebilde. Durch die Vernetzung wird die Beweglichkeit der Ketten gegeneinander stark behindert, so daß die Kunststoffe auch bei höherer Temperatur nicht erweichen. Es handelt sich um sogenannte Duroplaste.
Solche vernetzten Kunststoffe lassen sich in Lösungsmitteln nicht lösen. Schieben sich Lösungsmittelmoleküle zwischen die Knäuel, so kommt es höchstens zum Aufquellen des Kunststoffs.

Duroplaste erweichen beim Erwärmen nicht. Sie enthalten räumlich vernetzte Molekülketten

4. Der Grad der Vernetzung kann sehr unterschiedlich sein. Neben Kunststoffen mit sehr starker Vernetzung, also mit einer großen Zahl von Bindungen zwischen den ursprünglichen Kettenmolekülen, gibt es andere, deren Kettenmoleküle nur an wenigen Stellen aneinander gebunden, die also nur schwach vernetzt sind. Auch bei schwacher Vernetzung bilden sich durch Erwärmen keine frei beweglichen Einzelketten; der Kunststoff schmilzt

Elastomere sind gummielastisch. Sie enthalten nur teilweise vernetzte Molekülketten

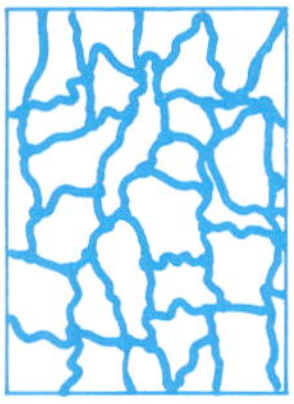

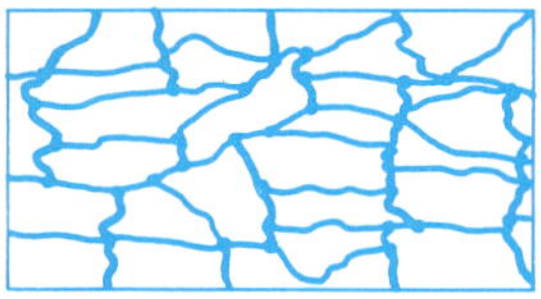

Molekülnetz im Grundzustand und im gestreckten Zustand

also nicht. Jedoch sind die Ketten innerhalb gewisser Grenzen gegeneinander beweglich. Bei Druck oder Zug verändert das Molekülnetz seine Form, nimmt sie aber, da der ungeordnete, verknäuelte Aufbau seinem Grundzustand entspricht, bei Nachlassen der Verformungskraft wieder ein. Der betreffende Kunststoff ist elastisch. Sind die zwischenmolekularen Kräfte relativ gering, dann werden die Molekülketten schon bei Raumtemperatur gegeneinander beweglich. Der betreffende Stoff ist bereits bei Raumtemperatur elastisch, er wird als Elastomer bezeichnet. Der Grad der Elastizität ist vom Vernetzungsgrad abhängig. Stoffe mit geringer Vernetzung sind weichgummiartig; bei stärkerer Vernetzung stellt man ähnliche Eigenschaften fest wie beim Hartgummi.

5. Die Bildung kristalliner Bereiche bei den Thermoplasten ist unter anderem davon abhängig, welche Restgruppen seitlich an den kettenförmigen Molekülen des Kunststoffs hängen. Beim Polyethylen zum Beispiel sind diese Gruppen sehr klein, es handelt sich ausschließlich um Wasserstoffatome. Polyethylen bildet daher viele kristallisierte Bereiche, an deren Grenzflächen sich das Licht bricht, der Kunststoff erscheint milchig trüb. Die Kunststoffe Polystyrol oder Polymethacrylsäureester (Plexiglas) enthalten dagegen relativ große, sperrige Seitengruppen, die eine Kristallbildung behindern. Von diesen Kunststoffen lassen sich glasklar durchsichtige Stücke herstellen.

21.2 Technische Verwendung

Wie man Thermoplaste verarbeitet

V1 Eine Plexiglas- oder Polystyrolscheibe wird im Trockenschrank auf etwa 150 °C erwärmt. Durch anschließendes Tiefziehen oder Druckformen wird die Platte in eine beliebige Form gebracht.

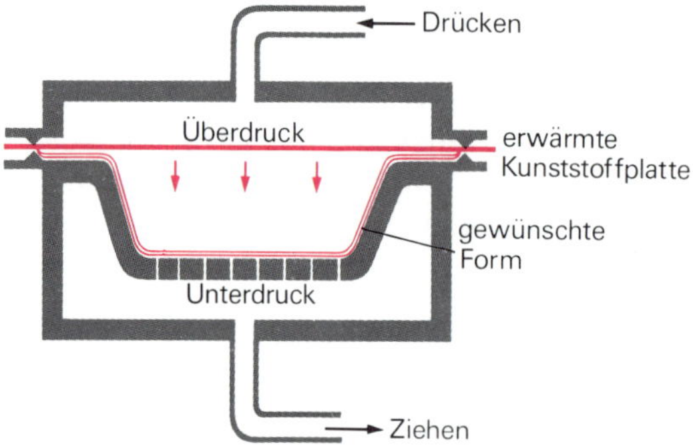

Verformen von Kunststoff (V_1)

V2 PVC-Pulver wird mit einem Weichmacher, z. B. Palatinol oder *Trikresylphosphat (giftig)*, zu einer homogenen Paste verrührt, die möglichst gleichmäßig etwa 1 mm dick zwischen zwei Glasplatten verteilt wird. Die Verbundscheibe stellt man für etwa 20 Minuten bei 140 °C in den Trockenschrank.

V3 Gepulvertes Poyacrylnitril wird in *Dimethylformamid (feuergefährlich)* gelöst. Die honigartig zähe Flüssigkeit drückt man durch eine Spinndüse (zur Spitze ausgezogenes Glasrohr) in Wasser.

Kunststoff im Seerettungsdienst

Wie stellt man Schaumstoffe her?

V4 Etwa 3 g treibmittelhaltiges Polystyrol werden in einem Teesieb etwa 1 bis 2 Minuten lang in Wasserdampf gehalten. Das so behandelte Material kommt dann in ein Tee-Ei (oder eine ähnliche Metallform) und wird darin etwa 10 bis 15 Minuten lang in kochendes Wasser gehängt. Nach dem Abkühlen öffnet man die Metallform.

V5 In einen Pappbecher füllt man etwa 1 cm hoch *Desmophen (ätzend)* ein und mischt mit 1 bis 2 cm *Desmodur (ätzend)*. Die Mischung wird gerührt. Was ist nach einiger Zeit zu beobachten? Man prüfe die Temperatur des Pappbechers und stelle den Becher in eine Wanne oder auf eine unempfindliche Unterlage.

Anfärben eines Kunststoffs

V6 In einem Reagenzglas schmilzt man Polystyrol und gibt dann etwas Azobenzol hinzu.

Kunststoffe anstelle von Metallen, Gummi oder Holz

1. Je nach Zusammensetzung, Struktur und Vernetzungsgrad der Makromoleküle unterscheidet man eine große Zahl von Kunststofftypen, die wegen ihrer unterschiedlichen Eigenschaften für viele verschiedene Zwecke verwendet werden können. Wegen ihrer Härte und Festigkeit dienen Kunststoffe anstelle von Metall zur Herstellung der verschiedensten Geräte und Maschinenbauteile. Elastomere werden dort verwendet, wo man früher nur Gummi aus natürlichem Kautschuk gebrauchen konnte. Auch der natürliche Werkstoff Holz wird mehr und mehr von Kunststoffen verdrängt.

2. Die Kunststoffindustrie hat sich in den letzten Jahrzehnten geradezu stürmisch entwickelt. In den verschiedenartigsten Anwendungsbereichen wurden mehr und mehr Kunststoffe verwendet. Das erklärt sich aus einer Reihe von vorteilhaften Eigenschaften:

- Kunststoffe sind leicht, aber sehr widerstandsfähig gegenüber Zug, Druck und Reibung.
- Kunststoffe besitzen eine hohe elektrische Isolierwirkung, was sie zur Verwendung in der Elektroindustrie geeignet macht.
- Durch Variation der Herstellungsbedingungen lassen sich Kunststoffe mit ganz bestimmten Eigenschaften gewinnen.
- Kunststoffe sind meist außerordentlich beständig gegen Chemikalien. Kunststoffartikel benötigen daher keinen Oberflächenschutz.
- Kunststoffe lassen sich leicht einfärben.
- Vor allem lassen sich Kunststoffe preiswert herstellen und sehr leicht verarbeiten. Das gilt insbesondere für die Formgebung von Kunststoffartikeln, bei der ein sehr rationelles Arbeiten ohne kostspielige Nachbearbeitung möglich ist.

Formgebung bei Thermoplasten und Duroplasten

3. Die Thermoplaste erhalten ihre Form, indem der fertige Kunststoff bei erhöhter Temperatur und unter Druck in einer Metallform verformt wird. Nach dem Abkühlen ist das Werkstück fertig. Das Erweichen des Kunststoffs kann auch durch sogenannte Weichmacher erreicht oder unterstützt werden. Dies sind Stoffe, die den Thermoplast zum Teil lösen und dadurch besser verformbar machen. Verwendet man Lösungsmittel, die nur wenig flüchtig sind und deren Moleküle daher teilweise im Kunststoff verbleiben, so bleibt das Material auch nach der Verformung relativ weich und elastisch.
Duroplaste können durch Erwärmen nicht plastisch verformbar gemacht werden. Sie müssen schon beim Aushärten, also bei der Vernetzung zum Riesenmolekül, die spätere Form erhalten. Oft mischt man vor dem Aushärten irgendwelche Materialien bei, durch die der fertige Kunststoff bestimmte Eigenschaften erhalten soll. Solche Füllstoffe verbessern in vielen Fällen zum Beispiel die mechanische Widerstandsfähigkeit.

Schaumstoffe als Polster- und Isoliermaterial

4. Zur Herstellung sogenannter Schaumstoffe werden dem Kunststoff bzw. seinen Ausgangsmaterialien Stoffe beigemengt, die während des Aushärtens gasförmige Produkte bilden. Der noch zähflüssige Kunststoff schäumt dann auf und erstarrt oder erhärtet in diesem Zustand. Schaumstoffe sind leicht und wärmeisolierend. Elastische Schaumstoffe können als Polstermaterial verwendet werden.

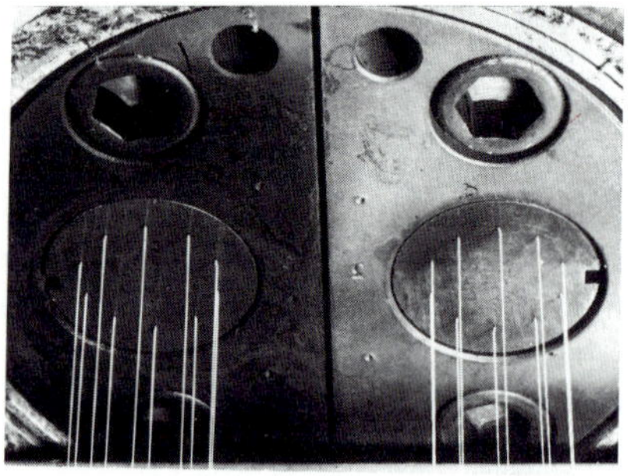

Spinndüse zur Herstellung synthetischer Fasern

5. Bei der Verformung thermoplastischer Kunststoffe unter Wärmeeinwirkung werden die Molekülketten gelegentlich in bestimmte Vorzugsrichtungen orientiert, z. B. wenn man den plastischen Stoff durch eine feine Düse preßt und den gebildeten Faden nachträglich in die Länge zieht («Nachverstreckung»). Man erreicht so eine fast völlige Ausrichtung der Molekülketten in Faserrichtung. Durch zwischenmolekulare Kräfte haften die Moleküle dann gut aneinander. Die auf diese Weise entstandenen «synthetischen Fasern» sind oft sehr reißfest.

Synthesefasern

21.3 Polymerisation

Abbau eines Polymers zum Monomer

V1 Auf ein Reagenzglas oder einen kleinen Kochkolben setzt man ein zweifach gebogenes Glasrohr auf, das in einem wassergekühlten Reagenzglas endet. Im Kolben wird geraspeltes oder gepulvertes Plexiglas vorsichtig erwärmt. Die *übergehenden Dämpfe (giftig, Abzug benutzen)* kondensieren im Reagenzglas zu einer Flüssigkeit. Ein Teil der überdestillierten Flüssigkeit wird mit *Bromlösung (giftige Dämpfe)* versetzt. Zum Rest gibt man etwas *Dibenzoylperoxid (explosiv)* und erwärmt einige Zeit im Wasserbad auf 80 °C *(Abzug!)*.

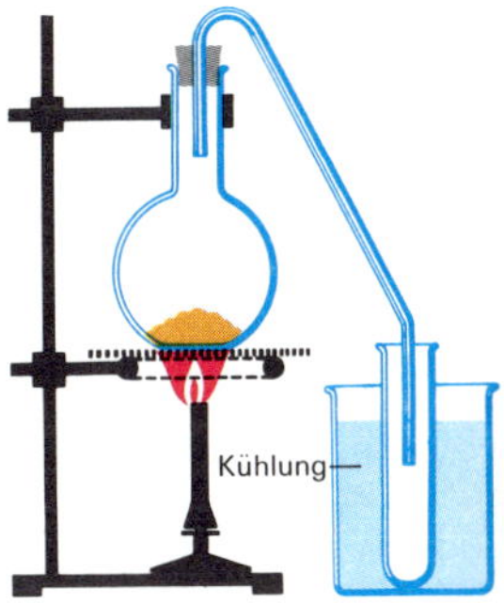

Zersetzung von Plexiglas (V1)

Wie stellt man Polymere her?

V2 Zu etwa 20 cm^3 *Styrol (feuergefährlich)* gibt man etwa 2 g einer Lösung von *Dibenzoylperoxid (explosiv)*. Die Mischung wird so lange im Wasserbad erwärmt, bis die Reaktion in Gang kommt. Dann nimmt man das Reaktionsgefäß aus dem Wasserbad.

V3 In einem Reagenzglas werden etwa 15 cm^3 *Methacrylsäuremethylester (feuergefährlich)* mit 0,8 g *Dibenzoylperoxid*lösung *(explosiv)* versetzt und homogen verrührt. Dann stellt man das Reagenzglas bei 60 °C in ein Wasserbad *(Abzug!)*.

1. Ausgangsmaterial vieler Kunststoffe sind niedermolekulare Verbindungen mit Kohlenstoff-Kohlenstoff-Doppelbindungen. Durch Reaktion an den Doppelbindungen lagern sich viele kleine Moleküle zu Riesenmolekülen zusammen. Dieser Vorgang heißt Polymerisation.

Polymerisation: Bildung von Makromolekülen aus ungesättigten Monomeren

2. Polymerisationen können nach unterschiedlichen Reaktionsmechanismen ablaufen. Am häufigsten ist die radikalische Polymerisation. Sie wird durch Radikale, also Teilchen mit ungepaartem Elektron, ausgelöst. Ein solches Radikal reagiert mit der Doppelbindung des niedermolekularen Ausgangsstoffs, z. B. eines Ethenmoleküls, und lagert sich hier an:

Radikalische Polymerisation von Ethen

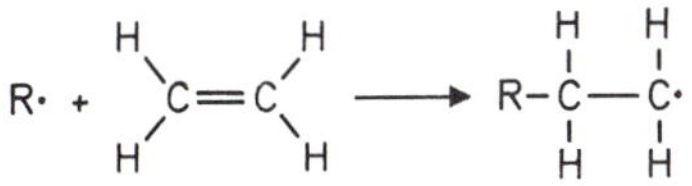

Dabei tritt am Ethen wieder ein ungepaartes Elektron auf, also eine Radikalstelle, die mit einem zweiten Ethenmolekül reagieren kann:

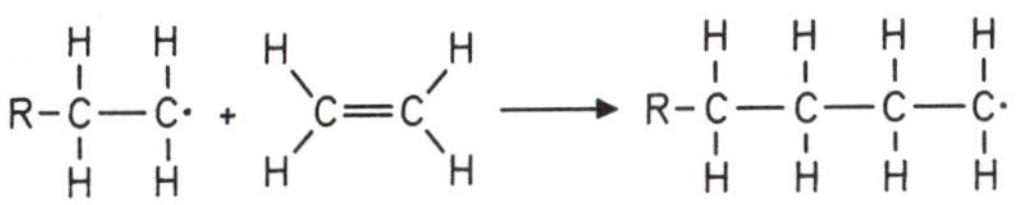

Auch das jetzt entstandene größere Teilchen besitzt eine Radikalstelle, die sofort mit der Doppelbindung des nächsten Ethenmoleküls reagiert. Es kommt zu einer Kettenreaktion, bei der in jedem Reaktionsschritt ein weiteres Ethenmolekül addiert wird, so daß ein sehr langes Kettenmolekül entsteht. Die Reaktion bricht ab, wenn zwei Radikale miteinander reagieren:

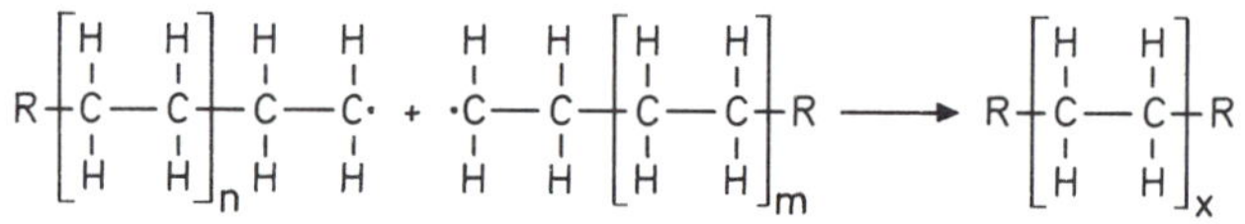

Da die an der Abbruchreaktion beteiligten Radikalketten verschieden lang sein können, besitzt der gebildete Kunststoff Moleküle unterschiedlicher Kettenlänge und damit unterschiedlicher Masse. Der mittlere Polymerisationsgrad ist von der Wahrscheinlichkeit abhängig, mit der entweder die Kettenwachstumsreaktion oder die Abbruchreaktion eintritt.
Die hier beschriebenen Reaktionsschritte laufen sehr rasch ab. Wenn es trotzdem oft lange dauert, bis ein Stoff voll durchpolymerisiert ist, so liegt das daran, daß die auslösenden Radikale oft nur langsam nachgeliefert werden.

3. Die Polymerisation wird manchmal schon durch einfaches Erhitzen ausgelöst. Unter bestimmten Bedingungen reicht die so zugeführte Energie aus, um Monomere in Radikale umzuwandeln. So entsteht z. B. bei etwa 200 °C und 1500 bar aus gasförmigem Ethen in Gegenwart von etwas Sauerstoff Polyethylen (sogenanntes Hochdruckpolyethylen).

Polymerisation mit Hilfe von Peroxiden

Meist verwendet man jedoch Initiatoren (Starter), d. h. Stoffe, aus denen relativ leicht Radikale entstehen. Solche Initiatoren sind zum Beispiel Peroxide wie Dibenzoylperoxid, die leicht in Radikale zerfallen können:

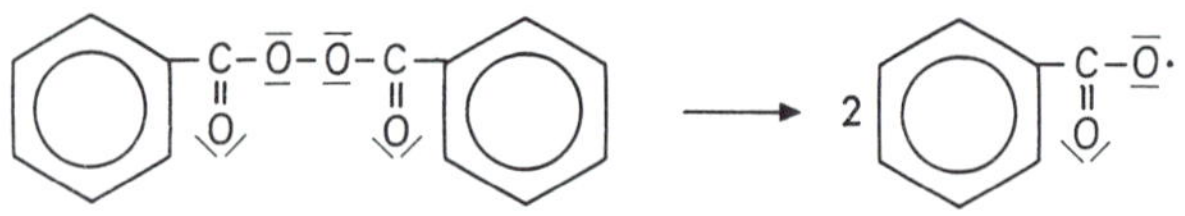

Der Zerfall solcher Initiatoren und damit die Geschwindigkeit der Polymerisation kann durch Belichtung oder Zugabe von Reduktionsmitteln beschleunigt werden. Gibt man andererseits sogenannte Inhibitoren zu, die mit den entstehenden Radikalen reagieren, so wird die Polymerisation verlangsamt.

Ionische und koordinative Polymerisation

4. Wie oben angedeutet, gibt es neben der Radikalpolymerisation noch andere Reaktionsabläufe, bei denen ebenfalls Polymerisationskunststoffe entstehen. Dazu gehören ionische Reaktionsmechanismen. Hier treten als Zwischenprodukte nicht Radikale, sondern Ionen auf. Ferner gibt es die koordinative Polymerisation mit Hilfe von Ziegler-Katalysatoren (z. B. Aluminiumtriethyl und Titanchlorid). Die ersten Katalysatoren dieser Art wurden 1952 von Ziegler[1] entdeckt, der mit ihrer Hilfe Ethen bei Normaldruck und Raumtemperatur zu Polyethylen umsetzen konnte (sogenanntes Niederdruckpolyethylen).

[1] Karl Ziegler (1898–1973), deutscher Chemiker, Nobelpreis 1954.

Durch Polymerisation entstehen meist Thermoplaste

5. Polymerisationskunststoffe bestehen meist aus Kettenmolekülen unterschiedlicher Länge mit nur schwacher Vernetzung. Es handelt sich daher im allgemeinen um Thermoplaste. Ihre Eigenschaften sind vor allem davon abhängig, welche Ausgangsstoffe zur Polymerisation verwendet wurden und welche Substituenten daher an der entstehenden Kohlenstoffkette hängen. Das durch Polymerisation von Ethen entstehende Polyethylen ist einer der am meisten gebrauchten Kunststoffe. Je nach Herstellungsweise sind der Vernetzungsgrad und damit die Eigenschaften etwas verschieden. Polyethylen läßt sich beliebig einfärben und bei einer Erweichungstemperatur von wenig über 100 °C auch leicht verarbeiten. Aus ihm werden Haushalteimer, Flaschen und Behälter aller Art sowie Schutz- und Verpackungsfolien hergestellt.

Polyethylen

Polyvinylchlorid (PVC)

6. Verwendet man anstelle von Ethen zur Polymerisation Vinylchlorid, so erhält man *P*oly*v*inyl*c*hlorid (PVC):

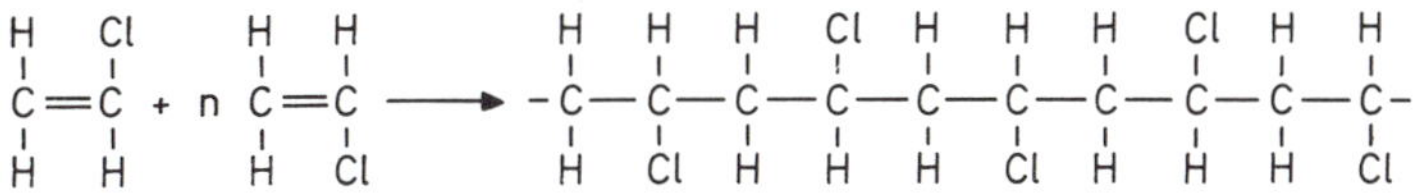

Die PVC-Moleküle besitzen dank der anhängenden Chloratome Teilladungen. PVC ist daher bei Zimmertemperatur verhältnismäßig hart und spröde. Zur Weiterverarbeitung werden ihm oft Weichmacher zugesetzt. Seine Verwendungsmöglichkeiten sind außerordentlich vielfältig: Bodenbeläge und Tischdecken, Rohre, Schläuche und Kabelisolierungen, Bucheinbände und Maschinenteile, bedruckte Folien und elektrische Stecker sind nur eine kleine Auswahl von Gegenständen, die aus PVC hergestellt werden können.

Polyacrylnitril

7. Durch Polymerisation von Acrylnitril erhält man Polyacrylnitril:

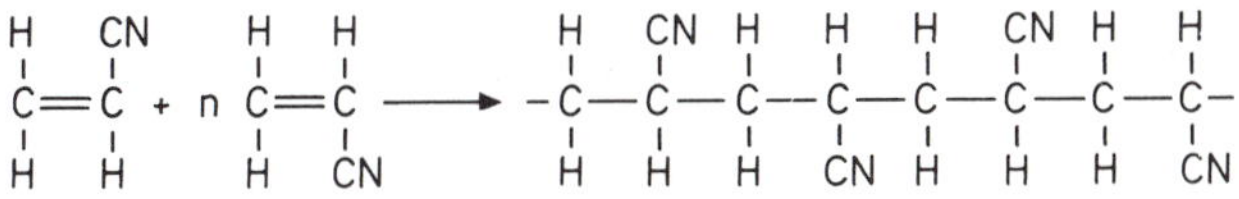

Polyacrylnitril kann in Dimethylformamid gelöst und als Lösung durch feine Düsen gepreßt werden. Die entstandene Faser kommt unter Namen wie Orlon oder Dralon in den Handel.

Plexiglas

8. Die Polymerisation von Methacrylsäureestern liefert das glasklare und harte Plexiglas, das in vielen Fällen anstelle von Glas verwendet wird:

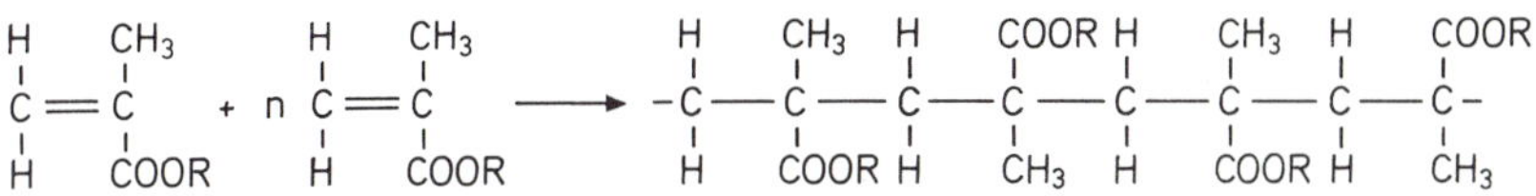

Polystyrol und Styropor

9. Das durch Polymerisation von Styrol erhaltene Polystyrol wird insbesondere zur Herstellung vieler Gebrauchsgegenstände und Kleinteile benützt:

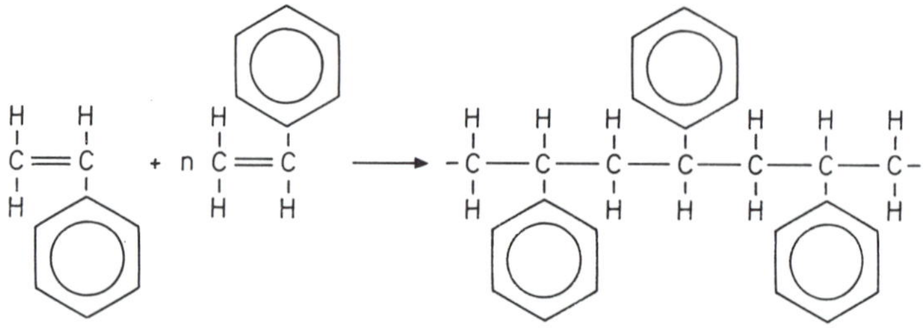

Aus Polystrol wird auch Styropor gewonnen. Dazu setzt man dem Polystyrol sogenannte Treibmittel zu, Stoffe, die bei höherer Temperatur Gas abscheiden. Beim Erwärmen wird das erweichende Polystyrol schaumartig aufgetrieben. Der so entstehende Schaumstoff Styropor ist insbesondere als Verpackungs- und Isoliermaterial von Bedeutung.

Polytetrafluorethen

10. Einen Kunststoff mit ungewöhnlichen Eigenschaften erhält man bei der Polymerisation von Tetrafluorethen:

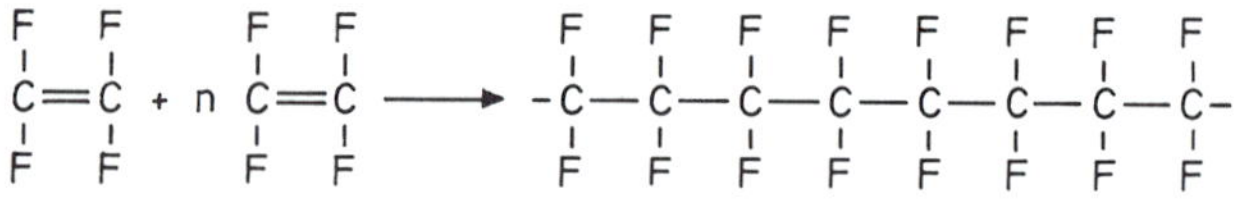

Das entstehende Polytetrafluorethen, unter Namen wie Hostaflon oder Teflon im Handel, ist außerordentlich widerstandsfähig gegen Chemikalien und Lösungsmittel aller Art. Es wirkt sehr gut elektrisch isolierend, besitzt außerordentlich geringe Adhäsionswirkung und ist temperaturbeständig bis zu etwa 300 °C. Polytetrafluorethen wird wegen seiner besonderen Eigenschaften für Laborgeräte, im Maschinenbau, in der Elektrotechnik und auch als Beschichtungsmaterial für viele Werkzeuge und Formteile verwendet. Seiner wasserabstoßenden Wirkung wegen ist es als Schibelag beliebt.

21.4 Polykondensation und Polyaddition

Wie stellt man Polyester her?

V_1 In einem kleinen Becherglas mischt man 10 g Malonsäure mit 9 g *1,4-Butandiol (feuergefährlich)* und 2 Tropfen *konzentrierter Schwefelsäure (ätzend; Schutzbrille!)*. Die Mischung wird *im Abzug* etwa 1 Stunde lang zum Sieden erhitzt. Anschließend läßt man die braun verfärbte Flüssigkeit abkühlen.

V_2 In ein Reagenzglas füllt man gut 2 cm hoch Phthalsäureanhydrid ein und überschichtet einen weiteren Zentimeter hoch mit Glycerin. Durch Erwärmen werden die beiden Stoffe gemischt und dann etwa 5 Minuten zum Sieden erhitzt *(Abzug!)*. Das Reagenzglas mit der zähen Flüssigkeit läßt man abkühlen.

Herstellung eines Phenoplasts und eines Aminoplasts

V3 In ein Reagenzglas füllt man etwa 2 cm hoch Phenol und gibt so viel *40%ige Methanallösung (giftig)* dazu, daß das Phenol eben bedeckt ist. Dann wird vorsichtig erwärmt, bis das Phenol sich gelöst hat. Nach Abstellen des Reagenzglases in ein Gestell fügt man 3 Tropfen konzentrierte Salzsäure hinzu. *(Vorsicht: keinesfalls größere Mengen benutzen; heftige Reaktion, eventuell spritzt heißes Reaktionsgut heraus; Schutzbrille! Abstand halten!)*

V4 4 g Harnstoff werden im Reagenzglas in 10 cm^3 *40%iger Methanallösung (giftig)* gelöst. Wenn sich der Harnstoff ganz aufgelöst hat, gibt man vorsichtig einige Tropfen *konzentrierte Schwefelsäure (ätzend; Schutzbrille!)* zu.

Die Gewinnung von Nylon

V5 3 cm^3 *Sebacinsäuredichlorid (ätzend, giftig)* werden in 50 cm^3 *Tetrachlorkohlenstoff (giftige Dämpfe)* gelöst. In einem 250-cm^3-Becherglas überschichtet man die Lösung vorsichtig mit einer anderen Lösung von knapp 5 g *Hexamethylendiamin (giftig)* und einer *Ätznatronperle (ätzend)* in 50 cm^3 Wasser. Das an der Grenzfläche der beiden Lösungen entstehende Nylon kann mit einer Pinzette herausgezogen und auf eine Spule aufgewickelt werden.

Polyurethan durch Polyaddition

V6 15 cm^3 *Toluol-2,3-diisocyanat (ätzend, giftige Dämpfe)* und 9 cm^3 *1,4-Butandiol (feuergefährlich)* werden in einem kleinen Becherglas auf etwa 70 °C erwärmt *(Vorsicht: Reaktion kann heftig verlaufen; Schutzbrille! Abzug!)*. Nach kurzer Zeit wird das Gemisch, das vorher aus zwei Schichten bestand, plötzlich homogen. Jetzt wird die Wärmequelle entfernt und das Becherglas in eine Porzellanschale gestellt.

1. Reagieren Alkohol und Säure miteinander, so entsteht unter Bildung von Wasser ein Ester (siehe Kapitel 15.8):

$$CH_3COOH + HOCH_3 \rightleftarrows CH_3COOCH_3 + H_2O$$

Eine solche Reaktion, bei der zwei Moleküle unter Abspaltung eines kleineren Moleküls miteinander verknüpft werden, wird Kondensation genannt.

Polykondensation: Bildung von Makromolekülen unter Abspaltung kleinerer Moleküle

Liegen Moleküle mit je zwei oder mehr funktionellen Gruppen vor, so kann durch fortgesetzte Kondensation ein Makromolekül entstehen. Eine Reaktion, bei welcher aus zahlreichen einfachen Molekülen unter Abspaltung kleinerer Moleküle (z. B. Wasser) neue, sehr große Moleküle entstehen, wird als Polykondensation bezeichnet. Auch durch Polykondensation können Kunststoffe erhalten werden.

Polyester und Polyamide

2. Durch Polykondensation von bifunktionellen Säuren und Alkoholen erhält man Polyester:

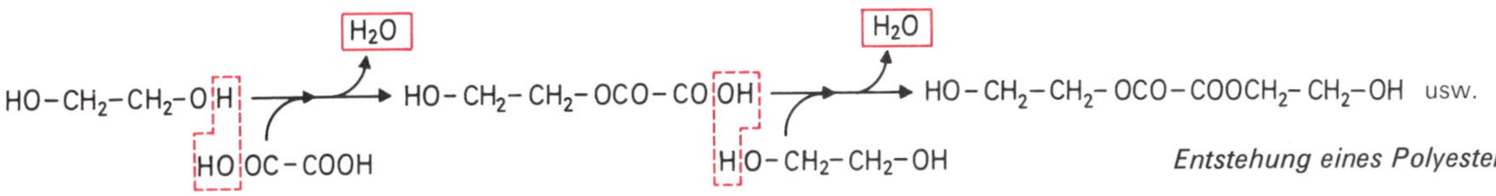

Entstehung eines Polyesters

Solche Polyester enthalten langgestreckte, unverzweigte Moleküle, es handelt sich um Thermoplaste. Sie dienen unter anderem als Material für Synthesefasern. Häufig werden Polyester aber aus Monomeren hergestellt, die außer den zwei funktionellen Gruppen auch noch eine Doppelbindung

enthalten. Die so entstehenden ungesättigten Polyesterharze härten erst beim Verarbeiten aus, wenn nach Zugabe bestimmter Härter (Initiatoren) die einzelnen Molekülketten durch Polymerisation vernetzen. Es entstehen Duroplaste. Polyester werden häufig durch Einlage von Glasfasern verstärkt, das Material erreicht dann die mechanische Festigkeit von Metall.
Durch Polykondensation von Dicarbonsäuren mit Diaminen erhält man Polyamide, die sich vor allem zur Herstellung von Synthesefasern eignen. So gehören zum Beispiel Nylon und Perlon zu den Polyamidfasern.

Entstehung eines Polyamids

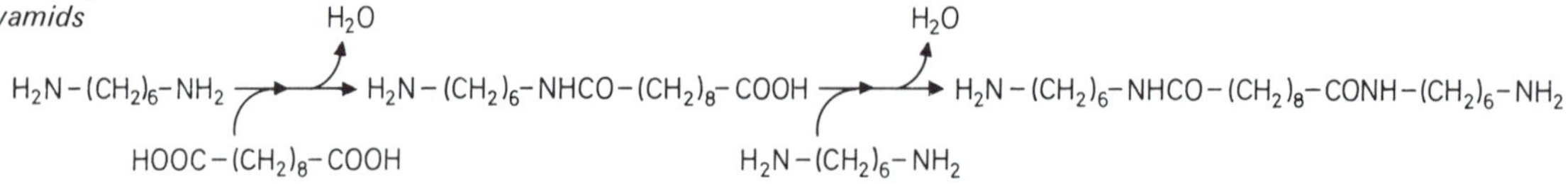

3. Besitzt ein Reaktionspartner mehr als zwei funktionelle Gruppen, kann die Kondensation also an mehr als zwei Stellen des Moleküls angreifen, so entstehen durch Polykondensation vernetzte Kunststoffe. Das ist z. B. bei der Reaktion von Phenol mit Formaldehyd (Methanal) der Fall.

Ausschnitt aus einem Phenoplast

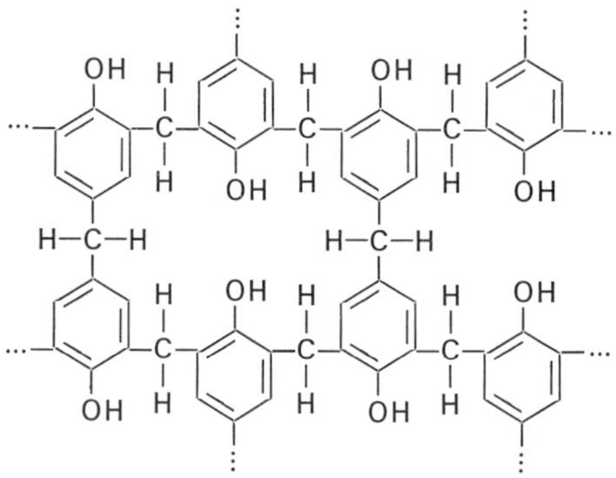

Die so entstehenden «Phenoplaste» gehören ihrer starken Vernetzung wegen zu den Duroplasten. Dasselbe gilt für die aus Aminen und Formaldehyd entstehenden «Aminoplaste». Aus Pheno- und Aminoplasten werden elektrotechnische Artikel wie Steckdosen, Schalter und Telefongehäuse, Teile von Haushaltsgeräten und Maschinen sowie Kunststoffgeschirr hergestellt.

Polyaddition: Bildung von Makromolekülen unter Wanderung von Wasserstoff

4. Eine weitere Möglichkeit zur Gewinnung von Makromolekülen ist die Polyaddition. Auch in diesem Fall reagieren Moleküle mit zwei oder mehr funktionellen Gruppen miteinander. Dabei tritt aber kein kleineres Molekül aus, sondern es erfolgt eine Verknüpfung der Bausteine unter gleichzeitiger Wanderung von Wasserstoff oder andern Teilchen. Auf diese Weise entstehen z. B. aus Diolen und Diisocyanaten die Polyurethane:

Entstehung eines Polyurethans

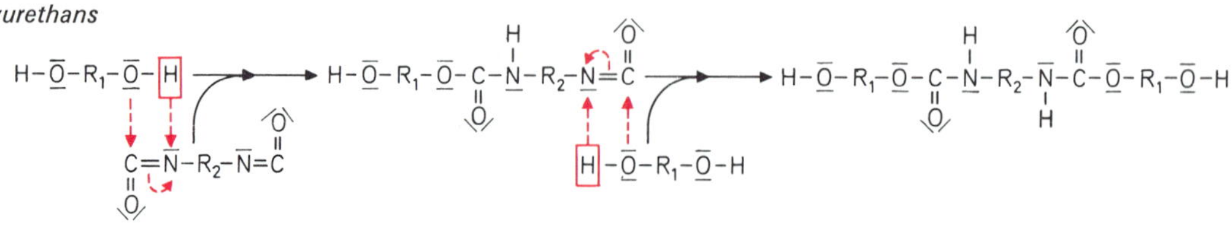

Auch hier bilden sich bei Verwendung trifunktioneller Ausgangsstoffe vernetzte Makromoleküle. Polyurethane sind sehr vielseitig verwendbar. Unter anderem liefern sie den Schaumstoff Moltopren, der als Isolier- oder Polstermaterial gebraucht wird. Dazu gibt man in das Reaktionsgemisch überschüssiges Isocyanat, das mit Wasser Kohlendioxid bildet. Dieses Gas treibt den Kunststoff schaumartig auf und bleibt in Form kleiner Bläschen in der erhärtenden Masse.

Polyurethan

21.5 Kunststoffe – gestern und heute

V Etwas «hüpfender Kitt» wird zu einer Kugel geformt, in die man mit dem Finger eine Vertiefung eindrückt. Anschließend schlägt man mit dem Hammer auf die Kugel.

1. Natürliche Makromoleküle sind schon seit langer Zeit als Werkstoffe in Gebrauch. Die Verwendung von Holz mit seinen Cellulose-Makromolekülen reicht in die Anfänge der Menschheit zurück; ähnliches gilt für die Protein- oder Cellulosemoleküle in den natürlichen Fasern der Wolle oder Baumwolle. Nachdem 1839 der Amerikaner Goodyear[1] durch Erhitzen von Kautschuk mit Schwefel die Vulkanisation erfunden hatte, begann der Siegeszug des Gummis. Naturkautschuk ist ein Polymer des doppelt ungesättigten Kohlenwasserstoffs Isopren:

Kautschuk ist ein Polymer des Isoprens

$$\begin{array}{c} \quad CH_3 \\ \quad | \\ CH_2{=}C{-}CH{=}CH_2 \end{array}$$

Bei der Polymerisation von Isopren bleiben im Makromolekül Doppelbindungen erhalten, die beim Vulkanisieren mit Schwefel reagieren. Die Makromoleküle werden dadurch mehr oder weniger stark vernetzt. Vulkanisierter Kautschuk (Gummi) ist ein Elastomer.

2. Der heute verwendete Kautschuk ist meist synthetisch hergestellt. Es handelt sich dabei um Polymere von Butadien-(1,3)

Synthetischer Kautschuk

$$CH_2{=}CH{-}CH{=}CH_2$$

oder ähnlich gebauten Molekülen mit wechselnden Mengen anderer ungesättigter Moleküle (z. B. Styrol). Auch Kunstkautschuk muß, um die erwünschten gummielastischen Eigenschaften zu erhalten, vulkanisiert werden.

3. Die ersten Kunststoffe wurden aus in der Natur vorkommenden Makromolekülen hergestellt. So gewann man aus Cellulose durch Behandeln mit Zinkchloridlösung die sogenannte Vulkanfiber, durch Nitrieren mit Salpetersäure und Behandeln mit Campher das Celluloid. Nach verschiedenen Verfahren wurde Cellulose zu «Kunstseiden» verarbeitet.
Auch das schon 1904 fabrikmäßig hergestellte Galalith ist ein Kunststoff aus natürlich vorkommenden Ausgangsprodukten. Zu seiner Gewinnung wird das Casein der Milch mit Formaldehyd behandelt und so zum Kunsthorn ausgehärtet.

Erste «Kunststoffe» aus Naturprodukten

[1] Charles Goodyear (1800–1860).

Siliconmakromoleküle mit Si–O-Ketten

4. Seit 1944 werden synthetische Makromoleküle hergestellt, die anstelle des Kohlenstoffgerüsts abwechselnd Silicium- und Sauerstoffatome besitzen. Diese sogenannten Silicone werden aus niedermolekularen Siliciumverbindungen, wie Dimethyldichlorsilan $[(CH_3)_2SiCl_2]$ gewonnen:

Entstehung eines Silicons

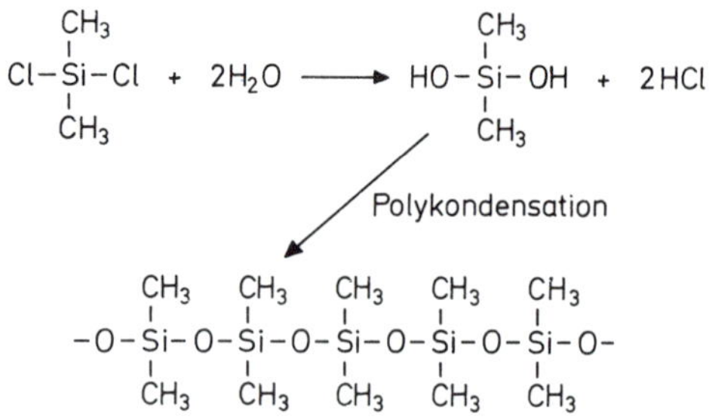

Dimethylpolysiloxan

Silicone haben je nach dem Ausgangsstoff ganz unterschiedliche Eigenschaften; sie können flüssig, kautschukelastisch oder hart sein. Wichtig sind die Silicone nicht zuletzt wegen ihrer hohen Widerstandsfähigkeit gegen Chemikalien aller Art und wegen der Eigenschaft, Wasser abzustoßen.
Aus Siliconen lassen sich zwar keine Kunststoffe mit den spezifischen Eigenschaften eines Thermoplasts herstellen, wohl aber Duroplaste und Elastomere. Ein Vorteil gegenüber den Kunststoffen auf Kohlenstoffbasis ist, daß Silicium und Sauerstoff auf der Erde in praktisch unerschöpflichen Mengen zur Verfügung stehen. Da Silicone aber in der Herstellung noch relativ teuer sind, werden sie bisher nur für Sonderzwecke verwendet.
Dimethylpolysiloxan bildet, wenn es mit 0,5% Bor gemischt wird, den sogenannten «hüpfenden Kitt». Seine Moleküle sind gegeneinander beweglich. Bei stoßartig auftretenden Kräften kommt es jedoch zu kurzzeitig anhaltenden Vernetzungen, wahrscheinlich infolge Ausbildung von Borbrücken zwischen den Sauerstoffatomen der Siliconkette. Der Stoff ist daher bei gleichmäßig einwirkender Kraft plastisch verformbar; bei Schlag und Stoß verhält er sich als Elastomer.

Neue Werkstoffe

5. Auf der Suche nach Materialien mit besonderen Eigenschaften wurden in den letzten Jahren unter anderem Kunststoffe durch Einlagern von Kohlenstoffasern verstärkt. Solche Fasern erhält man durch Hitzebehandlung organischer Polymere, sie sind sehr fest, chemisch außerordentlich widerstandsfähig und umweltfreundlich. Da weder das Blut noch das menschliche Muskel- und Knochengewebe in Berührung mit glatten Kohlenstoffflächen irgendwelche negativen Reaktionen zeigt, ist ein Werkstoff aus Kohlenstoffasern hervorragend für Prothesen zum Beispiel von Herzklappenteilen, Blutgefäßen, Knie- oder Hüftgelenken geeignet. Im Verbund mit Polyester- oder Phenolharzen verleihen die Kohlenstoffasern dem Kunststoff extreme Stabilität und Steife auch bei starker Erwärmung oder Abkühlung. Solche Materialien werden daher insbesondere in der Luft- und Raumfahrt verwendet.

6. Die Kunststoffe haben in den Jahren nach dem Zweiten Weltkrieg eine ungeahnte Bedeutung gewonnen. Auf den verschiedensten Gebieten haben sie andere Werkstoffe verdrängt oder ergänzt. Da sie sich gut vollautomatisch verarbeiten lassen, haben Kunststoffe einen wesentlichen Anteil an der modernen Massenproduktion und damit am Wirtschaftsaufschwung der Nachkriegszeit.
Leider ist es bisher noch nicht gelungen, ein wirtschaftlich tragbares Verfahren zur Wiederverwertung aller gebrauchten Kunststoffteile zu entwickeln. Insbesondere in der Verpackungsindustrie fallen ja sehr große Mengen an, die meist nur einmal verwendet werden. Zur Wiederverwertung müßten die Kunststoffe zuerst gereinigt und sortiert werden. Das ist teuer und schwierig. Andererseits wäre eine Wiederverwertung der Kunststoffe sehr zu begrüßen, denn die Monomere werden fast ausschließlich aus Erdöl und Erdölprodukten hergestellt. Die Erdöllager unserer Erde sind aber nicht unerschöpflich. Mit Erdöl sollte daher – wie mit anderen Rohstoffen auch – möglichst sparsam umgegangen werden. Der mögliche Ersatz seltener werdender Rohstoffe und ihre Rückgewinnung werden in der Zukunft eine der wichtigen Aufgaben der chemischen Forschung sein.

A_1 Welche experimentellen Möglichkeiten gibt es, eine radikalische Polymerisationsreaktion auszulösen?

A_2 Der ionische Reaktionsmechanismus der Polymerisation kann z. B. durch Hydronium-Ionen ausgelöst werden. Dabei ist H^+ elektrophiles Teilchen. Wie können die einzelnen Reaktionsschritte dargestellt werden?

A_3 Phenol kondensiert mit Methanal zum Phenoplast. Wie kann man die einzelnen Reaktionsschritte formulieren?

A_4 Wie wird aus dem Kunststoff eine Synthesefaser hergestellt und welcher strukturelle Aufbau liegt in der Faser vor?

A_5 Wie verändern sich die Eigenschaften des Kautschuks beim Vulkanisieren? Zeichnen Sie die Strukturformeln je eines Molekülabschnitts von nichtvulkanisiertem und von vulkanisiertem Kautschuk.

A_6 Warum rechnet man Polysaccharide und Proteine zu den Polykondensaten?

A_7 Wie erklärt sich die chemische Widerstandsfähigkeit des Polyethylens?

Säurekonstanten $pK_s = -\log K_s$ (bei 25 °C)
(alphabetisch geordnet nach Elementsymbolen)

Stoff	Säure	K_s	pK_s
Aluminiumsalz	$[Al(H_2O)_6]^{3+}$	$1{,}3 \cdot 10^{-5}$	4,9
Bromwasserstoff	HBr	10^6	−6
Methan	CH_4	ca. 10^{-48}	ca. 48
Kohlensäure	(H_2CO_3)	$3{,}5 \cdot 10^{-7}$	6,46
Hydrogencarbonat	HCO_3^-	$4 \cdot 10^{-11}$	10,40
Ameisensäure	$HCOOH$	$1{,}7 \cdot 10^{-4}$	3,77
Essigsäure	CH_3COOH	$1{,}75 \cdot 10^{-5}$	4,76
Propionsäure	C_2H_5COOH	$1{,}33 \cdot 10^{-5}$	4,88
Monochloressigsäure	$CH_2ClCOOH$	$1{,}5 \cdot 10^{-3}$	2,81
Monofluoressigsäure	CH_2FCOOH	$2{,}2 \cdot 10^{-3}$	2,66
Trifluoressigsäure	CF_3COOH	$5{,}8 \cdot 10^{-1}$	0,23
Oxalsäure	$(COOH)_2$	$3{,}5 \cdot 10^{-2}$	1,46
Phenol	C_6H_5OH	10^{-10}	10
Ethanol	C_2H_5OH	10^{-16}	16
Blausäure	HCN	$4 \cdot 10^{-10}$	9,4
Chlorwasserstoff	HCl	10^6	−6
Perchlorsäure	$HClO_4$	10^9	−9
Fluorwasserstoff	HF	$7{,}25 \cdot 10^{-4}$	3,14
Iodwasserstoff	HI	10^8	−8
Ammoniumsalz	NH_4^+	$5{,}8 \cdot 10^{-10}$	9,24
Ammoniak	NH_3	10^{-23}	23
Salpetrige Säure	HNO_2	$4{,}5 \cdot 10^{-4}$	3,35
Salpetersäure	HNO_3	21	−1,32
Hydronium-Ion	H_3O^+	55	−1,74
Wasser	H_2O	$1{,}8 \cdot 10^{-16}$	15,74
Hydroxid-Ion	OH^-	10^{-24}	24
Wasserstoffperoxid	H_2O_2	$2{,}4 \cdot 10^{-12}$	11,62
Phosphorsäure	H_3PO_4	$1{,}1 \cdot 10^{-2}$	1,96
Dihydrogenphosphat	$H_2PO_4^-$	$6{,}2 \cdot 10^{-8}$	7,21
Hydrogenphosphat	HPO_4^{2-}	$4{,}8 \cdot 10^{-12}$	12,32
Schwefelwasserstoff	H_2S	$8{,}8 \cdot 10^{-8}$	7,06
Hydrogensulfid	HS^-	$1{,}03 \cdot 10^{-13}$	12,9
Schweflige Säure	H_2SO_3	$1{,}1 \cdot 10^{-2}$	1,96
Hydrogensulfit	HSO_3^-	$6{,}4 \cdot 10^{-8}$	7,2
Schwefelsäure	H_2SO_4	10^3	−3
Hydrogensulfat	HSO_4^-	$1{,}2 \cdot 10^{-2}$	1,92

Redox-Reihe
Normalpotentiale bei 25 °C (in Volt)

K	$\rightleftharpoons$	$K^+_{aq} + e^-$	– 2,92
Ba	$\rightleftharpoons$	$Ba^{2+}_{aq} + 2e^-$	– 2,91
Ca	$\rightleftharpoons$	$Ca^{2+}_{aq} + 2e^-$	– 2,76
Na	$\rightleftharpoons$	$Na^+_{aq} + e^-$	– 2,71
Mg	$\rightleftharpoons$	$Mg^{2+}_{aq} + 2e^-$	– 2,40
Al	$\rightleftharpoons$	$Al^{3+}_{aq} + 3e^-$	– 1,67
$2\,OH^-_{aq} + H_2$	$\rightleftharpoons$	$2\,H_2O + 2e^-$	– 0,84
Zn	$\rightleftharpoons$	$Zn^{2+}_{aq} + 2e^-$	– 0,76
Cr	$\rightleftharpoons$	$Cr^{3+}_{aq} + 3e^-$	– 0,74
Fe	$\rightleftharpoons$	$Fe^{2+}_{aq} + 2e^-$	– 0,44
$Pb + SO^{2-}_{4aq}$	$\rightleftharpoons$	$PbSO_4 + 2e^-$	– 0,36
Co	$\rightleftharpoons$	$Co^{2+}_{aq} + 2e^-$	– 0,28
Ni	$\rightleftharpoons$	$Ni^{2+}_{aq} + 2e^-$	– 0,25
Sn	$\rightleftharpoons$	$Sn^{2+}_{aq} + 2e^-$	– 0,14
Pb	$\rightleftharpoons$	$Pb^{2+}_{aq} + 2e^-$	– 0,13
H_2	$\rightleftharpoons$	$2\,H^+_{aq} + 2e^-$	0,00
Sn^{2+}_{aq}	$\rightleftharpoons$	$Sn^{4+}_{aq} + 2e^-$	+ 0,15
$H_2SO_3 + H_2O$	$\rightleftharpoons$	$SO^{2-}_{4\,aq} + 4\,H^+_{aq} + 2e^-$	+ 0,17
$Ag + Cl^-_{aq}$	$\rightleftharpoons$	$AgCl + e^-$	+ 0,22
Cu	$\rightleftharpoons$	$Cu^{2+}_{aq} + 2e^-$	+ 0,34
$4\,OH^-_{aq}$	$\rightleftharpoons$	$O_2 + 2\,H_2O + 4e^-$	+ 0,40
$2\,I^-_{aq}$	$\rightleftharpoons$	$I_2 + 2e^-$	+ 0,54
H_2O_2	$\rightleftharpoons$	$O_2 + 2\,H^+_{aq} + 2e^-$	+ 0,68
Fe^{2+}_{aq}	$\rightleftharpoons$	$Fe^{3+}_{aq} + e^-$	+ 0,77
Ag	$\rightleftharpoons$	$Ag^+_{aq} + e^-$	+ 0,81
$2\,Br^-_{aq}$	$\rightleftharpoons$	$Br_2 + 2e^-$	+ 1,07
$2\,H_2O$	$\rightleftharpoons$	$O_2 + 4\,H^+_{aq} + 4e^-$	+ 1,23
$Mn^{2+}_{aq} + 2\,H_2O$	$\rightleftharpoons$	$MnO_2 + 4\,H^+_{aq} + 2e^-$	+ 1,35
$2\,Cr^{3+}_{aq} + 7\,H_2O$	$\rightleftharpoons$	$Cr_2O^{2-}_{7\,aq} + 14\,H^+_{aq} + 6e^-$	+ 1,33
$2\,Cl^-_{aq}$	$\rightleftharpoons$	$Cl_2 + 2e^-$	+ 1,36
$Pb^{2+}_{aq} + 2\,H_2O$	$\rightleftharpoons$	$PbO_2 + 4\,H^+_{aq} + 2e^-$	+ 1,46
Au	$\rightleftharpoons$	$Au^{3+}_{aq} + 3e^-$	+ 1,50
$Mn^{2+}_{aq} + 4\,H_2O$	$\rightleftharpoons$	$MnO^-_{4\,aq} + 8\,H^+_{aq} + 5e^-$	+ 1,52
Pt	$\rightleftharpoons$	$Pt^{2+}_{aq} + 2e^-$	+ 1,60
Ce^{3+}_{aq}	$\rightleftharpoons$	$Ce^{4+}_{aq} + e^-$	+ 1,61
$Cl_2 + H_2O$	$\rightleftharpoons$	$2\,HOCl + 2\,H^+_{aq} + 2e^-$	+ 1,63
$PbSO_4 + 2\,H_2O$	$\rightleftharpoons$	$PbO_2 + SO^{2-}_{4\,aq} + 4\,H^+_{aq} + 2e^-$	+ 1,68
$MnO_2 + 2\,H_2O$	$\rightleftharpoons$	$MnO^-_{4\,aq} + 4\,H^+_{aq} + 3e^-$	+ 1,69
$2\,H_2O$	$\rightleftharpoons$	$H_2O_2 + 2\,H^+_{aq} + 2e^-$	+ 1,78
$O_2 + H_2O$	$\rightleftharpoons$	$O_3 + 2\,H^+_{aq} + 2e^-$	+ 2,07
$2\,SO^{2-}_{4\,aq}$	$\rightleftharpoons$	$S_2O^{2-}_{8\,aq} + 2e^-$	+ 2,18
$2\,F^-_{aq}$	$\rightleftharpoons$	$F_2 + 2e^-$	+ 2,85

Register

Abbruchreaktionen 247, 366
Abraumsalze 106
Absorptionsbande 269
Abwasser 64
Acetaldehyd 282
Acetamid 292
Acetat 289
Acetatseide 348
Acetessigester 299
Acetessigsäure 299
Aceton 284, 285, 286
Acetylchlorid 292
Acetyl-Coenzym A 330
Acetylen 255
Acetylide 257
Acetylsalicylsäure 309
Actiniden 123, 219
Acrylnitril 367
Acrylsäure 291
Addition 283
– an die Carbonylgruppe 285
– elektrophile 252
– nucleophile 283
Additionsreaktion, Anlagerung 252
Adenin 322, 324
Adipinsäure 290
Adsorption 196
Adsorptionschromatographie 353
Adenosintriphosphat 324
Aggregatzustand 15
Akkumulator 188
Aktivierungsenergie 43, 54, 194, 195
Aktivität, optische 295
Alanin 350
Aldehyd 281
Aldehydcarbonsäure 291
Aldehydgruppe 282
Aldosen 339
Alizaringelb 212
alkalisch 98
Alkaloide 324
Alkalimetalle 117, 118
Alkanal 281
Alkane 240
– Benennung 244
– Molekülmodelle 242
Alkanol 271
Alkanon 284
Alkene 248
– Namen 253
Alkine 255
– homologe Reihe 258
Alkohol 271
– primärer 281
– sekundärer 285
– tertiärer 273
Alkoholat 274
Alkohole, mehrwertige 277
– primäre, sekundäre, tertiäre 273
Alkylamine 314
Alkyle 240
Alkylradikal 240
Aluminium 23, 227
Aluminiumcarbid 237
Aluminiumgewinnung 228
Aluminiumlegierungen 229
Aluminiumoxid 99, 227
Aluminiumsulfat 213
Amalgamverfahren 229
Ameisensäure 288
Amine 314
Aminoazobenzol 319
Aminobenzol 318
Aminocarbonsäure 291
Aminoessigsäure 291
Aminoplast 370
Aminopropansäure 349
Aminosäuren 349
Aminosäuresequenz 354
Ammoniak 86, 164
Ammoniakherstellung, großtechnische 206
Ammoniakmolekül 165
– Chlorwasserstoffmolekül 170
Ammoniaksynthese 206, 207
– wirtschaftliche Bedeutung 207
Ammoniakverbrennung 86
Ammoniakwasser 197
Ammoniumchlorid 92
Ammoniumcyanat 235
Ammonium-Ion 171
Ammoniumsalze 87
Ammoniumsulfat 106
Ammoniumverbindungen 86
Ammonsalpeter 88
Ampholyt 174, 274
Amylalkohol 272
Amylase 344
Amylopektin 344
Analyse 21
Änderung der freien Energie (ΔG) 200
Anhydrit 108, 110
Anilin 318
Anionen 95
angeregter Zustand 133
Angriff, elektrophiler 252
– nukleophiler 252
Anode 95, 188
Anodenschlamm 231
Anthracen 302
Anthrazit 76
Antiklopfmittel 265
Apatit 83
Äpfelsäure 294, 295
Aquakomplexe 220
aq (von lat. aqua = Wasser) 73
Arbeit mechanische 198
Argon 120
Aristoteles 22
Aromaten 302
aromatisch 302
Arrhenius, Svante 173
Asparaginsäure 350
Äthan, siehe Ethan
Äthanol, siehe Ethanol
Atom 26, 124
Atombau 122
Atombindung 152, 168
– polare 160, 161, 168
– polare und unpolare 163
Atomgitter 157, 159
Atom, Grundzustand 133
Atomhülle 137
– Feinbau 134
– Schalenbau 133
Atomkern 128
Atommasse 30, 32, 122, 130
Atommodell von Bohr 131
Atommodell von Rutherford 128
Atommodelle 128
Atomradius 160
ATP 324
Ätzkali 100
Ätznatron 100
Aufenthaltswahrscheinlichkeit, radiale 144, 152
Aufheller, optische 335
Auspuffgase 261
Außenelektronen 134, 141
Autoprotolyse des Wassers 208, 209
Avogadro, Amadeo 49, 127
– Satz von 49
Azofarbstoffe 320

Baeyersche Probe 251
Balmer-Serie 133
Bariumcarbonat 78
Bariumchlorid 73, 97
Bariumhydroxid 78, 100
Bariumsulfat 106, 110
Barytwasser 78, 97, 100
Base, konjugierte 211
Basenkonstante 315
Basenstärke 211
Batterie 188
Bauxit 227
Becquerel, Antoine Henri 126
Beilsteinprobe 248
Belüftungsbecken 64
Benzaldehyd 309
Benzin 263
Benzoesäure 309
Benzol 301
Benzonitril 319
3, 4-Benzpyren 302
Benzylalkohol 309
Beobachtung 127
Bernsteinsäure 290
Berylliumoxid 106
Berzelius, J. Jakob 28, 119, 235
Bindigkeit 155
σ-Bindung 251
π-Bindung 251
Bindung, heteropolare 147
– koordinative 221
– kovalente 153
Bindungsarten, im Vergleich 168
Bindungselektronen, in Metallen 216
Bindungselektronenpaar 153
Bindungsenergie 155, 270
Bindungslänge 155, 270
Bindungsordnung 155
Bindungswinkel 164, 270
Birkeland-Eyde-Verfahren 86
Bittersalz 110
Bitumen 263

Biuret 317
Biuretreaktion 355
Bleiakkumulator 187, 188
Bleitetraethyl 265
Bohr, Niels 133
Bohrsches Atommodell 131
– Grenzen 145
Bohrturm 264
Bombe, kalorimetrische 198
Born, Max 144
Bosch, Carl 206
Boyle-Mariotte, Gesetz von 46
Boyle Robert 22, 46
Branntwein 276
Braunstein 41, 112
Brauneisenstein 223
Braunkohle 76
Brennspiritus 276
Brennstoffe 76
Brenzkatechin 310
Brom 113, 116
Bromaceton 286
Bromate 114
Bromatom 246
Bromessigsäure 292
Bromide 114
Bromhexan 246
Bromsäure 114
Bromthymolblau 70, 99, 212
Bromwasser 114
Bromwasserstoff 114, 245
Bromwasserstoffsäure 114
Brönsted, Johannes Nicolaus 173
Bronze 231
Bürette 101, 103
Butadien 263, 371
1,3-Butadien 253
Butan 241
– Isomere 243
Butanol 282
1-Butanol 272
2-Butanol 272, 285
2-Butanon 285
Butansäure 288
1-Buten 254
2-Buten 254
1-Butin 258
Buttersäure 288, 290, 328
Buttersäureethylester 299
Butyl 241
Butylalkohol 272
n-Butyraldehyd 282

Calciumcarbid 255
Calciumcarbonat 78, 110, 197
Calciumchlorid 106, 110
Calciumhydrogencarbonat 78, 110, 197
Calciumhydroxid 78, 100
Calciumphosphat 83
Calciumsulfat 110
Carbonat 109
Carbonat-Ion 96
Carbonate 97
Carbonsäureamid 292
Carbonsäureanhydrid 292
Carbonsäurechlorid 292
Carbonsäureester 292, 298
Carbonsäuren 286–293
– Mesomerie 305
– ungesättigte 291
Carbonat-Ion, Mesomerie 305
Carbonylgruppe 283, 285
Carbonsäure 286
Carbonsäurederivate 286
Carbenium-Ion 252
Carboxylgruppe 287
Carnallit 88
Cäsium 118
C-Atome, sp-hybridisierte 256
Cellitonechtgelb 320
Cellobiose 341
Cellulose 345, 346
Celluloid 371
Celluloseacetat 348
Cellulosefibrillen 345
Chadwick, James 125
Chemie, anorganische 236
Chemie, organische 236
Chemische Reaktionen, Grundtypen 170
Chemolumineszenz 81
Chilesalpeter 87, 88
Chinin 324
Chlor 23, 111, 116, 229
–Herstellung 112
Chloralkalielektrolyse 229
Chlorat 113
Chloressigsäure 292
Chloride 93, 97
Chlorid-Ion 94, 96, 112
Chlorige Säure 113
Chlorit 113
Chlorknallgas 92
Chloroform, siehe Trichlormethan
Chlormolekül 153
Chlorophyll 325
Chlorsäure 113
Chlorwasser 111
Chlorwasserstoff 92
Chromatographie 352
Chromnickelstahl 217, 226, 234
Citronensäure 294
Cobalt 218, 221
Coenzym 359
Coffein 324
Coulomb 125
Coulomb de, Charles Augustin 125, 149
Coulombsche Anziehungskräfte 150
Coulombsches Gesetz 149
Cracken 263
Cracken, katalytisches 264
– thermisches 263
Crackprozeß 263
Cumol 308
Curie, Marie 126
Curie, Pierre 126
Cycloalkane 240, 244
– allgemeine Summenformel 244
Cyclobutan 244
Cyclohexan 244
Cyclopentan 244
Cyclopropan 244
Cystein (CySH) 350
Cystin (CyS-SCy) 356
Cytosin 322

Dalton, John 26
Dampfdruck 60, 62
Dampfdruckkurven 60
Deformationsschwingung 270
Dehydrierung 282, 285
Dekantieren 17
Demokrit 124
Denaturierung 357
Derivate 246
Desoxyribose 340
Desoxyribonukleinsäure 323
Destillation 18
– fraktionierte 262, 352
Detergentien 334
Detergentiengesetz 335
Deuterium 131
Diabetes 358
Dialyse 332
Diamant 77, 157
– Gitterstruktur 77
diamantartige 169
Diaphragmaverfahren 230
Diazonium-Ion 319
Diazoniumsalze 319
Dibenzanthracen 302
Dibenzoylperoxid 366
1, 2-Dibromethan 252
1, 2-Dibromethen 257
Dicarbonsäure 288, 290
Dichloressigsäure 292
cis-1, 2-Dichlorethen 253
trans-1, 2-Dichlorethen 253
Dichlormethan 246
Dichte, von Lösungen 57
Diene 253
Dieselöl 262, 263
Diethylether 279
Diethylketon 285
Diffusion 46, 59
Diffusionsgeschwindigkeit 46
Difluor-dichlormethan (Freon 12, Frigen 12) 247
Dihydrogenphosphate 97
Dihydroxybernsteinsäure 294
Dihydroxypropansäure 294
Diisocyanat 370
Diisopropylether 279
Dimethylamin 314
Dimethylbenzol 309
Dimethyldichlorsilan 372
Dimethylether 279
Dimethylpolysiloxan 372
Dinatriumhydrogenphosphat 109
Diol 370
Dioxan 279
Dipeptid 351
Dipolmolekül 162
Dipolmoleküle, mehratomige 163
– zweiatomige 162
Direktreduktion 226
Disaccharid 341
Distickstofftetroxid 197
DNS 323
Döbereiner, Johann Wolfgang 122
Doppelbindung (C = C) 236, 249, 250
– Nachweis 251
– konjugierte 305
Doppelsuperphosphat 88
Dreifachbindung (C ≡ C) 236, 256, 257
– Addition an der 257
Druck, osmotischer 145
Duktilität 216
Dünger, organische 87
– mineralische 87
Dünnschichtchromatographie 352

Duraluminium 217
Duroplaste 361

Edelgase 38, 120, 159
Edelgaskonfiguration 141, 145, 146
I-Effekt 310
+ I-Effekt 289
– I-Effekt 288, 292, 290
+ M-Effekt 311
– M-Effekt 311
Eigenschaftskombination 14
Eikosan 263
Einfachbindung (C-C) 236
Einfachbindung, Doppelbindung, Dreifachbindung 155
Einkristall 216
Einschlußverbindung 345
Einstein, Albert 133
Eisen 23, 223
Eisen (III)-chlorid 106, 213
Eisenkomplex 221
Eisen, verzinktes 234
Eiskristall 166
Eiweißstoffe 354
Elastomer 362
elektrischer Strom 94
Elektrode 95, 184
Elektrolyse 95, 187
– von Kochsalzlösung 112
Elektrolyt 93, 95, 145
Elektron 124
Elektronegativität 160
Elektronegativitätsdifferenz 169
Elektronen 31, 94
s-Elektronen 135
p-Elektronen 135
d-Elektronen 135
f-Elektronen 135
Elektronenkonfiguration 135, 136, 138, 141, 146
– des Kohlenstoffatoms 238, 250, 256
Elektronenpaar, freies 154
Elektronenschale, maximale Besetzung 134
Elektronenspin 135
Elektroverfahren zur Stahlgewinnung 226
Elektronenwolke 144, 152
Element 22
– galvanisches 182, 184
Elementaranalyse 268
Elementarladung 125
Elementarteilchen 124
Elementgruppe 111, 116, 117, 120, 123, 134
Elementsymbole 28
Emulsion 56
endergonisch 200
Energetik 196
Energieänderung 198
Energiediagramm 195
Energie, freie (ΔG) 200
Energieprinzip 137, 199
Energieumsatz 198
Entropie 200
Entropieprinzip 200
Enthalpieglied 201
Entropieänderung (ΔS) 201
Enzyme 359
Erdgas 259, 261
Erdöl 259, 260, 261
– Entstehung 260
– Lagerstätte 260
Erhaltung der Masse 29
Erlenmeyer, Emil 277
Erlenmeyer-Regel 277
Essigsäure 288, 289
Essigsäure-Acetat-Puffer 214
Essigsäureanhydrid 292
Essigsäureamylester 299
Essigsäureethylester 292, 299
Ester 298
Estergleichgewicht 299
Esterhydrolyse 298
Ethan 241
Ethanal 282, 283
Ethandiol 290
1,2-Ethandiol 290
Ethandisäure 290
Ethanol 267, 272
Ethansäure 288
Ethen (Ethylen) 249, 250, 254, 264
Ethenmolekül 249
– Bindungslängen 249
– Bindungswinkel 249
– Modelle 249
Ether 278
Ethin [Acetylen] 255, 258
Ethinmolekül 256
– Modell 256
– Strukturformel 256
Ethyl 241
Ethylen 249
Ethylalkohol 272, 276
Ethylbenzol 308
Ethylmethylether 279
Eutrophierung 336
exergonisch 200
Experiment 127
Exsikkator 73
Extraktion 18

Fällung 102
Fasern, natürliche 346
– synthetische 365
Fehlingsche Lösung 283, 338
Fett, tierisches 329
Fette 327
Fetthärtung 329
Fettsäure-Ionen 332
Fettsäuren 327
– essentielle 330
– gesättigte 290
Filter 17
Filterpressen 17
Filter-Rückstand 15
Filtrat 15
Filtration 17
Flammenfärbung 119
Fluor 113, 116
Fluoressigsäure 292
Fluoride 115
Fluorwasserstoff 115
Fluorwasserstoffmolekül 162
Fluorwasserstoffsäure 115
Flußsäure 115
Flußspat 115
L-Form 296
Formaldehyd 282
Formalin 282
Formiat 288
Formelmasse 32
Formelumsatz 43
freie Energie 200
Fraktioniertürme 18, 262
Frasch-Verfahren 68
freies Elektronenpaar 154
Frequenz 269
Fructose 339
Fruchtzucker 339
Furan 321

Galalith 371
Galaktose 338
Galvani, Luigi 184
Gangart 223
Gärung, alkoholische 276
Gaschromatographie 353
Gase, ideale 48
– reale 48
Gasöl 262
Gasolin 262
Gassendi, Pierre 26
Gastheorie, kinetische 46, 127
Gay-Lussac 47, 127
Gay-Lussac, Gesetz von 47
Gefriertemperaturerniedrigung 62, 145
Geiger, Hans 128
Gel 332
Gemisch, heterogenes 16
–, homogenes 16
Gemische 16
Germanium 123, 217
Gesamtreaktion 203
Geschwindigkeitskonstante 193
Getränke, alkoholische 277
Gibbs-Helmholtz 200
Gibbs-Helmholtz-Gleichung 200
Gicht 223
Gichtgas 226
Gips 110
– gebrannter 108
Gitterenergie 150, 167
Glanz, metallischer 215
Glaubersalz 110
Gleichgewicht, chemisches 196, 198, 203
– Konzentrationsabhängigkeit 204
Gleichgewichtskonstante 204
Gleichgewichtszustand 198
Gleichungen, chemische 29
Glockenböden 262
Glucose 337
Glutarsäure 290
Glycerin (1,2,3-Propantriol) 277, 327
Glycerinaldehyd 296
Glycerinsäure 294
Glycin 291, 350
Glykogen 346
Glykol (1,2-Ethandiol) 277, 290
Glykolsäure 291
Glyoxal 290
Glyoxylsäure 291
Gold 23
Graphit 77
– Gitterstruktur 77
Grenzstrukturen, mesomere 304
Grundstoff 22
Grundwasser 65
Grundzustand 238
Gruppen, funktionelle 253
Guanin 322
Guano 88

Guldberg, Cato 204
Gummi 371
Gußeisen 226

Haber, Fritz 206
Haber-Bosch-Verfahren 87, 206
Hakaphos 88
Halbleiter 218
Halbmetalle 22, 217
Halbwertszeit 126
Halbzelle 184
Halogenalkane 245, 247
Halogencarbonsäure 291
Halogene 113–116
– Reaktionsfähigkeit 116
Halogenide 115
Halogenid-Ionen 115
Häm 325
Hämoglobin 325, 358
Harnstoff 88, 235, 316
Härte 150
Härtebildner 110
Härteskala, nach Mohs 151
Hauptfraktionen 263
Hauptgruppenelemente 123
Hauptquantenzahl 137
Heisenbergsche Unschärferelation 143
Heisenberg, Werner 143
Heizöl 262
Hektarertrag 89
Helium 120
α-Helix 355
Heptadecan 241
Heptadecyl 241
Heptan 264
n-Heptan 265
Hess, Satz von 79, 199
Heterolyse 162
Heterozyklen 321
Hexadecan 241
Hexadecansäure 288
Hexadecyl 241
Hexakontan 421
Hexakontyl 241
Hexane 241, 243
Hexanradikal 246
1-Hexen 254
Hexosen 340
Hexyl 241
Hinreaktion 198, 203
Hochofen 223
Holz 76, 346
Homologe Reihe 240
Homolyse 162
homolytisch 242
Hornsilber 110
Hund, Friedrich 138
Humboldt, Alexander von 127
Hüttenaluminium 228
sp-Hybridisierung 256
sp^2-Hybridisierung 250
sp^3-Hybridisierung 238
sp-Hybridorbitale 256
sp^2-Hybridorbitale 250
– Überlappung 250
sp^3-Hybridorbitale 238
Hydrathülle 167
Hydration 167
Hydrationsenergie 167
Hydrochinon 310
Hydrogencarbonat 97, 109
Hydrogenium 53
Hydronium-Ion 95, 99, 171
Hydrogensulfate 97, 109
Hydrogensulfite 97
Hydrophile Gruppe 274
Hydroxide 98, 100
Hydroxid-Ion 99
Hydroxidlösung 100
Hydroxidschmelze 100
Hydroxybernsteinsäure 294
Hydroxycarbonsäure 291, 293
Hydroxyessigsäure 291
Hydroxylgruppe 272
α-Hydroxypropansäure 294
β-Hydroxypropansäure 294
hygroskopisch 73
Hypobromite 114
Hypochlorite 113
Hypoiodite 114
Hypothese 127

Indigo 325
Indigweiß 325
Indikatoren 99, 212
– Farben von 212
induktiver Effekt 288, 294
Industriediamant 77
Infrarotspektroskopie 269
Infrarotspektrum,
– vom Acetat-Ion 289
– von Aceton 286
– von Ethanol 270
Inhibitoren 366
Initiator 366
Inkohlungsprozeß 77
Insulin 358
Invertseifen 335
Iod 113, 116, 197
– Molekül 156
Iodate 114
Iodessigsäure 292
Iodide 114
Iodsäure 114
Iodstärke 345
Iodtinktur 114
Iodwasser 114
Iodwasserstoff 114, 197, 203
Iodzahl 328
Ionen 28, 94, 145
Ionenbindung 145, 147, 168
Ionengitter 146, 149
Ionenladung 145, 148, 150
Ionenprodukt des Wassers 209
Ionenradius 148, 150
Isobutylakohol 272
isoelektrischer Punkt 350
Isolator 94
Isomere, Zahl der 244
Isomerie 242
cis-trans-Isomerie 253
Isooctan [2,2,4-Trimethylpentan] 244, 265
Isopren 371
Isopropylalkohol 272
Isotope 31, 130
Isozyklen 321

Kalilauge 100
Kalimagnesia 88
Kalisalpeter 88
Kalisalze 106
Kalium 118
Kaliumcarbonat 110
Kaliumchlorid 110
Kaliumhydroxid 100
Kaliumnitrat 106
Kaliumpermanganat 112
Kaliumpermanganatlösung, alkalische 251
Kaliumsulfat 110
Kalk, gelöschter 100
Kalkstein 109
– Marmor 110
Kalkstickstoff 88
Kalkwasser 78, 97, 100
Kalorimeter 199
Kältemischung 106
Kanalstrahlen 124
Kanalstrahlröhre 124
Katalysator 54, 75, 191, 195, 281
– Wirkungsweise 196
Katalysatorgift 74
Katalysatorwirkung 196
Katalyse 54
Kationen 95
Kathode 95, 188
Kathodenstrahlen 124
Kathodenstrahlröhre 124
Kausalitätsprinzip 127
Kautschuk 371
– synthetischer 253
Kekulé 301
Kekulé-Formel des Benzols 301
Kernladungszahl 130, 160
Kernphysik 130
Kernreaktionen 130
Kernresonanzspektroskopie 271
Kernseife 331
Kerosin 262
Keto-Enol-Tautomerie 300
Keton 284
Ketosen 339
Kettenreaktion 246
Kläranlage 64
Kleesalz 291
Klopffestigkeit 265
Knallgas 52
Knallgasprobe 25, 52
Kobaltkomplex 221
Kochsalz 106
Kochsalz (Steinsalz) 110
Kochsalzgitter 147
Kohle 76
Kohlenstoffdioxid 38, 75, 78, 199, 235
Kohlenhydrate 337
Kohlenstoffmonooxid 79, 199
Kohlensäure 75, 78
Kohlenstoff 75, 235
– Hybridisierung 238, 250, 256
– Reduktionsmittel 78
Kohlenstoffatom, asymmetrisches 295
Kohlenstoffaser 372
Kohlenstoffdioxidmolekül 162
Kohlenwasserstoffe 240
– aliphatische 235
– aromatische 302
Kolloid 331
Komplex-Ion 219
Komplexreaktionen 220
Komplexverbindung 219
Kondensation 298

Kontaktverfahren 74
Konzentration 192
Konzentrationsänderung 193
Konzentrationsbestimmung 103
Koordinationszahl 147, 216, 222
Korrosion 232
Korrosionsschutz 233
Kräfte, zwischenmolekulare 242
Kreide 109
Kristall 146
Kristallite im Metall 216
Kristallgitter 102, 146
Kristallhärte 150
Kristallwasser 107, 167
Kryolith 227
Krypton 120
Kugelpackung, hexagonal dichteste 216
–, kubisch dichteste 216
–, kubisch raumzentrierte 216
Kunstseide 347
Kunststoffe 360
Kupfer 231
Kupferglanz 231
Kupferhalogenide 248
Kupferkies 231
Kupferoxid (CuO) 92, 99
Kupferraffination 231
Kupferseide 347
Kupplungsreaktion 320

Lackmus 70, 99
Lactose 341
Ladung, elektrische 94
Lanthaniden 123, 219
Lavoisier, Antoine 22
Lebenskraft 235
Le Châtelier 205
Le Châtelier, Prinzip von 205
Leclanché-Zelle 187, 190
Legierung 217
Leucin 350
Leuchtöl 262
Leukipp 124
Licht, polarisiertes 295
Liebig, Justus von 86, 268
Ligand 220
Ligandenaustausch 220
Lignin 346
Linienspektrum 133
Linolensäure 290, 328
Linolsäure 290, 328
Lipase 329
Lipophile Gruppe 274
Lithium 118
Lokalelement 232
Loschmidtsche Zahl 32
Löslichkeit 57
– von Salzen 106
Lösungen, alkalische 98, 99, 101, 210
– gesättigte 56
– kolloide 331
– neutrale 99, 210
Lösungen, saure 70, 99, 101, 173, 210
Lösungsmittel, polare 242
– unpolare 242
Lösungsvorgang 106
Lowry, Thomas 173
Luft 38
Luftzerlegung 39
Lyman-Serie 133
Lysin 350

Magnesium 40
Magnesiumchlorid 106
Magnesiumhydroxid 100
Magnesiumoxid 99, 106
Magnesiumsulfat 110
Magneteisenstein 41, 223
Magnetquantenzahl 137
Malonsäure 290
Maltase 342
Maltose 341
Malz 341
Mannose 338
Margarine 329
Marmor 109
Mariotte, Edme 46
Marsden, Ernest 128
Maßanalyse 103
Masse, molare 268
Masseneinheit, atomare 32
Massenspektroskopie 270
Massenspektrograph 31
Massenspektrum 270
Massenverhältnisse, konstante 22, 26
– vielfache 27
Massenwirkungsgesetz [MWG] 202, 204
Massenwirkungskonstante (K) 204
Mehrfachbindung 155
Mendelejew, Dimitrij 122, 127
Mesomerie 303
– Energie 305
Mesomeriepfeil 304
Mesoweinsäure 297
Messing 231
– Gelbguß 217
Meßkolben 101
Metallchloride 112
Metalle 22, 215
– edle 96, 183
– unedle 96
Metallgitter 216
Metallhydroxide 98
Metalloxide 98
Methacrylsäureester 367
Methan 237, 241, 261
– Bindungslänge 237
– Bindungswinkel 237
– Eigenschaften 239
– Molekülmodelle 239
Methanal 282
Methanal-Hydrat 284
Methanmolekül 239
Methanol 272, 276
Methansäure 288
Methyl 241
Methylalkohol 272, 276
Methylamin 314
Methylengruppe 240
Methylethylketon 285
Methylorange 99, 212, 320
2-Methyl-1-propanol 272
2-Methyl-2-propanol 272
2-Methyl-1-propen 254
Methylpropylketon 285
Methylrot 99, 212
Meyer, Lothar 122
Milch 328, 341
Milchsäure (α-Hydroxypropansäure) 294
Mineraldünger 88
Minimumgesetz 87
Mischdünger [Volldünger] 88
Modelle 127, 128
Modellvorstellungen 24
Modifikation 69
Mol 32
Molare Masse 33
Moleküle 27, 153
– P_4-Moleküle 81
– polare 162
– unpolare 162
– von Elementen 153
– von Halogenen 154
– zweiatomige 153
Molekülgitter 156
Molekülmasse 32, 268
Molekülorbital 152
Molekülschwingung 269
Molvolumen 49
Mannit 277
Monobromhexan 245, 247
Monocarbonsäuren 288, 291
Monochloressigsäure 291
Monochlorethan 247, 252
Monochlormethan 246
Monomere 366
Monosaccharid 340
Monozelle 189
Mutarotation 339
Myoglobin 358

Nachverstreckung 365
Nachweismittel 73
Nachweisstoff 63
Naphthalin 302
Natrium 118
Natriumamalgam 229
Natriumcarbonat 110
Natriumchlorid 110
Natriumhydrogenphosphat 109
Natriumhydroxid 100, 229
Natriumoxid 99
Natriumsulfat 110
Natriumthiosulfat 192
Natronlauge 100
Naturgesetz 127
Naturgips 108
Nebengruppenelemente 123, 139, 218
Nebenquantenzahl 137
Neutralisation 98, 101, 102, 172
Neutronen 31, 124
Neon 120
Newlands 122
Nichtmetalle 22, 67, 215
– Struktur 156
Nichtmetalloxide 67
Nickelstahl 217
Nicotin 324
Niederdruckpolyethylen 366
Niederschlag 12, 102
Ninhydrin 350, 355
Nitrate 85, 97
Nitrat-Ion 96
– Mesomerie 305
Nitriersäure 307
Nitrierung 307
Nitrite 85, 97
Nitrobenzol 319
Nitrophoska 88

Nitroverbindungen 311
Nomenklatur der Alkanole 272
Normalpotential 185
Normalwasserstoff-Halbzelle 184
Normbedingungen 48
Nukleinsäure 322
Nukleotid 322
Nylon 370

Oberflächenspannung 332
Octadecansäure 288
Octan 263
Octanzahl 265
Ocytocin 357
Oktavenregel 122
Öle, fette 328
–, trocknende 330
Ölsäure 290, 328
Oleum 73
optische Aktivität 295
Orbital 135, 137, 143, 144
Orbitalmodell 152
Ordnungszahl 123, 130
organisch 235
osmotischer Druck 59
Osmose 59
Ostwald-Verfahren 86
Oxalat 291
Oxalsäure 290
Oxidation 44, 176
Oxidationsmittel 44, 176
Oxidationszahl 177, 178
Oxide 40
Oxonium-Ion 280
Oxonium-Kation 275
Oxoniumsalz 275
Ozon 40

Palmitinsäure 288, 328
Papier 347
Papierchromatographie 353
Paraffine 241, 263
Paraffinöl 242
Passivierung 233
Pauling, Linus 135, 160, 238, 355
Pauli-Prinzip 137, 138, 153
Pauli, Wolfgang 138
Pech 263
Pechblende 126
Pentanal 282
Pentane 241, 243
1-Pentanol 272
2-Pentanon 285
3-Pentanon 285
Pentansäure 288
1-Penten 254, 264
1-Pentin 258
Pentosen 340
Pentyl 241
Peptidase 354
Peptidbindung 351
Perborate 335
Perchlorat 113
Perchlorsäure 113
Pergamentpapier 347
Periodate 114
Periode 123, 134
Periodensystem 122, 137, 160
Perlon 370
Petrochemie 259
Petrolether 263
Petroleum 263
Pflanzenfett 329
Phase 16
Phenol 309
Phenolphthalein 99, 212
Phenoplast 370
Phenylalanin 351
Phosphate 83, 97
– in Waschmitteln 355
Phosphat-Ion 96
Phsophor 79
– roter 80
– weißer 80, 156
Phosphormolekül 156
Phosphoroxid 82
Phosphorpentoxid 80, 82
Phosphorsäure 82
Phthalsäure 309
pH-Skala 210
pH-Wert 210
– von Salzlösungen 213
Pikrinsäure 311
Pipette 103
pK_s-Werte 211, 212
Planck, Max 133
Plasmolyse 60
Platin 54
Plexiglas 362, 367
Pol, negativer 95
Pol, positiver 95
Polarität von Atombindungen 161
Polonium 126
Polyacrylnitril 367
Polyaddition 370
Polyamide 370
Polyene 253
Polyester 369
Polyesterharz 370
Polyethylen 253, 362, 367
Polykondensation 284, 369
Polymerisation 365
– ionische 366
– koordinative 366
– radikalische 365
Polymethacrylsäureester 362
Polyoxymethylen 284
Polypeptide 351, 354
Polysaccharid 343
Polystyrol 362, 368
Polytetrafluorethen 368
Polyurethan 370
Polyvinylchlorid 367
Potential, elektrochemisches 185
Potentialdifferenz 184
Pottasche 110
Primärstruktur 354
Prinzip von der Verminderung des Zwangs 205
Propan 241
Propanal 282
1-Propanol 272
2-Propanol 272
Propanon 285, 286
Propansäure 288
1,2,3-Propantriol 277
Propen 254
Propensäure 291
Propin 258
Propionaldehyd 282
Propionsäure 288
Propyl 241
Propylalkohol 272
Propylmethylether 279
prosthetische Gruppe 357
Proteid 357
Proteine 350–354
Protium 131
Protokollsatz 127
Protolyse 172
Protonen 31, 124
Puffergemisch 213, 214
– gleichmolares 214
Puffer-pH 214
Pulver, rauchschwaches 348
Purin 322
Pyridin 321
Pyrimidin 322
Pyrit 68, 223
Pyrogallol 310
Pyrrol 321

qualitative Analyse 267
Quanten 133
Quantentheorie 133
Quantenzahlen 137
Quantitative Analyse 268
Quecksilber 23

Racemat 296
Radikale 239, 246
– bei Schwefel 158
Radikalreaktion 239
Radioaktivität 125, 130
Radium 126
Ramanspektroskopie 271
Rayleigh, J.W. 121
Reaktionen 112
– alkalische 99
– chemische 11
– elektrophile 251
– endotherme 12, 43, 195
– exotherme 12, 43, 194
– nukleophile 251
– protolytische 170, 208
– saure 99
– umkehrbare 197
Reaktionsenergie (ΔU) 198
Reaktionsenthalpie (ΔH) 42, 198
Reaktionsgeschwindigkeit 44, 191–193
– Definition 193
Reaktionsgleichung 29, 34
Reaktionsordnung 194
Reaktionswärme 42
Reagenz 63, 73
Redox-Reaktionen 175, 177
Redox-Reaktionsgleichungen 180
Redox-Reihe 182
– der Metalle 185
Reduktion 44, 176
Reduktionsmittel 44, 176
Reforming 265
Reforming-Verfahren 265
Regel von Hund 138
Regenwasser 56
Reinigungsstufe, dritte 336
RGT-Regel 192
Reinstoffe 19
Resorcin 310
Resublimation 114

Reyon-Fasern
Ribose 340
Rohbenzin 262
Roheisen 226
Rohkupfer 231
Rohöl 260, 262
Rösten 74
Roteisenstein 41, 223
Rubidium 118
Rückreaktion 198, 203
Rumpfelektronen 141, 160
Rutherford, Ernest 125, 126, 133

Saccharose 342
Salpetersäure 83, 85
salpetrige Säure 85
Salzartige 169
Salzbildung 108
Salze 98, 101, 146, 149
– binäre 109
– Definition 105
– Eigenschaften 104, 149
– innere 350
– Schmelztemperaturen 150
– Sprödigkeit
Salzgarten 106
Salzlagerstätten 106
Salzsäure 90, 92, 197
Sauerstoff 23, 38, 40
– Aufblasverfahren 226
Sauerstoffmolekül 154
Sauerstoffsäuren 112
Sauerstoffverbindungen, organische 267
Säulenchromatographie 352
Säure-Anion 96
Säure-Base-Paar 211
Säure-Base-Reaktion 173
saure Lösungen 67
Säuren 70
– konjugierte 211
– sauerstoffhaltige 96
– starke 211
– Übersicht 96
Säurekonstante (K_s) 211
Schalenbau der Atomhülle 133
Schaumstoffe 364
Scheele, C.W. 112, 235
Scheidetrichter 16
Schießbaumwolle 348
Schlüssel-Schloß-Prinzip 359
Schmelzflußelektrolyse 227
Schmelztemperatur 62
Schmieröle 263
Schmierseife 331
Schnellarbeitsstahl 226
Schwefel 23, 67
– monokliner 69
– rhombischer 69
– plastischer 157
Schwefeldioxid 67, 69
Schwefelkohlenstoff 69
Schwefelmolekül 157
Schwefelsäure 70, 72
Schwefeltrioxid 72
Schwefelwasserstoffmolekül 164
schweflige Säure 70
Schwerbenzin 263
Schwerspat 110
Schwingungsfrequenz 269
Sedimentation 17
Seife 331
Seignette-Salz 294
Sekundärstruktur 355
semipermeable Membran 59
Serin (Ser) 351
Sesselform der Glucose 338
Siedetemperatur 60
Siedetemperaturerhöhung 61, 145
Silberacetylid 257
Silberbromid 117
Silberchlorid 93, 110, 117
Silberhalogenide 116
Silbernitrat 93, 97
Silberspiegel-Reaktion 283
Silicate 237
Silicium 23, 217, 236
Silicone 372
Soda 110
Sol 332
Spaltung, homolytische 246
Speiseessig 289
Spektren 131
Spektroskop 132
Spin 135
Spinquantenzahl 137
Spurenelemente 89
Stabilität, thermische 162
Stahl 226
– legierter 226
Stärke 344
Stärkekleister 344
Startreaktion 246
Staudinger, Hermann 284
Stearinsäure 288, 290, 328
Steinkohle 76
Steinkohlenteer 302
Stellungsisomerie 273
Stereoisomere 296
– D-Form 296
– L-Form 296
Stereoisomerie 293, 295
Stickstoff 38, 83
Stickstoffdioxid 85, 197
Stickstoffmolekül 154
Stickstoffmonooxid 85
Stöchiometrie 33
Stoffe, flüchtige 169
– polare 242
– unpolare 242
Stoffmenge 32
Stoffmengenkonzentration 103
α-Strahlen 126
β-Strahlen 126
γ-Strahlen 126
Strahlung, radioaktive 125
Streuversuch von Rutherford 129
Strom, elektrischer 94
Stromquellen, elektrochemische 187
Stromschlüssel 182
Strukturaufklärung 267
Strukturformel 154, 239, 249, 269
Strukturisometrie 242,268
Substitution 246
– elektrophile 306
– nucleophile 275
– radikalische 247
Substitutionsreaktion 246
Sulfate 73, 97, 109
Sulfat-Ion 96
Sulfite 97
Summenformel 29, 268
– allgemeine 241
Superphosphat 88
Suspension 56
Synthese 21
Synthesefasern 365, 370
Styrol 308, 368
Styropor 368

Tachenius [Tache, Otto] 173
Tautomerie 300
Teilchen, nukleophiles 252
Teilchengleichung 101
Teilchenmodell der Materie 24
Teilfraktionen 263
Teilladungen in Molekülen 161
Temperatur, absolute 47
Temperaturskala 47
Temperatur-Volumen-Gesetz 47
Tenside 334
Tertiärstruktur 355
1,1,2,2-Tetrabromethan 257
Tetrachlormethan (Tetrachlorkohlenstoff) 246
Tetraedermodell 239
Tetraederwinkel 239, 240
Tetrafluorethen 368
Tetrachlorkohlenstoff, siehe Tetrachlormethan
Tetrachlormethan (Tetrachlorkohlenstoff) 247
Tetrosen 340
Theorie 127
Thermoplaste 361
Thiophen 321
Thomasmehl 88
Thymin 322
Thymolblau 212
Titandioxid 41
Titration 103
– Auswertung 103
Toluol 308, 311
Torf 76
Traubenzucker 337
Treibstoffe 263
– klopffeste 265
Triadenregel 122
Tricarbonsäure 288
Trichloressigsäure 292
Trichlormethan (Chloroform) 246, 247
Triebkraft, chemischer Reaktionen 199
Trifluoressigsäure 292
Triiodmethan (Iodoform) 247
Trimethylamin 314
1,3,5-Trimethylbenzol 309
Trinatiumphosphat 109
Trinitrophenol 311
Trinitrotoluol 311
Trinkwasser 65
Trisaccharid 343
Tritium 131
Trockenbatterie 189
Trockeneis 78
Tropfkörper 64
Tryptophan (Try) 351
Tyndall-Effekt 331

Übergangselemente 219
Überiodsäure 114
Ultraviolettspektroskopie 271

Umschlagspunkt 213
Universalindikator 213
Unordnung 200
unteriodige Säure 114
Unschärfebeziehung 143
unterchlorige Säure 113
unterbromige Säure 114
Unterschale 135
s-Unterschale 135
p-Unterschale 135
d-Unterschale 135
f-Unterschale 135
Uracil 322
Urease 317

Valenzelektronen 141, 236
Valenzschwingungen 269, 270
n-Valeraldehyd 282
Valeriansäure 288
Van-der-Waals-Kräfte 156, 242
van der Waals, Johannes Diderick 156
Van't Hoff, Jacobus Hendricus 192
Vasopressin 357
Verbindungen 22, 26
– anorganische 235
– gesättigte 252
– intermetallische 217
– organische 235
– ungesättigte 252
Verbrennung 38
Veredlungsverfahren 265
Veresterung 298
Verhältnisformeln 28, 237
Verseifung 331
Verteilungschromatographie 353
Vinylalkohol 282
Vinylchlorid 367
Viskoseseide 347
Viskosität der Alkohole 274
Vis vitalis 235
Vitalisten 235
Volldünger 89
Vollwaschmittel 335
Vollpipette 101
Volumenarbeit 199
Volumen, molares 268
Vorgang, physikalischer 11
Vulkanisation 371
Vulkanfiber 371

Waage, Peter 204
Wärmesatz von Hess 79
Waschmittel 334
Waschwirkung 332
Wasser 52, 235
– als Lösungsmittel 166
– hartes 62, 334
– Nachweis 107
Wassermolekül 170
– Dipolcharakter 163
– Struktur 164
Wasserstoff 53, 197
Wasserstoffatom 152
Wasserstoffbrücken 165
– bei Aldehyden 284
– bei Alkoholen 273
– bei Wasser 166
Wasserstoff-Ion 94
Wasserstoffmolekül 152
Wasserverbrauch 63
Weichmacher 364, 367
Weingeist 276
Weinsäure 294, 295, 297
D-(−)-Weinsäure 297
L-(+)-Weinsäure 297
Weißblech 233
Wellenzahl 269
Weltbevölkerung 89
Welterdölförderung 262
Welterdölreserven 262
Welternährung 86
Winkler 123
Wirtschaftsdünger 90
Wöhler, Friedrich 235

Xenon 120
Xylol 309

Zechsteinzeit 106
– meer 106
Zelle, galvanische 182, 184
Zentralatom 220
Zentral-Ion 220
Zerteilungsgrad 192
Ziegler-Katalysatoren 366
Zinkbromid 249
Zinksulfat 213
Zinnstein 41
Zucker 342
Zuschläge 223
Zustand, aktivierter 196
Zustandsgleichung der Gase 48
Zweitsubstitution 312
Zwischenverbindung 196
Zwitter-Ion 349

Bildnachweis

BASF: Werkfotos Seite 17, 65, 74, 206, 207, 230. Biber Papier AG, Regensdorf/Zürich: Foto Seite 347. Deutsches Museum, München: Foto Seite 235. Diamant-Verkaufsförderungs-Dienst im Hause J. Walter Thompson GmbH, Frankfurt am Main: Foto Seite 77. dpa-Bildarchiv, Frankfurt am Main: Foto Seite 107. Fleissner, Günter, Fotograf, Karben: Foto Seite 56. Hager, Harald, München: Fotos Seite 13, 18, 23, 64. Heitzmann, Peter, Geologe, Matzenried: Foto Seite 19. Kühni Apparatebau AG, Allschwil/Basel: Skizze Seite 39. Lieber, Werner, Fotograf, Heidelberg: Foto Seite 67. Mardty, Peter C., Fotograf, Aarberg/Bern: Foto Seite 342. Messer Griesheim, Düsseldorf: Fotos Seite 40, 85, 120. Offermann, Erich, Fotograf, Arlesheim: Fotos Seite 105, Schaarschmidt, Dr. L., Göppingen: Fotos Seite 115, 147. Windstosser, Ludwig, Fotograf, Stuttgart: Seite 19, 266, 363. Zentrale Farbbild Agentur, Düsseldorf: Fotos Seite 68. 69.

Entnommen aus: BP (Schweiz) AG, Broschüre „mineraloelstory": Seite 245. Christen, Chemie, Verlag Diesterweg/Salle · Sauerländer, mit Genehmigung von Professor M. H. F. Wilkins: Seite 311. Christen, Struktur, Stoff, Reaktion, Band 1, Verlag Diesterweg/Salle · Sauerländer, Vorsatzzeichnung „Atomradien" von Harald Hager: Vorsatz hinten. Hassinger/Wiebusch, Experimentelle Enzymologie, umgezeichnet von Annemarie Schelbert aus Czihak, Langer und Ziegler, Biologie, Springer Verlag, Berlin/Heidelberg/New York 1976: Seite 349. Lüthje/Gall/Reuber, Lehrbuch der Chemie für die Sekundarstufe I, Verlag Diesterweg/Salle, Frankfurt am Main, Nr. 167.1: Seite 19.

987 65

Größen und Einheiten

SI-Basisgrößen und -Basiseinheiten [1]

Basisgröße (Zeichen)	Basiseinheit (Zeichen)
Länge (*l*)	Meter (m)
Masse (*m*)	Kilogramm (kg)
Zeit (*t*)	Sekunde (s)
Elektrische Stromstärke (*I*)	Ampere (A)
Absolute Temperatur (*T*)	Kelvin (K)
Stoffmenge (*n*)	Mol (mol)

[1] Internationales Einheitensystem

Vorsatzsilben für dezimale Vielfache und Teile von Einheiten

Zehnerpotenz	Vorsatz (Zeichen)
10^6	Mega (M)
10^3	Kilo (k)
10^{-2}	Zenti (c)
10^{-3}	Milli (m)
10^{-6}	Mikro (μ)
10^{-9}	Nano (n)
10^{-12}	Piko (p)

Abgeleitete Größen mit zugehörigen SI-Einheiten

Abgeleitete Größe (Zeichen)	Einheit (Zeichen)	Ausgedrückt durch Basiseinheiten
Arbeit, Energie (*W*); Wärme (*H*)	Joule (J)	$1\ J = 1\ W \cdot s = 1\ kg \cdot m^2 \cdot s^{-2}$
Druck (*p*)	Pascal (Pa)	$1\ Pa = 1\ N/m^2 = 1\ kg \cdot m^{-1} \cdot s^{-2}$
Volumen (*V*)	Kubikmeter (m^3)	
	Liter (l)	$1\ l = 10^{-3}\ m^3$
Ladungsmenge (*Q*)	Coulomb (C)	$1\ C = 1\ A \cdot s$
Elektrische Spannung (*U*)	Volt (V)	$1\ V = 1\ W/A = 1\ kg \cdot m^2 \cdot s^{-3} \cdot A^{-1}$
Entropie (*S*)	Joule/Kelvin (J/K)	
molare Masse (*M*)	Gramm/Mol	(g/mol)
molares Volumen (V_m)	Liter/Mol	(l/mol)
Stoffmengenkonzentration (*c*)	Mol/Liter	(mol/l)

Umrechnung anderer Einheiten in SI-Einheiten

Masse:	1 Atommasseneinheit (u) = $1{,}66 \cdot 10^{-27}$ kg
Temperatur:	Temperatur °C + 273,15° = Temperatur K
Arbeit, Energie, Wärme:	1 Kalorie (cal) = 4,186 J
Druck:	1 Atmosphäre (atm) = 760 Torr = 1,01325 bar = $1{,}01325 \cdot 10^5$ Pa

Elektronegativitätswerte der Elemente nach Pauling

					H											
					2,1											
Li	Be											B	C	N	O	F
1,0	1,5											2,0	2,5	3,0	3,5	4,0
Na	Mg											Al	Si	P	S	Cl
0,9	1,2											1,5	1,8	2,1	2,5	3,0
K	Ca	Sc	Ti	V	Cr	Mn	Fe	Co	Ni	Cu	Zn	Ga	Ge	As	Se	Br
0,8	1,0	1,3	1,5	1,6	1,6	1,5	1,8	1,9	1,9	1,9	1,6	1,6	1,8	2,0	2,4	2,8
Rb	Sr	Y	Zr	Nb	Mo	Tc	Ru	Rh	Pd	Ag	Cd	In	Sn	Sb	Te	I
0,8	1,0	1,2	1,4	1,6	1,8	1,9	2,2	2,2	2,2	1,9	1,7	1,7	1,8	1,9	2,1	2,5
Cs	Ba	La-Lu	Hf	Ta	W	Re	Os	Ir	Pt	Au	Hg	Tl	Pb	Bi	Po	At
0,7	0,9	1,0–1,2	1,3	1,5	1,7	1,9	2,2	2,2	2,2	2,4	1,9	1,8	1,9	1,9	2,0	2,2
Fr	Ra	Ac	Th	Pa	U	Np-No										
0,7	0,9	1,1	1,3	1,4	1,4	1,4–1,3										